ERICH
SCHMIDT
VERLAG

W0074570

Unternehmenstransaktionen

Basiswissen – Unternehmensbewertung – Ablauf von M & A

Von
Prof. Dr. Stefan Behringer

2., neu bearbeitete und erweiterte Auflage

ERICH SCHMIDT VERLAG

Bibliografische Information der Deutschen Nationalbibliothek
Die Deutsche Nationalbibliothek verzeichnet diese Publikation in der
Deutschen Nationalbibliografie; detaillierte bibliografische Daten sind
im Internet über http://dnb.d-nb.de abrufbar.

Weitere Informationen zu diesem Titel finden Sie im Internet unter
ESV.info/978-3-503-19405-6

ISBN 978-3-503-19405-6

Dieses Papier erfüllt die Frankfurter Forderungen
der Deutschen Nationalbibliothek und der Gesellschaft für
das Buch bezüglich der Alterungsbeständigkeit und entspricht
sowohl den strengen Bestimmungen der US Norm Ansi/Niso Z
39.48-1992 als auch der ISO-Norm 9706

Satz: Herbert Kloos, ES-Editionssupport, Berlin
Druck und buchbinderische Verarbeitung: docupoint, Barleben

Vorwort zur 2. Auflage

Die erste Auflage dieses Buches hat eine erfreulich positive Aufnahme gefunden. An vielen Hochschulen ist es Begleiter von Vorlesungen und Seminaren geworden. Aus dieser intensiven Nutzung sind viele Anregungen hervorgegangen, die in die Neuauflage eingeflossen sind. Des Weiteren ist der gesamte Text überarbeitet worden, Beispiele wurden hinzugefügt bzw. aktualisiert, neue gesetzliche und praktische Entwicklungen wurden aufgenommen. Außerdem ist die Literatur vollständig aktualisiert worden.

Ich bedanke mich bei vielen Leserinnen und Lesern für Anregungen. Insbesondere danke ich meinem Kollegen Oliver Wojahn, der mir viele Anregungen und Empfehlungen gegeben hat. Ganz besonders danke ich meiner Familie, insbesondere meiner Frau Anna von dem Berge, für die Unterstützung.

Rotkreuz, im März 2020   Prof. Dr. Stefan Behringer

Vorwort zur 1. Auflage

Unternehmenstransaktionen oder in englischer Begrifflichkeit Mergers & Acquisitions werden manchmal als die Königsdisziplin der Betriebswirtschaftslehre tituliert. Sicherlich ist bei einer Unternehmenstransaktion die Gesamtheit von kaufendem Unternehmen und Zielunternehmen zu berücksichtigen. Damit sind Unternehmenstransaktionen ein Gegenstand des strategischen Managements. Eine besondere Rolle spielt aber auch der finanzwirtschaftliche Aspekt. In der Unternehmensbewertung spiegeln sich die Erfolgsaussichten des Unternehmens wider. Mit Hilfe von finanzwirtschaftlichen Instrumenten werden die Erfolgsaussichten in eine Geldgröße transformiert. Dabei ist zu berücksichtigen, wie erfolgreich das Unternehmen am Markt agieren kann, wie es Innovationen entwickelt, welche steuerlichen Gegebenheiten vorhanden sind oder welche personelle Situation gegeben ist. All dies ist eingerahmt in vielfältige juristische Fragestellungen wie der Vertragsschließung oder der kartellrechtlichen Prüfung. Schließlich spielen psychologische Fragestellungen bei der Verhandlung eine Rolle. Von daher ist die Vielfalt der Themen, die mit einer Unternehmenstransaktion in Zusammenhang stehen, immens. In diesem Lehrbuch werden Unternehmenstransaktionen in ihrer Ganzheit und Interdisziplinarität dargestellt. Allerdings wird immer der rote Faden offensichtlich bleiben.

Dieses Lehrbuch gibt das notwendige theoretische Rüstzeug, zeigt aber immer wieder mit Case Studies und anderen praktischen Beispielen die tatsächliche Relevanz der dargestellten Probleme. Daneben gibt es vielfache didaktische Hilfsmittel wie

Lernziele, Hinweisen zu weiterführender Lektüre, Wiederholungsfragen, Aufgaben zu weiterführenden Problemen und Vertiefungen. Ein besonderes Anliegen ist es, die Theorien in den Gesamtzusammenhang einzubetten. Zielgruppen des Buches sind daher Studenten von Universitäten und Fachhochschulen sowohl auf Bachelor- als auch auf Masterniveau. Das Buch richtet sich aber auch an Praktiker. Ihnen wird insbesondere ein Rahmen mit theoretischen Konzepten geboten, mit denen sie die praktisch angewendeten Methoden einordnen aber auch kritisch betrachten können.

Interdisziplinarität und Ganzheit sind schwierige Felder, da man sich des Vorwurfs der „Anmaßung von Wissen" nicht erwehren kann. Die in jedem Falle vollständige und tiefschürfende Darstellung kann nicht Ziel eines solchen Lehrbuchs sein. Vielfältige Literaturhinweise sollen aber zum weitergehenden Studium anregen.

Bedanken möchte ich mich beim Erich Schmidt Verlag für die wiederholt sehr angenehme und konstruktive Zusammenarbeit. Meine Freundin Anna von dem Berge hat mir beigestanden und mich immer wieder ermuntert. Ihr gilt mein ganz besonderer Dank.

Ich würde mich über Anregungen von Leserinnen und Lesern sehr freuen, um dieses Buch in der Zukunft (noch) besser zu machen. Ich freue mich auf Rückmeldungen von kritischen Leserinnen und Lesern unter stefan.behringer@hamburg.de.

Hamburg, im September 2012   Prof. Dr. Stefan Behringer

Inhaltsverzeichnis

Abbildungsverzeichnis

Tabellenverzeichnis

Abkürzungsverzeichnis

EuGH	Europäischer Gerichtshof
f.	folgende
FAZ	Frankfurter Allgemeine Zeitung
FB	Finanz Betrieb
FCPA	Foreign Corrupt Practices Act
ff.	fortfolgende
GfK	Gesellschaft für Konsumforschung
GmbHG	Gesetz betreffend die Gesellschaften mit beschränkter Haftung
GWB	Gesetz gegen Wettbewerbsbeschränkungen
HBR	Harvard Business Review
HGB	Handelsgesetzbuch
HHI	Herfindahl-Hirschmann Index
HwB	Handwörterbuch der Betriebswirtschaftslehre
IAS	International Accounting Standards
IdW	Institut der Wirtschaftsprüfer
IFRS	International Financial Reporting Standards
IPO	Initial Public Offering
KGV	Kurs-Gewinn Verhältnis
KoR	Kapitalmarktorientierte Rechnungslegung
KStG	Körperschaftsteuergesetz
LBO	Leveraged Buy-out
LoI	Letter of Intent
M&A	Mergers & Acquisitions
MAC	Material adverse changes
MAE	Material adverse effect
MBI	Management Buy-in
MBO	Management Buy-out
MDR	Monatsschrift für deutsches Recht
Mrd.	Milliarden
mwN	mit weiteren Nachweisen
NJW	Neue Juristische Wochenschrift
o.Jg.	ohne Jahrgang
o.V.	ohne Verfasser

PAF	Preis-Absatz Funktion
PublG	Publizitätsgesetz
Sp.	Spalte
SSNIP	Small but significant non transitory increase in price
UStG	Umsatzsteuergesetz
WACC	weighted average cost of capital
WiSt	Wirtschaftswissenschaftliches Studium
WISU	Das Wirtschaftsstudium
WM	Zeitschrift für Wirtschafts- und Bankrecht
WPg	Die Wirtschaftsprüfung
WPüG	Wertpapiererwerbs- und Übernahmegesetz
wrp	Wettbewerb in Recht und Praxis
WTO	World Trade Organization
WuW	Wirtschaft und Wettbewerb
ZfB	Zeitschrift für Betriebswirtschaftslehre
ZfbF	Zeitschrift für betriebswirtschaftliche Forschung
ZfgK	Zeitschrift für das gesamte Kreditwesen
ZfhF	Zeitschrift für handelswissenschaftliche Forschung
zfo	Zeitschrift Führung + Organisation
ZfW	Wirtschaftsdienst – Zeitschrift für Wirtschaftspolitik
ZHR	Zeitschrift für das gesamte Handels- und Wirtschaftsrecht
ZPO	Zivilprozessordnung
ZRFC	Zeitschrift Risk, Fraud & Compliance

1 Einleitung

Lernziele

- Am Ende dieses Kapitels kennen Sie die grundlegenden Begriffe Unternehmenstransaktion und Unternehmensbewertung.
- Sie lernen die Grundlagen des „markets for lemons" kennen und wissen, wie sich das Phänomen auf den Markt für Unternehmenstransaktionen auswirken könnte.

1.1 Grundbegriffe

Der Begriff **Transaktion** wird in der Ökonomie und auch im allgemeinen Sprachgebrauch häufig verwendet. Er bezeichnet den Austausch zwischen zwei Wirtschaftssubjekten. Dieser Austausch bezieht sich auf ein Gut oder eine Dienstleistung. Mit dem Prozess des Austauschs endet eine Phase der Aktivität, bei der das Gut oder die Dienstleistung weitergeleitet wird und eine andere Phase beginnt.[1] Der neue Besitzer des Gutes oder der Nutznießer der Dienstleistung kann die Leistung verwenden. In diesem Buch geht es um eine besondere Art von Transaktionen. Diese haben Unternehmen zum Gegenstand. Unternehmen sind besondere Objekte, die weitergeleitet bzw. getauscht werden. Es handelt sich nicht um einzelne Güter, sondern spezielle und individuelle Bündel von Gegenständen. Weitergeleitet werden allerdings nicht nur physische Gegenstände, sondern Informationen, Knowhow, die ganze Palette der möglichen immateriellen Vermögensgegenstände. Hinzu kommen Eigentumsrechte, die das Eigentum an dem besonderen Gegenstand Unternehmen verbriefen.

Unternehmen sind sozio-ökonomische Systeme.[2] Ein System ist eine Gesamtheit von Elementen, zwischen denen untereinander und zur externen Umwelt Beziehungen bestehen. Der Begriffsteil „sozio" beschreibt die Tatsache, dass in diesem System Menschen miteinander interagieren. Der Begriffsteil „ökonomisch" drückt aus, dass die Aktionen innerhalb des Unternehmens dem ökonomischen Prinzip folgen müssen. Nach dem ökonomischen Prinzip wird entweder bei gegebenem Input der Output maximiert (Maximalprinzip) oder bei vorgegebenem Ziel (Output) der Input minimiert (Minimalprinzip). Man beachte, dass es logisch unmöglich ist, ein maximales Ziel bei minimalem Mitteleinsatz zu erreichen. Diese Forderung

---

[1] Vgl. *Williamson, O.E.*: The Economic Institutions of Capitalism, New York 1985, S. 1.
[2] Vgl. *Hutzschenreuter, T.*: Allgemeine Betriebswirtschaftslehre, 6. Auflage, Wiesbaden 2015, S. 7 f.

würde der Vorgabe an einen Läufer entsprechen, in möglichst kurzer Zeit eine möglichst lange Strecke zu laufen.[3]

In der Regel wird in einer Unternehmenstransaktion das Eigentum des Unternehmens verändert. Das Eigentum bezeichnet die rechtliche Herrschaft über eine Sache. Zu unterscheiden davon ist der Besitz, der die tatsächliche Herrschaft über eine Sache bezeichnet.[4] So ist bei einer Mietwohnung der Mieter der Besitzer, während das Eigentum beim Vermieter liegt. Uns interessieren hier im Wesentlichen die Eigentumsverhältnisse und die Veränderungen in der Eigentümerstruktur. Eigentümer eines Unternehmens sind die Aktionäre (bei Unternehmen in der Rechtsform der AG) oder die Gesellschafter (bei Unternehmen der Rechtsform der GmbH oder bei Personengesellschaften). Das Management des Unternehmens, welches nicht identisch sein muss (aber sein kann) mit den Eigentümern, verfügt meistens in der täglichen Unternehmensführung über das Unternehmen, kann also als Besitzer bezeichnet werden.

Im angelsächsischen Sprachraum wird für Unternehmenstransaktionen zumeist der Sammelbegriff „**Mergers & Acquisitions**" verwendet. Hierbei bezeichnen Mergers Fusionen, also den Zusammenschluss von mehreren Unternehmen zu einem neuen und Akquisitions Übernahmen oder Erwerbe der Mehrheit des Eigentums an einem anderen Unternehmen.[5] Allerdings wird in der Praxis und auch in der Literatur Merger & Acquisitions (abgekürzt M&A) häufig synonym verwendet. Dies wird getan, obwohl sich hinter den Begriffen viele verschiedene Ausgestaltungen von Transaktionen verbergen können. Diese verschiedenen Ausprägungen werden wir ausführlicher in den Kapiteln 3 und 4 dieses Buches behandeln. Der Begriff Unternehmenstransaktion hat den Vorteil, dass er im Gegensatz zu Mergers & Acquisitions nicht statt ihrer ursprünglichen Bedeutung anders verwendet wird, sondern tatsächlich einen Oberbegriff über alle Arten des Eigentumswechsels von Unternehmen darstellt.

Der zweite Kernbegriff dieses Buches ist „**Unternehmensbewertung**". Die Unternehmensbewertung ist ein notwendiger Bestandteil innerhalb des Prozesses von Unternehmenstransaktionen. Wird das Eigentum an dem Unternehmen verändert, muss der veräußernde Eigentümer eine Entschädigung durch den Käufer erhalten. Dieser wird in Form eines Preises geleistet. Eine Unternehmenstransaktion wird dann von einem rationalen Verkäufer durchgeführt, wenn er einen höheren Preis erhält als er dem Unternehmen an Wert zumisst. Umgekehrt wird ein rationaler Käufer das Unternehmen nur dann erwerben, wenn er einen niedrigeren Preis bezahlen muss, als er dem Unternehmen an Wert zumisst. Die Rolle der Unternehmensbewertung ist es folglich, den Wert zu bestimmen, den ein Entscheidungsträ-

---

3   Vgl. *Rieger, W.*: Einführung in die Privatwirtschaftslehre, 3. Auflage, Erlangen 1928, S. 57.
4   Vgl. *Klunzinger, E.*: Einführung in das Bürgerliche Recht, 16. Auflage, München 2013, S. 649.
5   Vgl. *Jansen, S.A.*: Mergers & Acquisitions, 6. Auflage, Wiesbaden 2016, S. 127.

ger (Käufer oder Verkäufer) dem Unternehmen zumisst. Diese Handlungsmaxime bei Unternehmenstransaktionen folgt unmittelbar aus dem ökonomischen Prinzip. Damit ist eine wichtige Unterscheidung gemacht:[6] Die Unternehmensbewertung bestimmt Werte nicht Preise. Diese kommen auch bei dem speziellen Objekt „Unternehmen" durch Angebot und Nachfrage zustande und entziehen sich einer analytischen Berechnung. Diese Unterscheidung werden wir in Kapitel 6 und 7 noch vertiefen.

1.2 Aufbau dieses Buches

Dieses Buch folgt in seinem Aufbau dem Prozessverlauf, in dem eine Unternehmenstransaktion normalerweise abgewickelt wird.

In Kapitel 2 wird die Relevanz des Themas erläutert. Es wird dargestellt, wie der Markt für Unternehmenstransaktionen aktuell dasteht. Ausgehend von dieser aktuellen Betrachtung wird das Phänomen der Merger-Wellen thematisiert. Unternehmenstransaktionen kommen historisch in Wellen vor, die bestimmte aber durchaus unterschiedliche Auslöser hatten.

In Kapitel 3 werden dann die verschiedenen Motive erörtert aus denen heraus Unternehmenstransaktionen durchgeführt werden. Hierbei werden zunächst Motive, die strategisch begründet sind, also auf den langfristigen Erfolg eines Unternehmens einzahlen sollen, erläutert. Eine weitere Motivgruppe sind finanzwirtschaftliche Gründe. Diese sind weniger aus dem Sachziel eines Unternehmens (welche Leistung wird erstellt) als aus dem Formalziel (die Absicht Gewinn zu erzielen) heraus begründet. Eine dritte Motivgruppe umfasst irrationale Gründe, die zwar in der Praxis dazu führen, dass eine Unternehmenstransaktion durchgeführt wird, aber einer betriebswirtschaftlichen, dem ökonomischen Prinzip folgenden, Betrachtung nicht standhalten.

Eng verbunden mit den Motiven, die mit einer Unternehmenstransaktion verfolgt werden, ist, welche konkrete Form der Transaktion gewählt wird. Die verschiedenen Formen von Unternehmenstransaktionen sind Gegenstand von Kapitel 4. Dabei wird differenziert nach Rollen in der Wertschöpfungskette, nach Art der Kooperation mit dem übernommenen Unternehmen, nach Art der übernommenen Vermögensgegenstände, nach Art des Zusammenschlusses, nach Art der Finanzierung und nach der Person des Käufers.

Nachdem in den ersten Kapiteln die grundlegenden Differenzierungen von Unternehmenstransaktionen dargestellt worden sind, werden in den Kapiteln 5 bis 9 die einzelnen Prozessschritte einer Unternehmenstransaktion näher erläutert. Kapitel 5 gibt dabei den Überblick über den Prozess. Zunächst müssen geeignete Unterneh-

---

[6] „Évaluer, cèst determiner une valeur, pas un prix!" *Pierrat, C.:* Evaluer une enterprise, Paris 1990, S. 9.

men als Ziel einer Unternehmenstransaktion identifiziert werden. Sind diese identifiziert, müssen sie angesprochen werden und eine Absichtserklärung (Letter of Intent) abgeschlossen werden. Um der Realisierung der Transaktion näher zu treten, ist es notwendig, eine Prüfung durchzuführen, in der eventuelle Fallstricke und Risiken (deal breaker) erkannt werden können (Due Diligence). Mit den Erkenntnissen der Due Diligence kann dann die Unternehmensbewertung begonnen werden, die Grundlage der Preisverhandlungen ist. Haben sich beide Parteien auf einen Preis geeinigt, so wird der Vertrag über die Unternehmenstransaktion abgeschlossen (Closing). Kapitel 5 gibt einen Überblick über diesen Prozess und erläutert die einzelnen Schritte näher. Im Folgenden werden einzelne Prozessschritte vertieft.

Kapitel 6 widmet sich ausführlich der Unternehmensbewertung. Nach einer Einordnung der Unternehmensbewertung wird das Paradigma der Kölner Funktionenlehre, der in diesem Buch gefolgt wird, vorgestellt. Vertiefend werden dann die verschiedenen in der Praxis üblichen Bewertungsverfahren erörtert: das Substanzwertverfahren, das Ertragswertverfahren, die Discounted Cashflow Verfahren und die Multiplikatoren, die auch als Praktikerverfahren bekannt sind. Das Ertragswertverfahren, das theoretisch und praktisch am relevantesten ist, wird in einer ausführlichen Fallstudie in seiner Anwendung gezeigt. Zum Abschluss des Kapitels 6 werden zwei Sonderfragen der Unternehmensbewertung behandelt: Beim Squeeze-out kann der Mehrheitsaktionär die Transaktion erzwingen. Dies verlangt eine besondere Behandlung durch die Unternehmensbewertung, die die Interessen der Minderheit angemessen berücksichtigt. Bei internationalen Unternehmenstransaktionen müssen ebenfalls Besonderheiten in den Unternehmensbewertungen berücksichtigt werden. Diese werden zum Abschluss dieses Kapitels thematisiert.

Kapitel 7 befasst sich mit den Preisfindungsmethoden bei Unternehmenstransaktionen. Wert und Preis sind – wie bereits in 1.1 erläutert – unterschiedliche Kategorien, die aber einen Zusammenhang aufweisen. Ein Preis wird nur akzeptiert, wenn er unter dem Wert aus Käufersicht bzw. über dem Wert aus Verkäufersicht liegt. Preise können im Wesentlichen durch Verhandlung, Schiedsverfahren oder Auktion ermittelt werden. Liegt der Preis fest, so spielt auch die Zahlungsweise des Preises eine große Rolle. Die möglichen fixen und variablen Zahlungsmodalitäten werden ebenfalls in Kapitel 7 erörtert.

Kapitel 8 befasst sich mit den wesentlichen Rahmenbedingungen innerhalb derer sich Unternehmenstransaktionen abspielen. Hierbei wird zunächst auf die kartellrechtliche Prüfung von Unternehmensübernahmen eingegangen. Danach werden einige der steuerlichen Regeln erläutert, die bei Unternehmenstransaktionen zu beachten sind. Wie der Kaufpreis im Rechnungswesen des Käufers zu behandeln ist, kann erhebliche Wirkungen auf den künftigen Gewinn des Käufers haben. Die Behandlung der Kaufpreise im Rechnungswesen nach dem deutschen HGB und den internationalen IFRS widmet sich der Abschluss von Kapitel 8.

In Kapitel 9 wird die letzte Phase der Unternehmenstransaktion thematisiert. Die Integration des transferierten Unternehmens in die neue Organisation ist von entscheidender Bedeutung, da durch sie erst die angestrebten Ziele realisiert werden können. Dabei kann die Integration auf verschiedene Weisen vollzogen werden: In unterschiedlicher Intensität oder in unterschiedlicher Geschwindigkeit. Die zu integrierenden Bereiche werden Schritt für Schritt dargestellt und resultierende Probleme intensiv diskutiert. Der Integrationsprozess muss durch ein Controlling begleitet werden. Mit welchen Instrumenten ein Integrationscontrolling arbeiten kann, wird im letzten Teil des Kapitels 9 diskutiert.

Abschließend wird in Kapitel 10 untersucht, ob Unternehmenstransaktionen in der Praxis erfolgreich sind oder nicht. Dazu wird ein breiter Literaturüberblick über empirische Studien gegeben, in denen der Erfolg von Unternehmenstransaktionen untersucht wurde.

Dieses Lehrbuch bedient sich mehrerer didaktischer Mittel, um den dargestellten Stoff zu strukturieren, zu vertiefen und zu illustrieren:

– Vor jedem Kapitel werden die **Lernziele** des Kapitels benannt. Damit kann der Leser erkennen, welche Modelle, Methoden und Konzepte in diesem Kapitel thematisiert werden.

– In den Kapiteln sind immer wieder **Case Studies** in grau abgesetzten Boxen eingestreut. Diese erläutern den praktischen Stoff anhand von Beispielen aus der Unternehmenspraxis. So ergibt sich die Möglichkeit, die praktische Relevanz der diskutierten Themen unmittelbar zu erkennen, weiterführende praktische Erkenntnisse zu gewinnen und das Gelernte auf praktische Probleme anzuwenden.

– Die Boxen mit dem Titel „**Im Fokus**" beziehen sich auf interessante, weiterführende, theoretische oder zum Teil historische Fragestellungen. Die Bearbeitung dieser Texte ist nicht zwingend notwendig, um die Lernziele des Kapitels zu erreichen. Sie dienen vielmehr der Erweiterung des Stoffes und sollen interessante Nebenaspekte darstellen, die zum Weiterdenken anregen sollen.

– Am Ende jeden Kapitels werden kommentierte Hinweise zur „**Weiterführenden Lektüre**" gegeben. Spezielle Studien und Monographien eröffnen dem Leser die Möglichkeit zu eigenständiger Vertiefung von Themenbereichen, die in einem Lehrbuch nur angerissen werden können. Literaturhinweise finden sich darüber hinaus in den Fußnoten des Textes, so dass die Lektüre dieses Lehrbuches Ausgangspunkt für eine vertiefte Beschäftigung mit der einschlägigen Literatur sein kann.

– Im Aufgabenteil dieses Buches werden zu jedem Kapitel Aufgaben gestellt, die zum einen helfen sollen, die Erreichung der Lernziele sicherzustellen, und zum anderen weiterführende Auseinandersetzung mit dem Thema ermöglichen sollen. Daher sind die Übungsaufgaben gegliedert in Wiederholungsfragen und weiterführende Probleme. Teil der weiterführenden Probleme sind anwendungsbezogene Fragestellungen, kleine Fallstudien und (dort wo relevant) Rechenaufgaben. Zu den weiterführenden Problemen gibt es Lösungshinweise.

Die ganzheitliche Darstellung des Themas „Unternehmenstransaktion und Unternehmensbewertung" berührt viele betriebswirtschaftliche Bereiche und kommt auch nicht ohne Rückgriffe auf verwandte Wissenschaften wie die Rechtswissenschaften, die Psychologie oder die Volkswirtschaftslehre aus. In diesem Buch ist bewusst diese ganzheitliche Herangehensweise gewählt worden. Damit setzt man sich zwar dem Vorwurf des Dilettantentums aus, da jeder Bereich zwangsläufig nur angerissen werden kann. Aber die Vielseitigkeit des spannenden Themas kann man nur durch diese Herangehensweise verdeutlichen.

Eingerahmt wird dieses Buch durch einen Prolog und einen Epilog: Wir stellen zunächst dar, warum es einen funktionierenden Markt für Unternehmenstransaktionen nicht geben dürfte. Am Ende des Buches nehmen wir diese Aussagen wieder auf und begründen, warum es doch einen funktionierenden Markt für Unternehmenstransaktionen gibt.

1.3 Prolog: Unternehmenstransaktionen – Ein Paradox?

Auf vielen Märkten herrscht eine asymmetrische Verteilung von Information. Das bedeutet, dass die eine Seite deutlich besser informiert ist als die andere. Diese Situation gilt auch auf dem Markt für Unternehmen, auf denen Unternehmenstransaktionen durchgeführt werden. Der Verkäufer eines Unternehmens weiß, insbesondere, wenn er in die Unternehmensführung eingebunden ist, wie es bei mittelständischen Unternehmen üblich ist, sehr genau, was er an seinem Unternehmen hat. Er kennt die Mitarbeiter, die Produkte, die Vor- und Nachteile der Organisation. Er weiß welche ungenutzten Potentiale in dem Unternehmen schlummern, welche Innovationen demnächst marktreif werden. Der potentielle Verkäufer kennt aber auch sehr genau die Risiken, die in seinem Unternehmen stecken: Wo und an welcher Stelle sich Konkurrenz entwickelt, welche Schwachstellen in den Produkten stecken, wo rechtliche oder steuerliche Risiken schlummern. Für den potentiellen Käufer stellt sich die Situation anders dar: Er kennt alle diese Punkte nicht. Er kann vor dem Erwerb sich zwar ein besseres Bild machen, aber vollständige Erkenntnisse bekommen, kann er nicht.

Diese Situation ähnelt sehr dem Markt für Gebrauchtwagen. Diesen hat in einem einflussreichen Aufsatz der amerikanische Ökonom **George A. Akerlof**[7] als Beispiel für die Auswirkungen von asymmetrischer Information auf das Funktionieren von Märkten angewandt. Auch der Käufer eines Gebrauchtwagens weiß nicht, ob er ein gut funktionierendes Auto oder eine Rostlaube (im amerikanischen Sprach-

---

[7] Vgl. *Akerlof, G.A.:* The Market for „lemons": Quality Uncertainty and the Market Mechanism, Quarterly Journal of Economics, 84. Jg. (1970), S. 488 ff.

gebrauch eine Zitrone „lemon") erwirbt. Währenddessen wissen die Verkäufer der Autos ziemlich genau, ob ihr Auto gut oder schlecht funktioniert. Damit kann der Verkäufer seinen Informationsvorsprung ausnutzen und auch Rostlauben zu hohen Preisen verkaufen. Dies wird wiederum der potentielle Käufer durchschauen. Er wird davon ausgehen, dass der Verkäufer Rostlauben zu überhöhten Preisen verkauft und sich entsprechend verhalten. Das bedeutet, dass ein Käufer nur bereit ist, für eine durchschnittliche Qualität zu bezahlen, also nur einen durchschnittlichen Preis. Für Verkäufer lohnt es sich nicht mehr, überdurchschnittliche Fahrzeuge anzubieten, da sie nie einen überdurchschnittlichen Preis dafür erlösen können. In der Folge sinkt die durchschnittliche Qualität der angebotenen Fahrzeuge, was wiederum die Zahlungsbereitschaft der Käufer auf ein niedrigeres Durchschnittsniveau senkt. Dieser Prozess führt dazu, dass am Ende nur noch die „**lemons**" (die Rostlauben) übrig sind und der Markt nicht mehr funktionsfähig ist. Letzten Endes dürfte es keinen Handel mit Gebrauchtwagen mehr geben.

Akerlof beschreibt in seinem Aufsatz den amerikanischen Markt für Krankenversicherungen[8] für über 65jährige als ein Beispiel für ein solches Marktversagen: Die Versicherten wissen, ob sie anfällig für Krankheiten sind oder nicht. Diejenigen, die gesund sind, werden keine Krankenversicherung nachfragen. Die Versicherungsgesellschaften antizipieren dieses Verhalten und erhöhen die Versicherungsprämien, damit sie in der Lage sind, die Krankheitskosten der anfälligeren Versicherten zu bezahlen. Dies wiederum führt dazu, dass die Prämien derart in die Höhe steigen, dass kein Gesunder mehr bereit ist, diese aufzubringen. Das letztendliche Resultat ist, dass es keine Krankenversicherungen mehr für über 65jährige gibt.[9]

Nach mehrmaligen Absagen durch renommierte volkswirtschaftliche Journale bekam der damalige Assistenzprofessor Akerlof letztlich von dem in Oxford editierten Quarterly Journal of Economics eine Zusage zur Veröffentlichung.[10] Inzwischen ist das Prinzip des „markets for lemons" auf viele Bereiche angewendet worden, auch auf Unternehmenstransaktionen. Die Gutachter, die seinen Beitrag zunächst abgelehnt hatten, sind spätestens mit der Verleihung des Nobelpreises 2001 an Akerlof in ihrem ablehnenden Urteil widerlegt worden.

Bei Unternehmen hat der Verkäufer auch einen Anreiz, den wahren Wert seines Unternehmens zu verschleiern. Zudem gibt es keine wirklichen Vergleichswerte, da Unternehmen individuelle Einheiten sind, die niemals vollständig mit anderen Un-

---

[8] Für Deutschland funktioniert dieses Beispiel nicht, da die gesetzliche Krankenversicherung – außer in bestimmten Ausnahmefällen – alle Versicherten aufnehmen muss.

[9] Vgl. *Akerlof, G.A.:* The Market for „lemons": Quality Uncertainty and the Market Mechanism, Quarterly Journal of Economics, 84. Jg. (1970), S. 492 ff.

[10] Die Ablehnungen waren meist so begründet, dass derart triviale Aufsätze nicht veröffentlichungsfähig sind. Vgl. *Akerlof, G.A.:* Writing the „Market for Lemons" (o. D.). A Personal Interpretive Essay, https://www.nobelprize.org/prizes/economic-sciences/2001/akerlof/article/ (abgerufen am 9.1.2020).

ternehmen vergleichbar sind. Der Verkäufer tut sich darüber hinaus schwer, im Voraus zu beurteilen, ob das transferierte Unternehmen überhaupt so zu integrieren ist, wie er sich das vorstellt. Das gleiche gilt für die Realisierung von Synergieeffekten, die auch nur schwer vorherzusagen ist.[11] In einem solchen Markt kann es – bei Übertragung der Argumentation von Akerlof – nicht zu Transaktionen kommen: Die Verkäufer von guten Unternehmen werden vor einer Veräußerung ihres Unternehmens zurückschrecken, da sie nie die überdurchschnittlichen Preise realisieren können, die sie eigentlich für ihr wertvolles Unternehmen bekommen müssten. Dies liegt darin begründet, dass die Käufer wissen, dass Unternehmensverkäufer den Kaufpreis zu hoch ansetzen werden und nur noch bereit sind, für durchschnittlich gute Unternehmen einen adäquaten Preis zu bezahlen. Letztlich werden auch auf dem Markt für Unternehmen nur noch die „lemons" übrigbleiben, die eigentlich keiner haben möchte. Der Markt für Unternehmen bricht zusammen.

Die Praxis zeigt, dass es trotz dieser düsteren Prognose zu Unternehmenstransaktionen in vielfacher Zahl kommt. Die Theorie würde ein anderes Ergebnis erwarten lassen. Es ist von daher paradox, dass es Unternehmenstransaktionen gibt. Wir werden in dem Epilog zu diesem Buch in Kapitel 10 dieses Paradox wiederaufnehmen und zeigen, wie die Praxis das Problem der asymmetrischen Informationsverteilung, die unzweifelhaft auf dem Markt für Unternehmen vorherrscht, aufnimmt und so dafür sorgt, dass Unternehmenstransaktionen stattfinden und mal mehr mal weniger erfolgreich abgeschlossen werden (siehe dazu Kapitel 10). Wenn Sie das Prinzip des „market for lemons" bei der weiteren Lektüre im Gedächtnis behalten, so werden Sie im weiteren Verlauf Maßnahmen und Instrumente erkennen, die sich gebildet haben, um die hier dargestellten Probleme zu überwinden.

Weiterführende Lektüre

Es gibt einige Lehrbücher, die sich dem Gesamtthema „Unternehmenstransaktion" widmen. Zu nennen sind insbesondere die Werke von Wirtz (2017), Glaum/Hutzschenreuter (2010) und Jansen (2016). Im englischsprachigen Raum findet das Lehrbuch von Patrick Gaughan (2018) vielfach Anwendung. Hier findet der Leser eine amerikanische Perspektive bei gesetzlichen und praktischen Hinweisen.

Gaughan, P.A.: Mergers, Acquisitions, and Corporate Restructurings, 7. Auflage, Holboken 2018.
Glaum, M./Hutzschenreuther, T.: Mergers & Acquisitions, Stuttgart 2010.
Jansen, S.A.: Mergers & Acquisitions, 6. Auflage, Wiesbaden 2016.
Wirtz, B.M.: Mergers & Acquisitions Management, 4. Auflage, Wiesbaden 2017.

---

[11] Vgl. *Coff, R.W.:* How Buyers Cope with Uncertainty when Acquiring Firms in Knowledge Intensive Industries: Caveat Emptor, Organization Science, 10. Jg. (1999), S. 145.

2   Die Bedeutung von Unternehmenstransaktionen

Lernziele

– In diesem Kapitel erfahren Sie die Bedeutung des Marktes für Unternehmenstransaktionen heute und in der Vergangenheit.
– Sie lernen das Phänomen der Mergerwellen kennen, deren Ursachen, Gemeinsamkeiten und Unterschiede.

In diesem Kapitel wird die volkswirtschaftliche Bedeutung von Unternehmenstransaktionen dargestellt. Zunächst werden die aktuellen Entwicklungen in diesem Bereich beschrieben, um dann einen Blick in die Historie vorzunehmen und Gemeinsamkeiten bei den bislang beobachteten Mergerwellen zu identifizieren.

2.1   Der Markt für Mergers & Acquisitions

Mergers & Acquisitions sind ein wichtiges Instrument von Unternehmen für externes Wachstum zu sorgen. Große „deals" beherrschen die Schlagzeilen der Wirtschaftspresse und werden in der breiten Öffentlichkeit diskutiert. Dabei sind Unternehmenstransaktionen kein neues Phänomen. Sie spielen schon seit über einem Jahrhundert eine große Rolle für die Unternehmensführung und haben die Volkswirtschaften aller Regionen geprägt.

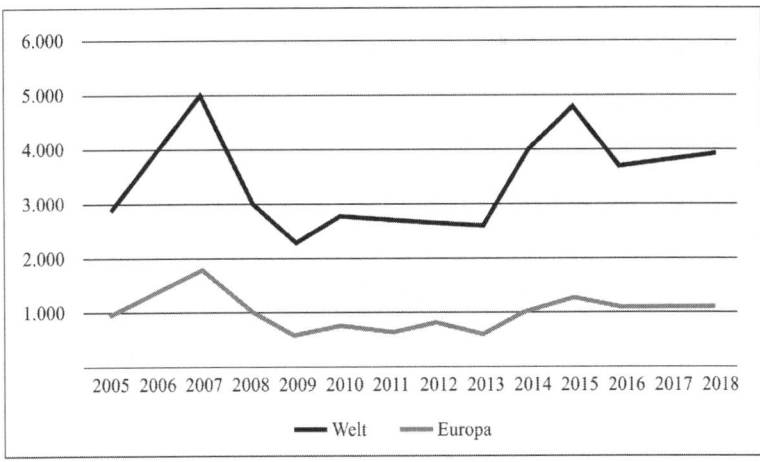

Abbildung 1: Volumen der M&A Transaktionen global und für Europa in Mrd. USD[12]

Abbildung 1 zeigt, dass die Aktivität sowohl global als auch in Europa bis zum Ausbruch der Finanzkrise stark angestiegen ist. Das Abflauen des Volumens bei

---

[12]   Vgl. *Institute for Mergers, Acquisitions, Alliances IMAA*, www.imaa.org (abgerufen am 9.1.2020).

Unternehmenstransaktionen kann auf die **Kreditklemme** (credit crunch) zurückgeführt werden, die in der Finanzkrise 2007 entstand. Die Banken und andere Kreditgeber hatten ihr Kreditangebot verknappt. Es standen nicht mehr genügend Mittel für die Abwicklung von Unternehmenstransaktionen zur Verfügung. In Europa sank das Volumen auf knapp eine Billion USD, verglichen mit dem Höchststand im Jahr 2007 von 1,8 Billion USD. Die Aktivität auf dem Markt für Unternehmenskontrolle zieht ab dem Jahr 2013 wieder deutlich an und erreicht wieder die Stände vor der Finanzkrise. Größter Markt für Mergers & Acquisitions war und ist die USA gefolgt von Westeuropa und dem asiatisch-pazifischen Markt. Transnationale Unternehmenstransaktionen gewinnen an Bedeutung, wobei zahlenmäßig das größte Volumen zwischen Westeuropa und den USA abgewickelt wird.[13]

Eine vergleichbare Tendenz zeigt sich auch für Deutschland. Betrachtet man die beim Bundeskartellamt angemeldeten Zusammenschlüsse (Abbildung 2), so zeigt sich, dass die Anmeldungen in den Jahren 2009 und 2010 auf unter 1.000 gesunken sind, von einem Höchststand von 2.242 im Jahr 2008 kommend, der trotz leicht ansteigender Tendenz seit 2010 nicht wieder erreicht worden ist.

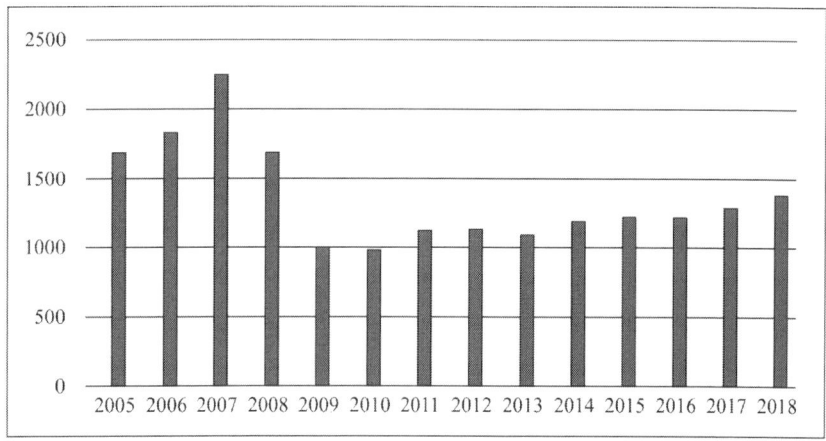

Abbildung 2: Beim Bundeskartellamt angemeldete Zusammenschlüsse 2005 bis 2018[14]

Aktuell ist die Entwicklung des Marktes für Unternehemnszusammenschlüsse international und in Deutschland insbesondere durch zwei gegenläufige Trends gekennzeichnet: Potentielle Investoren verfügen über viel Bargeld, durch das Niedrigzinsumfeld strebt dieses Kapital in Eigenkapital Investitionen. Dies führt aber auch aufgrund der hohen Nachfrage nach Beteiligungstiteln zu hohen Bewertungen, die wiederum Investoren abschrecken. Hinzu kommen erhebliche Unsicher-

---

13 Vgl. *Popp, R.:* Unternehmenszusammenschlüsse, in: Schmeisser, W. et al.: Neue Betriebswirtschaft, München 2018, S. 261 f.

14 Vgl. *Bundeskartellamt:* Fusionskontrolle, https://www.bundeskartellamt.de/ DE/Fusionskontrolle/fusionskontrolle_node.html (abgerufen am 9.1.2020)

heiten durch potentielle Handelskonflikte und eine allgemein verstärkte politische und gesellschafte Unsicherheit. In diesem Umfeld sind Vorhersagen über die künftige Entwicklungen am Markt für Mergers and Acquisitions nur schwer zu treffen.[15]

Mergers & Acquisitions kommen in **Wellen** daher. Sie treten in Clustern auf, die sich zu bestimmten Zeiten, in bestimmten Branchen und Regionen bilden.[16] Obwohl es viele Erklärungsansätze gibt, mit denen sich Forscher beschäftigt haben, um die Schwankungen in Unternehmenstransaktionen zu erklären, ist der Grund für diese Volatilität nicht hinreichend klar. Es muss Gründe geben für Akquisitionen, die kurzzeitig da sind und dann wieder verschwinden. Was das ist, ist noch nicht vollkommen erforscht.[17]

2.2   Merger Wellen

In der Literatur werden sechs Merger Wellen seit Ende des 19. Jahrhunderts unterschieden, wobei sich die Geschwindigkeit der Merger Wellen in den letzten dreißig Jahren deutlich beschleunigt hat. Im Folgenden werden die Wellen und ihre Auslöser in chronologischer Reihenfolge dargestellt. Auch wenn die Merger Wellen am besten für die USA erforscht sind, so kann man doch feststellen, dass sich die Situation in Deutschland sehr ähnlich entwickelt hat, auch wenn es unterschiedliche gesetzliche und volkswirtschaftliche Rahmenbedingungen gegeben hat.[18] Auch in den meisten anderen Staaten folgen die Trends häufig dem amerikanischen Muster. Einzig China hat sich von diesem Trend abgekoppelt – zum einen wegen Regulierungen, die den Kauf durch Ausländer verhindern sollen, zum anderen aber auch wegen Kapitalverkehrskontrollen und staatlicher Lenkung, die die Aktivität von chinesischen Unternehmen im Ausland steuern sollen.[19]

2.2.1   *Die erste Merger Welle: 1887 bis 1904*

Die erste großer Merger Welle begann mit der Erholung von der Wirtschaftskrise in 1883 und endete mit dem Ausbruch der Wirtschaftskrise 1904.[20] Die Charakteristik dieser Welle war der horizontale Zusammenschluss von Unternehmen, also

---

[15]   Vgl. u. a. *Maurer, J./Kaehler, D.:* M & A Markt Q3 2019: Europa trotzt schwächelndem M&A Markt, M&A Review, 30. Jg. (2019), S. 358 f.

[16]   Vgl. *Andrade, G./Mitchell, M./Stafford, E.:* New Evidence and Perspectives on Mergers, Journal of Economic Perspectives, 15. Jg. (2001), S. 103 ff.

[17]   Vgl. *Brealey, R. A./Myers, S. C./Allen, F.:* Principles of Corporate Finance, 10. Auflage, New York 2011, S. 843.

[18]   Vgl. *Kummer, C.:* Internationale Fusions- und Akquisitionsaktivität, Wiesbaden 2005, S. 151 f.

[19]   Vgl. *Gaughan, P.A.:* Mergers, Acquisitions & Corporate Restructurings, New York 2018, S. 9.

[20]   Die Datierung folgt *Scherer, F. M./Ross, D.:* Industrial Market Structure and Economic Performance, 3. Auflage, Boston u. a. 1990, S. 153. In der Literatur finden sich auch Datierungen dieser Merger Welle auf die Zeit zwischen 1897 und 1904.

von Unternehmen der gleichen Branche. Es entstanden große Unternehmen, die ihre Branchen beherrschten. Damit konnten **die technischen Möglichkeiten der Industriellen Revolution**, die große Economies of Scale (also Größenvorteile) ermöglichten, ausgenutzt werden. In den USA waren circa 15 % aller in der verarbeitenden Industrie Beschäftigten von Unternehmenstransaktionen betroffen. Es wurden in der Zeit von 1897 bis 1904 allein 2.700 Transaktionen in den USA durchgeführt.[21] Es entstanden große marktbeherrschende Unternehmen, die zum Teil noch heute zu den größten amerikanischen Unternehmen gehören. So bildeten sich der US Steel Konzern, der als erstes Unternehmen überhaupt eine Kapitalisierung von über 1 Mrd. USD erreichte. US Steel entstand als Zusammenschluss der Stahlinteressen des Bankiers John Pierpoint Morgan (Gründer des Bankhauses J. P. Morgan) und des Industriellen Andrew Carnegie. US Steel war lange das größte Unternehmen der Welt mit einem Marktanteil von über 60 % in den Vereinigten Staaten. Daneben entstanden so prominente Unternehmen wie DuPont, Eastman Kodak oder General Electric.

Ziel war es in den sehr unruhigen Zeiten, den **Wettbewerb zu stabilisieren und den Preiswettbewerb zu reduzieren**. Thomas Alva Edison, der Erfinder der Glühbirne, gab diese Intention bei der Fusion zwischen Thomson-Houston und General Electric Edison in einem Interview mit der New York Times offen zu: „Recently there has been sharp rivalry between [the companies], and prices have been cut so that there has been little profit in the manufacture of electrical machinery for anybody. The consolidation of the companies ... will do away with a competition which has become so sharp that the factories has been worth little more than ordinary hardware."[22]

Eine stringente Gesetzgebung gegen Monopole hat es in den USA zwar gegeben, aber eine konsequente Anwendung dieser Gesetze gab es noch nicht. 1890 wurde der **Sherman Act** erlassen, der auf Bundesebene Trusts, Verträge und Absprachen, die den Handel behindern, untersagte. Anfangs wurde das Gesetz jedoch kaum angewendet, so dass die erste Merger Welle trotzdem Fahrt aufnehmen konnte.[23] Erst 1902 klagte die USA unter Bezugnahme auf den Sherman Act gegen die Northern Securities Company, in der J.P. Morgan, J.D. Rockefeller und andere Tycoons der Zeit ihre Eisenbahn-Interessen bündeln wollten. Der amerikanische Präsident Theodore Roosevelt machte daraus einen Testfall, um den Kampf gegen die Kartelle und andere wettbewerbswidrige Strukturen zu beginnen. Der Sherman Act bekam Zähne, die Merger Welle ging mit dem Urteil des Obersten Gerichtshof, der mit der knappsten Mehrheit von 5:4 Stimmen für eine Entflechtung stimmte, zu Ende.[24]

---

21   Vgl. *Nelson, R.*: Merger Movements in American Industry 1895 – 1956, Princeton 1959.
22   Der Ausschnitt aus der New York Times vom 21. Februar 1892 ist zitiert nach *Scherer, F.M./Ross, D.*: Industrial Market Structure and Economic Performance, 3. Auflage, Boston u.a., S. 160.
23   Vgl. *Kummer, C.*: Internationale Fusions- und Akquisitionsaktivität, Wiesbaden 2005, S. 137 f.
24   Vgl. *Letwin, W.*: Law and Economic Policy in America, New York 1965, S. 182 ff.

Case Study: Die Gründung und Zerschlagung von Standard Oil

1853 fand der amerikanische ehemalige Oberschulrat George Bissell im Westen Pennsylvanias Steinöl, was wir heute Erdöl nennen. Das daraus produzierte Kerosin revolutionierte die Beleuchtung in Gebäuden und auf Straßen. Aus dem Öl produzierte Schmiermittel wurden genutzt, um die Maschinen der Industrialisierung in Gang zu halten. Ein wahrer Boom setzte ein, Firmen die durch den leicht zu erzielenden Reichtum angelockt wurden, schossen wie Pilze aus dem Boden. Dieser Boom führte zu einem Überangebot, der Preis für Öl sank von 10 USD im Januar 1861 auf 0,10 USD am Ende desselben Jahres. Zu diesem Zeitpunkt trat das Unternehmen Clark and Rockefeller aus Cleveland, das bislang mit Schweinefleisch und anderen landwirtschaftlichen Produkten handelte, als Aufkäufer von Unternehmen der darbenden Ölfirmen auf. Dabei wurden insbesondere kleinere Raffinerien auch mit ruppigen Methoden zum Verkauf unter dem eigentlichen Marktwert gezwungen. Die Manager einer der Beteiligungen von Rockefeller der Vacuum Oil (aus der die Mobil Oil hervorgegangen ist) wurden sogar für den Auftrag, eine Explosion in einer konkurrierenden Raffinerie auszulösen, rechtskräftig verurteilt (anschließend wurden sie aber von Rockefeller in ihren Positionen belassen). Außerdem wurde mit geschickt ausgehandelten Frachtraten und technischem Fortschritt das Geschäft mit dem Öl quasi monopolisiert. 1870 wurden die verschiedenen Interessen im Ölgeschäft von Rockefeller als Standard Oil Company in Ohio registriert. Bereits in den 1880er Jahren kam man in Konflikt mit den Kartellgesetzen in Ohio, so dass der Sitz des Unternehmens 1889 nach New Jersey verlegt wurde. Insgesamt kam Standard Oil auf einen Marktanteil von 90 % in den USA. Dies wurde durch die Akquisition von 120 Wettbewerbern, dem Abschluss von diskriminierenden Frachtpreisen für Wettbewerber, dem Aufkauf von Pipelines, wodurch der Verkauf von Öl durch Konkurrenz behindert wurde und mit Dumpingpreisen, die den Wettbewerb aus dem Markt drängte erreicht.

1906 wurde von US-Präsident Roosevelts Regierung ein Verfahren gegen Standard Oil auf Basis des Sherman Acts angestrengt. In dem Urteil des US Supreme Courts von 1911, das als Meilenstein der US-amerikanischen Rechtsgeschichte gilt, wurde Standard Oil für schuldig befunden, den Ölmarkt illegal monopolisiert zu haben. Als entscheidend wurden zwei Kriterien angesehen: Zum einen war eine Monopolposition erreicht worden. Zum anderen bestand die Absicht, diese Position zu erreichen und andere Marktteilnehmer auszuschließen. Der Supreme Court urteilte über Standard Oil, dass diese Absicht durch das Verhalten des Unternehmens vielfach manifestiert sei. Als Folge wurde Standard Oil in 33 geographisch gegliederte Unternehmen aufgeteilt. Das Eigenkapital wurde nach den Anteilen an der

Standard Oil vergeben. Damit ergab sich anfangs kaum eine Stärkung des Wettbewerbs, da die Nachfolgeunternehmen aufgrund der geographischen Aufteilung nicht direkt miteinander konkurrierten. Außerdem verteilten sich die Anteile erst nach und nach durch Verkäufe und Erbschaften.

Quellen: *Bryson, B.*: Eine kurze Geschichte der alltäglichen Dinge, München 2011, S. 162 ff.; *Flynn, J.T.*: God's gold – the story of Rockefeller and his times, Auburn 2007; *Scherer, F.M./Ross, D.*: Industrial Market Structure and Economic Performance, 3. Auflage, Boston u.a. 1990, S. 450 f.

Auch in Deutschland hatte die erste große Merger Welle ihre Auswirkungen. So wurde für die Zeit von 1887 bis 1904 für die damals 100 größten deutschen Unternehmen eine rege Akquisitionstätigkeit festgestellt. Sie hatten 159 Fusionen durchgeführt, die zu ihrem Unternehmenswachstum beitrugen.[25] Auch gab es in dieser Zeit bereits grenzüberschreitende Transaktionen, bei denen ausländische Unternehmen Transaktionen in Deutschland durchführten.[26]

Die in Deutschland geringere Intensität der Merger Welle lässt sich mit einer anderen Entscheidung hinsichtlich Kartellen erklären. Die deutsche Gesetzgebung und Rechtsprechung ging den Weg Kartelle zu legalisieren. Hintergrund war, dass man die Wirtschaftskrise nach 1873 (die Gründerkrise) auf den Wettbewerb zurückführte, der Überproduktion begünstigte und damit zu Unternehmenskrisen führte.[27]

2.2.2 Die zweite Merger Welle: 1916 bis 1929

Die schärfere Anwendung der Kartellgesetzgebung führte dazu, dass in der zweiten Welle vor allem **vertikale Unternehmen** geschaffen wurden, also sich Unternehmen zusammenschlossen, die auf verschiedenen Stufen der Wertschöpfungskette standen. Als Grund wird neben den Kartellgesetzen angeführt, dass in der ersten Mergerwelle die attraktiven Gelegenheiten zur Schaffung von Monopolen auf den Märkten bereits ausgenutzt wurden. Die Marktstrukturen haben sich in dieser zweiten Welle weniger stark verändert. Der Unterschied zwischen den beiden Mergerwellen wurde von George Stigler prägnant bezeichnet als der Unterschied zwischen „merger for monopoly" in der ersten und „merger for oligopoly" in der zweiten Welle.[28] Motive für die zweite Mergerwelle waren zum einen Fortschritte im Transportwesen, die lokale abgeschottete Märkte unmöglich machten. Große Unternehmen erweiterten ihre lokale Ausdehnung durch Akquisitionen. Zum anderen

---

[25] Vgl. *Huerkamp, C.*: Fusionen der 100 größten Unternehmen von 1907 zwischen 1887 und 1907, in: Horn and Kocka (ed.), Recht und Entwicklung der Großunternehmen, Göttingen 1979, S. 113.

[26] Vgl. die Beispiele bei *Kummer, C.*: Internationale Fusions- und Akquisitionsaktivität, Wiesbaden 2005, S. 91 f.

[27] Vgl. *Schmoeckel, M./Maetschke, M.*: Rechtsgeschichte der Wirtschaft, 2. Auflage, Tübingen 2016, S. 281 ff.

[28] Vgl. *Stigler, G.J.*: Monopoly and Oligopoly by Merger, AER, 40. Jg. (1950), S. 23 f.

machte die Verbreitung des Rundfunks auch überregionale Werbekampagnen und Marken möglich. Diese Möglichkeiten wurden durch Akquisitionen unterstützt.[29] Die zweite Mergerwelle endete mit dem **Börsenkrach im Oktober 1929**, der als Ausgangspunkt der großen Depression gilt.

Case Study: Die Akquisition von Opel durch General Motors

Opel war in den 20er Jahren des vergangenen Jahrhunderts der größte deutsche Autobauer, der mit nationalistischen Kampagnen versuchte, die Kunden an sich zu binden. „Deutsche kauft deutsche Autos" lautete eine der Slogans aus dieser Zeit. Opel war auch der größte deutsche Autoexporteur. Allerdings stand die Eigentümerfamilie finanziell mit dem Rücken zur Wand. Man hatte in die modernsten Produktionstechnologien investiert und die amerikanische Fließbandfertigung nach Deutschland geholt. Zudem brachte eine Reihe von Todesfällen in der Familie neben privatem Leid auch Liquiditätsabfluss durch die fällig werdenden Erbschaftsteuern. Nachdem Wilhelm von Opel schon vorher vertraulichen Kontakt zu General Motors geknüpft hatte, besuchte 1928 eine Delegation die Opel Werke in Rüsselsheim. Sie wurde angeführt von Alfred Sloan, der den amerikanischen Konzern zum größten Unternehmen der Welt führte und für seinen rationalen Managementstil bekannt war. Bereits bei diesem Besuch handelte Sloan eine Kaufoption für Opel aus. Dieses Vorgehen, das heute übereilt erscheint, lässt sich durch den hohen Aufwand für eine Europareise in dieser Zeit erklärten. Im März 1929 zog General Motors die Option und erwarb 80 % der Anteile für 24 Mio. USD von der Familie Opel. 1931 wurden die restlichen 20 % für weitere 9 Mio. USD übernommen. Dies war ein glänzendes Geschäft für die Familie Opel. Schätzungen aus der Zeit ergaben einen deutlich niedrigeren Wert für die Opel-Werke. Außerdem erwies sich der Zeitpunkt des Verkaufs als außerordentlich glücklich. Im Oktober brach die Weltwirtschaftskrise offen aus. Der Absatz brach ein, die Produktion wurde unterbrochen. General Motors sicherte das Überleben durch große Finanzspritzen in den Opel-Konzern. General Motors nutzte der Erwerb von Opel bei der Mehrmarkenstrategie, bei der verschiedene Modelle von verschiedenen Marken angeboten wurden. Nichtsdestotrotz war der Aufschrei in der Presse groß. Die damals populäre Vossische Zeitung schrieb am 17. März 1929: „Im Augenblick stehen wir vor der schrecklichen Tatsache der Überfremdung des größten deutschen Automobilunternehmens und des Verlustes von wertvollem Kapital aus deutscher Arbeitskraft, dessen Nutznießer der einzige Sieger im Weltkrieg, die amerikanische Wirtschaft, sein wird."

---

[29] Vgl. *Markham, J.W.:* Survey of Evidence and Findings on Merger, in: National Bureau of Economic Research: Business Concentration and Price Policy, Princeton 1955.

Quellen: *Gericke, G.:* 17.3.1929 – General Motors kauft Opel, (o.D.) http://
www.kalenderblatt.de/index.php?what=thmanu&manu_id=84&tag=17&mo
nat=3&weekd=&weekdum=&year=2005&lang=de&dayisset=1 (abgerufen
am 25.9.2011); *Hengstenberg, M.:* Als GM noch Opels Retter war, Spiegel
Online, http://einestages.spiegel.de/static/topicalbumbackground/3740/als_
gm_noch_opels_retter_war.html (abgerufen am 25.9. 2011).

Die Aktivitäten in Deutschland sind zu Beginn durch Kartellierungen geprägt. Kartelle sind Absprachen zwischen Unternehmen, die für sie negative Wirkungen des Wettbewerbs ausgleichen sollen.[30] Deutschland hatte viele ausgeprägte **Kartelle**,[31] was auf die stärker eigentümergeprägten Unternehmen zurückzuführen war. Kartelle galten damals als Vorform einer Fusion. 1922 schätzte man, dass es circa 1.000 Kartelle gab.[32] Hauptgrund dieser Praxis, die zu sehr stark konzentrierten Branchen führte, war das deutsche Wettbewerbsrecht. Weder der Gesetzgeber noch die Rechtsprechung beschränkten die Zusammenschlüsse von Unternehmen in irgendeiner Weise. Es herrschte immer noch die Vorstellung aus der Gründerkrise vor, dass Kartelle Unternehmen schützen können. Erst 1923 in der Weimarer Republik wurde eine Kartellgesetzgebung eingeführt. Dies hing damit zusammen, dass in Zeiten der Krise – wie der Hyperinflation 1922 und 1923 – die Kartelle von den Unternehmen genutzt wurden, um höhere Preise gegen die Konsumenten durchzusetzen. Die öffentliche Kritik an Kartellen nahm zu, allerdings fehlten dem Reichswirtschaftsminister, der theoretisch Kartelle hätte auflösen können, die nachgeordneten Behörden zur Beobachtung und Durchsetzung von Kartellverboten.[33]

2.2.3 Die dritte Mergerwelle: Die 1960er Jahre

In den 1960er Jahren kam es zur dritten Mergerwelle, die im Wesentlichen durch **Diversifikation und das Entstehen von Konglomeraten** geprägt war. In den USA waren die Kartellgesetze verschärft worden, was Zusammenschlüsse von Unternehmen der gleichen Branche erschwerte. Hinzu kam die Überzeugung mancher Unternehmen, dass sie das Management perfektioniert hatten und dieses perfekte Management auf andere als ihre angestammte Branche anwenden wollten.[34]

Übernahmen konnten, z.B. im Einzelhandel, Regionen erschließen, in denen die Unternehmen bislang nicht präsent waren. Es konnte bewusst in Branchen expandiert werden, die keinen Bezug zum bisherigen Kerngeschäft hatten. Motiv war

[30] Vgl. *Jung, H.:* Allgemeine Betriebswirtschaftslehre, 12. Auflage, München 2010, S. 138.
[31] Deutschland galt als das Land mit den meisten Kartellen. Vgl. *Kummer, C.:* Internationale Fusions- und Akquisitionsaktivität, Wiesbaden 2005, S. 149.
[32] Vgl. *Pierenkemper, T.:* Unternehmensgeschichte, Stuttgart 2000, S. 237
[33] Vgl. *Schmoeckel, M./Maetschke, M.:* Rechtsgeschichte der Wirtschaft, 2. Auflage, Tübingen 2016, S. 296.
[34] Vgl. *Ecker, M.:* Die sechste M&A Welle im Vergleich zu vorangegangenen Fusionswellen, M&A Review, o. Jg. (2008), S. 509.

auch, dass Unternehmen sich in Technologien einkauften, wie beispielsweise die Elektronik oder die Computertechnologie. Die Auslöser waren meist defensiv, die Unternehmen wollten sich vor Umsatz- und Gewinnschwankungen schützen, ungünstige Wachstums- und Wettbewerbssituationen im Kerngeschäft kompensieren, technische Versäumnisse aufholen und Unsicherheiten in ihrem Kerngeschäft umgehen.[35] Heute wird die Diversifikation als Strategie verworfen, ein einzelner Aktionär kann durch Anlage in Wertpapieren verschiedener Unternehmen aus verschiedenen Branchen und Ländern sein Risiko selbst diversifizieren. Ein diversifiziertes Unternehmen bedarf es dazu nicht. Diversifizierte Unternehmen werden von daher an den Börsen mit Abschlägen gehandelt, der Anleger braucht sie nicht. Die einzelnen Teile des Unternehmens sind mehr wert als das Gesamtunternehmen.[36] Dies führte dazu, dass die meisten Konglomerate inzwischen entflechtet sind.

Mit der **Ölkrise** und der damit verbundenen Krise der Wirtschaft Anfang der 1970er Jahre endete die dritte Mergerwelle.

2.2.4   Die vierte Welle: Von 1984 bis 1989

Die vierte Welle hatte eine ihrer Ursachen in der Entflechtung der in der dritten Welle geschaffenen Konglomerate. Es setzte sich die Erkenntnis durch, dass sich Unternehmen auf ihre Kernkompetenzen konzentrieren sollten und dass konglomerate Strukturen ineffizient sind, da der einzelne Investor durch Erwerb verschiedener Aktien sein Risiko sehr gut alleine streuen kann. Daneben standen finanzwirtschaftliche Überlegungen im Mittelpunkt dieser Mergerwelle. Fremdkapital wurde verstärkt eingesetzt und damit der **Leverage-Effekt** ausgenutzt. Fremdkapital ersetzte Eigenkapital, wodurch insgesamt die Rendite des Unternehmens gesteigert werden sollte. Dieses Vorgehen wurde durch die Steuergesetzgebung unterstützt, die den Einsatz von Fremdkapital stärker begünstigt als Eigenkapital (Abzugsfähigkeit der Fremdkapitalzinsen, nicht aber der Dividenden für die Eigenkapitalgeber).

Im Fokus: Der Leverage-Effekt

Der Leverage-Effekt (Hebeleffekt) besagt, dass mit zunehmender Aufnahme von Fremdkapital die Gesamtrendite eines Unternehmens steigt, solange die Gesamtrendite höher ist als der Fremdkapitalzins. Ein Unternehmen hat ein Gesamtkapital von 1.000 EUR und ein Jahresergebnis von 100 EUR. Ist das Unternehmen vollständig mit Eigenkapital finanziert, so sind sowohl die Eigenkapitalrendite als auch die Gesamtkapitalrendite bei 10 %. Kann das Un-

---

[35]   Vgl. *Weston, J.F./Mansinghka, S.K.:* Tests of the Efficiency Performance of Conglomerate Firms, Journal of Finance, 26. Jg. (1971), S. 928.

[36]   Vgl. *Denis, D. J./Denis, D.K/Yost, K.:* Global Diversification, Industrial Diversification. and Firm Value, Journal of Finance, 57. Jg. (2002), S. 1951 ff.

> ternehmen einen eigenkapitalersetzenden Kredit mit einem Zinssatz von 5 % über 200 EUR aufnehmen, so wird der Leverage-Effekt genutzt. Es ergibt sich eine Unternehmensrendite von (100-(200·0,05))/800 = 11,25 %. Durch Ersatz von Eigenkapital durch verzinsliches Fremdkapital konnte die Gesamtrendite des Unternehmens gesteigert werden. Dieser Effekt wird als Leverage-Effekt bezeichnet.

Die Technik des **Leveraged Buy-Outs** ermöglichte Übernahmen, die in der breiten Öffentlichkeit Erstaunen auslösten. So kaufte der amerikanische Corporate-Raider Richard Perelman die Kosmetikfirma Revlon. Er verkaufte später Einzelteile des Unternehmens mit einem Gewinn von 600 Mio. USD.[37] Spektakulärste und größte Transaktion war die feindliche Übernahme des amerikanischen Tabak- und Nahrungsmittelkonzerns RJR Nabisco durch den Finanzinvestor Kohlberg Kravis Roberts & Co (KKR) mit einem Volumen von 25 Mrd. USD. Die vierte Welle endete mit der Rezession 1989/1990. Zeichen für das Ende war, dass das going private der amerikanischen Fluggesellschaft United Airlines scheiterte. Die Banken waren nicht in der Lage das nötige Kapital in Höhe von 7,2 Mrd. USD am Kapitalmarkt aufzubringen. Der Markt für hochverzinsliche aber gleichzeitig hochriskante Unternehmensanleihen war zusammengebrochen.

In Europa kam ein anderer Treiber der vierten Welle hinzu: Mit der Einführung des europäischen Binnenmarktes im Jahre 1992 wollten viele Unternehmen europaweit vertreten sein. Es kam verstärkt zu grenzüberschreitenden Transaktionen, weil Unternehmen europaweit Präsenz zeigen wollten.

2.2.5   Die fünfte Welle: Von 1995 bis 2000

Die fünfte Welle war ebenfalls durch Megatransaktionen geprägt. Bedeutendste Sektoren waren die **Telekommunikations- und Computerindustrie**. Häufig wird die fünfte Welle auch mit der Internetblase in Verbindung gebracht, die sich zu Beginn der kommerziellen Nutzung des world wide web bildete. Die größte Transaktion war die feindliche Übernahme des deutschen Mannesmann Konzerns durch die britische Vodafone mit einem Volumen von 180 Mrd. EUR. In diese Zeit fallen auch Megatransaktionen wie die Fusion von Daimler und Chrysler, die Übernahme von Time Warner durch AOL oder der Zusammenschluss der amerikanischen Ölkonzerne Exxon und Mobil (beide waren aus der Zerschlagung der Standard Oil hervorgegangen). Diese Transaktionen wurden häufig über Aktientausch finanziert.

---

[37]   Vgl. *Hinne, C.:* Mergers & Acquisitions Management, Wiesbaden 2008, S. 27.

Die fünfte Fusionswelle wird in der Literatur sehr kritisch gesehen.[38] In der Zeit zwischen 1998 und 2001 wurden 4.136 Übernahmen in den USA registriert, die untersucht worden sind. Davon haben 87 Transaktionen einen Wert (gemessen an der Marktkapitalisierung der Transaktionsbeteiligten an der Börse) von mehr als 1 Mrd. USD, in Summe 397 Mrd. USD vernichtet. Die übrigen 4.049 Transaktionen konnten einen Wert von 157 Mrd. USD schaffen, so dass sich per Saldo ein Verlust für die Aktionäre durch die fünfte Welle in Höhe von 240 Mrd. USD ergeben hat. Dabei weisen die großen verlustträchtigen Transaktionen Gemeinsamkeiten auf: Sie werden von sehr großen Unternehmen durchgeführt, die schon größere und längere Erfahrungen mit der Abwicklung von Übernahmen haben. Irgendwann kommt es dann zu der großen verlustträchtigen Übernahme, die das Unternehmen in existenzielle Probleme bringen kann.

Der Trend zur **feindlichen Übernahme** setzte sich nicht weiter fort. Im Wesentlichen fanden danach freundliche Übernahmen statt, bei denen sich gleichberechtigte Unternehmen zusammenschlossen (Merger of Equals). Ziel vieler Unternehmen war es, neue Geschäftsmodelle umzusetzen, wie es z. B. bei dem Zusammenschluss des Verlags- und Medienkonzerns Time Warner mit AOL, einem führenden Unternehmen der New Economy zum Ausdruck kam. Der Grund, dass diese Welle insgesamt Wert vernichtet hat, kann daran liegen, dass bei größeren Transaktionen es sehr viel schwieriger ist, Synergieeffekte zu realisieren. Viele der Fusionen aus dieser Zeit (z. B. adidas und Reebok oder die beiden Stahlkonzerne Arcelor und Mittal) fanden in einer Branche statt. Die Konsolidierung einer Branche kann aber deutlich länger dauern und sich schwieriger gestalten, als die Abwicklung einer verhältnismäßig kleinen Transaktion, die darüber hinaus auch viel weniger Managementkapazität bindet.

Branchen, die besonders aktiv in dieser Welle waren, sind die Pharmaindustrie oder die Automobilwirtschaft, in der die Globalisierung besonders von Bedeutung ist. Daneben hat in einigen Branchen die Deregulierung Chancen eröffnet. Telekommunikation und Energiewirtschaft sind hier an erster Stelle zu nennen.

Mit dem Platzen der Internetblase im Jahr 2000 und den Anschlägen auf das World Trade Center am 11. September 2001 endete die fünfte Mergerwelle. Der Markt für Mergers & Acquisitions kam im Jahr 2002 fast zum Erliegen und erreichte einen Tiefstand.[39]

---

[38] Vgl. die Untersuchung von *Moeller, S./Schlingemann, F.P./Stulz, R. M.*: Wealth destruction on a massive scale? A study of acquiring-firm returns in the recent merger wave, Journal of Finance, 60. Jg. (2005), S. 757 ff.

[39] Vgl. *Ecker, M.:* Die sechste M&A Welle im Vergleich zu vorangegangenen Fusionswellen, M&A Review, o. Jg. (2008), S. 510.

2.2.6 Die sechste Welle: Von 2003 bis 2008

Ab dem Jahr 2003 nahmen die Zahl und das Volumen der Unternehmenstransaktionen wieder zu, so dass in der Literatur von einer sechsten Welle gesprochen wird. Die Aktivitäten kamen zu einem plötzlichen Stopp mit dem Ausbrechen der Finanzkrise im Jahr 2007. Große Transaktionen wurden allerdings noch im Jahr 2008 abgewickelt. So wurde die Übernahme der Dresdner Bank durch die Commerzbank erst 2008 vollendet. Man kann davon ausgehen, dass einige Unternehmen diese Transaktionen, die sie vor Ausbruch der Finanzkrise angekündigt hatten, nicht mehr umgesetzt hätten, wenn sie gekonnt hätten. Da das Jahr 2008 auch noch ein großes Transaktionsvolumen gesehen hat, wird hier die sechste Welle bis zum Jahr 2008 datiert, obwohl die Finanzkrise als Endpunkt bereits ausgebrochen war.

Treiber der sechsten Welle waren vor allem **Finanzinvestoren**. Die expansive Geldpolitik der Zentralbanken nach den Anschlägen vom 11. September 2001 machte die Fremdfinanzierung für Finanzinvestoren vergleichsweise einfach. Finanzinvestoren hatten in dieser Mergerwelle ein sehr viel höheres Gewicht als in früheren Wellen. Die Hauptzahl an Unternehmenstransaktionen fand aber immer noch zwischen Unternehmen statt. Ein besonderer Treiber war die Globalisierung. Durch den Beitritt Chinas zur Welthandelsorganisation WTO internationalisierten sich die Handelsströme weiter. Ein neuer Trend war allerdings, dass auch Unternehmen aus Schwellenländern verstärkt Unternehmen in Industrieländern aufkauften. So erwarb 2004 das chinesische Unternehmen Lenovo das Geschäft mit PCs und Laptops von IBM. Der indische Mischkonzern Tata erwarb Anfang 2008 die britischen Automarken Land Rover und Jaguar. Die Transaktionsvolumen mit Beteiligung von chinesischen und indischen Unternehmen nahmen in den Jahren zwischen 2002 und 2006 jeweils um 20 % zu.[40] Chinesische Investoren wollten vor allem Unternehmen erwerben, die der eigenen Geschäftätigkeit durch Stärkung der Rohstoffbasis, als Vertriebskanal oder durch das Lernen von Fähigkeiten, nützen.[41]

Aber auch bei der sechsten Welle stehen strategische Gründe im Mittelpunkt. Insbesondere in den **neuen Technologien** gibt es eine Tendenz durch Akquisitionen, die Branche zu konsolidieren. Außerdem gibt es einen Trend dazu, dass sich große Unternehmen durch Übernahmen bestimmte Technologien sichern, die sie mit ihrem Kernprodukt verbinden oder, die sie benötigen um in neue Märkte vorzudringen.

---

[40] Vgl. *Ecker, M.:* Die sechste M&A Welle im Vergleich zu vorangegangenen Fusionswellen, M&A Review, o. Jg. (2008), S. 512.

[41] Vgl. *Keller, M./Marquardt, O.:* Jahresrückblick 2010 und Ausblick 2011 auf dem deutschen Small- und Mid-Cap M&A-Markt, M&A Review, o. Jg. (2011), S. 59.

2.2.7   Die siebte Welle: seit 2013

Seit einiger Zeit wird diskutiert, ob es eine siebte Mergwelle gibt. Treiber sind neue digitale Technologien und gleichzeitig Unternehmen und Privatinvestoren mit hohen Beständen an liquiden Mitteln, die renditestarke Anlagen suchen.[42] Dies zeigt sich in dem sektoralen Schwerpunkt, der eindeutig auf den Bereichen Telekommunikation, Informationstechnologie, Massenmedien und Entertainment liegt. Dies gilt insbesondere bei Transaktionen unter amerikanischer Beteiligung, zeigt sich aber auch bei Übernahmen unter europäischer Beteiligung. Ein weiteres Kennzeichen der neuen Entwicklung ist, dass hohe Preise (z.B. gemessen an Multiplikatoren zum EBIT oder anderen Gewinngrößen) gezahlt werden.[43] Die hohen Preise können in Verbindung gebracht werden zu den niedrigen Marktzinsen und der expansiven Geldpolitik der Notenbanken seit der Finanzkrise, die dazu führen, dass sich Investoren eher in Eigen- als an Fremdkapital investieren wollen. Ausserdem gibt es bei institutionellen und privaten Anlegern erhebliche liquide Mittel, die nach Anlagemöglichkeiten suchen. Diese finden ihren Weg häufig in große und kleine Akquisitionen. Eine besondere Akquisition ist die Übernahme von Monsanto durch die deutsche Bayer AG.[44] Der deutsche Konzern zahlte mit 63 Mrd. USD den höchsten Betrag, den jemals ein deutsches Unternehmen für eine Übernahme zahlte.

Ob es sich bei der derzeitigen Entwicklung tatsächlich um eine siebte Mergerwelle handelt, ist noch nicht eindeutig und klar erkennbar. Die Zeichen deuten darauf hin. Zum einen gibt es neue Technologien und Entwicklungen, insbesondere die Digitalisierung. Auf der anderen Seite sind an den Kapitalmärkten reichlich Mittel vorhanden. Ein klares Votum darüber, ob es eine siebte Welle ist, wird sich erst dann abgeben lassen, wenn die Welle durch ein externes Ereignis zum Ende gekommen sein wird.

2.2.8   Gemeinsamkeiten der Mergerwellen

Die Beschreibung der Mergerwellen macht deutlich, dass **unterschiedliche Auslöser und Treiber** für die einzelnen Mergerwellen identifiziert werden können:

- 1. Welle: Ausnutzen der technischen Möglichkeiten; Konsolidierung von Branchen
- 2. Welle: Fortschritt im Transportwesen machen überregionale Ausdehnung von Unternehmen möglich

---

[42]   Vgl. *Dreher, M./Ernst, D.:* Mergers & Acquisitions, 2. Auflage, Konstanz u.a. 2016, S. 20.

[43]   Vgl. *Jansen, S.A.:* Mergers und Acquisitions, 6. Auflage, Wiesbaden 2016, S. 90 ff.

[44]   Vgl. *Schalast, C.:* M&A Markt und M&A Studium, in: Schalast, C./Raettig, L.: Grundlagen des M&A Geschäftes, 2. Auflage, Wiesbaden 2019, S. 3.

- 3. Welle: Schutz vor Umsatz- und Gewinnschwankungen führen zu Konglomeraten
- 4. Welle: Internationalisierung und Ersatz von Eigen- durch Fremdkapital (Leverage-Effekt)
- 5. Welle: Deregulierung und Globalisierung; Konsolidierung von Branchen
- 6. Welle: Finanzinvestoren treten verstärkt als Akteure auf, Unternehmen aus Schwellenländern kaufen Unternehmen aus Industrieländern.

Alle Mergerwellen haben unterschiedliche Auslöser und Treiber. Es fällt jedoch auf, dass die großen Mergerwellen immer durch **externe Schocks** ausgelöst wurden, die in einer Branche Anpassungsbedarf erzeugen. Diese Idee wurde von Gort Ende der 60er Jahre des vergangenen Jahrhunderts als „**Econmic Disturbance Theory of Mergers**" entwickelt.[45] Es lässt sich zeigen, dass Wellen zunächst auf einige Branchen konzentriert sind. Technische Neuerungen, die Internationalisierung bzw. Globalisierung und Regulierung und Deregulierung führten zum Start einer branchenspezifischen Welle. Dies allein reicht aber nicht aus, damit eine Mergerwelle startet. Es muss als weitere notwendige Bedingung genügend Kapital an den Finanzmärkten vorhanden sein, damit die Transaktionen, die eine Branche verändern können auch durchgeführt werden können.[46] Dies ist in der sechsten und siebten Welle besonders deutlich, da die Zentralbanken zu Beginn des dritten Jahrtausends eine besonders expansive Geldpolitik betrieben haben. Ist genügend Kapital vorhanden, damit mehrere Branchen auf einmal in eine Mergerwelle starten, so kann aus einer branchenspezifischen Welle eine gesamtwirtschaftliche Welle entstehen.

Mergers & Acquisitions helfen, den Anpassungsbedarf in den Branchen zu überwinden, in dem die vorhandenen Ressourcen zu produktiven Unternehmen umgelenkt werden.[47]

Weiterführende Lektüre

Einen guten Überblick über die Ursachen und Abläufe der ersten drei Mergerwellen gibt das Standardwerk von Scherer/Ross (1990) aus dem Bereich Industrial Organisation. Ursachen von Mergerwellen sucht Harford in dem Aufsatz „What drives merger waves?", der 2005 im Journal of Financial Economics erschien. Er identifiziert externe Schocks als Ursache, die aber nur dann zu Wellen führen, wenn auch genügend Liquidität auf den Kapitalmärkten vorhanden ist.

---

[45] Vgl. *Gort, M.:* An economic disturbance theory of mergers, The Quarterly Journal of Economics, 83. Jg. (1969), S. 624 ff.

[46] Vgl. *Harford, J.:* What drives Merger Waves?, Journal of Financial Economics, 77. Jg. (2005), S. 529 ff.

[47] Vgl. *Martynova, M. V./Renneboog, L.:* A century of corporate takeovers: What have we learned and where do we stand? Journal of Banking & Finance, 32. Jg. (2008), S. 2148 ff.

Scherer, F. M./Ross, D.: Industrial Market Structure and Economic Performance, 3. Auflage, Boston u. a. 1990.

Harford, J.: What drives Merger Waves?, Journal of Financial Economics, 77. Jg. (2005), S. 529–560.

3 Motive für Unternehmenstransaktionen

Lernziele

- In diesem Kapitel lernen Sie die wesentlichen Gründe kennen, warum Unternehmenstransaktionen im Wirtschaftsleben Verwendung finden. Sie lernen dabei Motive kennen, die einer betriebswirtschaftlichen Analyse standhalten und grundsätzlich geeignet sind, den Wert des neuen Unternehmens nach der Transaktion zu steigern. Solche Motive basieren entweder auf strategischen oder finanzwirtschaftlichen Überlegungen. Sie lernen aber auch Motive kennen, die zweifelhaft sind und eher wertvernichtend wirken. Damit erhalten Sie die ersten Gründe dafür, dass Unternehmenstransaktionen in der Praxis so häufig schiefgehen.
- In Kapitel 3.2.1 wird ein grundlegendes Modell eingeführt, nämlich das Modell des vollkommenen Kapitalmarkts. Dieses wird uns in den folgenden Kapiteln, insbesondere im 6. Kapitel, immer wieder begegnen.
- Am Ende dieses Kapitels sollten Sie die verschiedenen Motive kennen, warum Unternehmenstransaktionen durchgeführt werden. Sie sollten auch beurteilen können, ob es sich dabei um ein aus betriebswirtschaftlicher Sicht sinnvolles Motiv oder nicht handelt.

In diesem Kapitel werden die betriebswirtschaftlichen Motive, die ein einzelnes Unternehmen zur Übernahme eines anderen Unternehmens veranlassen können, diskutiert. Dabei werden die einzelnen Motive in strategische, finanzwirtschaftliche, Gründe, die aus Agency-Konflikten entstehen, und irrationale Motive systematisiert.

3.1 Strategische Gründe

3.1.1 Beeinflussung des Wettbewerbs

Unternehmenstransaktionen beeinflussen direkt die **Marktstruktur einer Branche**. Bei horizontalen Zusammenschlüssen (Unternehmen, die in der gleichen Branche tätig sind) reduziert sich die Zahl der Marktteilnehmer, die miteinander konkurrieren durch einen Unternehmenszusammenschluss. Für das einzelne Unternehmen bedeutet dies, dass es seine Marktanteile und damit seine relative Größe erhöht. Die Erhöhung der Marktanteile könnte aber auch durch eine interne Expansion geschehen, ohne dass das Unternehmen ein anderes kaufen müsste. Der Vorteil einer Akquisition liegt darin, dass die Konzentration auf dem relevanten Markt erhöht wird.

Verbunden mit der Erhöhung der eigenen Marktanteile, ist eine Erhöhung der Marktmacht. Im Extremfall könnte ein Unternehmen durch die Übernahme der Wettbewerber anstreben, die eigene Marktmacht soweit zu erhöhen, dass ein Monopol entsteht. Dies war die Strategie von Rockefeller (vgl. 2.2.1) bei der Bildung von Standard Oil. Die amerikanischen Behörden haben dann dafür gesorgt, dass das **Monopol** wieder zerschlagen wird. Warum beschränkt also der Gesetzgeber die Möglichkeiten eines einzelnen Unternehmens den Wettbewerb zu beeinflussen? Dazu muss betrachtet werden, wie die Preise im Monopol gesetzt werden.

Ein Anbieter ist ein Monopolist, wenn die Nachfrager keine Möglichkeit haben, ihre Bedürfnisse mit den Produkten von anderen Anbietern zu befriedigen. Die Nachfrage ist gegeben, der Anbieter hat keine Möglichkeit die Nachfrage durch Werbung oder andere Maßnahmen zu verändern.[48] Sie wird dargestellt als Gerade, genannt Preis-Absatz Funktion (PAF), wie sie in Abbildung 3 zu finden ist. Dass sie als Gerade dargestellt wird, ist nur eine Vereinfachung. Die tatsächliche Gestalt wird komplizierter sein. Am Punkt y ist der Preis gleich 0, es wird die Sättigungsmenge abgesetzt. Am Punkt p ist der Preis so hoch (Prohibitivpreis), dass kein Stück des Produktes abgesetzt werden kann. Der Anbieter ist Preissetzer, der seinen Preis selbst festlegt. Er verfolgt das Ziel der Gewinnmaximierung. Der Gewinn steigt solange an, wie die Grenzkosten (d.h. die Kosten der Produktion einer zusätzlichen Einheit) geringer sind als die Grenzerlöse (d.h. die Erlöse, die mit dem Verkauf einer zusätzlichen Einheit erzielt werden). Solange diese Bedingung gilt, erhöht sich der Gewinn durch den Verkauf einer weiteren Einheit. Bei der ersten verkauften Einheit ist der Grenzerlös dem Preis entsprechend, der Grenzerlös sinkt aber mit steigender Menge, da der Preis für die gesamte Menge sinkt, um mehr von der als fix angenommenen Nachfrage zu bekommen. Das, was für die zusätzlich verkaufte Mengeneinheit hinzu kommt wird geringer. Bei y/2 wird der Grenzerlös 0 (siehe Funktion GE), der Gesamterlös des Monopolisten ist an seiner maximalen Stelle. Ab diesem Punkt wird der Grenzerlös negativ. Übertragen wir die PAF und die Grenzerlösfunktion in das rechte Koordinatensystem und ergänzen die Grenzkostenfunktion (GK), kann man die graphische Ableitung des gewinnmaximalen Preises des Monopolisten vornehmen. Dieser ist dort, wo Grenzerlöse und Grenzkosten gleich sind, also im Schnittpunkt der Kurven GE und GK. P* gibt den gewinnmaximalen Preis, y* die Menge, die sich bei der optimalen Preissetzung ergibt, an. Der Punkt wird als **Cournotscher Punkt** bezeichnet. Der französische Ökonom Antoine-Augustin Cournot veröffentlichte diese Theorie 1838 in seinem Werk „Recherches sur les principes mathématiques de la théorie des richesses". Cournot war einer der ersten Ökonomen, der mit mathematischen Methoden arbeitete und entfaltete somit eine große Wirkung auf die weitere ökonomische Analyse, obwohl sein Werk zu Lebzeiten keine gebührende Anerkennung gefunden hat.[49]

---

[48] Vgl. *Schumpeter, J.*: Geschichte der ökonomischen Analyse, Band 2, Göttingen 2009, S. 1157.

[49] Vgl. *Schumpeter, J.*: Geschichte der ökonomischen Analyse, Band 2, Göttingen 2009, S. 1166 ff.

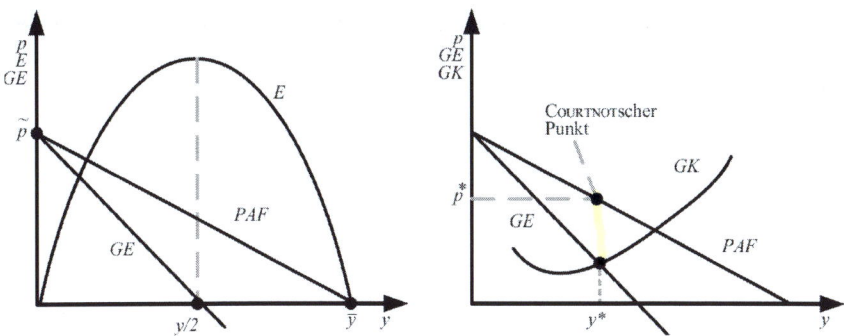

Abbildung 3: Ableitung des gewinnmaximalen Preises im Monopol (Cournotscher Punkt)[50]

Auf den ersten Blick könnte es aus politischer und gesellschaftlicher Sicht irrelevant sein, ob ein Markt monopolistisch ausgestaltet ist oder nicht. Erst bei genauerer Analyse zeigt sich die Problematik. Es entsteht ein **Wohlfahrtsverlust** dadurch, dass die Angebotsmenge kleiner und der Preis höher ist als bei Wettbewerb mit vollkommener Konkurrenz, selbst dann wenn man davon ausgehen würde, dass der Monopolist auf großen Anlagen zu günstigeren Kosten anbieten kann als die vielen kleinen Anbieter in einem wettbewerbsintensiven Markt. Die gesamtwirtschaftliche Wohlfahrt wird geringer und es findet zusätzlich eine Verschiebung von der Konsumenten- zur Produzentenrente statt, d. h. die Konsumenten werden schlechter gestellt als in einer Situation in der Wettbewerb herrschen würde.[51] Zwar steht der Produzent besser dar, so dass sich gesamtwirtschaftlich keine Wohlfahrtsverschlechterung ergeben würde. Allerdings wird man in der sozialen Marktwirtschaft argumentieren, dass die Interessen der Konsumenten im Verhältnis zu den Interessen des Produzenten eher schützenswert sind. Hinzu kommt, dass durch den **fehlenden Konkurrenzdruck** am Markt die Leistungen des Monopolisten schlechter sind als sie bei Konkurrenz wären. Aus diesen Gründen ergeift der Staat Maßnahmen, um Monopole zu verhindern. Damit scheidet das Ziel ein Monopol zu bilden, als Motiv für eine Unternehmenstransaktion aus.

Sehr wohl kann es aber ein Ziel sein, oligopolistische Marktstrukturen zu schaffen. Oligopole sind geprägt durch relativ wenige Anbieter, denen viele Käufer gegenüberstehen. In der Praxis ist das Oligoppol sehr weit verbreitet. **Die meisten Märkte in modernen Industriegesellschaften sind Oligopole.**[52] Allerdings lässt sich das Oligopol in Modellen deutlich schwieriger darstellen als dies andere Marktformen tun lassen.

---

[50]   Die Abbildung ist entnommen aus *Schumann, J./Meyer, U./Ströbele, W.:* Grundzüge der mikroökonomischen Theorie, 9. Auflage, Heidelberg u. a. 2011, S. 25.

[51]   Vgl. *Varian, H.:* Grundzüge der Mikroökonomik, 9. Auflage, München 2016, S. 516.

[52]   Vgl. *Kampmann, R./Walter, J.:* Mikroökonomie: Markt, Wirtschaftsordnung, Wettbewerb, München u. a. 2009, S. 150.

Im Falle des Oligopols muss ein Anbieter immer auch die Reaktionen des Wettbewerbs einkalkulieren. Anders als in der vollkommenen Konkurrenz hat ein einzelner Anbieter Einfluss auf den Markt: Mit den relativ hohen Marktanteilen beeinflusst eine Handlung, wie z.B. eine Preissenkung, den Marktpreis. Der Anbieter im Oligopol ist zwar kein Preisnehmer, kann aber den Preis, der auf dem Markt herrscht, auch nicht alleine bestimmen. Das beste Ergebnis für die Oligopolisten würde sich ergeben, wenn sie sich wie ein Monopolist verhalten würden und die Preise abstimmen würden (Kartell). Da allerdings jeder Anbieter im Oligopol seinen eigenen Gewinn an erster Stelle im Blick hat, bleibt das Kartell im Oligopol ein instabiles Gebilde, da ein einzelner Anbieter seinen Gewinn durch unabgestimmte Aktionen gegen das Kartell erhöhen kann. Besteht das Oligopol schon sehr lange und ist stabil, so sind dies gute Bedingungen für eine Absprache, die den Anbietern Vorteile zu Lasten der Nachfrager bringen. Es kann ein Ziel eines Unternehmens sein, durch Aufkauf von Wettbewerbern ein Oligopol zu erreichen und die notwendige Stabilität herzustellen, um dann die Vorteile eines Oligopols auszunutzen. Der Staat versucht dagegen zu vermeiden, dass es durch Oligopole zu Marktversagen kommt und Vorteile für Unternehmen entstehen. Daher ist es verboten, Kartellabsprachen durchzuführen und befasst sich die staatliche Fusionskontrolle nicht nur mit der Vermeidung von Monopolen sondern auch von anderen Formen der Marktbeherrschung. Der Beweis ist jedoch oftmals schwierig: So ist es nicht klar, ob die gemeinsamen Änderungen der Benzinpreise dem starken Wettbewerb oder Kartellabsprachen der großen Mineralölunternehmen, die ein Oligopol bilden, geschuldet ist.

Aufgriffskriterium, ob ein Zusammenschluss noch erlaubt wird oder nicht, ist die Konzentration auf dem relevanten Markt. Die Konzentration kann durch den **Herfindahl-Hirschmann Index (HHI)** gemessen werden. Der HHI ist definiert als:[53]

$$(3.1) \qquad HHI = \sum_{i=1}^{N} S_i^2$$

Dabei ist S_i der Marktanteil des Unternehmens i. Nehmen wir eine Branche an, mit 10 Unternehmen, die alle einen identischen Marktanteil von 10 % haben, so ergibt sich ein HHI von:

$$(3.2) \qquad HHI = 10^2 + 10^2 + 10^2 + 10^2 + 10^2 + 10^2 + 10^2 + 10^2 + 10^2 + 10^2 = 1.000$$

Die Branche hat einen HHI von 1.000. Diese Zahl ist erst einmal aussagelos. Erst im Vergleich mit anderen Branchen, kann man Interpretationen durchführen. So hat

---

[53] Vgl. *Scherer, F. M./Ross, D.:* Industrial Market Structure and Economic Performance, 3. Auflage, Boston u.a. 1990, S. 72.

eine Branche mit zwei Unternehmen, von der das eine einen Marktanteil von 70 % und die andere einen Marktanteil von 30 % hat den folgenden HHI:

(3.3) $HHI = 70^2 + 30^2 = 4.900 + 900 = 5.800$

Je höher der HHI umso stärker ist die Konzentration auf dem Markt, die oligopolisitische Struktur ist ausgeprägter. Der HHI nähert sich hingegen 0 an, wenn es viele kleine Unternehmen mit sehr ähnlichen Marktanteilen gibt. Unternehmen mit großen Marktanteilen bekommen ein überproportionales Gewicht.

Der HHI hat praktische Relevanz bei der Fusionskontrolle.[54] Die amerikanischen Kartellbehörden beurteilen Zusammenschlüsse anhand des HHI:[55]

–   Ein Zusammenschluss, der zu einem HHI von 1.500 bzw. einer Erhöhung von weniger als 100 führt, wird in der Regel als unbedenklich eingestuft.
–   Ein Zusammenschluss, der zu einem HHI zwischen 1.000 und 2.500 bzw. einer Erhöhung zwischen 100 und 200 führt, kann zu wettbewerblichen Bedenken führen.
–   Ein Zusammenschluss, der zu einem HHI von mehr als 2.500 bzw. einer Zunahme von mehr als 200 führt, führt grundsätzlich zu wettbewerblichen Bedenken. Diese Bedenken müssen durch den Antragssteller einer Fusion widerlegt werden.

Auch nach den Regularien des EU-Wettbewerbsrechts ist der HHI in die Beurteilung von Fusionen einzubeziehen. Es ist der HHI vor und nach dem Zusammenschluss auszurechnen und zu dokumentieren.[56]

Problematisch bei der Berechnung des HHI ist zum einen die Marktdefinition. So kann es regional erhebliche Unterschiede geben, teilweise sehr konzentrierte Märkte und auf der anderen Seite sehr wettbewerbsintensive Märkte in ein und derselben Branche. Auf der anderen Seite erlaubt die Einbeziehung des Umsatzes als einziges Messkriterium für die Konzentration nicht zu erkennen, ob überhaupt Monopolgewinne erzielt werden oder nicht (auch sehr konzentrierte Märkte können wettbewerbsintensiv sein). Die leichte Zugänglichkeit von Umsatzdaten wird durch eine geringere Aussagefähigkeit erkauft.[57]

Da mit einem steigenden HHI die Möglichkeiten eines Unternehmens ansteigen, Vorteile aus der Struktur des Marktes zu ziehen, reduzieren sich durch die Kon-

---

[54]   Vgl. ausführlich zu den kartellrechtlichen Rahmenbedingungen für Unternehmenstransaktionen in Deutschland und den USA Kapitel 8.1.
[55]   Vgl. *Petrasincu, A.:* Die amerikanischen horizontal Merger Guidelines, WuW, 60. Jg. (2010), S. 1004.
[56]   Vgl. *Christiansen, A.:* Der „more economic approach" in der EU Fusionskontrolle, ZfW, 55. Jg. (2006), S. 156.
[57]   Vgl. *Syverson, C.:* Macroeconomics and market power: Context, implications, and open questions, Journal of Economic Perspectives, 33. Jg. (2019), No.3, S. 26.

trolle der Behörden die Möglichkeiten den Wettbewerb aktiv zum eigenen Vorteil zu strukturieren. Das Motiv war valide in den ersten Mergerwellen, als Rockefeller den Markt für Erdöl monopolisierte, um seine Vorteile zu maximieren. Nachdem die staatlichen Stellen und die Politik die negativen Folgen für die Volkswirtschaft erkannten, wurden entsprechende gesetzliche Maßnahmen ergriffen, so dass heute die Beeinflussung des Wettbewerbs kein alleiniges Motiv für einen Unternehmenszusammenschluss sein kann.

Ein Punkt, der (noch) keine Berücksichtigung im HHI findet, ist die Eigentümerstruktur von Unternehmen. Durch Fondsgesellschaften und andere Investoren, die in den letzten Jahren immer mehr Kapital in den Publikumsgesellschaften der USA und Europas angelegt haben, hat sich teilweise eine übereinstimmende Eigentümerstruktur bei Unternehmen, die eigentlich im Wettbewerb zueinander stehen, ergeben. Je nach Branche haben sich die HHI um bis zu 1.700 Punkte (Betrachtungsjahr 2013) durch die Einbeziehung der Eigentümerstruktur erhöht. Dieser Trend hat sich deutlich verstärkt, da 1994 die Steigerung lediglich rund 1.000 Punkte betrug.[58]

3.1.2 Erschließung neuer Märkte

Die Erschließung neuer Märkte kann ein weiteres Motiv von Unternehmenstransaktionen sein. Die Erschließung neuer Märkte kann in sachlicher oder in geographischer Richtung erfolgen. Eine Akquisition kann dabei als Türöffner wirken und die Produktpalette bzw. die geographischen Tätigkeitsbereiche des Unternehmens erweitern.

Wird die Produktpalette in sachlicher Hinsicht erweitert, so spricht man von **cross-selling** oder Überkreuz-Verkäufen. Einem Kunden, der das Produkt A kauft, wird auch das Produkt B angeboten. Produktübergreifende Verkaufschancen sollen realisiert werden.[59] Ziel des cross-selling ist es, ein weiteres Produkt, welches das originäre Produkt nicht substituiert an den Kunden zu verkaufen.[60] Dies kann sofort oder zeitlich versetzt sein. So ist es für den Anbieter von Computer-Hardware interessant, auch die Computer-Software zu verkaufen. Da ihm für die Entwicklung und Produktion die notwendigen Kenntnisse fehlen, kann das unternehmensseitige cross-selling Potential durch eine Akquisition erhöht werden. In diesem Sinne kann mit einer Akquisition das Ziel verfolgt werden, die eigene Produktpalette um komplementäre, d.h. ergänzende, Produkte zu erweitern. Damit soll der Umsatz der beiden Unternehmen gemeinsam erhöht werden (Synergieeffekt). Ein Beispiel für

---

[58]   Vgl. *Anton, M. et al.:* Common ownership, competition, and top management incentives, Ross School of Business Paper 1328, Ann Arbor 2018.

[59]   Vgl. *Schäfer, H.:* Die Erschließung von Kundenpotentialen durch Cross Selling, Wiesbaden 2005, S. 1 ff.

[60]   Vgl. *Schäfer, H.:* Die Erschließung von Kundenpotentialen durch Cross Selling, Wiesbaden 2005, S. 56.

eine Übernahme zum Zwecke des Ausnutzens von cross-selling Effekten war die Übernahme des französisch-amerikanischen Anbieters von Business-Intelligence Software Business Objects SA durch die deutsche SAP AG. Ziel war es die Produktpalette von SAP insbesondere im Bereich Reporting und Visualisierung zu erweitern. Die Kunden von SAP arbeiteten häufig noch nicht mit der Software von Business Objects genauso wie die Kunden von Business Objects noch nicht mit der Software von SAP arbeiteten. Die Produkte sind inzwischen integriert, so dass die Technologie des französisch-amerikanischen Anbieters in die deutsche Software integriert worden ist.[61]

Eine andere Begründung für Unternehmensübernahmen ist es, dass **Netzwerke** effektiver arbeiten. So kann es für einen Kunden hilfreich sein, wenn viele andere Kunden das gleiche Produkt nutzen. Die Erträge steigen, wenn die Benutzerzahl zunimmt. Es ist eine Möglichkeit, durch Akquisitionen, dass bestehende Netzwerk schnell zu erweitern. So ist es bei sozialen Netzwerken ein wichtiges Ziel, die Zahl der Benutzer eines Netzwerks zu erhöhen. Nur wenn viele Nutzer an einer Seite angemeldet sind, ist diese interessant für Neuanmeldungen. So verkündete das soziale Netzwerk Facebook, dass es eine Reihe von Unternehmenskäufen plane, um die Features auf den Seiten zu erweitern und damit interessant zu halten. Ziel ist es, dass sich weiterhin viele Nutzer anmelden, um eine möglichst weitgehende Vernetzung zu erreichen. Je mehr registrierte Nutzer es in einem Netzwerk gibt, desto attraktiver ist es (siehe auch 3.1.6).

Im internationalen Geschäft können Akquisitionen helfen, schnell in einen ausländischen Markt einzutreten. Gegenüber der Eigengründung einer Tochtergesellschaft (sogenanntes **greenfield Investment**, da man auf der grünen Wiese neu mit einer Tochtergesellschaft beginnt) kann man durch eine Übernahme (sogenanntes **brownfield Investment**, da man auf bereits bestelltem Gelände startet) schnell den Markt durchdringen. Während man bei einem greenfield Investment alles nach den eigenen Bedürfnissen und Vorstellungen aufbauen kann, erreicht man beim brownfield Investment das auf dem ausländischen Markt verfolgte Ziel, z.B. einen bestimmten Umsatz oder einen bestimmten Marktanteil sehr viel schneller.[62] Diese grenzüberschreitenden Akquisitionen, bei denen eine beteiligte Partei ihren Sitz im Inland, die andere beteiligte Partei ihren Sitz im Ausland hat, werden als **Cross-Border Transaktionen** bezeichnet. Bei Cross-Border Transaktionen gibt es gewisse über das allgemeine Recht hinausgehende Beschränkungen zu beachten. So ist es untersagt, dass die Übertragungsnetzbetreiber im europäischen Strom- und Gasmarkt, einen Eigentümer aus einem Drittland (außerhalb der EU) haben, deren Strom- und Gasmarkt nicht in ähnlicher Weise liberalisiert ist wie der europäische (sogenannte Gazprom-Klausel, da implizites Ziel ist, den russischen Öl- und Gaskonzern daran zu hindern, sich an europäischen Übertragungsnetzen zu beteili-

---

[61] Vgl. *Glaum, M./Hutzschenreuther, T.:* Mergers & Acquisitions, Stuttgart 2010, S. 62.

[62] Vgl. *Kutschker, M./Schmid, S.:* Internationales Management, 7. Auflage, München u.a. 2010, S. 916.

gen).[63] Investoren in der Bundesrepublik Deutschland, die ihren Sitz außerhalb der EU haben, können durch das Bundesministerium für Wirtschaft und Technologie der Erwerb eines Anteils von mehr als 10 % der Stimmrechte an einem Unternehmen untersagt werden, falls die öffentliche Sicherheit und Ordnung gefährdet würde (§ 7 II Nr. 6 S. 1 AWG i.V.m. § 53a AWV). Dabei wird der Begriff der Sicherheit und Ordnung immer weiter gefasst. Insbesondere das Vordringen chinesischer Unternehmen als Aufkäufer auf dem deutschen Markt für Unternehmen ruft hier immer mehr Befürchtungen hervor und hat in Deutschland dazu geführt, dass die Aufgriffsgrenze für Kontrollen bei Übernahmen durch nicht EU-Ausländer auf 10 % gesenkt worden ist.[64] Weitergehende Regeln gibt es beispielsweise in Frankreich, wo eine Prüfung immer dann stattfindet, wenn ein Stimmenanteil von 33 % übertragen werden soll. Kriterien, nach denen entschieden wird, sind u.a. die Versorgung mit sicherheitsrelevanten Gütern und Dienstleistungen, der Erhalt der industriellen und wissenschaftlichen Kernfähigkeiten. Eine Genehmigung kann zum Erhalt der nationalen Interessen versagt werden. Auch in den USA gibt es entsprechende Regelungen. So wurde 2018 die Übernahme des amerikanischen Finanzdienstleisters MoneyGram durch den chinesischen Wettbewerber Ant Financial untersagt, da die Behörden Bedenken hinsichtlich des Zugriffs auf kritische Finanzdaten ihrer Bürger hatte.

Insgesamt kann man festhalten, dass das Wachstum durch eine Unternehmenstransaktion i.d.R. deutlich schneller vonstattengeht als originäres Wachstum aus eigener Kraft. Dies gilt sowohl für geographische Expansion als auch für das Wachstum in neue Branchen oder Produktbereiche.

3.1.3 Economies of Scale

Economies of Scale (Skaleneffekte) liegen vor, wenn ein Unternehmen **mit wachsendem Output niedrigere Durchschnittskosten** hat. Durch das Wachstum der Unternehmensgröße steigen die Kosten nur unterproportional an. Verdoppelt ein Unternehmen die Zahl seiner Belegschaft und erreicht dadurch eine Steigerung der produzierten Menge um mehr als das Doppelte, so hat es Economies of Scale. Economies of Scale sind dann realisierbar, wenn die Kostenstruktur eine Mischung aus hohen Fixkosten und gleichbleibenden variablen Stückkosten ist. Die Fixkosten werden über eine größere Zahl von produzierten Einheiten verteilt (Fixkostendegression). Bei konstanten variablen Grenzkosten reduzieren sich die Stückkosten. Skaleneffekte prägen viele Branchen, so werden normalerweise die Automobil-, Stahl- und die Telekommunikationsindustrien als Branchen charakterisiert die große Economies of Scale genießen. Es überrascht daher nicht, dass die Unternehmen

---

63   Vgl. *Kierspel, R.*: Cross-Border-M&A – Nationale und europarechtliche Schranken grenzüberschreitender M&A Transaktionen, M&A Review, o. Jg. (2010), S. 532.

64   Vgl. *Dullien, S.*: Kontrolle bei Übernahmen durch Nicht-EU-Ausländer auch zur Verteidigung von Technologieführerschaft sinnvoll, ZfWP, 68. Jg. (2019), S. 45.

in diesen Branchen in der Tat sehr groß sind.[65] Betrachtet man die Telekommunikationsindustrie als Beispiel, so ist evident, dass es sehr teuer ist, das Netz zur Abdeckung eines großen Gebietes aufzubauen, während die Nutzung des Netzes nur geringe Kosten verursacht. Es muss also das Ziel sein, die Netze so weit wie möglich auszulasten. Dies gilt auch in Branchen, in denen es Überkapazitäten gibt. Werden diese Überkapazitäten z. B. durch die Schließung von Werken abgebaut, so fallen die Kosten für die nicht genutzten Kapazitäten weg und das Unternehmen hat eine günstigere Kostenstruktur. So konnte in der Stahlbranche ein Konzentrationsprozess beobachtet werden, der zur Schließung vieler Hochöfen in Deutschland führte.

Bevor die erwarteten Kostensenkungen tatsächlich realisiert werden können, müssen Restrukturierungen und Schließungen durchgeführt werden. Durch die Übernahme verändert sich zunächst nur der Eigentümer. Änderungen in der Unternehmensstruktur müssen aktiv eingeleitet werden. Dabei ist zu beachten, dass die Restrukturierungen Kosten verursachen. Das Management muss aktiv über Standortschließungen und den Abbau von Arbeitsplätzen entscheiden. In diesen Fällen werden Kosten für Abfindungen, Schließung von Produktionsanlagen, Abbruchkosten etc. fällig.

Neben der Fixkostendegression sind der Einsatz leistungsfähigerer und effizienterer Maschinen in der Produktion oder spezialisierte Mitarbeiter, die ihre Tätigkeit schneller und effizienter erledigen können, Gründe für Skaleneffekte. Daneben kommen Zentralbereiche (wie Recht, Personal, Controlling) in der Regel mit einem unterproportionalen Wachstum verglichen mit der Ausweitung der Produktionskapazität aus (**Corporate Economies of Scale**).[66] Zum Beispiel können Marketingkampagnen für mehrere Produkte durchgeführt werden, die Forschung und Entwicklung kann gestrafft werden, weil grundlegende Dinge nur noch einmal erforscht werden müssen.[67] Es wäre mithin falsch, Skaleneffekte nur auf die Produktion anzuwenden. Sie spielen auch in den anderen Bereichen der Wertschöpfungskette eine große Rolle. Diese Effekte können durch Lerneffekte noch verstärkt werden. Wird eine Tätigkeit durch einen Menschen häufiger durchgeführt, so fällt diese durch Übung zunehmend leichter. Die Handlung wird schneller und mit weniger Fehlern ausgeführt. Dies bezeichnet man als **Erfahrungskurveneffekt.** Der Zusammenhang zwischen kumulierter Ausbringungsmenge eines Produkts (als Indikator für das Üben durch die Mitarbeiter) und den durchschnittlichen benötigten Stückkosten ist von der Boston Consulting Group für viele Länder und Branchen untersucht worden. Sie gehen davon aus, dass bei einer Verdoppelung der Ausbrin

[65] Vgl. *Baumol, W.J./Blinder, A.S.:* Economics: Principles and Policies, 12. Auflage, Mason 2012, S. 142.

[66] Vgl. *Glaum, M./Hutzschenreuther, T.:* Mergers & Acquisitions, Stuttgart 2010, S. 63.

[67] Vgl. *Glaum, M.:* Internationalisierung und Unternehmenserfolg, Wiesbaden 1996, S. 57.

gungsmenge die durchschnittlichen Stückkosten potenziell um 20 bis 30 % gesenkt werden können.[68]

Unternehmenstransaktionen sind eine Möglichkeit schnell eine größere Unternehmensgröße zu erreichen und damit Skaleneffekte zu realisieren. So hat die Übernahme der Dresdner Bank durch die Commerzbank die Bank in eine neue Größenordnung katapultiert. Es wurde erwartet, durch die neue Größe 1,9 Mrd. EUR pro Jahr einsparen zu können. Allerdings wurden auch 2 Mrd. EUR Restrukturierungskosten erwartet, die aufgewendet werden mussten, um diese Einsparungen zu erreichen.[69] Die Restrukturierungskosten entstehen einmalig und sind Voraussetzung dafür, die späteren Vorteile nutzen zu können. Folglich handelt es sich bei den Economies of Scale um einen längerfristig wirkenden Effekt.

Case Study: Die Übernahme von Hansenet durch O2

Das spanische Mobilfunkunternehmen O2 hat Ende 2009 den Hamburger Internet- und Telefonnetzbetreiber Hansenet übernommen. Ziel war es, das Netz der O2 besser auszulasten. Die Unterhaltung und die Erweiterung von eigenen Netzen waren für Hansenet sehr teuer. Hansenet war ursprünglich in seinen Aktivitäten auf den Hamburger Raum beschränkt. Dann wurde begonnen, die Produkte unter dem Namen Alice bundesweit zu bewerben. Dadurch wurde Hansenet Deutschlands viertgrößter DSL-Anbieter. Durch die Integration in das bestehende Netz von O2 konnten Einsparungen erzielt werden. Das eigene Festnetzgeschäft von O2 war zu klein, um erfolgreich zu sein. Nur 300.000 Kunden hatte die deutsche Tochter des spanischen Unternehmens Telefonica SA. Durch die Übernahme gewann O2 2,1 Mio. Kunden hinzu. Leitungen waren vorhanden, die aber nicht ausgelastet waren. Ziel der Übernahme war es, die Leitungen mit den Kunden von Hansenet auszunutzen. O2 erhielt mit einem Schlag die notwendige Größe, um im Markt für Breitbandnetze relevant zu werden. Die Marke „Alice", die bislang von Hansenet verwendet wurde, wurde aufgegeben. Die Marketingaufwendungen konnten durch die Konzentration auf die Marke O2 deutlich reduziert werden.

Um die Einsparungsmöglichkeiten ausnutzen zu können, hat O2 umfangreiche Restrukturierungen seiner deutschen Aktivitäten eingeleitet. Ein Fünftel der gesamten Arbeitsplätze, also circa 1.000 Arbeitsplätze, sollten abgebaut werden.

---

[68] Vgl. *Macharina, K./Wolf, J.:* Unternehmensführung, 10. Auflage, Wiesbaden 2017, S. 355 f. Sie gehen davon aus, dass dieser Effekt heute noch vorhanden aber nicht mehr so groß ist wie zum Zeitpunkt der Boston Consulting Group Studien in den 70er und 80er Jahren.

[69] Vgl. *Glaum, M./Hutzschenreuther, T.:* Mergers & Acquisitions, Stuttgart 2010, S. 62 ff.

Quellen: *Kort, K.:* Telefonica kauft Hansenet für 900 Mio., Handelsblatt vom 5.11.2009; *o. V.:* O2 will mehr als 1.000 Stellen streichen, Spiegel online vom 07.10.2010, http://www.spiegel.de/wirtschaft/unternehmen/0,1518, 721946,00.html (abgerufen am 24.10.2011).

Allerdings kostet auch die Verwaltung des größer gewordenen Unternehmens. Aus diesem Grund kann es passieren, dass man die entsehenden positiven Synergieeffekte mit diseconomies of bureaucracy überzahlt. Dies kann eines der Probleme sein, die nach einer Transaktion entstehen können, die den Misserfolg begründen.[70]

3.1.4 Economies of Scope

Während Economies of Scale entstehen, wenn die Produktionsmenge eines Produktes ausgeweitet wird, entstehen Economies of Scope dadurch, dass **mehrere verschiedene Produkte** hergestellt werden. Diese entstehen insbesondere dann, wenn ein Unternehmen flexibel einsetzbare Kapazitäten hat. Dies können z.B. Produktionsanlagen sein, die ohne größere Umrüstzeiten ein anderes Produkt herstellen können. Solange bei diesen flexiblen Ressourcen noch freie Kapazitäten bestehen, können sie durch Akquisition von Unternehmen, die andere Produkte herstellen, ausgelastet werden und damit die Profitabilität des Unternehmens erhöht werden. Formal ergeben sich die Economies of Scope aus folgender Beziehung, wobei P für die Produktionsmenge steht steht:

$$(3.4) \qquad k(P_1; P_2) < k(P_1; 0) + k(P_2; 0)$$

Die Kosten, die bei integrierter Produktion von zwei Produkten entstehen, sind niedriger als die Kosten, wenn die beiden Produkte separat in zwei unterschiedlichen Unternehmen hergestellt werden. Ursachen können unteilbare Produktionsfaktoren sein, die noch nicht ausgelastet sind, und damit für ein anderes Produkt eingesetzt werden können. Voraussetzung ist dabei auch, dass sie kostengünstig bzw. kostenfrei für ein anderes Produkt eingesetzt werden können. Dies ist z.B. bei modernen flexiblen Fertigungssystemen der Fall.[71] Ein anderer Grund können immaterielle Vermögensgegenstände sein, die auch für andere Produkte eingesetzt werden können. Dies können z.B. die Managementfähigkeiten eines Unternehmens sein, die zwar nicht kostenfrei eingesetzt werden, weil ihre Verwendung für das eine Produkt mit der Verwendung für das andere Produkt konkurriert.[72] Da die

---

[70] Vgl. *Williamson, O.E.:* Mergers, Acquisitions, and Leveraged Buyouts: An efficiency Assessment. In: Corporate reorganization through mergers, acquisition, and leveraged buyouts, Hrsg. Gary Libecap, S. 59.

[71] Vgl. *Goldhar, J.D./Jelinek, M.:* Plan for Economies of Scope, HBR, 61. Jg. (1983), Nr. 6, S. 143.

[72] Vgl. *Arnold, V.:* Vorteile der Verbundproduktion, WiSt, 14. Jg. (1985), S. 270.

Nutzung für zwei Produkte aber nicht ausgeschlossen ist, kann bei freien Kapazitäten mit einer Akquisition ein positiver Effekt geschaffen werden.

Gemeinsam nutzbare Ressourcen, die die Ursache von Economies of Scope sein können, können vielfältig sein:[73]

- Es können gemeinsam nutzbare Inputs sein (Einkauf, Läger, Qualitätssicherung, gemeinsame Roh-, Hilfs- und Betriebsstoffe, etc.);
- Es können gemeinsam nutzbare Produktionsanlagen sein (Herstellung von gemeinsamen Komponenten, Instandhaltung, etc.);
- Es können gemeinsame Aktivitäten in Vertrieb und Marketing sein (Werbung, cross-selling, gemeinsamer Vertriebsaußendienst, gemeinsame Auftragsabwicklung, After-Sales Service, gemeinsames Händler- und Vertriebsnetz etc.).

Eine besondere Rolle spielen Economies of Scope in der **Verkehrsbranche wie z.B. der Luftfahrtindustrie.** Große Fluggesellschaften bauen große und weite Streckennetze auf, in denen sie Economies of Scope realisieren können. In der Luftfahrtindustrie kann eine Destination, z.B. die Strecke Hamburg – Frankfurt als ein Produkt aufgefasst werden. Economies of Scope bedeuten hier also, dass eine Fluggesellschaft, die viele Destinationen anfliegt dies kostengünstiger als eine Fluggesellschaft mit nur wenigen Destinationen tun kann. Die großen Fluggesellschaften arbeiten mit „hub-and-spoke" Netzwerken, also einem Drehkreuz mit vielen Speichen, die zum Drehkreuz führen. In der Luftfahrtindustrie sind die flugspezifischen Fixkosten (Pilot, Kabinenpersonal, Treibstoff, Landerechte etc.) verglichen mit den variablen Kosten (Ticket-Handling, Verpflegung etc.) sehr hoch. Wenn die Zahl der Passagiere steigt, so können die Fixkosten auf mehrere Passagiere verteilt werden. Hat eine Fluggesellschaft ein Netzwerk, nutzen nicht nur die Passagiere den Flug, die von beispielsweise Hamburg nach Frankfurt wollen, sondern auch diejenigen, die einen Anschluss von dem Hub Frankfurt zu anderen Destinationen haben wollen. Damit können bei mehreren Produkten mehr Passagiere mitfliegen. Sind genügend Passagiere vorhanden kann sogar ein größeres Flugzeug eingesetzt werden, was preiswerter ist, da ein doppelt so großes Flugzeug weder in der Anschaffung noch beim Einsatz doppelte Kosten verursacht. Damit kann der Netzwerkcarrier die Strecke Hamburg-Frankfurt mit geringeren Stückkosten (Kosten pro Passagier) betreiben als dies ein rein auf diese eine Strecke spezialisierter Anbieter könnte. Dieser Effekt wird noch dadurch verstärkt, dass mehr Passagiere die Verbindung von Hamburg zum Hub Frankfurt frequentieren, wenn es von dem Hub viele Destinationen gibt, die angeflogen werden. Mit diesem Effekt lässt sich die große Zahl von Akquisitionen der Deutsche Lufthansa AG erklären. Sie hat in den letzten Jahren die österreichische Fluggesellschaft Austrian Airlines, die schweizerische Swiss und die polnische LOT übernommen. Daneben hat sie eine Beteiligung an der belgischen Brussels Airlines erworben. Damit ist das Strecken-

---

[73] Vgl. *Barney, J.B.:* Gaining and sustaining competitive advantage, Reading 1997, S. 363.

netz deutlich ausgeweitet worden, was zum Entstehen von Economies of Scope beiträgt.

Insgesamt führen Economies of Scope zur Rechtfertigung von Mehrproduktunternehmen, die aber dennoch verbunden sind, da bestimmte Produktionsfaktoren gemeinsam genutzt werden können.

3.1.5 Einsparung von Transaktionskosten

Die **Transaktionskostentheorie** wurde von Ronald Coase, der 1991 den Nobelpreis für Wirtschaftswissenschaften erhielt, und Olivier E. Williamson, der den Preis im Jahr 2009 bekam, begründet. Sie ist Teil der Neuen Institutionenökonomie und versucht Handlungsempfehlungen für die optimale Ausgestaltung von Organisationen abzuleiten.[74] Transaktionen bezeichnen den Austausch von Gütern und Dienstleistungen einschließlich der Eigentumsrechte.[75] Transaktionskosten entstehen bei der Anbahnung (z.B. für die Information der potentiellen Vertragspartner), Vereinbarung (Zeit für die Verhandlungen, Kosten der Einigung etc.), Abwicklung, Kontrolle und Veränderung von Transaktionen. Sie umfassen sowohl die Produktionskosten als auch die Kosten der Abwicklung und der Organisation des Austausches der Produkte oder Dienstleistungen.[76] Dabei werden die Kosten ex ante, also vor dem Abschluss eines Vertrages, und ex post, also nach Abschluss des Vertrages betrachtet. Ex post treten insbesondere Kosten der Durchsetzung der ursprünglichen Absichten der beiden Vertragsparteien auf. Da nicht alle auftretenden Schwierigkeiten bei der Abfassung eines Vertrages berücksichtigt werden können, sind Verträge zwangsläufig unvollständig. Es gibt grundsätzlich zwei alternative Möglichkeiten, wie Transaktionen durchgeführt werden: Auf Märkten können sie spontan durch den **Preismechanismus** koordiniert werden. Man kauft ein Gut, wenn der Preis dafür angemessen erscheint. In den zugehörigen Verträgen werden Preis, Konditionen und Qualität und Quantität der Ware vereinbart. In **Hierarchien** werden die Transaktionen innerhalb einer Organisation durchgeführt. So wird mit Mitarbeitern in einer Organisation ein Arbeitsvertrag geschlossen, der nur grob den Einsatzbereich des Mitarbeiters regelt. Die konkreten täglich durch den Mitarbeiter zu leistenden Tätigkeiten, werden durch die Weisung eines Vorgesetzten bestimmt, der den zwangsläufig unvollständigen Vertrag zwischen Unternehmen und Mitarbeitern ausfüllt. Organisationen können dabei helfen, Transaktionskosten einzusparen. Der Zusammenschluss von zwei Unternehmen ist dann sinnvoll, wenn die Transaktionskosten durch den Zusammenschluss gesenkt werden, also die vorher

---

[74] Vgl. *Williamson, O.E.:* Market and Hierarchies: Analysis and Antitrust Implications, New York 1975, S. 3.

[75] Vgl. *Halin, A.:* Vertikale Innovationskooperation: Eine transaktionskostentheoretische Analyse, Frankfurt 1995, S. 37. Siehe auch ausführlich die Definition des Begriffs Transaktion in Kapitel 1.1 dieses Buches.

[76] Vgl. *Williamson, O.E.:* The Economic Institutions of Capitalism, New York 1985, S. 22.

über den Markt abgewickelte Transaktion in der Hierarchie kostengünstiger abgewickelt werden kann.

Die Höhe der Transaktionskosten hängt dabei von den Eigenschaften der zugrundeliegenden Transaktion ab. Die wesentlichen Einflussfaktoren sind nach Williamson:[77]

- Die **Häufigkeit** mit der die Transaktionen durchgeführt werden: Je häufiger eine Transaktion durchgeführt wird, desto eher lassen sich Lerneffekte, Economies of Scale und Synergieeffekte realisieren. Institutionelle Regeln können aufgrund der häufigen Durchführung kostengünstiger etabliert werden.
- Die **Unsicherheit** der Transaktion: Es lassen sich dabei die parametrische Unsicherheit und die Verhaltensunsicherheit unterscheiden.[78] Erstere bezeichnet die Unsicherheit über die derzeitigen und zukünftigen Rahmenbedingungen, unter denen eine Transaktion durchgeführt wird. Letztere bezeichnet die Unsicherheit über das Verhalten des Transaktionspartners. Dieser wird versuchen seinen eigenen Vorteil zu mehren und sich im Zweifel opportunistisch verhalten. Dadurch entstehen insbesondere ex post Transaktionskosten, da nach dem Abschluss des Vertrages dessen Einhaltung kontrolliert werden muss.
- Die **Spezifizität** der Transaktion: Wenn die Transaktion Investitionen erfordert, die nur für diese Transaktion verwendet werden kann und bei einer alternativen Verwendung an Wert verlieren, spricht man von einer transaktionsspezifischen Investition. Dadurch entsteht eine besondere Abhängigkeit zwischen den Transaktionspartnern, die die Transaktionskosten steigen lässt. Ist die transaktionsspezifische Investition getätigt worden, so ist es nur noch möglich den Transaktionspartner zu wechseln unter Inkaufnahme eines hohen Wertverlusts. Es entwickelt sich zwangsläufig (weil die Parteien sich opportunistisch verhalten) eine Auseinandersetzung um die **Quasi-Rente** (das ist der unterschiedliche Wert der Investition in der Transaktion und der alternativen Verwendung). Hat beispielsweise ein Zulieferunternehmen eine Fabrik für ein spezielles Teil errichtet, das nur in den Autos eines Herstellers verbaut werden kann, so kann der Abnehmer nach Durchführung der Investition theoretisch seinen Partner bei dem Abnahmepreis bis auf die variablen Kosten drücken. Jede Deckung der Fixkosten ist für den Zulieferbetrieb vorteilhaft, da die Investition in die Fabrik bei Einstellung der Produktion wertlos wäre, weil nicht für andere einsetzbar. Je größer die transaktionsspezifischen Investitionen desto größer wird auch der Anreiz zu opportunistischem Verhalten, was Abschluss und Kontrolle deutlich kostenintensiver macht.

[77] Vgl. *Wiegandt, P.*: Die Transaktionskostentheorie, in: Schwaiger, M./Meyer, A.: Theorien und Methoden der Betriebswirtschaft, München 2009, S. 120 ff.
[78] Vgl. *Williamson, O.E.*: The Economic Institutions of Capitalism, New York 1985, S. 57.

Die Transaktionskostentheorie leitet drei mögliche institutionelle Formen ab, in denen Transaktionen abgewickelt werden können: Der Markt (spontan über den Preismechanismus), die Kooperation (**hybrid** zwischen den beiden Koordinationsformen Markt und Hierarchie, z.B. langfristige Kooperationsvereinbarungen, Lieferverträge etc.) und die Hierarchie (über Weisung in einer Organisation, also insbesondere in einem Unternehmen). Je höher die Transaktionskosten, desto eher wird die hierarchische Koordination gewählt.

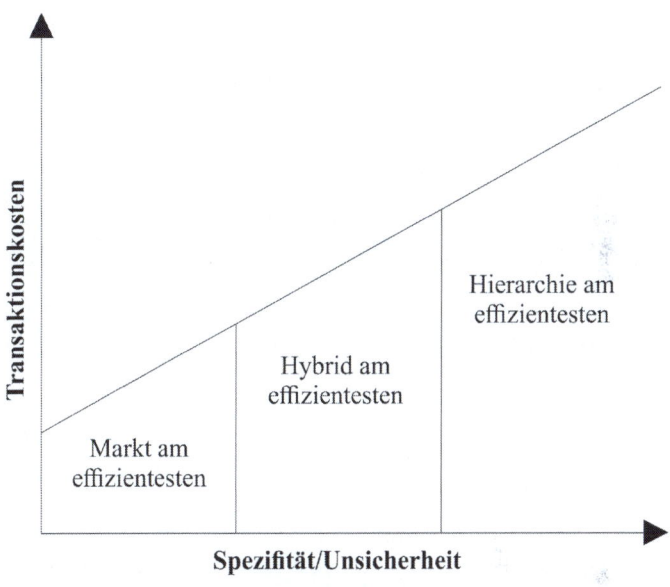

Abbildung 4: Transaktionskosten und Koordinationsform[79]

Unternehmenszusammenschlüsse erlauben es eine Transaktion, die vor dem Zusammenschluss durch den Preismechanismus koordiniert wurde, durch Hierarchie zu koordinieren, was angesichts der Höhe der Transaktionskosten vorteilhafter sein kann oder überhaupt dafür sorgen kann, dass eine Transaktion zustande kommt. Sie sind damit ein Ausweg aus dem **hold-up Problem**, das insbesondere bei spezifischen Investitionen entsteht. Sind spezifische Investitionen durchgeführt worden (z.B. Schulungen speziell für einen Kunden) so sind die Kosten dafür versunken (**sunk costs**), d.h. nicht mehr rückholbar. Weil die Investitionen versunken sind, muss das Unternehmen auch ein schlechtes Verhandlungsergebnis akzeptieren. Weil es das weiß, werden notwendige Investitionen soweit möglich unterlassen. Dadurch sind sowohl der Kunde als auch der Lieferant schlechter gestellt. Durch die Hierarchie kann man dieses Problem umgehen und anstatt des Preismechanismus ein integriertes Unternehmen setzen, das über Weisungen des Managements

---

[79] Eigene Erstellung in Anlehnung an *Williamson, O.E.:* Market and Hierarchies: Analysis and Antitrust Implications, New York 1975, S. 284.

gesteuert wird. Das Management kann dann notwendige Investitionen anordnen. Ein Beispiel ist die RWE AG, die im rheinischen Revier sowohl den Braunkohleabbau (seit 1933 gehört die Rheinbraun AG zur RWE AG, inzwischen sind Tochter- und Muttergesellschaft fusioniert) und verstromt die Braunkohle in eigenen Kraftwerken. Der Braunkohleabbau benötigt die Kraftwerke als Abnehmer, die Kraftwerke benötigen hingegen Braunkohle aus der Nähe. Aus diesem Grund lässt sich dieses Geschäft in einem Konzern sehr viel leichter betreiben.[80]

Case Study: General Motors und Fisher Body

Einer der am meisten untersuchten praktischen Fälle in der ökonomischen Wissenschaft ist die Beziehung zwischen Fisher Body, einem amerikanischen Hersteller von Karosserien, der von den Gebrüdern Fisher als Familienunternehmen geführt wurde, und General Motors, dem amerikanischen Automobilhersteller. Fisher Body und General Motors hatten 1919 einen Vertrag über geschlossene Karosserien, die damals noch aus Holz hergestellt wurden. Fisher Body musste für die Lieferung spezifische Investitionen vornehmen, um die Chassis für General Motors herzustellen. Dies hätte General Motors Potential für ein hold-up gegeben. Man hätte nach den Investitionen Fisher Body drohen können, dass man die Nachfrage signifikant reduziert bzw. sogar ganz aufgibt. Dies hätte Fisher Body gezwungen, den Preis für Karosserien zu reduzieren bis hinunter zu den variablen Kosten. Um diesem Risiko zu begegnen, wurde ein langfristiger Vertrag vereinbart: General Motors verpflichtete sich 10 Jahre Karosserien exklusiv von Fisher Body abzunehmen; als Preis wurde vereinbart, dass General Motors die variablen Kosten von Fisher Body plus einen Aufschlag von 17,6 % vergütet. Um General Motors zu schützen, wurde zudem vereinbart, dass sie als „most preferred purchaser" behandelt werden, d. h. niemals mehr bezahlen müssen als andere Käufer gleichartiger Produkte. In der ersten Hälfte der Laufzeit dieses Vertrages verlief die Kooperation der beiden Partner sehr gut. Fisher Body investierte in neue Werke, die alle in der Nähe von Fabriken des Autoherstellers waren, teilweise wurden die Investitionen sogar durch Kredite von General Motors finanziert.

Probleme entstanden in der zweiten Hälfte der Vertragslaufzeit. 1925 stieg die Nachfrage nach den Karosserien enorm an, da sich zum einen die Nachfrage nach Autos allgemein stark ausweitete und zum anderen insbesondere die Nachfrage nach Autos mit geschlossener Karosserie verstärkte. 1925/26 stieg der Bedarf an Karosserien, wie sie von Fisher Body hergestellt wurden, bei General Motors um ca. 200 %. Die vertragliche Konstruktion zwischen den beiden Partnern führte zu zwei Problemen: Die vereinbarte Preisregel ergab nicht wettbewerbsfähigen Preisen. Die Bedeutung der variablen

---

Kosten stieg im Vergleich zu den fixen Kosten, die durch den pauschalen Aufschlag abgedeckt wurden, an. Durch die Fixkostendegression stieg die Marge von Fisher Body immer weiter an, die gestiegene Nachfrage ließ Economies of Scale entstehen. Die Preise waren für General Motors nicht mehr wettbewerbsfähig. Hinzu kam die Weigerung von Fisher Body eine Fabrik in der Nähe des General Motor Werks für Buick Automobile in Flint, Michigan, zu bauen. Stattdessen wurden die Buick Karosserien aus dem ca. 90km entfernten Detroit geliefert. Dies bedeutete, dass General Motors zuzüglich zu den Produktionskosten noch die Transportkosten bezahlen musste, die wiederum durch den Aufschlag von 17,6 % noch erhöht wurden. Fisher Body konnte seine Fabrik in Detroit besser ausnutzen, aus der auch der Wettbewerber Chrysler beliefert wurde, was die Spezifität der Fabrik reduzierte. Die Weigerung weiter zu investieren, führte zu einem Engpass an Karosserien, was die Schwierigkeiten für General Motors stark erhöhte. Mit der explodierenden Nachfrage hatte sich die Machtverteilung innerhalb des Vertrages stark verändert: Fisher Body lieferte einen absolut notwendigen Bestandteil des Produkts Auto. Sie nutzten die Sicherheiten, die General Motors zu Beginn der Vertragslaufzeit eingeräumt hatte, um die spezifischen Investitionen durchzuführen, jetzt gegen General Motors und schufen ein hold-up für General Motors mit weit gravierenderen Folgen. Die Preisklausel, die Fisher Body schützen sollte, wurde zum Bumerang, die die Wettbewerbsfähigkeit von General Motors stark gefährdete. Wegen der Exklusivität, die im Vertrag vereinbart wurde, gab es keine Chance zum Ausweichen.

Aufgelöst wurde das hold-up durch die Übernahme aller Aktien von Fisher Body durch General Motors zum 1. Juni 1926. Der Vorstandsvorsitzende von General Motors Alfred Sloan sagte die Übernahme sei „... not a question of anything but a must. ... We had to have an integrated operation." Bereits 1919 hatte General Motors 60 % der Aktien übernommen, über die Stimmrechte hatten die Gebrüder Fisher aber die eigentliche Kontrolle behalten. Mit der Übernahme wurden die Gebrüder Fisher zu angestellten Managern, die weniger Möglichkeiten hatten, das Unternehmen zu ihrem eigenen Vorteil aufzustellen. General Motors konnte seine Wünsche über Weisungen sehr viel einfacher durchsetzen, was sich auch daran zeigte, dass einen Tag nach der Verkündung der Übernahme angekündigt wurde, dass eine Fabrik in Flint in der Nähe des Buick Werkes gebaut werden würde. Der hold-up konnte aufgelöst werden. Zudem wurden die Transaktionskosten reduziert. Ein Vertrag, der möglichst vollständig ist, d.h. alle möglichen Ereignisse während der Vertragslaufzeit berücksichtigt, war nicht mehr nötig. Dies reduzierte die Kosten für Anbahnung, Aushandlung und Kontrolle des Vertrages immens. Gefördert wurde diese vertikale Integration zusätzlich durch technische Veränderungen, die eine engere Abstimmung zwischen Automobilhersteller und Karosseriehersteller notwendig machten. Sicherlich spielte auf beiden Seiten auch eine Rolle, dass der wichtigste Liefervertrag von Fisher Body an General Motors nur noch eine kurze Restlaufzeit hatte. Für die Eigentümer des Lieferanten ergab sich damit das Risiko, dass General Motors in der Zukunft seine Karosserien von einem anderen Lieferanten beziehen würde. Für den Hersteller ergab sich damit die Notwendigkeit den Vertrag – verbunden mit hohen Transaktionskosten – neu zu verhandeln.

Auch wenn die Case Study sich fast idealtypisch eignet, um die vertikale Integration durch Akquisition eines Lieferanten, zu erklären, soll nicht verschwiegen werden, dass es in der wissenschaftlichen Diskussion durchaus auch andere Interpretationen gibt, die auf anderen Darstellungen des Sachverhalts beruhen. So betont Coase, dass die Gebrüder Fisher schon früher Direktoren von General Motors waren und bestimmt nicht wiederbestellt worden wären, wenn sie gegen die Interessen von General Motors gehandelt hätten. Coase, der Nobelpreisträger von 1991, sieht in der Verbreitung dieser Fallstudie sogar ein Beispiel dafür, wie sich Wirtschaftswissenschaftler Fakten zurechtbiegen und nicht genau genug untersuchen, was tatsächlich passiert ist. Da hier nicht der Platz ist, die tatsächlichen Ereignisse im Jahr 1926 zu überprüfen, wird auf die Diskussion bei Coase (2006) verwiesen.

Quellen: *Coase, R.H.:* The Acquisition of Fisher Body by General Motors, Journal of Law and Economics, 43. Jg. (2000), S. 15 ff.; *Coase, R. H.:* The Conduct of Economics – The Example of Fisher Body and General Motors, Journal of Economics and Management Strategy, 15. Jg. (2006), S. 255 ff.; *Klein, B.:* Fisher – General Motors and the Nature of the Firm, Journal of Law and Economics, 43. Jg. (2000), S. 105 ff.; *Klein, B./Crawford, R. B./ Alchian, A. R.:* Vertical Integration, Appropriable Rents, and the Competitive Contracting Process, Journal of Law and Economics, 21. Jg. (1978), S. 297 ff.

3.1.6 *Zugang zu Fähigkeiten und Ressourcen*

Weiterhin kann eine Übernahme das Ziel verfolgen, Zugang zu bestimmten Ressourcen zu erlangen. Ziel des Unternehmens ist es zu wachsen. Aus diesem Grund wird versucht einen **schnellen Zugang zu knappen Ressourcen** wie Personal, Technologien, Vertriebswegen, etc. zu erhalten. Grundsätzlich könnte dies auch auf internem Weg gelingen z.B. durch eigene Personalbeschaffung und Ausbildung, durch eigene Forschung und Entwicklung. Mit einer Übernahme wird der gewünschte Erfolg jedoch deutlich schneller eintreten.[81]

Insbesondere in technologieintensiven Branchen haben Übernahmen zur Erlangung von neuen Technologien eine große Bedeutung. So wurde die Übernahme der Schering AG durch Bayer gemacht, um an die Forschungen der Schering AG zu kommen und damit auch zukünftig unter dem Dach des Bayer Konzerns eine erfolgsversprechende Produktpalette bei Arzneimitteln anbieten zu können, die alleine mit der eigenen Forschung nicht in der gleichen Zeit erreicht worden wäre. Ein anderes Beispiel aus einer nicht sehr technologieintensiven Branche ist die Konsolidierung des deutschen Biermarktes. Die großen Übernahmen (Beck's wurde von Interbrew erworben, Holsten durch Carlsberg und Paulaner durch Heinecken) in dieser Branche, die es in der letzten Zeit gegeben hat, sind damit zu erklären, dass die global agierenden Brauereien die Ressourcen für den komplexen, regional stark differenzierten Biermarkt in Deutschland fehlten. Also haben sie die Kompetenzen durch einen Zukauf in das eigene Unternehmen geholt.[82]

Case Study: Die Übernahmepläne von Facebook

Im Sommer 2011 hat Facebook, das soziale Netzwerk, angekündigt, die Zahl der Übernahmen zu erhöhen. 2011 will das Unternehmen, das seit Mai 2012 an der Börse notiert ist, 20 Übernahmen tätigen. Die Übernahmen sollen insbesondere in den Gebieten Software Design und mobile Internet Services liegen. Damit wird das Produkt Facebook attraktiver gestaltet. Ziel ist es dabei, Talente für Facebook zu gewinnen und damit Technologien für das Unternehmen zu bekommen. Facebook konkurriert mit Unternehmen wie Google oder Apple um die besten Talente. Ein Beispiel für die Art und Weise, wie Facebook mit Hilfe von Übernahmen neue Technologien für ihr Produkt nutzbar macht, ist die Akquisition von Beluga, einem start-up, das auf die Technologie von group messaging für Mobiltelefone spezialisiert ist. Die drei Gründer, die alle früher für Google gearbeitet haben, haben ihre Technologie unter dem Dach von Facebook weiterentwickelt zum Facebook-Messenger, der in großen Teilen auf der Beluga Technologie beruht. Der frühere Beluga Dienst ist hingegen eingestellt worden. Damit konnte Facebook in einem immer wichtiger werdenden Feld – dem mobilen Zugang zu Facebook – in denen es traditionell nicht über eigene Expertise verfügt, Talente und Wissen zukaufen. Hier ist auch die Konkurrenz von Wettbewerbern wie Google am stärksten zu erwarten.

---

[81]   Vgl. *Balz, U.:* M&A: Marktteilnehmer und Motive, in: Balz, U./Arlinghaus, O.: Praxisbuch Mergers & Acquisitions, 2. Auflage, München 2007, S. 25 f.

[82]   Vgl. *Freiling, J.:* Ressourcenmotivierte Mergers & Acquisitions, in: Wirtz, B. W.: Handbuch Mergers & Acquisitions Management, Wiesbaden 2006, S. 19.

Quelle: *Womack, B.:* Facebook seeks acquisitions to fend off Google competition, Bloomberg News vom 23.08.2011, http://mobile.bloomberg.com/news/2011-08-23/facebook-steps-up-acquisitions-to-add-users-as-google-rivalry-grows-tech.html, (abgerufen am 31.10.2011).

Das Unternehmen ist also bestrebt durch einen Zukauf neue Ressourcen zu erhalten. Dabei können Ressourcen zusammengebracht werden, die sich gegenseitig kompensieren. Hier werden die Stärken und Schwächen von zwei Unternehmen so zusammengefasst, dass sie sich möglichst ausgleichen und das Unternehmen eine Symbiose aus zwei sich ergänzenden Stärke-Schwäche Profilen bildet. Die Stärken und Schwächen werden durch **Synergieeffekte** ausgeglichen. Synergetik ist die Wissenschaft vom Zusammenwirken der Kräfte und eine Teildisziplin der Physik. Übertragen auf Unternehmenstransaktionen bedeuten Synergien, dass durch das Zusammenwirken von Käufer und gekauftem Unternehmen nach der Unternehmenstransaktion ein zusätzlicher Wert geschaffen wird. Der Käufer erwartet, dass aus dem Zusammenschluss der beiden Unternehmen, mehr entsteht als die Summe der beiden Teile. Dies ist bei der Kompensation von Stärken und Schwächen nach einem Zusammenschluss gegeben. Synergien können auch entstehen, wenn ähnliche Ressourcenausstattungen zusammenkommen. Plastisch hat der amerikanische Managementforscher Ansoff Synergien beschrieben als Summen, bei denen 2 und 2 5 ergibt.[83] Das Ganze ist also nach dem Zusammenschluss mehr als die Teile vor dem Zusammenschluss.

Es kann auch Ziel einer Unternehmensübernahme sein, dass das gekaufte Unternehmen restrukturiert wird. Hier ist das Zielunternehmen in einer Krise, Ziel ist also nicht mehr das Wachstum, sondern die Gesundung des Unternehmens. Das übernehmende Unternehmen verfügt über Ressourcen (z.B. finanzielle Ressourcen oder Managementkapazitäten) oder Kenntnisse (Vertrieb, Forschung und Entwicklung), die dem gekauften Unternehmen alleine nicht zur Verfügung stehen würden, die sie aber aus der Krise manövrieren. Nach der Übernahme können Ressourcen und Kenntnisse von beiden Unternehmen genutzt werden, die Situation verbessert sich für das Krisenunternehmen in einer Weise, wie es alleine nicht möglich gewesen wäre.

Während technische und vertriebliche Kenntnisse meist von Unternehmen der gleichen Branche eingebracht werden, werden finanzielle Ressourcen meist von Finanzinvestoren, wie Private Equity Firmen in eine Unternehmensübernahme eingebracht. Diese Unternehmen sind auch in der Lage vollständig neue Managementkonzepte durchzuführen, um das Unternehmen auf einen neuen Kurs zu bringen.

---

[83] Vgl. *Ansoff, I.:* Management-Strategie, München 1966, S. 97.

3.2 Finanzwirtschaftliche Gründe

3.2.1 Bildung eines internen Kapitalmarkts

Insbesondere zur Erklärung von Unternehmenszusammenschlüssen lateraler Art (also aus Unternehmen, deren Wertschöpfungsaktivitäten keine Gemeinsamkeiten aufweisen) wird die **Überlegenheit des internen Kapitalmarktes gegenüber dem externen Kapitalmarkt** herangezogen. Im Idealfall des vollkommenen Kapitalmarkts lenkt der externe Kapitalmarkt über den Preismechanismus das vorhandene Kapital in die optimale Verwendung. In der Realität sind allerdings die Bedingungen des vollkommenen Kapitalmarkts nicht oder nur annähernd erfüllt. Es ergeben sich Marktunvollkommenheiten, die dafür sorgen, dass eigentlich lohnende Projekte nicht genügend Kapital erhalten.

Grundlegendes Konzept zur Erklärung ist der **vollkommene Kapitalmarkt**, auf das wir auch bei den folgenden Ausführungen z.B. zur Unternehmensbewertung immer wieder zurückkommen werden.

Der vollkommene Kapitalmarkt ist ein Idealbild, das helfen soll, Entscheidungskalküle zu entwickeln, die beherrschbar sind. Ein Kapitalmarkt wird als vollkommen bezeichnet, wenn die folgenden Voraussetzungen erfüllt sind:

- Es gibt keine Informationskosten. Alle Marktteilnehmer sind vollständig informiert und kennen alle entscheidungsrelevanten Parameter.
- Es gibt keine Transaktionskosten (z.B. Börsengebühren) und Steuern.
- Alle Wertpapiere sind beliebig teilbar.
- Es gibt einen Zinssatz zu dem jeder Marktteilnehmer beliebig Geld anlegen und ausleihen kann (der Sollzins entspricht dem Habenzins). Wegen der Möglichkeit der beliebigen Leihe von Geld kann es eine Insolvenz eines Unternehmens auch nicht geben. Alle Marktteilnehmer sind Mengenanpasser, es herrscht vollständige Konkurrenz, in der kein Marktteilnehmer den Preis alleine beeinflussen kann.
- Alle Marktteilnehmer haben homogene, d.h. gleichgerichtete, Erwartungen.
- Alle Marktteilnehmer handeln rational und wollen ihren finanziellen Nutzen maximieren.

Ist eine dieser Voraussetzungen nicht erfüllt, so spricht man von einem unvollkommenen Kapitalmarkt. Der vollkommene Kapitalmarkt ist eine der wichtigsten Voraussetzungen in den Wirtschaftswissenschaften. Viele Theorien beruhen auf dieser Annahme, die offensichtlich (man denke nur an die Steuern) nicht der Realität entspricht. Ihre Begründung findet dieses Konstrukt jedoch darin, dass nur so lösbare Kalküle für praktische Probleme gefunden werden können.[84] Der vollkom-

---

[84]   Vgl. *Schneider, D.:* Geschichte betriebswirtschaftlicher Theorie, München 1981, S. 345 f.

mene Kapitalmarkt ist also nur ein „Kunstgriff",[85] um Methoden entwickeln zu können, mit denen praktische Probleme gelöst werden sollen. Für viele Fragestellungen verbietet es sich, mit diesen Annahmen zu arbeiten. Andererseits gibt es andere Bereiche, wo nur mit diesen Annahmen eine handhabbare Lösung gefunden werden kann.

Interne Kapitalmärkte, d.h. innerhalb einer Unternehmensgruppe bzw. innerhalb eines Konzerns, können Unvollkommenheiten ausgleichen und helfen, dass Projekte, die vorteilhaft sind dennoch eine ausreichende Finanzierung erhalten. Das Konzernmanagement kann finanzielle Mittel am externen Kapitalmarkt aufnehmen und leitet es dann in die beste Verwendung innerhalb des Konzerns. Während extern, die wahren Risiken und Chancen eines Projekts nicht offen kommuniziert werden, findet intern eine offenere Kommunikation statt, in der Chancen und Risiken eines Projekts besser dargestellt werden können. Das Management kann folglich das Projekt besser einschätzen, was durch die weitergehenden auch disziplinarischen Sanktionsmöglichkeiten des Konzernmanagements gegen Spartenmanager im Konzern noch verstärkt wird. Dies alles kann zudem zu geringen Transaktionskosten geschehen, da die Informationen sowieso im Konzern vorhanden sind und nicht neu erhoben werden müssen.[86]

In den 80er Jahren des vergangenen Jahrhunderts wurden in Deutschland durch die sehr vorsichtigen handelsrechtlichen Bestimmungen und die Ausschüttungssperren des Aktienrechts Unternehmensgewinne in hohem Maße einbehalten. Dies führte zu dem Bonmot, dass Siemens eine Bank mit angeschlossener Elektroabteilung sei. In der Tat erwirtschaftete Siemens deutliche mehr Gewinne mit ihren Finanzanlagen als mit dem eigentlichen Elektrogeschäft.[87] Problematisch wurde diese Situation allerdings, da sich Vorstände von Aktiengesellschaften Investitionsmöglichkeiten suchten, obwohl es in den eigentlich angestammten Betätigungsfeldern keine lukrativen Investitionen mehr gab, so dass es zu einer „selbstfinanzierten Überinvestition" kam.[88] Aus diesem Grund sind die internen Kapitalmärkte nicht uneingeschränkt positiv zu beurteilen. Sie verführen – insbesondere wenn es eigentlich funktionierende externe Kapitalmärkte gibt – zu einer **Fehlallokation von Ressourcen**.

3.2.2 Diversifikation

Das finanzwirtschaftliche Motiv Diversifikation für Mergers & Acquisitions geht auf die Portfoliotheorie zurück. Diese wurde 1952 von Harry Markowitz in dem

---

[85] *Rudolph, B.:* Unternehmensfinanzierung und Kapitalmarkt, Tübingen 2006, S. 29.

[86] Vgl. *Glaum, M./Hutzschenreuther, T.:* Mergers & Acquisitions, Stuttgart 2010, S. 72 ff.

[87] Vgl. *Noll, B./Volkert, J./Zuber, N.:* Managermärkte: Wettbewerb und Zugangsbeschränkungen, Baden-Baden 2011, S. 104 f.

[88] Vgl. *Spremann, K./Gantenbein, P.:* Kapitalmärkte, Stuttgart 2005, S. 8.

Artikel „Portfolio Selection"[89] begründet. In dem kurzen Aufsatz werden intuitiv leicht fassbare Gedanken in mathematischer Sprache dargestellt.

Investoren sind in dem Modell an zwei Dingen interessiert: Der **erwarteten Rendite** der Anlage und dem erwarteten mit der Anlage verbundenen **Risiko**. Es ist unmittelbar einleuchtend, dass man einem Investor mehr Rendite bieten muss, wenn er Wertpapiere eines höheren Risikos kaufen soll. Damit ergibt sich der fundamentale Zusammenhang zwischen Risiko und Rendite: Je höher das Risiko, desto höher muss die angebotene Rendite sein, damit sich Käufer für die Anlage finden. Das Risiko wird gemessen an der Varianz der Renditen des Wertpapiers. Die Varianz stellt die mittlere quadratische Abweichung einer Häufigkeitsverteilung dar, also in diesem Fall die quadrierten Abweichungen der erwarteten Rendite eines Wertpapiers.

Stellt ein Investor mehrere Anlagen (Wertpapiere etc.) zu einer Gesamtheit zusammen spricht man von einem **Portfolio**. Das Wort hat seinen Stamm in den lateinischen Begriffen „portare" (tragen) und „folium" (Blatt), ursprünglich also ein Behältnis, in dem verschiedene Blätter getragen werden können. Im finanzwirtschaftlichen Sinne ist es eine Zusammenstellung von verschiedenen Wertpapieren. Werden verschiedene Wertpapiere in einem Portfolio gemischt, so ergibt sich die Rendite als die durchschnittliche Rendite der einzelnen Wertpapiere gewichtet mit ihrem Anteil an dem Wertpapierportfolio. Die Varianz der einzelnen Wertpapiere ist allerdings geringer als die durchschnittliche Varianz der Wertpapiere, es sei denn es liegt der Ausnahmefall einer perfekten Korrelation der Einzelrenditen vor. Mit anderen Worten lässt sich im Regelfall die Gesamtvarianz eines Wertpapierportfolios durch Anlage in verschiedene Wertpapiere (Diversifikation) reduzieren. Je geringer die Korrelation der Renditen der einzelnen Wertpapiere ist, desto stärker lässt sich die Varianz des Gesamtportfolios reduzieren. Die Korrelation bezieht sich darauf, dass die Rendite eines Wertpapiers sich unter- oder überdurchschnittlich bzw. gar in entgegengesetzte Richtungen entwickelt. Steigt die Rendite von Wertpapier A um 1 %, so steigt die Rendite des negativ korrelierten Wertpapiers nur um einen unterdurchschnittlichen (d. h. weniger als 1 %) Betrag.[90]

Anleger werden also diversifizierte Portfolios mit vielen verschiedenen Wertpapieren haben, um das Risiko zu reduzieren. Der Teil des Risikos, der durch Diversifikation eliminiert werden kann, wird als **unsystematisches Risiko** bezeichnet. Dieses Risiko wird am Kapitalmarkt nicht vergütet, da es ein Anleger ja nicht eingehen muss. Das **systematische Risiko** stellt demgegenüber dasjenige Risiko dar, das vergütet wird, da es sich auch nicht durch Diversifikation eliminieren lässt.

---

[89]   *Markowitz, H.M.:* Portfolio Selection, Journal of Finance, 7. Jg. (1952), S. 77.

[90]   Vgl. zur Ableitung des Diversifikationseffekts ausführlich *Buckley, A. et al.:* Finanzmanagement europäischer Unternehmen, London u. a. 1998, S. 250 ff.

In den 60er und 70er Jahren des vergangenen Jahrhunderts wurde diese Theorie, die für die Kapitalmärkte und die Bewertung von einzelnen Wertpapieren entwickelt wurde, auf Unternehmenstransaktionen übertragen. Insbesondere die dritte Mergerwelle in den 60er Jahren wurde von diesem Motiv getragen. Durch **Diversifikation** sollte das Risiko des Gesamtunternehmens reduziert werden. Wenn Geschäftsfelder, die nicht miteinander korreliert sind, z.B. aus verschiedenen Branchen mit unterschiedlichen Abhängigkeiten von der Konjunktur, unterschiedlichen Regulierungen, Produktlebenszyklen etc., in einem Unternehmen zusammengestellt werden, kann das Risiko des Gesamtunternehmens in die Insolvenz zu geraten, deutlich gesenkt werden.[91] Man würde erwarten, dass diversifizierte Unternehmen, da sie weniger risikobeladen sind, auch geringere Risikoprämien bezahlen müssten.

In der neoklassischen Modellwelt ist dies nicht gegeben. In Kapitel 3.2.1 ist das Idealbild des vollkommenen Kapitalmarkts eingeführt worden, welches auch der Portfolio-Theorie zugrunde liegt. In dieser idealen Welt gibt es den Konkurs von Unternehmen nicht. Alle Investoren sind zudem vollständig informiert und können, wenn ein Wertpapier nicht mehr ihren Präferenzen entspricht dies ohne Transaktionskosten verkaufen und stattdessen neue Wertpapiere erwerben. In dieser idealen Welt ist es nicht von Nutzen, das Risiko auf Ebene des Unternehmens zu reduzieren. Für den Investor ist es einfacher, wenn er selbst durch die richtige Mischung seines Wertpapierportfolios das Risiko mindert. Eine Vergütung für die Diversifikation auf Unternehmensebene wird nicht bezahlt.

In der Realität würde die Diversifikation auf Unternehmensebene dann vergütet, wenn es für den einzelnen Investor schwieriger wäre die Risikostreuung zu erreichen als für das Unternehmen. Grund dafür könnten höhere Transaktionskosten auf Investorenebene sein. Dies wird man jedoch verneinen können, da Investoren leicht verschiedene Wertpapiere erwerben oder auch in Fonds investieren können, in denen schon eine Mischung von Wertpapieren vorgenommen wurde. Dahingegen müssen diversifizierte Unternehmen eine große Konzernzentrale aufbauen, in denen sie Ressourcen vorhalten, um die verschiedenen Aktivitäten des Konzerns zu steuern.

Im Fokus: Tobins q

Der amerikanische Ökonom James Tobin (Nobelpreisträger von 1981) hat einen Quotienten entwickelt und propagiert, der zur Unternehmensbewertung verwendet werden kann. Der Quotient – kurz bezeichnet als Tobins q – setzt den Marktwert des Unternehmens ins Verhältnis mit dem Wiederbeschaffungswert der Vermögensgegenstände. Im Zähler stehen die Marktwerte des Eigenkapitals (Börsenwert) und des Fremdkapitals. Im Nenner stehen die Wiederbeschaffungswerte der Vermögensgegenstände. Die Wiederbe-

---

[91]   Vgl. *Glaum, M./Hutzschenreuther, T.:* Mergers & Acquisitions, Stuttgart 2010, S. 77.

schaffungswerte sind dabei von den Buchwerten zu unterscheiden. Auch betriebsnotwendige aber nicht bilanzierungsfähige Vermögensgegenstände müssen berücksichtigt werden. Durch den Ansatz von Wiederbeschaffungswerten werden Inflation und auch technischer **Fortschritt** im Kalkül berücksichtigt. Formal ergibt sich:

$$\text{Tobins q} = \frac{\text{Marktwert}_{EK} + \text{Marktwert}_{FK}}{\text{Wiederbeschaffungswerte der Vermögensgegenstände}}$$

Man würde ein q von 1 als Regelfall erwarten, da der Marktwert den Wiederbeschaffungswerten entsprechen sollte. Dies würde auch bedeuten, dass das Unternehmen seine Kapitalkosten gerade verdient. Ein q von weniger als 1 bedeutet, dass das Unternehmen mit seinen Vermögensgegenständen Wert vernichtet. Ein q von mehr als 1 bedeutet, dass das Unternehmen Wert schafft. Anwendbar ist Tobins q insbesondere auf Unternehmen in etablierten Branchen, in denen kein größeres Wachstum mehr zu erwarten ist, das den Marktwert der Aktien erhöhen könnte.

Tobins q wird in vielen empirischen Untersuchungen als Referenz verwendet, z.B. um Unterbewertungen oder schlechtes Management festzustellen. Es ist insbesondere geeignet, um Unternehmen mit schlechtem Management zu identifizieren, da von Unternehmen mit einem q von weniger als 1 die Kapitalkosten, also die Renditeforderung der Eigen- und Fremdkapitalgeber, nicht erwirtschaftet wird.

Quellen: *Damadorian, A.:* Investment Valuation, 3. Auflage, New York 2012, S. 537 ff.; *Tobin, J./Brainard, W.C.:* Asset Markets and the Cost of Capital, in: Private Values and Public Policy, Essays in Honor of William Fellner, North-Holland 1977, S. 235 ff.

Empirisch ist die Wirkung von Diversifikation auf den Aktienkurs häufiger untersucht worden. Die Ergebnisse dieser Untersuchungen sind nicht einheitlich. In der Untersuchung von Berger/Ofek[92] wird ein Abschlag von diversifizierten Unternehmen in Höhe von 13 bis 15 % festgestellt (für US-amerikanische Unternehmen in der Zeit von 1986 bis 1991). In die gleiche Richtung geht die Studie von Lang/Stulz,[93] die sich mit Unternehmen befasst, die sich während der 80er Jahre diversifizierten. Diese haben ein niedrigeres Tobins q als Unternehmen, die bei der Konzentration auf einen Bereich bleiben. Für den deutschen Kapitalmarkt kommt die Studie von Gerke/Garz/Oerke[94] zu dem Ergebnis, dass die Ankündigung von

---

[92] Vgl. *Berger, P./Ofek, E.:* Diversification's effect on firm value, Journal of Financial Economics, 37. Jg. (1995), S. 39 ff.

[93] Vgl. *Lang, L./Stulz, R.:* Tobin's q, corporate diversification and firm performance, Journal of Political Economy, 102. Jg. (1994), S. 1248 ff.

[94] Vgl. *Gerke, W./Garz, H./Oerke, M.:* Die Bewertung von Unternehmensübernahmen auf dem deutschen Aktienmarkt, ZfbF, 47. Jg. (1995), S. 805 ff.

diversifizierenden Unternehmenstransaktionen einen negativen Effekt auf den Börsenkurs des ankündigenden Unternehmens hat während die Ankündigung von Unternehmensübernahmen im gleichen Bereich neutral aufgenommen werden. Diese Studien gehen also von einem negativen Effekt diversifizierender Übernahmen aus und sprechen von einem Conglomerate Discount.

Andere Studien kommen zu einem anderen Ergebnis. So kommt die Untersuchung von Klein[95] für die Zeit von 1966 bis 1974 nur zu verschwindend geringen Abschlägen für Konglomerate. Für den gleichen Zeitraum – in dem die dritte Mergerwelle, die durch Konglomerate geprägt war stattfand – finden Hubbard/Palia[96] sogar Bewertungsaufschläge für diversifizierte Unternehmen. In einer Studie für den deutschen Kapitalmarkt kommen Rustige/Grote[97] im Zeitraum von 1996 bis 2005 zu dem Schluss, dass die Ankündigung von diversifizierenden Übernahmen keine signifikanten negativen Kursreaktionen auslöst. Die Boston Consutling Group (BCG) hat in ihren Studien[98] zunächst konstatiert, dass die meisten der größten Unternehmen der Welt nicht fokussiert, sondern diversifiziert sind. Sie können keine systematisch niedrigere Rendite bei diversifizierten Unternehmen im Gegensatz zu fokussierten Unternehmen feststellen. In einer gemeinsamen Studie von 2012 haben BCG und die Handelshochschule Leipzig festgestellt, dass der Conglomerate Discount in Zeiten wirtschaftlicher Krisen nicht verschwindet aber sinkt.[99] Einen Unterschied in der Performance findet die Studie nicht, zeigt aber einen Vorteil bei den Finanzierungskosten für diversifizierte Unternehmen innerhalb einer Krise.

Case Study: Familienunternehmen als Konglomerate

Im Gegensatz zu börsennotierten Unternehmen sind Familienunternehmen ohne Kapitalmarktnotierung tendenziell fokussierter. Dies ist darin begründet, dass aufgrund der geringeren Größe dieser Unternehmen und den damit beschränkteren Ressourcen die Fokussierung notwendig ist. Damit ergibt sich bei den meisten Familienunternehmen die Konsequenz, dass die Möglichkeit zur Diversifikation der eigenen Finanzanlagen deutlich geringer ist. Normalerweise hat ein Familienunternehmer sein ganzes Kapital inklusive seines Humankapitals in einem Unternehmen gebunden.

---

[95] Vgl. *Klein, P. G.:* Were the acquisitive conglomerates inefficient?, RAND Journal of Economics, 32. Jg. (2001), S. 745 ff.

[96] Vgl. *Hubbard, R.G./Palia, D.A.:* A Reexamination of the Conglomerate Merger Wave in the 1960s: An Internal Capital Markets View, Journal of Finance, 54. Jg. (1999), S. 1131 ff.

[97] Vgl. *Rustige, M./Grote, M.H.:* Der Einfluss von Diversifikationsstrategien auf den Aktienkurs von deutschen Unternehmen, ZfbF, 61. Jg. (2009), S. 470 ff.

[98] Vgl. *Boston Consulting Group:* Conglomerate Report 2002 und 2006.

[99] Vgl. *Boston Consulting Group/Handelshochschule Leipzig:* The Power of Diversified Companies during Crises, Januar 2012, http://image-src.bcg.com/Images/BCG_The_Power_of_Diversified_Companies_During_Crises_Jan_12_tcm9-106136.pdf, abgerufen am 1.2.2020.

Ausnahmen sind in Deutschland insbesondere zwei Familienunternehmen, die als Konglomerate geführt werden. Dies ist zum einen der Oetker-Konzern zu dem Unternehmen aus den Bereichen Nahrungsmittel (u.a. Dr. Oetker, Onken), Getränke (u.a. Selters, Bionade), Brauereien (u.a. Radeberger, Jever, Schöfferhofer, Küppers), Sekt (Henkell), Spirituosen (u.a. Wodka Gorbatschow, Kümmerling), Banken (Bankhaus Lampe), und Hotels gehören. Das zweite große familieneigene Konglomerat ist die Haniel Gruppe. Neben einer signifikanten Beteiligung an dem Handelskonzern Metro hat die Franz Haniel & Cie. GmbH sechs Unternehmensbereiche: Stoffe für Matratzen, Machinen und Anlagen zur Verarbeitung von Fischen, Recycling, Waschraumhygiene, Verpackungsmaschinen und Handel mit Büromöbeln und Geschäftsausstattung, Die finanzwirtschaftliche Begründung von Konglomeraten passt durchaus auch auf diese Familienkonglomerate. Die Familien haben sich entschlossen, ihre ganzen Vermögenswerte in ihr Unternehmen zu stecken. Die Diversifikation findet nicht mehr wie bei Aktionären im eigenen Wertpapierdepot statt. Die Familienholding ist bei diesen Familien wie das Portfolio, die meisten Vermögenswerte werden in dieser Holding gehalten. Aus diesem Grund muss die Familie auch auf Risikobegrenzung achten und sich auf dieser Ebene diversifizieren.

Quellen: www.haniel.de; www.oetker-gruppe.de (abgerufen jeweils am 13.1.2020).

Das Urteil über den tatsächlichen Sinn und Unsinn von Konglomeraten kann also nicht abschließend gefällt werden. Ein Grund dafür ist, dass die Diversifizierung eines Unternehmens nur schwer messbar ist.[100] Zwar kann man mithilfe von Branchenklassifikationen Unternehmen in die Klasse diversifiziert und nicht-diversifiziert einordnen. Schwer festzustellen ist aber, wie stark die Diversifikation ist – ob man in benachbarten Branchen tätig ist oder ob die Branchen nichts miteinander zu tun haben. Des Weiteren können auch diversifizierte Unternehmen Vorteile haben, die auf anderen Argumenten für eine Unternehmensübernahme beruhen z.B. auf der besseren Effizienz der internen Kapitalmärkte innerhalb eines Konzerns. Zudem wird gerade in jüngerer Zeit häufiger über ein „Comeback der Konglomerate"[101] gesprochen. In dieser Diskussion wird insbesondere die effizientere Kapitalallokation hervorgehoben, die innerhalb eines Konzerns stattfinden kann. Dieses Argument gilt zwar immer, ist aber dann besonders zutreffend, wenn finanzielle Mittel alternativ am Finanzmarkt nur in geringem Maße verfügbar sind.

---

[100] Vgl. *Villalonga, B.:* Does Diversification Cause the "Diversification Discount"?, Financial Management, 33. Jg. (2004), S. 5 ff.
[101] *Beckmann, P./Fechtner, A./Heuskel, D.:* Comeback der Konglomerate, zfo, 78. Jg. (2009), S. 88 ff.

3.2.3   Steuerliche Vorteile

Ein steuerlicher Vorteil ist direkt verbunden mit dem Entstehen von Konglomeraten. Wie in 3.2.2 ausgeführt reduziert sich das Risiko, wenn Unternehmen in mehreren nicht miteinander korrelierten Bereichen tätig sind, d.h. der Cashflow aus dem einen Unternehmensbereich kann denjenigen aus einem anderen Bereich ersetzen, so dass insgesamt das Insolvenzrisiko eines diversifizierten Unternehmens sinkt. Ein solches Unternehmen kann ceteris paribus einen höheren Fremdkapitalanteil haben als ein fokussiertes Unternehmen. Steuerlich ist Fremdkapital dadurch, dass die Zinsen steuerlich absetzbar sind, vorteilhafter als Eigenkapital (die Dividende an die Eigenkapitalgeber wird nach Steuern durch das Unternehmen ausgeschüttet). Damit kann der steuerliche Vorteil (**tax shield**), den ein Unternehmen hat durch den Erwerb von Unternehmen in anderen Branchen erhöht werden.[102]

Im Fokus: Die Zinsschranke

Mit der Unternehmenssteuerreform 2008 ist in Deutschland die Zinsschranke eingeführt worden. Diese beschränkt die Nutzung der steuerlichen Vorteile des Fremdkapitals und auch des in Kapitel 2 vorgestellten Leverage-Effekts. Die Zinsschranke ist in § 4h EStG geregelt. Ein Betrieb kann danach nur noch Zinsaufwendungen bis zu folgender Höhe steuerlich geltend machen:

– den eigenen Zinserträgen („Erträge aus Kapitalforderungen jeglicher Art" § 4 h Abs. 3 Satz 3 EStG) zuzüglich
– des darüber hinaus gehenden Nettozinsaufwandes bis maximal 30 % des Ergebnisses vor Zinsen, Steuern und Abschreibungen (EBITDA). Als Zinsaufwand gelten alle Vergütungen für die Überlassung von Fremdkapital.

Zinsaufwand, der darüber hinausgeht, wird als Zinsvortrag erst in den Folgejahren – sofern die Grenzen der Zinsschranke denn eingehalten werden – abzugsfähig.

Die Intention des Gesetzgebers war es mit der Zinsschranke internationale Steuergestaltungen zu erschweren, bei denen ausländische Muttergesellschaften ihre deutschen Tochtergesellschaften fremdfinanziert haben und damit in Deutschland keine Ertragsteuern angefallen sind und die Zinserträge, durch die sich die Muttergesellschaft finanziert, nur im Ausland zu versteuern waren.

Die Zinsschranke wird nicht angewendet, wenn:

– die in Rede stehende Zinsdifferenz weniger als 3 Mio. EUR beträgt,
– der Betrieb nicht zu einem Konzern gehört („stand-alone Klausel"),

---

[102]   Vgl. *Lewellen, W. A.:* Pure Financial Rationale for the Conglomerate Merger, Journal of Finance 26. Jg. (1971), S. 521 ff.

> – der Betrieb zu einem Konzern gehört und die Eigenkapitalquote des Konzerns niedriger, gleich hoch oder maximal 2 % höher als die Eigenkapitalquote des Betriebs ist („Escape-Klausel").
>
> Die Zinsschranke führt insbesondere in der Krise dazu, dass Fremdkapitalzinsen nicht steuerlich abgezogen werden können. Es liegt unmittelbar auf der Hand, dass wenn in der Krise die Profitabilität des Unternehmens sinkt, damit auch der maximal abziehbare Fremdkapitalaufwand des Unternehmens sinkt. Allein aufgrund schlechterer Ertragslage können Unternehmen daher unter die Zinsschranke fallen und ihre Zinslast nicht periodengerecht von der Steuerlast abziehen.
>
> Quellen: *Töben, T./Fischer, H.:* Die Zinsschranke – Regelungskonzept und offene Fragen, BB, 62. Jg. (2007), S. 974 ff.; *Meitner, M./Streitferdt, F.:* Unternehmensbewertung unter Berücksichtigung der Zinsschranke, CFB, 13. Jg. (2011), S. 258 ff.

Neben diesem steuerlichen Motiv für Unternehmenstransaktionen, das sich insbesondere auf diversifizierte Unternehmen bezieht, gibt es das Motiv Unternehmen zu erwerben, um steuerliche Verluste in dem einen Bereich mit steuerlichen Gewinnen in einem anderen Bereich zu verrechnen. Laufende Verluste sind, auch wenn sie steuerliche Vorteile in anderen gewinnträchtigen Bereichen bieten, kein lohnendes betriebswirtschaftliches Ziel. Aus diesem Grund ist es für Unternehmen wesentlich interessanter, durch Unternehmenstransaktionen in den Besitz von **steuerlichen Verlustvorträgen** zu gelangen. Allerdings ist im deutschen Steuerrecht die Nutzung von steuerlichen Verlusten nur sehr begrenzt möglich. Gemäß § 10 d EStG können vergangene Verluste bis zu einer Millionen EUR unbegrenzt in der Folgeperiode mit steuerlichen Einkünften verrechnet werden. Von den über eine Millionen EUR hinausgehenden Verlusten dürfen maximal 60 % mit künftigen Einkünften verrechnet werden.[103] Es kann also von Interesse sein, durch den Kauf eines Unternehmens, das einen steuerlichen Verlustvortrag besitzt, in den Genuss steuerlicher Vorteile zu kommen.

Ein weiteres steuerlich getriebenes Phänomen ist die sogenannte **tax inversion**. In diesem Fall kauft – vornehmlich ein amerikanisches Unternehmen – ein kleineres Unternehmen in einem Niedrigsteuerland, z.B. Irland. Der so neu entstandene Konzern verlagert seinen rechtlichen und steuerlichen Firmensitz in das Niedrigsteuerland. De facto verbleibt aber das Personal und die Administration in den USA. Der bislang größte Fall dieser Art war der Kauf von Covidien, einem irischen Medizinprodukteherstelier, durch den sehr viel größeren Wettbewerber Medtronic aus den USA. Obwohl nach wie vor die meisten Umsätze in den USA erzielt wer-

---

[103] Vgl. *Piehler, M./Schwetzler, B.:* Zum Wert ertragsteuerlicher Verlustvorträge, ZfbF, 62. Jg. (2010), S. 63.

den, wurde der Sitz in die irische Hauptstadt Dublin verlegt und somit ein Teil der amerikanischen Steuer vermieden wird. Empirische Untersuchungen zeigen, dass kurzfristig eine tax inversion einen positiven Effekt auf die Aktienkurse hat, während langfristig die Kurse eher sinken.[104] Für deutsche Unternehmen lohnt sich i.d.R. eine tax inversion nicht, da in Deutschland die Hinzurechnungsbesteuerung gilt, bei der Sitzverlegungen in Niedrigsteuerländer ausgehebelt werden, da die im Ausland zu versteuernden Gewinne auf den in Deutschland zu versteuernden Gewinn draufgeschlagen werden.

Insgesamt wird eine Unternehmenstransaktion selten allein aus steuerlichen Gründen durchgeführt. Andererseits wird eine Unternehmenstransaktion, die aus anderen als steuerlichen Gründen durchgeführt wird, immer steuerlich optimiert werden. Dies wird in Kapitel 8.2 ausführlich diskutiert.

3.2.4 *Unterbewertung von Unternehmen*

Ein weiterer Grund für Unternehmenstransaktionen kann sein, dass das Zielunternehmen unterbewertet ist, der Käufer, den „wahren Wert" des Unternehmens kennt und durch sein Kaufangebot die Unterbewertung auflöst. Dieses Motiv für Mergers & Acquisitions wird unter dem Begriff **„Valuation Theory"** in der Literatur diskutiert.

Die Unterbewertung kann darauf zurückzuführen sein, dass das derzeitige Management das volle Potential des Unternehmens nicht ausnutzt, es mit anderen Worten mit einer veränderten Unternehmensstrategie erfolgreicher sein könnte. Darauf gehen wir in Kapitel 6 weiter ein, wenn wir uns dem großen Bereich der Unternehmensbewertung widmen.

Ein weiterer Grund kann sein, dass das Management des kaufenden Unternehmens bessere Informationen hat als die anderen Teilnehmer am Kapitalmarkt und damit den Wert des Zielunternehmens besser einschätzen kann. Dieses Motiv steht im Konflikt mit der **Theorie der informationseffizienten Kapitalmärkte**, wonach alle Informationen bereits in den Aktienkursen enthalten sind. Geht man allerdings davon aus, – wie ein großer Teil der finanzwirtschaftlichen Forschung[105] – dass die Informationseffizienz nicht in ihrer strengen Form gilt, sondern nur in ihrer halbstrengen Form, gilt das nicht. Dies bedeutet, dass zwar die Informationen über vergangene Kursbewegungen und alle anderen öffentlichen Informationen in den derzeitigen Kursen enthalten sind. Nicht berücksichtigt wären Insiderinformationen.

---

[104] Vgl. *Laing, E./Gurdgiev, C./Durand, R.B./Boermans, B.:* U.S. tax inversions and shareholder wealth effects, International Review of Financial Analysis. 62. Jg. (2016), S. 35 ff.

[105] Vgl. zum Beleg die grundlegenden empirische Studie *Fama, E.F./Fisher, L./Jensen, M.C./Roll, R.:* The adjustment of stock prices to new information, International Economics Review, 10. Jg. (1969), S. 1 ff. Allerdings gibt es auch eine große Zahl von Gegenargumenten gegen die Gültigkeit der halbstarken Form der Informationseffizienz vgl. hierzu die Übersicht bei *Buckley, A. et al.:* Finanzmanagement europäischer Unternehmen, London u.a. 1998, S. 328 ff.

Im Fokus: Informationseffizienz der Kapitalmärkte

Die finanzwirtschaftliche Theorie stellt in Frage wie relevant Informationen bei Entscheidungen auf Kapitalmärkten sind. Märkte gelten dann als effizient, wenn die Preise alle verfügbaren Informationen reflektieren. Hinreichende Voraussetzungen für das Herrschen von Informationseffizienz ist das Fehlen von Transaktionskosten beim Handel mit Wertpapieren, kostenlose Verfügbarkeit von Informationen für alle Marktteilnehmer und gleichgerichtete Interpretation dieser Information durch die Marktteilnehmer. Diese Voraussetzungen sind die gleichen, wie sie für einen vollkommenen Kapitalmarkt gelten. Allerdings kann man auch zeigen, dass diese eher strengen Annahmen nicht unbedingt notwendig sind.

Es gibt die Informationseffizienz in drei Ausprägungen, abhängig von dem Grad der Informationen, die in den Kursen reflektiert sind:

– In ihrer schwachen Ausprägung sind alle Informationen über vergangene Kursbewegungen in den heutigen Kursen enthalten. Daraus folgt, dass es nicht sinnvoll ist, vergangene Kursbewegungen, wie in der Chartanalyse, zu untersuchen.
– In ihrer mittelstrengen Form wird angenommen, dass die heutigen Kurse nicht nur die Kurse der Vergangenheit bereits reflektieren, sondern auch alle öffentlich verfügbaren Informationen, wie sie im Internet oder in der Finanzpresse zu finden sind. Eine fundamentale Unternehmensanalyse kann zu keinem Erfolg bei der Aktienspekulation führen.
– In ihrer starken Ausprägung sind alle Informationen, die überhaupt vorhanden sind, bereits in den Kursen enthalten. Unterstellt man diese Form, so gibt es nur glückliche und unglückliche Investoren. Keine Form der Analyse oder der bewussten Auswahl von Wertpapieren kann zu Erfolg führen. Selbst Insiderinformationen helfen nicht weiter.

Man geht meist davon aus, dass die Informationseffizienz nur in mittelstrenger Ausprägung real vorhanden ist. Dies bedeutet, dass alle öffentlich verfügbaren Informationen in den Preisen eines Wertpapiers reflektiert sind. Die mittelstrenge Informationseffizienz würde bedeuten, dass eine Analyse des Jahresabschlusses keinen Nutzen bringen würde, da diese Informationen ja bereits in dem Preis des Wertpapiers enthalten sind. Für das Vorhandensein einer mittelstrengen Ausprägung der Informationseffizienz spricht, dass Insider sehr wohl Überrenditen an den Kapitalmärkten realisieren können.

Für manche Modelle der Finanzierungstheorie gilt aber auch die strenge Informationseffizienz als Prämisse. Diese – als unrealistisch erkannte Voraussetzung – bringt Spötter dazu, folgende Geschichte zu kolportieren: Mehrere Wissenschaftler verschiedener Fachrichtungen sind eingesperrt in einem dunklen Verlies, in dem sie hungern. Eines Tages verteilt ein Wohlmeinender Sardinendosen an die Hungerleidenden. Allerdings sind die Dosen verschlossen und Ausrüstung, sie zu öffnen, ist nirgendwo vorhanden. Die Chemiker und Physiker versuchen mit ihrem wissenschaftlichen Hintergrundwissen, die Dosen zu öffnen. Die Wirtschaftswissenschaftler nehmen einfach an, die Dosen seien offen und beginnen zu essen.

Quellen: *Brealey, R.A./Myers, S.C./Allen, F.:* Principles of Corporate Finance, 13. Auflage, New York 2019, S. 342 ff.; *Fama, E.F.:* Efficient Capital Markets: A Review of Theory and Empirical Work, Journal of Finance, 25. Jg. (1970), S. 383 ff.; *Schildbach, T.:* Fair value accounting und Information des Markts, ZfbF, 64. Jg. (2012), S. 533; *Shleifer, A.:* Inefficient Markets – An Introduction to Behavioral Finance, Oxford 2000, S. 2 f.

Wenn ein potentieller Käufer private Informationen hat, so kann er ein Angebot machen, das über dem aktuellen Marktwert liegt. Damit legt er die privaten Informationen offen, so dass der Marktpreis steigen kann. Dies steht wiederum im Einklang mit der halbstarken Form der Informationseffizienz, da in dem Moment des Kaufangebots die private Information öffentlich geworden ist. Allerdings ergibt sich für den potentiellen Käufer ein Problem, der in der unsicheren Natur der privaten Information liegt. Er muss bei Abgabe seines Kaufangebots davon ausgehen, dass die Information, die sich aufgrund ihres privaten und exklusiven Charakters einer direkten Überprüfung entzieht, tatsächlich stimmt.[106] Trotz dieser Unsicherheit wird die „Valuation Theory" häufig als Argument für die Durchführung von Unternehmenstransaktionen angeführt. Der Starinvestor Warren Buffet führt mit seiner Gesellschaft Berkshire Hathaway systematisch die Suche nach unterbewerteten Unternehmen durch. Unternehmen werden nach dem **Kurs-Gewinn Verhältnis (KGV)** bzw. nach dem Buchwert der Vermögensgegenstände des Unternehmens im Vergleich zum Börsenwert der Aktien ausgesucht. Berkshire Hathaway blickt auf einen großen Erfolg mit dieser Strategie zurück, der sich an dem enormen Vermögenszuwachs des Unternehmens zeigt.

Ein weiterer Grund für Akquisitionen durch Unterbewertung ist die **Inflation**. Für Unternehmen kann dadurch eine Akquisition interessant werden, dass die historischen Anschaffungskosten von Produktionsanlagen oder immateriellen Vermögensgegenständen, die für die Bearbeitung eines Marktes relevant sind, deutlich niedriger sind als die momentanen Marktpreise, die durch Inflation erhöht worden sind. Dadurch kann eine Übernahme eines Unternehmens mit niedrigen Buchwerten einen Markteinstieg zum günstigen Preis möglich machen. Dies war während der 1970er Jahre möglich, als die Inflation deutlich höher war, als es in den letzten Jahren der Fall war. Da gleichzeitig die Aktienkurse vergleichsweise niedrig waren,

---

[106] Vgl. *Wensley, R.:* PIMS and BCG: New horizons or false dawn?, Strategic Management Journal, 3. Jg. (1982), S. 147 ff.

haben viele Unternehmen die Chance genutzt einen Markteintritt mittels Unternehmensübernahme zu erreichen.[107]

3.2.5   Raidertheorie: Wohlfahrtstransfer zwischen Käufer und Verkäufer

Raider (englisch: Plünderer, Angreifer) sind Personen, die Beteiligungen an Unternehmen kaufen auch gegen den Willen der Organe des Zielunternehmens. Der Raider ist dabei eher an Kauf und Verkauf von Unternehmensanteilen als am Verkauf von Produkten interessiert.[108]

Die Raidertheorie[109] erklärt Unternehmensübernahmen durch unredliche Motive. Der Raider will einen Wohlfahrtstransfer von den Alteigentümern des Zielunternehmens zu sich selbst erreichen. Die Alteigentümer werden zu diesem Wohlfahrtstransfer gezwungen, da das Unternehmen in einer unsicheren Situation ist und der Zerschlagungswert, der ohne den Erwerb durch den Raider nur realisierbar wäre, deutlich unter dem Wert des going concern, also des in gleicher Form weitergeführten Unternehmens, liegt.

Eine andere Technik, die Raider anwenden, ist das sogenannte **Greenmailing.** Hierbei erwirbt der Raider über die Börse eine bestimmte größere Zahl von Aktien des Zielunternehmens und lanciert gleichzeitig den Vorwurf des ineffizienten Managements bzw. der falschen Strategie, die zu einer Unterbewertung des Unternehmens an der Börse führt. Der Börsenkurs des Unternehmens steigt, der Raider droht damit, eine feindliche Übernahme des Unternehmens zu erreichen. Anstatt die Drohung wahr zu machen bietet der Raider dem Management des Zielunternehmens an, die Aktien des Unternehmens zu einem noch höheren Wert als ihn der derzeitige Marktwert darstellt, zu übernehmen. Das Management des Zielunternehmens erwirbt dann tatsächlich die Aktien des Raiders, wodurch der Kurs wieder sinkt, auch weil der Widerstand des Managements gegen eine Übernahme als Zeichen für eine schlechte zukünftige Leistung des Unternehmens angesehen wird, was allerdings dadurch ausgeglichen werden kann, das in Unternehmen, die Greenmail bezahlen, das Management deutlich häufiger ausgewechselt wird als in anderen Unternehmen.[110] Dem Raider ist gelungen, was er wollte: Sein Vermögen zu Lasten der Alteigentümer zu mehren.

---

[107]   Vgl. *Weston, J.F./Kwang, S.C./Hoag, S.E.:* Mergers, Restructuring, and Corporate Control, Englewood Cliffs 1990, S. 199.

[108]   Vgl. *Carew, E.:* The language of money, Sydney 1985, S. 42.

[109]   Vgl. *Macharzina, K./Wolf, J.:* Unternehmensführung, 9. Auflage, Wiesbaden 2015, S. 719.

[110]   Vgl. *Engle, E.:* Green with Envy? Greenmail is Good! Rational Economic Responses to Greenmail in a Competitive Market for Managers and Capital, DePaul Business & Commercial Law Journal, 5. Jg. (2007), S. 430 f.

Case Study: Greenmailing Mickey Mouse

Das Nachrichtenmagazin Der Spiegel berichtete 1984 (Heft 30 vom 23. Juli 1984) unter dem Titel „Verstümmelt und Gefleddert" über die Praxis des Greenmailing:

„Der Finanzier Saul P. Steinberg, der texanische Öl-Milliardär Perry R. Bass, der australische Zeitungs-Zar Rupert Murdoch und der britisch-französische Industrielle Sir James Goldsmith. Zu ihren Opfern zählen so bekannte Unternehmen wie der Öl-Multi Texaco und der Unterhaltungskonzern Walt Disney Productions.

Die Taktik der „Greenmailer" ist so einfach wie effektiv: Mit gutgefüllter Kriegskasse ausgestattet, kauft ein Angreifer zunächst etwa 5 bis 15 Prozent der Aktien einer Gesellschaft auf. Dann lässt er wissen, er sei mit dem Management unzufrieden und strebe die Kontrolle über das Unternehmen an.

Um ihren Arbeitsplatz zu retten, reagieren die Topmanager in der Regel, wie es dem wahren Wunsch des Aggressors entspricht: Sie bieten dem „Greenmailer" an, die Aktien zu einem überhöhten Kurs zurückzukaufen, wenn er verspricht, in den nächsten Jahren keinen neuen Angriffsversuch zu starten.

Nach diesem … System …kaufte beispielsweise der Mickymaus-Konzern Walt Disney Productions im vergangenen Monat 12,1 Prozent seiner Anteilscheine von dem besonders gefürchteten „Greenmailer" Saul Steinberg zurück. Steinberg, Chef und Hauptaktionär eines Finanzkonzerns, zog mit einem Profit von 32 Mio.en Dollar ab."

Quelle: o.V.: Verstümmelt und gefleddert, Der Spiegel, 37. Jg. (1984), Heft 30, S. 98.

Aufgrund des Charakters von Greenmailing als unredliches Manöver haben die Gesetzgeber die Möglichkeiten, die in Deutschland schon immer durch die Beschränkung des Rückkaufs eigener Aktien beschränkt waren, durch prohibitive Steuern auf die Gewinne durch Greenmailing, deutlich reduziert. Diese Praxis wird seit Anfang der 90er Jahre deutlich weniger ausgeübt als früher.

3.3   Irrationale Gründe für Unternehmenstransaktionen

Alle bisher für Unternehmensübernahmen genannten Gründe waren aus Sicht der handelnden Akteure rational. Durch die Unternehmenstransaktionen sollte Wert geschaffen werden, auch wenn es manchmal zu Lasten einer Gruppe, die ein Interesse an dem Unternehmen hat, ging (z.B. die Beeinflussung des Wettbewerbs, die gegen die Interessen der Kunden geht). Im Folgenden sollen Gründe dargestellt werden, bei denen die Unternehmenstransaktion keinen Wert mehr schaffen soll. Diese werden insgesamt als „irrational" bezeichnet, da sie objektiv dem Wert des zusammengeschlossenen Unternehmens schaden, auch wenn sie aus Sicht einzelner Akteure durchaus rational sein können.

3.3.1   Principal-Agent Theorie und Motive für Unternehmenstransaktionen

Die Principal-Agent Theorie ist ein weiterer Zweig der **Neuen Institutionenökonomie**. Auf die Transaktionskostentheorie, die ebenfalls zu diesem ökonomischen Theoriegebäude gehört, sind wir bereits in Kapitel 3.1.5 eingegangen. Principal-Agent Modelle untersuchen Vertragsprobleme, die aufgrund von ungleich verteilten Informationen (asymmetrische Informationsverteilung) zwischen dem **Auftraggeber (dem Prinzipal)** und dem **Akteur (dem Agenten)** entstehen.[111] Der Prinzipal ist derjenige, der eigentlich die Ziele und Handlungen des Agenten vorgeben müsste. Allerdings ist dies für den Prinzipal nicht rational z.B., weil er nur einen kleinen Anteil am Eigentum eines Unternehmens hält. Oder es ist nicht möglich, weil ihm die finanziellen oder zeitlichen Ressourcen fehlen, es schlichtweg nicht realisierbar ist, den Agenten zu kontrollieren, ob er tatsächlich die Ziele des Prinzipals erfüllt. Probleme entstehen dann, wenn die Ziele von Prinzipal und Agent im Konflikt zueinanderstehen. Der Agent trifft die Entscheidungen und kontrolliert das Eigentum des Prinzipals. Allerdings trägt der Prinzipal das Risiko dieser Entscheidungen. Die Principal-Agent Theorie geht davon aus, dass der Agent seine Ziele auch gegen den Willen des Prinzipals durchsetzen wird, da er durch und durch opportunistisch handelt ohne jeglichen moralischen Skrupel.

Die moderne Unternehmung ist gekennzeichnet durch das Auseinanderfallen von Eigentum und Verfügungsgewalt.[112] In großen börsennotierten Aktiengesellschaften steht eine große, meistens auch anonyme, Menge an Eigentümern dem Management gegenüber, dass täglich in das Unternehmen geht und die Entscheidungen so trifft, wie sie es für richtig halten. Die Kontrolle erfolgt über die Mechanismen der **Corporate Governance** (vgl. hierzu das Kapitel 3.3.4). Der einzelne Aktionär hat aber aufgrund seines geringen Anteils am Eigentum des Unternehmens und seiner beschränkten Einflussmöglichkeiten ein rationales Desinteresse an der detaillierten Kontrolle des Unternehmens. Damit kann der Agent frei schalten und walten und seine individuellen Ziele durchsetzen.

Es wäre falsch davon auszugehen, dass eine Organisation selbst Ziele hat, vielmehr haben die Individuen Ziele, die sie versuchen mit der Organisation durchzusetzen.[113] Die individuellen Ziele der Manager sind teilweise im Konflikt mit den Zie-

---

[111] Vgl. *Pratt, J.W./Zeckhauser, R.J.:* Principals and Agents. The Structure of Business, Boston 1985, S. 2.

[112] Vgl. grundlegend *Berle, A./Means, G.:* The Modern Corporation and Private Property, New York 1932.

[113] Vgl. *Cyert, R.M./March, J.G.:* Eine verhaltenswissenschaftliche Theorie der Unternehmung, Stuttgart 1995, S. 29. Siehe hierzu auch die Zitate, die in Kapitel 10 dieses Buches vorgestellt werden.

len des Prinzipals. Gehen wir davon aus, dass der Prinzipal an Gewinnmaximierung interessiert ist, so ergeben sich für den Agenten abweichende und konfligierende Ziele, die er auch verfolgt: Sicherung des Arbeitsplatzes, Maximierung des eigenen Einkommens (das im Konflikt steht zu dem Einkommen der Prinzipale, ein Euro für das Management steht nicht mehr für eine Ausschüttung an die Eigentümer zur Verfügung). Ebenfalls wird ein Manager versuchen Macht, Prestige und das Ausnutzen auch von nicht-monetären Vorteilen (Dienstwagen, repräsentative Büroräume etc.) als Ziel durchzusetzen.

Bei der Durchsetzung von Zielen des Managements können Unternehmenstransaktionen hilfreich sein. Daher können Unternehmenstransaktionen aus Sicht des Managements rational sein. Allerdings können umgekehrt Unternehmenstransaktionen auch ein Mittel sein, mit dem Prinzipale ihre Agenten dazu zwingen können, ihre Interessen zu verfolgen.

3.3.1.1 Empire Building und die Free Cashflow Hypothese

Manager neigen dazu, ihren Einflussbereich zu vergrößern und die ihnen anvertrauten Unternehmen immer größer werden zu lassen. Der Gedanke, dass Manager gerne ein Reich aufbauen wollen (**Empire Building**) geht auf den österreichischen Ökonomen Joseph Schumpeter zurück. In seinem 1913 erschienen Buch „Theorie der wirtschaftlichen Entwicklung" beschreibt er dieses Vorgehen: „Da ist zunächst der Traum und der Wille, ein privates Reich zu gründen. Ein Reich, das Raum gewährt und Machtgefühl, das es im Grund in der modernen Welt nicht geben kann, das aber die nächste Annäherung an Herrenstellung ist, die diese Welt kennt ... Da ist sodann der Siegerwille. Kämpfenwollen einerseits, Erfolg-habenwollen des Erfolgs als solchen wegen andrerseits. Das Wirtschaftsleben nach beiden Richtungen an sich indifferente Materie. Gewinngröße als Erfolgsindex – oft nur in Ermangelung eines andern – und Siegespfosten. Wirtschaftliches Handeln als Sport: Finanzieller Wettlauf, noch mehr aber Boxkampf."[114] Schumpeter beschreibt hier die Motivlage von Managern sehr deutlich. Es ist nicht nur die Gewinnmaximierung, sondern es ist auch der Hunger nach Macht, Einkommen, Einfluss und Ansehen, die die Manager treibt. Diese Motive entfernen ihn von der Motivlage, die bei den Anteilseignern vorherrscht. Diese haben ein Interesse an der Wertsteigerung des Unternehmens, gemessen in Dividenden, Steigerung des Aktienkurses oder Bezugsrechten.

Ansehen, Prestige, öffentliche Wahrnehmung, Einladungen durch die Medien etc. sind direkt gekoppelt an die Größe des Unternehmens. Manager, die ein größeres Unternehmen vertreten werden stärker und intensiver wahrgenommen von der Öffentlichkeit als Manager von kleineren Unternehmen. Des Weiteren ist der **Zu-**

---

[114]   Vgl. *Schumpeter, J.:* Theorie der wirtschaftlichen Entwicklung, 7. Auflage, Berlin 1984 (unveränderter Nachdruck der 4. Auflage von 1934), S. 138.

sammenhang zwischen **Unternehmensgröße** und **Vergütung** für das Management sehr gut dokumentiert, wobei Größe ein wichtigerer Faktor für die Bezüge ist als der Unternehmenserfolg.[115] Es ist ein leichter Weg, die Unternehmensgröße mit der Übernahme eines anderen Unternehmens zu erhöhen. Ein Extrembeispiel ist sicherlich der ehemalige Daimler Vorstandsvorsitzende Jürgen Schrempp, der nach der inzwischen wieder aufgelösten Fusion zwischen Daimler und Chrysler, seine Vergütung geschätzt verdreifachen konnte.[116]

Hinzu kommt, dass es eine steigende Unternehmensgröße vereinfacht, Konflikte zu lösen. Unternehmen belohnen ihr mittleres Management mit Beförderungen (eher als sie dies mit Gehaltssteigerungen tun). Die Möglichkeit für Beförderungen steigt, wenn die Unternehmensgröße wächst. Daher übt das mittlere Management Druck aus, Unternehmensübernahmen durchzuführen, die die Größe des Unternehmens steigen lässt. Auch das obere Management gibt diesem Druck gerne nach, da es so Konflikten aus dem Weg gehen kann.

Alle diese Argumente sind von dem Harvard Forscher Michael C. Jensen in der **Free Cashflow Hypothese** zusammengefasst worden.[117] Free Cashflow sind diejenigen liquiden Mittel, die im Unternehmen verbleiben, nachdem alle Projekte durchgeführt worden sind, die lohnend sind. Lohnend sind alle Projekte, die – diskontiert mit den angemessenen gewichteten Kapitalkosten – einen positiven Kapitalwert haben. Für diese Mittel gibt es nur eine einzige zu rechtfertigende Verwendung, nämlich die Ausschüttung an die Aktionäre. Würde etwas Anderes damit gemacht, müssten sie definitionsgemäß einer Verwendung zugeführt werden, die nicht lohnend ist. Die einzige Strategie, die den Wert für die Aktionäre maximiert ist folglich die Ausschüttung. Damit werden diese Mittel aber auch der Kontrolle des Managements entzogen, was deren Macht einschränkt. Zudem muss das Management künftige lohnende Projekte mit neuem Kapital finanzieren. Es setzt sich damit einer stärkeren Kontrolle durch die Kapitalmärkte aus, die nur tatsächlich lohnende Projekte finanzieren werden.

Das Management kann ein besonderes Versprechen abgeben, künftige Cashflows auszuzahlen, indem es Schulden aufnimmt. Beispielsweise kann das Unternehmen eigene Aktien mit Free Cashflow zurückkaufen (es sind weniger Aktien im Markt, folglich steigt der Wert der einzelnen verbliebenen Aktie), und die Eigenfinanzierung durch Schulden ersetzen. Mit Fremdkapital ist das Versprechen künftige Cashflows zurückzuzahlen deutlich glaubwürdiger, da die Schulden wieder getilgt

---

[115] Vgl. *Murphy, K.J.:* Executive Compensation, in: Ashenfelter/Card (Hrsg.): Handbook of Labor Economics, Bd. 3b, Amsterdam 1999, S. 2493. Für Deutschland haben Graßhoff/Schwalbach eine empirische Untersuchung durchgeführt, die diesen Zusammenhang bestätigt. Vgl. *Graßhoff, U./Schwalbach, J.:* Managervergütung und Unternehmenserfolg, ZfB, 67. Jg. (1997), S. 203 ff.

[116] Vgl. *Knoll, L.:* Fusionen und Managerbezüge: Schaffung oder Vernichtung von Shareholder Value?, FB, 3. Jg. (2001), S. 245.

[117] Vgl. *Jensen, M.C.:* Agency Costs of Free Cash Flow, Corporate Finance, and Takeovers, AER, 76. Jg. (1986), S. 323 ff.

werden müssen. Die Ankündigung einer dauerhaft hohen Dividende ist nicht so effektiv, da diese Ankündigung immer wieder zurückgenommen werden kann, was dann noch zusätzlich zu einem hohen Kursverlust der Aktie des Unternehmens führen wird. Der positive Effekt eines solchen Tauschs der Finanzierung wird durch die steuerlichen Vorteile noch verstärkt: Die Zinsen auf Fremdkapital sind im Gegensatz zu den Dividenden für das Eigenkapital steuerlich abzugsfähig (vgl. ausführlich auch 3.2.3). Dagegen läuft das erhöhte Risiko einer Insolvenz mit den damit verbundenen Kosten. Nach Jensen ist der **optimale Punkt der Fremdfinanzierung da, wo sich die Grenzkosten des Fremdkapitals gerade mit den Grenzerlösen ausgleichen.** An diesem Punkt wird der Wert des Unternehmens maximiert. Besonders Unternehmen, die nicht mehr stark wachsen oder gar schrumpfen, aber immer noch hohe Cashflows generieren, stehen in der Gefahr, dass ihr Management die Free Cashflows einbehält und diese in nicht mehr lohnende Verwendungen steckt, z.B. Unternehmensübernahmen, die lediglich Prestige und Einkommen des Managements steigen lassen. Wachstumsstarke Unternehmen brauchen laut Jensen keine Kontrolle durch Fremdkapital, da sie noch genügend Projekte haben, die einen positiven Kapitalwert haben.[118] Dagegen spricht die Beobachtung, dass Fremdkapital aufgenommen wird, um sich vor einer Übernahme zu schützen, da der Kauf durch ein anderes Unternehmen weniger attraktiv. Empirische Untersuchungen stützen diese Sichtweise, da beobachtet worden ist, dass Unternehmen, die durch Gesetze gegen Unternehmenskäufe geschützt sind, ihren Fremdkapitalanteil gesenkt haben.[119] Diese gegensätzlichen Beobachtungen zeigen, wie schwierig es ist, die Ursachen für einzelne Effekte zu isolieren und damit gültige Aussagen über Ursachen zu treffen.

3.3.1.2 Sicherung des Arbeitsplatzes des Managements

Manager haben wie alle Arbeitnehmer ein Interesse daran, dass ihr Arbeitsplatz gesichert bleibt. Der Arbeitsplatz des Managements ist z.B. durch Insolvenz gefährdet. Dabei haben Manager ein auf ihr Unternehmen zugeschnittenes spezifisches Humankapital entwickelt.[120] So haben sie ein Netzwerk in dem Unternehmen aufgebaut, firmenspezifisches Wissen über Abläufe und Strukturen entwickelt. Dieses **firmenspezifische Humankapital** wird im Falle der Insolvenz entwertet, da es nicht auf andere Unternehmen übertragbar ist. Von daher werden sich die Manager so verhalten, dass eine Insolvenz ihres Unternehmens möglichst vermieden

---

[118] Allerdings zeigt die empirische Untersuchung von Copeland und Lee, dass Unternehmen, die eigene Aktien mit Hilfe von Fremdkapital zurückgekauft haben, Wachstumsunternehmen sind. Dies steht im direkten Gegensatz zu Jensens These. Vgl. *Copeland, T.E./Lee, W.H.*: Exchange Offers and Stock Swaps – A Signalling Approach: Theory and Evidence, Financial Management, 20. Jg. (1991), Nr. 3, S. 34 ff.

[119] Vgl. *Ibrahimi, M.*: Mergers and Acquisitions: Theory, Strategy, Finance, 2. Auflage, New York 2018, S. 39 mwN.

[120] Vgl. *Glaum, M./Hutzschenreuther, T.*: Mergers & Acquisitions, Stuttgart 2010, S. 85 f.

wird. In der Konsequenz wird meist davon ausgegangen, dass Manager i. d. R. risikoscheuer sind als die Aktionäre des Unternehmens. Dies liegt daran, dass die Investoren ein wohldiversifiziertes Portfolio haben, wodurch das unsystematische Risiko eines Unternehmens unbeachtlich ist. Für die Manager ist die Situation anders: Sie sind mit ihren Anlagen nicht so diversifiziert: Ihr spezifisches Humankapital ist in dem einen Unternehmen gebunden, so dass das unsystematische Risiko sehr wohl beachtlich ist. Dadurch ist für das Management das Risiko des speziellen Unternehmens relevant. Von daher werden sie bemüht sein, dass die Cashflows stabilisiert werden und damit die Insolvenzwahrscheinlichkeit sinkt. Eine Möglichkeit dies zu erreichen ist es, in Diversifikation zu investieren und ein Konglomerat aus verschiedenen Geschäftsfeldern zusammenzukaufen.[121] Ist das Unternehmen in mehreren Geschäftsfeldern tätig, deren Geschäftserfolg nicht miteinander korreliert ist, stabilisiert sich der Cashflow: In schwierigen Zeiten der einen Branche, in dem das Unternehmen tätig ist, ist die andere Branche erfolgreich, so dass sich die Cashflows ausgleichen. Wie in 3.2.2 gezeigt, widerspricht die Diversifikationsstrategie aber den Interessen der Anteilseigner, die selber besser in der Lage sind, ihr Portfolio zu diversifizieren.

Eine zweite Gefahr für den Arbeitsplatz des Managements ist der **Markt für Unternehmenskontrolle**. Wenn der Manager sich zu sehr der Durchsetzung seiner eigenen Ziele widmet und damit die Zielsetzungen der Aktionäre zu stark vernachlässigt, treten Aufkäufer für die Aktien des Unternehmens an der Börse auf und wollen dieses übernehmen. Der Aktienkurs sinkt. Je niedriger der Aktienkurs tatsächlich ist, im Verhältnis zu der Situation wie sie bei einem effektiveren Management sein könnte, umso attraktiver ist eine feindliche Übernahme des Unternehmens.[122] Durch Ersetzen des bisherigen Managements kann die bisherige zu wenig auf die Ziele der Aktionäre gerichtete Unternehmensstrategie verändert werden. Damit kann der Fokus wieder auf den Wert des Unternehmens ausgerichtet werden. Wurde zuvor in konglomerate Akquisitionen investiert kann das Unternehmen durch die Aufkäufer zerschlagen werden und dann in seinen Einzelteilen verkauft werden. Sind die Einzelteile mehr wert als das Ganze, ist dies für den Übernehmer des Unternehmens ein gewinnbringendes Geschäft. Funktioniert der Markt für Unternehmenskontrolle, d. h. ermöglicht es eine transparente Information zu erkennen, welche Unternehmen zu stark von den Managementzielen abhängen, werden sich Aufkäufer finden und eine feindliche Übernahme des Unternehmens starten. Das Management wird dadurch in seinem Bestreben, seine Ziele gegen den Willen der Aktionäre zu verfolgen, gebremst, denn auch durch die feindliche Übernahme verlieren sie ihren Arbeitsplatz.

---

[121] Vgl. *Amihud, Y./Lev, B.:* Risk Reduction as a Managerial Motive for Conglomerate Mergers, Bell Journal of Economics, 12. Jg. (1981), S. 605 ff.

[122] Vgl. *Manne, H.G.:* Mergers and the Market for Corporate Control, Journal of Political Economy, 73. Jg. (1965), S. 113.

Der Markt für Unternehmenskontrolle (Market for Corporate Control) diszipliniert also das Management und verhindert, dass sie schrankenlos ihre Ziele verfolgen können. Zugespitzt kann man den Markt für Unternehmenskontrolle als eine Arena verstehen, in der Management Teams darüber streiten, Unternehmensressourcen zu kontrollieren und zu gestalten.[123] Der einzelne Aktionär hat i.d.R. nur einen kleinen Anteil an den Aktien eines Unternehmens. Die Kosten einer effizienten Kontrolle des Managements wären sehr hoch und ständen in keinem vernünftigen Verhältnis zu dem Einfluss, den ein einzelner Aktionär ausüben kann. Die Delegation der Kontrolle ist in der deutschen Unternehmensverfassung zweistufig, so dass auch zwei Principal-Agent Beziehungen entstehen:[124] Die Hauptversammlung aller Aktionäre wählt den Aufsichtsrat. **Die Aufsichtsräte sind damit die Agenten der Aktionäre.** Der Aufsichtsrat bestellt den Vorstand für die tägliche Unternehmensleitung. Damit werden die Vorstände zum Agenten des Aufsichtsrats. Die eigentlichen Entscheidungen sind sehr weit weg vom einzelnen Aktionär, seine Kontrollmöglichkeiten, ob das Management seine eigenen Ziele verfolgt oder die Ziele der Aktionäre, sind nicht sehr groß. Der Markt für Unternehmenskontrolle, auf dem andere bessere Managementteams um die Kontrolle der Gesellschaft konkurrieren, soll disziplinierend wirken. Problematisch dabei ist allerdings, dass die Übernahme eines anderen Unternehmens mit hohen Transaktionskosten verbunden ist, weswegen der Markt für Unternehmenskontrolle nicht störungsfrei funktionieren kann. Annähernd wird diese Funktion durch Corporate Raider (siehe zum Begriff des Raiders 3.2.5) oder durch Private Equity Gesellschaften wahrgenommen (siehe zum Begriff 4.6.3.1).

3.3.2   Die Hybris-Hypothese

Geht man von effizienten Kapitalmärkten aus, so sind die Unternehmen an der Börse korrekt bewertet. Eine Unterbewertung kann nicht vorliegen. Ausgehend von dieser Voraussetzung und der beobachteten Erfolglosigkeit vieler Unternehmensakquisitionen, insbesondere für die Eigentümer des übernehmenden Unternehmens, wurde die **Hybris-Hypothese** zur Erklärung von Unternehmenstransaktionen entwickelt.[125]

Der Begriff Hybris kommt aus dem Griechischen und bezeichnet die Anmaßung und Selbstüberschätzung des Menschen gegenüber den Vorgaben und Weisungen der Götter. In der griechischen Tragödie ist Hybris ein Grund, weshalb die Helden stürzen. Sie meinen gottgleich zu sein und erheben sich über das den Menschen zugewiesene Maß. In diesem Moment greift der gerechte göttliche Zorn, die Neme-

---

[123] Vgl. *Jensen, M.C./Ruback, R.S.:* The Market of Corporate Control – The Scientific Evidence, Journal of Financial Econmics, 11. Jg. (1983), S. 5.

[124] Vgl. *Welge, M.K./Eulerich, M.:* Corporate-Governance-Management, Wiesbaden 2012, S. 16.

[125] Vgl. *Roll, R.:* The Hubris Hypothesis of Corporate Takeovers, Journal of Business, 59. Jg. (1986), S. 197 ff.

sis, und rächt sich an dem Übermütigen. Gleiches kann Managern geschehen, die zu viel und zu teuer akquirieren.

Der Effekt der Selbstüberschätzung ist wohlbekannt und wird in der Forschungsrichtung der Behavioral Finance als **Overconfidence Bias** besprochen. Es spielt aber auch im allgemeinen Leben eine Rolle. Projekte werden zu optimistisch eingeschätzt, was regelmäßig zu Verzögerungen in der Fertigstellung führt. Man denke an die legendären Verzögerungen bei der Fertigstellung des Opernhauses in Sydney oder an die verspätete und zu teure Fertigstellung der Elbphilharmonie in Hamburg. Hinzu kommt der „besser als der Durchschnitt"-Effekt.[126] Wenn Menschen über ihre Fähigkeiten oder Kenntnisse gefragt werden, neigen sie dazu, sich selbst als besser als der Durchschnitt einzuschätzen. So haben bei einer Befragung 84 % der französischen Männer angegeben, überdurchschnittlich gute Liebhaber zu sein. Logisch wäre, dass 50 % besser als der Durchschnitt sind und 50 % schlechter als der Durchschnitt, da der Durchschnitt genau bei den Fähigkeiten von 50 % liegt.[127]

Übertragen auf Unternehmenstransaktionen bedeutet die Hybris-Hypothese, dass Manager die aus einer Unternehmenstransaktion resultierenden Synergien systematisch überschätzen. Die eigenen Fähigkeiten der Integration des übernommenen Unternehmens werden ebenfalls überschätzt. Da an der Börse korrekte Bewertungen, die alle Informationen beinhalten (starke Form der Informationseffizienz), gelten, ist es nur möglich, dass ein Übernahmeangebot gemacht wird, wenn Synergien entstehen können. Die Manager bieten damit für Unternehmen, die eigentlich korrekt bewertet sind, da sie die Möglichkeit für Synergien überschätzen, wird sich eine Übernahme stets als Fehlschlag erweisen (die Nemesis rächt sich für die Hybris). Es wird zusätzlich angenommen, dass die Manager aus ihren in der Vergangenheit gemachten Fehlern nicht gelernt haben. Sie wiederholen die Fehler und glauben auch bei weiteren Akquisitionen an die Richtigkeit ihrer Bewertungen.

Kritikpunkt an der Hybris-Hypothese ist im Wesentlichen deren Ausgangspunkt. Die strenge Form der Informationseffizienz bedeutet, dass alle Informationen, also nicht nur die öffentlich bekannten, sondern auch öffentlich nicht zugänglichen Informationen in den Kursen berücksichtigt sind. In der Konsequenz dürfte Insiderhandel nicht zu höheren Renditen führen. Es wird unterstellt, dass auch wenn nur eine kleine Zahl von Personen eine bestimmte Information haben, dies sich sofort in den Kursen niederschlägt. Bereits theoretische Überlegungen zeigen, dass die strenge Form der Informationseffizienz nicht gelten kann in der Praxis: Zum einen müssten sich Informationen unendlich schnell in den Kursen niederschlagen. Dies würde bedeuten, dass alle Anleger immer und jederzeit Informationen sammeln und diese umgehend in Handeln umsetzen. Der Anreiz für das Sammeln von In-

---

[126] Vgl. *Malmedier, U./Tate, G.:* CEO Overconfidence and Corporate Investment, Journal of Finance, 60. Jg. (2005), S. 2662.

[127] Vgl. *Dobelli, R.:* Die Kunst des klaren Denkens, München 2011, S. 14.

formationen wäre allerdings nicht mehr vorhanden: Durch Informationen kann ich niemals einen Gewinn erzielen, da alle Marktteilnehmer so handeln. Wenn Informationssuche und -verarbeitung mit Mühe und Kosten verbunden sind, wäre es sogar nachteilig sich mit der Informationssuche zu beschäftigen. Diese theoretischen Überlegungen zeigen, dass die strenge Informationseffizienz so nicht gelten kann. Man kann mit Jensen feststellen, dass die strenge Form der Informationseffizienz „an extreme form which people have ever treated as anything other than a logical completion of the set of possible hypotheses"[128] ist.

Eine zweite Linie der Kritik an der Hybris-Hypothese ist die Annahme, dass Fehler bei Unternehmenstransaktionen nicht zu Lerneffekten führen. Verschiedene empirische Untersuchungen zeigen jedoch, dass die Erfahrungen von Käuferunternehmen dazu führen, dass weitere Akquisitionen erfolgreicher durchgeführt werden.[129] Die Annahme wird aber nicht von allen empirischen Untersuchungen, die sich mit dem Erfolg von Unternehmensakquisitionen befassen, bestätigt. Wir kommen darauf in Kapitel 10 zurück.

Hybris spielt sicherlich eine wichtige Rolle für das Zustandekommen einzelner Unternehmenstransaktionen. Wegen der schwierigen, der Realität nicht entsprechenden Prämissen dieser Hypothese kann die Hybris-Hypothese allerdings nicht als generelles Erklärungsmuster für Unternehmenstransaktionen herangezogen werden.

Weiterführende Lektüre

Eine Systematisierung von Motiven, die zu Unternehmenstransaktionen führen können, liefert der Aufsatz von Trautwein (1990) aus dem Strategic Management Journal. Er liefert eine Einteilung in die verschiedenen Schulen, die in der Literatur auch heute noch eine verbreitete Grundlage ist. Einen aktuellen Überblick mit einer Systematisierung der verschiedenen Motive aus Käufer- und Verkäufersicht gibt Wirtz in seinem Lehrbuch (2012, S. 63–83). Die klassischen Studien zu den irrationalen Motiven für Unternehmenstransaktionen von Roll (1986) und Jensen (1986) sind sehr lesenswert.

Jensen, M.C.: Agency Costs of Free Cash Flow, Corporate Finance, and Takeovers, AER, 76. Jg. (1986), S. 323–329.

Roll, R.: The Hubris Hypothesis of Corporate Takeovers, Journal of Business, 59. Jg. (1986), S. 197–216.

Trautwein, F.: Merger Motives and merger prescriptions, Strategic Management Journal, 11. Jg. (1990), S. 283–295.

Wirtz, B.M.: Mergers & Acquisitions Management, 4. Auflage, Wiesbaden 2017.

---

[128] Vgl. *Jensen, M.C.:* Some Anomalous Evidence Regarding Market Efficiency, Journal of Financial Economics, 6. Jg. (1978), S. 97.

[129] Vgl. die Übersicht bei *Lenhard, R.:* Erfolgsfaktoren von Mergers & Acquisitions in der europäischen Telekommunikationsindustrie, Wiesbaden 2009, S. 58.

4   Formen von Unternehmenstransaktionen

Lernziele

–   Gegenstand dieses Kapitels sind die verschiedenen Formen von Unternehmenstransaktionen. Sie lernen die verschiedenen institutionellen Aspekte der Unternehmenstransaktionen kennen. Dabei werden die Begrifflichkeiten vorgestellt, wie sie im Bereich Mergers & Acquisitions, Investmentbanking und Corporate Finance für institutionelle Aspekte verwendet werden.

–   Die Funktionsweisen von feindlichen Übernahmen, Leveraged Buy-outs, asset oder share deals werden dargelegt. Des Weiteren wird vorgestellt, wie Unternehmenstransaktionen ausgeführt werden, ob es Fusionen oder Akquisitionen sind, ob sie vertikal, horizontal oder lateral sind. Diese grundlegenden Unterscheidungen sind Voraussetzung für die weiteren Diskussionen, in den folgenden Kapiteln.

–   Es werden verschiedene mögliche Institutionen und Personen als Käufer benannt. Hiermit und den weiteren vorgestellten Institutionen und Methoden erhalten Sie das institutionelle Wissen, um an den aktuellen wissenschaftlichen und praktischen Diskussionen im Bereich Unternehmenstransaktion teilzunehmen.

Unternehmenstransaktionen lassen sich nach einer ganzen Reihe von Kriterien klassifizieren. In diesem Kapitel werden einige dieser Klassifikationskriterien diskutiert und die so kategorisierten Unternehmenstransaktionen detailliert erläutert. Im Einzelnen werden wir auf die folgenden Kriterien eingehen:

–   nach der Rolle in der Wertschöpfungskette (vertikal, horizontal, lateral),
–   nach Art der Kooperation mit dem Zielunternehmen (freundlich, feindlich),
–   nach Art der übernommenen Vermögensgegenstände (assets, shares),
–   nach Art des Zusammenschlusses (Übernahme, Fusion),
–   nach Art der Finanzierung,
–   nach dem Käufer (Management, Private Equity, Belegschaft, andere Unternehmen, Sovereign Wealth Funds).

4.1   Formen nach der Rolle in der Wertschöpfungskette

4.1.1   Vertikale Unternehmenstransaktionen

Bei vertikalen Unternehmenstransaktionen bearbeiten Käufer und Kaufobjekt **unterschiedliche Stufen der Wertschöpfungskette**. Die Leistungstiefe des Unternehmens wird durch den Zusammenschluss vergrößert. So kann die Transaktion eine Integration vorwärts in der Wertschöpfung bedeuten. Dies ist dann der Fall, wenn ein Unternehmen erworben wird, dass eine nachgelagerte Stufe der Wertschöpfung bearbeitet, also z. B. wenn ein Unternehmen, das Konsumgüter herstellt ein Unternehmen des Einzelhandels erwirbt. **Rückwärtsintegration** wird betrieben, wenn sich die Übernahme auf ein Unternehmen bezieht, das auf einer vorgelagerten Stufe der Wertschöpfungskette arbeitet, also wenn ein Unternehmen seinen Rohstofflieferanten übernimmt.

Beispiele für vertikale Übernahmen waren die Aktivitäten der beiden Soft Drink Rivalen Coca-Cola und Pepsi Cola im Jahr 2010. Beide Unternehmen haben ihre Abfüllbetriebe in Nordamerika übernommen. Innerhalb von einer Woche haben beide angekündigt, ihre großen Abfüllbetriebe zu übernehmen. Coca-Cola hat die Coca-Cola Enterprises für 3,2 Mrd. USD zuzüglich 8,9 Mrd. USD an Schulden übernommen. Pepsi Cola hatte in derselben Woche für 7,8 Mrd. USD ihre beiden wichtigsten amerikanischen Abfüllbetriebe Pepsi Bottling Group und Pepsi Americas übernommen. Vorher war das Geschäftsmodell der beiden Getränkehersteller, dass sie das Konzentrat an die Abfüllbetriebe verkauften, die die Getränke abfüllen und dann an den Einzelhandel verkauften. Mit der Vorwärtsintegration können Coca-Cola und Pepsi besser gegenüber dem Einzelhandel auftreten. Darüber hinaus können Streitereien wegen angeblich überhöhter Preise für das Konzentrat und für Werbekampagnen nicht mehr auftreten. Synergieeffekte können besser genutzt werden.[130]

Letztlich ist die Fragestellung, ob eine vertikale Unternehmenstransaktion durchgeführt wird oder nicht, die Frage nach „**make or buy**", also danach, ob das Unternehmen eine Aktivität selbst durchführt oder durch Dritte durchführen lässt. Es ist die Frage nach den Grenzen des Unternehmens. Dies ist keine willkürliche oder zufällige Festlegung, sondern man sollte dies als Optimierungsproblem begreifen. Diese Optimierung kann sich im Zeitablauf auch häufiger ändern. So haben sich Coca-Cola und Pepsi Cola bewusst dazu entschieden, Abfüllen und Verkauf ihrer Getränke nicht selbst durchzuführen, sondern an Dritte weiterzugeben. Offensichtlich hat sich das Entscheidungskalkül für diese Frage aber geändert, so dass man die bisher selbständigen Abfüllunternehmen jetzt übernommen hat. Neben den bereits in 3.1.5 vorgestellten Möglichkeiten zur Senkung der Transaktionskosten durch eine vertikale Integration, soll hier noch die Überwindung der **doppelten Marginalisierung** als Grund dargestellt werden. Gibt es zwei Unternehmen, die in der Wertschöpfungskette hintereinander liegen, z.B. ein Produzent und ein Händler, die noch dazu über Marktmacht, beispielsweise über ein Monopol verfügen, so kann ein vertikal integriertes Unternehmen einen größeren Gewinn erreichen als

---

[130] Vgl. *Geller, M.:* Coke to buy top bottler's North America operations, Reuters vom 25.02.2010, http://www.reuters.com/article/2010/02/25/us-cocacola-idUSTRE61O03Y20100225, abgerufen am 15.1.2019.

zwei separate Unternehmen.[131] Nehmen wir an, dass ein Produzent P ein Produkt an den Händler H verkauft, der dieses Produkt an den Endkunden veräußert. Beide Unternehmen seien Monopolisten und können die Preise daher frei festlegen. Für die Produktion des Produkts entstehen beim Produzenten die Stückkosten k_P. Der Produzent verkauft das Produkt weiter an den Händler für den Stückpreis p_P. Der Einfachheit halber wird angenommen, dass bei dem Händler keine weiteren Kosten mehr anfallen und der Endpreis an den Kunden mit p_H festgelegt wird. Es gilt die folgende einfache lineare Preis-Absatz Funktion:

(4.1) $\quad D(p_H) = 1 - p_H$

Das Problem des optimalen Preises kann man mittels Rückwärtsintegration lösen, so dass zunächst der gewinnmaximale Preis für den Händler betrachtet wird:

(4.2) $\quad \max_{p_H}(p_H - p_P) \cdot (1 - p_H)$

Die Bedingung für den optimalen Preis liegt im Monopol an dem Punkt, wo sich **Grenzkosten und Grenzerlöse entsprechen** (vgl. auch die ausführliche Herleitung in 3.1.1). Die Grenzkosten des Händlers liegen dort, wo der Produzent seinen Preis gebildet hat, da er neben dem Einkauf des Produkts annahmegemäß keine weiteren Kosten hat. Es ergibt sich nach Umformen:

(4.3) $\quad p_H = \dfrac{1 + p_L}{2}$

mit der folgenden resultierenden Absatzmenge:

(4.4) $\quad D(p_H) = \dfrac{1 - p_L}{2}.$

Der Produzent hat ein analoges Optimierungsproblem zu lösen, wobei die Nachfrage nach seinen Produkten bereits durch die Nachfrage des Händlers bestimmt ist:

(4.5) $\quad \max_{p_P} = (p_P - k_P) \cdot \dfrac{1 - p_P}{2}$

Der erste Faktor zeigt den Stückgewinn des Produzenten, der sich als Differenz aus Stückpreis und Stückkosten bildet. Um zu dem zu maximierenden Gesamtgewinn des Unternehmens zu kommen, wird dieser Faktor mit der Gesamtabsatzmenge, die sich aus der Nachfrage des Händlers ergibt, multipliziert. Der gewinnmaximale Preis wird durch den Produzenten ebenfalls dort festgelegt, wo sich Grenzkosten und Grenzerlös ausgleichen. Dies ist bei folgendem Preis der Fall:

---

[131] Der Effekt wurde zuerst von *Spengler, J.:* Vertical Integration and Anti-trust policy, Journal of Political Economy, 58. Jg. (1950), S. 347 ff. beschrieben; die Darstellung folgt *Franck, E./Meister, U.:* Vertikale und horizontale Unternehmenszusammenschlüsse, in: Wirtz, B.W.: Handbuch Mergers & Acquisitions Management, Wiesbaden 2006, S. 87 ff.

(4.6) $p_P = \dfrac{1 + c_L}{2}$

Der Gesamtgewinn G der beiden Unternehmen beträgt nach den beiden Optimierungen:

(4.7) $G_P = \dfrac{(1 - k_P)^2}{8}$ und

(4.8) $G_H = \dfrac{(1 - k_P)^2}{16}$.

Wenn man diese Analyse nun überträgt auf ein vertikal integriertes Unternehmen V, so stellt sich das Optimierungsproblem (unter der Annahme, dass das vertikal integrierte Unternehmen, die gleichen Stückkosten hat, wie der Produzent) wie folgt dar:

(4.9) $\max_{p_V}(p_V - k_P)(1 - p_V)$

Auch das vertikal integrierte Unternehmen wird den Preis dort setzen, wo sich Grenzkosten und Grenzerlöse entsprechen. Es ergibt sich der gewinnmaximale Preis:

(4.10) $p_V = \dfrac{(1 + k_P)}{2}$

Der Preis ist mithin niedriger als der für den Händler in der Analyse für vertikal separierte Unternehmen. Folglich ergibt sich für diesen Fall auch eine höhere Absatzmenge:

(4.11) $D(p_V) = \dfrac{(1 - k_P)}{2}$

Es ergibt sich der folgende Gewinn des vertikal integrierten Unternehmens:

(4.12) $G_V = \dfrac{(1 - k_P)^2}{4}$

Dies ist auch ein höherer Gewinn als der kumulierte Gewinn der beiden separierten Unternehmen. Damit lohnt sich die vertikale Integration. Der Grund liegt darin, dass beide Produzent und Händler ihre Absatzmenge soweit reduzieren bis ihre Grenzkosten ausgeglichen sind. Die Grenzkosten für den Händler liegen aber über den Grenzkosten aus der Produktion, da für ihn auch der Gewinnaufschlag des Produzenten berücksichtigt werden muss. Damit wird die Produktion stärker eingeschränkt als im Fall des integrierten Unternehmens, in dem nur die Grenzkosten der Produktion zu beachten sind. Das **doppelte Grenzkostenkalkül** (daher der Begriff doppelte Marginalisierung) führt dazu, dass die abgesetzte Menge zu stark eingeschränkt wird. Durch die Integration profitieren sowohl die Kunden (niedrigere

Preise) als auch die Unternehmen (höhere Gewinne). Da auch die Kunden profitieren, kann man davon ausgehen, dass auch die Kartellbehörden keine großen Einwände gegen solche Transaktionen haben.

Dem Problem der doppelten Marginalisierung sah sich Pepsi Ende der 90er Jahren in den USA gegenüber. Den Abfüllern wurde das Monopol eingeräumt den Sirup an Restaurants zu verkaufen, so dass sie Monopolisten wurden. Die Marktanteile im Verhältnis zu Marktführer Coca-Cola waren außerordentlich schlecht, so dass man auf überhöhte Preise durch doppelte Marginalisierung schließen konnte. Pepsi-Co konnte durch Änderung der Verträge die Situation verbessern und hat die Möglichkeiten zur doppelten Marginalisierung durch die Übernahme der Abfüllunternehmen inzwischen beendet.

Daneben kann ein Unternehmen durch vertikale Integration zusätzlich zur Eliminierung der doppelten Marginalisierung den Zugang von Wettbewerbern zu Zulieferern (**Upstream Foreclosure**) oder zu Nachfragern (**Downstream Foreclosure**) beschränken oder sogar unterbinden. Dies bezeichnet die ökonomische Theorie als Vertical Foreclosure. Dies kann aber nur dann genutzt werden, wenn die vor- bzw. nachgelagerte Unternehmung über monopolistische Marktmacht verfügt. In jedem anderen Fall würde dem Wettbewerber die Möglichkeit offenstehen, Wettbewerber einzuschalten.

Trotz dieser Möglichkeiten werden insgesamt vertikale Zusammenschlüsse als relativ unproblematisch beurteilt und i.d.R. durch die Kartellbehörden genehmigt. Insgesamt ist das Augenmerk der Behörden deutlich weniger auf vertikale Zusammenschlüsse gerichtet als auf horizontale Zusammenschlüsse.

Der Erfolg von vertikalen Unternehmenszusammenschlüssen wird unterschiedlich beurteilt. Ein besonderes Beispiel war die amerikanische Zeitung Post Journal, die zu Beginn des 20. Jahrhunderts die meist verkaufte Zeitung in den USA war. Sie entschied sich für eine vollständige Integration aller Wertschöpfungsaktivitäten vom Waldmanagement, über die Papierherstellung, die Druckereien bis hin zur Zeitung. Nach dem die Leserschaft das Vergnügen an der Zeitung verloren hatte, verschwand die Gruppe innerhalb von kurzer Zeit vollständig vom Markt, da alle Stufen der Wertschöpfung von der Eintrübung betroffen waren.[132]

4.1.2 Horizontale Unternehmenstransaktionen

Horizontale Unternehmenstransaktionen finden zwischen Unternehmen **auf derselben Stufe der Wertschöpfungskette** statt. Es schließen sich durch solch eine Transaktion zwei Unternehmen zusammen, die vor dem Zusammenschluss Konkurrenten waren. Es kann also durch eine horizontale Unternehmenstransaktion

---

[132] Vgl. *Ibrahimi, M.:* Mergers and Acquisitions: Theory, Strategy, Finance, 2. Auflage, New York 2018, S. 10.

eine Marktbereinigung erreicht und der Wettbewerb vermindert werden. Motive für horizontale Unternehmenstransaktionen – die den bei weitem größten Teil der Unternehmenstransaktionen ausmachen – sind in Kapitel 3 dieses Buches bereits dargestellt worden: Beeinflussung des Wettbewerbs, Economies of Scale und Scope (wobei sich bei der Realisierung von Economies of Scope eine wenn auch geringfügige Ausweitung des Leistungsumfangs des zusammengeschlossenen Unternehmens ergeben kann) und Zugang zu Ressourcen und Fähigkeiten.

Die Möglichkeiten zur horizontalen Expansion sind beschränkt. Es gibt horizontale Grenzen eines Unternehmens. Ab einer bestimmten Größe von Unternehmen kann eine weitere Unternehmenstransaktion zu viel werden und über die optimalen Grenzen der Unternehmung hinausführen. Dies liegt an Koordinations- und Informationsproblemen. Die Zahl der Informationen, mit der sich die Unternehmensleitung auseinandersetzen muss, wird immer größer. Die Unternehmensleitung ist nicht mehr in der Lage, sich mit allen notwendigen Informationen auseinanderzusetzen. Die Qualität der Entscheidungen leidet. Die Alternative ist, dass das Management dezentralisiert wird. Dies ist aber mit einer höheren Zahl von Managementpositionen und größeren Abteilungen zur Informationsverarbeitung verbunden. Letztlich werden die Transaktionskosten erhöht. Dies gilt auch für externe Investoren. Entweder steigt die Menge der Informationen, die sie zur Investitionsentscheidung vorgelegt bekommen, was die Transaktionskosten ansteigen lässt, oder das Unternehmen stellt weniger Informationen mit einer geringeren Güte zur Verfügung, was den potentiellen Investor auf einer schlechteren Informationsbasis zurücklässt.[133] Zum anderen gibt es in einer größeren Organisation auch mehr Möglichkeiten, persönliche Vorteile zu erreichen. So gibt es mehr Managementpositionen, die für alle Mitarbeiter erreichbar sind. Damit steigt auch das Bemühen aller Mitarbeiter an diese Pfründe zu kommen. Dies führt zu Aktivitäten, die entwickelt werden, nur um an diese Pfründe zu kommen, die aber eigentlich unproduktiv sind. Dies ist in größeren Unternehmen bedeutender als an kleineren. Durch diese Transaktionskosten gibt es eine horizontale Grenze des Unternehmens, die beachtet werden muss.

4.1.3 Laterale Unternehmenstransaktionen

Laterale oder konglomerate Unternehmenstransaktionen vereinen Unternehmen, die in nicht miteinander zusammenhängenden Bereichen tätig sind. Die daraus entstehenden Konzerne werden als Konglomerate, laterale Konzerne oder Mischkonzerne bezeichnet.[134] Immer wieder entstehen diese Konzerne in Managementmoden, so in den 60er Jahren im Rahmen der dritten Mergerwelle. Zuletzt hatte der

---

[133] Vgl. *Milgrom, P./Roberts, J.*: Economics, Organization, and Management, Englewood Cliffs 1992, S. 571 ff.

[134] Vgl. *Behringer, S.*: Konzerncontrolling, 3. Auflage, Berlin u. a. 2018, S. 14.

Daimler Konzern unter der Führung seines damaligen Vorstandsvorsitzenden Edzard Reuter sich in einen integrierten Technologiekonzern von Haushaltsgeräten, über Automobile bis hin zur Luft- und Raumfahrttechnik entwickelt. Das Unterfangen scheiterte grandios mit einer der größten Kapitalvernichtungen der deutschen Wirtschaftsgeschichte.[135] In Kapitel 3.2.2 ist auf die Gründe, die gegen laterale Unternehmenstransaktionen sprechen, detailliert eingegangen worden.

4.2 Unternehmenstransaktionen nach Art der Kooperation mit dem Zielunternehmen

4.2.1 Freundliche Übernahme

Die Abgrenzung von freundlichen und feindlichen Übernahmen ist schwierig. Häufig ändert sich die Art und Weise der Kooperation zwischen übernehmenden und übernommenem Unternehmen während des Prozesses einer Unternehmenstransaktion, so dass sich auch die Klassifikation von feindlich oder freundlich ändert. Bei feindlichen Übernahmen wird das Management des Übernehmers in seiner Transaktion vom Management des zu übernehmenden Unternehmens nur insoweit unterstützt, wie es gesetzlich dazu gezwungen ist.[136] Feindliche Übernahmen sind i.d.R. nur bei börsennotierten Unternehmen möglich.

Eine Möglichkeit – wie sie in der Literatur häufig vorgeschlagen wird[137] – ist es die Reaktion der Zielgesellschaft in der **„begründeten Stellungnahme"** bei einem Übernahmeangebot für die Klassifikation in freundlich und feindlich zu verwenden. Wird ein öffentliches Übernahmeangebot an ein börsennotiertes Unternehmen gerichtet, so sind die Organe der Zielgesellschaft, also Vorstand und Aufsichtsrat, verpflichtet, unverzüglich eine begründete Stellungnahme abzugeben. Diese Stellungnahme soll insbesondere auf die folgenden Punkte eingehen:[138]

– Art und Höhe der gebotenen Gegenleistung,
– die voraussichtlichen Folgen des Angebots auf die Zielgesellschaft im Erfolgsfalle (insbesondere auch auf die Belegschaft und den Erhalt der Standorte),
– die Ziele, die der Bieter mit dem Angebot verfolgt,
– die Absicht von Aufsichtsrat und Vorstand, das Angebot anzunehmen oder nicht.

---

[135] Vgl. *Friedrich, K.:* Erfolgreich durch Spezialisierung, 2. Auflage, Heidelberg 2007, S. 8 ff.

[136] Vgl. *Schewe, G./Brast, C./Höner zu Siederdissen, A.:* Wird Freundlichkeit belohnt? Ergebnisse einer empirischen Studie zur Übernahme von Unternehmen, BFuP, 61. Jg. (2009), S. 480.

[137] Vgl. u. a. *Fritz, K.O.:* Gibt es eine Notwendigkeit für feindliche Übernahmen in Deutschland?, in: Wirtz, B.W.: Handbuch Mergers & Acquisitions Management, Wiesbaden 2006, S. 112.

[138] Vgl. *Picot, G.:* Vertragliche Gestaltung besonderer Erscheinungsformen der Mergers & Acquisitions, in: Picot, G.: Handbuch Mergers & Acquisitions, 4. Auflage, Stuttgart 2008, S. 307.

Anhand der Erklärung über die Absicht, ob Vorstand und Aufsichtsrat das Angebot des Übernehmers annehmen wollen oder nicht, lässt sich die Klassifizierung in freundliche und feindliche Übernahmen vornehmen. Allerdings kann sich die Einstellung der Unternehmensorgane sehr wohl während des Prozesses der Übernahme ändern, was dann aber keine Auswirkungen auf die vorgenommene Klassifizierung haben soll.

Die weit überwiegende Zahl von Übernahmen in Deutschland und weltweit wird freundlich durchgeführt, wobei das einzelne Volumen einer feindlichen Übernahme i.d.R. höher ist.[139] Bei freundlichen Übernahmen werden häufig Unternehmensmakler eingeschaltet, die erfolgsabhängig, also bei Zustandekommen der Übernahme, entlohnt werden. Dies ist insbesondere dann notwendig, wenn es sich um kleine und mittlere Unternehmen handelt, die mit dem Nachfolgeproblem konfrontiert werden. Diese finden häufig keinen Käufer und bedürfen der Einschaltung eines Intermediärs, der den Kontakt zu einem potentiellen Käufer herstellt.

4.2.2   Feindliche Übernahmen

4.2.2.1 Grundlegende Überlegungen zu feindlichen Übernahmen

Feindliche Übernahmen sind die Ausnahme, sie bekommen aber eine deutlich höhere öffentliche Aufmerksamkeit als freundliche Übernahmen. Dies liegt auch daran, dass sie fast ausschließlich bei sehr großen Unternehmen vorkommen, die allein durch die hohe Zahl der Mitarbeiter ein starkes öffentliches Interesse haben. Beispiele sind die Übernahme des Tabak- und Nahrungsmittelkonzerns RJR Nabisco durch die Private Equity Gesellschaft Kohlberg Kravis Roberts (KKR), die Übernahme des Mischkonzerns Mannesmann durch den britischen Telekommunikationsdienstleister Vodafone oder die Übernahme des Automobilzulieferers Continental durch den Kugellagerhersteller Schaeffler. Das Familienunternehmen Schaeffler hatte schon im Jahr 2001 im Zuge einer feindlichen Übernahme die FAG Kugelfischer übernommen. Allesamt haben diese feindlichen Übernahmen zu großem öffentlichen Spektakel geführt. Bis in die 90er Jahre waren feindliche Übernahmen in Deutschland vollkommen unüblich. Die Struktur der sogenannten **Deutschland AG** mit ihren gegenseitigen Kapitalverflechtungen, die durch wechselseitige Aufsichtsratsmandate noch verstärkt wurden, machten feindliche Übernahmen fast unmöglich. Durch die großen Verflechtungen war das bundesdeutsche Wirtschaftssystem ein koordinierter Kapitalismus,[140] in dem Aufsichtsräte als Treffpunkt genutzt wurden, um die Beziehungen der Unternehmen zu organisieren. Die Arbeitnehmer waren in das System der Deutschland AG durch die mitbestimm-

---

[139] Vgl. *Glaum, M./Hutzschenreuter, T.:* Mergers & Acquisitions, Stuttgart 2010, S. 335.

[140] Vgl. zum Begriff und den Eigenarten des koordinierten Kapitalismus *Hall, P.A./Soskice, D.:* An Introduction to Varieties in Capitalism, in: Hall, P.A./Soskice, D.: Varieties of Capitalism. Institutional Foundations of Comparative Advantage, Oxford 2001, S. 1 ff.

ten Aufsichtsräte involviert.[141] Diese Organisationsform machte den Markt als Koordinationsinstrument, z. B. auch den Markt für Unternehmenskontrolle, im Gegensatz zum anglo-amerikanischen Wirtschaftssystem an vielen Stellen unnötig. Allerdings sind die Verflechtungen deutlich weniger geworden,[142] was auch mit der gesteigerten Aktivität von feindlichen Übernahmen in den letzten Jahren einhergeht. In Deutschland gibt es allerdings relativ wenige Aktiengesellschaften mit einem verstreuten Aktienbesitz, was die Möglichkeit einer feindlichen Übernahme erleichtern würde.[143] Insgesamt hat die feindliche Übernahme – vielleicht auch wegen des martialischen Begriffs – eine negative Konnotation im deutschen Sprachraum, was im Gegensatz zur anglo-amerikanischen Wahrnehmung steht.

Wie in dem vorangegangenen Kapitel definiert, werden feindliche Übernahmen gegen den Willen des Managements des Übernahmekandidaten durchgeführt. Dies ist ein etwas verwirrendes Konstrukt. Ob es zu einer Übernahme eines Unternehmens kommt, ist nach deutscher Rechtsvorstellung, ausschließlich in der Kompetenz der Eigentümer, die darüber entscheiden müssen, ob sie ihr Eigentum an dem Unternehmen an einen Käufer abgeben.[144] Da die Enteignung bzw. anderweitige zwangsweise Übertragung der Anteile auf ganz wenige mit hohen rechtsstaatlichen Hürden versehene Ausnahmen beschränkt ist, kann es eigentlich keine feindlichen Übernahmen geben. Jedenfalls sofern man davon ausgeht, dass die Eigentümer die entscheidenden Stakeholder für die Unternehmenstransaktion sind. Allerdings ist die gesonderte Behandlung von feindlichen Übernahmen, wir wollen im weiteren Verlauf des Buches dieser eingeführten wenn auch unscharfen Begrifflichkeit folgen, sinnvoll, da die Geschäftsführung die Übernahme, wenn nicht verhindern doch deutlich erschweren kann.

Letztlich muss also die Übernahme des Unternehmens im Sinne der alten Eigentümer sein, sonst werden sie sich nicht von ihrem Eigentum an dem Unternehmen trennen. Gründe dafür sind bereits im Kapitel 3 dieses Buches als allgemeine Motive für die Übernahme von Unternehmen vorgestellt worden: Unterbewertung, da die bisherige Strategie des amtierenden Managements nicht das volle Potential ausnutzt, und alle Principal-Agent Gründe, die eine Ablösung des alten Managements sinnvoll erscheinen lassen. Da das amtierende Management des Übernahmekandidaten gegen die Unternehmensübernahme ist, muss sich der potentielle Kunde direkt an die bisherigen Eigentümer wenden. Ist das Unternehmen in Streubesitz, so

---

[141] Vgl. *Soskice, D.:* Globalisierung und institutionelle Divergenz. Die USA und Deutschland im Vergleich, Geschichte und Gesellschaft, 25. Jg. (1999), S. 204.

[142] Vgl. *Höpner, M./Krempel, L.:* Ein Netzwerk in Auflösung: Wie die Deutschland AG zerfällt, Max Planck Institut für Gesellschaftsforschung, Manuskript vom 5. Juli 2006, http://www.mpifg.de/aktuelles/themen/doks/Netzwerk_in_Aufloesung-w.pdf; abgerufen am 2. Januar 2012.

[143] Vgl. *Noll, B./Volkert, J./Zuber, N.:* Managermärkte: Wettbewerb und Zugangsbeschränkungen, Baden-Baden 2011, S. 100 f.

[144] Vgl. *Picot, G.:* Vertragliche Gestaltung besonderer Erscheinungsformen der Mergers & Acquisitions, in: Picot, G.: Handbuch Mergers & Acquisitions, 4. Auflage, Stuttgart 2008, S. 298.

muss der Kauf der Aktien durch die Börse erfolgen. Dies geschieht bei der feindlichen Übernahme durch zwei Techniken: Zum einen durch ein **tender offer** (ein öffentliches Übernahmeangebot) oder den heimlichen Erwerb von Aktien der Zielgesellschaft (**dawn raid**). Sinn und Zweck des heimlichen Aufkaufens ist es, keine Aufmerksamkeit zu erregen, die dazu führen könnte, dass Spekulanten auf die potentielle Übernahme aufmerksam werden und sie die Kurse in die Höhe treiben.

Erschwert wird das heimliche Aufkaufen durch zahlreiche Meldepflichten. Nach § 21 WpHG muss dem börsennotierten Unternehmen und der Bundesanstalt für Finanzdienstleistungsaufsicht (BaFin) gemeldet werden, wenn bestimmte Schwellenwerte erreicht, überschritten oder unterschritten werden. Die **Schwellenwerte** liegen bei 3, 5, 10, 15, 20, 25, 30, 50 und 75 % der Stimmrechte. Die Meldung hat innerhalb von maximal 4 Tagen zu erfolgen. Das börsennotierte Unternehmen muss dann innerhalb von drei weiteren Handelstagen diese Meldung dem Unternehmensregister und einem Bündel von Medien mit europaweiter Verbreitung bekannt machen. Neben den Stimmrechten, die einem Wirtschaftssubjekt mittelbar und unmittelbar gehören, muss seit 2012 gemäß § 25 und 25a WpHG auch gemeldet werden, wenn man Finanzinstrumente besitzt, die zum Erwerb von Aktien berechtigen. Hier liegt der Eingangsschwellenwert allerdings bei 5 %. Damit ist das sogenannte „Anschleichen" unterbunden worden. Damit bezeichnete man, dass ein potentieller Käufer Aktienoptionen und andere Finanzinstrumente erwirbt, um damit eine Mehrheit erwerben zu können. Dies hat Porsche getan, um damit – letztlich erfolglos – eine Mehrheit an der Volkswagen AG zu erwerben, unbemerkt durch andere Teilnehmer am Finanzmarkt.

Die Regelungen der §§ 35 ff. WpÜG sollen ebenfalls das Anschleichen verhindern. Hiernach muss ein Käufer, ein **öffentliches Pflichtangebot** an alle anderen Aktionäre abgeben, wenn er 30 % der Stimmrechte an der Zielgesellschaft hält, ohne vorher ein öffentliches Übernahmeangebot abgegeben zu haben. Die 30 %-Regel für die Annahme einer Kontrolle über das Zielobjekt liegt darin begründet, dass mit einem 30 %igen Anteil häufig bereits die Mehrheit auf Hauptversammlungen gestellt wird und damit die entscheidenden personellen und materiellen Entscheidungen über die Zukunft des Unternehmens getroffen werden können.

Das Pflichtangebot schützt Minderheitsaktionäre gegen Missbrauch. Dies soll an einem Beispiel illustriert werden.[145] Nehmen wir an die HelloKitty AG hat ein Grundkapital von 100 Aktien, die von 100 Aktionären gehalten werden, von denen jeder jeweils eine Aktie besitzt. Der Wert des Eigenkapitals betrage 1.000 EUR, so dass der Wert jeder einzelnen Aktie 10 EUR beträgt. Ein Spekulant, die Bad Kitty AG kauft nun Aktien auf. Mit einem Anteil von 50 Aktien hat sie die Mehrheit auf Hauptversammlungen und kann den Aufsichtsrat und damit mittelbar den Vorstand

---

[145] Vgl. *Meckl, R./Hoffmann, T.:* Ökonomische Implikationen der neuen EU-Übernahmerichtlinie, BFuP, 58. Jg. (2006), S. 523 ff.

mit ihr verpflichteten Managern besetzen. Um diese kontrollierende Position zu erlangen, kauft die Bad Kitty AG 50 Aktien zu jeweils 10 EUR, also insgesamt 500 EUR. Die Bad Kitty AG verfolgt eine Strategie, die für die HelloKitty AG nachteilig ist dadurch, dass sie z.B. Lieferungen zu überhöhten Preisen von selbst hergestellten Produkten veranlasst. Mit dieser Strategie schafft es die Bad Kitty AG 150 EUR private Vorteile zu sichern, insgesamt verliert die HelloKitty AG allerdings an Wert und ist nach den negativen Transaktionen nur noch 800 EUR am Markt wert. Für die Bad Kitty AG hat sich diese Transaktion gelohnt: Sie hat für die Kontrollmehrheit 500 EUR bezahlt, der Anteil ist heute 400 EUR wert, zusätzlich hat man sich private Vorteile in Höhe von 150 EUR gesichert, so dass man insgesamt 550 EUR Vermögen hat und damit 50 EUR mehr als vor der Transaktion. Den Verlust tragen die anderen Aktionäre: Der Wert ihrer Anteile hat sich von 500 auf 400 EUR vermindert. Wird nun die gesetzliche Pflicht für ein Angebot an alle Aktionäre eingeführt, kann diese Strategie nicht mehr aufgehen: Die Bad Kitty AG muss allen Aktionären ein Übernahmeangebot zu einem angemessenen Preis, der sich aus dem Marktpreis ergibt, machen. In dem Beispiel müsste allen Aktionären das Angebot gemacht werden, die Aktie für 10 EUR zu erwerben. Damit müsste die Bad Kitty AG 1.000 EUR ausgeben, so dass sich die nachteilige Strategie nicht mehr lohnt: Der gesunkene Wert des Unternehmens (von 1.000 auf 800 EUR) und der private Vorteil von 150 EUR wiegt die Kosten des Erwerbs nicht mehr auf.

Neben diesen gesetzlichen Maßnahmen, versuchen Unternehmen selbst durch eine Vielzahl von Maßnahmen feindliche Übernahmen zu verhindern. Allein schon aus der Definition dieser Übernahmeform folgt, dass das Management von Unternehmen ein Interesse an der Vermeidung von feindlichen Übernahmen hat. Die Instrumente zur Abwehr können entweder präventiv, also zur Vermeidung eines feindlichen Übernahmeversuchs, oder reaktiv, also zur Verteidigung, wenn ein feindlicher Übernahmeversuch gemacht worden ist, wirken. Im Folgenden wird zunächst auf die präventiven, dann auf die reaktiven Maßnahmen eingegangen.

4.2.2.2 Präventive Maßnahmen zur Abwehr von feindlichen Übernahmen

Die beste und wichtigste Möglichkeit einer feindlichen Übernahme zu begegnen, ist es, den Kreis der Anteilseigner, die letztlich über den Erfolg der Übernahme zu befinden haben, so zu beeinflussen, dass er dem Management positiv gesonnen ist. Hierzu eignen sich **Überkreuzbeteiligungen**, bei denen sich die Unternehmen gegenseitig aneinander beteiligen. Allerdings dürfen keine finanziellen Mittel durch solche Maßnahmen verschwendet werden, das amtierende Management darf nicht gegen die Interessen der eigenen Gesellschaft tätig werden.[146] Eine andere Möglichkeit ist es, **Belegschaftsaktien** auszugeben. Es ist davon auszugehen, dass die

---

[146] Vgl. *Arnold, M./Wenninger, T.G.:* Maßnahmen zur Abwehr feindlicher Übernahmeangebote, CFL, 1. Jg. (2010), S. 84 f.

eigene Belegschaft feindlichen Übernahmen mit ihrem ungewissen Ausgang eher skeptisch gegenüberstehen wird, da diese häufig mit Arbeitsplatzverlusten verbunden sind.

Case Study: Die versuchte Übernahme von Gucci durch LVMH

Das französische Luxusgüterkonglomerat LVMH (Marken u.a. Veuve Cliquot, Moët Chandon, Louis Vuitton, Acqua di Parma, Christian Dior, TAG Heuer) hat im Jahr 1999 versucht den italienischen Luxusgüterkonzern Gucci zu übernehmen. Der für seine aggressive Übernahmepolitik bekannte CEO von LVMH, Christian Arnault, kaufte bis zum Februar 1999 heimlich 34,4 % der Aktien von Gucci auf. Gucci wehrte sich durch eine Kapitalerhöhung. Diese Kapitalerhöhung wurde mit Belegschaftsaktien durchgeführt. Die Kapitalmaßnahme verwässerte den Anteil von LVMH auf 20 % (dadurch, dass sich die Zahl der Aktien vermehrt hat). Die Belegschaftsaktien wurden in einem Trust zusammengestellt und die Stimmrechte wurden dort gepoolt. Der Trust hat die Stimmrechte dem Management des Unternehmens zur Verfügung gestellt, so dass das Gucci Management selbst über die Stimmrechte verfügen konnte. Der Trust mit Belegschaftsanteilen hatte nach der Kapitalmaßnahme einen in etwa gleich hohen Stimmrechtsanteil wie LVMH. Die Kapitalmaßnahme verteuerte die Übernahme für LVMH, so dass man von Gucci abließ (die dann in einer freundlichen Übernahme durch das französische Unternehmen Pinault-Printemps-Redoute übernommen wurde).

Quellen: *Vater, H.:* Die Abwehr feindlicher Übernahmen. Ein Blick in das Instrumentarium des Giftschranks, M&A Review, o. Jg. (2002), S. 9 ff.; *Höhn, J.:* Auf die Shopping-Tour folgt jetzt der Katzenjammer, Handelszeitung vom 3.3.1999, http://www.pme.ch/de/artikelanzeige/artikelanzeige.asp?pkBerichtNr=34047 (abgerufen am 24.2.2012)

Eine weitere Möglichkeit ist es mit befreundeten Aktionären Haltevereinbarungen (sogenannte **lock-up agreements**) zu vereinbaren. Hier verpflichtet sich der Aktionär seine Anteile weder über die Börse noch außerbörslich, über einen bestimmten Zeitraum (die lock-up Periode) zu veräußern. Diese Vereinbarungen können neben der Prävention von feindlichen Übernahmen auch der Kurspflege nach einem Börsengang oder einer Kapitalerhöhung dienen.[147]

Die Form der Aktien, die ein Unternehmen zur Eigenfinanzierung wählt, kann auch eine präventive Maßnahme gegen feindliche Übernahmen sein. Aktien werden unterschieden nach der Art ihrer wirksamen Übertragung.

---

[147] Vgl. *Höhn, W.:* Lock-up Agreements, FB, 6. Jg. (2004), S. 224.

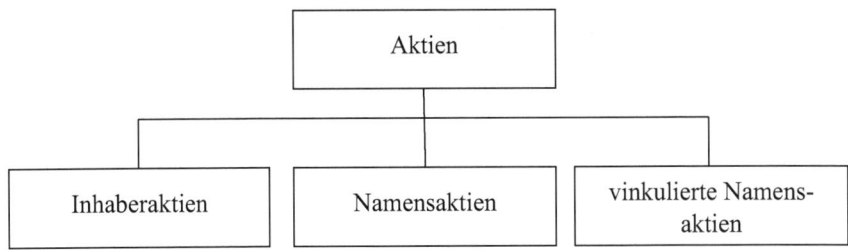

Abbildung 5: Aktien nach Art der rechtlichen Übertragung[148]

Inhaberaktien werden formlos durch Einigung und Übergabe übertragen. Namensaktien lauten demgegenüber auf den Namen des Aktionärs und zur wirksamen Übertragung muss die Gesellschaft über den Aktionärswechsel informiert werden und der Name des neuen Aktionärs im Aktienbuch vermerkt werden. Nur derjenige Aktionär, der auch im Aktienbuch verzeichnet ist, gilt für die Gesellschaft als Anteilseigner. Mit der gesetzlich zulässigen vereinfachten Abwicklung haben viele Aktiengesellschaften (z.B. Daimler, Siemens, Deutsche Bank) ihre Aktien von Inhaber- in Namensaktien umgewandelt. Die Gesellschaften können durch das Aktienbuch, das elektronisch geführt und täglich aktualisiert wird, erkennen, wer ihre Aktionäre sind. So ist es möglich auch im Vorhinein einen feindlichen Übernahmeversuch zu erkennen und zu reagieren. Präventiv lässt sich das Instrument der vinkulierten Namensaktien einsetzen. Hierbei ist die Wirksamkeit der Übertragung an die Zustimmung der Gesellschaft gebunden (§ 68 Abs. 2 AktG). Die Übertragung wird, sofern die Satzung der Gesellschaft nichts Anderes bestimmt, durch den Vorstand genehmigt. Dieser hat seine Zustimmung an dem Wohle der Gesellschaft zu orientieren, hat grundsätzlich aber einen relativ großen Ermessensspielraum,[149] es sei denn die Versagensgründe werden explizit in der Satzung des Unternehmens geregelt. Damit bekommt der Vorstand einen guten Überblick über den Aktionärskreis und kann unerwünschte Aktionäre verhindern. Vinkulierte Namensaktien haben u.a. die Allianz AG und die Deutsche Lufthansa AG[150] ausgegeben.

Zudem kann das Unternehmen **genehmigtes Kapital** schaffen. Dies ist die Erlaubnis zu einer Kapitalerhöhung, die ohne Nennung des konkreten Zeitpunkts von der Hauptversammlung genehmigt wird. Wird die Kapitalerhöhung dann im Zeitpunkt des feindlichen Übernahmeangebots durchgeführt, so erhöht sich die Zahl der Aktien, die der Käufer erwerben muss, um die Kontrolle zu erlangen. Dieser Beschluss muss durch die Hauptversammlung auf Vorrat gefasst werden (also ohne

---

[148] Vgl. *Zantow, R./Dinauer, J.:* Finanzwirtschaft des Unternehmens, 3. Auflage, München 2011, S. 70.

[149] Vgl. *Krause, H.:* Prophylaxe gegen feindliche Übernahmeangebote, AG, o. Jg. (2002), S. 133.

[150] Die Deutsche Lufthansa AG ist dazu gezwungen, da sie jederzeit nachweisen muss, ob die Mehrheit der Aktien in deutscher Hand ist. Dies ist nach den Luftverkehrsabkommen notwendig, um als nationale Luftfahrtgesellschaft anerkannt zu werden.

Vorliegen eines konkreten Übernahmeangebots) und kann dann ohne weiteren Beschluss durch den Vorstand umgesetzt werden.[151]

Vorzugsaktien sind Aktien, die kein Stimmrecht beinhalten. Sie erhalten Ausschüttungen, ohne dass mit ihnen Herrschaftsrechte verbunden sind, die beispielsweise bei der Wahl des Aufsichtsrats eine Rolle spielen können. Es wird teurer eine
Kapitalmehrheit zu erwerben. Daneben kann mit den relevanten Aktien, die Stimmrechte beinhalten, nicht so ein hoher Betrag aus der Gewinnausschüttung vereinnahmt werden. Ein höherer Teil des Gewinns geht an die Vorzugsaktionäre. Auch
empirisch lässt sich zeigen, dass stimmrechtslose Aktien zumeist in Branchen und
zu Zeiten ausgegeben werden, wenn es eine gesteigerte Übernahmeaktivität gibt.[152]

Eine weitere präventive Strategie ist der **Rückkauf von eigenen Aktien**. Die Wirkung des Rückkaufs ist unmittelbar einleuchtend: Die Zahl der Aktien der Gesellschaft wird reduziert. Eine gleichbleibende Nachfrage vorausgesetzt steht einem
geringen Angebot eine gleichbleibende Nachfrage gegenüber, so dass der Kurs
steigen muss. Allerdings benötigt der potentielle Übernehmer jetzt auch weniger
Aktien um die Kontrolle der Gesellschaft zu erlangen. Zudem wird die Gesellschaft
unattraktiver für potentielle Käufer. Die freie Liquidität sinkt (wenn der Rückkauf
aus überschüssigen Gewinnen finanziert wird). Allerdings ist der Einsatz dieses
präventiven Instruments durch rechtliche Bestimmungen stark eingeschränkt
(§§ 71, 71b AktG): Es dürfen nicht mehr als 10 % des Grundkapitals zurückgekauft
werden, die Menge der gehaltenen und erworbenen Aktien darf 10 % des Grundkapitals nicht überschreiten, die Hauptversammlung muss über die Ermächtigung der
Gesellschaft zum Erwerb eigener Aktien entscheiden, wobei die Entscheidung nur
eine maximale Gültigkeit von 18 Monaten hat, und die Aktien, die zurückerworben
werden, haben keinerlei Rechte (Dividenden oder Stimmrecht).[153]

Aggressive Maßnahmen gegen feindliche Übernahmen sind **Poison Pills** (Giftpil-
len), die in den USA stärker verbreitet sind und auch rechtlich großzügiger gehandhabt werden als in Deutschland. Poison Pills sind Verträge, die zum Zeitpunkt des
Übernahmeversuchs wirksam werden und sich für den potentiellen Käufer abschre-
ckend auswirken. Beispiele sind die folgenden:

–   Optionen, die die Altaktionäre zum Zeitpunkt der Übernahme zu einem Erwerb
    der Aktien zu einem niedrigen Preis ermächtigen, den potentiellen feindlichen
    Käufer aber vom Bezugsrecht ausschließen.[154]

---

[151] Vgl. *Arnold, M./Wenninger, T.G.*: Maßnahmen zur Abwehr feindlicher Übernahmeangebote, CFL,
1. Jg. (2010), S. 85.

[152] Vgl. *Chemmanur, T.J./Jiao, Y.*: Dual Class IPOs, Share Recapitalizations, and Unifications: A Theoretical Analysis, Working Paper Boston College, Carroll School of Management, 2007, S. 36.

[153] Vgl. *Siklosi, K.*: Abwehrmaßnahmen bei feindlichen Übernahmen – zugunsten der Aktionäre oder des
Managements, M & A Review, o. Jg. (2010), S. 250.

[154] Vgl. *Achleitner, A.-K.*: Handbuch Investment Banking, 3. Auflage, Wiesbaden 2002, S. 216.

- Kredite und Anleihen können mit einem außerordentlichen Kündigungsrecht ausgestattet werden für den Fall, dass das Eigentum an der Gesellschaft wechselt (poison debt).[155]
- Garantieerklärungen gegenüber Kunden für den Fall, dass sich durch Übernahmen gravierende Dinge im Produktionsprogramm ändern. Dies hat bei der Übernahme des Softwareanbieters Peoplesoft durch Oracle zu einer Erhöhung des Angebots geführt. Peoplesoft hatte seinen Kunden für den Fall einer Übernahme oder bei Änderungen in der Produktpalette erhebliche Entschädigungen versprochen.[156]

Ein Beispiel für eine poison pill war auch die Übernahme des britischen Mobilfunkherstellers Orange durch Mannesmann im Abwehrkampf gegen die letztlich erfolgreiche Offerte von Vodafone. Vodafone war bereits Marktführer im britischen Mobilfunkmarkt. Es war klar, dass nach einer Übernahme durch Vodafone, Mannesmann seine Beteiligung an Orange hätte aufgrund von kartellrechtlichen Auflagen verkaufen müssen. Dieser Verkauf unter Druck hätte nur mit Verlust erfolgen können. So kaufte Mannesmann im Dezember 1999 Orange für ca. 20 Mrd. Pfund. Nach dem Vollzug der Übernahme durch Vodafone kam tatsächlich die Auflage, die Beteiligung an Orange zu verkaufen. Allerdings erwies sich die Beteiligung als sehr werthaltig, so dass France Telecom 27 Mrd. Pfund zahlte.

In eine ähnliche Richtung geht der Abschluss von Betriebsvereinbarungen, Standortsicherungsverträgen und Beschäftigungsgarantien. Diese Vereinbarungen machen es für den potentiellen Käufer schwierig mit dem erworbenen Unternehmen so zu verfahren, wie er es will. Insbesondere können diese Vereinbarungen auch Eingliederungen erschweren oder gar verhindern.[157]

Sogenannte **Golden Parachutes** (goldene Fallschirme bzw. Fallschirmzahlungen) sind Abfindungen, die an das Management des Unternehmens im Falle der Übernahme gezahlt werden sollen. Der Grund liegt darin, dass durch die Abfindungszahlungen die Übernahmekosten erhöht werden und damit das Zielunternehmen unattraktiv wird. Allerdings können umgekehrt diese Bonuszahlungen für das Management auch dazu führen, dass Manager nicht in ihrem Unternehmen bleiben, in denen sie als Manager nicht so erfolgreich waren (sonst würden sie wahrscheinlich nicht Ziel einer feindlichen Übernahme) und früher ihren Widerstand aufgeben. In Deutschland sind Golden Parachutes nicht möglich, weil überhöhte, die Übernahme gefährdende Abfindungen durch die Pflicht des Aufsichtsrates, darauf zu achten, dass die Vergütung des Vorstandes angemessen ist, verboten sind.

---

[155] Vgl. *Arnold, M./Wenninger, T.G.:* Maßnahmen zur Abwehr feindlicher Übernahmeangebote, CFL, 1. Jg. (2010), S. 86.

[156] Vgl. *Glaum, M./Hutzschenreuter, T.:* Mergers & Acquisitions, Stuttgart 2010, S. 339.

[157] Vgl. *Wackerbarth, U.:* Von golden shares und poison pills: Waffengleichheit bei internationalen Übernahmeangeboten, WM, 55. Jg. (2001), S. 1749 f.

Case Study: Golden Parachute für das Mannesmann Management

Die Übernahme des Mischkonzerns Mannesmann durch den britischen Telekommunikationsanbieter Vodafone plc begann feindlich und endete freundlich. Das Management von Mannesmann akzeptierte letztlich die Übernahme durch Vodafone. Die Transaktion hatte insgesamt ein Volumen von 181 Mrd. USD und wurde im Februar 2000 vollendet. Die Transaktion wurde zu einer richtiggehenden Übernahmeschlacht, in der hohe Beträge in Öffentlichkeitsarbeit und Abwehrmaßnahmen gesteckt wurden. Insgesamt wurden nach Schätzungen in dieser Phase 750 Mio. USD in die Übernahmepläne investiert.

Am Ende der Transaktion wurden Abfindungen in Höhe von insgesamt 57 Mio. EUR an ausgewählte Mitglieder des Managements von Mannesmann gezahlt. Davon wurden alleine 30 Mio. EUR an den damaligen Vorstandsvorsitzenden Klaus Esser gezahlt. Gegen diese Zahlungen wurde von Kleinaktionären Klage erhoben, gegen Esser und die Aufsichtsratsmitglieder von Mannesmann, die die Zahlung freigaben, unter ihnen der damalige Vorstandsvorsitzende der Deutschen Bank Ackermann und der Vorsitzende der IG Metall Zwickel. 2004 stellte die erste Instanz fest, dass die Zahlungen zwar einen erheblichen Verstoß darstellten, da sie aber bei Akquisitionen üblich seien, wurden keine Sanktionen verhängt. Das Urteil wurde vom Bundesgerichtshof aufgehoben. Bei der Wiederauflage des Prozesses wurde von den Angeklagten insbesondere herausgestellt, dass die Übernahme erheblich das Vermögen der Altaktionäre gemehrt hatte, so dass ein Untreuevorwurf ins Leere laufen müsse. Die angeklagten ehemaligen Aufsichtsräte und Vorstandsvorsitzenden einigten sich außergerichtlich, der Prozess wurde gegen die Zahlung von erheblichen Strafzahlungen letztlich eingestellt.

Quelle: *Fabel, O./Kolmar, M.:* On Golden Parachutes as Manager Discipline Devices in Takeover Contests, Research Paper Series, Thurgauer Wirtschaftsinstitut.

Eine Möglichkeit die Kontrollübernahme durch den Aufsichtsrat zu erschweren sind sogenannte **staggered boards** (verschobene Aufsichtsräte). Dies bezeichnet die Situation, in der die Amtszeiten der Aufsichtsratsmitglieder verschoben sind, so dass die Amtszeiten der Kapitalvertreter im Aufsichtsrat nicht gleichzeitig auslaufen. Der Übernehmer ist dann darauf angewiesen, dass die ihm unliebsamen Aufsichtsratsmitglieder einer vorzeitigen Beendigung ihrer Amtszeit zustimmen.[158] Um zu verhindern, dass der neue Mehrheitsaktionär einfach zusätzliche Aufsichtsrats-

---

[158] Vgl. *Prigge, S./Oellermann, R.:* Potentielle Präventivmaßnahmen gegen Übernahmen: Verbreitung und Stärke des Übernahmeabwehrmotivs, FB, 7. Jg. (2005), S. 587.

mitglieder durch die Hauptversammlung wählen lässt, kann zudem eine Höchst-
grenze an Aufsichtsratsmitgliedern in der Satzung bestimmt sein.

4.2.2.3 Reaktive Maßnahmen zur Abwehr von feindlichen Übernahmen

Bei Vorliegen eines feindlichen Übernahmeangebots sind die Handlungsmöglichkeiten des Vorstandes zur Abwehr stark eingeschränkt. §§ 33 und 39 WpÜG nor-
mieren, dass der Vorstand alle Handlungen unterlassen muss, die den Erfolg des
Angebots gefährden können. Diese **Neutralitätspflicht des Vorstandes** liegt darin
begründet, dass es nicht Aufgabe des Vorstandes ist, darüber zu befinden, wer die
Anteile an dem Unternehmen hält. Die Eigentümer können frei darüber entscheiden, ob sie Anteile kaufen oder verkaufen wollen. Die Unternehmensorgane können daher, wenn das Übernahmeangebot ausgesprochen ist, keine Maßnahmen
mehr ergreifen, die bezwecken, dass das Angebot nicht erfolgreich ist (Unterlassungspflicht, § 33 Abs. 1 Satz 1 WpÜG). Insgesamt sind fünf Ausnahmen von diesen Verboten vorgesehen:

- Alle Handlungen, die ein gewissenhafter Geschäftsführer einer Gesellschaft
  ergriffen hätte, die nicht von einem Übernahmeangebot betroffen ist, sind zulässig.
- Der Vorstand ist berechtigt, ein konkurrierendes Angebot einzuholen.
- Sämtliche Handlungen, denen der Aufsichtsrat der Zielgesellschaft zugestimmt
  hat, sind erlaubt. Diese Regelung ist besonders umstritten, da damit auch solche
  Handlungen des Vorstandes erlaubt sein können, die ein gewissenhafter Geschäftsführer nicht ergriffen hätte, solange sie nur vom Aufsichtsrat genehmigt
  sind. Hiermit wird ein Einfallstor geöffnet für Handlungen, die einzig dem
  Wohlergehen des Managements dienen.[159]
- **Vorratsbeschlüsse**, wie die oben erwähnte Schaffung von genehmigtem Kapital, dürfen umgesetzt werden. Die Hauptversammlung kann sogar in einem besonderen Vorratsbeschluss den Vorstand berechtigen, Abwehrmaßnahmen gegen feindliche Übernahmen zu ergreifen, die eigentlich in die Verantwortung
  der Hauptversammlung fallen würden.

In jedem Fall kann das Unternehmen mit Hilfe von Öffentlichkeitsarbeit versuchen,
die Meinung des interessierten Publikums zu beeinflussen. Eine zielgerichtete
Kampagne kann sich insbesondere zu Nutze machen, dass in Deutschland feindliche Übernahmen mit einem negativen Image behaftet sind und die Öffentlichkeit
und die Politik häufig von einem Arbeitsplatzverlust durch feindliche Übernahmen
ausgehen. So hat der Vorstandsvorsitzende des deutschen Baukonzerns Hochtief
AG, der 2010 durch den spanischen Baukonzern Grupo ACS in einer feindlichen
Übernahme übernommen wurde, dem Nachrichtenmagazin „Der Spiegel" ein Ge-

---

[159] Vgl. *Noll, B./Volkert, J./Zuber, N.:* Managermärkte: Wettbewerb und Zugangsbeschränkungen, Baden-
Baden 2011, S. 111.

spräch gegeben, in dem er u.a. auf die Frage warum er sich gegen das Angebot aus Spanien wehrt, sagte: „Weil wir im Baugeschäft gelernt haben, dass Größe allein kein Vorteil ist. Es geht um Wissen und um die Präsenz in den wirtschaftlich attraktiven Regionen der Welt. Da hat Hochtief eine sehr gute Stellung. Ich kann nicht erkennen, wo uns ACS da weiterbringen könnte."[160] Inzwischen hat ACS eine knappe Mehrheit an Hochtief erworben und kontrolliert den traditionsreichen Baukonzern. Die feindliche Übernahme wurde also erfolgreich abgeschlossen.

Während sich die Öffentlichkeitsarbeit an die breite Öffentlichkeit richtet, ist Investor Relations deutlich zielgerichteter. Hier versucht man die vorhandenen oder potentiellen Aktionäre zu beeinflussen. Mit Hilfe von **Roadshows** kann der amtierende Vorstand Informationen an die wichtigsten Anteilseigner geben, die zeigen, dass das Unternehmen alleine eine bessere Zukunft haben wird als bei einer Übernahme. Hier wird das Unternehmen insbesondere auch solche Informationen über strategische Pläne kommunizieren, die unter normalen Umständen wahrscheinlich nicht weiteregegeben worden wären, da sie noch zu wenig substantiert sind. Ein besonderer Angriffspunkt kann es sein, die Bewertung des eigenen Unternehmens durch den Angreifer in Zweifel zu ziehen. Hier kann das Unternehmen werthellende Informationen bekannt geben. Dies ist auch im Sinne der Aktionäre, da diese sonst durch ein zu niedriges Angebot Vermögensverluste erleiden würden.

In der Öffentlichkeitsarbeit kann es auch hilfreich sein, sich meinungsbildende Unterstützung zu sichern. So können Banken, Fonds oder Investmentgesellschaften auf die eigene Seite gezogen werden. Beispielsweise sicherte sich die INA GmbH (Eigentümerin ist die Schaeffler Gruppe) die Dresdner Bank bei der feindlichen Übernahme der FAG Kugelfischer als Unterstützung. Dies war auch ein wichtiger Schachzug, da die Dresdner Bank Einfluss auf 30 % der Stimmrechte hatte.[161]

Im Rahmen der normalen Geschäftätigkeit, die auch dem Vorstand eines Unternehmens, das mit einem feindlichen Übernahmeversuch konfrontiert ist, erlaubt ist, dürfen andere dritte Unternehmen übernommen werden. Eine solche Aktion kann eine feindliche Übernahme schwieriger machen, da das Zielunternehmen größer wird und damit die Finanzierung erschwert wird. Wird das Unternehmen horizontal durch eine Drittübernahme ausgebaut, kann dies dazu führen, dass die Kartellbehörden Einspruch gegen die feindliche Übernahme einlegen werden bzw. diese nur mit Auflagen erlauben würden. Auch dies erschwert die feindliche Übernahme. Finanziert das Unternehmen die Akquisition mit Fremdkapital kann es das Zielun-

---

[160] Vgl. *Tietz, J./Dohmen, F.:* Die laufen ins Leere, Spiegel online vom 13.12.2010, http://www.spiegel.de/spiegel/print/d-75638325.html (abgerufen am 15.1.2020).

[161] Vgl. *Vater, H.:* Die Abwehr feindlicher Übernahmen. Ein Blick in das Instrumentarium des Giftschranks, M&A Review, o. Jg. (2002), S. 9.

ternehmen auch deutlich unattraktiver machen, so dass die feindliche Übernahme fallen gelassen wird.[162]

Eine weitere Möglichkeit ist es für das potentielle Opfer, eine freundliche mit dem feindlichen Angebot konkurrierende Offerte, einzuholen. Man spricht dann von der Suche nach einem „white knight" (**weißen Ritter**). Der weiße Ritter tritt – ähnlich wie der Ritter aus den Mittelalterromanen, der die Prinzessin aus akuter Not rettet – nach dem feindlichen Übernahmeangebot auf und gibt sein Angebot in Absprache, oft auch auf Ersuchen, der Organe des Zielunternehmens ab.[163] Problematisch kann sich auswirken, dass der Vorstand alle Bieter gleich behandeln muss. Gewährt der Vorstand also dem weißen Ritter Einblick in vertrauliche Unterlagen, so muss der feindliche Übernahmekandidat auch diesen Einblick erhalten. Die Zielgesellschaft darf nicht mit finanziellen Mitteln (z.B. Darlehen oder Vorschüsse) dem weißen Ritter zur Seite treten (§ 71 Abs. 1 Satz 1 AktG). Allerdings darf sich die Zielgesellschaft dann zu Zahlungen für den Fall des Scheiterns des Rettungsversuchs verpflichten, wenn diese im Interesse der Gesellschaft liegen und sie eine angemessene Höhe haben. In diesem Fall besteht keine Pflicht zur Gleichbehandlung der beiden Bieterseiten.[164] Ein praktisches Problem ist die kurze Zeitspanne, die zur Suche eines white knights bleibt. Diese kann je nach Konstellation zwischen 6 und 16 Wochen betragen. Daher kann die Suche sich meist nur dann erfolgreich gestalten, wenn bereits im Vorfeld Kontakt aufgenommen worden ist.

Case Study: Bayer als weißer Ritter für Schering

Das Darmstädter Chemieunternehmen Merck hat 2006 ein Übernahmeangebot für den Berliner Konkurrenten Schering abgegeben. Das Übernahmeangebot belief sich auf 77 EUR pro Schering-Aktie, was einem Gesamtbetrag von 14,6 Mrd. EUR ergab. Der damalige Vorstandsvorsitzende von Schering, Hubertus Erlen, sagte, dass er alle Optionen einsetzen würde, um den eigenständigen Kurs von Schering auch in der Zukunft fortsetzen zu können. So wurde in der Öffentlichkeitsarbeit zum einen darauf hingewiesen, dass 3.000 bis 4.500 Arbeitsplätze durch die Übernahme gestrichen werden könnten. Außerdem meldete der Schering Vorstand, dass man eigene Übernahmen prüfen würde, um die Übernahme für Merck zu erschweren oder mindestens zu verteuern. Auch die Suche nach einem weißen Ritter wurde medial von Schering angekündigt.

Als weißer Ritter trat dann die Bayer AG auf. Diese hatte sich schon zu früheren Zeiten mit einer Übernahme von Schering beschäftigt, um die Pharmasparte des Unternehmens zu stärken. Bayer unterbreitete den Aktionären von Schering dann ein Angebot von 86 EUR je Aktie, der Kurs von Sche-

---

[162] Vgl. *Arnold, M./Wenninger, T. G.*: Maßnahmen zur Abwehr feindlicher Übernahmeangebote, CFL, 1. Jg. (2010), S. 86.

[163] Vgl. *Wedemann, F.*: Der weiße Ritter, Der Aufsichtsrat, 7. Jg. (2010), S. 177.

[164] Vgl. *Wedemann, F.*: Der weiße Ritter, Der Aufsichtsrat, 7. Jg. (2010), S. 177.

ring war inzwischen auf fast 85 EUR, also deutlich über dem Angebot von Merck, angestiegen. Das Gesamtvolumen betrug 16,3 Mrd. EUR und war damit die größte Transaktion in Bayers Unternehmensgeschichte – vor der Akquisition des amerikanischen Monsanto Konzerns (siehe Kapitel 5.3.5). Bayer wurde zum weißen Ritter, weil der Vorstand von Schering die Übernahmepläne von Bayer begrüßte und die Annahme durch die Aktionäre empfohlen hat.

Inzwischen hatte Merck aber einen bedeutenden Teil von Schering Aktien über die Börse erworben, bis knapp unter der Sperrminorität von 25,1 %. Merck verkaufte diese Aktien nicht direkt an Bayer, sondern verhandelte über einen höheren Preis als das Angebot. Bayer versuchte dies, durch eine Klage gegen Merck zu vermeiden. Merck wurde beschuldigt, heimlich Aktien von Schering über die Börse zu kaufen (sogenanntes anschleichen) ohne das öffentliche Übernahmeangebot rechtzeitig zu verkünden. Dadurch hätte Merck die Aktionäre getäuscht und sich unlautere Vorteile gesichert. Die beiden Unternehmen einigten sich dann auf einen Preis von 89 EUR pro Aktie, was die Übernahme für Bayer noch einmal deutlich verteuerte. Für Merck hingegen führte der gescheiterte Übernahmeversuch zu einem satten außerordentlichen Gewinn. Durch die Veräußerung der bislang erworbenen Aktien zum Preis von 89 EUR an Bayer konnte Merck 400 Mio. EUR Gewinn machen. Bayer bot den um 3 EUR höheren Preis allen Aktionären von Schering an.

Quellen: *o.V.:* Schering sucht den weißen Ritter, Focus Money online vom 15.03.2006, http://www.focus.de/finanzen/boerse/aktien/schutz-vor-merck_ aid_106241.html, abgerufen am 5.3.2012; o.V.: Bayer muss den Sieg über Merck teuer bezahlen, Spiegel online vom 14.06.2006, http://www. spiegel.de/wirtschaft/0,1518,421393,00.html (abgerufen am 5.3.2012).

Empirische Untersuchungen[165] zeigen, dass die Gebote von weißen Rittern häufig zu Wertvernichtung führen. Dies wird damit begründet, dass die Gründe für das Gebot häufig nicht in einer Wertmaximierung, sondern in persönlichen Beziehungen liegen. Hinzu kommt, die vielfach überhastete Abgabe von Geboten, da der Zeitrahmen begrenzt ist. Zwangsläufig kommt es durch das Hinzuziehen des weißen Ritters zu einer Situation mit mehreren Bietern, in denen die Preise steigen können.

Eine etwas andere Verteidigung ist das Anrufen eines „white squires" (weißen Edelmannes) zur Rettung. Ein white squire hat nicht das Ziel, eine Mehrheit an dem Unternehmen zu erwerben und dies in sein eigenes Unternehmen einzubezie-

---

[165] Vgl. die Übersicht bei *Chen, X./Ullah, S.:* Motives and Consequences of White Knight Takeovers, Journal of Corporate Accounting & Finance, July 2018, S. 47 f.

hen. Er will die Unabhängigkeit erhalten und erwirbt dafür einen bedeutenden Anteil an dem Zielunternehmen und wird z.B. mit Aufsichtsratspositionen belohnt.[166]

In Anlehnung an Pac Man, eines der ersten Videospiele des japanischen Unternehmens Nintendo, dreht die **Pac Man Strategie** den Angriff um. Im Videospiel musste die Figur Pac Man in einem Labyrinth Punkte fressen, während sie von Gespenstern gejagt wurde. Hatte Pac Man eine blaue Kraftpille gefressen, konnte er selbst die Gespenster verfolgen. Aus diesem Grund bezeichnet die Pac Man Strategie die Umdrehung des feindlichen Übernahmeversuchs. Die Zielgesellschaft gibt ein feindliches Übernahmeangebot für den Kaufinteressenten ab. In Deutschland wird die Pac Man Strategie durch aktienrechtliche Bestimmungen erschwert. Gemäß § 19 AktG können Unternehmen, die gegenseitig über mehr als 25 % der Anteile aneinander verfügen, nur die Rechte aus 25 % dieser Anteile geltend machen. Damit wird die Pac Man Strategie in Deutschland dann wertlos, wenn der ursprüngliche Angreifer bereits 25 % der Anteile erworben hat. Zudem kann die Abgabe eines feindlichen Übernahmeangebots als Verstoß gegen die Neutralitätspflicht eingestuft werden. Handlungssicher ist dies nur, wenn die feindliche Übernahme durch die Zielgesellschaft bereits vor der Abgabe des Angebots durch die andere Gesellschaft vorbereitet worden ist.[167]

Case Study: BHP Billiton und Rio Tinto; Martin Marietta und Bendix Corporation sowie Volkswagen und Porsche

2007 hat der australische Rohstoffkonzern BHP Billiton versucht, den britischen, vor allem in Südafrika tätigen, Konkurrenten Rio Tinto im Zuge einer feindlichen Übernahme zu akquirieren. Die erste Offerte bewertete Rio Tinto mit 140 Mrd. USD, was von dem Management des britischsüdafrikanischen Konzerns als deutlich unter dem angemessenen Wert betrachtet wurde. Die Perspektiven des Konzerns seien damit deutlich unterbewertet. Im November 2007 zog Rio Tinto dann eine Gegenofferte, also eine Verteidigung mit der Pac Man Strategie, in Betracht. Es blieb allerdings bei der Ankündigung. Das Problem dieser Verteidigungsstrategie, welches auch in der Presse diskutiert wurde, ist, dass das Management von Rio Tinto die eigenen Aktionäre überzeugen muss, anstatt eine Prämie über den derzeitigen Aktienkurs durch BHP zu akzeptieren, den Aktionären von BHP ihrerseits eine Prämie zu bezahlen. Dies wird meist dadurch erschwert, dass das Unternehmen, was Ziel einer feindlichen Übernahme wird i.d.R. deutlich niedriger notiert als ein Unternehmen, was sich eine feindliche Übernahme zutraut. Die Übernahme von Rio Tinto durch BHP scheiterte

---

[166] Vgl. *Gaughan, P.A.*: Mergers, Acquisitions & Corporate Restructurings, 7. Auflage, New York 2018, S. 216 f.

[167] Vgl. *Bouchon, M./Müller-Michaels, O.*: Erwerb börsennotierter Unternehmen, in: Hölters, W.: Handbuch des Unternehmens- und Beteiligungskaufs, 6. Auflage, Köln 2005, S. 1040 f.

letztlich an drei Gründen: Zunächst traten die Aluminium Corporation of China (Chinalco) und das amerikanische Unternehmen Alcoa, einem anderen führenden Aluminiumhersteller, als weiße Ritter auf und erwarben gemeinsam 12 % der Anteile von Rio Tinto. Danach begann die weltweite Finanzkrise mit deutlicher Abschwächung der Konjunktur und Turbulenzen an den Börsen verbunden mit einem deutlichen Rückgang der Kurse für Rohstoffe. Zudem hatte die EU Kommission BHP die Auflage gemacht, sich im Falle einer erfolgreichen Übernahme von Teilen des Eisenerz- und Kohlegeschäfts zu trennen, um nicht zu einer marktbeherrschenden Stellung zu kommen. Im November 2008 zog dann BHP sein Angebot für Rio Tinto zurück.

Funktioniert hat die Pac Man Strategie bei der Übernahmeschlacht zwischen dem US-Rüstungskonzern Martin Marietta und dem Elektrounternehmen Bendix Corporation. 1982 machte Bendix den Aktionären von Martin Marietta ein feindliches Übernahmeangebot. Bendix konnte auch mehr als die Hälfte der Aktien von Martin Marietta erwerben, so dass es eigentlich Eigentümer des Rüstungsunternehmens war. Da es für den neuen Mehrheitseigner nicht sofort möglich war, die Kontrolle durch die Besetzung der Unternehmensorgane zu übernehmen, gab es eine Art Interregnum, in der Kontrolle und Eigentum getrennt voneinander waren. Das Management von Martin Marietta nutzte diese Zeit, um alle Konzernteile zu veräußern, die nicht zum Kerngeschäft gehörten. Die so freigewordenen liquiden Mittel wurden dazu verwendet selbst ein feindliches Übernahmeangebot für Bendix vorzulegen. Diese Offerte wurde zusätzlich noch von dem Mischkonzern United Technologies unterstützt. Martin Marietta konnte durch die Pac Man Verteidigung als unabhängiges Unternehmen überleben, während sich Bendix durch einen weißen Ritter, die Allied Corporation, retten lassen musste.

Sicherlich die größte und bekannteste Akquisition, bei der die Pac Man Strategie zum Einsatz kam, war die Übernahme von Porsche durch VW. Zunächst versuchte die Porsche AG unter der Führung ihres Vorstandsvorsitzenden Wendelin Wedeking den deutlich größeren VW Konzern zu übernehmen. Am Ende kam Porsche jedoch in erhebliche Liquiditätsprobleme, so dass die Situation umgedreht wurde. 2008 blieb VW übrig und übernahm Porsche, dass in große finanzielle Not geraten war.

Quellen: *Gettler, L.:* Rio considers "Pac Man" Strategy, The Age vom 16. 11.2007, http://www.theage.com.au/news/business/rio-considers-pac-man-stra tegy/2007/11/16/1194766924029.html?dlbk (abgerufen am 28.3.2012); *Glaum, M./Hutzschenreuter, T.:* Mergers & Acquisitions, Stuttgart 2010, S. 345 f.; o.V.: Der Jäger wird gejagt, Die Zeit vom 24.9.1982, http://

> www.zeit.de/1982/39/der-jaeger-wird-gejagt/seite-1 (abgerufen am 28.3.
> 2012).

Der Verkauf von Aktiva des Unternehmens wird unter dem Stichwort **„Crown Jewels"** (Kronjuwelen) diskutiert. Zum einen kann ein Unternehmen nicht zu den Kernkompetenzen zählende Teile verkaufen, um sich für einen weißen Ritter attraktiver zu machen. Zum anderen kann ein Unternehmensteil verkauft werden, der Grund für den feindlichen Übernahmeversuch ist. Ziel aller dieser Aktivitäten ist es, die Attraktivität der Übernahme für den feindlichen Übernehmer deutlich zu mindern. Werden nicht zum Kerngeschäft gehörende Unternehmensteile veräußert, so wird diese Maßnahme nicht in jedem Fall tauglich sein, eine feindliche Übernahme zu verhindern. Aufgrund des Zeitdrucks, der sich während einer feindlichen Übernahmeschlacht ergibt, wird es für das Management des Unternehmens schwierig sein, den wahren Wert des Unternehmens zu ermitteln. Wird unter dem Marktwert verkauft, setzt sich das Management allerdings dem Vorwurf der Untreue aus.[168] Der Verkauf von Kernbestandteilen des Unternehmens, die eventuell auch Ziel des Übernahmeversuchs sind, ist hingegen problematisch. Das Management des Zielunternehmens greift unangemessen in die Entscheidungsfreiheit der Aktionäre ein, da die Möglichkeiten zur Veräußerung der Aktien drastisch reduziert werden: Wird der Kernbereich des Unternehmens veräußert, kann sich sogar die Situation ergeben, dass der im Gesellschaftsvertrag (bei GmbHs) bzw. der Satzung (bei AGs) benannte Unternehmensgegenstand nicht mehr erfüllt ist. Damit würde das Management seine Kompetenzen überschreiten und massiv gegen die Neutralitätspflicht bei einer feindlichen Übernahme verstoßen. Damit kann eine solche Maßnahme nach deutschem Recht nur dann gelten gelassen werden, wenn sie vor der feindlichen Übernahme eingeleitet wurde. Auch hier ist allerdings die Zustimmung der Hauptversammlung in bestimmten Fällen nach der **Holzmüller-Entscheidung** des Bundesgerichtshofs notwendig.

Im Fokus: Die Holzmüller-Entscheidung des BGH

Die Holzmüller AG bestand aus mehreren Betriebsteilen, von denen der weitaus wichtigste ein florierender Seehafenbetrieb war. Dieser wurde in eine selbständige Tochtergesellschaft eingebracht. Der Seehafen stand für etwa 80 % der Aktiva des Unternehmens. Die neu gegründete Tochtergesellschaft wurde mit drei anderen Gesellschaftern betrieben. Grundsätzlich ist der Vorstand einer AG allein für die Führung der Geschäfte zuständig (§ 76 Abs. 1 AktG). Die Hauptversammlung muss nur befragt werden, wenn die Satzung der AG geändert wird (§ 119 Abs. 1 AktG). Der Vorstand *kann* gemäß § 119 Abs. 2 AktG die Hauptversammlung zu Fragen der Geschäftsführung befragen. Die vom BGH zugrunde gelegte Holzmüller-Doktrin

---

[168] Vgl. *Vater, H.:* Die Abwehr feindlicher Übernahmen. Ein Blick in das Instrumentarium des Giftschranks, M&A Review, o.Jg. (2002), S. 10.

entwickelte dieses Recht des Vorstandes zu einer Pflicht weiter, wenn besondere die Struktur der Gesellschaft nachhaltig verändernde Maßnahmen getroffen werden. Damit werden die Mitgliedsrechte der Aktionäre und damit deren Vermögensinteressen tief berührt. Zwar bleibt die Entscheidung des Vorstandes bestehen, wenn der Pflicht nicht nachgekommen wird, aber die Aktionäre haben ein Recht auf Rückgängigmachung. Die Schaffung dieser ungeschriebenen Kompetenz der Hauptversammlung wurde im Nachgang zum BGH-Urteil im Schrifttum heftig kritisiert. Im Jahre 2004 wurde die Holzmüller-Doktrin durch die Gelatine Entscheidungen konkretisiert. Hierbei hatte der BGH zu entscheiden, ob die Einbringung zweier Tochtergesellschaften der DGF Stoess AG in eine dritte Tochtergesellschaft unter die Holzmüller-Doktrin zu subsumieren ist. Konkretisiert wurde der Schutzzweck, indem klargestellt wurde, dass nur bei einem Eingriff in die Mitwirkungsrechte oder bei einer Verwässerung der Vermögenswerte eingegriffen wird. Dieses Schutzrecht wirkt allerdings nur im Innenverhältnis, also zwischen Vorstand und Hauptversammlung, die Außenwirkung eines abgeschlossenen Geschäfts wird nicht dadurch beeinträchtigt. Nicht weiter konkretisiert wurde die Eingriffsschwelle. Bei Holzmüller handelte es sich um 80 % der gesamten Vermögenswerte, in der Gelatineentscheidung wurde auf eine ähnliche Reichweite abgestellt, ohne eine konkrete Schwelle zu benennen.

Quellen: *Fleischer, H.:* Ungeschriebene Hauptversammlungszuständigkeiten im Aktienrecht. Von Holzmüller zu Gelatine, NJW, 57. Jg. (2004), S. 2335 ff.; *Stefan, S.:* Von Holzmüller zu Gelatine – ungeschriebene Hauptversammlungszuständigkeiten im Lichte der BGH-Rechtsprechung, DStR, 42. Jg. (2004), S. 1482 ff. und 1528 ff.

Im Extremfall kann eine von einer feindlichen Übernahme bedrohte Gesellschaft so weit gehen, sich selbst aufzulösen und die einzelnen Vermögensteile liquidieren (sog. **scorched earth Strategie – verbrannte Erde**). Auch wenn es in den USA schon mehrere Fälle dieser Art gegeben hat, erscheint diese Strategie ungeeignet. Der potentielle Übernehmer kann sich aus der Liquidationsmasse diejenigen Teile herauskaufen, die ihn besonders interessieren und er kommt wahrscheinlich eher und schneller zum anvisierten Ziel als mittels einer feindlichen Übernahme.[169]

Kaum eine Möglichkeit zur Verhinderung einer feindlichen Übernahme besteht in der Behinderung eines notwendigen Kartellverfahrens. Die Blockade des Zielunternehmens einer feindlichen Übernahme wird ins Leere laufen, da die europäischen Kartellbehörden und auch das Bundeskartellamt zum einen berücksichtigen, dass der Übernehmer keine Daten des Zielunternehmens haben und bei Verweige-

---

[169] Vgl. *Vater, H.:* Die Abwehr feindlicher Übernahmen. Ein Blick in das Instrumentarium des Giftschranks, M&A Review, o.Jg. (2002), S. 11.

rung der Offenlegung von Daten Bußgelder verhängt werden können. Somit kann durch blockierende Haltung im Fusionsverfahren lediglich eine Verzögerung der Übernahme erreicht werden. Lediglich bei kritischen Verfahren mag es gelingen können, durch Vorlage selektierter Daten die Entscheidung des Kartellamts gegen eine Übernahme zu beeinflussen.[170]

Nach erfolgter Übernahme kann sich durch die mitbestimmten Aufsichtsräte in Deutschland eine Situation ergeben, die dazu führt, dass der feindliche Übernehmer seine Pläne und Ziele mit dem übernommenen Unternehmen nicht durchsetzen kann. Während die Kapitalvertreter im Aufsichtsrat ihre Mandate meistens freiwillig nach Änderung der Eigentümerstruktur zurückgeben oder durch die Hauptversammlung abgewählt werden können, bleiben die Arbeitnehmervertreter in ihren Ämtern. Da Übernahmen meist das Ziel haben, Synergieeffekte zu realisieren, können durch die Mitbestimmung Restrukturierungspläne zwar meist nicht verhindert, aber in jedem Fall verzögert werden.[171] Häufig halten Aufsichtsrat und Vorstand zusammen, da zwar formal die Hauptversammlung den Aufsichtsrat wählt. Die Vorschläge aber durch den Vorstand gemacht werden. Daher gibt es häufig enge Verbindungen zwischen Vorstand und Aufsichtsrat.[172]

In der Praxis werden die einzelnen Gegenmaßnahmen gegen eine feindliche Übernahme i.d.R. nicht isoliert angewendet. Es kommt zu einer Kombination verschiedener Ansätze, die dafür sorgen sollen, dass das Unternehmen seine Unabhängigkeit behalten kann. Im Zweifelsfall wird der Vorstand des Zielunternehmens zumindest versuchen, die Höhe des Übernahmeangebots deutlich zu erhöhen. Dies ist im Sinne der eigenen Aktionäre und verhilft ihnen zu einem höheren Vermögenszuwachs durch die Übernahme.

Empirische Studien zeigen, dass insbesondere die folgenden vier Abwehrmaßnahmen erfolgreich sein können:[173]

- Suche nach einem weißen Ritter,
- Anstrengung von Gerichtsverfahren,
- Zusammenarbeit mit freundlich gesinnten Aktionären,
- Unterstützung durch die Arbeitnehmervertreter.

---

[170] Vgl. *Arnold, M./Wenninger, T. G.:* Maßnahmen zur Abwehr feindlicher Übernahmeangebote, CFL, 1. Jg. (2010), S. 88 f.

[171] *Vgl. Fritz, K.O.:* Gibt es eine Notwendigkeit für feindliche Übernahmen in Deutschland?, in: Wirtz, B.W.: Handbuch Mergers & Acquisitions Management, Wiesbaden 2006, S. 123.

[172] So wurde in einer französischen Studie festgestellt, dass Vorstandsvorsitzende auch bei schlechter Unternehmensentwicklung umso fester im Sattel sitzen, desto mehr ehemalige Absolventen der gleichen Hochschule die Unternehmensorgane besetzen. Vgl. *Nguyen, D.B.:* Does the Rolodex Matter? Corporate Elite's Small World and the Effectiveness of Boards of Directors, Management Science, 57. Jg. (2011).

[173] Vgl. *Sudarsanam, S.:* Less than lethal weapons: Defence strategies in UK contested takeovers, Acquisitions Monthly, o. Jg. (1994), Nr. 1, S. 30 ff.

In einer empirischen Untersuchung wurde festgestellt, dass diejenigen Unternehmen, die eine feindliche Übernahme durchführen, ihre Akquisitionsziele eher erfüllen als dies freundliche Übernehmer tun.[174] Erklärungsansätze für den größeren Erfolg von feindlichen Übernahmen können sein, dass zum einen bei einer feindlichen Übernahme Integrationsmaßnahmen, auch wenn sie hart sind (wie z.B. Wechsel im Management) eher angegangen werden, als dies bei freundlichen Übernahmen der Fall ist. Diese werden in Kooperation mit dem Zielunternehmen abgewickelt, was auch meistens dazu führt, dass das Management am Ende des Übernahmeprozesses in Amt und Würden bleibt. Eine andere Erklärung ist, dass ein feindliches Ziel mit deutlich mehr Bedacht ausgewählt wird als dies bei einem freundlichen Übernahmeziel der Fall ist. Die Risiken des Scheiterns und die Kosten des Übernahmeprozesses sind im feindlichen Fall deutlich höher (durch schlechte Presse, die Auseinandersetzungen mit der Zielgesellschaft, Nachbessern bei der Höhe des Angebots etc.).

Case Study: Der feindliche Übernahmeversuch von Ryanair bei Aer Lingus

Im Dezember 2008 versuchte der irische Billigflieger Ryanair seinen Rivalen Aer Lingus, den irischen Linienflieger, zu übernehmen. Dies war nicht der erste Übernahmeversuch. Aus einem vergangenen, nicht erfolgreichen Versuch besaß Ryanair bereits einen Anteil von 29,82 % an Aer Lingus. Ryanair bot 1,40 EUR pro Aktie, bei einem Aktienkurs von 1,105 EUR. Die Abfindung sollte bar an die Verkäufer ausgezahlt werden. Strategisch sollten beide Unternehmen eine Allianz bilden, aber weiterhin separat unter ihren alten Marken operieren. Ryanair betonte in seinem Angebot die entstehenden Wachstumschancen: Die Flugzeugflotte sollte innerhalb von 5 Jahren verdoppelt werden, wodurch auch 1.000 zusätzliche Stellen geschaffen werden sollten. Der entstehende Verbund sollte so schlagkräftig werden, dass er mit den großen europäischen Gruppen Lufthansa-Swiss, AirFrance-KLM und British Airways konkurrieren könne. Des Weiteren kritisierte Ryanair das Management von Aer Lingus scharf. Der Aktienkurs war innerhalb von 2 Jahren auf ein Drittel gefallen (3,00 EUR im November 2006, aktueller Kurs im Dezember 2008 von 1,105 EUR). Allerdings waren im gleichen Zeitraum die Gehälter von Aufsichtsräten stark erhöht wurden. Ebenfalls wurde kritisiert, dass die Zahl der Passagiere sowohl auf der Kurz- als auch auf der Langstrecke stark gefallen war. Dies fiel zusammen mit Preiserhöhungen und wiederholt erhobenen und erhöhten Zuschlägen für Treibstoffpreise. Hinzu kam strategische Kritik: Aer Lingus hatte sein Drehkreuz in Shannon geschlossen, eine neue Basis in Belfast eröffnet, die

---

[174] Vgl. hierzu und dem Folgenden *Schewe, G./Brast, C./Höner zu Siederdissen, A.:* Wird Freundlichkeit belohnt? Ergebnisse einer empirischen Studie zur Übernahme von Unternehmen, BFuP, 61. Jg. (2009), S. 488 f.

nur schwach ausgelastet war und sah sich wiederholt Streikdrohungen gegenüber.

Aer Lingus antwortete am Tag des Angebots mit einer Erklärung, in der auf das letzte Angebot von Ryanair verwiesen wurde, das am Einspruch der Wettbewerbsbehörden gescheitert war. Da sich seitdem keine wesentliche Änderung ergeben hatte, stellte man fest, dass auch dieses Angebot unmöglich sei und damit gegenstandslos. Des Weiteren verwies man auf Aer Lingus starke wirtschaftliche Stellung, so dass das vorgelegte Angebot deutlich zu niedrig sei. Als Reaktion stieg der Aktienkurs von Aer Lingus um 16,7 % während Ryanairs Kurs ca. 5 % verlor.

10 Tage nach dem Angebot, am 11. Dezember 2008, traf sich das Management von Aer Lingus mit der irischen Regierung. Der irische Staat hielt 25 % der Aktien und war somit – neben der gesellschaftlichen Relevanz von Fluggesellschaften – direkter Beteiligter des Übernahmeversuchs. In einer Presseerklärung nach dem Treffen lehnte der CEO von Aer Lingus Dermot Mannion das Angebot erneut ab. Neben dem Hinweis auf ein entstehendes Monopol bei Flügen nach und aus Irland, wurde insbesondere die niedrige Bewertung kritisiert. Aer Lingus hatte 1,3 Mrd. EUR liquide Mittel, das Angebot betrug – für die noch nicht im Besitz von Ryanair befindlichen Aktien – allerdings nur 525 Mio. EUR. So konnte man sagen, dass die Flugzeuge und die Start- und Landerechte überhaupt keine Berücksichtigung in dem Angebot fanden. Am 11. Dezember 2008 überstieg der Aktienkurs mit 1,4975 EUR das Angebot von Ryanair. Die Marktteilnehmer erwarteten ein verbessertes Angebot.

Am 15. Dezember 2008 wurde dann das offizielle Übernahmeangebot, was sich inhaltlich nicht wesentlich von den Angaben zu Beginn des Monats unterschied, veröffentlicht. Am 22. Dezember 2008 erwiderte Aer Lingus das Angebot mit einer Stellungnahme. Hier wurde insbesondere die starke Position von Aer Lingus im Markt dargestellt. Düstere Gewinnaussichten – Ryanair prognostizierte in seinem Angebot Verluste für Aer Lingus – wurden zurückgewiesen. Der niedrige Börsenkurs wurde auf die schlechte generelle Marktlage an den Kapitalmärkten zurückgeführt, die von Ryanair opportunistisch ausgenutzt würden. Beide Börsennotierungen waren inzwischen angestiegen: Aer Lingus lag bei 1,50 EUR und Ryanair bei 3,20 EUR (von 2,95 EUR Anfang Dezember).

Am 6. Januar 2009 forderte Ryanair eine außerordentliche Hauptversammlung. Hintergrund war, dass Aer Lingus mit Beginn des neuen Jahres die Konditionen des Vertrags mit seinem Chairman geändert hatte. In die Vertragsbedingungen war ein Golden Parachute aufgenommen worden: Er würde bei seinem Rücktritt 2,8 Mio. EUR erhalten. Zudem erklärte Ryanair,

dass ihr bisheriges Angebot auf kaum Resonanz gestoßen ist. Die Barabfindung in Höhe von 1,40 EUR war nur von 0,01 % der Aktionäre angenommen worden. Die Frist zur Annahme des Angebots wurde bis zum 13. Februar 2009 verlängert.

Am 22. Januar klärten sich dann die Fronten. Die irische Regierung erklärte,
dass sie das Angebot von Ryanair nicht unterstützen wird, da es: „greatly
undervalues Aer Lingus and a merger on the basis proposed would be likely
to have a significant negative impact on competition in the market." Der
CEO von Ryanair gab am selben Tag bekannt, dass er das Angebot als gescheitert ansah. Der Aktienkurs von Aer Lingus fiel auf 1,15 EUR zurück,
während der Kurs von Ryanair sich nur leicht auf 3,11 EUR veränderte. Offensichtlich hatten die Investoren die geplante Übernahme als positiv für
Aer Lingus und neutral bis negativ für Ryanair angesehen.

Quelle: *Hillier, D./Ross, S./Westerfiedl, R./Jaffe, J./Jordan, B.:* Corporate
Finance, European Edition, London u.a. 2010, S. 804 ff.

4.3 Unternehmenstransaktionen nach Art der übernommenen Vermögensgegenstände

Kaufgegenstand bei einer Unternehmenstransaktion können entweder die einzelnen
Vermögensgegenstände (Maschinen, Grundstücke, Forderungen, etc.), die ein Unternehmen hält, sein, oder die Anteile an dem Unternehmen. Im ersten Fall spricht
man von einem asset deal (von englisch asset, Vermögensgegenstand). Im zweiten
von share deal (von englisch share, Anteil).

4.3.1 Asset Deal

Beim Asset Deal werden **alle oder ein wesentlicher Teil der Vermögensgegenstände** erworben. Ausgangspunkt kann also das Inventar des Unternehmens sein,
das alle materiellen Vermögensgegenstände verzeichnet. Alle Bestandteile der Aktivseite (englisch assets) der Bilanz können einzeln auf den Erwerber übertragen
werden. Dazu kommen Vermögensgegenstände, die nicht Bestandteil der Bilanz
sind, z.B. selbsterstellte immaterielle Vermögensgegenstände wie ein Markenrecht.

Werden die einzelnen Vermögensgegenstände verkauft, so handelt es sich um einen
Sachkauf im Sinne des § 433 BGB. Damit muss der Verkäufer die Sache frei von
Sach- bzw. Rechtsmängeln übertragen und dem Käufer das Eigentum an den Sa-
chen verschaffen.

Werden nicht nur materielle Vermögensgegenstände, sondern auch **Rechte**, wie
z.B. Markenrechte, Domains oder Patente übertragen, so folgt die Übertragung den
Vorschriften zum Rechtekauf des § 453 BGB. Danach haftet der Verkäufer nicht

nur für den rechtlichen sondern auch für den wirtschaftlichen Wert des übertragenen Rechts.[175] Zu beachten sind auch die besonderen Vorschriften, die bei der Übertragung von Grundstücken und grundstücksgleichen Rechten gelten. Grundstücke werden durch Auflassung und Eintragung (§§ 873 und 925 BGB) übertragen. Dies bedeutet, dass sich die Parteien schriftlich auf die Übertagung einigen müssen und dieser Kaufvertrag notariell beglaubigt werden muss. Die Übertragung wird erst durch die Eintragung im Grundbuch wirksam. Der Grundbucheintrag tritt an die Stelle der tatsächlichen Übertragung bei beweglichen Sachen.

Vertragsbeziehungen mit Dritten, also Verträge mit Lieferanten, Kunden, Vermietern, etc. müssen individuell auf den Käufer übertragen werden. Hierzu bedarf es dreiseitiger Rechtsgeschäfte, die den außenstehenden Vertragspartner einschließen. Bei Mietverträgen kann der Vermieter die Zustimmung der Übertragung verweigern. In diesem Fall kann nur im Innenverhältnis (das heißt also ohne Außenwirkung, mit anderen Worten ohne Einbeziehung des ablehnenden Vermieters) zwischen Käufer und Verkäufer geregelt werden, dass der Verkäufer von wirtschaftlichen Lasten des Mietvertrags freigestellt wird.

Im Zuge eines Asset Deals werden im Regelfall nicht nur einzelne Vermögensgegenstände übernommen, sondern quasi der „Organismus des Unternehmens".[176] Dies bedeutet, dass die Funktionsfähigkeit, also die Fähigkeit des Unternehmens sein Sachziel zu erfüllen, auf den Käufer übertragen wird. Der Verkäufer ist mit den eventuell verbleibenden Vermögensgegenständen nicht mehr in der Lage, das Sachziel weiterhin zu erfüllen, d.h. er kann die Produkte nicht mehr herstellen bzw. die Dienstleistung nicht mehr erbringen. Diese Tatsache wird meist noch dadurch bekräftigt, dass der Verkäufer im Unternehmenskaufvertrag ein Wettbewerbsverbot für die gleiche Branche und/oder die gleiche Region unterzeichnen muss.

In einer solchen Situation ergibt sich eine Besonderheit bei der **Übertragung der Arbeitsverträge**. Rechtlich spricht man von einem Betriebsübergang. Der Betrieb ist hierbei nicht in dem gleichen Sinne zu verstehen, wie im Betriebsverfassungsrecht. In seiner Rechtsprechung hat der Europäische Gerichtshof die folgende Definition eines Betriebs gefunden: Es ist eine „ihre Identität bewahrende wirtschaftliche Einheit im Sinne einer organisierten Zusammenfassung von Ressourcen zur Verfolgung einer wirtschaftlichen Haupt- oder Nebentätigkeit."[177] Dies bedeutet, dass der Betrieb ähnlich, also seine Identität wahrend, nach der Übertragung fortgeführt wird. Handelt es sich nur um einen Betriebsteil, so muss es sich um eine abgeschlossene Einheit handeln, die innerhalb des Gesamtbetriebs einen abgrenzbaren Teilzweck verfolgt hat. Auch hier gilt dann analog, dass dieser Teilzweck nach

---

[175] Vgl. hierzu und dem Folgenden *Picot, G.*: Vertragliche Gestaltung des Unternehmenskaufs, in: Picot, G.: Handbuch Mergers & Acquisitions, 4. Auflage, Stuttgart 2008, S. 124.

[176] In Anlehnung an *Picot, G.*: Vertragliche Gestaltung des Unternehmenskaufs, in: Picot, G.: Handbuch Mergers & Acquisitions, 4. Auflage, Stuttgart 2008, S. 211.

[177] EuGH vom 11.3.1997 Rs C-13/95, dem folgend BAG vom 15.2.2002 8 AZR 319/01.

Übertragung weiterhin verfolgt werden muss.[178] Die Betriebseigenschaft eines Unternehmensteils richtet sich danach, wie die wirtschaftliche Tätigkeit fortgesetzt wird, ob man die gleichen materiellen und immateriellen Vermögensgegenstände zum Einsatz kommen, oder ob die Räumlichkeiten, das know-how, die menschliche Arbeitskraft oder der Kundenstamm fortgesetzt Verwendung finden. Kein Hinderungsgrund für das Bestehen eines Betriebs ist es, wenn die übertragenen Vermögensteile in die Geschäftstätigkeit des Käufers eingegliedert werden. Die Rechtsprechung stellt vielmehr darauf ab, dass die „funktionelle Verknüpfung und Ergänzung"[179] zwischen den übertragenen Faktoren erhalten bleibt.

Rechtsfolge des Bestehens eines Betriebs oder eines Teilbetriebs ist der sog. **Betriebsübergang nach § 613a BGB**. Nach dieser Vorschrift gehen sämtliche Rechte und Pflichten aus den bestehenden Arbeitsverhältnissen (also ohne Ruhestandsverhältnisse von Arbeitnehmern, die zum Zeitpunkt der Übertragung bereits ausgeschieden sind) automatisch auf den Erwerber über. Der Vertragspartner des Arbeitnehmers wird quasi automatisch ersetzt, an die Stelle des Verkäufers tritt der Käufer des Betriebs. Der Verkäufer muss in seiner Funktion als Arbeitgeber zunächst, die von dem Betriebsübergang betroffenen Mitarbeiter informieren. Ab der Information haben die Mitarbeiter das Recht, dem Übergang ihres Arbeitsverhältnisses innerhalb eines Monats zu widersprechen. Wenn der Arbeitnehmer widerspricht, so bleibt er weiterhin Arbeitnehmer des Veräußerers. Der widersprechende Arbeitnehmer geht allerdings das Risiko ein, betriebsbedingt gekündigt zu werden, da der Betrieb in dem der Arbeitnehmer früher gearbeitet hat, so beim Betriebsveräußerer nicht mehr existent ist.

Für den Käufer bedeutet das Vorliegen eines Betriebsüberganges, dass er die Vereinbarungen, die der Verkäufer mit seinen Arbeitnehmern getroffen hat, übernehmen muss. Löhne, Sozialleistungen, Betriebsvereinbarungen etc. müssen beachtet werden und dürfen innerhalb eines Jahres nach dem Betriebsübergang nicht zum Nachteil der Arbeitnehmer geändert werden. Allerdings dürfen bereits unmittelbar nach dem Betriebsübergang nachteilige Vereinbarungen getroffen werden, die erst nach einem Jahr wirksam werden. In vielen Übernahmen bedeutet das Vorliegen eine hohe Bürde für den Käufer, insbesondere dann, wenn der übernommene Betrieb saniert werden muss oder unmittelbar Synergieeffekte realisiert werden sollen, die auch zu personellen Maßnahmen führen. Aus diesem Grund wird in vielen Verhandlungen über Asset Deals viel Zeit darauf verwendet, Möglichkeiten zu finden, wie die Betriebseigenschaft der zu übertragenden Menge an Vermögensgegenständen vermieden werden kann.

---

[178] Vgl. *Reiche, S.:* Die prozessualen Folgen eines Betriebsübergangs nach § 613a BGB, Frankfurt 2009, S. 21.
[179] EuGH vom 12.2.2009 – C-466/07.

Für einen Asset Deal sprechen gemeinhin **Haftungsgründe**. Durch den Erwerb von einzelnen Vermögensgegenständen kann der Erwerber die Haftung für Handlungen der Vergangenheit weitestgehend umgehen (mit der allerdings beachtenswerten Ausnahme der Arbeitsverhältnisse beim Betriebsübergang). Daneben ist der Asset Deal die einfachste Möglichkeit, Unternehmensteile zu veräußern, die nicht in einer rechtlich getrennten Einheit organisiert sind. Außerdem ermöglicht der Asset Deal, dass bestimmte Vermögensgegenstände, wie z.b. Patente oder Immobilien, im Eigentum des Veräußerers verbleiben können, ohne das im Vorhinein diese aus dem Unternehmen entnommen werden müssen, was mit der Aufdeckung von stillen Reserven verbunden sein kann.

Für den Verkäufer kann ein asset deal dann problematisch sein, wenn am Ende der Transaktion lediglich eine leere Hülle in Form einer Gesellschaft verbleibt. In dieser Hülle verbleiben die Haftungsrisiken, die mir vergangenen Steuerzahlungen etc. verbunden sind. Dies führt dazu, dass Verkäufer nicht so gerne einen asset deal durchführen.

4.3.2 *Share Deal*

Beim share deal sind die **Mitgliedschaftsrechte an der Gesellschaft** Gegenstand des Kaufvertrages. Damit kann auch nur teilweise Eigentum an der Gesellschaft den Eigentümer wechseln. Die Prozentanteile, die verkauft werden, sind frei zwischen Käufer und Verkäufer vereinbar. Juristisch handelt es sich um einen **Rechtskauf nach § 453 BGB**. Der Verkäufer ist verpflichtet, dem Käufer das Recht frei von Sach- und Rechtsmängeln (§§ 434 und 435 BGB) zu übergeben. Sind die Mitgliedschaftsrechte an der Gesellschaft in einem Wertpapier verbrieft, beispielsweise in einer Aktie, handelt es sich zusätzlich noch um einen Sachkauf, der bei einer Inhaberaktie durch Einigung und Übergabe vollzogen wird (analog gelten die Vorschriften für die anderen Arten von Aktien, vgl. 4.2.2.2).[180] Sind die Mitgliedschaftsrechte nicht verbrieft, so erfolgt die Übergabe durch Abtretung.

Wesentlicher Unterschied zum asset deal ist, dass die Identität des Unternehmens unzweifelhaft erhalten bleibt. Es wird lediglich das Eigentum übertragen, so dass Kunden und andere Gruppen, die mit dem Unternehmen in Verbindung stehen, auf den ersten Blick keine Veränderung durch die Unternehmenstransaktion bemerken. Damit bleibt die Gesellschaft auch Vertragspartner, so dass eine Konstruktion wie beim oben erläuterten Betriebsübergang nach § 613a BGB nicht notwendig ist. Der Arbeitnehmer hat seinen Arbeitsvertrag mit der Gesellschaft geschlossen, bei der sich lediglich der Eigentümer geändert hat. Lediglich wenn sich ein Vertragspartner eine sogenannte „Change of Control" Klausel zusichern lassen hat, muss eine Erklärung des Partners eingeholt werden, dass er trotz des Eigentümerwechsels die

---

[180] Vgl. *Picot, G.:* Vertragliche Gestaltung des Unternehmenskaufs, in: Picot, G.: Handbuch Mergers & Acquisitions, 4. Auflage, Stuttgart 2008, S. 212.

Vertragsbeziehung bestehen lässt. Diese werden insbesondere von Banken, Lizenz-
gebern oder Leasinggebern verlangt, um sich im Falle eines Eigentümerwechsels
zurückziehen zu können.

Insbesondere bei Personengesellschaften können sich bei einem share deal Probleme ergeben bei der Abgrenzung zwischen Betriebs- und Privatvermögen. Dieses
Problem stellt sich auch in anderen zumeist steuerlichen Fragestellungen. Die steuerlichen Vorschriften unterscheiden zwischen notwendigem Betriebs- und Privatvermögen und gewillkürtem Betriebs- und Privatvermögen. Problematisch ist letzteres.

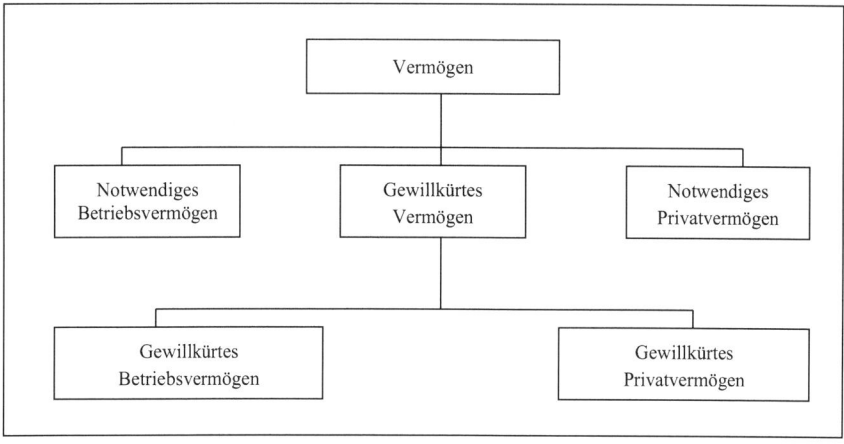

Abbildung 6: Steuerliche Vermögensarten[181]

Ausschlaggebend ist – im steuerlichen Bereich – die **Zweckbestimmung bzw.
Funktion des Wirtschaftsgutes.** Rechtsprechung und Finanzverwaltung rechnen
notwendiges und gewillkürtes Betriebsvermögen der betrieblichen Sphäre zu.[182]
Ersteres umfasst alle Vermögensgegenstände, die ihrer Art nach nur betrieblich
verwendet werden können oder ihrer Zweckbestimmung nach dem Betrieb dienen
(z.B. Rohstoffe, Maschinen). Außerdem gehören alle im Betrieb hergestellten
Wirtschaftsgüter (Halb- und Fertigfabrikate) und selbsterstellte Anlagen, Patente
etc. zum notwendigen Betriebsvermögen. Ist die Bindung zum Betrieb nicht so eng,
ist das Gut aber objektiv geeignet und dazu bestimmt, dem Betrieb zu dienen oder
ihn zu fördern, wird ein Vermögensgegenstand zum gewillkürten Betriebsvermögen gezählt.[183] Alle anderen Wirtschaftsgüter gehören zum notwendigen Privatvermögen eines Steuerpflichtigen. Hierzu zählen alle Wirtschaftsgüter, die keine Ver-

---

[181] Vgl. *Vollmuth, H.J.:* Bilanzen, Freiburg 2009, S. 61.

[182] Vgl. *Tanski, J. S.:* Jahresabschluss in der Praxis, Freiburg 2011, S. 45 ff.; *Vollmuth, H.J.:* Bilanzen,
9. Auflage, Freiburg 2009, S. 61 ff.; *Lehmann, M.:* Betriebsvermögen und Sonderbetriebsvermögen,
Wiesbaden 1988, S. 221 ff.

[183] Vgl. BFH-Urteil vom 27.03.1968, BStBl II, S. 522.

bindung zum Betrieb aufweisen und keine betriebliche Zweckbestimmung haben.[184]

Die Orientierung an den steuerlichen Vermögensarten kann helfen, dass alle Vermögensteile, die notwendig sind, auch tatsächlich an den Erwerber übertragen werden. Wünscht der Verkäufer jedoch, dass bestimmte Vermögensteile bei ihm verbleiben, die aber betriebsnotwendig sind, so müssen die Vertragsparteien Vereinbarungen treffen, wie damit verfahren wird. Häufig wünschen Veräußerer von Unternehmen, dass Patente in ihrem persönlichen Eigentum verbleiben. Dann muss eine Lizenzvereinbarung zwischen Verkäufer und Käufer geschlossen werden. Der Verkäufer muss die zu entrichtenden Lizenzgebühren in seinen Kalkulationen und auch der Unternehmensbewertung berücksichtigen.[185]

4.4 Formen der Unternehmenstransaktion nach Art des Zusammenschlusses

Der englische Sammelbegriff Mergers & Acquisitions für Unternehmenstransaktionen gibt die unterschiedlichen Transaktionsarten nach Art des Zusammenschlusses wieder. Bei einem Merger handelt es sich um eine Fusion, bei der sich zwei Unternehmen zusammenschließen und mindestens ein Unternehmen aufhört zu existieren. Bei einer Akquisition handelt es sich um eine Übernahme, bei der beide Unternehmen in ihren rechtlichen Identitäten nach der Unternehmenstransaktion weiter existieren.

4.4.1 Akquisition

Bei einer Akquisition wird ein Unternehmen ganz oder teilweise (von knapp über 0 % der Anteile bis hin zu 100 % der Anteile) durch ein anderes Unternehmen übernommen. **Die rechtliche Selbständigkeit des gekauften Unternehmens bleibt aber erhalten.** Der Begriff geht auf das lateinische Verb akquirere (erwerben) zurück. Damit wird insbesondere der Erwerbsvorgang ausgedrückt. Die Expansion eines Unternehmens durch Akquisition wird also durch den Zukauf anderer, fremder Unternehmen erreicht und nicht durch originäres Wachstum aus eigener Kraft. Wesentliches Kennzeichen ist der Übergang der Verfügungsrechte, so dass sich die Eigentümerstruktur ändert. Dies vollzieht sich in einer asymmetrischen Interaktion, wobei das eine Unternehmen Verfügungsrechte des anderen übernimmt.[186] Eine Notwendigkeit, dass eines der beteiligten Unternehmen seine rechtliche Selbständigkeit aufgibt, ergibt sich bei Akquisitionen nicht. In der Regel bleiben beide Unternehmen in ihrer rechtlichen Identität bestehen.

[184] Vgl. *Vollmuth, H.J.:* Bilanzen, 9. Auflage, Freiburg 2009, S. 60.

[185] Vgl. *Behringer, S.:* Unternehmensbewertung der Mittel- und Kleinbetriebe, 5. Auflage, Berlin 2012, S. 241 f.

[186] Vgl. *Macharzina, K./Wolf, J.:* Unternehmensführung, 10. Auflage, Wiesbaden 2018, S. 713.

Der Einfluss des Käufers auf das akquirierte Unternehmen steigt mit dem Anteil, der erworben wird. Wird eine Beteiligung von unter 25 % der Anteile erworben, so ist der Einfluss relativ gering. Hier handelt es sich meist entweder um eine reine Kapitalbeteiligung, eine Untermauerung einer strategischen Kooperation durch Beteiligung oder um einen Einstieg in eine Übernahme größerer Anteile. Ab 25 % zuzüglich eines weiteren Anteils spricht man von einer **Sperrminorität**, die erworben wurde. Da bei Hauptversammlungen Entscheidungen mit großer Tragweite für die Gesellschaft mit einer Drei Viertel Mehrheit getroffen werden müssen (z.B. Kapitalerhöhungen, Satzungsänderungen, Auflösung der Gesellschaft) kann der Inhaber einer Sperrminorität sich gegen diese Entscheidungen sperren. Ist die Parität erreicht, haben die beiden Anteilseigner einen Anteil von jeweils genau 50 %. Entscheidungen können in dieser Konstellation nur getroffen werden, wenn beide Partner sich einig sind. Ab einer Mehrheitsbeteiligung von 50 % zuzüglich eines weiteren Anteils ist die Mehrheit erreicht. Damit kann, wie bei der Sperrminorität erläutert, aber nicht die komplette Verfügung über das erworbene Unternehmen ausgeübt werden.

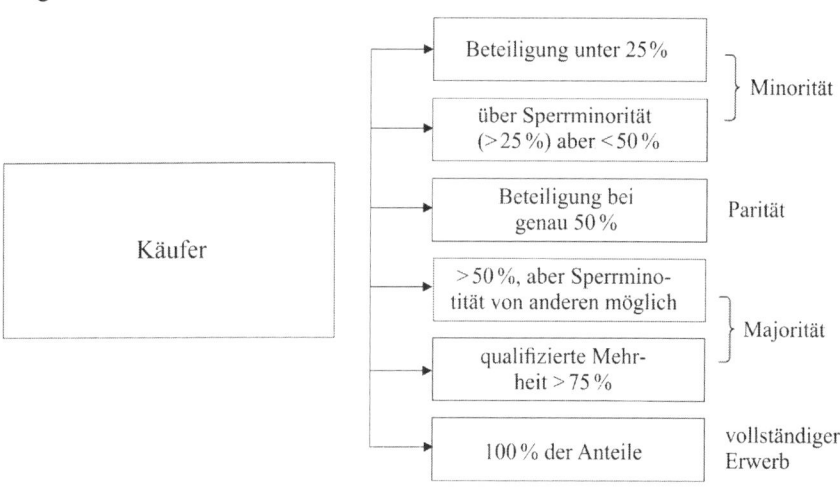

Abbildung 7: Beteiligungsstufen bei einer Akquisition (Aktiengesellschaft) [187]

Ab einem Erwerb von 75 % spricht man daher von einer **qualifizierten Mehrheit**. Es ist nicht mehr möglich, dass eine Sperrminorität gegen den Mehrheitseigner erworben wird. Für den Abschluss eines **Beherrschungsvertrages**, ist eine Mehrheit von mehr als 75 % notwendig, es sei denn die Satzung der Gesellschaft verlangt eine noch größere Mehrheit. In einem Beherrschungsvertrag gibt das beherrschte Unternehmen seine unternehmerische Selbständigkeit auf. Die Organe des beherrschten Unternehmens müssen Weisungen des herrschenden Unternehmens entgegennehmen, auch wenn diese zu einem wirtschaftlichen Nachteil des eigenen

---

[187] Vgl. *Lucks, K./Meckl, R.:* Internationale Mergers & Acquisitions, Berlin 2002, S. 26.

Unternehmens führen. In diesem Fall haben aber auch die verbliebenen Minderheitsgesellschafter bestimmte Rechte, die einzuhalten sind. Daher muss der Beherrschungsvertrag von einem Vertragsprüfer überprüft werden. Die noch vorhandenen Minderheitsgesellschafter haben ein Recht auf einen angemessenen Vermögensausgleich für alle entstehenden Vermögensnachteile.[188] Erst mit dem vollständigen Erwerb aller Anteile des Unternehmens hat der Akquisiteur volle Verfügungsgewalt über das beherrschte Unternehmen. Abbildung 7 fasst die verschiedenen Beteiligungshöhen bei einer Akquisition zusammen.

4.4.2 Fusionen (Mergers)

Im Gegensatz zur Akquisition verliert bei der Fusion mindestens ein Unternehmen seine rechtliche und wirtschaftliche Selbständigkeit. Es ist ein vollständiges Zusammengehen von zwei Unternehmen. Der Begriff Fusion wird auch in der Biologie verwendet und bezeichnet dort das Verschmelzen von zwei Zellen. In der Chemie bezeichnet sie das Verschmelzen von zwei Atomkernen zu einem neuen Atomkern. Der Vorgang in der Wirtschaft ist ähnlich, wobei die **Fusion durch Aufnahme** und die **Fusion durch Neubildung** unterschieden wird.

Zum einen kann die Fusion durch Neubildung geschehen, was auch als Kombination bezeichnet wird. In diesem Fall übertragen die beiden fusionierenden Unternehmen ihr Vermögen mit allen Rechten und Pflichten auf ein neu gegründetes Unternehmen. Die beiden alten Gesellschaften hören auf zu existieren und das neu gegründete Unternehmen übernimmt die Rechtsnachfolge. Bedeutende Beispiele für Fusionen durch Neubildung sind der Zusammenschluss der VIAG AG und der VEBA AG zur E.on AG oder der Zusammenschluss von Moët-Hennesy SA mit der Louis Vuitton SA zu LVMH SA.[189]

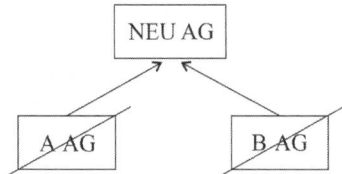

Abbildung 8: Schematische Darstellung der Fusion durch Neubildung

Bei der Fusion durch Aufnahme behält eines der beteiligten Unternehmen seine rechtliche Identität, während das andere untergeht. Aus diesem Grund wird es auch Annexion, also die Anbindung an ein anderes Unternehmen genannt. Das aufnehmende Unternehmen wird Rechtsnachfolger des untergehenden Unternehmens, das vorher sein komplettes Vermögen mit allen Rechten und Pflichten übertragen hat.

---

[188] Vgl. *Behringer, S.:* Konzerncontrolling, 3. Auflage, Berlin u.a. 2018, S. 4.

[189] Vgl. *Macharzina, K./Wolf, J.:* Unternehmensführung, 10. Auflage, Wiesbaden 2018, S. 713.

Ein bedeutendes Beispiel für eine Verschmelzung durch Aufnahme war die Fusion zwischen der Dresdner Bank und der Commerzbank. Die Dresdner Bank ist als Gesellschaft verschwunden, die Commerzbank agiert als Rechtsnachfolger und hat das gesamte Vermögen samt aller Rechte und Pflichten übernommen.

Abbildung 9: Schematische Darstellung der Fusion durch Aufnahme mit der B AG als aufnehmender Gesellschaft

4.5 Formen der Unternehmenstransaktion nach Art der Finanzierung – Leveraged Buy-outs (LBOs)

Unternehmenstransaktionen können entweder normal, d.h. mit einer Mischung aus Eigen- und Fremdfinanzierung oder weit überwiegend mit einem Fremdkapitalanteil finanziert werden. Der erste Fall kann als traditioneller Unternehmenskauf verstanden werden. Erreicht der Fremdkapitalanteil bei einer Unternehmensübernahme demgegenüber ca. 50 bis 70 % des Gesamtfinanzierungsvolumens, so spricht man von einem Leveraged Buy-out (LBO).[190] Wie bereits in Kapitel 2.2.4 dargestellt, war diese Finanzierungstechnik Treiber der vierten Mergerwelle, in der v.a. Konglomerate entflechtet worden sind. Neben der hohen Fremdkapitalquote ist ein weiteres Kennzeichen dieser Übernahmeform, dass das Unternehmen von der Börse genommen wird (going private).

Ein LBO nutzt den Leverage-Effekt aus, der Anteil Fremdkapital wird solange erhöht, bis der Fremdkapitalzins der Gesamtrendite des Zielunternehmens entspricht. Solange ergibt sich eine Steigerung der Gesamtkapitalrendite. Dazu kommt, wie schon in 3.2.3 erläutert worden ist, dass die Kosten für Fremdkapital (also die dem Gläubiger zu zahlenden Zinsen) steuerlich abzugsfähig sind, was bei den Dividenden für Eigenkapitalgeber nicht möglich ist.

Für den Übernehmer ergibt sich beim LBO die Möglichkeit, sehr große Beträge zu finanzieren, die das Eigenkapital um ein Vielfaches überschreiten. Wird ein Übernahmeangebot gemacht, so verwendet der Übernehmer nicht seine eigenen liquiden Mittel, um die Übernahme zu finanzieren. Vielmehr leiht er das Geld und verpfändet die übernommenen Aktien als Sicherheit für die Kredite. Da der Kredit nur benötigt wird, wenn das Übernahmeangebot erfolgreich ist, sind sich die kreditgewährenden Institute sicher, dass sie den Zugriff auf die Wertpapiere haben werden. Noch besser für den Übernehmer ist, dass er im Falle des Erfolgs, volle Kontrolle über das Zielunternehmen haben wird. Damit kann er die aufgenommenen Fremdkapitalien auf das Zielunternehmen übertragen, d.h. das Fremdkapital wird in die

---

[190] Vgl. *Wolf, B./Hill, M./Pfaue, M.:* Strukturierte Finanzierungen, 2. Auflage, Stuttgart 2011, S. 160.

Bilanz übertragen und vom übernommenen Unternehmen selbst zurückgezahlt. Dies führt dazu, dass das übernommene Unternehmen selber die Übernahme finanziert. Der Übernehmer erhält das Eigentum an dem Zielunternehmen, ohne dass er effektiv etwas dafür gezahlt hat.[191]

Die Funktionsweise des LBOs soll im Folgenden noch einmal an einem Beispiel erläutert werden.[192] Nehmen wir an, dass die HelloKitty AG einen Börsenkurs von 40 EUR hat, bei 20 Mio. ausgegebenen Aktien. Das Unternehmen ist nicht verschuldet. Der Finanzinvestor Bad Kitty ist der Auffassung, dass das Unternehmen durch eine bessere Strategie deutlich effektiver arbeiten könnte und dadurch der Unternehmenswert um 50 % gesteigert werden kann. Bad Kitty möchte die Übernahme in Form eines LBOs durchführen. Wie viele Schulden kann er aufnehmen, um die Transaktion durchzuführen? Derzeit ist der Wert der HelloKitty AG 40 EUR mal 20 Mio. Aktien, also 800 Mio. EUR. Durch die neue Strategie kann der Wert um 50 % gesteigert werden, also auf 1,2 Mrd. EUR. Um die Hälfte der Aktien der HelloKitty AG zu erwerben, muss Bad Kitty 400 Mio. EUR Fremdkapital aufnehmen. Nach erfolgreicher Transaktion überträgt er diese Schuld auf die HelloKitty AG. Es ergibt sich der Wert nach der Transaktion als Gesamtwert abzüglich der Schulden des Unternehmens: 1,2 Mrd. EUR Gesamtwert nach Strategieänderung abzüglich 400 Mio. EUR Schulden, entsprechend dem Ausgangswert des Unternehmens von 800 Mio. EUR. Bad Kitty hat die Hälfte der Aktien der HelloKitty AG erworben ohne einen Euro gezahlt zu haben. Bad Kitty hat den Wert, den er durch den Strategiewechsel bei der HelloKitty AG geschaffen hat, quasi ohne Zahlung erhalten. Was passiert nun, wenn Bad Kitty mehr als 400 Mio. EUR, also beispielsweise 450 Mio. EUR leiht. Der Wert des Unternehmens wird 1,2 Mrd. EUR abzüglich 450 Mio. EUR Schulden, also 750 Mio. EUR sein, was unter dem Wert vor der Übernahme liegt. Gemäß dem WpÜG (siehe 4.2.21) muss Bad Kitty nach deutschem Recht ein öffentliches Übernahmeangebot unterbreiten, das angemessen ist. Angemessenheit bedeutet, dass mindestens der letzte Börsenkurs angeboten werden muss. Da die außenstehenden Aktionäre erwarten, dass der Aktienkurs durch die Aufnahme von Fremdkapital sinken wird, werden alle rational handelnden Aktionäre das Angebot annehmen. Bad Kitty muss um die Transaktion zu beenden 800 Mio. EUR (ursprünglicher Wert) abzüglich 450 Mio. EUR Fremdkapital entsprechend 350 Mio. EUR an eigenen Mitteln aufwenden, um das öffentliche Übernahmeangebot zu erfüllen. Damit hat Bad Kitty in diesem Fall 350 Mio. EUR für ein Unternehmen bezahlt, das 750 Mio. EUR wert ist. Sein Gewinn beträgt 400 Mio. EUR. Insgesamt ist es nicht möglich, mehr Gewinn aus einem LBO zu ziehen als man an Wert nach der Übernahme schaffen kann.

Wir hatten die Annahme gemacht, dass die HelloKitty AG vor der Übernahme durch Bad Kitty nicht verschuldet ist. Gehen wir allerdings davon aus, dass – wie

---

[191] Vgl. *Berk, J./DeMarzo, P.*: Corporate Finance, 5. Auflage, Boston 2019, S. 1022.

[192] Vgl. *Berk, J./DeMarzo, P.*: Corporate Finance, 5. Auflage, Boston 2019, S. 1022 f.

fast alle Unternehmen – die HelloKitty AG bereits vor der Übernahme zumindest teilweise verschuldet ist, so kann man erkennen, wer die Zeche dieser Übernahme zahlt: Nach der Übernahme erhöht sich die Verschuldungsquote der HelloKitty AG exorbitant. Gläubiger, die bisher dem sicheren Unternehmen Geld zu moderaten Zinsen geliehen haben, sind plötzlich Gläubiger eines Unternehmens, was bis zur Belastungsgrenze verschuldet ist. Aus sicheren Anleihen werden Hochrisikoanleihen, sogenannte **Junk Bonds (Ramschanleihen).** Aufgrund der bisher akzeptierten niedrigen Zinsen verlieren die Bonds erheblich an Wert, die Anleihegläubiger verlieren an Vermögen. So wurde geschätzt, dass die Anleihegläubiger bei einem der spektakulärsten LBOs, der Übernahme von RJR Nabisco (Tabak und Nahrungsmittel) durch den US Investor KKR mit einem Volumen von 24,7 Mrd. USD im Jahr 1989, 575 Mio. USD verloren haben.[193] Dieser Verlust ist allerdings sehr viel geringer als der Gewinn, den die Aktionäre haben, die die Aktien zu deutlich höheren Kursen verkauft als vor der Ankündigung der Übernahme.[194]

Voraussetzung für das Funktionieren der LBO Technik ist, dass es einen Markt für die hochriskanten und damit auch hochverzinslichen Junk Bonds gibt. Junk Bonds (korrekterweise spricht man von high-yield Bonds, also hochverzinslichen Anleihen) haben die vierte Mergerwelle geprägt und schufen durch die enormen Kapitalbeträge, die auf diese Weise aufgebracht werden konnten, zum ersten Mal eine Situation, in der auch sehr große Unternehmen, die sich vorher in Sicherheit gewogen hatten, Gegenstand einer Übernahme werden konnten. Junk Bonds haben ein Rating, das als **non-investment grade** bezeichnet wird. Diese Anlagen sind spekulativ. Bei den Ratingagenturen Standard & Poors und Fitch fängt dies bei einem Rating an, welches schlechter ist als BBB-, bei dem Wettbewerber Moody's ist dies bei einem Rating, welches schlechter ist als Baa3.[195] Einer der Auslöser für das Entstehen eines Junk Bond Marktes war die Studie von W. Braddock Hickman im Auftrag des amerikanischen National Bureaus of Economic Research aus dem Jahr 1958.[196] Hickman stellte fest, dass ein Portfolio mit Anleihen niedrigerer Qualität eine bessere Rendite abwarfen, als solche mit hoher Qualität. Die höheren Ausfälle bei den schlechteren Anleihen wurden im betrachteten Zeitraum zwischen 1900 und 1943 durch die höhere Verzinsung überkompensiert. Auch wenn die Studie stark kritisiert wurde – so wurde festgestellt, dass Zinssatzschwankungen nur unzu-

---

[193] Vgl. *Mohan, N./Chen, C. R.:* A Review of the RJR Nabisco Buyout, Journal of Applied Corporate Finance, 3. Jg. (1990), S. 102 ff.

[194] Vgl. *Brealey, R.A./Myers, S.C./Allen, F.:* Principles of Corporate Finance, 13. Auflage, New York 2019, S. 855.

[195] Die Ratingskalen gehen von AAA für Schuldner höchster Bonität bis hin zu D, bei dem Zahlungen ausgefallen sind. Vgl. ausführlich die Einführung bei *Reichling, P./Bietke, D.A./Henne, A.:* Praxishandbuch Risikomanagement und Rating, 2. Auflage, Wiesbaden 2007, S. 58 ff. zu der Ratingskala insbesondere S. 68.

[196] Vgl. *Hickman, W.B.:* Corporate Bond Quality and Investor Experience, Princeton 1958.

reichend berücksichtigt worden sind[197] – wurde die Studie von den Befürwortern verwendet, um Junk Bonds auch an konservative Investoren zu verkaufen.[198] Einer der entscheidenden Verfechter von Junk Bonds war Michael Milken von der US-Investmentbank Drexel Burnham Lambert & Co., die zum Marktführer für hochverzinsliche Anleihen wurde. Immer mehr Investoren waren bereit Milken zu folgen und hohe Risiken einzugehen, die mit hohen Renditen entlohnt werden. Höhepunkt war die bereits zitierte Übernahme von RJR Nabisco durch KKR.[199]

1990 brach der Markt für Junk Bonds zusammen und die Zahl der LBOs nahm rapide ab, die vierte Mergerwelle war zu Ende. Eine Vielzahl von Unternehmen, die Junk Bonds ausgegeben hatten, ging Konkurs. Den Anfang machte das Unternehmen LTV. Es folgten Unternehmen, die aufgrund ihrer Übernahme erhebliche Mengen an Junk Bonds in ihren Büchern hatten. Beispielsweise brach der Einzelhändler Campeau Corp. unter der Last von 2,25 Mrd. USD an Junk Bonds, die zu 17,75 % verzinst wurden, zusammen.[200] Entscheidend war aber die Pleite von Drexel Burnham Lambert & Co., dem wichtigsten Akteur auf dem Markt für Junk Bonds im Jahr 1990. Ihr wichtigster Mitarbeiter Michael Milken wurde zudem aufgrund von Marktmanipulation strafrechtlich verfolgt und 1990 zu 10 Jahren Haft, die später auf zwei Jahre mit weiteren drei Jahren zur Bewährung reduziert wurden, verurteilt. Milkens Verurteilung, der Vorbild für den Börsentycoon Gordon Gekko aus dem Hollywoodfilm „Wall Street" („greed, for lack of a better word, is good") war, sorgte dafür, dass die Technik des LBOs kaum noch angewendet wurde.[201]

Eine Studie über die 25 größten Emittenten von Junk Bonds in den 80er Jahren des vergangenen Jahrhunderts hat ergeben, dass 16 dieser Unternehmen übernommen worden. Fast die Hälfte musste Insolvenz anmelden. Insbesondere in wirtschaftlich schwierigen Zeiten, zeigte sich, dass die finanzielle Lage bereits zu sehr angespannt war.

Auch wenn es – insbesondere nach der Staatsschuldenkrise, in der auch Staatsanleihen, die bislang als sicher galten, auf den Status von Junk Bonds abgewertet wurden – kaum einen Markt für hochverzinsliche Anleihen gibt, hat die Technik des LBOs eine Renaissance zu Beginn des neuen Jahrhunderts erlebt. **Private Equity Gesellschaften** (vgl. dazu 4.6.3.1) finanzieren ihre Investments mit Fremdkapital. Anstatt Anleihen auszugeben, werden allerdings meist Kredite von Banken aufgenommen.

---

[197] Vgl. *Frain, R.H./Mills, R.H.:* The Effects of Default and Credit Deterioration on Yields of Corporate Bonds, Journal of Finance, 16. Jg. (1961), S. 423 ff.

[198] Vgl. *Gaughan, P.A.:* Mergers, Acquisitions, and Corporate Restructurings, 7. Auflage, Holboken 2018, S. 376.

[199] Vgl. *Labbé, M.:* Leveraged Buy Outs in Germany, FB, 5. Jg. (2003), S. 307.

[200] Vgl. *Bohnenkamp, G.:* Chronik der Junk Bonds, M & A Review, o.Jg. (1991), S. 9.

[201] Nach Verbüßung seiner Haftstrafe erkrankte Milken an Prostatakrebs. Heute setzt er sich mit verschiedenen Hilfsorganisationen für die Erforschung von Krebs ein. Vgl. *Jahn, T.:* Tycoon bleibt Tycoon, brand eins, o.Jg. (2006), S. 132 ff.

4.6   Formen der Unternehmenstransaktion nach der Person des Käufers

Als Erwerber eines Unternehmens kommen grundsätzlichen alle denkbaren Wirtschaftssubjekte infrage. Im Folgenden wird speziell auf die folgenden aktiveren Käufer eingegangen:

- das Management der verkaufenden Gesellschaft (MBO),
- unternehmensfremdes Management (MBI),
- die Belegschaft des Unternehmens (EBO),
- professionelle Beteiligungsgesellschaften, die u.a. als Private Equity, Venture Capital oder Sovereign Wealth Funds auftreten.

4.6.1   *Managements Buy-outs (MBO), Management Buy-ins (MBI) oder Buy-in Management Buy-outs (BIMBO)*

In einem Management Buy-out ändert sich die Stellung des Managements. **Aus bislang angestellten Managern werden Eigentümer.** Das Management gewinnt an Selbständigkeit, wird stärker von dem unternehmerischen Erfolg profitieren, was aber auch bedeutet, dass das Management bei Misserfolg ebenfalls stärker im Risiko steht. Das Management des Unternehmens hat den Vorteil gegenüber beinahe jedem anderen Käufer, dass es das Unternehmen schon sehr gut kennt und keine unliebsamen Überraschungen erleben wird.

Der MBO entwickelte sich in den 60er Jahren in den USA. Die Wurzel waren Übernahmen von sanierungswürdigen Unternehmen durch die Managementteams. Verstärkt wurde diese Form der Übernahme durch die Welle von Desinvestitionen von diversifizierten Großkonzernen in den 70er Jahren, als Manager die für ihre Muttergesellschaften strategisch unbedeutend gewordenen Abteilungen übernahmen.[202] In Deutschland blieb der MBO aber bis in die jüngste Zeit hinein weniger bedeutend als in den USA oder Großbritannien.[203] Erst mit dem Markteintritt von anglo-amerikanischen Finanzierungsgesellschaften hat der MBO auch in Deutschland größere Aufmerksamkeit erlangt und gewinnt auf dem deutschen Markt für Unternehmen verstärkt an Relevanz. Besondere Bedeutung hat der MBO bei der Lösung des Nachfolgeproblems bei mittelständischen inhabergeführten Unternehmen.[204]

---

[202] Vgl. *Schwien, B.:* Das Management-Buy-Out-Konzept in der Bundesrepublik Deutschland, Frankfurt 1995, S. 22.

[203] Vgl. *v. Boxberg, F.:* Das Management-Buy-Out-Konzept – Eine Möglichkeit zur Herauslösung krisenhafter Tochtergesellschaften, Hamburg 1989, S. 68 f.

[204] Zu den Besonderheiten vgl. *Behringer, S.:* Unternehmensbewertung der Mittel- und Kleinbetriebe, 5. Auflage, Berlin 2012, S. 191 f.; zur quantitativen Bedeutung bei der Lösung des Nachfolgeproblems in Deutschland vgl. *Spelsberg, H./Weber, H.:* Familieninterne und familienexterne Unternehmensnachfolgen in Familienunternehmen im empirischen Vergleich, BFuP, 64. Jg. (2012), S. 83.

Häufig kommt der MBO in diversen Mischformen vor. Auch Finanzinvestoren haben ein großes Interesse daran, dass das Management – um langfristig an das Unternehmen gebunden zu werden und Anreize für stärkeres Engagement zu bekommen – an dem Unternehmen beteiligt wird. Diese Mischformen sollen aber nicht als MBO bezeichnet werden, da hier i.d.R. die Initiative nicht vom Management ausgeht, sondern das Management auf eine Offerte von Finanzierungsgesellschaften reagiert. Hier wird unter einem MBO verstanden, dass das Management alleine die Kontrolle an dem Unternehmen übernimmt. Management bezeichnet dabei eine Führungskraft oder eine Gruppe von Führungskräften, die bereits im Unternehmen tätig waren. Dies ist der Grund, warum Veräußerer die Unternehmen gern an das Management veräußern. Sie vertrauen den Führungskräften und wissen ihr Lebenswerk in guten Händen.[205]

Davon zu unterscheiden ist, wenn ein Managementteam, das bislang nicht im Unternehmen gearbeitet hat, die Mehrheit übernimmt. Dies bezeichnet man als **Management Buy-in (MBI)**. Dieser Weg bietet sich dann an, wenn das bestehende Management nicht in der Lage ist, sei es aus fachlichen oder aus finanziellen Gründen, die Gesellschaft zu übernehmen. Es ist üblich, dass sich Managementteams von außen mit allen Kompetenzen, die notwendig sind, bilden, um attraktive Unternehmen zu übernehmen. Im Gegensatz zum MBO entfällt hier das besondere Vertrauensverhältnis zum Unternehmer. Für den Unternehmer bedeutet das, dass er sich darauf einstellen muss, dass das Erwerberteam das Unternehmen auf Herz und Nieren prüft.[206] Häufig kommt es zu MBIs, wenn ein Finanzinvestor das Unternehmen übernimmt. Dieser spricht dann gemeinsam mit dem ausscheidenden Unternehmer geeignet scheinende Manager an und stellt so ein Managementteam zusammen.[207]

Eine Mischform, die in der Praxis sehr häufig vorkommt, stellt der **Buy-in Management Buy-out (BIMBO)** dar. Beim BIMBO übernimmt das bisher angestellte Management zusammen mit externen Managern das Unternehmen. Dabei wird die interne Kenntnis der bisherigen Manager ergänzt durch neue Elemente, die die externen Manager einbringen.[208] Häufig fehlen entweder die Kenntnisse im kaufmännischen Bereich oder im Marketing/Vertrieb. Diese werden dann durch externe Manager ergänzt, so dass sich ein vollständiges Managementteam bildet, welches das Unternehmen in seiner Gesamtheit führen kann.

---

[205] Vgl. *Göthel, S.R.:* Erwerb von Familienunternehmen durch Familienfremde – potentielle Erwerber und Verfahrensablauf, BB, 67. Jg. (2012), S. 726 f.

[206] Vgl. *Göthel, S.R.:* Erwerb von Familienunternehmen durch Familienfremde – potentielle Erwerber und Verfahrensablauf, BB, 67. Jg. (2012), S. 727.

[207] Vgl. *Wolf, B./Hill, M./Pfaue, M.:* Strukturierte Finanzierungen, 2. Auflage, Stuttgart 2011, S. 159.

[208] Vgl. *Stokes, D.:* Small Business Management – An Active-Learning Approach, 2. Auflage, London 1995, S. 157.

4.6.2   Employee Buy-outs (EBO)

Während bei denen in 4.6.1 erörterten Formen der Übernahme jeweils das Management als Käufer auftritt, zählen bei einem Employee Buy-out auch andere Mitarbeiter, die keine Führungskräfte sind, zu den Erwerbern. Dieser Fall ist in der Praxis eher selten, da aufgrund des dann sehr groß und schwer übersehbar werdenden Gesellschafterkreis es schwierig wird, an externe Finanzierungsquellen zu kommen.[209] Häufiger findet ein EBO statt, um feindliche Übernahmen zu verhindern oder in einem Sanierungsfall, bei dem die Arbeitnehmer zunächst auf Lohn verzichten müssen, um dann später von ihren Kapitalanteilen an dem sanierten Unternehmen zu profitieren. **Die Belegschaft wird zum Unternehmer „not by choice, but by necessity."**[210]

Ein erfolgreiches Beispiel für einen EBO sind die Aluminiumwerke Unna AG, die 1999 von der Belegschaft übernommen worden sind. Die Initiative ging von dem damaligen Betriebsratsvorsitzenden aus, der einen MBO durchführte und gleichzeitig die Belegschaft mit 25,1 % – also einer Sperrminorität – an dem Unternehmen beteiligte. Das Unternehmen, gehörte zum Zeitpunkt des EBO zur österreichischen Austria Metall AG. Das Risiko einer Insolvenz war zu dieser Zeit sehr hoch.[211] Die Gesellschaft ist heute sehr erfolgreich und besteht im Wettbewerb. Inzwischen gehört sie zu einem chinesischen Unternehmen.

Von Seiten der Gewerkschaften wird oft Skepsis gegen eine Belegschaftsübernahme geäußert, da sie eine **„Selbstausbeutung"** befürchten, d.h. die Arbeitnehmer und Eigentümer sind bereit, zu äußerst geringen Löhnen zu arbeiten, um das Unternehmen wieder konkurrenzfähig zu machen. Diese Löhne werden von den Gewerkschaften als zu niedrig angesehen.[212] Dem steht auf der anderen Seite die Befürchtung gegenüber, dass es für das Management schwierig ist, unpopuläre Maßnahmen, wie Entlassungen, durchzusetzen, wenn die Eigentümer gleichzeitig die Arbeitnehmer sind.

Insgesamt bleibt festzuhalten, dass die Möglichkeit eines EBOs insbesondere bei kleineren Übernahmen im Zuge von Nachfolgeproblemen berücksichtigt werden sollte, wobei die Schwierigkeiten dieser Übernahmeform durchaus bedacht werden müssen.

---

[209] Vgl. *Wolf, B./Hill, M./Pfaue, M.:* Strukturierte Finanzierungen, 2. Auflage, Stuttgart 2011, S. 160.

[210] *Paton, R.:* Reluctant Entrepreneurs: The Extent, Achievements and Significance of Worker Takeovers in Europe, Milton Keynes u.a. 1989, S. 1.

[211] Vgl. *Klemisch, H./Sack, K./Ehrsam, C.:* Betriebsübernahme durch Belegschaften – eine aktuelle Bestandsaufnahme, Studie im Auftrag der Hans Böckler Stiftung, Köln 2010, S. 30 ff.

[212] Vgl. *Paton, R.:* Reluctant Entrepreneurs : The Extent, Achievements and Significance of Worker Takeovers in Europe, Milton Keynes u.a. 1989, S. 111.

4.6.3 Finanzinvestoren

Finanzinvestoren erwerben Unternehmen als Finanzanlagen. Dies klingt zunächst nach einer passiven Rolle. Allerdings konzentrieren sich viele Finanzinvestoren auf die aktive Umgestaltung des Unternehmens nach dem Motto: „Buy, Fix, Sell!".[213] Finanzinvestoren sammeln Kapital, erwerben mit diesem Kapital das Unternehmen, ändern die Strategie, häufig verbunden mit einem Wechsel des Managements, und verkaufen das Unternehmen wieder. Dabei ist ihr hauptsächliches Ziel, einen Wertzuwachs durch den Strategiewechsel zu realisieren.

4.6.3.1 Private Equity und Venture Capital Gesellschaften

Private Equity lässt sich am ehesten als Beteiligungskapital übersetzen. Private Equity Gesellschaften vergeben also eine Beteiligung am Eigenkapital an nicht börsennotierten Unternehmen. Die Anteile am Eigenkapital sind (mit wenigen Ausnahmen) nicht an einer Börse handelbar (dies wäre Public Equity).[214] **Private Equity Gesellschaften treten dabei als Intermediär auf**, also als Vermittler zwischen dem Kapitalangebot, z.B. von institutionellen Investoren aber auch von vermögenden Privatleuten, und der Kapitalnachfrage, also von Unternehmen, welches Kapital z.B. zur weiteren Expansion benötigen.[215] Das gewährte Eigenkapital soll nur für einen bestimmten Zeitraum überlassen werden, die Private Equity Gesellschaft plant bereits beim Einstieg einen Exit, also den Ausstieg aus der Beteiligung. Dabei ist allerdings die Frist relativ lang. In der Literatur werden Zeiträume von drei bis sieben oder gar bis 15 Jahren angegeben, die zwischen Ein- und Ausstieg vergehen sollen.[216]

Neben Eigenkapital stellen Private Equity Gesellschaften auch eigenkapitalähnliche Finanzierungen, sogenanntes **Mezzanine Kapital** (auch hybrides Kapital oder junior debt genannt), also Kapital welches zwischen dem klassischen Bankkredit und dem voll haftenden Eigenkapital angesiedelt ist, zur Verfügung. Der Begriff Mezzanine stammt aus der Architektur, wo er ein niedriges Zwischengeschoss, das zwischen zwei Etagen liegt, bezeichnet.[217] Diese Mischformen der Finanzierung sind sehr flexibel und können die Eigenkapitallücke in vielen Unternehmen schließen, ohne dass der Eigentümer seine alleinigen Eigentumsrechte de jure aufgeben muss

---

[213] *Noll, B./Volkert, J./Zuber, N.:* Managermärkte: Wettbewerb und Zugangsbeschränkungen, Baden-Baden 2011, S. 92.

[214] Vgl. *Weber, J./Bender, M./Eitelwein, O./Nevries, P.:* Von Private-Equity-Controllern lernen, Weinheim 2009, S. 19.

[215] Vgl. *Groh, A.:* Risikoadjustierte Performance von Private-Equity Investitionen, Wiesbaden 2004, S. 24 ff.

[216] Vgl. *Weber, J./Bender, M./Eitelwein, O./Nevries, P.:* Von Private-Equity-Controllern lernen, Weinheim 2009, S. 22 f.

[217] Vgl. hierzu und dem Folgenden *Bieg, H./Kußmaul, H.:* Investitions- und Finanzierungsmanagement 2: Finanzierung, München 2009, S. 213.

(de facto werden sich auch Geber von Mezzanine Kapital weitestgehende Mitspracherechte zusichern lassen). Die Mischformen sind i.d.R. nachrangig gegenüber klassischem Fremdkapital im Insolvenzfall zu bedienen. Es wird auf die Stellung von Sicherheiten verzichtet. Dafür erhalten die Mischformen eine höhere Entlohnung für die Kapitalüberlassung. Beispiele für Mezzanine Finanzierungsformen, die auch von Private Equity Gesellschaften eingesetzt werden, sind:[218]

– **Nachrangige Darlehen:** Der Kapitalgeber eines nachrangigen Darlehens tritt für den Insolvenzfall hinter alle anderen Forderungen gegen das Unternehmen zurück. Dieses Instrument wird insbesondere in Sanierungsfällen angewendet. Auch Gesellschafterdarlehen werden häufig in dieser Form gegeben.

– **Partiarisches Darlehen:** Neben einer festen Verzinsung wird eine Beteiligung am Gewinn vereinbart.

– **Stille Beteiligung:** Dies ist ein klassisches Instrument. Der stille Beteiligte tritt nach außen nicht auf, er ist aber am Gewinn beteiligt (bei gesonderter Vereinbarung kann die Beteiligung am Verlust ausgeschlossen werden).

– **Genussschein:** Der Genussschein verbrieft Rechte gegen den Emittenten, ohne dass der Inhaber Mitgliedschaftsrechte (also z.B. Stimmrechte bei der Hauptversammlung) dadurch erwirbt. Der Genuss, den der Inhaber des Genussscheins hat, kann in Anteilen am Gewinn, Emissionsrechten bei der Ausgabe von Aktien oder am Liquidationserlös bestehen.

– **Zero Bonds:** Ein Zero Bond ist eine Anleihe ohne laufende Verzinsung (da es keinen Kupon, also einen Berechtigungsschein zur Entgegennahme von Zinsen gibt, spricht man auch von Nullkuponanleihen). Statt einer laufenden Verzinsung erhält der Erwerber diesen zum diskontierten Wert. Die Einlösung beim Emittenten findet hingegen zum Nominalwert statt. Die Differenz zwischen diskontiertem und nominellem Betrag ist der Zinserlös.

Allen diesen Instrumenten ist gemein, dass sie zwischen Eigen- und Fremdkapital stehen. Bei jedem Instrument, ist eine Tendenz in die eine oder andere Richtung festzustellen, je nachdem ob eher eine Beteiligung an den Gewinnen vereinbart ist wie beim Eigenkapital (Stille Beteiligung, Genussschein) oder eine feste Verzinsung (Zero Bond, Partiarische oder nachrangige Darlehen).

Wie erläutert, tritt die Private Equity Gesellschaft als Intermediär auf und setzt i.d.R. kein eigenes oder nur einen kleinen Teil eigenen Kapitals ein. Die Struktur einer Private Equity Beteiligung ist in Abbildung 10 dargestellt.

---

[218] Vgl. *Wolf, B./Hill, M./Pfaue, M.:* Strukturierte Finanzierungen, 2. Auflage, Stuttgart 2011, S. 193 ff.

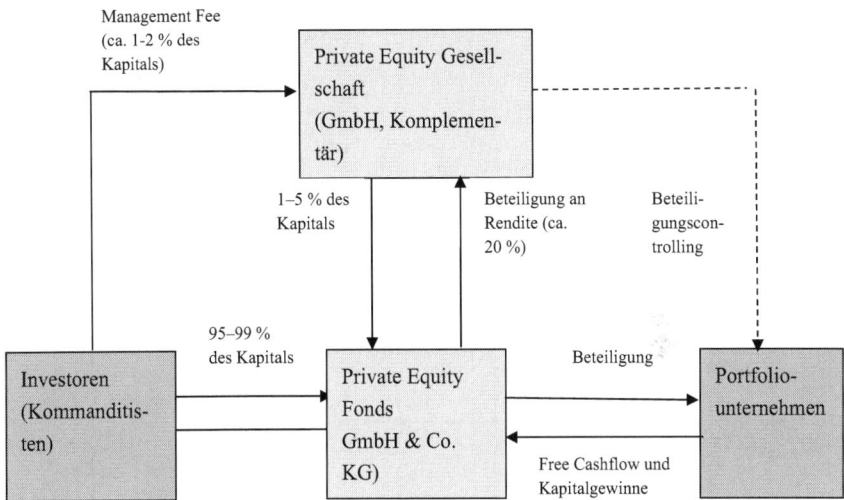

Abbildung 10: Struktur einer Private Equity Beteiligung[219]

Die Abbildung suggeriert auf den ersten Blick ein komplexes Konstrukt. Wenn man jedoch die künstliche Trennung zwischen Private Equity Gesellschaft und Private Equity Fonds aufgibt, so zeigt sich die Eigenschaft von Private Equity als Intermediär. Die Investoren haben lediglich Kontakt zu Private Equity, sie stellen Kapital zur Verfügung, das durch die Private Equity Gesellschaft investiert wird. Die Portfoliounternehmen haben auch nur Kontakt zu Private Equity, wer die eigentlichen Kapitalgeber sind, ist dem Portfoliounternehmen im Zweifel nicht bekannt.

Investoren sind international im Wesentlichen institutionelle Anleger, wie Pensionsfonds, Banken oder Versicherungen. In Deutschland spielen im Gegensatz zu den USA und Großbritannien Privatanleger eine größere Rolle.[220]

Die Private Equity Gesellschaften übernehmen die Suche nach Investments, das Beteiligungscontrolling und vielfach eine Coachingrolle für die Portfoliounternehmen. Die Entlohnung für diese Aufgaben besteht zum einen in einem Management Fee, der von den Investoren getragen wird (ca. 1–2 % der investierten Summe). Anteilig größer ist die Gewinnbeteiligung, die bis ca. 20 % beträgt. Es ist üblich, auch um die Bindung an die Investments zu verstärken, dass sich die Private Equity Gesellschaft selbst mit einem kleineren Anteil an dem Fonds beteiligt. Auch daraus

---

[219] Vgl. *Eitelwein, O. et al.*: Private Equity Controlling – Was Konzerncontroller von Private Equity Gesellschaften für das eigene Beteiligungsmanagement lernen können, in: Ernst, E. et al. (Hrsg.): Die neue Rolle des Controllers, Stuttgart 2008, S. 121.

[220] Vgl. *Weber, J./Bender, M./Eitelwein, O./Nevries, P.*: Von Private-Equity-Controllern lernen, Weinheim 2009, S. 27.

wird Rendite gezogen. Die Private Equity Gesellschaft wird meist als GmbH gegründet, der Fonds als GmbH & Co. KG bei der die Private Equity Gesellschaft die Rolle als Komplementär übernimmt, während die Investoren als Kommanditisten eintreten. Damit werden zum einen der Haftungsausschluss und zum anderen die steuerlich günstigere Behandlung als Personengesellschaft gewährleistet.[221]

Die Portfoliogesellschaften haben alle gemeinsam, dass sie einen Kapitalbedarf haben, der nicht durch andere Quellen gedeckt werden kann. Als Portfoliounternehmen kommen Unternehmen infrage, die einer Sanierung bedürfen, die Kapital zur Finanzierung von Wachstum benötigen oder die in der Start-up Phase, also zu Beginn des Lebenszyklus des Unternehmens sind.

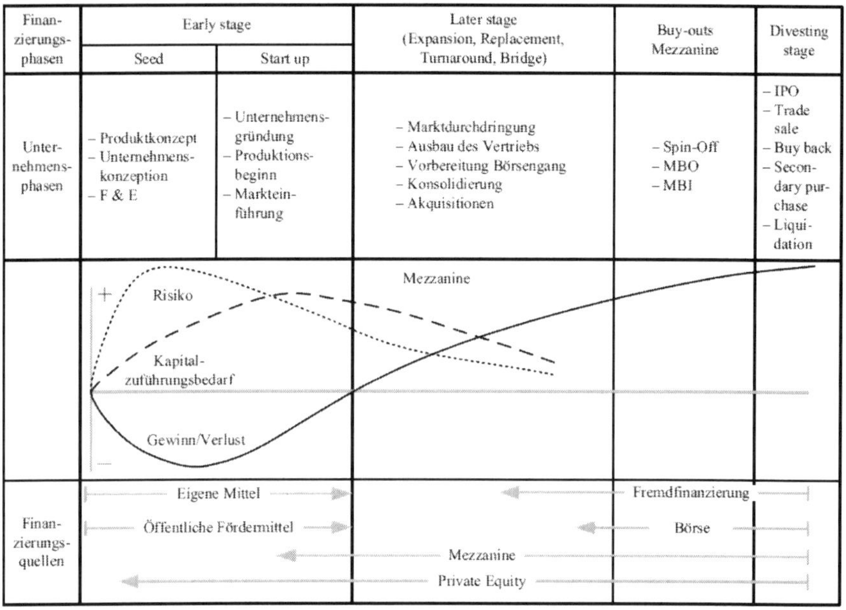
Finanzierungs-phasen
Early stage
Seed
Start up
Later stage (Expansion, Replacement, Turnaround, Bridge)
Buy-outs Mezzanine
Divesting stage
Unter-nehmens-phasen
- Produktkonzept
- Unternehmens-konzeption
- F & E
- Unternehmens-gründung
- Produktions-beginn
- Markteinführung
- Marktdurchdringung
- Ausbau des Vertriebs
- Vorbereitung Börsengang
- Konsolidierung
- Akquisitionen
- Spin-Off
- MBO
- MBI
- IPO
- Trade sale
- Buy back
- Secondary purchase
- Liquidation
+
Risiko
Mezzanine
Kapital-zuführungsbedarf
Gewinn/Verlust
Finan-zierungs-quellen
Eigene Mittel
Fremdfinanzierung
Öffentliche Fördermittel
Börse
Mezzanine
Private Equity

Abbildung 11: Phasen der Private Equity Finanzierung[222]

Abbildung 11 verdeutlicht, dass Private Equity in jeder Lebensphase eines Unternehmens relevant werden kann. Die Finanzierung, die angemessen ist, verändert aber ihren Charakter und ihre Ausprägungen. Die **Early Stage Finanzierung** besteht aus den Phasen **Seed-Finanzierung**, in der die Idee eines Unternehmens bzw. Forschungsaktivitäten, finanziert werden. In der Start-up Finanzierung werden die Kosten der Gründung der Gesellschaft, der Produktionsbeginn und die Kosten der

221 Vgl. *Weber, J./Bender, M./Eitelwein, O./Nevries, P.:* Von Private-Equity-Controllern lernen, Weinheim 2009, S. 29 f.

222 *Frommann, H./Dahmann, A.:* Zur Rolle von Private Equity und Venture Capital in der Wirtschaft, Working Paper des Bundesverbandes Deutscher Kapitalbeteiligungsgesellschaften, Berlin 2005, S. 7.

Markterschließung finanziert. Die Early Stage Finanzierung wird auch als Venture Capital Finanzierung bezeichnet. **Venture Capital Gesellschaften** funktionieren wie Private Equity, konzentrieren sich aber auf Finanzierungen im Early Stage Bereich. Die Notwendigkeit der Finanzierung ergibt sich unmittelbar aus dem negativen Cashflow, den ein Unternehmen in dieser Phase hat. Weiterhin ist das Risiko in dieser Phase sehr hoch, da die Gründer noch nicht über den Ideenstatus bzw. Startphase hinaus sind (dies kommt auch in dem englischen Begriff venture zum Ausdruck, der ein Wagnis bezeichnet).

In der **Late Stage Finanzierung** wird das Wachstum des Unternehmens durch Marktdurchdringung, Gründung oder Übernahme von Tochtergesellschaften, weitere Forschungs- und Entwicklungsanstrengungen etc. finanziert. Offensichtlich ist das Risiko in dieser Phase geringer, da das Unternehmenskonzept sich meist schon in der Praxis bewährt hat. Nur wenn sich das Unternehmen in einer Sanierungs- oder Restrukturierungsphase befindet, ist das Risiko ebenfalls hoch. Dann kann dieses mit einer Turnaround-Finanzierung unterstützt werden. Zur Vorbereitung auf den Börsengang kann ein Unternehmen eine Bridge-Finanzierung benötigen.[223] Dies bezeichnet die letzte Phase vor einem Börsengang. Die Private Equity Gesellschaft beteiligt sich, um die notwendigen Vorbereitungen zu treffen, z.B. durch eine geänderte Unternehmensstrategie, die Entwicklung eines Konzepts für den Börsengang etc. Ziel ist die erstmalige Notierung der Aktien an der Börse **(Initial Public Offering, IPO)**. Die Private Equity Gesellschaft zieht sich mit der erstmaligen Börsennotiz zurück.

Bei Buy-Out Finanzierungen hilft die Private Equity Gesellschaft dem Erwerber, meist einer dem Unternehmen nahestehenden Person (Management, Belegschaft etc.) mit Finanzmitteln. Hier können MBOs, MBIs, EBOs oder spin-offs (Abspaltungen von Tochtergesellschaften oder unselbständigen Betriebsteilen) finanziert werden.

Private Equity Gesellschaften wollen von vornherein nur für einen beschränkten Zeitraum Anteilseigner des Unternehmens sein. Aus diesem Grund ist die Möglichkeit, aus der Beteiligung wieder mit einem Gewinn aussteigen zu können (Divesting Stage oder Exit) von besonderer Bedeutung. Ziel kann von vornherein ein IPO sein. Das Vorhandenseins eines liquiden Marktes, an dem Eigenkapital auch an innovativen Unternehmen gehandelt wird, ist eine Voraussetzung für das Entstehen von Private Equity Unternehmen[224] und speziell solchen, die auf Venture Capital spezialisiert sind. Die vergleichsweise späte Entwicklung eines solchen Börsensegments in Deutschland, führte auch zu einem verspäteten Auftreten von Private Equity in Deutschland. Dieser Effekt – der auch in anderen kontinentaleu-

---

[223] Vgl. *Wolf, B./Hill, M./Pfaue, M.:* Strukturierte Finanzierungen, 2. Auflage, Stuttgart 2011, S. 168.

[224] Vgl. *Black, B.S./Gilson, R.J.:* Venture Capital and the Structure of Capital Markets: Banks versus Stock Markets, Journal of Financial Economics, 47. Jg. (1998), S. 274.

ropäischen Ländern vorhanden war – wurde durch die starke Rolle der Banken bei der Unternehmensfinanzierung noch verstärkt.[225]

Ein Börsengang hat den Vorteil, dass durch den Börsenhandel, die Anteile besser zu kaufen und zu verkaufen sind. Dies führt i.d.R. zu einer **Liquiditätsprämie** – also zu einer höheren Bewertung als dies bei einem anderen Verkauf der Fall wäre.[226] Hier kann der Private Equity Investor sich auch gestaffelt aus seinem Investment zurückziehen und durch einen Verkauf seiner Anteile in Tranchen von einer positiven Wertentwicklung der Aktie nach dem IPO profitieren. So hat das Private Equity Unternehmen KKR 2006 die Demag Cranes AG an die Börse gebracht und sich erst kurze Zeit nach dem Börsengang von weiteren Anteilen getrennt, um so von der positiven Kursentwicklung zu profitieren.[227] In Tabelle 1 sind die größten Transaktionen, in denen eine Private Equity Gesellschaft involviert war, dargestellt.

Ein IPO gibt der Gesellschaft zudem die Möglichkeit durch eine mit dem Börsengang verbundene Kapitalerhöhung noch weitere Mittel aufzunehmen, um die weitere Expansion zu finanzieren. Daneben kann das Unternehmen auch an einen strategischen Investor erfolgen **(trade sale)**, dies wäre beispielsweise der Verkauf an ein Unternehmen, das bereits in der gleichen Branche tätig ist. Wird das Portfoliounternehmen an einen anderen Finanzinvestor weiterveräußert so spricht man von einem secondary purchase. Häufig bleibt offen, welchen Weg des Exits eine Private Equity Gesellschaft bevorzugt, so dass man sich am Ende für die lukrativste Möglichkeit, die den Veräußerungserlös maximiert, entscheiden kann **(dual track)**. Hierdurch wird Druck auf potentielle strategische Käufer aufgebaut, die bei einem erfolgreichen IPO das Unternehmen nicht mehr bzw. nur durch ein kostspieliges öffentliches Übernahmeangebot übernehmen können. Auch auf die am IPO beteiligten Banken wird Druck aufgebaut, da sie den IPO nur vollenden dürfen falls es ihnen gelingt diesen schnell und effizient durchzuführen.[228]

---

[225] Vgl. *Boquist, A./Dawson, J.:* U.S. Venture Capital in Europe in the 1980s and the 1990s, Journal of Private Equity, 8. Jg. (2004), Nr. 1, S. 39 ff.

[226] Vgl. *Witt, P./Schmidt, T.:* Venture Capital, Börsengänge und Beteiligungsexits, FB, 4. Jg. (2002), S. 752.

[227] Vgl. *Schlitt, M./Grüning, E.:* Exit von Private Equity Investoren über die Börse, CFL, 1. Jg. (2010), S. 68.

[228] Vgl. *von Werder, A./König, A.:* Rechtliche, steuerliche und praktische Aspekte eines „Dual-Track-Exits" durch einen LBO Fund, CFL, 2. Jg. (2011), S. 242.

Private Equity Gesellschaft	Zielunternehmen	Branche	Käufer	Jahr	Volumen (in Mio. EUR)
Terra Firma, Deutsche Annington	Tank & Rast	Autobahnraststätten	ADIA, Allianz Capital, Munich re	2015	3.900
EQT, Montagu Private Equity	BSN Medical GmbH	Pharma, Medizin	Svenska Cellulosa	2016	2.700
CVC	Flint Group	Industriegüter	Goldman Sachs & Koch Industries	2014	2.200
Goldman Sachs, PAI Partners	Xella	Baustoffe	Lone Star Funds	2016	2.200
Clayton Dubillier & Rice	Mauser	Rüstungsgüter	Bway Corp.	2014	2.200
AEA Investors, Teachers Private Capital	Dematic	Automatisierungstechnik	KION Group GmbH	2016	1.900
BC Partners, FutureLAB	Synlab	Labordienstleistungen	Cinven	2015	1.800
Global Founders, Kinnevik, Holtzbrinck	Rocket Internet	Internet	Streubesitz (going public)	2014	1.400

Tabelle 1: Die acht größten (bekannten) Private Equity Transaktionen zwischen 2014 und 2017[229]

Bei einem Buy Back werden die Anteile der Private Equity Gesellschaft an andere Mitgesellschafter des Portfoliounternehmens veräußert. Ist das Unternehmen nicht erfolgreich, ist die Restrukturierung gescheitert oder kommt es sonst zu einem Scheitern der Pläne des Portfoliounternehmens bleibt als letzter Ausweg die Liquidation, also die Abwicklung des Unternehmens.

Private Equity Gesellschaften stellen ein Portfolio von Investments zusammen. Dadurch wollen sie das Risiko streuen. Auf der anderen Seite versuchen sie zu kleine Beteiligungen aus Effizienzüberlegungen zu vermeiden. Venture Capital Gesellschaften finanzieren i.d.R. zwischen 100 Tsd. EUR und 1,5 Mio. EUR. Private Equity Gesellschaften, die in späteren Phasen des Lebenszyklus tätig werden, finanzieren hingegen zwischen 20 bzw. 50 Mio. EUR als Untergrenze und mehreren 100 Mio. EUR als Obergrenze.[230] Wichtig ist den Private Equity Gesellschaften, dass sie ein gewichtiges Mitspracherecht bekommen, um die Strategieentwicklung, die sie erwarten, die auch ihrer Unternehmensbewertung zugrunde liegt, auch wirklich umsetzen können. Diese aktive Rolle von Private Equity kann sich in Mehrheitsbeteiligungen oder in Minderheitsbeteiligungen mit besonders vereinbarten Mitspracherechten niederschlagen.

---

[229] Vgl. *PWC:* Private Equity Exit Report, https://www.pwc.de/de/finanzinvestoren/pwc-private-equity-exit-report-2017.pdf (abgerufen am 16.1.2020).

[230] Vgl. *Wolf, B./Hill, M./Pfaue, M.:* Strukturierte Finanzierungen, 2. Auflage, Stuttgart 2011, S. 169.

Die Private Equity Gesellschaft wird i.d.R. eine Transaktion mit einem Mix aus Finanzierungsarten strukturieren, auch sie wird in starkem Maße den **Leverage Effekt** ausnutzen und ein LBO vornehmen. Auch hier wird nach der Transaktion das verwendete Fremdkapital auf das Portfoliounternehmen übertragen, so dass dieses für Zins und Tilgung aufkommen muss. Dazu werden verschiedene Instrumente kombiniert.

Case Study: Die Übernahme von Grohe – der Beginn der Heuschreckendebatte

Der Hersteller von Küchen- und Badezimmerarmaturen Friedrich Grohe wurde 1936 gegründet und ist mit einem Weltmarktanteil von 10 % weltweit erfolgreich tätig. Bereits 1968 verkaufte der Firmengründer 51 % seiner Anteile an den US Mischkonzern ITT, der die internationale Expansion förderte. 1991 kauften die Brüder des Firmengründers die Anteile von ITT zurück und brachten das Unternehmen ein Jahr später an die Börse. 1999 verkaufte die Familie Grohe ihre Anteile an den britischen Private Equity Investor BC Capital, die ihrerseits wiederum die Anteile 2004 an Texas Pacific und Credit Suisse First Boston Private Equity weiterveräußerten. Die Übernahme 1999 erfolgte im Zuge eines LBOs. Interessant war für die Private Equity Gesellschaft insbesondere der hohe erwirtschaftete Cashflow des Unternehmens und die hohe Eigenkapitalquote, so dass der Leverage Effekt weidlich ausgenutzt werden konnte.

Der Erwerb der Aktien erfolgte durch eine Zweckgesellschaft, die Grohe Holding GmbH, die zunächst die Aktien der Familie erwarb und dann ein öffentliches Übernahmeangebot an die außenstehenden Aktionäre unterbreitete, so dass Ende 1999 99,6 % der Aktien in ihrem Besitz waren. Die Hauptversammlung im Jahr 2000 wandelte die AG in eine AG & Co. KG um, die Börsennotierung wurde aufgegeben. Der Kaufpreis wurde durch drei Komponenten finanziert:

1. Die Grohe Holding GmbH nahm langfristige Bankkredite auf, die durch die Kommanditanteile, der später gegründeten Grohe Beteiligungs GmbH & Co. KG, besichert wurden. Die Grohe Beteiligungs GmbH & Co. KG war Komplementär, der inzwischen in eine AG & Co. KG umgewandelten Friedrich Grohe. Da diese Anteile im Falle der Insolvenz von Grohe wertlos wären, wurden die Bankkredite zusätzlich mit Aktiva der Friedrich Grohe besichert.

2. Die Grohe Holding GmbH legte einen high yield bond mit einer Verzinsung von 11,5 % auf, der über 10 Jahre lief. Es handelte sich um einen junk bond ohne Besicherung.

3. Es wurden langfristige Kredite durch die Grohe Holding GmbH und ihrer verbundenen Unternehmen aufgenommen.

Als Effekt sank die Eigenkapitalquote der Friedrich Grohe von 44 % vor der Übernahme auf 10 % nach der Übernahme, was auf die hohen Fremdkapitalanteile zur Finanzierung des Kaufpreises zurückzuführen ist. Die Cashflows, die vor der Übernahme ausreichten, um die Investitionen des Unternehmens zu finanzieren, wurden jetzt durch die Zinszahlungen geschmälert, was sich auch in Verlusten in den auf US-GAAP umgestellten Jahresabschlüssen niedergeschlagen hatte. Um den Gewinn nicht noch stärker zu belasten, so wird vorgeworfen, sind notwendige Investitionen unterblieben, die dann letztlich die Wettbewerbsfähigkeit gemindert haben.

Ziel von BC Partner war es, die Beteiligung mit Gewinn weiterzuverkaufen. Dazu wurde für das Jahr 2004 ein Börsengang vorbereitet. Dieser wurde abgesagt und die Anteile stattdessen im Zuge eines secondary purchase an ein Konsortium unter Führung von Texas Pacific, einem anderen Private Equity Haus, veräußert. Kolportiert wurde ein Verkaufspreis zwischen 1,5 Mrd. und 1,8 Mrd. EUR, was einen erheblichen Gewinn für BC Capital, die ursprünglich geschätzte 1 Mrd. EUR bezahlten, bedeutete.

Nach der erneuten Übernahme stagnierten die Geschäfte von Grohe. Durch die erheblichen finanziellen Belastungen kam es zu erheblichen Verlusten. Die Unternehmensberatungsgesellschaft McKinsey wurde beauftragt ein Sanierungskonzept zu entwerfen. Dieses führte drastischen Arbeitsplatzabbau und Verlagerungen der Produktion in das Ausland als unumgänglich auf. Teilweise wurde das Konzept auch umgesetzt.

Große mediale Aufmerksamkeit bekam die Situation von Grohe durch ein Interview des SPD-Vorsitzenden Franz Müntefering in der Bild am Sonntag: „Manche Finanzinvestoren verschwenden keinen Gedanken an die Menschen, deren Arbeitsplätze sie vernichten – sie bleiben anonym, haben kein Gesicht, fallen wie Heuschreckenschwärme über Unternehmen her, grasen sie ab und ziehen weiter. Gegen diese Form von Kapitalismus kämpfen wir." Der Begriff wurde in der Presse, auch im englischsprachigen Ausland, aufgenommen und hat sich inzwischen als Schlagwort für auf vorgeblich kurzfristigen Gewinn ausgerichtete Handlungsweisen etabliert.

Mittelfristig haben die Maßnahmen der Private Equity Investoren aber offensichtlich Erfolg gezeigt. In einem Interview 2011 verkündete der Vorstandsvorsitzende von Grohe, David Haines, dass es Grohe jetzt besse ginge als jemals zuvor. Die Zahl der Mitarbeiter war dabei gleichgeblieben.

Quellen: *Kloepfer, I.:* Dank der Finanzinvestoren geht es Grohe besser. Grohe Chef Haines über Heuschrecken, FAZ vom 25.2.2011, http://www. faz.net/aktuell/wirtschaft/unternehmen/grohe-chef-haines-ueber-heuschreck en-dank-der-finanzinvestoren-geht-s-grohe-besser-1595961.html (abgerufen am 12.4.2012); *Kußmaul, H./Pfirmann, A./Tcherveniachki, V.:* Leveraged Buyout am Beispiel der Friedrich Grohe AG, DB, 58. Jg. (2005), S. 2533 ff.

Ein besonderes Anliegen von Private Equity Investoren ist i.d.R. die **Beteiligung des Managements**, um dieses besonders zu motivieren[231] und eine langfristige Bindung herzustellen. Die Beteiligungsraten für das gesamte Managementteam können zwischen 10 und 20 % betragen.[232] Da das Management häufig nicht die finanziellen Mittel hat, um sich entsprechend mit eigenen Mitteln zu beteiligen, erhalten sie ihre Anteile zu günstigeren Konditionen (dieses wird daher auch sweet equity genannt). Dieses Verfahren soll an einem Beispiel erläutert werden: Ein Private Equity Investor steigt in ein Unternehmen mit einem Volumen von 100 Mio. EUR ein, wovon 50 Mio. EUR Eigenkapital sind. Will der Private Equity Investor dem Management einen Kapitalanteil von 10 % an dem Unternehmen überlassen, so würden diese 5 Mio. EUR (10 % des Eigenkapitals) benötigen. Wenn das Management nur über finanzielle Mittel in Höhe von 1 Mio. EUR verfügt, würden ihnen allerdings nur 2 % des Eigenkapitals zustehen. Dieses Problem kann dadurch gelöst werden, dass die Private Equity Gesellschaft lediglich 9 Mio. EUR als Eigenkapital und die restlichen 40 Mio. EUR als Gesellschafterdarlehen aufbringt. Das Management steuert seine 1 Mio. EUR bei, die jetzt 10 % des Eigenkapitals darstellen. Die Private Equity Gesellschaft bezahlt für ihre 90 % des Eigenkapitals 9 Mio. EUR zuzüglich 40 Mio. EUR Gesellschafterdarlehen, das Management lediglich 1 Mio. EUR für ihre 10 %. Das **Envy (Neid) Ratio** zeigt an, wie stark der Eigenkapitalanteil des Managements im Vergleich zur Private Equity Gesellschaft begünstigt wurde:

$$(4.13) \qquad \text{Envy Ratio} = \frac{\text{Preis des Investors für seinen Anteil/ Anteil des Investors}}{\text{Preis des Managements für seinen Anteil/Anteil des Managements}}$$

Für den Beispielfall ergibt sich folgendes Envy Ratio:

$$(4.14) \qquad \text{Envy Ratio} = \frac{49 \text{ Mio. } €/90\,\%}{1 \text{ Mio. } €/10\,\%} = 5,4$$

Die Private Equity Gesellschaft bezahlt 5,4-mal so viel für einen Anteil an dem Portfoliounternehmen wie das Management.[233]

---

[231] Vgl. *Weber, J./Bender, M./Eitelwein, O./Nevries, P.:* Von Private-Equity-Controllern lernen, Weinheim 2009, S. 140.

[232] Vgl. *Eisinger, G./Bühler, T.:* Management-Incentives im Lichte der aktuellen Diskussion – Eigentümerorientierte Incentivierung, M&A Review, o. Jg. (2008), S. 249.

[233] Derzeit gibt es erhebliche Diskussionen darüber, ob das sweet equity steuerlich wie eine Schenkung durch die Private Equity Gesellschaft an das Management zu behandeln ist. Vgl. *Riedel, C.:* Managementbeteiligungen in Private-Equity-Transaktionen – ein Fall für das SchenkSt Finanzamt?, DB, 64. Jg. (2011), S. 1888 ff.

4.6.3.2 Hedgefonds

Hedgefonds sind in aller Munde, da sie immer wieder von der Politik und der veröffentlichten Meinung für Spekulationsblasen verantwortlich gemacht werden. Die Abgrenzung, was Hedgefonds sind, ist schwierig. Zunächst ist der Begriff irreführend, da man ihn auf die Aktivität des Hedging, also das bewusste Ausgleichen von Risiken durch den Abschluss von Sicherungsgeschäften, die mit dem Grundgeschäft negativ korreliert sind, zurückführen könnte. Dies ist zwar die historische Wurzel dieser Fonds, aber heute versuchen sie mit spekulativen Geschäften (also dem Gegenteil von Hedging) besonders hohe Renditen zu erwirtschaften.[234] **Meist werden Hedgefonds durch ihre primären Eigenschaften definiert:**[235]

- sie setzen derivative Finanzinstrumente (Optionen und Futures) mit spekulativen Zielsetzungen ein,
- sie tätigen Leerverkäufe, d. h. sie verkaufen geliehene Wertpapiere und decken sich dann im Erfolgsfall mit diesen zu gefallenen Kursen ein,
- sie nutzen einen hohen Verschuldungsgrad (Ausnutzung des Leverage-Effekts bzw. von LBOs),
- sie verfolgen Strategien, die marktneutral sind, mit denen man auch bei fallenden Kursen noch Geld verdient,
- sie verlangen von ihren Anlegern hohe Mindestanlagesummen und Mindesthaltezeiten,
- und haben hohe, stark von der erwirtschafteten Rendite abhängige Managementvergütungen.

Hedgefonds treten eher als taktische Investoren auf, die mit kurzfristigen Anlagestrategien besonders hohe Renditen erzielen wollen. Daher treten sie nicht oft als nachhaltige Investoren in das Eigenkapital von Unternehmen auf.[236] Allerdings spielen insbesondere Hedgefonds, die ereignisorientierte Strategien (event driven) verfolgen, bei Übernahmen und Restrukturierungen von Unternehmen eine Rolle. Bei Merger Arbitrage baut ein Fonds Aktienpositionen und derivative Instrumente in Übernahmekandidaten auf, um von durch die Ankündigung einer Übernahme steigenden Aktienkursen zu profitieren. Bei distressed/high yield securities werden Positionen in Unternehmen aufgebaut, die sich in wirtschaftlichen Schwierigkeiten befinden. Ziel ist es, von den durch Sanierungserfolgen steigenden Kursen zu profitieren. Bei **Regulation D Transaktionen** (benannt nach der amerikanischen Regu-

---

[234] Vgl. *Simmert, D.B./Hölscher, K.:* Hedge-Fonds – Neue Wege zur Renditesteigerung ihres Portfolios, Stuttgart 2004, S. 6.

[235] Vgl. *Zantow, R./Dinauer, J.:* Finanzwirtschaft des Unternehmens, 3. Auflage, München 2011, S. 119; *Mager, F./Kiehn, D.:* Hedgefonds, DBW, 63. Jg. (2003), S. 605; *Cottier, P.:* Hedge Funds and Managed Futures: Risks, Strategies, and Use in Investment Portfolios, 3. Auflage, Bern u. a. 2000, S. 15 ff.

[236] Vgl. *Zantow, R./Dinauer, J.:* Finanzwirtschaft des Unternehmens, 3. Auflage, München 2011, S. 120.

lierung)[237] beteiligt sich ein Hedgefonds an Privatplatzierungen (also denjenigen, die nicht über eine Börse abgewickelt werden), die Unternehmen mit geringer Kapitalisierung neue Mittel zufließen lassen sollen. Durch ihre Rolle auf den Kapitalmärkten haben Hedgefonds trotz ihrer vergleichsweise geringen Bedeutung als Käufer von Eigenkapital einen großen Einfluss auf das Zustandekommen von Unternehmenstransaktionen.[238] Dies lässt sich insbesondere auch an dem verwalteten Volumen festmachen, dass Ende 2018 bei mehr als 3.000 Mrd. USD lag.[239]

4.6.3.3 Sovereign Wealth Fonds

Sovereign Wealth Fonds oder Staatsfonds werden von Staaten kontrolliert und sind eine Form des Staatskapitalismus, bei dem versucht wird, strategische Beteiligungen in aller Welt zu erwerben. Obwohl die ersten Staatsfonds bereits vor einiger Zeit gegründet worden sind, haben sie in letzter Zeit vermehrt Aufmerksamkeit in der Öffentlichkeit bekommen und auch an materieller Bedeutung stark zugenommen. Gründe dafür sind der Rohstoffboom, der zu einem verstärkten Mittelzufluss geführt hat und die Akkumulation von Währungsreserven in Schwellenländern, die über Staatsfonds angelegt werden. [240] So hat sich insgesamt ein Volumen von ca. 8,1 Billionen USD angesammelt.[241] Die Wachstumsraten der Fonds sind aufgrund ihrer enormen Spannweite extrem schwer vorherzusagen.

Grund für den Aufbau von Staatsfonds ist insbesondere, die Abhängigkeit von den volatilen Rohstoffmärkten zu senken und die endlichen Einnahmen aus den Rohstoffexporten auch für kommende Generationen zu verlängern. So heißt es in den Statuten des bereits 1953 gegründeten kuwaitischen Staatsfonds: „Kuwait Investment Board was set up with the aim of investing surplus oil revenues to reduce the reliance of Kuwait on its finite oil reserves."[242] Damit versuchen die rohstoffreichen Staaten den als Ressourcenfluch bezeichneten Effekt, dass rohstoffreiche Länder vergleichsweise niedrige Wachstumsraten aufweisen auszugleichen. Dieses Phänomen wird auch **holländische Krankheit (Dutch disease)**[243] genannt, da es erstmals beobachtet wurde nach den Gasfunden in der Nordsee vor der holländischen Küste. Der Effekt wird zum einen dadurch ausgelöst, dass Ressourcen von den übrigen Sek-

---

[237] Vgl. *Graef, A.:* Aufsicht über Hedgefonds im deutschen und amerikanischen Recht, Berlin 2008, S. 154 ff.

[238] Vgl. *Wentrup, C.:* Die Kontrolle von Hedgefonds, Berlin 2009, S. 77.

[239] Nach Angaben von barclayhedge.com (Stand: Januar 2020).

[240] Vgl. *Lyon, G.:* State Capitalism: The Rise of Sovereign Wealth Funds, Journal of Management Research, 7. Jg. (2008), S. 120 ff.

[241] Vgl. *Sovereign Wealth Funds Institute:* Ranking, https://www.swfinstitute.org/fund-rankings/sovereign-wealth-fund (abgerufen am 16.1.2020).

[242] Zitiert nach *Beck, R./Fidora M.:* The Impact of Sovereign Wealth Funds on Global Financial Markets, ECB, Occasional Paper Series, Nr. 91, Juli 2008, S. 6.

[243] Vgl. grundlegend *Corden, W.M./Neary, J.P.:* Booming Sector and De-Industrialisation in a Small Open Economy, The Economic Journal, 92. Jg. (1982), S. 825 ff.

toren in den Rohstoffsektor abgezogen werden, was zu einer Vernachlässigung aller übrigen Sektoren führt. So werden die Reallöhne höher und andere Sektoren, die auf den Faktor Arbeit zugreifen verlieren ihre Wettbewerbsfähigkeit. Insbesondere sind kleinere Sektoren, die im weltweiten Wettbewerb stehen, wie arbeitsintensive Güter, wie sie gerade von sich entwickelnden Ländern hergestellt werden, betroffen.[244] Hinzu kommt, dass durch die Erlöse aus den Rohstoffen vermehrt Devisen in das Land kommen, was zu einer Aufwertung der eigenen Währung führt. Dadurch werden Importe billiger, was die Produktion der heimischen Sektoren wiederum schwächt. So kann ein Teufelskreis entstehen, der insbesondere dann zu erheblichen Wohlfahrtsverlusten führen kann, wenn die Rohstoffvorkommen erschöpft sind und das Land nicht mehr in der Lage ist, andere Erzeugnisse zu exportieren.

Die **rohstoffbasierten Staatsfonds** bieten eine Möglichkeit, die einfließenden Devisen im Ausland zu investieren, womit die Aufwertungsgefahren für die eigene Währung gemindert werden. Zum anderen ergibt sich die Möglichkeit Einkommen zu generieren, das unabhängig ist von den Volatilitäten an den Rohstoffmärkten und über die Erschöpfung der Rohstoffvorkommen hinausgeht.[245] Ziel der Staatsfonds ist dabei ein langfristiges Investment in entwickelten Staaten. Allerdings hat sich die Umwelt für die Staatsfonds in letzter Zeit verändert. Die Rohstoffpreise, insbesondere öl, sind eher niedrig. Unilaterle Tendenzen beherrschen die Politik in den traditionellen Zielländern. Protektionismus und Gesetzgebung gegen ausländische Investitionen tun ihr übriges.[246] Insbesondere der Rückgang der Ölpreise nach 2015 hat dazu geführt, dass das Wachstum von Staatsfonds gesunken ist.

Neben diesen Interessen wird zumindest weitgehend angenommen, dass mit den Investments auch versucht wird politische Interessen, wie Zugang zu Rohstoffen und Technologien, zu erreichen. Durch den Zukauf von Unternehmen in Industrieländern können Schwellenländern, die bisher Expertise haben als Produktionsstandorte mit niedrigen Kosten, schnell immaterielles Vermögen hinzugewinnen und damit zum High-Tech Produzenten werden.

Ein weiterer Grund für die Gründung eines Staatsfonds kann die Sicherung der Herrschaft eines Diktators sein. Durch den Staatsfonds erhält er die Möglichkeit Personen der Elite des Landes am Management zu beteiligen und ihnen Pfründe zu gewähren, die sie loyal zu dem Staatslenker werden lässt.[247]

---

[244] Vgl. *Neary, J.P./van Wijnbergen, S.:* Natural Resources and the Macroeconomy. A Theoretical Framework, in: Neary, J.P./van Wijnbergen, S. (Eds.): Natural Resources and the Macroeconomy, Cambridge 1986, S. 13 ff.

[245] Vgl. *Clemens, M./Fuhrmann, W.:* Rohstoffbasierte Staatsfonds. Theorie und Empirie, Potsdam 2008, S. 81 ff.

[246] Vgl. *Megginson, W.L./Gao, X.:* The state of research on sovereign wealth funds, Global Finance Journal, Article in Press (abgerufen am 16.1.2020).

[247] Vgl. *Grigoryan, A.:* The ruling bargain: Sovereign wealth funds in elite-dominated societies Economics of Governance, 17. Jg. (2016), S. 165 ff.

Staat	Fonds	Geschätzte Aktiva (in Mrd. USD)
Norwegen	Government Pension Fund-Global	1099
China	China Investment Corporation	941
VAE	Abu Dhabi Investment Authority	683
Kuwait	Kuwait Investment Authority	592
Hong Kong	Hong Kong Monetary Authority Investment Portfolio	523
Singapur	Government Investment Company	440
China	Safe Investment Company Limited	418
Singapur	Temasek Holdings	375

Tabelle 2: Die größten Staatsfonds der Welt[248]

Die westlichen Staaten versuchen, mit Gesetzesermächtigungen und Untersagungen, diese strategischen Interessen zu konterkarieren. Es wird unterstellt, dass die staatlich kontrollierten Investoren politisch-strategische Interessen ihrer Heimatländer, wie den Zugriff auf Technologien bis hin zur aktiven Spionage verfolgen. Dies steht allerdings im Gegensatz zu empirischen Erkenntnissen, dass Staatsfonds sich meistens passiv verhalten und nur selten Einfluss auf die operativen Entscheidungen von Unternehmen nehmen.[249] So hat der deutsche Gesetzgeber die Möglichkeiten der staatlichen Untersagung von Unternehmenstransaktionen deutlich ausgeweitet. Bis 2009 waren diese Untersagungen auf die Bereiche Kriegswaffen, Rüstungsgüter und Kryptosysteme beschränkt. Mit der Novellierung des Außenwirtschaftsgesetzes im Jahr 2009 ist die Untersagung deutlich weiter gefasst: Mittelbare und unmittelbare Beteiligungen von Erwerbern außerhalb der EU und EFTA können untersagt werden, wenn sie die öffentliche Ordnung und Sicherheit der Bundesrepublik Deutschland gefährden (§ 7 Abs. 2 Nr. 6 i.V.m. § 53 AWV). Damit erhält der Bundesminister für Wirtschaft die Möglichkeit Übernahmen in verschiedenen Branchen zu untersagen, insbesondere auch dann, wenn die Infrastruktur auch für Krisenfälle aufrechterhalten werden soll.[250] Mit dieser Neuregelung ist allerdings keine Regelüberprüfung verbunden. Der Gesetzgeber wollte lediglich ein Instrument schaffen, mit dem im Zweifelsfall eine unerwünschte, weil der nationalen Sicherheit schadenden, Übernahme verhindert werden kann. Verschärft wurde diese Möglichkeit noch dadurch, dass die Schwelle zur Aufnahme von Transaktionen auf 10 % gesenkt wurde. Die Bundesrepublik Deutschland reiht sich mit dieser Gesetzesänderung in die Reihe anderer Staaten ein. So hat die USA im Zuge der Übernahme des britischen Unternehmens P&O durch die staatliche Dubai Ports World aus den Vereinigten Arabischen Emiraten, den Verkauf von 6 bedeutenden Hafenanlagen in den USA verhindert. Die chinesische National Offshore Oil Cooperation verfolgte die Über-

---

[248] Vgl. *Sovereign Wealth Funds Institute:* Ranking, https://www.swfinstitute.org/fund-rankings/sovereign-wealth-fund (abgerufen am 16.1.2020).

[249] Vgl. *Bortolotti, B./Fotak, V./Loss, G.:* Taming Leviathan: Mitigating Political Interference in Sovereign Wealth Funds' Public Equity Investments. BAFFI CAREFIN Centre Research Paper, 2017, (2017-64).

[250] Vgl. *Kiem, R.:* M&A Transaktionen ausländischer Investoren in Deutschland, CFL, 2. Jg. (2011), S. 181 f.

nahme des amerikanischen Öl- und Gasproduzenten UNOCAL aufgrund der Gefahr einer Untersagung nicht mehr weiter.[251]

Case Study: 50Hertz und State Grid

State Grid ist eines der größten Unternehmen der Welt, wenn auch eines der unbekanntesten. Es hält das Eigentum an den chinesischen Energienetzen und expandiert inzwischen auch ins Ausland. Eines der Ziele bei der Auslandsexpansion des chinesischen Staatskonzerns ist dabei auch Deutschland. 2018 standen Anteile an dem deutschen Übertragungsnetzbetreiber 50Hertz zum Verkauf. Verkäufer war der australische Infrastrukturfonds IFM. Ein Vorkaufsrecht für den 20 %igen Anteil hatte die belgische Unternehmensgruppe Elia. Elia übte dieses Vorkaufsrecht aus, obwohl ein Interesse an einem langfristigen Erwerb von 50Hertz nicht bestand. Stattdessen reichte Elia seine Beteiligung an die deutsche Staatsbank, die Kreditanstalt für Wiederaufbau (KfW) weiter. Diese soll einen finalen Käufer für den Netzbetreiber finden. Bundeswirtschaftsministerium und Bundesfinanzministerium kommentierten die Transaktion wie folgt: „Die Bundesregierung hat aus sicherheitspolitischen Erwägungen ein hohes Interesse am Schutz kritischer Energieinfrastrukturen." Ziel sei es, die Erwartung der Bevölkerung hinsichtlich einer zuverlässigen Energieversorgung zu erfüllen. Der chinesischen Regierung nahestehende Kreise warfen der Bundesregierung hingegen vor, zu empfindlich zu sein.

Quellen: *Heide, D.:* Bundesregierung vereitelt Einstieg der Chinesen beim Netzbetreiber 50Hertz, Handelsblatt vom 27.7.2018 (abgerufen am 3.2. 2020).

Auch neben den harten gesetzlichen Vorschriften zeigt sich, dass Regierungen Einfluss auf Unternehmensübernahmen nehmen. Dabei zeigt sich ein verstärkter Nationalismus auch bei Unternehmensübernahmen. Regierungen zeigen innerhalb der EU eine Präferenz für nationale Käufer. Dabei gibt es einen Zusammenhang mit rechtsgerichteten Regierungen, schwachen Regierungen und Kaufinteressenten aus Staaten, gegen die Vorurteile in der breiten Bevölkerung bestehen.[252]

Insgesamt kann man davon ausgehen, dass durch das Wirtschaftswachstum in China, den anhaltenden Rohstoffboom und das strategischere Vorgehen, Staatsfonds

---

[251] Vgl. *Casselman, J.W.:* Chinas latest threat to the United States. The failed CNOOC-UNOCAL merger and its implication for Exon-Florio and CFIUS, Indiana International & Comparative Law Review, 17. Jg. (2007), S. 161. Zu einer Übersicht über die Rechtslage in verschiedenen Ländern und Beispielsfälle vgl. *Tietje, C./Kluttig, B.:* Beschränkungen ausländischer Unternehmensbeteiligungen und -übernahmen. Zur Rechtslage in den USA, Großbritannien, Frankreich und Italien, Beiträge zum Transnationalen Wirtschaftsrecht, Heft 75, Halle 2008.

[252] Vgl. die empirische Untersuchung von internationalen Akquisitionen innerhalb der EU zwischen 1997 und 2006 bei *Dinc, S./Erelin, I.:* Economic Nationalism in Mergers and Acquisitions, Journal of Finance 68. Jg. (2013), S. 2471 ff.

immer wichtigere Akteure auf den internationalen Finanzmärkten werden. Die Kritik an den unlauteren Interessen wird sich wahrscheinlich relativieren, so wie das schon einmal geschehen ist: 1974 übernahm die Kuwait Investment Authority einen Anteil an der Daimler-Benz AG. Allerdings haben sich die ersten kritischen Stimmen schnell beruhigt, da sich Kuwait als langfristig orientierter Investor sehr verlässlich war[253] und bis heute mit über 6 % an dem Unternehmen beteiligt ist.

Weiterführende Lektüre

Auf die rechtlichen Unterschiede der verschiedenen Formen von Unternehmenstransaktionen geht das „Handbuch Mergers & Acquisitions" ein, das von Picot (2012) herausgegeben wurde. Hier werden insbesondere auch die unterschiedlichen rechtlichen Konstruktionen bei asset oder share deal thematisiert. Einen guten Überblick über die institutionellen Investoren in aller Welt geben Davis und Steil (2001). Die Mechanismen und Institutionen bei einem Leveraged Buy-out werden in dem Lehrbuch von Gaughan (2018, S. 369 ff.) dargestellt. Ein spannendes und unterhaltsames Sachbuch zu einer der größten feindlichen Übernahmen stellt das Buch von Burrough und Helyar (2009) dar.

Burrough, B./Helyar, J.: Barbarians at the Gate, New York u.a. 2009.
Davis, P.E./Steil, B.: Institutional Investors, New York 2001.
Gaughan, P. A.: Mergers, Acquisitions, and Corporate Restructurings, 7. Auflage, Hoboken 2018.
Picot, G. (Hrsg.): Handbuch Mergers & Acquisitions, 5. Auflage, Stuttgart 2012.

---

[253] Vgl. *Klodt, H.:* Müssen wir uns vor Staatsfond schützen?, Wirtschaftsdienst, 88. Jg. (2008), S. 175.

5 Ablauf einer Unternehmenstransaktion

Lernziele

- In diesem Kapitel lernen Sie den grundsätzlichen Ablauf einer typischen Unternehmenstransaktion kennen. Hierbei starten wir mit der Auswahl geeigneter Zielunternehmen und enden mit der Integration des übernommenen Unternehmens in den neuen Unternehmensverbund. Besonderes Augenmerk legen wir auf die Themen Identifikation von geeigneten Unternehmen, Due Diligence und Signing und Closing.
- Am Ende dieses Kapitels wissen Sie, wie man mögliche Kandidaten für einen Unternehmenskauf identifiziert und sie anspricht. Sie wissen, wie eine Due Diligence abläuft und auf was man in deren Verlauf achten soll. Sie kennen die grundlegenden Probleme bei Signing und Closing, wissen, was die Unterschiede zwischen beiden sind und wie man mit der Zeit zwischen dem Abschluss der beiden umgeht.
- Sie lernen auch kennen, wie sich die Unternehmensbewertung und die Preisverhandlung in den grundsätzlichen Ablauf bei einer Unternehmenstransaktion einfügen. Wir nehmen diese beiden Phasen aber in Kapitel 6 und 7 noch ausführlich auf, so dass im folgenden Kapitel nur die Grundlagen vermittelt werden, insbesondere die Zusammenhänge zu den anderen Phasen des Prozesses.

Jede Unternehmenstransaktion ist anders. Dies liegt an individuellen Besonderheiten, vorherigem Kontakt des Käufers und Verkäufers, der gewählten Transaktionsart etc. Von daher kann es ein standardisiertes Schema zur Unternehmenstransaktion nicht geben. Allerdings gibt es bestimmte Elemente, die häufiger vorkommen. Diese sollen in dem folgenden Kapitel systematisch dargestellt werden.

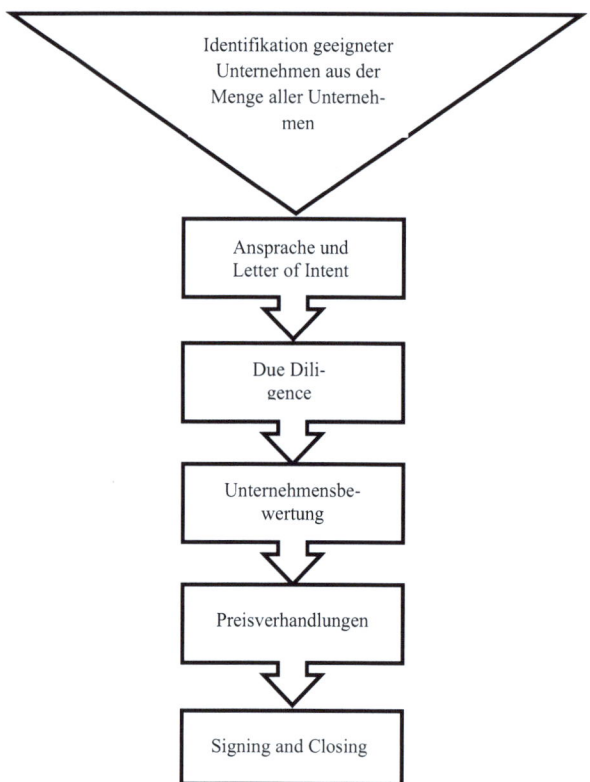

Abbildung 12: Typischer Verlauf einer Unternehmenstransaktion

Abbildung 12 stellt einen **Verlauf einer Unternehmenstransaktion dar, der typische Elemente enthält,** auf die in diesem Kapitel weiter eingegangen wird. Zunächst muss der potentielle Käufer aus der Menge aller grundsätzlich infrage kommenden Unternehmen diejenigen herausfiltern, die als konkrete Kandidaten für eine Unternehmenstransaktion tatsächlich geeignet sind. Dies sind diejenigen, bei denen eine Bereitschaft zum Verkauf durch die Eigentümer besteht und die strategisch zu dem Käufer passen. Solche Unternehmen werden dann angesprochen. Hier erfährt der potentielle Erwerber, ob er überhaupt in der Lage sein wird, seine Pläne umzusetzen. Besteht diese Chance, so werden Käufer und Verkäufer eine Absichtserklärung abschließen (den Letter of Intent). Der Käufer wird dann das zu kaufende Unternehmen auf Herz und Nieren prüfen, in dem er eine Due Diligence Prüfung durchführt. Die Erkenntnisse aus der Due Diligence fließen in die Unternehmensbewertung, die Käufer (Suche nach dem Kaufpreis der maximal akzeptiert werden kann, damit sich die Transaktion lohnt) und Verkäufer (Suche nach dem Verkaufspreis, der minimal erlöst werden muss, damit sich die Transaktion gerade noch lohnt) getrennt voneinander vornehmen. Die so entwickelten Wertvorstellungen treffen dann in den Preisverhandlungen aufeinander, in denen sich beide auf einen Transaktionspreis einigen. Konnten sich beide Seiten in den Verhandlungen auf einen Preis einigen, so kommt es zum Abschluss eines Kaufvertrages (Signing) und die Unternehmenstransaktion ist vollendet (Closing). Der Prozess kann an jeder Stelle abgebrochen werden, wenn eine der beteiligten Parteien nicht mehr mitmachen will, beispielsweise, weil Erkenntnisse aufgetaucht sind, die den eigenen Interessen zuwiderlaufen.

Die einzelnen Schritte im Ablauf unterscheiden sich je nach Art des kaufenden und verkaufenden Unternehmens und der damit verbundenen Intention der Unternehmenstransaktion. Im Folgenden werden wir uns in die Rolle eines potentiellen Käufers, der ein anderes Unternehmen aus strategischen Erwägungen erwerben will, versetzen. Überall dort, wo auf andere Sichtweisen eingegangen wird, wird dies besonders gekennzeichnet.

5.1   Identifikation geeigneter Unternehmen

Die Identifikation geeigneter Unternehmen kann in zwei Schritten vollzogen werden. Es muss zunächst eine geeignete Branche und dann ein geeignetes Herkunftsland für einen Kandidaten gefunden werden. Potentielle Käufer sollten sich dabei der Methoden der Umfeldanalyse, wie sie das strategische Management entwickelt hat, bedienen. Im Folgenden wird beispielhaft jeweils ein Verfahren für die entsprechende Analyse dargestellt.

5.1.1   *Analyse der Makroumwelt: Die PESTEL-Analyse*

Um ein geeignetes Herkunftsland zu ermitteln, kommt die PESTEL-Analyse infrage. Dieses Analyseinstrument wird verwendet, um die **Makroumwelt des Unternehmens**, die aus dem Umfeld resultierenden relevanten Einflussfaktoren, näher zu untersuchen. Der Name setzt sich aus den Anfangsbuchstaben der Analysefelder zusammen: Political, Economic, Social, Technological, Environmental und Legal.[254] Je nach Abgrenzung oder Reihenfolge der Analysefelder findet man auch die Begriffe PEST oder PESTLE-Analyse. Die PESTEL-Analyse ist nicht mehr als eine Erinnerungsliste für potentielle Einflussfaktoren auf eine Entscheidung. Damit steht und fällt die Güte der PESTEL-Analyse einzig und allein mit der Güte der Personen, die sie durchführen, und den von ihnen ermittelten Inhalten. Es muss zudem darauf geachtet werden, dass die Antworten in den einzelnen Analysefeldern auf Erfahrungen der Vergangenheit beruhen. Ziel sollte es aber sein, Aussagen über die Zukunft zu treffen, da die Unternehmenstransaktion ebenfalls in der Zukunft abgewickelt wird und sich auch nur zukünftig als tragfähig erweisen muss. Tabelle 3 gibt einen möglichen Katalog von zu analysierenden Feldern an, der aber

---

[254] Vgl. *Alter, R.:* Strategisches Controlling, München u. a. 2011, S. 87.

keinen Anspruch auf Vollständigkeit erhebt, sondern um individuelle auf einen konkreten Fall abzielende Felder erweitert werden muss.[255]

Die Checkliste führt nicht zu einem Ergebnis, welches Land gewählt werden soll. Hierzu müssen die gewünschten und unerwünschten Elemente definiert und gewichtet werden. Dies ist für jede Unternehmenstransaktion – abhängig von den Zielen des potentiellen Käufers – unterschiedlich. Eine Darstellung dieser Methoden würde hier zu weit führen. Es wird auf die Literatur zur Zielmarktwahl im Internationalen Management verwiesen.[256]

Die Informationen können entweder speziell für die zu untersuchende Unternehmenstransaktion erhoben werden (Primärforschung) oder aus allgemein zugänglichen Quellen fließen (Sekundärforschung). Normalerweise wird ein Unternehmen zunächst versuchen, seine Informationen über Datenbanken, Statistiken, Exposés, wissenschaftliche Literatur etc. zu erhalten. Dies ist die kostengünstigere Alternative zur Primärforschung, die aber dann notwendig wird, wenn das Unternehmen spezifische Informationen benötigt. Daher kann man davon ausgehen, dass Primärforschung erst im zweiten Schritt betrieben wird. Häufig – gerade bei kleinen und mittleren Unternehmen – finden dabei auch interne Quellen Berücksichtigung, wie Mitarbeiter, die gute Kontakte in diese Länder haben.

In der Literatur wird gesagt, dass die Informationssuche systematisch, aktiv und zielgerichtet sein muss. Hier ist ein Wort der Vorsicht angebracht, da in der Praxis viele dieser Informationsvorgänge eher zufällig ablaufen.[257] So können Reisen, Messeaufenthalte oder private Kontakte einen entscheidenden Beitrag für die Unternehmenstransaktion in einem bestimmten Land sein.

Checkliste für PESTEL-Analysefelder	
Politik	**Technologie**
• Politische Entwicklungen und Tendenzen, Einstellungen von Parteien und ihre Wahlaussichten	• Investitionen und Stand der Infrastruktur (Telekommunikation, Transport)
• Geplante Gesetzgebungen, z.B. im Steuerrecht, Arbeitsrecht, Umweltschutz und Kennzeichnungspflicht	• Forschungsinitiativen
• Wettbewerbsrecht, Kartellverfahren	• Patente und neue Produkte
• Politische Stabilität, Gefahr von revolutionären Entwicklungen	• Schutz geistigen Eigentums
• Staat als Eigentümer von Unternehmen, Privatisierung	• Forschungsförderprogramme
• Politische Diskussionen über den Kauf nationaler Unternehmen durch ausländische Investoren	• Entwicklungen in Branchen, die eigentlich nicht verwandt sind, die Entwicklungen aber übertragbar sein könnten
• Fördermaßnahmen Investoren	

---

255 Vgl. *Lynch, R.:* Strategic Management, 8. Auflage, Harlow 2018, S. 75.
256 Vgl. z.B. *Müller, S./Kornmeier, M.:* Strategisches Internationales Management, München 2002, S. 350 ff.; *Schuh, A./Trefzger, D.:* Internationale Marktauswahl, Journal für Betriebswirtschaftslehre, 41. Jg. (1991), S. 111 ff.; *Kutschker, M./Schmidt, S.:* Internationales Management, 6. Auflage, München 2008, S. 940 ff.
257 Vgl. *Kutschker, M./Schmidt, S.:* Internationales Management, 6. Auflage, München 2008, S. 943 f.

Checkliste für PESTEL-Analysefelder	
Economy (Wirtschaft)	**Environment (Umwelt)**
• Konjunkturelle Entwicklungen • Inflation • Verfügbares Einkommen und Konsumausgaben • Zinssätze • Wechselkurse und Währungsregime • Arbeitslosigkeit • Energiekosten • Nachfrage nach dem spezifischen Produkt	• Abfall und Abfallgesetzgebung • Einstellung der Verbraucher zu Umweltfragen und Einfluss auf die Unternehmenstransaktion • Energieversorgung inklusive Sicherheit der Energieversorgung • Emissionsschutzprogramme • Umweltförderprogramme • Gesetzgebungstrends im Bereich Umweltschutz
Soziale Umstände	**Legal (Recht)**
• Landeskultur und Aufgeschlossenheit gegenüber den Produkten • Aufgeschlossenheit gegenüber ausländischen Investoren • Einstellungen zu CSR • Bildungswesen • Demographische Entwicklung • Einstellung zu Arbeit und Freizeit	• Wettbewerbsrecht und kartellrechtliche Anmelde- und Genehmigungsverfahren • Regulierung der Branche • Besonderheiten des Unternehmens (wie Genehmigungspflichten) • Produkthaftung • Arbeitsrecht inkl. Arbeitsschutz

Tabelle 3: Checkliste zur Anwendung der PESTEL-Analyse[258]

5.1.2   Auswahl der Branche: Der 5 Forces Paradigm

Ist der internationale Markt für eine Unternehmenstransaktion ausgewählt, stellt sich die Frage nach der Branche.[259] Der Harvard Professor Michael Porter hat mit den **Fünf Kräften, die eine Branche beeinflussen,** (5 Forces Paradigm) das Instrument geschaffen, um die Attraktivität einer Branche zu beurteilen.[260] Der Verdienst von Porter liegt vor allem darin, dass er die strategische Branchenanalyse strukturiert hat. Die Punkte, die er zur Beurteilung der Branche nennt, sind nicht originell und schon von vielen anderen Forschern genannt worden, allerdings sind sie hier in einen Zusammenhang gebracht worden und geben Theorie und Praxis die Chance zu einem fundierten Gesamturteil zu kommen. Allerdings gibt auch der 5 Forces Paradigm keine Entscheidungskriterien mit Gewichtungen vor. Auch diese Technik ist anzuwenden wie eine Checkliste. Es gilt, dass das Verfahren nur so gut ist wie der Input.

Die fünf Kräfte prägen die Branche und beeinflussen die Profitabilität in ihr. Sie können von den Unternehmen, die in der Branche sind zumindest in Teilen selbst

---

258   Eigene Erstellung in Anlehnung an *Lynch, R.*: Strategic Management, 8. Auflage, Harlow 2018, S. 76 und *Kohlert, H.*: Internationales Marketing für Ingenieure, München u. a. 2005, S. 118 ff.
259   Die Fragestellungen können naturgemäß auch in der umgekehrten Reihenfolge bearbeitet werden.
260   Vgl. *Porter, M.E.*: Competitive Strategy, New York 1980.

beeinflusst werden.[261] Nach Porter beeinflussen die folgenden fünf Kräfte die Branchenattraktivität:[262]

– **Bedrohung durch potentielle neue Wettbewerber:** Drängen Unternehmen auf den Markt, die bisher nicht in der Branche aktiv waren, erhöhen sich die Kapazitäten und der Neuling wird versuchen durch aggressives Verhalten, Marktanteile zu gewinnen. Die Gefahr des Eintritts von neuen Wettbewerbern, hängt von den Markteintrittsbarrieren ab, z.B. ob es Economies of Scale gibt, die großen Produzenten einen Vorteil geben, ob es hohe Investitionskosten gibt, die den Markteintritt schwermachen oder ob es für Kunden teuer ist den Lieferanten zu wechseln. An vielen Stellen haben auch staatliche Interventionen den Markteintritt erschwert. Lange Zeit war es in den EU-Staaten schwierig sich an Unternehmen der Versorgung zu beteiligen (z.B. Wasser, Gas, Strom). Bis heute ist es in China schwierig, in einigen Branchen Unternehmenstransaktionen mit einer Mehrheitsbeteiligung durchzuführen.

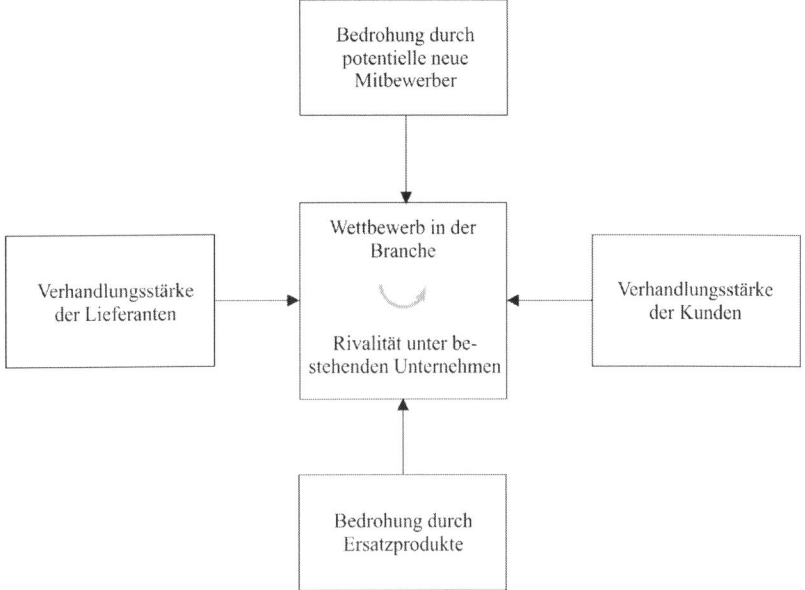

Abbildung 13: 5 Forces Paradigm zur Branchenstrukturanalyse nach Michael Porter[263]

261 Vgl. *Porter, M.E.:* The Five Competitive Forces that Shape Strategy, HBR, 86. Jg. (2008), S. 80.
262 Vgl. *Lynch, R.:* Strategic Management, 8. Auflage, Harlow 2018, S. 76 ff.; *Macharzina, K./Wolf, J.:* Unternehmensführung, 10. Auflage, Wiesbaden 2018, S. 311 ff.
263 Vgl. *Porter, M. E.:* Competitve Advantage, New York u. a. 1985, S. 6.

- **Verhandlungsstärke der Lieferanten:** Jedes Unternehmen benötigt Lieferanten, wobei Porter auch die Lieferanten von Arbeitskraft, also das Personal hierunter versteht.[264] Lieferanten sind versucht Teile der Profitabilität der Branche in ihre eigenen Kassen zu lenken. Dies kann gelingen durch eine Reduzierung des eigenen Service oder durch Preiserhöhungen. Dies wird ihnen umso besser gelingen, je weniger Lieferanten auf dem Markt sind, desto stärker die Abhängigkeit der Branche von der Zulieferung ist (quantitativ und qualitativ) oder je glaubwürdiger sie eine Vorwärtsintegration in die Branche androhen können.

- **Verhandlungsstärke der Kunden:** Hier gilt die umgekehrte Seite zu der Verhandlungsstärke der Lieferanten. Kunden wollen niedrigere Preise oder bessere Dienstleistungen durchsetzen. Dies geht zu Lasten der Profitabilität der Branche. Die Käufer sind dann besonders durchsetzungsstark, wenn das Produkt relativ wenig Differenzierung aufweist und verglichen zum Gesamteinkaufsvolumen der Kunden gering ist. Ein weiterer Grund sind hohe Kosten des Wechsels von einem Lieferanten zu einem anderen. Ist es aufwändig zu wechseln, wächst die Macht des Unternehmens. Ebenfalls sind Käufer dann besonders stark, wenn es nur wenige von ihnen gibt. So gibt es nur wenige Abnehmer von Autoteilen, nämlich die großen Autohersteller. Die Autozulieferer weisen inzwischen auch einen großen Konzentrationsgrad auf, damit sie mit ihren Kunden auf Augenhöhe verhandeln können.[265]

- **Bedrohung durch Ersatzprodukte:** Ein Ersatzprodukt erfüllt die gleiche Funktion wie das Produkt der Branche. So können Videokonferenzen Geschäftsreisen ersetzen und somit ein Substitut für Flüge und Hotelübernachtungen sein.[266] Ersatzprodukte können insbesondere dann gefährlich werden, wenn ein Risiko vorhanden ist, dass Produkte veralten (so kann ein eingeführtes Arzneimittel durch ein besser wirkendes Mittel mit anderen Wirkstoffen eines anderen Herstellers ersetzt werden) oder es geringe Kosten eines Wechsels für die Kunden gibt. Da Ersatzprodukte auch aus ganz anderen Branchen „importiert" werden können, ist es eine Gefahr, dass diese Ersatzprodukte übersehen werden können (man denke an Handys mit Fotofunktion, die den eingeführten Herstellern von Fotoapparaten Konkurrenz machen).

- Im Zentrum der 5 Forces steht die **Rivalität unter den existierenden Unternehmen** dieser Branche. Ist die Rivalität in der Branche hoch, wird die Profitabilität der ganzen Branche stark in Mitleidenschaft gezogen. Wie stark das ist, liegt zum einen an der Intensität des Wettbewerbs und zum anderen an der Basis des Wettbewerbs (Differenzierung oder Preis). Die Rivalität ist umso größer je weniger Unternehmen in der Branche aktiv sind (insbesondere, wenn sie

---

[264] Vgl. *Porter, M.E.:* The Five Competitive Forces that Shape Strategy, HBR, 86. Jg. (2008), S. 82.

[265] Vgl. zur Konzentration in der Automobilzuliefererindustrie *Baum, H./Delfmann, W.:* Strategische Handlungsoptionen der deutschen Automobilindustrie in der Wirtschaftskrise, Köln 2010, S. 62.

[266] Vgl. *Porter, M.E.:* The Five Competitive Forces that Shape Strategy, Harvard Business Review, 86. Jg. (2008), S. 84.

gleich groß sind), wenn die Branche nur wenig wächst (d.h. es können Marktanteile nur gewonnen werden, in dem sie einem Wettbewerber weggenommen
werden) oder wenn es hohe Fixkosten gibt, die einen Zwang zur Kapazitätsaus-
lastung mit sich bringen.

Hauptkritikpunkte an dem 5 Forces Paradigm sind, dass die Umwelt statisch eingeschätzt wird, in Wahrheit sich aber die auf den Wettbewerb wirkenden Kräfte
schnell und stark verändern können. Diese Aussage ist sicherlich richtig, man kann
die Kritik aber selbstverständlich umgehen, wenn die Analyse in regelmäßigen Ab-
ständen wiederholt wird. Wird die Analyse zum Zwecke der Identifikation von geeigneten Kandidaten zur Unternehmenstransaktion durchgeführt, so ist dies eine
fallbezogene Analyse, die unmittelbar im Zusammenhang mit der Unternehmenstransaktion durchgeführt werden sollte. Andere Kritiker werfen Michael Porter vor,
dass die Kunden als gleichwertige Kraft angesehen werden, obwohl es unbestreit-
bar am schwierigsten ist, Kunden für ein Produkt zu gewinnen und am leichtesten
diese wieder zu verlieren.[267] Daneben werden die Arbeitskräfte lediglich als Lieferanten aufgefasst, was die gesamten Human Ressource orientierten Faktoren deutlich unterbewertet. Daneben wird kritisiert, dass die fünf Kräfte allesamt negativ
wirken. Stärkende Faktoren, wie beispielsweise das Zusammenspiel mit komple-
mentären Produkten, fehlen.[268] Porter sieht alle Unternehmen seien es Käufer,
Wettbewerber, Lieferanten als Konkurrenten um die Profitabilität der Branche an.
Durch geschickte Kooperationen mit Unternehmen, die ergänzende Produkte haben, kann man den zu verteilenden Kuchen jedoch erhöhen. Beispiel ist das Zusammenspiel von Dell und Microsoft. Die Computer von Dell schaffen mehr Kun-
dennutzen durch die Software von Microsoft und umgekehrt. Aus diesem Grund
macht auch eine enge Kooperation der beiden Unternehmen Sinn, in dem man sich
über neue Entwicklungen informiert, die man vor Konkurrenten geheim halten
würde.[269]

Mit der Anwendung des 5 Forces Paradigm kann ein Unternehmen allgemein die
Attraktivität einer Branche feststellen (nicht eines Unternehmens!). Ein strategi-
scher Investor, der in dieser Branche bereits tätig ist, kann aus der Analyse die Er-
kenntnis ziehen, ob es lohnend ist, durch eine Akquisition den Wettbewerb in der
Branche zu reduzieren. Es kann auch die Erkenntnis gewonnen werden, ob eine
Integration vorwärts (für Lieferanten) oder rückwärts (für Kunden) infrage kommt.
Ist die Branche für einen Branchenvertreter unattraktiv, so kann er seine Akquisiti-
onsaktivitäten auf andere Branchen ausdehnen, die ihm attraktiver erscheinen. Ein

---

[267] Vgl. *Aaker, D.R.:* Strategic Marketing Management, 3. Auflage, New York 1992, S. 326.
[268] Vgl. *Burton, J.:* Composito Strategy: The combination of collaboration and competition, Journal of
          General Management, 21. Jg. (1995), S. 3 ff.
[269] Vgl. *Johnson, G./Scholes, K./Whittington, R.:* Strategisches Management, 11. Auflage, München 2018,
          S. 94.

Finanzinvestor kann sich mit Hilfe dieses Analysewerkzeugs davon überzeugen, ob diese Branche die richtige Investition ist oder nicht.

5.1.3 Erstellen einer „Shortlist"

Das Vorgehen bei der Suche nach möglichen Akquisitionskandidaten schränkt den Suchraum trichterförmig ein. Mit Hilfe der ersten Analyseschritte ist die potentielle Branche und die nationale Ausrichtung der Kandidaten bestimmt worden. Aus den so verbliebenen Unternehmen soll nun eine Shortlist, also eine Auswahl von einigen wenigen Unternehmen, die konkret für eine Unternehmenstransaktion infrage kommen, erstellt werden.

Der potentielle Käufer in einer Unternehmenstransaktion wird sich, um die Shortlist zu erstellen, den Techniken des Screening bedienen. Screening bedeutet das systematische Suchen, Auswerten und Aufbereiten von Informationen, um aus einer ersten Vorauswahl (Branchen, Staaten) eine Grobauswahl zu treffen. Dabei stehen dem Unternehmen i.d.R. lediglich öffentlich verfügbare Informationen zur Verfügung. Eine Kontaktaufnahme zu den potentiellen Kandidaten ist noch nicht erfolgt. Neben traditionellen, auch der breiten Öffentlichkeit offenstehenden Quellen (Internet, Auskunfteien, Handelsregister, eigene Veröffentlichungen der Kandidaten, etc.) verwenden Unternehmen Informationen, die sie von den eigenen Mitarbeitern, z.B. Verkäufern, die die Produkte der potentiellen Kandidaten gut kennen, von Kunden oder Lieferanten, erhalten.

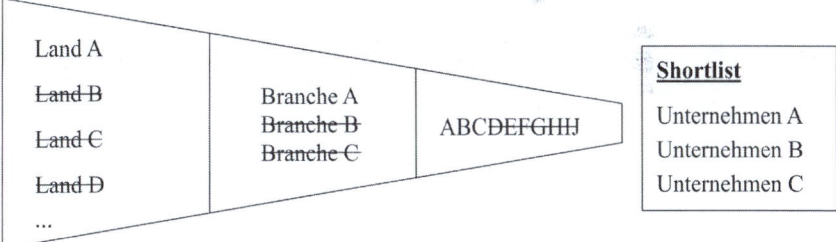

Abbildung 14: Trichterförmige Einschränkung des Suchfeldes bei Erstellung einer Shortlist

Kriterien, die für das Screening Verwendung finden, können sein:[270]

- Finanzielle Kriterien wie Umsatz, Gewinn, Bilanzstruktur, Cashflow, Marktkapitalisierung.
- Organisatorische Kriterien wie Eigentümerstruktur, personelle Besetzung der Schlüsselpositionen im Unternehmen, Unternehmenskultur, Standorte, Infrastruktur.

---

[270] Vgl. *Stelter, D./Roos, A.:* Organisation strategiegetriebener M&As, in: Wirtz, B.W.: Handbuch Mergers & Acquisitions, Wiesbaden 2006, S. 348.

- Marktbezogene Kriterien wie Preisstruktur, Markenbekanntheit, Kundenstruktur, Preis- und Rabattstruktur.
- Produktbezogene Kriterien wie Innovationsgrad, Technologien, Vertriebssituation, Kostensituation, Marktanteile.

Die Aufzählung erhebt keinen Anspruch auf Vollständigkeit, da die einzubeziehenden Kriterien insbesondere von den Zielen abhängig sind, die mit der Unternehmenstransaktion verfolgt werden. Aus diesem Prozess geht eine kleine Zahl von Unternehmen hervor, die grundsätzlich geeignet sind, die Ziele zu erreichen.

Für die Unternehmen, die es auf die Shortlist geschafft haben, werden detailliertere Profile erstellt, die die Stärken und Schwächen detailliert auflisten und analysieren. Alle verfügbaren Informationen, sollten hier ausgewertet werden und ihren Eingang in das Unternehmensprofil finden. Diese Unternehmen werden dann danach selektiert, ob eine Ansprache sinnvoll ist oder nicht. Während es zu Beginn des Suchprozesses nicht sinnvoll sein kann, den Suchbereich zu sehr einzuschränken, sollte in dieser Phase insbesondere geprüft werden, ob überhaupt ein grundsätzliches Interesse der Eigentümer an einem Verkauf besteht oder nicht. Hier kann es – aufgrund der limitierten Informationsbasis zu diesem Zeitpunkt – naturgemäß zu falschen Einschätzungen kommen. Um die bestmögliche Unternehmenstransaktion durchzuführen, empfiehlt es sich aber zu diesem Zeitpunkt offen zu sein und nicht zu früh, Unternehmen auszuschließen. Eine Ansprache umsonst ist besser als das Auslassen einer hervorragenden Gelegenheit.

Ebenso kann es sinnvoll sein eine Liste von Unternehmen zu erstellen, die keinesfalls angesprochen werden dürfen. Werden die Pläne für Unternehmenstransaktionen eines Marktteilnehmers bekannt, so kann dies zu steigenden Preisen oder Verhinderungsstrategien durch andere Unternehmen führen, was erschwert werden kann durch Ignorieren von Kandidaten, die gute Kontakte zu den potentiellen Wettbewerbern bei Unternehmenstranskationen haben.[271]

5.2   Ansprache geeigneter Kandidaten und Abschluss eines Letters of Intent

Die Formen der Ansprache können unterschieden werden in **mittelbare oder unmittelbare Ansprache**. Bei der mittelbaren Ansprache bedient sich der potentielle Käufer spezialisierter Berater, die eine erste Kontaktaufnahme zum potentiellen Akquisitionskandidaten vornehmen, eventuell auch ohne Nennung des Namens ihres Klienten. Berater, die diese Funktion übernehmen, können Investmentbanken, Rechtsanwälte, Steuerberater, Wirtschaftsprüfer oder auf Unternehmenstransaktionen spezialisierte Berater aber auch Unternehmensmakler sein.

---

[271] Vgl. *Jansen, S.A.*: Mergers & Acquisitions, 6. Auflage, Wiesbaden 2016, S. 309.

Des Weiteren kann man die Ansprache danach systematisieren, welche Person beim potentiellen Zielunternehmen angesprochen wird. Entscheidungsträger, ob die Transaktion letztlich zustande kommt, sind die Eigentümer, deswegen spricht man bei Kontaktaufnahme mit ihnen von einer direkten Ansprache. In größeren Unternehmen, bei denen Eigentum und Unternehmensleitung auseinanderfallen, kann die Ansprache der Eigentümer häufig schwierig sein bzw. gar unmöglich. Dann kann man in Form einer indirekten Ansprache auf das Management des potentiellen Übernahmekandidaten zugehen. Abbildung 15 fasst die möglichen Formen der Ansprache eines Kandidaten zusammen.

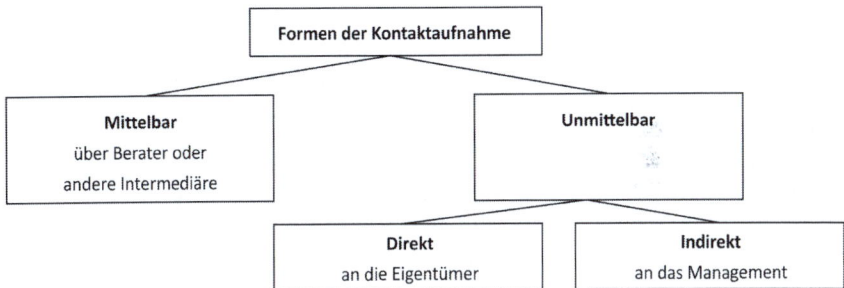

Abbildung 15: Mögliche Formen der Kontaktaufnahme zu Akquisitionskandidaten[272]

Ist von beiden Seiten grundsätzliches Interesse erklärt worden, den Prozess der Akquisition weiterzuverfolgen, so wird eine **Vertraulichkeitserklärung** (Confidentiality Agreeement oder Non-disclosure Agreement) zwischen den Parteien geschlossen. Dies ist Voraussetzung, damit vertrauliche Informationen über den Kaufkandidaten fließen können, was notwendig ist, um in die nächste Phase des Akquisitionsprozesses einzutreten. Für den Verkäufer könnte ein Bekanntwerden der Verkaufspläne und dem damit häufig verbundenen Gefühl einer unsicheren Zukunft erhebliche wirtschaftliche Schwierigkeiten mit sich bringen. Insbesondere, wenn es sich um einen horizontalen Unternehmenszusammenschluss handelt, der angestrebt wird, ist es für den Verkäufer zudem von erheblicher Bedeutung Vereinbarungen zu treffen, für den Fall, dass die Transaktion nicht zustande kommt. Damit dient die Vertraulichkeitsvereinbarung im Wesentlichen dem Ausgleich von zwei berechtigten, sich aber diametral gegenüberstehenden Interessen: Der potentielle Käufer hat ein Interesse daran, dass er möglichst viele Informationen über das Target erhölt, wozu auch solche gehören, die normalerweise vertraulich sind. Der potentielle Verkäufer möchte möglichst kein öffentliches Interesse erzeugen.[273]

---

[272] Eigene Erstellung in Anlehnung an *Jansen, S.A.:* Mergers & Acquisitions, 6. Auflage, Wiesbaden 2016, S. 309.

[273] Vgl. *Altenhofen, C.:* Non disclosure agreements: Rechtliche Hintergründe und konzeptionelle Anforderungen, in: Stumpf-Wollersheim, J./Horsch, A.: Forum Mergers & Acquisitions 2019, Wiesbaden 2019, S. 21.

In einer Vertraulichkeitserklärung wird normalerweise vereinbart:[274]

- welche Informationen von der Vertraulichkeit betroffen sind,
- wer zum Kreis der Geheimnisträger gehört. Dabei ist zu beachten, dass nicht nur Unternehmensangehörige zu diesem Kreis gehören, sondern auch Unternehmensberater und andere mit der Transaktion befasste Externe.
- Pflichten, wenn die Transaktion nicht zustande kommt (Löschen, Vernichtung oder Rückgabe der Informationen),
- Schadensersatzpflichten bei Verstoß gegen die Vertraulichkeit.

Allerdings ist die Schadensersatzpflicht schwer durchsetzbar, da der Nachweis einer Verletzung der Vertraulichkeit schwer zu führen ist und auch der entstandene Schaden nur unter vielen Annahmen zu bemessen ist. Dies führt dazu, dass in einigen Vereinbarungen pauschale Schadensersatzpflichten ohne die Verpflichtung einen Nachweis zu führen, vereinbart werden.[275] Zudem sind auch die Vorschriften zur Vernichtung bzw. Rückgabe von Informationen nur vordergründig. Die während des Prozesses gewonnenen Erkenntnisse sind in den Köpfen der Beteiligten und können zumindest implizit bei künftigen Entscheidungen verwendet werden. Die Vertraulichkeitserklärung erfüllt daher mehr eine psychologische Funktion, die beteiligten Mitarbeiter und Berater an ihre Verschwiegenheitspflichten zu erinnern.

Häufig erhalten Kaufinteressenten, insbesondere dann wenn der Wille zur Unternehmenstransaktion von dem Verkäufer ausgeht, ein Memorandum mit vertraulichen Informationen (information memorandum), in dem wichtige, aber vertrauliche Informationen zu dem Unternehmen (z.B. Marktdaten, Daten über Kostenstrukturen, Mitarbeiterabreden) enthalten sind.[276] Damit diese Daten nicht in unbefugte Hände fallen, ist der Abschluss einer Vertraulichkeitsvereinbarung unbedingt geboten.

Nach Inkrafttreten der Datenschutzgrundverordnung, die den Umgang insbesondere mit personenbezogenen Daten innerhalb der EU neu geregelt hat, bekommt der Datenschutz während der Transaktion eine neue Bedeutung.[277] Schwierigkeiten können sich insbesondere ergeben, wenn besonders geschützte personenbezogene Daten z.B. im Rahmen der Offenlegung eines Compliance-Falles dem potentiellen Käufer offengelegt werden soll. Diese müssen beachtet werden, da ansonsten empfindliche Geldstrafen drohen.

---

[274] Vgl. *Rothegge, G./Wassermann, B.:* Unternehmenskauf bei der GmbH, Heidelberg u. a. 2011, S. 34.

[275] Vgl. *Müller, H.:* Demerger-Management, in: Wirtz, B.W.: Handbuch Mergers & Acquisitions, Wiesbaden 2006, S. 1196.

[276] Vgl. *von Werder, A./Kost, T.:* Vertraulichkeitsvereinbarungen in der M&A-Praxis, BB, 65. Jg. (2010), S. 2904.

[277] Vgl. *Jungkind, V./Ruthemeyer, T.:* Datenschutz in der Unternehmenstransaktion, Der Konzern, 17. Jg. (2019), S. 429 f.

Bevor es an die eigentlichen Vertragsverhandlungen geht, wird eine Absichtserklärung abgegeben, in dem sich die beiden Parteien verpflichten in weitergehende Verhandlungen einzutreten. Diese Absichtserklärung wird als **Letter of Intent (LoI)** bezeichnet und stammt aus dem amerikanischen Rechtskreis. In der Regel sendet eine Partei den LoI in Briefform, die andere Partei zeichnet ihn als Anerkenntnis gegen und schickt ihn zurück.[278] Dabei gibt es keine Formerfordernis und die Vereinbarungen sind für beide Parteien, es sei denn es sind für einzelne Teilaspekte andere Vereinbarungen getroffen, rechtlich nicht bindend.

Diese schriftliche Fixierung von vorläufigen Ergebnissen wird als **Punktation** bezeichnet und ist in § 154 Abs. 1 Satz 2 BGB geregelt. Aufgrund der Tatsache, dass die Absichtserklärung keine rechtliche Bindung entfaltet,[279] ist die Wirkung eines LoI genauso wie der Vertraulichkeitserklärung stärker psychologischer Natur. Er bekräftigt den Willen beider Parteien, die Transaktion zu einem positiven Abschluss zu bringen.

Sinn und Zweck ist es, bereits erreichte Verhandlungsergebnisse zu fixieren und den weiteren Ablauf bis hin zu einem erfolgreichen Abschluss, der von beiden Seiten beabsichtig wird, zu skizzieren. **Inhalte des LoI sind daher häufig die Folgenden:**[280]

- Bezeichnung der etwaigen Kaufvertragsparteien,
- Bezeichnung des Zielunternehmens,
- Absichtsbekundung, dass beide Parteien, vorbehaltlich der Einigung über die noch offenstehenden Sachverhalte und den erfolgreichen Abschluss der Due Diligence, einen Kaufvertrag über das Zielunternehmen abschließen wollen,
- erste Inhalte, die in den Kaufvertrag aufgenommen werden sollen, über die bereits Einigung erzielt wurde (teilweise unter Aufnahme von noch zu erfüllenden Bedingungen und Nachweisen),
- Fixierung von Erwartungen und Eckdaten beispielsweise über den noch zu ermittelnden Unternehmenswert,
- Ablauf und Verfahren der Due Diligence,
- Vertraulichkeits- und Geheimhaltungsklauseln (entweder ergänzend oder an Stelle einer eigenständigen Vertraulichkeitserklärung),
- Exklusivität (inklusive Zeitdauer),
- „non-binding clause": Erklärung, dass der LoI keine rechtsgeschäftliche oder rechtsgeschäftsähnliche Wirkung entfaltet,

---

[278] Vgl. *Glaum, M./Hutzschenreuther, T.*: Mergers & Acquisitions, Stuttgart 2010, S. 182.

[279] Vgl. *Holzapfel, H.-J./Pöllath, R.*: Unternehmenskauf in Recht und Praxis, 15. Auflage, Köln 2017, S. 8; *Ditz, X./Tcherveniachki, V.*: Behandlung von Akquisitionsaufwendungen im Rahmen des unmittelbaren oder mittelbaren Erwerbs von Beteiligungen, DB, 64. Jg. (2010), S. 2678 f.

[280] Vgl. *Picot, G.*: Das vorvertragliche Verhandlungsstadium bei der Durchführung von Mergers & Acquisitions, in: Picot, G.: Handbuch Mergers & Acquisitions, 4. Auflage, Stuttgart 2008, S. 160.

- „binding clause": Erklärung, welche Klauseln (z.B. Vertraulichkeit, Exklusivität, Verfahrensvereinbarungen, Vertragsstrafen) bindend sein sollen,
- Sonstiges (Schriftform, Gerichtsstand, anwendbares Recht).

In vielen Fällen dringt der potentielle Käufer darauf, dass in dem LoI auch eine Exklusivität der Verhandlung vereinbart wird. Dies beinhaltet meist eine einseitige Verpflichtung, dass der potentielle Verkäufer für einen bestimmten Zeitraum nur mit einem Kaufinteressenten verhandelt. Dies gibt dem potentiellen Käufer die Möglichkeit seine Interessen in Ruhe zu vertreten und auch eine gewisse Sicherheit, die z.T. sehr hohen Beraterkosten für rechtliche, steuerliche und betriebswirtschaftliche Beratung zu tragen. Auch der Verkäufer hat häufig ein Interesse an einer Exklusivität, insbesondere wenn die potentielle andere Vertragspartei mit mehreren Akquisitionskandidaten verhandelt. Allerdings tun sich insbesondere Finanzinvestoren schwer mit solchen zweiseitigen Exklusivitäten, da dies häufig unabhängig voneinander laufende Projekte gefährden kann, denn schließlich ist der Beteiligungserwerb ihr eigentliches Tätigkeitsfeld.

Für den Fall, dass eine Seite die Verhandlung abbricht, wird häufig ein **break fee** vereinbart. Diese soll eine Entschädigung darstellen für die in den Verhandlungen bereits entstandenen Kosten. Daneben stellt es aber auch ein Druckmittel dar, die ausstiegswillige Partei zum Weitermachen zu ermuntern. Ebenso werden nur ernsthafte Interessenten tatsächlich einen LoI unterzeichnen, wenn ein break fee vereinbart wird.[281]

Case Study: Break fee für Barclays Bank

Die niederländische Großbank ABN Amro stand 2007 durch die Forderung von Aktionären, insbesondere des Hedgefonds TCI, unter Druck, die Profitabilität zu erhöhen. Es wurde der Stopp von Akquisitionen und gleichzeitig die Veräußerung von Unternehmensteilen gefordert. In dieser Situation favorisierte die Geschäftsleitung der ABN Amro die Übernahme der Bank im Ganzen. Die britische Großbank Barclays Bank machte ein Übernahmeangebot, das von dem Management von ABN Amro begrüßt wurde. Den Aktionären wurde empfohlen, das Übernahmeangebot von Barclays anzunehmen. Barclays und ABN Amro schlossen ein „Agreement on the Terms of a Merger", das ähnliche Vereinbarungen enthalten hat, wie ein LoI. Eine der Klauseln beinhaltete ein Break fee. Sollte das Management von ABN Amro seine Empfehlung an die Aktionäre zurückziehen, so wurde eine Zahlung von 200 Mio. EUR fällig. Diese wurde ausgelöst als ein Konsortium bestehend aus der Royal Bank of Scotland, der belgischen Fortis und der spanischen Bank Santander ein höheres Angebot vorlegte. Das Management von

---

[281] Vgl. *Ziegler, A./Stancke, C.:* Kostenersatz beim Abbruch von Vertragsverhandlungen in M&A Transaktionen, M&A Review, o.Jg. (2008), S. 30.

> ABN Amro zog ihre Empfehlung an ihre Aktionäre zurück und die Zahlung wurde geleistet. Letztlich wurde ABN Amro auch durch das internationale Konsortium übernommen.
>
> Quelle: *Ziegler, A./Stancke, C.*: Kostenersatz beim Abbruch von Vertragsverhandlungen in M&A Transaktionen?, M&A Review, o.Jg. (2008), S. 30 f.

Der Umfang der Regeln, der in einem LoI vereinbart wird, kann sehr stark variieren. Von der Vereinbarung bei einem Mittagessen, die auf einer Serviette handschriftlich geschlossen wird,[282] bis hin zu einem von Anwälten bereits stark Richtung Kaufvertrag vorformulierten Dokument ist alles denkbar und möglich. Letztlich wird der zu diesem Zeitpunkt geregelte Umfang im Wesentlichen von den bereits durchgeführten Verhandlungen abhängen.

5.3 Due Diligence

5.3.1 Grundlagen und Begriffsabgrenzung

Due Diligence kann man mit **„erforderlicher Sorgfalt"** übersetzen. In Verbindung mit Unternehmenstransaktionen bedeutet der Begriff, diejenige Sorgfalt, die notwendig ist, sich ausreichende Informationen über das Zielunternehmen zu verschaffen bevor der Kaufvertrag abgeschlossen wird. Wir befinden uns folglich immer noch in der vorvertraglichen Phase.

Der Begriff Due Diligence geht zurück auf das amerikanische Wertpapierrecht. Nach amerikanischem Recht haftet der Prüfer eines Wertpapieremissionsprospekts für die Richtigkeit der darin gemachten Angaben. Dabei wird der Anleger durch eine Beweislastumkehr besonders geschützt: Der Prüfer muss beweisen, dass der Fehler nicht zum Wertpapierkauf beigetragen hat. Neben diesem Beweis, der i.d.R. nur schwerlich zu führen sein wird, kann der Prüfer sich durch den Nachweis aus der Haftung nehmen, dass er die „erforderliche Sorgfalt" (due diligence) angewandt hat und trotzdem der Fehler passierte. Der Gegenbeweis wird als due diligence defence bezeichnet.[283]

Im Zusammenhang mit Unternehmenstransaktionen bezeichnet die Due Diligence **die systematische Überprüfung der Chancen und Risiken des Zielunternehmens** mit dem Zweck, den Wert des Unternehmens zu fundieren. Die grundlegende Prüfung ist notwendig, da ein Unternehmen gekauft wird, wie gesehen. Risiken

---

[282] Dies wurde vom Verfasser tatsächlich so erlebt. Es handelte sich im Übrigen um eine Papierserviette.

[283] Vgl. *Botta, V.*: Due Diligence, BBK, o.Jg. (2000), S. 279 f.

müssen von daher im Kaufvertrag benannt werden. Der Käufer muss sich durch Garantien und Zusicherungen rechtlich absichern.[284]

Das Instrument der Due Diligence ist aus der amerikanischen Praxis nach Europa gekommen und hat seine Verbreitung insbesondere durch das starke Auftreten von amerikanischen Investoren gefunden. Zuvor war es üblich, sich gegen alle denkbaren Risiken mit vertraglichen Garantien abzusichern. Heute sollen diese durch die Due Diligence aufgedeckt werden.

Die rechtliche Bedeutung der Due Diligence ist in den anglo-amerikanischen Staaten mit common law Tradition sehr viel höher. Hier gilt auch für Unternehmenstransaktionen der Rechtsgrundsatz **„caveat emptor"** („der Käufer sei wachsam"). Dieser Rechtsgrundsatz geht von gleichverteilter Verhandlungsmacht von Käufer und Verkäufer aus. Damit muss der Käufer für alle Mängel des Unternehmens haften, es sei denn er ist vorsätzlich getäuscht worden.[285] Da aber de facto eine asymmetrische Informationsverteilung zwischen dem Käufer und dem Verkäufer, der sein Unternehmen hervorragend kennt, besteht, wird durch eine Due Diligence versucht, diesen Informationsvorsprung aufzuholen. Die Resultate werden dann zu Garantien bzw. reduzieren den ursprünglich – vor der Due Diligence – anvisierten Unternehmenspreis. Gerade amerikanische Investoren neigen dazu, einen potentiellen Verkäufer zunächst mit einem sehr hohen Angebotspreis, zu einem LoI zu bringen. Der Kaufpreis wird dann sukzessive durch in der Due Diligence gefundene Risiken reduziert.[286]

In Deutschland gilt der Rechtsgrundsatz „caveat emptor" nicht. Hier geht man davon aus, dass der Käufer in einer schlechteren Position gegenüber dem Verkäufer ist. Allerdings werden Unternehmen durch die Sorgfaltspflichten dazu verpflichtet, eine Due Diligence durchzuführen. Die Vorstände einer Aktiengesellschaft (§ 93 Abs. 1 Satz 1 AktG) und die Geschäftsführer einer GmbH (§ 43 Abs. 1 GmbHG) müssen die Sorgfalt eines ordentlichen und zuverlässigen Geschäftsleiters anwenden. Aus diesem Grundsatz lässt sich folgern, dass im Normalfall, eine Due Diligence durchzuführen ist.[287] Allerdings ist nach herrschender Meinung die Due Diligence dann nicht notwendig, wenn die Kosten den Nutzen überwiegen, z.B. wenn die Akquisition vergleichsweise klein ist oder der Verkäufer aus Gründen der Vertraulichkeit die Due Diligence verweigert und somit die Kosten zu hoch wären oder die Transaktion verhindert würde.[288]

---

[284] Vgl. *Funk, J.:* Aspekte der Unternehmensbewertung in der Praxis, ZfbF, 47. Jg. (1995), S. 502.

[285] Vgl. *Martinius, P.:* M&A: Protecting the Purchaser, The Hague 2005, S. 18.

[286] Vgl. *Jaensch, G.:* Unternehmensbewertung bei Akquisitionen in den USA, ZfbF, 41. Jg. (1989), S. 338.

[287] Vgl. *Tigges, M.:* Due Diligence und Gewährleistung im Unternehmenskauf, FB, 7. Jg. (2005), S. 100; *Schiffer, J./Bruhs, H.:* Due Diligence beim Unternehmenskauf und vertragliche Vertraulichkeitsvereinbarungen, BB, 67. Jg. (2012), S. 848.

[288] Vgl. *Tigges, M.:* Due Diligence und Gewährleistung im Unternehmenskauf, FB, 7. Jg. (2005), S. 99.

In einem eigentümergeführten Unternehmen können diese Prozesse allerdings umgangen werden, da der Geschäftsleiter auch die wirtschaftlichen Folgen eines Misserfolgs tragen muss. Damit können zwar auf der einen Seite sich bietende Chancen schnell genutzt werden, auf der anderen Seite sind mit dieser Praxis erhebliche Risiken verbunden. Der britische Unternehmer Langley übernahm 2012 das Werk Offenbach des traditionsreichen Druckmaschinenherstellers MAN Roland ohne die Durchführung einer Due Diligence.[289] Da das Unternehmen kurz vor dem finanziellen Aus stand, war schnelles Handeln erforderlich. Von daher war die eigentlich risikoreiche Taktik die einzig mögliche, um den britischen Investor in den Besitz der Fabrik kommen zu lassen.

Die Inhalte einer Due Diligence variieren je nach Geschäftätigkeit, Herkunft, Größe und Nationalität des Unternehmens. Auch kann die Notwendigkeit einer Due Diligence geringer sein, wenn sich der potentielle Käufer und Verkäufer bereits über eine lange Geschäftätigkeit hinweg kennen. Normalerweise werden die folgenden Arten der Due Diligence genannt, auf die im Folgenden vertiefend eingegangen wird:

- Market oder Commercial Due Diligence,
- Financial Due Diligence,
- Tax Due Diligence,
- Legal Due Diligence,
- Integrity Due Diligence,
- Environmental Due Diligence.

In Abbildung 16 sind die einzelnen Teile einer Due Diligence noch einmal systematisch zusammengefasst.

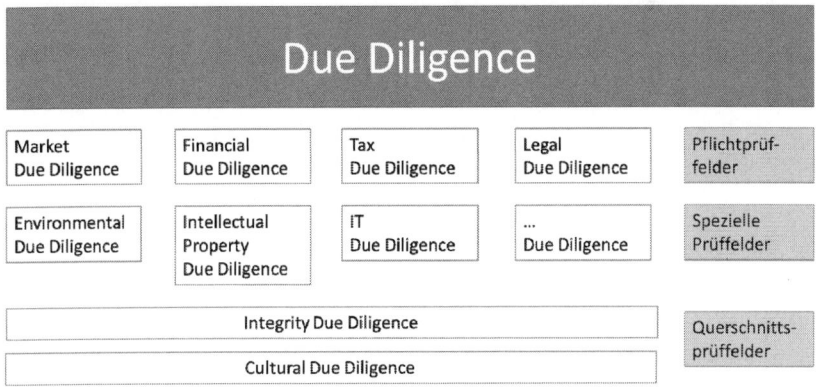

Abbildung 16: Systematische übersicht über die einzelnen Prüffelder einer Due Diligence

---

[289] Vgl. *Bethge, H.:* Sonderkonjunktur für M&A im Mittelstand, ZfgK, 65. Jg. (2012), S. 329.

Die einzelnen Bestandteile haben je nach Eigenschaften des Zielunternehmens eine unterschiedliche Gewichtung. So hat in einem Chemieunternehmen, das mit gesundheitsgefährdenden Stoffen umgeht die Environmental Due Diligence einen sehr viel höheren Stellenwert als bei einem Versicherungsmakler. Tabelle 4 gibt einen Überblick über die praktische Verbreitung der einzelnen Teile einer Due Diligence.

Teilbereich einer Due Diligence	Verbreitungsgrad
Financial & Tax	94,7 %
Legal	89,8 %
Strategy & Market	84,9 %
Human Resources	71,1 %
Organisation	58,7 %
Production & Technical	57,8 %
Environmental	43,6 %

Tabelle 4: Praktische Verbreitung von Teilbereichen einer Due Diligence[290]

Ein Verkäufer stellt die Informationen, die von dem Käufer gefordert werden, häufig an einem zentralen Ort zusammen, dem Data Room. Dieser ist in der Regel nicht auf dem Betriebsgelände des Verkäufers, sondern an einem neutralen Ort, z.B. bei einem Berater oder Wirtschaftsprüfer. Hierdurch wird die Vertraulichkeit gewährleistet und es kann aufkommenden Gerüchten in der Belegschaft des Zielunternehmens entgegengewirkt werden. Insbesondere wird die Bereitstellung aller Informationen in einem **Data Room** auch dann gewählt, wenn es mehrere Kaufinteressenten gibt (z.B. bei einer Auktion) und allen Kaufinteressenten Chancengleichheit eingeräumt werden sollen. In dem Data Room erhalten die Kaufinteressenten die notwendigen Unterlagen (Handelsregister- und Grundbuchauszüge, die vergangenen Jahresabschlüsse inklusive der Prüfberichte, Steuerbescheide, Verträge aller Art, Unterlagen zu den Beziehungen zu Kunden, Mitarbeitern und Lieferanten, Patente und Schutzrechte, Kalkulationen und Analysen aus dem internen Rechnungswesen, etc.)[291] Da insbesondere die Aktualisierung von Daten während der Due Diligence in physischen Data Rooms schwierig ist, wird die Verwendung von elektronischen Data Rooms empfohlen.[292] Allerdings ist hier die Kontrolle schwierig, dass die vertraulichen Unterlagen nicht weitere Verbreitung finden als von dem Verkäufer gewünscht. Damit soll aber nicht unterschlagen werden, dass diese Kontrolle auch bei physischen Data Rooms kompliziert ist und keineswegs

---

[290] Vgl. *Berens, W./Strauch, J.:* Due Diligence bei Unternehmensakquisitionen – eine empirische Untersuchung, Frankfurt 2002, S. 62.

[291] Vgl. *Kinast, G.:* Abwicklung einer Akquisition, in: Baetge, J. (Hrsg.): Akquisition und Unternehmensbewertung, Düsseldorf 1991, S. 41; *Middelhoff, D.:* Verwendung von digitalen Datenräumen innerhalb der Due Diligence, M&A Review, o. Jg. (2007), S. 278.

[292] Vgl. *Middelhoff, D.:* Verwendung von digitalen Datenräumen innerhalb der Due Diligence, M&A Review, o. Jg. (2007), S. 279 ff.

eine absolute Sicherheit geboten werden kann. Inzwischen haben sich die elektronischen stark mit Passwörtern und Firewalls gesicherten Datenräume zum Standard auf dem Markt entwickelt.[293] Ein Vorteil kann dabei für den potentiellen Verkäufer entstehen, da er durch die digitale Spur erkennen kann, welche Dokumente wie intensiv und lange von den potentiellen Käufern geprüft worden sind. Dies kann auch als Verteidigung bei Auseinandersetzungen nach Abschluss der Transaktion verwendet werden.[294]

Besonders problematisch ist die Offenlegung von Informationen, wenn ein Wettbewerber als Kaufinteressent antritt. Um hier trotzdem eine hinreichende Offenlegung zu erreichen, werden in diesen Fällen häufig zwei verschiedene Data Rooms eingerichtet:[295] Zum einen gibt es einen **Red File Data Room**, in dem alle Dokumente enthalten sind, die wettbewerbsrelevant sind. Hier haben nur externe Berater (Wirtschaftsprüfer, Rechtsanwälte etc. die aus berufsrechtlichen Gründen zur Verschwiegenheit verpflichtet sind) und solche Mitarbeiter des Kaufinteressenten Zutritt, die nicht operativ tätig sind (z.B. Mitarbeiter der M&A Abteilung). Zum anderen wird ein **Green File Data Room** errichtet, in den alle Mitarbeiter des Kaufinteressenten gelangen. Hier sind die weniger kritischen Dokumente abgelegt.

Es reicht jedoch nicht aus, sich allein auf die Dokumentenlage zu stützen. Eine Due Diligence ohne Befragung der Mitarbeiter ist unvollständig. Hier bekommt man einen Einblick darin, ob die präsentierten Dokumente überhaupt ein vollständig richtiges Bild über die Situation des Unternehmens vermitteln. Insbesondere auch die Befragung von Mitarbeitern unterer Hierarchiestufen kann ein instruktives Bild vermitteln, da man hier meistens ungeschminkte und durch wenig Taktik beeinflusste Aussagen erhält.[296] Allerdings muss man bei der Befragung der Mitarbeiter vorher die Erlaubnis des Verkäufers einholen. Diese wird immer dann schwierig zu erhalten sein, wenn der Verkauf noch vertraulich ist. Allerdings gehört die Befragung des Managements in jedem Fall zu einer Due Diligence und kann vom Verkäufer nicht verweigert werden, insbesondere wenn die Führungskräfte nach der Transaktion im Unternehmen verbleiben sollen.

Die Teilnehmer am Due Diligence Projekt sollten im Wesentlichen vom operativen Geschäft freigestellt werden. Sie können gut als Stabsstelle auf Zeit agieren, die direkt dem zuständigen Mitglied des Vorstandes bzw. der Geschäftsführung ohne eigene Entscheidungsbefugnis zuarbeiten. Insbesondere bei strategischen Investoren, die nur vereinzelt Akquisitionen durchführen, wird eine sachgerechte Due Diligence ohne die Einschaltung von Beratern nicht machbar sein. Insbesondere für die

---

[293] Vgl. *Dreher, M./Ernst, D.:* Mergers & Acquisitions, 2. Auflage, Konstanz u.a. 2016, S. 111 f.

[294] Vgl. *Dreher, M./Ernst, D.:* Mergers & Acquisitions, 2. Auflage, Konstanz u.a. 2016, S. 112.

[295] Vgl. *Altenhofen, C.:* Non disclosure agreements: Rechtliche Hintergründe und konzeptionelle Anforderungen, in: Stumpf-Wollersheim, J./Horsch, A.: Forum Mergers & Acquisitions 2019, Wiesbaden 2019, S. 23.

[296] Vgl. *Lawrence, G.M.:* Due Diligence in Business Transactions, New York 1995, S. 6-2.

Bereiche Steuern, Legal oder Environment wird eine Einschaltung von Steuerbera-
tern, Rechtsanwälten oder technischen Consultants nicht zu umgehen sein. Die Beurteilung des strategischen Passens, die insbesondere in der Market Due Diligence
stattfindet, sollte aber möglichst von eigenen Mitarbeitern durchgeführt werden, da
diese den besten Einblick in die Strategie des Käufers haben sollten. Der Bedarf
externe Berater hinzuzuziehen, ist bei internationalen Projekten durch die unterschiedlichen rechtlichen und kulturellen Rahmenbedingungen naturgemäß deutlich
höher als bei rein nationalen Projekten. In einer empirischen Erhebung unter deutschen Großunternehmen[297] hat sich ergeben, dass meist Wirtschaftsprüfer, Rechtsanwälte oder Investmentbanker als Berater hinzugezogen werden (ca. 50 % der befragten Unternehmen). Seltener werden Steuerberater, spezialisierte M&A Berater
oder technische Consultants hinzugezogen (ca. 15 % der befragten Unternehmen).
Mitarbeiter des eigenen Unternehmens, die am häufigsten einbezogen werden, sind
Mitarbeiter des Controllings oder der Rechtsabteilung (ca. 70 %).

5.3.2 Market oder Commercial Due Diligence

Der Market oder Commercial Due Diligence (manchmal auch als Strategy Due
Diligence bezeichnet) kommt eine Sonderstellung zu, da hier die Überprüfung vorgenommen wird, ob die strategischen Akquisitionsziele erfüllt werden oder nicht.
Während in den anderen Teilbereichen der Due Diligence im Wesentlichen k.o.-
Kriterien gesucht werden, die die Übernahme aufgrund zu hoher Risiken verhindern, so wird hier eine **positive Begründung für die Übernahme** gesucht, die die
Integration des übernommenen Unternehmens vorbereitet und die mit der Übernahme erwünschte Erfolgsgeschichte plausibilisiert. Des Weiteren werden hier
wichtige Informationen für die spätere Unternehmensbewertung gesammelt. Die
strategische Dimension, also, wie sich das Kaufobjekt zukünftig auch unter Berücksichtigung der potentiellen Synergieeffekte entwickelt, ist entscheidend für die
Feststellung des künftigen Wertes.

Die Market Due Diligence beschäftigt sich **mit allen marktbezogenen Informationen** des Unternehmens, seien es Produkte, Prozesse und Personen. So wird das
Preis- und Mengengerüst, das zum Umsatz des Zielunternehmens führt, geprüft.
Dabei werden Daten des Unternehmens mit den Daten aus der Umwelt über den
gleichen Gegenstand, wie Markt, Vertrieb, Kunden etc. in Beziehung gesetzt und
abgeglichen.[298] So können marktbezogene Chancen und Risiken identifiziert und in
den weiteren Verlauf des Akquisitionsprozesses einbezogen werden. Die wesentlichen Untersuchungsgegenstände werden dabei Folgende sein:

---

[297] Vgl. *Pellens, B./Tomaszewski, C./Weber, N.:* Beteiligungscontrolling in Deutschland, Arbeitsbericht
Nr. 85 des Instituts für Unternehmensführung und Unternehmensforschung der Ruhr-Universität Bochum, Bochum 2000, S. 16.

[298] Vgl. *Beck, R.:* Die Commercial Due Diligence, M&A Review, o.Jg. (2002), S. 556.

– Ermittlung der Wettbewerbsposition (damit verbunden ist auch die Berücksichtigung der anderen auf diesem Markt tätigen Wettbewerber),

– Analyse der Zukunftsaussichten des Zielunternehmens auf dem relevanten Markt und

– die Ermittlung wesentlicher Erkenntnisse für die Integration des Zielunternehmens nach der Übernahme, insbesondere auch die Identifizierung von potentiellen Synergieeffekten.

5.3.3 Financial Due Diligence

Die Financial Due Diligence beschäftigt sich mit allen finanziellen Prozessen und Personen. Dabei wird sowohl vergangenheitsorientiert untersucht, wie sich die Vermögens-, Finanz- und Ertragslage des Unternehmens entwickelt hat, als auch eine Planung vorgenommen, wie sich diese zukünftig entwickeln kann.[299] Letzteres ist eine ganz wesentliche Grundlage für die spätere Unternehmensbewertung.

Vergangenheitsorientierte Prüfungsbereiche sind die internen Rechenwerke, die Jahresabschlüsse mitsamt der Prüfungsberichte, die die Wirtschaftsprüfer erstellt haben, und die verwendeten Systeme der Rechnungslegung (wie ERP-Programme, Bilanzierungsrichtlinien etc.). Dabei ist zuerst zu analysieren, nach welchen Rechnungslegungsgrundsätzen die Abschlüsse aufgestellt worden sind. Insbesondere bei internationalen Transaktionen ist zu beachten, dass sich durch Umstellung auf die Rechnungslegungsgrundsätze der Muttergesellschaft erhebliche Unterschiede bei der Darstellung der finanziellen Situation des Zielunternehmens ergeben können. Durch andere Rechnungslegungsnormen, z.B. die Pflicht nach IFRS zu bilanzieren, können sich erhebliche Unterschiede in der Bilanzstruktur bzw. der Gewinnsituation ergeben.

Um ein klares Bild über die Vermögens- und Finanzlage des Unternehmens zu bekommen, ist es notwendig, insbesondere auf die folgenden Punkte zu achten:[300]

– **überbewertete Aktiva**, z.B. bei Beteiligungen, Grundstücken oder anderen Vermögensgegenständen des Anlagevermögens, die nicht mehr den bilanzierten Wert haben,

– **unterbewertete Passiva**, wie zu niedrig dotierte Rückstellungen. Hierbei erweisen sich insbesondere die Pensionsrückstellungen häufig als problematisch, da die Regeln zur Bilanzierung außerordentlich komplex sind. Außerdem entsteht häufig die faktische Verpflichtung des übernehmenden Unternehmens zur Anpassung der Altersversorgung auf das günstigere Modell der beiden zusam-

---

[299] Vgl. *Baetge, J.:* Herausforderungen bei Financial Due Diligence-Untersuchungen aufgrund des BilMoG, DB, 64. Jg. (2011), S. 829.

[300] Vgl. *Bredy, J./Strack, V.:* Financial Due Diligence I: Vermögen, Ertrag und Cashflow, in: Berens, W./Brauner, H.U./Strauch, J.: Due Diligence bei Unternehmensakquisitionen, 6. Auflage, Düsseldorf 2011, S. 386.

menkommenden Unternehmen. Die damit einhergehenden Risiken können neben einer reinen Darstellungsänderung zu erheblichen finanziellen Abflüssen führen.[301]

- **nicht bilanzierte Passiva**, wie Schulden, die nicht passiviert worden sind. Dies können z.b. Risiken sein, die ihre Ursache bereits hatten, für die aber noch keine Rückstellung gebildet worden sind.
- **ausgeübte Wahlrechte und Ermessensspielräume** müssen so angewendet werden, wie es der Käufer in seinem Rechnungswesen vornimmt. Mit der Aufstellung eines gemeinsamen Konzernabschlusses nach der Einheitstheorie, wie sie in § 297 Abs. 3 Satz 1 HGB vertreten wird, beginnt die Pflicht der einheitlichen Bewertung.

Mithin ist es Aufgabe in der Financial Due Diligence das bilanzpolitische Bemühen des Zielunternehmens aufzudecken und zurückzudrehen, um ein unverzerrtes Bild zu erhalten. Dabei kann man davon ausgehen, dass gerade bei Unternehmen, die den Verkauf angestrebt haben, die bilanzpolitischen Möglichkeiten weitestgehend ausgenutzt worden sind, da sie sich vor dem Verkauf besonders positiv darstellen wollen.

Eine besonders wichtige Kennzahl, die zur Beurteilung der Finanzlage des Unternehmens eingesetzt wird ist der **Cashflow**.[302] Dieser hat zum einen den Vorteil, dass ein Großteil der bilanzpolitischen Spielräume eliminiert wird.[303] Der Cashflow ist eine Stromgröße, bei der nicht Aufwendungen und Erträge sondern Einzahlungen und Auszahlungen betrachtet werden. Zahlungsgrößen sind nur diejenigen, die Auswirkungen auf die Position liquide Mittel haben, bei denen also Geld fließt. Wesentliche nicht-zahlungswirksame Aufwendungen sind Abschreibungen, die nur den Werteverzehr einer im Betrieb genutzten Anlage ausdrücken, oder die Bildung von Rückstellungen, bei denen künftige Verpflichtungen, die noch nicht zu Zahlungen führen, vorweggenommen werden. Der Cashflow kann auf direkte Weise ermittelt werden, d.h. aus den Daten des Rechnungswesens werden sofort diejenigen ermittelt, die Zahlungen sind. Bei der indirekten Ermittlung wird von der Gewinn- und Verlustrechnung ausgegangen und diejenigen Aufwendungen und Erträge eliminiert, die nicht zahlungswirksam sind. Ausgangspunkt ist mithin der Jahresüberschuss/-fehlbetrag des Unternehmens. Das folgende Schema (Tabelle 5) ist von der Deutschen Vereinigung für Finanzanalyse und Anlageberatung (DVFA) und der Schmalenbach-Gesellschaft Deutsche Gesellschaft für Betriebswirtschaftslehre entwickelt worden.[304]

---

301 Vgl. *Leckschas, J.:* Pensionsverpflichtungen als Deal Breaker bei Unternehmenstransaktionen?, DB, 64. Jg. (2011), S. 1180.

302 Vgl. *Behringer, S./Lühn, M.:* Cashflow und Unternehmensbeurteilung, 11. Auflage, Berlin 2016.

303 Vgl. *Brösel, G.:* Bilanzanalyse, 13. Auflage, Berlin 2010, S. 137.

304 Vgl. *Kommission für Methodik der Finanzanalyse der DVFA/Arbeitskreis „Externe Unternehmensrechnung" der Schmalenbach-Gesellschaft:* Cashflow nach DVFA/SG, Gemeinsame Empfehlung, WPg, 46. Jg. (1993), S. 599 ff.

	Jahresüberschuss/-fehlbetrag
+	Abschreibungen auf Vermögensgegenstände des Anlagevermögens
-	Zuschreibungen auf Vermögensgegenstände des Anlagevermögens
+/-	Veränderungen der Rückstellungen für Pensionen bzw. anderer langfristiger Rückstellungen
+/-	(erfolgswirksame) Veränderung des Sonderpostens mit Rücklageanteil[305]
+/-	andere nicht zahlungswirksame Aufwendungen/Erträge von wesentlicher Bedeutung
=	Jahres Cashflow
+/-	Bereinigung ungewöhnlicher zahlungswirksamer Aufwendungen/ Erträge von wesentlicher Bedeutung
=	Cashflow nach DVFA/SG

Tabelle 5: Herleitung des Cashflow nach DVFA/SG

Damit kann man den erfolgswirtschaftlichen Cashflow definieren als den Überschuss der regelmäßigen betrieblichen Einzahlungen über die regelmäßigen betrieblichen Auszahlungen. Es sind somit diejenigen liquiden Mittel, die nachhaltig entziehbar sind, also für Auszahlungen an Anteilseigner zur Verfügung stehen. Wir werden im nächsten Kapitel sehen, dass dies auch die relevante Bezugsgröße der Unternehmensbewertung ist.

Neben der vergangenheitsorientierten Analyse sind auch die **Planungsrechnungen** des Zielunternehmens zu plausibilisieren. Die Planung soll „zukünftiges Tathandeln"[306] vorwegnehmen. Es soll ein realistisches Bild der Zukunft des Unternehmens gezeichnet werden, damit künftig notwendige Handlungen identifiziert werden, Probleme aufgedeckt werden können und entsprechend gegengesteuert werden kann. Die Planung wird damit zum wichtigsten Einflussfaktor auf die Unternehmensbewertung. Umso wichtiger ist die Plausibilisierung als Aufgabe der Financial Due Diligence.

In der Planung neigen viele Entscheidungsträger dazu, weiter entfernt liegende Zeitpunkte zu überschätzen. Dieses Phänomen wird als **hockey-stick Effekt** (vgl. Abbildung 17) bezeichnet, da die Grafik einer geplanten Größe eine ähnliche Form annimmt, wie ein Hockeyschläger.

---

[305] Der Sonderposten mit Rücklageanteil darf seit 1. Januar 2010 nicht mehr gebildet werden. In den Abschlüssen von Unternehmen finden sich aber noch Altbestände.

[306] *Kosiol, E.*: Zur Problematik der Planung in der Unternehmung, ZfB, 37. Jg. (1967), S. 79.

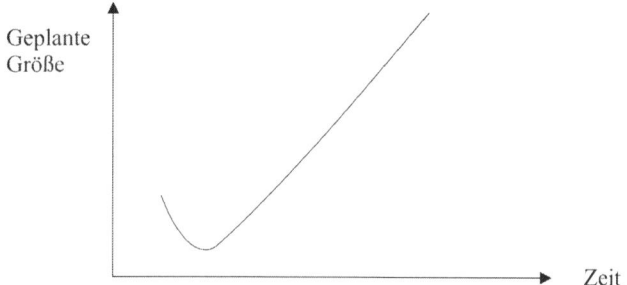

Abbildung 17: Grafische Darstellung des hockey-stick Effekts der Planung[307]

Aufgrund dieses übertriebenen Optimismus, der viele Planungen – vor allem vor dem Hintergrund, dass diese zielorientiert für einen potentiellen Käufer erstellt werden – prägt, sind Plausibilitätsprüfungen vorzunehmen. Einige einfache Fragen, können schon Überoptimismus identifizieren helfen, wie z.B.: Lassen sich die dargestellten Umsätze mit den Produktionskapazitäten, den Annahmen über die Marktgröße und Preisentwicklung überhaupt erreichen? Sind die geplanten Kostenstrukturen überhaupt realistisch, passen sie zu den geplanten Erträgen? Sind alle potentiellen Risiken abgebildet (wie Eintritt neuer Wettbewerber, Substitutionsprodukte, Ablauf von Patenten etc.). Wichtige Erkenntnisse können auch dadurch gewonnen werden, dass die vergangenen Planungen auf ihren Eintritt geprüft werden. Wobei eine Abweichung nicht unmittelbar die Qualität der Planungen in Abrede stellt, da es immer wieder zu ungeplanten Einflüssen kommen kann. Allerdings kann ein ständiges weites Abweichen schon einen Hinweis auf eine nicht sehr hohe Planungsqualität geben.

Case Study: Die gescheiterte Übernahme von Müller Brot durch Kamps

Der deutsche Großbäcker Heiner Kamps wollte 2007 die Unternehmen Müller-Brot, Löwenbäcker und Anker-Brot, die seinem ehemaligen Mitarbeiter Klaus Ostendorf gehörten, übernehmen. Die beiden Parteien waren sich insoweit einig, dass ein Kaufpreis fixiert war und die Übernahme schon öffentlich verkündet war. Im Februar 2007 wurde dann von beiden Seiten verkündet, dass man die Verhandlungen als gescheitert ansehe. Grund war, dass Kamps nicht bereit war, nach der Due Diligence und einer „eingehenden Prüfung der Bücher", den vorher vereinbarten Kaufpreis noch zu bezahlen. Die Großbäckereien blieben bei der Familie Ostendorf und Kamps verzichtete auf das Engagement.

Quelle: *Hoffmann, K.:* Heiner Kamps backt doch nicht im großen Stil, Lebensmittel Zeitung vom 28.12.2007, S. 16.

---

[307]   Vgl. *Behringer, S.:* Konzerncontrolling, 3. Auflage, Berlin u.a. 2018, S. 152.

5.3.4 Tax Due Diligence

Die Tax Due Diligence beschäftigt sich mit den steuerlichen Verhältnissen des Unternehmens und versucht, steuerliche Risiken zu identifizieren. Es gibt direkte Rückwirkungen auf die Financial Due Diligence, weshalb beide teilweise als eine Einheit angesehen werden. Allerdings werden viele Unternehmen die Financial Due Diligence mit eigenen Mitarbeitern durchführen. Dahingegen wird die Tax Due Diligence insbesondere bei Relevanz von ausländischen Steuersystemen mit Hilfe von externen Beratern durchgeführt.

Entscheidend für den notwendigen Umfang der Tax Due Diligence ist, ob es sich bei der geplanten Unternehmenstransaktion um einen Asset oder Share Deal handelt. Bei einem Share Deal muss die Tax Due Diligence vollständig durchgeführt werden. Der Grund liegt darin, dass bei einem share deal, der Käufer die rechtliche Einheit übernimmt, die auch bislang als Steuersubjekt aufgetreten ist. Dieses Steuersubjekt bleibt erhalten, so dass der Erwerber für alle noch nicht verjährten Steuertatbestände die Haftung übernimmt. Anders ist es beim asset deal: Das Steuersubjekt, nämlich die rechtliche Einheit, verbleibt beim Veräußerer.[308]

Bei einem asset deal ist hauptsächlich zu klären, wie mit den übernommenen Vermögensgegenständen steuerlich zu verfahren ist, während beim share deal alle relevanten steuerlichen Fragestellungen soweit das in der zeitlichen Beschränkung einer Due Diligence möglich ist geprüft werden müssen. **Wesentliche Informationsquellen, um diese Prüfung durchführen zu können, sind:**[309]

- Steuererklärungen und Steuerbescheide der letzten drei bis fünf Jahre,
- Jahresabschlüsse und Prüfungsberichte der letzten drei bis fünf Jahre,
- Bericht über die letzte steuerliche Betriebsprüfung. Der Bericht gibt zum einen Hinweis auf eine nächste in Aussicht stehende Betriebsprüfung, zum anderen können hier Hinweise gefunden werden, wie viele Befunde in der Vergangenheit gemacht worden sind.
- Steuerliche relevante Vertrags- und Haftungsverhältnisse wie Gesellschaftsvertrag, Handelsregisterauszüge, Grundbuchauszüge, Gesellschafterbeschlüsse und eventuell andere relevante Verträge,
- Andere steuerlich relevante Unterlagen, wie die Dokumentation von angemessenen Transferpreisen zwischen verbundenen Unternehmen.[310]

Die durch die Tax Due Diligence identifizierten Risiken können in die Unternehmensbewertung einfließen, da dort die Zahlungsgrößen relevant sind, die tatsäch-

---

[308] Vgl. *Sinewe, P./Oelsner, A.:* Ablauf einer Tax Due Diligence, in: Sinewe, P. (Hrsg.): Tax Due Diligence, Heidelberg 2010, S. 25. Vgl. ausführlich zu den steuerlichen Implikationen von asset und share deal Kapitel 8.2 dieses Buches.

[309] Vgl. *Sinewe, P./Oelsner, A.:* Ablauf einer Tax Due Diligence, in: Sinewe, P. (Hrsg.): Tax Due Diligence, Heidelberg 2010, S. 23 f.

[310] Vgl. hierzu *Schoppe, C.:* Tax Compliance, in: Behringer, S.: Compliance kompakt, 4. Auflage, Berlin 2018, S. 168 ff.

lich an die Anteilseigner ausschüttungsfähig sind. Dies sind Größen nach Steuern. Zum anderen kann bei Vorliegen ganz besonderer steuerlicher Risiken ein soge-nannter **deal breaker** identifiziert werden. Ein deal breaker ist ein Risiko, was so groß ist, dass es von dem potentiellen Käufer nicht übernehmen werden kann und dadurch die Transaktion nicht zustande kommt.

Im Normalfall finden die Erkenntnisse der Tax Due Diligence Eingang in eine **Steuerklausel**,[311] die Bestandteil des Unternehmenskaufvertrages wird. Zumeist wird die sogenannte Betriebsprüfungsklausel Bestandteil des Vertrags. Diese bein-haltet, dass der Veräußerer bei der nächsten Betriebsprüfung mitwirken muss und diejenigen Mehrsteuern tragen muss, die aus Ereignissen vor dem Bilanzstichtag resultieren. Diese Klausel verjährt normalerweise zeitgleich mit der Verjährung der Ansprüche des Fiskus.

Bei einem Asset Deal ist insbesondere darauf zu achten, ob die Veräußerung der Vermögensgegenstände umsatzsteuerpflichtig ist oder nicht. Handelt es sich um eine Übertragung eines Geschäftsbetriebs im Ganzen, ist die Transaktion nicht von der **Umsatzsteuer** erfasst (§ 1 Abs. 1a UStG). Sind diese Voraussetzungen nicht erfüllt ist die Transaktion der Umsatzsteuer zu unterwerfen, wobei sich die konkre-te Umsatzbesteuerung nach den Vorschriften für die einzelnen übertragenen Ver-mögensgegenstände richtet (so sind Grundstücke oder Forderungen von der Um-satzsteuer befreit).[312] Um den Verkäufer zu schützen, sollte im Kaufvertrag geregelt sein, dass dieser eine neue Rechnung stellen darf mit Ausweis der Umsatzsteuer, für den Fall, dass eine künftige Betriebsprüfung feststellt, dass die Veräußerung wider Erwarten doch der Umsatzsteuer unterliegt. Geht man vor der Transaktion vom umgekehrten Fall aus, dass Umsatzsteuerschuld besteht und dies wird nach-träglich von einer Betriebsprüfung korrigiert sollte die Rechnung ebenfalls entspre-chend korrigiert werden dürfen.[313]

5.3.5 *Legal Due Diligence*

Die Legal Due Diligence befasst sich mit den Rechtsverhältnissen des Zielunter-nehmens, wobei häufig nach den unternehmensinternen und -externen Rechtsver-hältnissen unterschieden wird.[314] Bei den **unternehmensinternen Rechtsverhält-nissen** geht es primär um die gesellschaftsrechtlichen und vermögensrechtlichen Belange (z.B. Grundbuchauszüge zur Absicherung von Bilanzwerten). In den in-ternen vertragsrechtlichen Belangen stehen insbesondere die Arbeitsverträge als

---

[311] Vgl. *Streck, H./Mack, A.:* Unternehmenskauf und Steuerklausel, BB, 47. Jg. (1992), S. 1398 ff.

[312] Vgl. *Kuntschik, N.:* Ausgewählte Einzelfragen zur Steueroptimierung von M&A Transaktionen, Teil I: Share Deal und Asset Deal, CFL, 2. Jg. (2011), S. 308.

[313] Vgl. *Beisel, D./Klumpp, H.-H.:* Der Unternehmenskauf, 6. Auflage, München 2009, Kapitel 15.

[314] Vgl. *Picot, G.:* Das vorvertragliche Verhandlungsstadium bei der Durchführung von Mergers & Acqui-sitions, in: Picot, G.: Handbuch Mergers & Acquisitions, 4. Auflage, Stuttgart 2008, S. 182 f.

wichtigste Gruppe von unternehmensinternen Verträgen im Mittelpunkt. Besonders wichtig werden die Verträge mit den Mitgliedern der Unternehmensorgane sein.

Bei den **externen Rechtsverhältnissen** werden die Verträge beleuchtet, die das Unternehmen mit Dritten, also Kunden, Lieferanten, Vermietern, Leasinggesellschaften, Kooperationspartnern, etc. abgeschlossen hat.

Neben diesen grundlegenden Fragestellungen können je nach Situation des Zielunternehmens zahlreiche Sondertatbestände relevant werden für die Legal Due Diligence:[315]

– Behördliche Genehmigungen, die eventuell widerrufen werden können;
– Eventuelle Rückzahlungsverpflichtungen für Subventionen, Beihilfen etc.;
– Geführte oder angedrohte Prozesse;
– Nicht ausreichende Abdeckung von Risiken durch Versicherungen;
– Übernommene Bürgschaften, Patronatserklärungen, Garantien;
– Kartellrechtlich relevante Absprachen.

All diesen Sonderthemen ist gemein, dass sie das Zeug dazu haben, einen deal breaker darzustellen. Aus diesem Grund ist davon auszugehen, dass sobald einer der genannten Sachverhalte vorliegt, sich dieses Thema zum besonderen Schwerpunkt der Legal Due Diligence entwickeln wird.

Auch bei der Legal Due Diligence hat die Frage, ob es sich um einen Asset oder Share Deal handelt, Auswirkungen auf den Prüfumfang. Bestimmte Fragen sind bei einem Asset Deal nicht relevant, wie z.B. die meisten der gesellschaftsrechtlichen Strukturen. Allerdings ist beim Asset Deal die Konkretisierung der Kaufgegenstände besonders wichtig, also welche Vermögensgegenstände übertragen werden.

Die Erkenntnisse der Legal Due Diligence finden ihren Niederschlag normalerweise in den Gewährleistungen und Garantien, die Gegenstand des Kaufvertrages sind.

Case Study: Bayer, Monsanto und das Glyphosat

Bayer, der deutsche Chemiekonzern, hat lange gekämpft um den amerikanischen Konzern Monsanto kaufen zu können. Am 7. Juni 2018 war es soweit: Man konnte Monsanto übernehmen. Der Kaufpreis belief sich auf rund 66 Mrd. US-$. Monsanto ist ein Spezialist für genverändertes Saatgut und Pflanzenschutzmittel. Im Mai 2016 hatte Bayer eine erste Offerte über 62 Mrd. US-$ vorgelegt, die das Monsanto Management als zu niedrig abgelehnt hat. Im September 2016 erhöhte Bayer sein Angebot. Außerdem verpflichtete man sich auf eine Zahlung von 2 Mrd. US-$ für den Fall, dass die Kartellbehörden den Zusammenschluss untersagten. Dies war nicht unwahr-

---

[315] Vgl. *Picot, G.:* Das vorvertragliche Verhandlungsstadium bei der Durchführung von Mergers & Acquisitions, in: Picot, G.: Handbuch Mergers & Acquisitions, 4. Auflage, Stuttgart 2008, S. 182 f.

scheinlich, da durch den Kauf der weltweit größte Konzern im Bereich Agrarchemie entstanden ist. Erst im Juni 2018 lagen alle notwendigen Genehmigungen der Kartellbehörden rund um den Globus vor. Der Zusammenschluss wurde vollzogen. Strategisches Ziel des Unternehmens war es mit innovativen Produkten, die Welternährungsproduktion zu unterstützen, so dass man bis 2050 eine Verdopplung der verfügbaren Nahrungsmittel erreicht.

Kurz nach dem Kauf begann eine Klagewelle gegen Monsanto. Anlass war das Pflanzenschutzmittel Roundup, dass den umstrittenen Wirkstoff Glyphosat beinhaltet. Glyphosat steht im Verdacht krebserregend zu sein. Viele Verwender klagten gegen den Hersteller. Meilenstein war das Urteil in San Francisco im August 2018, also unmittelbar nach der Freigabe durch die Kartellbehörden. Das Gericht verurteilte Monsanto zu einer Strafe von 290 Mio. US-$, da man Roundup als ursächlich für die Krebserkrankung des Klägers ansah. Da Monsanto es unterlassen hatte, die Nutzer auf das Risiko hinzuweisen, unterstellte man dem Unternehmen Heimtücke, was die Strafzahlung erhöhte. Neben den Klagen gegen das Produkt Roundup liegen noch andere Klagen vor. Nicht nur die rechtlichen Risiken sind ein Problem für Bayer. Das Negativimage von Monsanto belastet auch die Reputation des zusammengschlossenen Unternehmens. Die Bayer-Aktie stürzte ab, das zusammengeschlossene Unternehmen Bayer war nur noch circa 57 Mrd. EUR an der Börse wert, also gerade etwa soviel wie der Kaufpreis für Monsanto betrug. Die Aktionäre waren außer sich und sorgten für eine Premiere bei einem deutschen DAX-Unternehmen. Dem Bayer-Vorstandsvorsitzenden Werner Baumann wurde auf der Hauptversammlung 2019 die Entlastung verweigert, was aber keine unmittelbaren Folgen für den Vorstand hat, jedoch als eindeutiges Zeichend er Missbilligung der Mehrheit der Aktionäre gewertet werden muss.

Im Nachgang zu der Akquisition wird immer wieder die Frage gestellt, ob die rechtlichen Risiken in einer Legal Due Diligence – die sicherlich stattgefunden hat – falsch eingeschätzt worden sind oder die Risiken zum Zeitpunkt der Due Diligence nicht erkennbar waren. Dies wird sicherlich erst im Nachhinein nach Abschluss aller derzeit anhängigen Verfahren vollständig zu erkennen sein.

Quelle: *Kumar B.R.:* Bayer's Acquisition of Monsanto. In: Wealth Creation in the World's Largest Mergers and Acquisitions. Cham 2019, S. 281 ff.; *o.V.:* Aktionäre verweigern Bayer-Chef Baumann die Entlastung, Manager Magazin Online vom 26. April 2019 (abgerufen am 2.2.20).

5.3.6 *Integrity Due Diligence*

Die Integrity Due Diligence beschäftigt sich mit den **compliancerelevanten Fragestellungen** des Zielunternehmens, also ob das Unternehmen die gesetzlichen und selbst gesetzten Regeln einhält oder nicht („to comply with" bedeutet etwas einhalten). Die Unternehmensintegrität ist in den vergangenen Jahren ein immer wichtigeres Feld geworden, da sowohl die Strafverfolgungsbehörden deutlich den Verfolgungsdruck erhöht haben, die Strafen erhöht worden sind als auch die Öffentlichkeit vielmehr Anteil an wirtschaftskriminellen Handlungen nimmt. Aus diesem Grund etabliert sich die Integrity Due Diligence immer mehr als eigener Bestandteil der Due Diligence. Die gängigen Prüffelder innerhalb einer Integrity Due Diligence sind in Abbildung 18 dargestellt.

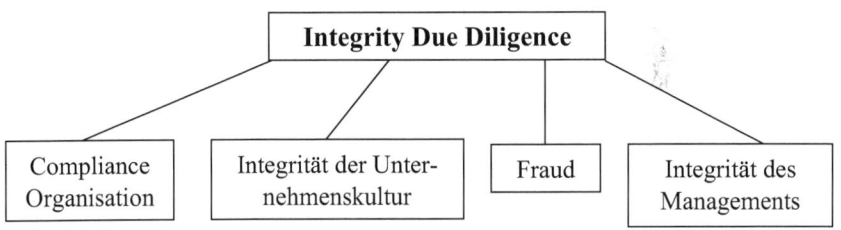

Abbildung 18: Prüffelder einer Integrity Due Diligence[316]

Der Vorstand einer AG oder die Geschäftsführer einer GmbH haben ihr Unternehmen so zu organisieren, dass keine Gesetzesverstöße passieren. Diese Verpflichtung folgt unmittelbar aus den §§ 93 Abs. 1 AktG und 43 Abs. 1 GmbHG. Die Haftung der Unternehmensorgane gegenüber den Gesellschaftern ist in diesem Zusammenhang unbeschränkt. Ob eine Compliance-Organisation vorhanden und wie sie aufgestellt ist, stellt folglich den Ausgangspunkt der Integrity Due Diligence dar. Dabei variiert die angemessene Ausgestaltung der Compliance-Organisation sehr stark nach Unternehmensgröße, Branche, Internationalität und anderen Kriterien.[317] So können **Code of Conducts** und andere geschriebene Unternehmensregeln, Melde- und Beratungsstrukturen für Mitarbeiter, die einen Verstoß eines Kollegen oder Vorgesetzten vermuten bzw. die in Gewissenskonflikten sind und nicht wissen, was sie machen sollen, Gegenstand der Prüfung sein.

Neben den geschriebenen Regeln ist die gelebte Unternehmenskultur von entscheidender Bedeutung (der sogenannte **tone at the top**). Ist die gelebte Unternehmenskultur nicht den Regeln entsprechend, muss jede Compliance-Organisation versa-

---

[316] Vgl. *Behringer, S.:* Integrity Due Diligence – Der Blick in die dunklen Ecken des Unternehmens, M&A Review, o. Jg. (2009), S. 431.

[317] Vgl. zu Beispielen für Compliance-Organisationen *Behringer, S.:* Die Organisation von Compliance in Unternehmen, in: Behringer, S.: Compliance kompakt, 4. Auflage, Berlin 2018, S. 379 ff.

gen.[318] Die meisten Skandale sind durch Fehlverhalt des Top-Managements ausgelöst worden.

Die vorhandene Unternehmenskultur stellt einen wesentlichen Faktor für das Gelingen der Übernahme dar. Wenn eine Unternehmenskultur – unabhängig von den niedergeschriebenen Regeln – bislang wirtschaftskriminelles Verhalten (z.B. Korruption) geduldet oder gar ermutigt hat, kann das ein deal breaker für jede Unternehmensübernahme sein, da auch das gesamte Geschäftsmodell des Unternehmens im Extremfall betroffen sein kann.

Case Study: Ferrostaal

Der arabische Staatsfonds IPIC (International Petroleum Investment Company) aus dem Emirat Abu Dhabi hat 2009 für 490 Mio. EUR eine Mehrheitsbeteiligung an dem Industriedienstleister Ferrostaal übernommen. Ferrostaal gehörte vorher mehrheitlich dem Münchener Mischkonzern MAN (Lastwagen, Busse, Druckmaschinen etc.). MAN blieb mit 30 % weiterhin Minderheitsaktionär an dem Unternehmen. Ferrostaal war als Generalunternehmer beim Großanlagenbau, in letzter Zeit insbesondere bei Anlagen aus dem Bereich erneuerbare Energien, tätig. Der regionale Schwerpunkt lag insbesondere in den Entwicklungsländern.

2009 nach der Übernahme wurde eine große Korruptionsaffäre aufgedeckt. Ferrostaal wurde die systematische Anwendung korrupter Praktiken zur Förderung seines Geschäfts vorgeworfen. Insgesamt sollen 62 Mio. EUR an griechische und portugiesische Amtsträger gezahlt worden sein, um den Verkauf von U-Booten sicherzustellen. Die Taten resultierten aus dem Jahr 2000, also weit vor dem Einstieg von IPIC bei Ferrostaal. Im Dezember 2011 wurden zwei ehemalige Manager von Ferrostaal zu Bewährungsstrafen und das Unternehmen selbst zu einer Strafzahlung von 140 Mio. EUR verurteilt.

IPIC wollte die unliebsame Skandaltochter in Deutschland loswerden und forderte von MAN die Rückabwicklung des Kaufs. Es wurde monatelang gestritten, wer die Folgen der Schmiergeldaffäre zu tragen hat. IPIC argumentierte mit der Verantwortung des alten Mehrheitseigners war aber de jure verantwortlich, da ein share deal durchgeführt wurde mit dem alle Rechten und Pflichten an den neuen Mehrheitseigner übergingen. IPIC weigerte sich allerdings, die restlichen 30 % der Anteile zu übernehmen.

Im Dezember 2011 stimmte dann MAN der erneuten Übernahme der Ferrostaal Anteile zu. Für 350 Mio. EUR kaufte man die Anteile zurück, um sie dann direkt an das Hamburger Handelsunternehmen MPC für 160 Mio.

---

[318] Vgl. für eine Übersicht *Schwartz, M.S./Dunfee, T.W./Kline M.J.:* Tone at the top. An Ethics Code for Directors?, Journal of Business Ethics, 58. Jg. (2005), S. 79 ff.

EUR weiterzureichen. Der deutlich gesunkene Weiterveräußerungspreis zeigt zum einen den Reputationsschaden, den Ferrostaal inzwischen erlitten hat, aber zum anderen auch die Schwierigkeiten das einstige Geschäftsmodell von Ferrostaal ohne Korruption fortzusetzen. So wurde im Dezember 2011 angekündigt, dass jeder vierte der ca. 700 Mitarbeiter in der Konzernzentrale ihren Arbeitsplatz verlieren würde. Außerdem wurde ein deutlich negatives Betriebsergebnis für 2011 vorhergesagt. MAN nahm den aus dieser Transaktion resultierenden Verlust auch deshalb in Kauf, weil der schwelende Streit mit IPIC die Übernahme durch den Volkswagen Konzern verhinderte, der ein Interesse insbesondere an der Sparte Lastwagen und Motoren hatte. Mit der Rückabwicklung konnte dieses Hindernis aus dem Weg geräumt werden.

Quellen: *o.V.:* Überraschungscoup – Industriedienstleister Ferrostaal wird weitergereicht, VDI Nachrichten, Nr. 48 vom 2.12.2011, S. 4; *o.V.:* MAN kauft Anteile an Ferrostaal zurück, Spiegel online vom 28.11.2011, www.spiegel.de/wirtschaft/unternehmen/0,1518,800266,00.html (abgerufen am 24. April 2012).

Ein weiteres Prüffeld ist die Suche nach **Fraud**. Fraud hat sich als Sammelbegriff für alle wirtschaftskriminellen Handlungen in Unternehmen etabliert.[319] Fraud umfasst Korruption, Vermögensschäden, Manipulation der Rechnungslegung, Diebstahl, Unterschlagung, etc. Zum Auffinden muss mit den gängigen Methoden des forensischen Accountings, was systematisch die Daten der Rechnungslegung auf Hinweise zu Fraud untersucht zurückgegriffen werden. Daneben sollte man sich vergangene Fälle von Wirtschaftskriminalität ansehen und insbesondere wie das Unternehmen mit ihrer Aufklärung umgegangen ist. Wird jede wirtschaftskriminelle Handlung im Unternehmen zur Anzeige gebracht, so ist das ein Hinweis auf eine starke Compliance-Kultur, die Schutz bietet gegen künftige Verstöße und einen Hinweis auf eine gut funktionierende Aufklärung in der Vergangenheit, so dass auch aus vergangenen Ereignissen die Risiken überschaubar sein sollten. Dabei sollte in einer Due Diligence auch der Hintergrund des Managements beleuchtet werden, insbesondere wenn das Führungsteam beibehalten werden soll.

Besondere Vorsicht ist geboten, da in der Übernahmephase die Wahrscheinlichkeit von wirtschaftskriminellen Handlungen steigt.[320] Dies kann man auf drei Ursachen zurückführen:

1. Die Aufklärung wird verstärkt. Durch die Due Diligence und die Prüfung des Unternehmens durch Externe werden Delikte aufgedeckt, die sonst unentdeckt bleiben würden. Diese Delikte dürfen nicht in jedem Fall als Indiz für eine

---

[319] Vgl. *Hülsberg, F./Feller, S./Parsow, C.:* Anti Fraud Management, ZRFC, 2. Jg. (2007), S. 204.
[320] Vgl. *Lange, J.-U.:* Wirtschaftskriminalität in Übernahme- und Restrukturierungsphasen, ZRFC, 2. Jg. (2007), S. 71.

schlechte Compliance-Organisation gewertet werden, da es in jedem Unternehmen ein Dunkelfeld gibt, die erst durch den Blick von außen aufgehellt werden kann.

2. Die Gelegenheit zu Fraud wird größer, da viele Mitglieder des Top-Managements, die sonst Überwachungsaufgaben erfüllen, sich mit der Unternehmenstransaktion befassen und damit die Kontrolle laxer wird.

3. Es können Mitarbeiter eher verleitet sein, eine Begründung für Fraud zu finden, da sie sich ungerecht behandelt fühlen können. Eine Unternehmensübernahme kann Karrierepläne zunichtemachen, so dass sich betroffene Mitarbeiter durch wirtschaftskriminelle Handlungen ihren vermeintlich verdienten Lohn holen, den sie auf legale Weise nicht erhalten können.

Die Integrity Due Diligence schützt das Unternehmen zum einen vor Haftung, zeigt zum anderen aber auch Gefahren in der künftigen Zusammenarbeit auf und gibt Hinweise, wie diese Gefahren eingedämmt werden können.

5.3.7 *Environmental Due Diligence*

Bei Unternehmen des verarbeitenden Gewerbes, insbesondere, wenn sie mit umweltgefährdenden Stoffen umgehen, ist in jedem Falle eine Environmental Due Diligence angezeigt. Sie soll die **umweltrelevanten Risiken und Probleme** erfassen und bewerten, die von einem Standort ausgehen.[321] Die Environmental Due Diligence muss immer dann durchgeführt werden, wenn Immobilien übernommen werden, die eventuell belastet sein könnten. Ist die vergangene Nutzung unklar, so muss eine Nutzungsrecherche durchgeführt werden, die zumindest das Risiko eingrenzt. Neben einer Legalitätsprüfung, ob die regionalen Normen eingehalten werden, muss auch eine technische Analyse stattfinden, ob die eingesetzten Anlagen dem Stand der Technik genügen oder nicht. Hier können Ersatzinvestitionen notwendig werden, die den Erwerber belasten und folglich bei der Unternehmensbewertung berücksichtigt werden müssen.[322] Es empfiehlt sich auch die Suche nach verdeckten Umweltgefahren (Altlasten), die eine Bildung von Rückstellungen erfordern, und potentiellen neuen Umweltrisiken (wie z.B. bei erwarteten Gesetzesänderungen, absehbaren Änderungen der öffentlichen Meinung), die die zukünftige Geschäftspolitik beeinflussen können.

Zu beachten ist, dass die Environmental Due Diligence sich keinesfalls auf eine Prüfung der Unterlagen im Data Room beschränken darf. Es ist zwingend notwendig, dass der Standort des Unternehmens besichtigt und die Anlagen, die Lagerstätten etc. einer Sichtprüfung unterzogen werden.

---

[321] Vgl. *Pföhler, M./Herrmann, M.:* Grundsätze zur Durchführung von Umwelt Due Diligence, WPg, 50. Jg. (1997), S. 628 ff.

[322] Vgl. *Peemöller, V.H./Reinel-Neumann, B.:* Corporate Governance und Corporate Compliance im Akquisitionsprozess, BB, 64. Jg. (2009), S. 208.

Bei Unternehmen nicht umweltgefährdender Branchen kann sich die Environmental Due Diligence hingegen häufig erübrigen.

Case Study: Clariant und Ciba

Die beiden Schweizer Chemiekonzerne Clariant und Ciba, beide sehr stark im Geschäft mit Spezialchemikalien, hatten im November 1998 ihre Fusion für den 1. Januar 1999 verkündet. Die CEOs der beiden Aktiengesellschaften sagten, dass die Fusion aufgrund der strategischen und industriellen Logik durchgeführt werden muss. Man ging davon aus, dass sich die beiden Unternehmen ideal ergänzten und sie nach der Fusion deutlich effizienter und stärker sein könnten. Nur einen Monat später stoppten beide Unternehmen ihre Pläne und nahmen die öffentlich gemachten Ankündigungen zurück. In der Due Diligence wurden „Geschäfts- und Finanzrisiken, rechtliche und kartellrechtliche Risiken sowie Einschränkungen in Bezug auf die Transaktion und die Zukunft des fusionierten Unternehmens sichtbar." Der Vorstandsvorsitzende von Ciba verzichtete nach diesem Desaster nach über 30 Jahren im Unternehmen auf seine Position und trat zurück. Es zeigt sich, dass die Due Diligence nicht nur eine Pflichtübung ist. Auch wenn die beiden Unternehmen in diesem Fall die deal breaker nicht öffentlich benannt haben, so war es doch offensichtlich, dass Erkenntnisse der Due Diligence zu dieser öffentlichen Absage geführt haben. Normalerweise wird das Scheitern durch die Due Diligence nicht öffentlich gemacht, sondern wird verschwiegen.

Quelle: *Rietmann, M.:* Jeder Merger setzt einen Informationsaustausch voraus, Handelszeitung vom 16.12.1998.

5.3.8   Due Diligence Report

Aus der Entstehungsgeschichte der Due Diligence wird deutlich welch große Bedeutung der Dokumentation der Ergebnisse zukommen muss. Die erforderliche Sorgfalt bei den Handlungen, die zu einer Akquisitionsentscheidung geführt haben, ist notwendig, um sich nachher exkulpieren zu können, wenn sich zeigt, dass die Akquisition nicht erfolgreich war. **Die Dokumentation ist – wenn schon einige Zeit seit der Transaktion vergangen ist – die Möglichkeit die erforderliche Sorgfalt zu belegen.** Dabei ist darauf zu achten, dass beteiligte externe Berater ebenfalls versuchen werden, sich vor Haftung zu schützen.[323] Aus diesen Gründen muss man vorsichtig sein, dass der eigentlich wichtige Inhalt nicht vor lauter aus rein juristischen Gründen gewählten Formulierungen verschwindet. In jedem Falle

---

[323] Vgl. *Jäger, A./Campos Nave, J.A.:* Praxishandbuch Corporate Compliance, Weinheim 2009, S. 356.

aber ist zu beachten, dass der Due Diligence Report als Abschlussbericht der Due Diligence so aufgebaut ist, dass er auch nach einiger Zeit noch nachvollziehbar ist.

Während der Due Diligence werden Arbeitspapiere von eigenen Mitarbeitern und externen Beratern erstellt. Die Arbeitspapiere sind die Originale, die während des eigentlichen Due Diligence Reports von den Teammitgliedern erstellt werden. Sie sollten aufbewahrt werden, um im Konfliktfall als Beweismittel zur Verfügung zu stehen. Insbesondere werden externe Berater auch versuchen, sich mithilfe der Arbeitspapiere gegen eine Haftung zu erwehren.

Regelmäßig und insbesondere bei besonderen Vorkommnissen, insbesondere bei **deal breakern**, müssen Memoranden von der Projektleitung der Due Diligence erstellt werden und die unmittelbar an die Entscheidungsträger des Auftraggebers der Due Diligence kommuniziert werden. Diese müssen darüber befinden, ob es sich in der Tat um einen deal breaker handelt oder ob das mit einer Situation verbundene Risiko bewusst eingegangen werden soll. Handelt es sich nach Meinung des Managements um einen deal breaker ist es nicht notwendig die Due Diligence fortzusetzen, was eigene Ressourcen schont und externe Beraterkosten senkt.

Am Ende der Due Diligence sollte ein Report erstellt werden, der von der Leitung des Due Diligence Teams zusammengestellt wird und die Berichte über die einzelnen Teilbereiche beinhaltet. Vorangestellt wird eine Executive Summary, in der die wesentlichen Funde während der Prüfung kurz, knapp und prägnant zusammengefasst werden. Danach folgen neben einem deskriptiven Teil in dem sowohl die Durchführung der Due Diligence als auch die gesellschaftsrechtlichen Grundlagen des Zielunternehmens beschrieben werden, die ausführlichen Berichte aus den einzelnen Teilen der Due Diligence. Belege, die helfen, die Schlussfolgerungen nachzuvollziehen, sollten im Anhang angefügt werden. Werden die Berichte von internen Mitarbeitern des potentiellen Käufers erstellt, so schließt der Bericht häufig mit einer Empfehlung ab, ob die Transaktion aus Sicht des Projektteams durchgeführt werden soll oder nicht. Wird die Due Diligence durch Externe geleitet, so fehlt diese Empfehlung meistens.

5.3.9   *Vendor Due Diligence und Reverse Due Diligence*

Die Vendor Due Diligence ist eine Due Diligence, die **vorausschauend durch den Verkäufer über das Zielunternehmen beauftragt bzw. durchgeführt wird**.[324] Ausgangspunkt ist der Verkaufswunsch für das Unternehmen. Die Vendor Due Diligence ermöglicht es, ein Dokument zu erstellen, das eine unabhängige Einschätzung durch Wirtschaftsprüfer, Rechtsanwälte oder andere Berater gibt. Damit kann der Verkäufer an potentielle Käufer herantreten, die damit eine erste unab-

---

[324]   Vgl. ausführlich *Weiser, M.F.:* Vendor Due Diligence: Ein Instrument zur Verbesserung der Verhandlungsposition des Verkäufers im Rahmen von Unternehmenstransaktionen, FB, 5. Jg. (2003), S. 593 ff.

hängige Grundlage haben, einzuschätzen, ob die Transaktion für sie überhaupt und wenn ja zu welchem Preis sinnvoll ist. Das Instrument wird insbesondere bei Verkäufen im Wege der Auktion eingesetzt. Es dient der Überwindung der asymmetrischen Informationsverteilung zwischen Käufer und Verkäufer.

Inhalt einer Vendor Due Diligence sind insbesondere die Bereiche Tax, Legal und Finance. Werden Finanzinvestoren angesprochen, die sich nicht mit dem Marktumfeld des Zielunternehmens auskennen, so ist auch die Market Due Diligence Bestandteil der Prüfung. Der Due Diligence Report ähnelt dann einem Business Plan, wie er Venture Capital Investoren vorgelegt wird, beim Bemühen um eine erste Finanzierung einer Idee.

Dem Auftraggeber einer Vendor Due Diligence gibt sie die Möglichkeit im Vorfeld des Kaufprozesses, potentielle Schwierigkeiten zu erkennen.[325] Dies kann im Verhandlungsprozess, der häufig sehr stark vom Käufer getrieben ist, deutliche Vorteile mit sich bringen. Häufig ist insbesondere ein mittelständisches Unternehmen sonst nicht richtig auf die Befunde des Käufers vorbereitet und gerät durch diese in eine schwache Verhandlungsposition. Dem kann mit dem proaktiven Vorgehen entgegengewirkt werden. Dabei werden sich die externen Berater, die hierbei eingesetzt werden normalerweise von der Haftung für ihre Aussagen freistellen lassen (hold harmless letter). Aber auch ohne diese Haftung ist es ein Einstieg in Gespräche, der ohne Vendor Due Diligence nicht möglich wäre.

Zu unterscheiden von der Vendor Due Diligence ist die **Reverse Due Diligence oder Sellers Due Diligence.** Hier ist der Untersuchungsgegenstand das kaufende Unternehmen.[326] Auftraggeber ist der potentielle Verkäufer, der geprüft haben will, ob der Käufer in der Lage sein wird, den Kaufpreis vollständig und pünktlich zu bezahlen. Dabei kann sich die Kaufpreiszahlung über längere Zeiträume, beispielsweise bei Abschluss eines Earn-outs (vgl. hierzu ausführlich das Kapitel 7.2.2) erstrecken, so dass die langfristige Perspektive des Käufers geprüft werden muss.

5.4   Unternehmensbewertung

Die Phase der Unternehmensbewertung wird benötigt, um die **Wertvorstellungen der beiden Transaktionspartner** zu entwickeln. Sie wird individuell von potentiellem Käufer und Verkäufer durchgeführt. Der Wert eines Unternehmens entspricht dem Nutzen, den es für ein Individuum spendet. Der Nutzen bemisst sich i.d.R. im Wesentlichen aus den Entnahmen, die von den beteiligten Personen in Konsum

---

[325] Vgl. *Weilep, V./Dill, M.:* Vendor Due Diligence bei der Private-Equity-Finanzierung mittelständischer Unternehmen, BB, 63. Jg. (2008), S. 1946.

[326] Vgl. *Weiser, M.F.:* Vendor Due Diligence: Ein Instrument zur Verbesserung der Verhandlungsposition des Verkäufers im Rahmen von Unternehmenstransaktionen, FB, 5. Jg. (2003), S. 594.

umgesetzt werden können.[327] Dabei ist der Wert, der ein Individuum dem Unternehmen, was man als eine spezielle Gesamtheit von Gütern und Rechten auffassen kann,[328] beimisst unterschiedlich und abhängig von den Möglichkeiten, die ein Individuum hat. Daraus ergibt sich, dass die Unternehmensbewertung getrennt für beide potentiellen Transaktionsparteien durchgeführt werden muss. Das Ergebnis der Bewertung, in deren Prozess insbesondere die Erkenntnisse der vorgelagerten Due Diligence eingehen werden, ist naturgemäß auch unterschiedlich für die beiden Parteien.

Der Wert ordnet den Nutzenströmen, die ein Unternehmen erbringt, Maße der Vorziehenswürdigkeit zu. Dies wird im Rahmen der Unternehmensbewertung in Geldeinheiten vorgenommen. Aus Vereinfachungsgründen konzentriert man sich auch auf die Geldströme, die das Unternehmen erwirtschaftet und die dann von dem Käufer und Verkäufer in Konsum umgesetzt werden können.

Für die Unternehmensbewertung werden i.d.R. Wirtschaftsprüfer, Steuerberater und spezialisierte Unternehmensberater eingesetzt. Große Unternehmen, Investmentbanken oder Finanzinvestoren, die regelmäßig Unternehmenstransaktionen durchführen, haben eigene Abteilungen mit Experten in diesem Thema. Der Themenkomplex Unternehmensbewertung wird in Kapitel 6 ausführlich dargestellt.

5.5   Preisverhandlungen

Haben beide Parteien ihre Unternehmensbewertungen durchgeführt, kommen sie zusammen und steigen in die Verhandlungen ein. **In der Verhandlung wollen sich die Parteien auf einen Preis einigen.**

Dabei ist deutlich zu unterscheiden zwischen den beiden Größen Wert und Preis. Preise sind in Geld bezifferte Tauschwerte und bilden sich auf Märkten oder in Verhandlungen. Für Unternehmen, die individuelle Zusammenstellungen von Gütern und Rechten darstellen, gibt es normalerweise keine Marktpreise.[329] Preise für Unternehmen sind Ergebnis eines Verhandlungsprozesses zwischen potentiellem Käufer und Verkäufer. In diesem Prozess versuchen beide Parteien, das für sie günstigste Ergebnis zu erreichen: Der Käufer will einen möglichst niedrigen Preis, der Verkäufer einen möglichst hohen Preis. Das Ergebnis der Verhandlung, also der Preis, ist damit auch nicht nur als Ergebnis von ökonomischen Erwägungen zu

---

[327] Dies setzt die Abwesenheit von metaökonomischen Zielen voraus, die aber gerade im Mittelstand eine größere Rolle spielen können. Vgl. *Behringer, S.:* Unternehmensbewertung der Klein- und Mittelbetriebe, 5. Auflage, Berlin 2012, S. 183 ff.

[328] Vgl. *Bretzke, W.-R.:* Zur Berücksichtigung des Risikos bei der Unternehmensbewertung, ZfbF, 28. Jg. (1976), S. 153.

[329] Bei börsennotierten Unternehmen gibt es zwar einen Marktpreis für einen Anteil, dieser ist aber i.d.R. verschieden von dem Gesamtwert des Unternehmens. Vgl. *Behringer, S.:* Börsenkurs als Bewertungsmaßstab bei der Abfindung von Minderheitsaktionären, Betrieb und Wirtschaft, 54. Jg. (2000), S. 463 ff.

interpretieren. Hier spielen auch psychologische, taktische oder strategische Überlegungen eine gewichtige Rolle.

Wenn auch **Wert und Preis unterschiedliche Kategorien bezeichnen**, so gibt es dennoch einen Zusammenhang zwischen beiden. Ein rationaler Verkäufer eines Unternehmens ist nur bereit, dem Verkauf zuzustimmen, wenn er den ausgehandelten Preis höher bewertet als das Eigentum an dem Unternehmen. Umgekehrt ist ein rationaler Käufer nur bereit, die Transaktion einzugehen, wenn er das Eigentum an dem Gut höher bewertet als den vereinbarten Preis.[330] Lässt man die Kosten der Transaktion (Berater, Notar etc.) außer Acht, lautet die Bedingung für einen Kauf:

(5.1) $W_K \geq P$

mit: W_K = Wert, den der Käufer dem Unternehmen zumisst

          P = Preis des Unternehmens

Umgekehrt ist die Bedingung für den Verkauf eines Unternehmens:

(5.2) $W_V \leq P$

mit: W_V = Wert, den der Verkäufer dem Unternehmen zumisst

Ein rational handelndes Wirtschaftssubjekt muss sich also vor der Transaktion über den Wert, den er einem Gut beimisst, klarwerden. Der Wert stellt den Grenzpreis dar, bei dem sich die Transaktion gerade noch lohnt. Wird der Wert durch den vereinbarten Preis unterschritten (aus Verkäufersicht) bzw. überschritten (aus Käufersicht), darf ein rational handelnder Entscheidungsträger die Transaktion nicht durchführen. Eine Transaktion wird nur stattfinden, wenn der Wert, den der Verkäufer dem Gut zumisst, nicht über dem Wert aus Sicht des Käufers liegt.[331]

Formal lautet die Bedingung für das Zustandekommen einer Transaktion folglich:

(5.3) $W_V \leq W_K$.

Der Wert ist zwar ein Faktor, der in die Preisbildung eingeht. Er ist aber regelmäßig vom Preis verschieden, wenn sie übereinstimmen ist es Zufall. Ein gutes Verhandlungsergebnis liegt möglichst weit unter (aus Käufersicht) bzw. über dem Wert (aus Verkäufersicht), der die Grenze der Kompromissbereitschaft darstellt. Ziel einer Verhandlung muss es daher sein, möglichst nahe an den Wert zu kommen, den der Kontrahent dem Gut beimisst und damit seinen eigenen Vorteil zu maximieren.

---

[330] Vgl. *Kraus-Grünewald, M.:* Gibt es einen objektiven Unternehmenswert? Zur besonderen Problematik bei Unternehmenstransaktionen, BB, 50. Jg. (1995), S. 1839; *Moxter, A.:* Valuation of a Going Concern, in: Handbook of German Business Management, Bd. 2, herausgegeben von Grochla, E./Gaugler, E. et al., Stuttgart 1990, Sp. 2434.

[331] Vgl. *Schmidt, R.:* Der Sachzeitwert als Übernahmepreis bei der Beendigung von Konzessionsverträgen, Kiel 1991, S. 9.

Um dies zu erreichen, gibt es eine Reihe von Verfahren und Variationsmöglichkeiten in der Verhandlung, die in Kapitel 7 in diesem Buch ausführlich dargestellt werden.

5.6 Signing and Closing

Neben dem Preis, der allerdings häufig Hauptkriterium und wesentlicher Verhandlungsgegenstand ist, gibt es noch andere Sachverhalte, die in einer Verhandlung thematisiert und ausgehandelt werden. Sind die Verhandlungen beendet und beide Parteien haben sich geeinigt, so werden zwei Schritte unterschieden: **Das Signing bezeichnet die Unterzeichnung des Kaufvertrages durch Käufer und Verkäufer.** Dies ist der Moment, in dem die volle schuldrechtliche Wirkung der Unternehmenstransaktion eintritt.[332] Zu unterscheiden davon ist das **Closing, dies ist der Stichtag an dem der Übergang vollzogen wird**, der i.d.R. am oder nach dem Signing liegt, wobei eine wirtschaftliche Rückwirkung z.B. zum Anfang eines bestimmten Geschäftsjahres von den Parteien vereinbart werden kann.

Der Umfang und Aufbau des Kaufvertrages richtet sich danach, ob es ein Asset oder Share Deal ist. Beim Asset Deal werden die einzelnen Bestandteile, die übertragen werden, nach dem Grundsatz der Bestimmtheit genau benannt (Aufstellung aller Vermögensgegenstände). Da die Vermögenslage des Unternehmens stark schwanken kann, muss der Tag an dem die Übergabe stattfindet genau festgelegt werden.[333] Anders ist es beim Share Deal. Hier werden die Anteile an der Gesellschaft übertragen. Dadurch ergibt sich, dass die Verträge beim Asset Deal schnell sehr umfangreich werden können, da jeder einzelne Vermögensgegenstand im Anhang benannt werden muss, was beim Share Deal nicht der Fall ist.

Des Weiteren wird in dem Vertrag zur Unternehmenstransaktion geregelt, wie der Kaufpreis zu bezahlen ist (Betrag, Termin, das Bankkonto und die Zahlungsweise wird bezeichnet). Separat wird häufig die Aufteilung der Kosten des Vertragsschlusses geregelt (Notariatskosten, etc.), wobei die eigenen Beraterkosten meist selbst von jeder Partei getragen werden. Normalerweise wird zudem eine Vollständigkeitserklärung hinsichtlich der nachgefragten Unterlagen verlangt, so wie eventuelle Modalitäten für den Rücktritt vom Verkauf. Daneben müssen Regelungen getroffen werden, wie in der Zeit zwischen Signing und Closing verfahren wird. Hier liegt i.d.R. die Unternehmensführung weiterhin bei dem Verkäufer. Der Käufer will aber durch ein Vetorecht bzw. durch Mitwirkungspflichten sicherstellen, dass in dieser Zeit keine Aktionen gegen seinen Willen durchgeführt werden können. Weiterhin werden meist Regelungen über einen Rücktritt und zu Änderungen der vertraglichen Regelungen vereinbart.

---

[332] Vgl. *Glaum, M./Hutzschenreuter, T.*: Mergers & Acquisitions, Stuttgart 2010, S. 184 f.
[333] Vgl. *Jansen, S.A.*: Mergers & Acquisitions, 6. Auflage, Wiesbaden 2016, S. 361.

Wichtiger Bestandteil und unmittelbares Ergebnis der Erkenntnisse der Due Diligence sind die **Zusicherungen und Garantien**, die in den Vertrag aufgenommen werden. Sinnvolle Zusicherungen in einem Vertrag sind insbesondere die Folgenden:[334]

- Sämtliche bekannten Risiken sind durch Rückstellungen im Jahresabschluss abgesichert.
- Die Pensionsrückstellungen sind soweit es nach bilanziellen und steuerlichen Vorschriften zulässig ist vollständig dotiert.
- Alle bilanzierten und andere im Eigentum der Gesellschaft stehenden Vermögensgegenstände befinden sich auch in ihrem Eigentum.
- Es wird nicht in die Rechte Dritter eingegriffen (Patente, Lizenzen, etc.).
- Auflagen von behördlicher Seite sind erfüllt, den Anforderungen von Kunden wird Rechnung getragen.
- Die Unterlagen, die im Rahmen der Due Diligence oder sonst während des Akquisitionsprozesses weiteregegeben worden, sind korrekt und vollständig und geben die aktuelle Situation des Unternehmens wieder.
- Steuern, Sozialversicherungen und sonstige Verpflichtungen wurden entsprechend der gesetzlichen Bestimmungen abgeführt.

Daneben werden diese allgemein als sinnvoll erachteten Garantien durch individuelle ergänzt, die direkt Erkenntnisse aus der Due Diligence in vertragliche Vereinbarungen umsetzen.

Die Garantien und die Regelungsbereiche können noch deutlich größer sein, insbesondere dann, wenn der Verkäufer Garantien abgeben muss, dass bestimmte Kennzahlen oder andere Größen zu einem bestimmten Stichtag bestehen. Diese Garantien können das Risiko des Käufers reduzieren und auf den Verkäufer übertragen. Viele Verkäufer sind trotzdem bereit diese Regeln zu akzeptieren, da sie dadurch einen höheren Kaufpreis realisieren können.[335] Auf diese Regelungen wird in Kapitel 7 noch vertiefend eingegangen.

Es ist gängige Praxis, dass sich Unternehmenskäufer ihre potentiellen Haftungsansprüche mit einer **Bankgarantie** absichern lassen. Die Garantie ist nicht explizit gesetzlich geregelt. Der Garant steht für einen bestimmten Erfolg ein, hier die Zahlung der garantierten Summe. Die Garantie wird auf einen bestimmten Prozentsatz des vereinbarten Kaufpreises beschränkt. Dies ist insbesondere dann angeraten, wenn der Verkäufer eine natürliche Person ist, die sich aus dem Geschäftsleben zurückzieht. Wird die Bankgarantie auf erstes Anfordern ausgestellt, so zahlt die Bank auf Anforderung des Käufers, ohne auf eventuelle Einwände des Verkäufers eingehen zu müssen. Dies ist möglich, da die Bankgarantie unabhängig von der

---

[334] Vgl. *Humpert, F.W.:* Unternehmensakquisition – Erfahrungen beim Kauf von Unternehmen, DBW, 45. Jg. (1985), S. 30 ff. mit eigenen Ergänzungen.

eigentlichen Schuld ist (Abstraktheit der Garantie).[336] Wird auf die „erste Anforderung" verzichtet, ist die Durchsetzung der Ansprüche für einen Käufer meistens schwierig, insbesondere wenn der Verkäufer andere als unternehmerische Interessen verfolgt.

Sind Ausländer Vertragspartei bzw. hat das Kaufobjekt seine Vermögensgegenstände überwiegend im Ausland, so muss noch eine Klausel zum anwendbaren Recht und zum Gerichtsstand vereinbart werden. Dabei ist zu beachten, dass nach § 38 ZPO eine Gerichtsstandsvereinbarung nur unter Kaufleuten, nicht aber mit Privatleuten wirksam vereinbart werden kann. Die Vereinbarung verhindert, dass eine Vertragspartei unter mehreren potentiell zuständigen Gerichten das für sich günstigste Gericht auswählt.[337] Insbesondere bei grossen Transaktionen wird häufig eine Schiedsgerichtsvereinbarung getroffen. Diese haben den Vorteil, dass sie nichtöffentlich tagen, häufig mit Wirtschaftsexperten besetzt sind und ihre Entscheidung in der ersten Instanz rechtsgültig treffen, was sich freilich auch als Nachteil entpuppen kann.

In angelsächsischer Begrifflichkeit, die sich inzwischen auch in Deutschland durchgesetzt hat, bezeichnet das Closing den Zeitpunkt des Übergangs der eigentlichen Leitungsbefugnis vom Verkäufer auf den Käufer. Ab diesem Zeitpunkt liegt die unternehmerische Verantwortung bei dem Käufer.[338] Zu diesem Zeitpunkt werden auch die notwendigen rechtlichen Handlungen vollzogen, damit die Übergabe durchgeführt werden kann. Im Gegenzug wird auch der Kaufpreis (soweit nicht Ratenvereinbarungen oder Earn-outs vorgesehen sind) durch den Käufer geleistet. Teilweise kann es notwendig sein, dass bestimmte Vermögensgegenstände zu anderen Zeitpunkten als dem Closing übertragen werden. Dies kann insbesondere bei Grundstücken der Fall sein, da diese erst ab dem Grundbucheintrag rechtswirksam übertragen sind.[339]

Aus praktischen Überlegungen empfiehlt es sich insbesondere bei Share Deals, das Closing auf den Bilanzstichtag festzulegen. An diesem Tag wird eine Inventur durchgeführt, die Bilanz aufgestellt und auch ein steuerlicher Abschluss aufgestellt, so dass es eine klare Trennung der Einflusssphären von Käufer und Verkäufer gibt.[340]

---

[335] Vgl. auch *Semler, F.-J.:* Der Unternehmens- und Beteiligungskaufvertrag, in: Hölters, W.: Handbuch des Unternehmens- und Beteiligungskaufs, 2. Auflage, Köln 1989, S. 375 ff.

[336] Vgl. *Hartmann-Wendels, T./Pfingsten, A./Weber, M.:* Bankbetriebslehre, 4. Auflage, Heidelberg u. a. 2007, S. 171.

[337] Vgl. *Veltins, M.A.:* Die Ausgestaltung des Kaufvertrags, in: Blum, U. et al.: Vademecum für Unternehmenskäufe, Wiesbaden 2018, S. 82.

[338] Vgl. *Jansen, S.A.:* Mergers & Acquisitions, 6. Auflage, Wiesbaden 2016, S. 361.

[339] Vgl. *Glaum, M./Hutzschenreuter, T.:* Mergers & Acquisitions, Stuttgart 2010, S. 185.

[340] Vgl. *Jansen, S.A.:* Mergers & Acquisitions, 6. Auflage, Wiesbaden 2016, S. 361.

Häufig muss aus praktischen Erwägungen heraus der **Vertrag unter Vorbehalt** abgeschlossen werden. Ein Vorbehalt kann die Zustimmung der Aufsichtsgremien oder je nach Gesellschaftsvertrag auch der Gesellschafter- bzw. Hauptversammlung sein. Daneben liegt zum Zeitpunkt des Signing häufig nicht das Ergebnis einer etwaigen kartellrechtlichen Prüfung vor. Dies kann den endgültigen Vollzug der Transaktion insbesondere dann deutlich hinauszögern, wenn eine kartellrechtliche Genehmigung in vielen verschiedenen Ländern erwirkt werden muss. Hier müssen die Entscheidungsträger der an der Unternehmenstransaktion beteiligten Parteien abwägen, wie hoch die Wahrscheinlichkeit ist, dass die aufschiebende Bedingung eintritt und sie von daher das Closing erst zu einem Zeitpunkt durchführen, wenn alle Bedingungen erfüllt sind. Eine Rückabwicklung ist in jedem Fall schwierig, kann je nach Grad der Integration sogar horrende Kosten verursachen.

Bei Transaktionen mit amerikanischen Partnern ist es üblich, dass zwischen Signing und Closing durch den Käufer das Vorhandensein bestimmter Sachverhalte (Meilensteine von Projekten, Werthaltigkeit von Aktiva, etc.) geprüft wird. Dann wird in einer Post Acquisition Due Diligence geprüft, ob die erwarteten Sachverhalte vorhanden sind. Ist dies nicht der Fall, so wird der Kaufpreis entsprechend gekürzt.[341] Diese aus dem amerikanischen Rechtsraum stammende Praxis wird inzwischen auch in Deutschland durch sogenannte **MAE- und MAC-Klauseln** in Verträgen angewendet. MAE steht für material adverse effects, MAC für material adverse changes. Dies sind wesentliche nachteilige Veränderungen, die zwischen Signing und Closing entstehen und praktisch einen Wegfall der Geschäftsgrundlage darstellen, von der der potentielle Käufer noch bei der Vertragsunterzeichnung ausgegangen war. Nach amerikanischen Recht wären diese Veränderungen durch den Käufer zu tragen. Die MAE und MAC Klauseln korrigieren dies und verschieben die Verantwortung in bestimmten genau definierten Fällen an den Verkäufer.

Aus Verkäufersicht ist es von entscheidender Bedeutung genau zu definieren, wann dieser wesentliche Fall eingetreten ist (z.B. durch eine Vereinbarung welche monetären Folgen durch ein materielles, also wesentliches, Ereignis entstehen müssen).[342] Tritt der definierte nachteilige Zustand ein, so kann der Käufer entweder vom Vertrag zurücktreten, Minderung des Kaufpreises verlangen, Schadensersatz erhalten oder eine andere vorher vereinbarte Folge kann eintreten.

Gängige Praxis ist es, dass die wirtschaftliche Wirkung der Akquisition zurückwirkt, z.B. auf den Beginn des Geschäftsjahres in der das Signing stattgefunden hat. Dies hat dann aber lediglich schuldrechtliche, nicht dingliche Wirkung zur Folge. Verkäufer erhalten auf diese Weise die Möglichkeit, ihre Bilanz frühzeitig anders zu gestalten, z.B. in einer Art und Weise wie es Investoren von ihnen erwarten.

---

[341] Vgl. *Jansen, S.A.:* Mergers & Acquisitions, 6. Auflage, Wiesbaden 2016, S. 362.

[342] Vgl. *Kindt, A./Stanek, D.:* MAC-Klauseln in der Krise, BB, 65. Jg. (2010), S. 1490.

5.7 Zeitlicher Rahmen für Akquisitionsprojekte

Wie viel Zeit für ein Akquisitionsprojekt benötigt wird ist von vielen Faktoren abhängig. Eine vom Verkäufer schlechter vorbereitete Due Diligence wird mehr Zeit erfordern als eine sehr gut vorbereitete. Wenn etwas gefunden wird, was nicht sofort klar ist oder Unterlagen für die Unternehmensbewertung fehlen, wird auch mehr Zeit aufgewendet werden müssen. Vielfach finden Akquisitionsprozesse auch unter Zeitdruck statt, gerade wenn es mehrere Kandidaten während einer Auktion gibt oder für einen bestimmten Zeitraum Exklusivität zwischen den Parteien vereinbart worden ist. Von daher sind generelle Aussagen über den notwendigen Zeitablauf schwierig. Abbildung 19 ist somit nur als grober Richtwert zu verstehen, der in der Praxis sich deutlich anders darstellen kann.

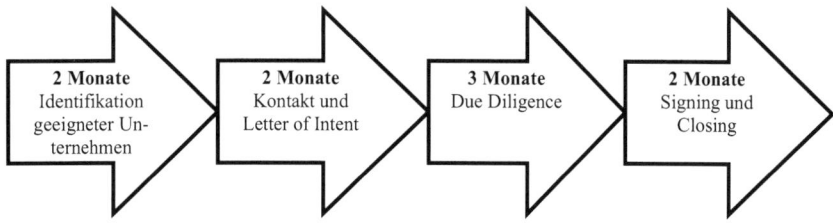

Abbildung 19: Zeitlicher Rahmen für ein Akquisitionsprojekt[343]

Im Anschluss steht die **Post Merger Integration** an, die Integration des akquirierten Unternehmens in die Strukturen des Käufers. Diese Phase gehört nicht mehr zur eigentlichen Unternehmenstransaktion. Dennoch ist der Post-Merger Integration besondere Aufmerksamkeit zu schenken, da zahlreiche Studien belegen, dass Fehler in dieser Phase häufig die Ursache für das letztendliche Scheitern der Übernahme sind.[344] Auf die Phase der Post-Merger Integration wird in Kapitel 9 ausführlich eingegangen.

Weiterführende Lektüre

Eine prozessuale Herangehensweise an Unternehmenstransaktionen bietet der Herausgeberband von Balz und Arlinghaus (2014) an. Dieses für den Praktiker auf dem Feld der Mergers & Acquisitions geschriebene Werk zeigt die wesentlichen hier genannten Phasen, wobei Unternehmensbewertung und Verhandlung nur am Rande behandelt werden. Das deutschsprachige Standardwerk auf dem Gebiet der Due Diligence ist der von Berens et al. herausgegebene Band „Due Diligence bei Unter-

---

[343] Vgl. *Helbling Corporate Finance AG:* Management Letter Due Diligence, Zürich 2007, S. 5.

[344] Vgl. *Bark, C./Kötzle, A.:* Erfolgsfaktoren der Post-Merger-Integrations-Phase, FB, 5. Jg. (2003), S. 138 f.

nehmensakquisitionen" (2013), der in theoretischen und praktischen Beiträgen die ganze Bandbreite des Themas abdeckt.

Balz, U./Arlinghaus, O.: Praxisbuch Mergers & Acquisitions, 4. Auflage, Landsberg/Lech 2014.

Berens, W./Brauner, H.U./Strauch, J.: Due Diligence bei Unternehmensakquisitionen, 7. Auflage, Düsseldorf 2013.

6 Unternehmensbewertung

Lernziele

– Die Unternehmensbewertung ist einer der Kernbestandteile bei einer Unternehmenstransaktion. In diesem Kapitel lernen Sie, was eine Unternehmensbewertung leisten kann und was nicht.
– Sie lernen die Unterscheidung von Wert und Preis kennen. Die Kölner Funktionenlehre wird als Paradigma für die Anwendung der Unternehmensbewertung vorgestellt. Des Weiteren erörtern wir, wie man die Situation bei einer Unternehmensbewertung systematisiert.
– Sie lernen die gängigen Verfahren der Unternehmensbewertung mit ihren Annahmen, den zugrundeliegenden Theorien und ihren Vor- und Nachteilen kennen. Dies sind die Substanzwertverfahren, das Ertragswertverfahren, die DCF-Verfahren und Multiplikatorverfahren.
– Daneben kennen Sie am Ende dieses Kapitels die steuerlichen Rahmenbedingungen, innerhalb derer sich die Unternehmensbewertung bewegt. Sie bekommen einen Einblick in die Besonderheiten der Unternehmensbewertung, wenn eine Partei die Unternehmenstransaktion durchsetzen kann und wenn sich die Unternehmenstransaktion im internationalen Rahmen vollzieht.
– Am Ende dieses Kapitels können Sie das Ertragswertverfahren auf kleinere Bewertungsfälle anwenden und Bewertungsgutachten beurteilen.

6.1 Die Stellung der Unternehmensbewertung im Akquisitionsprozess

Die Unternehmensbewertung kann im Akquisitionsprozess an mehreren Stellen stattfinden. So ist es üblich, dass sich ein potentieller Käufer bei der Auswahl der verschiedenen Übernahmekandidaten eine grobe Vorstellung vom Wert der potentiellen Akquisitionsobjekte macht. Nach der Due Diligence und vor der Verhandlungsphase gibt es dann eine genaue, die Erkenntnisse der Due Diligence verarbeitende Unternehmensbewertung, die in der Preisverhandlung genutzt wird. Eine Unternehmensbewertung wird sowohl durch den Käufer als auch durch den Verkäufer aufgestellt und zwar – wie im Folgenden gezeigt wird – getrennt voneinander.

Die Unternehmensbewertung ist eine der zentralen und wichtigsten Elemente im Akquisitionsprozess. Mit den analytisch ermittelten Werten gehen die beiden Parteien in eine Preisverhandlung, in der die Wertvorstellungen von Käufer und Verkäufer der Maßstab sind, ob die Parteien das Verhandlungsergebnis annehmen oder nicht. Der erzielte Preis hat aber eine überragende Bedeutung für den Erfolg der Unternehmenstransaktion. Für den Käufer wird die Unternehmenstransaktion scheitern, wenn er zu viel bezahlt, was darauf beruhen kann, dass er dem Unternehmen einen zu hohen Wert zugemessen hat. Für den Verkäufer ist es ein schlechtes Geschäft, wenn er das Unternehmen zu einem zu niedrigen Preis verkauft hat, der auf einer zu niedrigen Unternehmensbewertung beruhte. Hier gibt es viele Fälle, in denen der Veräußerungserlös für das Unternehmen die Basis der späteren Altersversorgung ist.[345] Damit ist es notwendig, genügend Geldmittel durch den Verkauf zu erwirtschaften, um den erwünschten Ruhestand in Wohlstand zu verbringen.

Die Unternehmensbewertung liefert dabei allerdings nur den Maßstab, ob ein Verhandlungsergebnis angenommen werden sollte oder nicht. Ob der ermittelte Wert überhaupt realisiert werden kann oder nicht, steht auf einem anderen Blatt und hängt stark von der konkreten Situation ab. So ist ein Verkäufer, der mehrere Kaufangebote hat, in einer anderen Situation als ein Unternehmer, der aufgrund einer Notlage verkaufen muss. Im letzteren Fall spielt die Unternehmensbewertung teilweise keine Rolle, da der Verkäufer darauf angewiesen ist, jedes Angebot anzunehmen, um überhaupt eine Gegenleistung für sein Unternehmen zu bekommen.

6.2   Wert und Preis eines Unternehmens

Die Frage nach dem Wert von Unternehmen stellt sich in mehreren betriebswirtschaftlichen Fragestellungen. Gemein ist diesen Fragestellungen, dass sie in besonders wichtigen Situationen für das Unternehmen auftreten: Kauf oder Verkauf, Erbschaft oder Schenkung, Umwandlung des Unternehmens in eine andere Rechtsform, Ausschluss bzw. Abfindung von Minderheitsgesellschaftern. Dabei ist die Bestimmung eines Unternehmenswertes ein schwieriges Unterfangen: Es gibt keine objektiv ablesbaren Werte, wie sie für andere Güter, die z. B. an der Börse gehandelt werden, sehr wohl existieren. Unternehmen, deren Aktien an der Börse notiert sind, werden zwar täglich mit einem Marktpreis bewertet. Allerdings bezieht sich dieser Marktpreis lediglich auf einen Anteil an dem Unternehmen, nicht auf die mehrheitliche Übernahme der Kontrolle über das ganze Unternehmen. Es existiert folglich kein Marktpreis für Unternehmen. Dies liegt daran, dass Unternehmen individuelle und komplexe Güterbündel sind.[346]

Der Begriff „Wert" ist vieldeutig. Er drückt die numerische Ausprägung einer Variablen aus, aber auch die Grundlagen eines Gemeinwesens, wie sie z. B. im Grundgesetz der Bundesrepublik Deutschland niedergelegt sind (die Grundwerte des Staates).[347]

---

[345] Vgl. *Rick, J.:* Bewertung und Abgeltungskonditionen bei der Veräußerung mittelständischer Unternehmen, Berlin 1985, S. 49.

[346] Vgl. *Münstermann, H.:* Wert und Bewertung des Unternehmens, 3. Auflage, Wiesbaden 1970, S. 11.

[347] Vgl. *Bretzke, W.-R.:* Wertbegriff, Aufgabenstellung und formale Logik einer entscheidungsorientierten Unternehmensbewertung, ZfB, 35. Jg. (1975), S. 497.

Der betriebswirtschaftliche Wert eines Gutes drückt den **Nutzen** aus, den das Gut für ein Wirtschaftssubjekt spendet. Der Nutzen beruht auf der Fähigkeit, Bedürfnisse des Wirtschaftssubjektes zu befriedigen. Der wirtschaftliche Wert ist mithin ein Wirkungswert, das Gut wird bewertet durch seine Fähigkeit, Mittel zur Erfüllung eines außerhalb seines selbst liegenden Zweckes zu sein.

Im Fokus: Der Nutzen in der Ökonomie

Der Begriff „Nutzen" spielt in den Wirtschaftswissenschaften eine überragende Rolle. Volkswirtschaftlich geht es darum, Methoden zu ermitteln und eine Politik zu betreiben, die den gesamtwirtschaftlichen Nutzen maximieren. In der Betriebswirtschaftslehre werden Methoden angewandt, die die nutzenoptimale Handlungsalternative herausfinden sollen oder wie bei der Kosten-Nutzen Analyse sicherstellen sollen, dass die Kosten geringer sind als der Nutzen. Nicht einfach ist jedoch festzulegen, was Nutzen überhaupt ist. Der tschechische Ökonom Tomas Sedlacek schreibt in seinem Bestseller „Die Ökonomie von Gut und Böse": „In der Flut der ganzen mathematischen Definitionen und Beweise haben unsere `strengen` Lehrbücher aber leider vergessen, zu definieren, was der Begriff Nutzen bedeutet." (S. 280, mit Hervorhebungen im Original). Sedlacek untersucht die wenigen Definitionsversuche, die es in der Literatur gibt und kommt zu einer Tautologie: „Nutzen gewinnt der Einzelne durch Aktivitäten, die den Nutzen steigern" (S. 281).

Damit folgt Sedlacek der Cambridge Ökonomin Joan Robinson (1903–1983), die in ihrem Buch „Economic Philosophy" dem Nutzen eine unüberwindliche Zirkularität attestiert. Sie schreibt, das Nutzen dafür sorgt, dass Menschen Güter kaufen wollen. Auf der anderen Seite zeigt die Tatsache, dass Menschen ein Gut kaufen wollen, dass es nutzenstiftend ist. Aufbauend auf den Werken des englischen Ökonomen Alfred Marshall kommt sie zu dem Schluss, dass Nutzen den Wunsch nach etwas ausdrückt und nicht die Befriedigung durch ein Gut. Nehmen wir Wasser, was für das Leben absolut notwendig aber vergleichsweise billig ist, und vergleichen es mit Diamanten, die i. d. R. keine lebensnotwendige Funktion haben, aber vergleichsweise teuer sind. Menschen haben einen besonderen Wunsch nach Diamanten. Während Wasser, wenn das Grundbedürfnis gestillt ist, nicht mehr so stark gewünscht ist (hier greift das Prinzip des Grenznutzens, also der Nutzen einer weiteren Einheit eines Gutes – dort wo Wasser selten ist und die Menschen jeden Liter brauchen, um nicht zu verdursten, ist der Grenznutzen hoch, dort wo Wasser im Überfluss vorhanden ist, ist der Grenznutzen nur gering).

Dies ist nur wenig erhellend und für eine Methodologie wie die Unternehmensbewertung, die einen Entscheidungsträger bei der Entscheidungsfindung unterstützen will, ganz und gar unbefriedigend. Die Entscheidungsunterstützung kann nur gelingen, wenn vorher klar wird, was Nutzen für das Individuum bedeutet, dem bei der Entscheidungsfindung geholfen werden soll. Die Methoden der Unternehmensbewertung reduzieren den Nutzen auf den Zufluss von Geldmitteln, die dann in Konsum umgesetzt werden können. Allerdings greift diese Nutzendefinition häufig zu kurz. Man muss auf das Wünschen abstellen und Wünsche können andere Ausprägungen annehmen als Geldmittel. Mit einer Unternehmenstransaktion will sich ein Entscheidungsträger den Traum von der Selbständigkeit erfüllen, ein Verkäufer eines Unternehmens, will unbedingt sein Lebenswerk sichern und den Unternehmensnamen erhalten wissen oder ein angestellter Manager will durch den Zukauf eines anderen Unternehmens seinen Einflussbereich ausdehnen und mehr Macht gewinnen. All dies spricht dafür, dass der Zufluss von Geldmitteln beileibe nicht der einzige Nutzen einer Unternehmenstransaktion ist. Diesen nicht unmittelbar in Geld ausgedrückten Nutzen zu bemessen ist schwierig, da er häufig nicht quantifizierbar ist und manchmal auch nicht offenbart wird (z.B. ist das Ziel „Macht" sozial nicht sehr anerkannt). Um richtige Entscheidungen zu unterstützen, ist es aber für die Unternehmensbewertung entscheidend zu wissen, was genau den Nutzen stiftet.

Quellen: *Robinson, J.:* Economic Philosophy, Chicago 1962 (Nachdruck 2009), S. 47 ff.; *Sedlacek, T.:* Die Ökonomie von Gut und Böse, München 2012, S. 280 ff.

Wert hat nur eine Bedeutung in Verbindung mit einem Menschen und ist abhängig von den Vorstellungen dieses Individuums.[348] Der Wert drückt den Beitrag eines Gutes zur Befriedigung der Bedürfnisse dieses bestimmten Individuums aus. Daraus folgt, dass der Wert für ein und dasselbe Gut von Person zu Person unterschiedlich sein kann. Aber auch für ein und dieselbe Person kann der Wert variieren. Dies lässt sich an folgendem Beispiel illustrieren: Ein Liter Wasser hat an einer fließenden Quelle zwar die gleiche Tauglichkeit, Durst zu löschen, wie in der Wüste. Dennoch wird die gleiche Person den Wert des Wassers anders beurteilen, wenn es das letzte Trinkwasser bei einer Wüstenreise ist oder wenn es sich um einen von vielen Litern Trinkwasser in einem fruchtbaren Gebiet handelt. Den Wert eines Gutes kann man daher als vierstellige Relation auffassen: Es hat für Person A am Ort B im Zeitpunkt C den Wert X.[349]

---

[348] Vgl. *Fishburn, P.C.:* Decision and Value Theory, New York 1964, S. 2.
[349] Vgl. *Chmielewicz, K.:* Forschungskonzeptionen der Wirtschaftswissenschaften, 3. Auflage, Stuttgart 1994, S. 44.

Auch Unternehmen werden, wie Güter, für den Nutzen erworben, den sich der Erwerber von ihnen verspricht.[350] Der Nutzen besteht in den finanziellen Überschüssen, die dieses Unternehmen erwirtschaftet und an die Anteilseigner ausschüttet. Diese Überschüsse können dann zum privaten Konsum verwendet werden und tragen somit zur Befriedigung der Bedürfnisse des Wirtschaftssubjekts bei.

Der Wert eines Gutes wird aber nicht nur durch Zahlungsströme determiniert. Auch **nicht-monetärer Nutzen** hat positive oder negative Auswirkungen auf den Wert eines Gegenstandes. So kann der Nutzen eines Gemäldes durch das Vergnügen des Erwerbers bestimmt werden, welches er beim Betrachten verspürt. Bei der Bewertung von Unternehmen sind ebenfalls nicht-monetäre Nutzenströme wichtig. So wollen mittelständische Unternehmer bei einem Verkauf ihres Unternehmens Arbeitsplätze erhalten oder einen bestimmten Standort sichern. Dies muss auch bei der Unternehmensbewertung berücksichtigt werden, da der Verkäufer in diesem Falle auch einen Nutzen aus dem Erhalt der Arbeitsplätze zieht.

Der Prozess der Bewertung ordnet den verschiedenen Nutzenströmen eines Gutes ein Maß der Vorziehenswürdigkeit zu. Im Rahmen der Unternehmensbewertung ist dies regelmäßig die Bezifferung des Nutzens durch einen Geldbetrag. Der Bewertungsvorgang ist also ein technischer Prozess, in dem Ziele der Beteiligten in Geldwerten ausgedrückt werden.

Von dem Begriff „Wert" zu unterscheiden ist der Begriff „Preis". Preise sind in Geld bezifferte Tauschwerte und bilden sich in Verhandlungen oder auf Märkten. Für Unternehmen gibt es regelmäßig keine Marktpreise. Preise für Unternehmen sind Ergebnis eines Verhandlungsprozesses, in dem Käufer und Verkäufer versuchen, ein für sich besonders günstiges Ergebnis zu erzielen. Dieser Verhandlungsprozess wird durch ökonomische, aber auch taktische und psychologische Faktoren beeinflusst.

Der Anspruch Marktpreise administrativ zu ermitteln muss historisch als widerlegt gelten. Die Zentralverwaltungswirtschaften der sozialistischen Regime haben versucht, mit analytisch ermittelten Preisen über ihre Wirtschaftspläne die Volkswirtschaften zu steuern. *Hayek* hat diese Praxis bereits früh als **„Anmaßung von Wissen"** bezeichnet.[351] Da keine Institution das gesamte relevante Wissen über Knappheiten und Entwicklungen zentralisieren kann, war seiner Meinung nach die Zentralverwaltungswirtschaft von Anfang an zum Scheitern verurteilt. Auch die Unternehmensbewertung sollte sich hier in Demut üben und den Anspruch, Preise analytisch zu ermitteln, ad acta legen. Die Verhandlungssituationen über individuelle Güter, wie sie Unternehmen darstellen, sind viel zu komplex, um sie theoretisch nachbilden zu können.

---

[350] Vgl. *Bretzke, W.-R.*: Zur Berücksichtigung des Risikos bei der Unternehmensbewertung, ZfbF, 28. Jg. (1976), S. 153.

[351] Vgl. *von Hayek, F. A.*: Die Anmaßung von Wissen, ORDO, 26. Jg. (1973), S. 12 ff.

Im Fokus: Wie man versucht hat, Preise analytisch zu ermitteln

In der DDR gab es ein Staatliches Amt für Preise, das sich mit der Administration von Preisen befasst hat. Der Preis war in den sozialistischen Volkswirtschaften ein Instrument zur Wirtschaftslenkung. Unterschieden wurden Festpreise, für ein bestimmtes Erzeugnis mit bestimmter Qualität, der genau eingehalten werden mussten. Festpreise galten insbesondere für Güter des täglichen Bedarfs, die einen großen Abnehmerkreis hatten. Kalkulationspreise wurden von den Herstellern selbst festgelegt, wobei eine staatlich festgelegte Kalkulationsgrundlage Verwendung finden musste, in denen die angefallenen Kosten die größte und wichtigste Rolle spielten. Einzig bei Einzelanfertigungen oder bei Lieferungen ins Ausland spielten sogenannte Vereinbarungspreise eine Rolle. Auch hier war die Basis ein kalkulierter Preis, auf dessen Basis dann Käufer und Verkäufer einen Preis abstimmten.

Das Kernstück für die Preissetzung war das folgende Grundschema für die Kalkulation:

1 Direkte technologische Kosten

2 + indirekte technologische Kosten

3 = technologische Kosten

4 + Abteilungsleitungskosten

5 = Abteilungskosten

6 + Beschaffungskosten

7 + Betriebsleitungskosten

8 = Produktionsselbstkosten

9 + Absatzkosten

10 = Gesamtselbstkosten

11 + zulässiger Gewinn

12 = Betriebspreis

Um vom Betriebspreis zum Industrieabgabepreis zu kommen wurde entweder eine produktgebundene Abgabe aufgeschlagen (z.B. auf Fernsehgeräte oder andere Elektrogeräte) oder eine produktgebundene Preisstützung abgezogen (z.B. auf Kartoffeln, Brot und Fleisch). Auf den Industrieabgabepreis wurden dann noch Spannen für Einzel- und Großhandel aufgeschlagen. Mit den Auf- und Abschlägen sollte eine Verteilungswirkung erzielt werden und insbesondere das tägliche Leben billig gehalten werden. Preisveränderungen bedurften eines komplizierten Abstimmungsprozesses, in das viele verschiedene Ministerien einbezogen waren, so dass sich Preise nur selten veränderten.

Die Planwirtschaft war nicht in der Lage, obwohl es Versuche insbesondere von sowjetischen Wissenschaftlern gab, ein Preissystem analytisch zu ermitteln, welches die Knappheitsgrade und -relationen der einzelnen Güter wirklich darstellte. Es fehlte an den Informationen über die Verbrauchswünsche und andere wirtschaftliche Rahmenbedingungen. Hinzu kam, dass die Fehleinschätzung von Planungsbehörden direkt enorme Folgen für die gesamte Volkswirtschaft hatten während die Fehleinschätzung eines Unternehmens, das seine Preis zu hoch oder zu niedrig setzt, zwar große Folgen für das Unternehmen hat, aber die Volkswirtschaft nur am Rande negativ beeinflusst. Die Informationsverarbeitung durch Preise, die sich am Markt bilden, wurde in den sozialistischen Volkswirtschaften nicht genutzt. Die analytische Planung scheiterte an zu hoher Komplexität, mangelnder Information und der darunter leidenden Motivation, die noch durch die mangelnde Möglichkeit zum sozialen Aufstieg verstärkt wurde.

Nach dem Zusammenbruch der DDR und der meisten anderen Staaten mit sozialistischem Wirtschaftssystem in den Jahren 1989 bis 1990, muss der Versuch, Preise analytisch ermitteln zu können, als historisch widerlegt gelten. Umso erstaunlicher ist, dass im Bereich der Unternehmensbewertung es noch viele Autoren gibt, die den Anspruch haben, Marktpreise mit Rechenmethoden zu ermitteln. Beispielhaft sei ein Zitat genannt, in dem offensichtlich die Demut fehlt, sich auf tatsächlich Erreichbares zu beschränken:

Die Unternehmensbewertung führt „im Hinblick auf die Fokussierung nur auf finanzielle Aspekte (Barwertkalkül) und wegen der vielen subjektiven Annahmen und Einflussmöglichkeiten allenfalls zu richtigen internen Werten (Werte hinter der vorgehaltenen Hand), nicht aber zu extern kommunizierbaren marktnahen Werten zur Überzeugung eines Gerichts oder eines Verhandlungspartners." (*Barthel, C.W.:* Unternehmenswert: Das Problem der Scheingenauigkeit, DB, 63. Jg. (2010), S. 2236).

Quellen: *Gutmann, G.:* Volkswirtschaftslehre. Eine ordnungstheoretische Einführung, 3. Auflage, Stuttgart 1990, S. 177 ff.; *Lombino, M./Fischer, O.:* Grundlagen der Volkswirtschaftslehre, in: Fischer, O.: Volkswirtschaftslehre für Bankfachwirte, Wiesbaden 2010, S. 14 ff.

6.3   Funktionen der Unternehmensbewertung

6.3.1   Hauptfunktionen der Unternehmensbewertung

Unternehmensbewertungen müssen auf die zugrundeliegende Fragestellung bezogen sein. Vor jeder Bewertung muss die zu beantwortende Fragestellung genau definiert werden, um die korrekte Bewertungskonzeption zur Lösung der Fragestellung festzustellen. Dies bezeichnet man als **Zweckadäquanzprinzip**.[352] Um dem Adressaten das Verständnis des Bewertungsgutachtens zu ermöglichen, muss der Gutachter die zugrunde liegende Fragestellung zu Anfang des Gutachtens darlegen (**Zweckdokumentationsprinzip**).

Die Betriebswirtschaftslehre hat die wichtigsten Fragestellungen für die Unternehmensbewertung in Haupt- und Nebenfunktionen eingeordnet und Bewertungskonzeptionen für diese entwickelt.

Der Gutachter erstellt Bewertungen in verschiedenen Funktionen. In jeder Funktion muss der ermittelte Wert seinem spezifischen Zweck genügen. Daher wird auch der errechnete Wert von Funktion zu Funktion variieren. Den objektiven Unternehmenswert, der zum Unternehmen gehört wie die Farbe zu einem Gegenstand, gibt es nicht. Die folgenden Ausführungen folgen der **Kölner Funktionenlehre**, wie sie über Jahrzehnte an der Universität zu Köln entwickelt wurde. Sie ist eine Synthese der über Jahre diskutierten Werttheorien, der subjektiven und objektiven Wertkonzeptionen.[353]

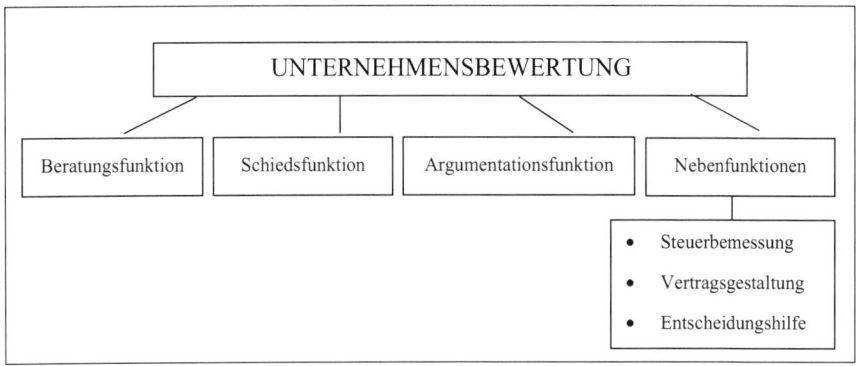

Abbildung 20: Funktionen der Unternehmensbewertung nach der Kölner Funktionenlehre

6.3.1.1 Beratungsfunktion

Wird der Gutachter in der Beratungsfunktion tätig, ist er Berater einer Partei, die an einer Unternehmenstransaktion Interesse zeigt. Es ist Aufgabe des Gutachters, die Grenze der Konzessionsbereitschaft eines Mandanten zu ermitteln, also den Grenzpreis, der bei Abschluss der Transaktion gerade noch zu einem ökonomisch vorteilhaften Ergebnis führen würde. Diese Wertkonzeption wird als **Entscheidungs-**

---

[352] Vgl. *Moxter, A.:* Grundsätze ordnungsmäßiger Unternehmensbewertung, 2. Auflage, Wiesbaden 1983, S. 5 f.

[353] Vgl. zur Entwicklung und Abgrenzung der verschiedenen Werttheorien *Behringer, S.:* Unternehmensbewertung der Mittel- und Kleinbetriebe, 5. Auflage, Berlin 2012, S. 59 ff.

wert bezeichnet.[354] Der Gutachter liefert seinem Mandanten mit dem Entscheidungswert die Entscheidungsgrundlage für die zugrunde liegende Fragestellung, typischerweise Kauf oder Verkauf eines Unternehmens. Der Mandant entscheidet anhand des Entscheidungswertes, ob er das erzielte Verhandlungsergebnis noch tragen kann oder nicht. Damit wird wiederum der Unterschied zwischen Wert und Preis hervorgehoben: Der Entscheidungswert wird analytisch ermittelt, während der Preis als Vergleichsmaßstab für die Vorteilhaftigkeit aus einem Verhandlungsprozess resultiert.

Außerdem gilt der Entscheidungswert nur für einen bestimmten Mandanten. Mit anderen Worten muss der Entscheidungswert dem **Grundsatz der Subjektivität** genügen. Der Wert ergibt sich, wie ausgeführt, aus dem Nutzen, den ein Unternehmen für den Entscheidungsträger stiftet. Der realisierbare Nutzen ist abhängig von Wollen und Können des Individuums, für das der Unternehmenswert ermittelt wird.[355] Entscheidungstheoretisch ausgedrückt muss der Unternehmenswert das Zielsystem und das Entscheidungsfeld des Entscheidungsträgers berücksichtigen. Das Entscheidungsfeld enthält die Handlungsmöglichkeiten des potentiellen Erwerbers bzw. Veräußerers. Das Zielsystem enthält das für die Unternehmensbewertung relevante Wertesystem der Entscheidungsträger.[356] Aus Gründen der Praktikabilität wird bei der Unternehmensbewertung meist das alleinige Ziel der Gewinnmaximierung unterstellt.

Ziele können nur in der Zukunft realisiert werden, so dass die Bewertung des Unternehmens zukunftsbezogen sein muss (**Grundsatz der Zukunftsbezogenheit**). Den Käufer interessieren nur Zahlungen, die tatsächlich an ihn fließen. Zahlungsströme fließen erst mit Vollzug der Transaktion, also zukünftig.

Das Unternehmen wird als Einheit betrachtet, eine Interpretation des Unternehmens als Summe von Einzelwerten ist inadäquat (**Grundsatz der Bewertungseinheit**). Bei der Unternehmensbewertung liegt ein Fall der nichtlinearen Additivität vor,[357] das Unternehmen hat als lebende Einheit einen anderen Wert als bei der Aufspaltung in Einzelteile. Dieser Gedanke entspricht dem *Aristotelischen* Satz: „Das Ganze ist etwas anderes als die Summe seiner Teile."[358] Der Grundsatz der Bewertungseinheit bedeutet aber auch, dass nur die komplette Übernahme des Eigenkapitals betrachtet wird. Minderheitsanteilseigner haben keine Kontrolle über das Unternehmen, Mehrheitsanteilseigner können sich Vorteile auch zu Lasten der

---

[354] Vgl. *Matschke, M.J.:* Einige grundsätzliche Bemerkungen zur Ermittlung mehrdimensionaler Entscheidungswerte der Unternehmung, BFuP, 45. Jg. (1993), S. 2.

[355] Vgl. *Sieben, G.:* Der Entscheidungswert in der Funktionenlehre der Unternehmensbewertung, BFuP, 28. Jg. (1976), S. 497.

[356] Vgl. *Sieben, G./Schildbach,* T.: Betriebswirtschaftliche Entscheidungstheorie, 4. Auflage, Düsseldorf 1994, S. 162 ff.

[357] Vgl. *Barthel, C.W.:* Handlungsalternativen bei der Abgrenzung von Bewertungseinheiten, DStR, 32. Jg. (1994), S. 1323.

[358] *Aristoteles:* Hauptwerke, Stuttgart 1977, S. 126.

Minderheitsgesellschafter verschaffen. Aus diesem Grund werden Minderheitsanteile mit einem Abschlag, Mehrheitsanteile mit einem Aufschlag gehandelt, durch die sich der Gesamtwert des Unternehmens aber nicht verändert.

Der Entscheidungswert dient der Beratung einer Partei. Er darf der Gegenseite nicht bekannt gegeben werden (Grundsatz der Nichtbekanntgabe von Entscheidungswerten).[359] Wüsste die Gegenseite den Entscheidungswert, könnte sie die Einigung zum Grenzpreis erreichen und damit ihr optimales Verhandlungsergebnis herausholen. Dies ist so, da es sich hier um die Grenze der Kompromissbereitschaft einer Seite handelt. Folglich ist dies der beste Preis (also der höchsterreichbare aus Verkäufersicht bzw. der niedrigste aus Käufersicht), bei dem noch eine Einigung möglich ist.

Der Entscheidungswert wird idealtypisch durch einen Investitionsvergleich ermittelt. Das Bewertungsprogramm, in dem die optimale Handlungsmöglichkeit mit Unternehmenstransaktion enthalten ist, wird mit dem Vergleichsprogramm der optimalen Handlungsmöglichkeit ohne die Unternehmenstransaktion verglichen. Der Entscheidungswert entspricht dem Preis, bei dem sich die Unternehmenstransaktion gemessen am Vergleichsprogramm gerade noch lohnt.[360]

6.3.1.2 Schiedsfunktion

Wird der Gutachter in der Schiedsfunktion tätig, hat er die Aufgabe, einen **Schiedswert** zu ermitteln, der allen Parteien gerecht wird und einen vernünftigen, d.h. für alle Seiten akzeptablen, Kompromiss ergibt. Der Gutachter vermittelt zwischen den gegensätzlichen subjektiven Wertvorstellungen der Parteien.[361] Auftraggeber für ein Schiedsgutachten können die beteiligten Parteien selbst sein, aber auch ein Gericht, vor dem der Bewertungskonflikt ausgetragen wird.

Ausgangspunkt einer Schiedsbewertung sind die Entscheidungswerte der beiden Konfliktparteien (Grundsatz der Berücksichtigung der Entscheidungswerte).[362] Der Gutachter kann von keiner Partei ein irrationales Verhalten verlangen, was einen Schiedswert über dem Entscheidungswert des Käufers bzw. unter dem Entscheidungswert des Verkäufers ausschließt. Die Entscheidungswerte der beiden Parteien determinieren den **Transaktionsbereich**, innerhalb dessen eine Einigung möglich ist, mit dem Entscheidungswert des Verkäufers als Untergrenze und dem Entscheidungswert des Käufers als Obergrenze.

---

[359] Vgl. *Sieben, G.:* Unternehmensbewertung, in: HwB, 5. Auflage, Teilband 5, Stuttgart 1993, Sp. 4316.

[360] Vgl. *Sieben, G.:* Unternehmensbewertung, in: HwB, 5. Auflage, Teilband 5, Stuttgart 1993, Sp. 4316 f.

[361] Vgl. *Institut der Wirtschaftsprüfer:* IDW Standard 1: Grundsätze zur Durchführung von Unternehmensbewertungen, WPg, 53. Jg. (2000), S. 827.

[362] Vgl. *Sieben, G.:* Unternehmensbewertung, HwB, 5. Auflage, Teilband 5, Sp. 4318.

Abbildung 21: Transaktionsbereich

Ist der Entscheidungswert des Verkäufers kleiner als der Entscheidungswert des Käufers, entsteht ein Transaktionsbereich, innerhalb dessen eine Transaktion möglich ist. Der Schiedswert muss zwischen den beiden Entscheidungswerten liegen. Der Gutachter hat in der Schiedsfunktion die Aufgabe, den Transaktionsbereich zwischen beiden Parteien aufzuteilen. Entsteht kein Transaktionsbereich, ist also der Entscheidungswert des Verkäufers größer als der Entscheidungswert des Käufers, wird es zu keiner Einigung kommen. Der unparteiische Gutachter muss von einer Transaktion abraten.

Bei der Schiedsbewertung müssen auch die Beziehungen zwischen den beiden Konfliktparteien berücksichtigt werden. Von besonderer Wichtigkeit ist es für den Gutachter zu wissen, ob beide Parteien gleichberechtigt sind oder nicht. In **dominierten Konfliktsituationen**, bei dem die eine Seite auf der Durchführung der Transaktion bestehen kann, muss der Gutachter auch dann einen Schiedswert vorschlagen, wenn kein Transaktionsbereich vorliegt.[363] Welcher Wert in diesem Fall vorzuschlagen ist, entzieht sich in einem Rechtsstaat einer rein betriebswirtschaftlichen Analyse. Der Gutachter muss übergeordnete Zielvorstellungen, die durch Gesetz oder Rechtsprechung vorgegeben werden, berücksichtigen (Grundsatz der Berücksichtigung von Gerechtigkeitspostulaten).[364]

6.3.1.3 Argumentationsfunktion

Wird der Gutachter in der Argumentationsfunktion tätig, liefert er Argumentationshilfen für eine Verhandlungspartei.[365] Ziel ist es, der beratenen Partei einen möglichst großen Anteil am Transaktionsbereich zu sichern, also die Gegenseite möglichst nah an den Entscheidungswert und damit an seine Preisgrenze zu bringen. Hinsichtlich des Preises haben beide Parteien einen strikten Interessengegensatz, ein Gewinn für eine Seite bedeutet in der Verhandlung automatisch einen Verlust

---

[363] Vgl. *Matschke, M.J.*: Unternehmensbewertung in dominierten Konfliktsituationen am Beispiel der Bestimmung einer angemessenen Barabfindung für den ausgeschlossenen oder ausscheidungsberechtigten Minderheits-Kapitalgesellschafter, BFuP, 33. Jg. (1981), S. 117.

[364] Vgl. *Sieben, G.*: Unternehmensbewertung, HwB, 5. Auflage, Teilband 5, Stuttgart 1993, Sp. 4318 f.

[365] Vgl. *Matschke, M.J.*: Der Argumentationswert der Unternehmung – Unternehmensbewertung als Instrument der Beeinflussung in der Verhandlung, BFuP, 28. Jg. (1976), S. 518.

der gegnerischen Partei.[366] Aus diesem Grund ist der Argumentationsbewertung besondere Aufmerksamkeit zu schenken. Dies wird auch vielfach in der Praxis so gehandhabt, während die Theorie diesen Bereich eher stiefmütterlich behandelt.

Anlässe für Argumentationsbewertungen können Verhandlungen über den Kauf oder Verkauf eines Unternehmens, Auseinandersetzungen vor Gericht,[367] z.B. bei der Abfindung von Personengesellschaftern, oder innerbetriebliche Gründe sein. Ziel der innerbetrieblichen Anwendung der Unternehmensbewertung ist die Beeinflussung von Entscheidungen. Unternimmt ein Konzern z.B. Bewertungen von Erfolgseinheiten, um ihren Beitrag zum Aktionärswert zu bestimmen, ist es für die Leiter der Abteilungen von großer Bedeutung, einen besonders hohen Wert für die Aktionäre zu generieren. Von dieser Bewertung können z.B. das weitere Fortkommen in der Firmenhierarchie oder die Bemessung des eigenen Bonus abhängen. Daher werden die Abteilungsleiter versuchen, sich besonders positiv darzustellen. Werden die Bewertungen von Externen durchgeführt, werden sie versuchen, ihre Lage mit ausgewählten Argumenten zu verbessern. Zusammenfassend lassen sich Argumentationswerte als Kommunikationsinstrumente, mit denen eine Partei versucht, sich in einem besonders guten Licht darzustellen, bezeichnen.[368]

Der Argumentationswert muss, bei rationalem Verhalten, den Entscheidungswert der beratenen Partei berücksichtigen. Dieser bildet wie dargestellt die Preisuntergrenze (aus Verkäufersicht) bzw. die Preisobergrenze (aus Käufersicht). Wichtig dabei ist, dass der eigene Entscheidungswert nicht als Argumentationswert verwendet werden darf (vgl. Prinzip der Nichtbekanntgabe von Entscheidungswerten). Sinnvoll kann es aber sein, den Argumentationswert als vorgeblichen Entscheidungswert in der Verhandlung zu kennzeichnen. Zur Bildung des Argumentationswertes muss aber auch der Entscheidungswert der Gegenseite berücksichtigt werden (**Grundsatz der Entscheidungswertbezogenheit**).[369] Dieser Wert ist zwar i.d.R. unbekannt, aber der Gutachter muss sich eine ungefähre Vorstellung von seiner Höhe machen, um einen realistischen Argumentationswert ableiten zu können.

Der Argumentationswert sollte mit nachvollziehbaren Argumenten versehen und damit für die Gegenseite möglichst glaubwürdig sein (**Grundsatz der Glaubwürdigkeit**).[370] Dies kann z.B. dadurch erreicht werden, dass für die Ausarbeitung des Bewertungsgutachtens ein Gutachter mit bekanntem Namen und gutem Ruf engagiert wird. Allerdings wird ein kompetenter Verhandlungspartner in einem solchen Gutachten sofort ein Argumentationsgutachten sehen. Folglich wird es wertlos sein. Es besteht jedoch die Chance, dass die Gegenseite das Argumentationsgutachten

---

[366] Vgl. *Wagenhofer, A.:* Die Bestimmung von Argumentationspreisen in der Unternehmensbewertung, ZfbF, 40. Jg. (1988), S. 341.

[367] Vgl. *Peemöller, V.H.:* Stand und Entwicklung der Unternehmensbewertung, DStR, 31. Jg. (1993), S. 410.

[368] Vgl. *Matschke, M.J.:* Der Argumentationswert der Unternehmung – Unternehmensbewertung als Instrument der Beeinflussung in der Verhandlung, BFuP, 28. Jg. (1976), S. 520.

[369] Vgl. *Sieben, G.:* Unternehmensbewertung, HwB, 5. Auflage, Teilband 5, Stuttgart 1993, Sp. 4319.

[370] Vgl. *Sieben, G.:* Unternehmensbewertung, HwB, 5. Auflage, Teilband 5, Stuttgart 1993, Sp. 4319.

nicht als solches erkennt und sich doch beeinflussen lässt, so dass das Gutachten – wenn man die Gutachterkosten unberücksichtigt lässt – dennoch sinnvoll wird.[371] Diese Chance ist besonders groß, wenn eine in Unternehmenskäufen erfahrene Verhandlungspartei auf unerfahrene Verkäufer oder Käufer trifft. Dies ist regelmäßig bei kleinen und mittleren Unternehmen der Fall, da ein mittelständischer Unternehmer i.d.R. nur ein Unternehmen in seinem Leben verkauft.

Der Argumentationswert muss, um in der Verhandlung ein wirksames Mittel zu sein, flexibel sein. Er muss aus möglichst vielen Komponenten bestehen, um in der Verhandlung Zugeständnisse zuzulassen (**Grundsatz der Flexibilität**).[372] So kann versucht werden, Einigkeit in bewertungsrelevanten Teilbereichen zu erzielen. Wird beispielsweise Einigkeit über den bei der Bewertung zugrunde zu legenden Kapitalisierungszinsfuß oder das anzuwendende Bewertungsverfahren im Sinne einer Partei erzielt, kann dies durch Zugeständnisse in anderen Bereichen kompensiert werden.

In der Argumentationsfunktion geht es jedoch keineswegs nur um die Manipulation der Gegenseite. Eine Verhandlung mit Unternehmensexternen über einen Unternehmensverkauf ist durch eine asymmetrische Informationsverteilung gekennzeichnet. Der Verkäufer kennt die Stärken und Schwächen seines Unternehmens sehr gut, während der potentielle Käufer nur wenige Informationen über das Unternehmen hat. Der Argumentationswert kann daher der Kommunikation von Stärken des Unternehmens dienen.

Die Ableitung von Argumentationspreisen kann nur im Einzelfall unter Berücksichtigung der konkreten Verhandlungssituation gemacht werden. Die Logik erfordert aber, dass gilt:

(6.1) $AW\,(V) > EW\,(V)$ und

(6.2) $AW\,(K) < EW\,(K)$

mit: $AW\,(V)$ = Argumentationswert des Verkäufers
             $AW\,(K)$ = Argumentationswert des Käufers

Der Verkäufer wird einen Argumentationswert über seinem Entscheidungswert wählen. Der Käufer wird einen niedrigeren Argumentationswert als seinen Entscheidungswert haben. Anderenfalls würde die Grenzpreiseigenschaft des Entscheidungswertes missachtet und die eigene Verhandlungsposition verschlechtert.

Unter normalen Umständen wird auch gelten:

(6.3) $AW\,(V) > AW\,(K)$.

Würde gegen dieses Prinzip verstoßen und der Argumentationswert des Käufers wäre größer als der des Verkäufers, wäre es von Bedeutung, welche Seite seinen

---

[371] Vgl. *Wagenhofer, A.:* Der Einfluß von Erwartungen auf den Argumentationspreis in der Unternehmensbewertung, BFuP, 40. Jg. (1988), S. 548.

[372] Vgl. *Sieben, G.:* Unternehmensbewertung, HwB, 5. Auflage, Teilband 5, Stuttgart 1993, Sp. 4319.

Argumentationswert zuerst offenbart. Um diesen Fall auszuschließen, müssen, wie bereits ausgeführt, auch die vermuteten Entscheidungswerte der Gegenseite berücksichtigt werden. Der Verkäufer wird einen Argumentationswert nennen, der über bzw. gleich dem vermuteten Entscheidungswert des Käufers liegt. Tut er dies, hat er immer noch Spielraum für Zugeständnisse, kann aber immer noch das optimale Verhandlungsergebnis beim Entscheidungswert des Käufers erreichen. Der Käufer wird genau umgekehrt handeln. Es ergibt sich:

(6.4) $AW(V) \geq EW(K)`$

(6.5) $AW(K) \leq EW(V)`$

mit: $EW(K)`$ = vermuteter Entscheidungswert des Käufers
             $EW(V)`$ = vermuteter Entscheidungswert des Verkäufers

Damit ist der Bereich, innerhalb dessen der Argumentationswert, bei unterstellter Rationalität und ausschließlichem Interesse der Entscheidungsträger am Kaufpreis, liegen kann, abgesteckt. Eine nähere Einordnung ist nur ausgehend von einem bestimmten Einigungsverfahren möglich. Beispielhaft soll im Folgenden ein in der Literatur diskutiertes Einigungsverfahren vorgestellt werden.

Möglich wäre **ein gleichzeitiges Aufdeckungsverfahren,** bei der beide Seiten ihren Preisvorschlag aufschreiben und gleichzeitig bekannt geben. Gilt das Prinzip, dass der Argumentationswert des Verkäufers höher ist als derjenige des Käufers, dann einigen sich beide Seiten automatisch auf:

(6.6) $$P = \frac{AW(V) + AW(K)}{2}$$

Wird gegen die Bedingung verstoßen, dass der Verkäufer den höheren Argumentationswert als der Käufer hat, so brechen beide Seiten die Verhandlungen sofort nach der Aufdeckung ab,[373] da eine wirtschaftlich sinnvolle Einigung in diesem Fall nicht erreichbar wäre.

Gehen wir davon aus, dass die Argumentationswerte höher sind als die jeweiligen Entscheidungswerte, d.h. beide Seiten offenbaren nicht ihre wahren Grenzpreise, so kann dies zum Abbruch der Verhandlungen führen, obwohl eine Einigung für beide Seiten vorteilhaft wäre, wie in folgendem Beispiel gezeigt wird:[374]

Seien $EW(V)$ = 1.000 EUR und $EW(K)$ = 1.100 EUR. Der Verkäufer kündigt aber $AW(V)$ = 1.200 EUR und $AW(K)$ = 1.050 EUR an. Die Verhandlung wird abgebrochen, obwohl eine Einigung, bei Offenbarung der wahren Grenzpreise zustande gekommen und ein gemeinsamer Gewinn von 100 EUR entstanden wäre.

---

[373] Vgl. *Wagenhofer, A.:* Die Bestimmung von Argumentationspreisen in der Unternehmensbewertung, ZfbF, 40. Jg. (1988), S. 347.

[374] Vgl. *Wagenhofer, A.:* Die Bestimmung von Argumentationspreisen in der Unternehmensbewertung, ZfbF, 40. Jg. (1988), S. 347.

Das gemeinsame Aufdeckungsverfahren kann also in einigen Fällen zu suboptimalen Ergebnissen führen. Bei der Bestimmung von Argumentationswerten muss folglich immer daran gedacht werden, nicht zu überziehen und dadurch auf Gewinne aus der Transaktion zu verzichten.

Weitergehende Einsichten in das Wesen von Verhandlungen gibt die **Spieltheorie**. Dabei wird wiederum rationales Verhalten der beteiligten Parteien unterstellt. Verhandlungen im Rahmen einer Unternehmensbewertung sind Zweipersonen-Nichtnullsummenspiele mit Kommunikation. Es handelt sich um Nichtnullsummenspiele, da beide Parteien teilweise überlappende Interessen haben, nämlich hinsichtlich des Transaktionsbereiches, der Gewinn für beide Seiten darstellt. Problematisch bei der spieltheoretischen Betrachtung von Verhandlungen über Unternehmenskäufe ist, dass diese Verhandlung nur einmal vorkommt. Wiederholungen von Verhandlungen durch langfristige Geschäftsbeziehungen schaffen einen Anreiz, auf Täuschungsmanöver zu verzichten.

Die vorgestellten Einigungsregeln und die spieltheoretische Betrachtung von Verhandlungen setzen Rationalität der beteiligten Parteien voraus. Die Teilnehmer an realen Verhandlungen verhalten sich aber nicht immer rational, so dass auch sozialpsychologische Erkenntnisse über das Verhalten von Verhandlungsparteien in die Betrachtung einfließen müssen. Es wird beobachtet, dass viele Verhandlungen ineffizient verlaufen und gemeinsamer Gewinn nicht realisiert wird. Eine Möglichkeit diese ineffiziente Verhandlungsweise zu umgehen ist die Einschaltung eines neutralen Schiedsrichters.

Eine weitere Möglichkeit ist der bewusste Austausch von zusätzlichen Informationen über den Verhandlungsgegenstand, wie in folgendem Beispiel: Die Wertvorstellungen beider Parteien lassen keinen Transaktionsbereich entstehen. An dieser Stelle müssten die Verhandlungen abgebrochen werden. Durch den Austausch von Informationen kann aber eine Einigung eventuell doch noch erreicht werden. Im Beispiel entstehen die unterschiedlichen Wertvorstellungen durch verschiedene verwendete Kalkulationszinsfüße. Durch diese Information kann die Verhandlung sich auf die Frage nach dem korrekten Abzinsungsfaktor konzentrieren. Mit Einigung über dieses Detailproblem kann Einigung über die gesamte Unternehmenstransaktion erzielt werden. Auf das Wesen und die Besonderheiten von Verhandlungen werden wir in Kapitel 7 noch ausführlich eingehen.

In der Argumentationsfunktion der Unternehmensbewertung heiligt letztlich der Zweck die Mittel. Abhängig von den Kenntnissen der Gegenpartei sollte der Käufer bzw. Verkäufer dasjenige Verfahren wählen, das ihm die größten Vorteile bietet.

Der Berufsstand der Wirtschaftsprüfer lehnt die Ausarbeitung von Gutachten zur Argumentationsbewertung unter Berufung auf seine Berufsgrundsätze, die die Ermittlung von Werten zum Zwecke der Beeinflussung der Gegenseite nicht zulassen, ab.[375]

Wird eine Unternehmensbewertung in der Argumentationsfunktion erstellt, so muss diese glaubwürdig und flexibel sein. Ziel der Begutachtung ist nicht die theoretische Richtigkeit oder die Berechnung eines objektiven Wertes. Vielmehr ist es das Ziel, möglichst viel von dem Transaktionsbereich für den eigenen Mandanten zu vereinnahmen.

6.3.2 Nebenfunktionen

Die Nebenfunktionen der Unternehmensbewertung dienen im Wesentlichen der Ermittlung von konventionalisierten Werten für spezifische Zwecke.[376] Die Zwecksetzung der Nebenfunktionen kann es in einigen Fällen sinnvoll erscheinen lassen, von den oben entwickelten fundamentalen Grundsätzen der Unternehmensbewertung abzuweichen. So ist zum Zwecke der Besteuerung eine höhere Objektivierung und Nachvollziehbarkeit für fremde Dritte notwendig. Damit wäre es hier nicht zweckdienlich, um die Gerechtigkeit der Besteuerung sicherzustellen, dem Grundsatz der Subjektivität zu folgen.

Die Begriffswahl und Abgrenzung der Nebenfunktionen der Unternehmensbewertung wird in der Literatur unterschiedlich gehandhabt.[377] Hier werden die folgenden Begriffe verwendet:

- Steuerbemessungsfunktion,
- Vertragsgestaltungsfunktion,
- Entscheidungshilfefunktion,
- Bilanzhilfefunktion.

Die Frage der Besteuerung hat insbesondere beim Generationswechsel Bedeutung (Erbschaftsteuer), aber auch bei der Ermittlung eines Fremdvergleiches bei Unternehmenstransaktionen zwischen nahestehenden Personen bzw. innerhalb eines Konzerns. Die Vertragsgestaltungsfunktion ist für Personengesellschaften wichtig, denn damit wird die Abfindung geregelt, welche ein ausscheidender Gesellschafter erhält. Die Frage des Einsatzes der Unternehmensbewertung zur Unternehmensführung (Entscheidungshilfefunktion) wird vielfach unter dem Kennwort Shareholder Value bzw. Wertorientierung der Unternehmensführung diskutiert. Die Bilanzhilfefunktion befasst sich mit der Bewertung von Beteiligungen in Bilanzen, z.B. von Beteiligungsgesellschaften. Durch das Vordringen der internationalen Rechnungslegungsstandards hat diese Funktion der Unternehmensbewertung an Bedeutung

---

[375] Vgl. *Coenenberg, A.G.:* Unternehmensbewertung aus Sicht der Hochschule, in: Busse von Colbe, W./Coenenberg, A.G.: Unternehmensakquisition und Unternehmensbewertung, Stuttgart,S. 92.

[376] Vgl. *Sieben, G.:* Unternehmensbewertung, HwB, 5. Auflage, Teilband 5, Stuttgart 1993, Sp. 4316.

[377] Vgl. für eine Übersicht *Brösel, G.:* Eine Systematisierung der Nebenfunktionen der funktionalen Unternehmensbewertungstheorie, BFuP, 58. Jg. (2006), S. 128 ff.

gewonnen, da hier zu einem Marktwert, bzw. sollte dieser nicht ermittelbar oder nicht relevant sein, zu einem analytisch ermittelten „fairen" Wert bewertet werden.

6.3.2.1 Steuerbemessungsfunktion

In der Steuerbemessungsfunktion hat die Unternehmensbewertung die Aufgabe, Bemessungsgrundlagen für die Besteuerung der Substanz und des Ertrags zu ermitteln. Substanzsteuern werden auf Bestände erhoben. Die Substanzbesteuerung hat, nachdem die Vermögensteuer in Deutschland nicht mehr erhoben wird, kaum noch Bedeutung. Die Bewertung von ganzen Unternehmen hat aber nach wie vor eine große Bedeutung bei der Erbschaft- und Schenkungsteuer, die zu den Verkehrsteuern zählen.

Die steuerliche Bewertung muss den Umständen der Besteuerung Rechnung tragen. Ein steuerliches Bewertungsverfahren muss möglichst einfach sein, um für die massenhafte Anwendung geeignet zu sein. Die Bewertung sollte formalisiert sein und mit möglichst geringem Aufwand durchgeführt werden können. Die Steuergerechtigkeit erfordert eine Objektivierung der Bewertung. Subjektive Komponenten und Ermessensspielraum des Gutachters sollten soweit wie möglich ausgeschlossen werden.

Die steuerlichen Bewertungsvorschriften sind v.a. im **Bewertungsgesetz (BewG)** niedergelegt. Vor der Reform der Erbschaft- und Schenkungsteuer, die zunächst 2008 durchgeführt wurde und 2016 aufgrund eines erneuten Urteils des Bundesverfassungsgerichts wiederum geändert wurde, wurden Personengesellschaften mit Werten aus der Bilanz eher substanzorientiert bewertet und Kapitalgesellschaften mit dem Stuttgarter Verfahren eher ertragswertorientiert. Mit dem Beschluss des Bundesverfassungsgerichts zur Verfassungswidrigkeit der Erbschaftsteuer wurde das Gesetz mit dem Ziel geändert, dass die Rechtsform keinen Einfluss auf die steuerliche Bewertung haben soll. Jetzt sind alle Unternehmen bevorzugt mit einem Marktpreis (Börsenkurs), danach mit dem Ertragswertverfahren und dann mit einem vereinfachten Ertragswertverfahren, für das feste Regeln gelten, zu bewerten. Diese vorgegebene Bewertungshierarchie ist von dem Steuerpflichtigen einzuhalten. Insbesondere wird im Bewertungsgesetz jetzt ein fester Zinssatz vorgegeben. Dieses lässt sich rechtfertigen, da im massenhaften Besteuerungsverfahren eine feste Vorgabe, subjektive Spielräume vermeidet und gleichzeitig Manipulationen verhindert.

6.3.2.2 Vertragsgestaltungsfunktion

In der Vertragsgestaltungsfunktion hat die Unternehmensbewertung die Aufgabe, vertragliche Regelungen zu entwickeln bzw. zu interpretieren. Wichtigster Anwendungsfall in der Praxis ist die Gestaltung von Abfindungsklauseln in Gesellschaftsverträgen.

Dem ausscheidenden Gesellschafter muss eine Abfindung durch die in der Gesellschaft verbleibenden Gesellschafter gezahlt werden. Gemäß § 738 Abs. 1 Satz 2 BGB ist dem Ausscheidenden „dasjenige zu zahlen, was er bei der Auseinandersetzung erhalten würde, wenn die Gesellschaft zur Zeit seines Ausscheidens aufgelöst worden wäre." Diese Regelung gilt über die §§ 105 Abs. 2 und 161 Abs. 2 HGB auch für die Rechtsformen der offenen Handelsgesellschaft und Kommanditgesellschaft. Nach dem Wortlaut könnte man meinen, der Zerschlagungswert wäre maßgeblich für die Abfindung. Nach herrschender Meinung und ständiger Rechtsprechung wird aber **der Verkehrswert des Unternehmens bei Fortführung** angesetzt.[378] Demnach muss ein potentieller Veräußerungserlös ermittelt werden. Dazu muss ein möglicher Erwerber mit Zielen und Möglichkeiten modelliert werden, um den für die Schiedsfunktion notwendigen Transaktionsbereich zwischen den Grenzpreisen des präsumtiven Verkäufers und Käufers erstellen zu können. Dabei müssen auch Verhandlungsmacht und -geschick der beiden Seiten modelliert werden. Es liegt auf der Hand, dass dies der Willkür Tür und Tor öffnet[379] und der errechnete Wert sehr manipulationsanfällig ist, was nicht im Sinne einer langfristigen Erhaltung von Unternehmen, auch dann, wenn ein Gesellschafter ausscheidet, ist. Die Rechtsprechung stellt daher auf das Maximum aus Ertragswert und Zerschlagungswert ab.[380]

Bei diesen Regelungen handelt es sich um **dispositives Recht**, in den Gesellschaftsverträgen können im Rahmen der Vertragsfreiheit abweichende Regelungen vereinbart werden. Eine freie Entscheidung bei der Abfindungsklausel erlaubt es, bei Abschluss des Gesellschaftsvertrages übergeordnete Ziele des Unternehmens zu berücksichtigen. Dies kann v.a. die Sicherung der Lebensfähigkeit des Unternehmens bei Ausscheiden eines oder mehrerer Gesellschafter sein. Die Verwirklichung dieser Ziele durch Formulierung einer Abfindungsklausel ist Aufgabe der Vertragsgestaltungsfunktion. Durch solche Klauseln wird kein Gesellschafter geschädigt, selbst wenn eine Abfindung unter dem betriebswirtschaftlich richtigen Wert vereinbart wird, da im Normalfall zum Zeitpunkt der freiwilligen Vereinbarung nicht absehbar ist, wer von der Abfindung betroffen sein wird. Jeder Gesellschafter hat dabei auch die Möglichkeit, die eigenen Optionen (eigene Kündigung oder Veranlassung beim Ausschluss anderer Gesellschafter) oder die Optionen der ande-

---

[378] Vgl. *Sieben, G/Sanfleber, M.:* Betriebswirtschaftliche und rechtliche Aspekte von Abfindungsklauseln – Unter besonderer Berücksichtigung des Problemfalls ertragsschwacher Unternehmen und existenzbedrohende Abfindungsregelung, WPg, 42. Jg. (1989), S. 321.

[379] Vgl. *Nonnenmacher, R.:* Anteilsbewertung bei Personengesellschaften, Königstein 1981, S. 150.

[380] Vgl. *Lux, J.:* Gesellschaftsrechtliche Abfindungsklauseln – Feststellung der Unwirksamkeit oder Anpassung an veränderte Verhältnisse?, MDR, 60. Jg. (2006), S. 1206.

ren Gesellschafter (Kündigung oder Veranlassung des Ausschlusses des betrachteten Gesellschafters) in sein Kalkül einzubeziehen.[381]

Es können in einer Abfindungsklausel das anzuwendende Bewertungsverfahren, Zahlungsmodalitäten oder andere einzelne Punkte (anzuwendender Kalkulationszinsfuß, relevante Überschussgröße etc.) geregelt sein. Grenze der Zulässigkeit einer Abfindungsklausel ist zum einen der **Sittenwidrigkeitsmaßstab** des § 138 BGB.[382] Darunter fällt z.b. der völlige Ausschluss einer Abfindung. Zum zweiten ist eine Vereinbarung nichtig, die das Kündigungsrecht beschränkt (§ 723 Abs. 3 BGB). Dies wäre dann der Fall, wenn die vereinbarte Abfindungsklausel, aufgrund ihrer wirtschaftlichen Nachteiligkeit, einen ausscheidungswilligen Gesellschafter zum Verzicht auf seine Kündigung veranlasst. Zum dritten muss die Abfindung so sein, wie es Treu und Glauben mit Rücksicht auf die Verkehrssitte erfordern (§ 242 BGB). Diese Vorschrift verlangt, dass die Abfindung auf ihre Angemessenheit überprüft wird. Die volle Anwendung einer Abfindungsklausel ist dann nicht zulässig, wenn sie eine im Verhältnis zum betriebswirtschaftlich richtigen Wert besonders niedrige Abfindung ergibt.

6.3.2.3 Entscheidungshilfefunktion

In der Entscheidungshilfefunktion hat die Unternehmensbewertung die Aufgabe, die Unternehmensführung mit Entscheidungskriterien zu unterstützen. Die Unternehmensbewertung verliert ihre Rolle als Hilfsmittel in Sondersituationen und wird zum regelmäßig angewandten Instrument der Unternehmensführung. Die Entscheidungshilfefunktion wird in Wissenschaft und Praxis unter dem Begriff **„Shareholder Value"** – Wert aus Sicht der Eigentümer – diskutiert. Der Begriff Shareholder Value erfreut sich dabei einer großen Aufmerksamkeit, auch in der breiteren Öffentlichkeit. Viele börsennotierte Unternehmen bekennen sich zur Wertorientierung als dem zentralen Unternehmensziel.

Allerdings gibt es immer wieder eine Diskussion über die Sinnhaftigkeit des Konzepts. Wasser auf die Mühlen aller Kritiker des Shareholder Value Konzepts waren die Äußerungen eines besonderen Exponenten des Konzepts, dem ehemaligen Vorstandsvorsitzenden des amerikanischen Elektronikkonzerns General Electric Jack Welch. In einem Interview mit der britischen Wirtschaftstageszeitung Financial Times sagte er: „On the face of it Shareholder Value is the dumbest idea in the

---

[381] Vgl. *Schildbach, T.:* Zur Beurteilung von gesetzlicher Abfindung und vertraglicher Buchwertabfindung unter Berücksichtigung einer potentiellen Ertragsschwäche der Unternehmung, BFuP, 36. Jg. (1984), S. 539.

[382] Vgl. hierzu und dem Folgenden *Sieben, G/Sanfleber, M.:* Betriebswirtschaftliche und rechtliche Aspekte von Abfindungsklauseln – Unter besonderer Berücksichtigung des Problemfalls ertragsschwacher Unternehmen und existenzbedrohende Abfindungsregelung, WPg, 42. Jg. (1989), S. 324 f.

world."[383] Später in einem Interview mit dem amerikanischen Wirtschaftsmagazin Businessweek wurde er gefragt, wie er diese Aussage gemeint habe. Seine Antwort lautete: „In a wide-ranging interview about the future of capitalism, I was asked what I thought of `shareholder value as a strategy´. My response was that the question on its face was a dumb idea. Shareholder value is an outcome – not a strategy." Diese Aussagen sind zu unterstreichen. Shareholder Value ist das Ziel einer Strategie, an dem andere Handlungen gemessen werden. Auch wenn das aus dem Zusammenhang gerissene Zitat weite Verbreitung gefunden hat, so bleibt Jack Welch doch im Prinzip bei der Meinung, die er auch in seiner aktiven Zeit als Manager umgesetzt hat.

Hintergrund des Shareholder Value-Gedankens ist das **Principal-Agent-Problem**, das bei einer Trennung von Eigentum und Verfügungsmacht auftritt.[384] Die Eigentümer, die Prinzipale, beauftragen angestellte Manager, die Agenten, das Unternehmen zu führen. Durch die Tätigkeit in der Unternehmensführung erhalten die Agenten einen Informationsvorsprung gegenüber den Prinzipalen. Diese **asymmetrische Informationsverteilung** können die Agenten nutzen, ihre eigenen Ziele auch gegen den Willen der Prinzipale durchzusetzen. Welche Ziele das sind und wie diese zu einem Motiv für Übernahmen werden können, haben wir bereits in Kapitel 3.3 diskutiert, wo auch schon das Principal-Agent Problem vorgestellt wurde als eines der eher dubiosen Motive für Unternehmenstransaktionen.

Der Grundgedanke des Shareholder-Value-Konzepts – oder allgemeiner: der wertorientierten Unternehmensführung – ist es, das Unternehmen so zu führen, dass der Unternehmenswert aus Sicht der Eigenkapitalgeber maximiert wird.[385] Die Methoden der Unternehmensbewertung, wie wir sie hier vorstellen, dienen dann zur Messung des Erfolges des Gesamtunternehmens, von einzelnen Unternehmensbereichen oder des Managements. Die erwartete Mindestrendite der Anteilseigner wird mit den erwarteten Zahlungsströmen der Unternehmung an die Anteilseigner verglichen. Die Renditeerwartung der Anteilseigner wird jetzt zum entscheidenden Maßstab der Unternehmensführung. Insbesondere bietet sich die Möglichkeit an, die Vergütung der Manager an dem Unternehmenswert auszurichten. Dadurch werden die Interessen von Anteilseigner und Manager in die gleiche Richtung gelenkt.[386] Wird dadurch ein hoher Unternehmenswert erreicht, gestaltet sich eine feindliche Übernahme, die mit einem Arbeitsplatzverlust des Managers verbunden ist, deutlich schwieriger.

---

[383] *O.V.:* Jack Welch elaborates: Shareholder Value, Bloombergs Businessweek, o.Jg. (2009), Heft vom 16. März.

[384] Vgl. zu einer Übersicht *Hochhold, S./Rudolph, B.:* Principal-Agent-Theorie, in: Schwaiger, M./Meyer, A.: Theorien und Methoden der Betriebswirtschaft, München 2009, S. 131 ff.

[385] Vgl. *Freygang, W.:* Kapitalallokation in diversifizierten Unternehmen – Ermittlung divisionaler Eigenkapitalkosten; Wiesbaden 1993, S. 137.

[386] Vgl. *Zimmermann, G./Wortmann, A.:* Der Shareholder-Value-Ansatz als Institution zur Kontrolle der Führung von Publikumsgesellschaften, DB, 54. Jg. (2001), S. 293 f.

6.3.2.4 Bilanzhilfefunktion

Die Bilanzierung selbst könnte einen Unternehmenswert liefern, da in der Bilanzposition „Eigenkapital" das Reinvermögen des Unternehmens dargestellt wird. Dies müsste einen Hinweis auf den Unternehmenswert darstellen. Aufgrund der Grundsätze der Rechnungslegung (Vorsichtsprinzip, Vergangenheitsbezogenheit und Prinzip der Einzelbewertung) wird dies allerdings nicht der Fall sein.[387] Der Gesetzgeber selbst geht davon aus, dass die Rechnungslegung kein geeignetes Instrument zur Gewinnung von Unternehmenswerten ist. So heißt es in der amerikanischen Norm SFAC 1: „... financial accounting is not designed to measure directly the value of an enterprise."[388] Allerdings benötigt die Rechnungslegung die Unternehmensbewertung als Hilfswissenschaft, um Bilanzansätze für Beteiligungen zu berechnen. So sind im Einzelabschluss Wertansätze für Beteiligungen (nach § 271 Abs. 1 HGB Anteile von mehr als 20 % an einem anderen Unternehmen) und im Konzernabschluss die verbundenen Unternehmen zu bewerten.

Im Konzernabschluss wird der Beteiligungsansatz aufgeteilt. Das Eigenkapital der Beteiligungsgesellschaft wird durch die Vermögensgegenstände des Unternehmens eliminiert. Der über das Eigenkapital hinausgehende Betrag (der **Goodwill**) wird im Konzernabschluss nach HGB über die Nutzungsdauer planmäßig abgeschrieben (§ 309 Abs. 1 HGB). Der Goodwill ist also derjenige Betrag, der für die Beteiligung mehr bezahlt wurde, als Vermögensgegenstände (inklusive stiller Reserven, die zum Zeitpunkt der Übernahme aufgedeckt werden müssen) in der Bilanz des gekauften Unternehmens vorhanden sind.

Ein grundsätzlich anderes Vorgehen für den Konzernabschluss sehen die US-GAAP und der sich in Deutschland immer weiter durchsetzende Standard der International Financial Reporting Standards (IFRS) vor. Börsennotierte Unternehmen müssen in Deutschland ihren Konzernabschluss nach IFRS aufstellen. An die Stelle der planmäßigen Abschreibung ein mindestens jährlich durchzuführender „**impairment test**". Beim impairment test wird der Verkehrswert des erworbenen Unternehmens mit dem Buchwert des Unternehmens inklusive eines eventuellen Goodwills verglichen. Ist der Verkehrswert zum Bilanzstichtag niedriger als der Buchwert, ergibt sich die Notwendigkeit, den Buchwert abzuschreiben. Eine Zuschreibung auf einen eventuellen höheren Verkehrswert ist nicht vorgesehen. Damit wird die Bewertung nach dem so genannten „**fair value**" vorgenommen. Fair value ist der Oberbegriff für Wertansätze, die marktnah sind, von zwei unabhängigen abschlusswilligen Parteien miteinander vereinbart würden und die unter marktüblichen Bedingungen ohne Abschlusszwang zustande kämen. Der fair value kann

---

[387] Vgl. *Kuhner, C./Maltry, H.:* Unternehmensbewertung, 2. Auflage, Heidelberg u. a. 2017, S. 32 f.
[388] Vgl. *Kuhner, C./Maltry, H.:* Unternehmensbewertung, 2. Auflage, Heidelberg u. a. 2017, S. 33.

berechnet werden aus Marktpreisen, Preisen in vergleichbaren Transaktionen oder durch Schätzung im Wege der Diskontierung von prognostizierten Cashflows.[389]

Die Behandlung des Kaufpreises in einer Unternehmenstransaktion ist ein ganz entscheidender Teil der Post-Merger Integration. Auf diesen Aspekt wird ausführlich in Kapitel 8 eingegangen.

6.4   Systematisierung der Bewertungssituation

6.4.1   Unternehmensbewertung und Entscheidungstheorie

Zwischen der betriebswirtschaftlichen Entscheidungstheorie und der Unternehmensbewertung besteht ein enger Zusammenhang. Die Unternehmensbewertung versucht, aus Zielsystem und Entscheidungsfeld der möglichen Käufer und Verkäufer von Unternehmen Handlungsempfehlungen abzuleiten.[390]

Entscheidung bezeichnet die „(mehr oder weniger bewusste) Auswahl einer von mehreren möglichen Handlungsalternativen."[391] Die Entscheidungstheorie beschäftigt sich mit der Beschreibung von Entscheidungsprozessen in der Realität (in ihrer **deskriptiven Ausrichtung**) und mit der Ableitung von Handlungsanleitungen (in ihrer **präskriptiven oder normativen Ausrichtung**). Die präskriptive Entscheidungstheorie hat das Ziel, eine rationale Wahl zu unterstützen und ist theoretische Basis der entscheidungsorientierten Unternehmensbewertung. Rational heißt dabei, dass die unter den gegebenen Bedingungen größtmögliche Zielerfüllung erreicht werden soll.[392] Die Rationalität wird lediglich formal verstanden, d.h. der Entscheidungsträger muss ein in sich widerspruchsfreies Zielsystem haben und sich entsprechend dieser Ziele verhalten. Der Sinn des Zielsystems des Entscheidungsträgers, also die substantielle Rationalität, wird von der präskriptiven Entscheidungstheorie nicht untersucht.[393] Zusammenfassend kann man die präskriptive Entscheidungstheorie als ein „allgemeines Formalmodell, das sich mit einer Methodik zum Treffen von Entscheidungen ohne Bezug auf den Sachinhalt der Entscheidung befasst,"[394] bezeichnen.

---

[389] Vgl. *Böcking, H.J.*: Fair Value im Rahmen der IAS/IFRS – Grenzen und praktische Anwendbarkeit, in: Küting, K. et al. (Hrsg.): Herausforderungen und Chancen durch weltweite Rechnungslegungsstandards, Stuttgart 2004, S. 32.

[390] Vgl. *Ballwieser, W.*: Unternehmensbewertung und Komplexitätsreduktion, 3. Auflage, Wiesbaden 1990, S. 6.

[391] *Laux, H.*: Entscheidungstheorie, 4. Auflage, Berlin 1998, S. 3.

[392] Vgl. *Sieben, G./Schildbach, T.*: Betriebswirtschaftliche Entscheidungstheorie, 4. Auflage, Düsseldorf 1994, S. 1.

[393] Vgl. *Sieben, G./Schildbach, T.*: Betriebswirtschaftliche Entscheidungstheorie, 4. Auflage, Düsseldorf 1994, S. 2.

[394] *Chmielewicz, K.*: Forschungskonzeptionen der Wirtschaftswissenschaften, 3. Auflage, Stuttgart 1994, S. 172.

Hier sollen die einzelnen Bestandteile eines **Entscheidungsmodells** im Hinblick auf die Unternehmensbewertung dargestellt werden. Unter einem Entscheidungsmodell wird dabei ein vereinfachtes Abbild der Realität verstanden, das der Vorbereitung von Entscheidungen dient.[395]

Für die Unternehmensbewertung ist der Aspekt der Vereinfachung – oder **Komplexitätsreduktion** – von besonderer Bedeutung.[396] Der Kauf/Verkauf eines Unternehmens stellt eine hochgradig komplexe Situation dar, in die eine große Menge von Faktoren und Unwägbarkeiten eingeht. Die Vereinfachungen durch die Modellierung sollte zu einer möglichst geringen Abweichung vom „richtigen" Wert des Unternehmens führen. Die Überprüfung dieser Anforderung führt zu einem logischen Problem. Will man die Abweichung ermitteln, muss man neben dem vereinfachten auch den „richtigen" Wert berechnen. In diesem Falle wäre eine Vereinfachung aber nicht mehr notwendig. Allerdings wäre jedes Individuum mit der Berücksichtigung aller denkbaren Ziele und Möglichkeiten überfordert.[397] Von daher ist die schematische und formale Auswahl geboten. Häufig wird dieser Aspekt der Verfahren der Unternehmensbewertung, die allesamt diese Auswahl vornehmen, in der Literatur nicht weiter diskutiert. Der Gutachter sollte aber in jedem Fall diese Vereinfachungen kennen, da sonst Fehlinterpretationen des ermittelten Ergebnisses zwangsläufig sind.

Im Fokus: Komplexität und Komplexitätsreduktion

Komplexität ist selbst ein komplexer Begriff, der gerne im öffentlichen Diskurs verwendet wird, um die „eigene theoretische Hilflosigkeit bei der Entwicklung von Erklärungen oder Deutungen über die Gründe des Zustandekommens oder auch Nicht-Eintretens von Ereignissen oder Vorhersagen zu kaschieren." (Conrad, S. 171). Malik schrieb dem Begriff zu, dass er „eine gewisse Ohnmacht des Menschen gegenüber den Vorgängen um ihn herum zum Ausdruck" (Malik, S. 167) bringt. Nähern wir uns diesem Begriff, so kommt man an der Systemtheorie von Luhmann nicht vorbei. Luhmann war Verwaltungswissenschaftler und arbeitete in der Gerichtsverwaltung bevor er als Spätberufener in die Wissenschaft ging. Er lehrte an der Universität Bielefeld und wurde dort zu einem der führenden und wirkmächtigsten Soziologen. Er bezeichnete Komplexität als eine Zusammensetzung aus mehreren Dimensionen, der Sach-, der Zeit- und der Sozialdimension, die wiederum jeweils aus den Dimensionen Größe, Verschiedenartigkeit und Interdependenz bestehen (Luhmann, S. 8). Hinzu kommt, dass ein System sich auch noch dynamisch verändern kann, d.h. die dargestellten Dimensionen

---

[395] Vgl. *Hax, H.*: Entscheidungsmodelle in der Unternehmung, Reinbek 1974, S. 13.

[396] Vgl. *Ballwieser, W.*: Unternehmensbewertung und Komplexitätsreduktion, 3. Auflage, Wiesbaden 1990, S. 8.

[397] Vgl. *Henselmann, K.*: Gründe und Formen typisierender Unternehmensbewertung, BFuP, 58. Jg. (2006), S. 145.

können im Zeitablauf unterschiedliche Zustände annehmen, was wiederum die Komplexität erhöht.

Ein System, das diese Eigenschaften hat, überfordert ein Individuum schnell, das mit Interpretationen oder Entscheidungen in diesem Kontext befasst ist. Die limitierte Fähigkeit des Menschen, Sinnesreize aufzunehmen und zu verarbeiten, führt auch dazu, dass in einer Entscheidungssituation nicht alle möglichen Komponenten betrachtet werden können – auch wenn sie zum Zeitpunkt der Entscheidung alle offen zu Tage liegen würden. Man kann sagen, dass es dem Menschen an natürlicher Rechnerkapazität fehlt, dies zu leisten.

Um dennoch zu in komplexen Systemen zu Entscheidungen zu kommen, bedarf es komplexitätsreduzierender Maßnahmen. Soziale und andere Systeme reduzieren die Komplexität der Umwelt. Luhmann illustriert das am Beispiel der Kriminalität: Durch die Rechtsordnung wird die Entscheidung auf eine binäre Entscheidung mit den beiden Möglichkeiten Begehen/Nicht-Begehen reduziert. Die gesamte Wertediskussion, die hinter einer Entscheidung steht, eine Handlung als kriminell oder nicht-kriminell zu qualifizieren wird durch das soziale System des Rechts ausgeblendet und die Entscheidung künstlich auf zwei Alternativen (kriminell Handeln oder nicht) reduziert. Komplexitätsreduktion bedeutet nur einen Ausschnitt der Umwelt zu betrachten und nur diesen, in die Entscheidung einzubeziehen.

In die Unternehmensbewertung ist der Begriff der „Komplexitätsreduktion" durch die Habilitationsschrift von Ballwieser eingeführt worden. Wendet man die begrifflichen Grundlagen auf Unternehmenstransaktionen an, so haben wir unschwer eine komplexe Situation: Die Durchführung der Transaktion oder das Unterlassen, die Zahl der möglichen Käufer und Verkäufer machen u.a. die Sachdimension aus; die Transaktion kann heute oder künftig durchgeführt werden, in einer besseren konjunkturellen Situation kann ein höherer Preis erzielt werden. Die soziale Dimension umfasst die Situation der Beschäftigten, aber auch die Einstellung des Verkäufers zur Abgabe seines Lebenswerkes. Alle genannten Dimensionen haben mannigfache mögliche Ausprägungen hinsichtlich Größe, Verschiedenartigkeit und Interdependenz, die sich zudem ständig ändern können. Man kann also konstatieren, dass es sich bei Unternehmenstransaktionen um komplexe Situationen handelt. Die Methodologie und Vereinfachungen, die wir bereits vorgenommen haben (Einschränkungen auf bestimmte Bewertungsfunktionen) und die, die im Folgenden noch vorgenommen werden (Definition des Entscheidungsfeldes und der Umweltzustände, Ableitung von Verfahren, mit denen der Wert eines Unternehmens quantifiziert werden kann) dienen der notwendigen Komplexitätsreduktion.

Quellen: *Ballwieser, W.:* Unternehmensbewertung und Komplexitätsreduktion, 3. Auflage, Wiesbaden 1990; *Conrad, P.:* Komplexitätsbewältigung auf Individualebene – Zur Bedeutung reflexiver Subjektivität, in: Eberl, P./Geiger, D./Koch, J.(Hrsg.): Komplexität und Handlungsspielraum, Berlin 2012, S. 171 ff.; *Dörner, D./Buerschaper, C.:* Denken und Handeln in komplexen Systemen, in: Ahlemeyer, H.W./Königswieser, R. (Hrsg.): Komplexität managen, Frankfurt 1998, S. 79 ff.; *Luhmann, N.:* Zur Komplexität von Entscheidungssystemen, Soziale Systeme, 15. Jg. (2009), S. 7 ff.; *Malik, F.:* Strategie des Managements komplexer Systeme, 10. Auflage, Bern u.a. 2008, S. 167.

Das **Grundmodell der präskriptiven Entscheidungstheorie** besteht aus zwei Basiselementen:

1. dem **Entscheidungsfeld**, das die Handlungsalternativen des Entscheidungsträgers, die außerhalb seines Einflussbereichs liegenden relevanten Umweltzustände und die Ergebnisse, die für den Entscheidungsträger von Bedeutung sind, umfasst,[398] und
2. dem **Zielsystem**, das das Wollen des Entscheidungsträgers ausdrückt.[399]

Das Zielsystem ist Ausdruck der strategischen Planung eines Unternehmens, es drückt die Planungen des Käufers mit dem Bewertungsobjekt aus, beinhaltet aber auch bei kleinen inhabergeführten Unternehmen die Lebensplanung des Unternehmers (z.B. bei der Lösung von Nachfolgeproblemen). Das Entscheidungsfeld wird dagegen eher durch die operative Überwachung einer Unternehmung gewonnen. Schematisch lassen sich die Elemente eines präskriptiven Entscheidungsmodells wie folgt darstellen:

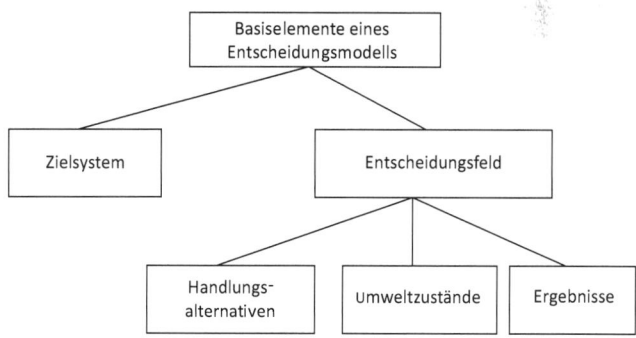

Abbildung 22: Bestandteile eines Entscheidungsmodells[400]

---

[398] Vgl. *Bamberg, G./Coenenberg, A.G./Krapp, M.:* Betriebswirtschaftliche Entscheidungslehre, 16. Auflage, München 2019, S. 15.

[399] Vgl. *Sieben, G.:* Zur Wertfindung bei der Privatisierung von Unternehmen in den neuen Bundesländern durch die Treuhandanstalt, DB, 45. Jg. (1992), S. 2044.

[400] Vgl. *Laux, H.:* Entscheidungstheorie, 7. Auflage, Berlin u.a. 2007, S. 22.

6.4.2 Bestandteile der entscheidungsorientierten Bewertungskonzeption

6.4.2.1 Abbildung der Entscheidungsfelder der Bewertungsparteien

Das Entscheidungsfeld besteht aus drei Teilen, den Handlungsalternativen, den Umweltzuständen und den Ergebnissen. Bei der Bewertung gibt es zwei Entscheidungsfelder, die sich spiegelbildlich gegenüberstehen: Das des potentiellen Käufers und das des potentiellen Verkäufers.

Aus der Definition der Entscheidung folgt, dass mindestens zwei Alternativen vorliegen müssen, dabei ist eine (außer in dominierten Bewertungssituationen) die Unterlassungsalternative, also der Verzicht auf die Unternehmenstransaktion. Die Menge aller sich gegenseitig ausschließender Aktionen oder Aktionsbündel bilden die Handlungsalternativen.[401]

Grundsätzlich müssten alle Alternativen der beteiligten Bewertungsparteien in das Entscheidungsmodell einfließen, also alle denkbaren Investitionen seien es in Bildung, Konsum oder Wertpapiere. Dieses Totalmodell wäre für jedes Individuum überfordernd. Daher beschränkt sich die Unternehmensbewertung auf die Erfassung der Alternative Unternehmenskauf bzw. -verkauf und der optimalen Alternativinvestition am Kapitalmarkt. Dieses Kalkül ist dann nicht anwendbar, wenn die Akquisition aus strategischen Überlegungen gemacht wird.[402] In diesem Fall muss auch die Alternative die strategische Zielsetzung erfüllen. Will sich ein potentieller Unternehmenskäufer unbedingt selbstständig machen, ist nicht die Kapitalmarktinvestition das korrekte Vergleichsobjekt, sondern die Neugründung eines Unternehmens.

Größen, die das Ergebnis der Entscheidung beeinflussen, auf die der Entscheidungsträger aber keinen Einfluss hat, sind die **Umweltzustände**.[403] Gibt es nur einen Umweltzustand, spricht man von einer Entscheidung bei Sicherheit. Gibt es mehrere Umweltzustände und sind deren Eintrittswahrscheinlichkeiten bekannt, handelt es sich um eine **Entscheidung bei Risiko**. Bei mehreren Umweltzuständen ohne, dass die Eintrittswahrscheinlichkeiten bekannt sind, spricht man von einer **Entscheidung unter Unsicherheit**.

Bei der Unternehmensbewertung geht man meist von „quasisicheren" Erwartungen aus. Daher kennen die Entscheidungsmodelle der Unternehmensbewertung meist

---

[401] Vgl. *Bamberg, G./Coenenberg, A.G./Krapp, M.:* Betriebswirtschaftliche Entscheidungslehre, 16. Auflage, München 2019, S. 16.

[402] Vgl. *Sieben, G./Schildbach,* T.: Betriebswirtschaftliche Entscheidungstheorie, 4. Auflage, Düsseldorf 1994, S. 165 f.

[403] Vgl. hierzu und dem Folgenden *Bamberg, G./Coenenberg, A.G./Krapp, M.:* Betriebswirtschaftliche Entscheidungslehre, 16. Auflage, München 2019, S. 18 f.

nur einen Umweltzustand.[404] Diese Annahme entspricht nicht der Wirklichkeit. Bei der Unternehmensbewertung handelt es sich um Entscheidungen unter Unsicherheit. Diese Unsicherheit bringt die Theorie der Unternehmensbewertung durch das Prognoseproblem zum Ausdruck. Die Unsicherheit wird nicht durch mehrere Umweltzustände im Entscheidungsmodell ausgedrückt, sondern durch die Prognose eines möglichen bewertungsrelevanten Umweltzustandes, so dass in das Entscheidungsmodell nur der prognostizierte Umweltzustand Eingang findet. Dadurch wird zwar die Praktikabilität erhöht, das zugrundeliegende Problem der Unsicherheit bleibt jedoch bestehen. Die Bewertungspraxis erstellt aber häufig Bewertungen unter verschiedenen Szenarien (z.B. einem günstigen oder ungünstigen). Dann drückt sich die Unsicherheit explizit aus.

Der dritte Teil des Entscheidungsfeldes sind die Ergebnisse, die den Kombinationen aus Handlungsalternative und Umweltzustand zugeordnet werden. Mit anderen Worten sind die Ergebnisse Konsequenzen, die mit einer Handlungsalternative A bei Eintritt des Umweltzustandes Z verbunden sind.[405] Diese Ergebnisse können erwünschte (z.B. Gewinn) oder unerwünschte Konsequenzen (z.B. Verlust) sein. Die Zielgrößen beziehen sich dabei bei der Unternehmensbewertung nicht auf einen Zeitpunkt, sondern stellen i.d.R. einen Zahlungsstrom über die Lebensdauer des Unternehmens dar.

Das Entscheidungsfeld drückt das Können des Entscheidungsträgers aus, also diejenigen Möglichkeiten, die einem potenziellen Unternehmenskäufer oder -verkäufer offenstehen.

6.4.2.2 Abbildung der Zielsysteme der Bewertungsparteien

Das zweite Basiselement des Entscheidungsmodells zur Unternehmensbewertung stellt das Zielsystem der Bewertungsparteien dar, das wiederum getrennt nach Käufer- und Verkäuferseite betrachtet werden muss.

Das **Vorhandensein von Zielen**, an denen die Konsequenzen der auszuwählenden Alternativen gemessen werden können, ist **konstitutiv für eine rationale Entscheidung**.[406] Ziele bringen Wünsche zum Ausdruck, bei denen ein zukünftiger Zustand angestrebt wird, der sich i.d.R. von dem Ausgangszustand unterscheidet.[407]

---

[404] Vgl. *Sieben, G./Schildbach, T.*: Betriebswirtschaftliche Entscheidungstheorie, 4. Auflage, Düsseldorf 1994, S. 166.

[405] Vgl. *Bamberg, G./Coenenberg, A.G./Krapp, M.*: Betriebswirtschaftliche Entscheidungslehre, 16. Auflage, München 2019, S. 23.

[406] Vgl. *Chmielewicz, K.*: Forschungskonzeptionen der Wirtschaftswissenschaften, 3. Auflage, Stuttgart 1994, S. 294.

[407] Vgl. *Laux, H.*: Entscheidungstheorie, 7. Auflage, Berlin u.a. 2007, S. 23 f.

Zunächst müssen die Zielgrößen festgelegt werden. Der Entscheidungsträger muss sich darüber klarwerden, welche Konsequenzen der ausgewählten Handlung für ihn von Bedeutung sind (im positiven oder im negativen Sinn). Bei der Unternehmensbewertung spielt die Ergebnisausprägung Gewinn, die zu Einzahlungen beim Entscheidungsträger führt, in fast allen Modellen eine überragende Rolle. Allerdings erscheint diese Beschränkung aufgrund vielfältig anderer denkbarer Motive unrealistisch. Es können sinnvolle ökonomische Ziele verfolgt werden: Eintritt in neue Märkte, Übernahme von Forschungsergebnissen, Ausbau der Produktpalette, höhere Marktanteile etc. Die Erreichung dieser Ziele führt zwar mittelbar zu Gewinn, ihre Erfüllung lässt sich aber vielfach in den Kalkülen nicht abbilden, da sie sich erst nach dem Planungshorizont einer Unternehmensbewertung realisieren.

Hinzu kommen **metaökonomische Zielsetzungen**, die mit einer Unternehmenstransaktion verfolgt werden können. Der Begriff wird in Anlehnung an den philosophischen Begriff der Metaphysik gebildet. Dieser Begriff hat sich bei der Edition des Werkes von Aristoteles gebildet. Nach dem die Werke zur Physik zusammengestellt waren, wurden diejenigen Werke hinzugefügt, die sich mit dem Zweck der Dinge und anderen ontologischen Fragestellungen befassten. Diese Themen wurden von Aristoteles selbst mit den Begriffen „erste Philosophie", „Theologie" oder „Weisheit" bezeichnet. Durch die editorische Anordnung wurden diese Werke mit „meta ta physika" (jenseits der Physik) bezeichnet. [408] Damit werden mit metaökonomischen Zielen solche bezeichnet, die jenseits von rein ökonomischen Zielen stehen. Gerade bei eigentümergeführten Unternehmen ist die Verfolgung dieser Ziele legitim, dort wo Eigentum und Management auseinanderfallen dagegen wäre es ein Ausnutzen des Principal-Agent Problems durch das Management. Ziele von eigentümergeführten Unternehmen, die mit einer Unternehmenstransaktion erreicht werden können, sind das Streben nach Macht, Prestige oder der Wille, die Selbständigkeit unbedingt zu erreichen. Emotionen spielen dann eine besondere Rolle, wenn ein ausscheidender Inhaber sein Lebenswerk veräußert. Dann kann – im Gegensatz zu den Annahmen in der Bewertungstheorie – nicht die Maximierung des Veräußerungspreises das Ziel sein, sondern der Erhalt des Unternehmens als Einheit, in dem lange verbundene Mitarbeiter nach wie vor einen Arbeitsplatz finden.

Das Zielsystem muss für die Unternehmensbewertung vollständig formuliert werden. Nur bei vollständiger Erfassung aller Ziele können Fehlinterpretationen bei der

---

[408] Vgl. *Reiner, H.*: Die Entstehung und ursprüngliche Bedeutung des Namens Metaphysik, Zeitschrift für philosophische Forschung, 8. Jg. (1954), S. 210 ff. Hier wird aber die reine Zufälligkeit dieser Benennung in Zweifel gezogen, was bereits Kant tat, da der Begriff so wunderbar passend ist. Vielmehr wird die Sortierung der Schriften und damit die Benennung auf vorhandene Tendenzen bei Aristoteles selbst zurückgeführt.

Bewertung verhindert werden. Außerdem müssen die Ziele operational sein, d.h. eine Messung der Zielrealisierung muss möglich sein.[409]

Mit dem so aufgestellten Entscheidungsmodell zur Unternehmensbewertung – bestehend aus Entscheidungsfeld, also dem Können des Entscheidungsträgers, und Zielsystem, also dem Wollen des Entscheidungsträgers – ist die Lösung des Bewertungsproblems implizit bereits erreicht. In diesem Modell steckt bereits der Unternehmenswert. Um den Grenzpreis explizit ermitteln zu können, bedarf es eines Entscheidungskriteriums, das auf das Bewertungsmodell angewandt wird. Im Rahmen der Unternehmensbewertung finden Bewertungsverfahren Anwendung, die eine Rechenregel zur Ermittlung des kritischen Preises für das zu bewertende Unternehmen darstellen.[410]

6.5 Bewertungsverfahren

Im Folgenden werden drei Arten von Rechenregeln zur expliziten Ableitung eines Wertes aus dem Entscheidungsmodell zur Unternehmensbewertung dargestellt. Zum ersten sind es substanzwertorientierte Verfahren, bei denen die Vermögensgegenstände abzüglich der Schulden den Wert des Unternehmens ausmachen. Zum zweiten sind es ertragswertorientierte Verfahren, bei denen eine Überschussgröße mit Opportunitätszins oder Kapitalkosten auf ihren Gegenwartswert diskontiert wird. Zum dritten sind es die so genannten Praktikerverfahren, die mit Hilfe von Marktwerten und Daumenregeln einen Wert feststellen.

Empirische Erhebungen über die Verbreitung von Bewertungsverfahren in Deutschland kommen übereinstimmend zu dem Ergebnis, dass die ertragswertorientierten Verfahren mit Abstand am stärksten zur Anwendung kommen. Substanzwertorientierte Verfahren haben auch eine große Verbreitung, werden aber meist nur als Kontrollgröße zum Ertragswert ermittelt. Praktikerverfahren haben, wie der Name schon sagt in der Unternehmenspraxis eine überragende Bedeutung. Sie werden häufig zur schnellen und einfachen Wertfindung eingesetzt. Außerdem haben sie eine überragende Bedeutung für den erzielbaren Preis.

> **Im Fokus: Historische Unternehmensbewertungsmethoden**
>
> Die Theorie der Unternehmensbewertung ist eine moderne, mit – wie wir sehen werden – vielen mathematischen Ableitungen versehen. Das Problem, den Wert eines Unternehmens zu ermitteln, ist allerdings nicht neu. So ist das Ausscheiden eines Gesellschafters aus einer gemeinsamen Unternehmung immer schon vorgekommen. Um die Vermögensauseinandersetzun-

---

[409] Vgl. *Bamberg, G./Coenenberg, A.G./Krapp, M.:* Betriebswirtschaftliche Entscheidungslehre, 16. Auflage, München 2019, S. 32.

[410] Vgl. *Sieben, G.:* Zur Wertfindung bei der Privatisierung von Unternehmen in den neuen Bundesländern durch die Treuhandanstalt, DB, 45. Jg. (1992), S. 2044.

gen zu minimieren, wurden in den mittelalterlichen Ordnungen Regeln erlassen, weil man erkannte, dass der einzelne Verkauf aller Gegenstände nicht den korrekten Gesamtwert eines Unternehmens abbildete:

- Das Lübecker und das Münchener Stadtrecht sahen vor, dass das Vermögen einer Handelsgesellschaft durch einen Schiedsrichter aufgeteilt wurde, wobei einzelne Vermögensgegenstände verlost wurden.
- Das Hamburger Stadtrecht von 1270 sah vor, dass der ältere Gesellschafter das Vermögen teilt und der jüngere wählen konnte, welchen Teil er übernehmen will. Wenn das Eigentum nicht zu teilen war, weil es z.B. aus einem Schiff bestand, musste der ausscheidungswillige Gesellschafter den unteilbaren Gegenstand schätzen, die übrigen Gesellschafter konnten sich innerhalb einer Frist entscheiden, ob sie das Geld oder den Gegenstand übernehmen wollten. Wählten die anderen Gesellschafter den Gegenstand, so hatten der ausscheidungswillige Gesellschafter die Wahl: Entweder er bleibt in der Gesellschaft oder er scheidet aus. Wenn er ausscheidet hatte er den anderen Gesellschaftern seinen Anteil an dem Gegenstand zu dem von ihm abgeschätzten Preis zu überlassen.

Quelle: *Schneider, D.:* Zur Wissenschaftsgeschichte der Planung und der Planungsrechnung oder: Leibniz als Betriebswirt, in: Mellwig, W.: Unternehmenstheorie und Unternehmensplanung, Wiesbaden 1979, S. 200. Vgl. ausführlich zur Geschichte der Lehre von der Unternehmensbewertung *Behringer, S.:* Eine kurze Geschichte der Unternehmensbewertung, Berlin u.a. 2020.

6.5.1 *Substanzwertorientierte Bewertungsverfahren*

6.5.1.1 Traditioneller Substanzwert

Der traditionelle Substanzwert bezeichnet den Betrag, der aufzuwenden wäre, wenn das Unternehmen auf der „**grünen Wiese**" wiedererrichtet werden würde. Dabei wird das Alter der vorhandenen Vermögensgegenstände durch Abschreibungen auf den Anschaffungswert berücksichtigt.[411] Von diesem Betrag werden dann die Schulden abgezogen. In die Rechnung werden nur **betriebsnotwendige Vermögensgegenstände und Schulden** einbezogen, die zur Erreichung des Sachziels (also der Erstellung des zu verkaufenden Produkts) des Unternehmens unabdingbar sind.[412] Dabei wird aus Gründen der Praktikabilität nur ein **Teilrekonstruktions-**

---

[411] Vgl. *Schmidt, R.:* Der Sachzeitwert als Übernahmepreis bei der Beendigung von Konzessionsverträgen, Kiel 1991, S. 26 f.

[412] Vgl. *Serfling, K./Pape, U.:* Theoretische Grundlagen und traditionelle Verfahren der Unternehmensbewertung, WISU, 24. Jg. (1995), S. 815.

wert ermittelt, d.h. nur Vermögensgegenstände, die einzeln bewertbar sind, finden Berücksichtigung. Damit ist der Substanzwert die Summe der Werte der einzelnen Vermögensgegenstände des betriebsnotwendigen Vermögens, sofern sie einzelnen bewertbar sind, abzüglich der Schulden.

Die Befürworter des Substanzwertes sehen den größten Vorteil in der Umgehung des Prognoseproblems. Ihrer Meinung nach ist die Substanz in vielen Fällen „diejenige Basisgröße des Unternehmenswertes, die er (*der Gutachter*) erfassen, fixieren und damit sichern kann."[413] Es ist zwar möglich, den Substanzwert relativ einfach zu berechnen, es ist jedoch fraglich, ob dieser Wert eine Bedeutung hat.

So verstößt der Substanzwert gegen den Grundsatz der Bewertungseinheit, da nur einzelne Vermögenswerte addiert werden. Dieser elementare Verstoß führt leicht zu unkorrekten Wertansätzen. Maschinen und Anlagen haben nur eine Bedeutung in einem Zusammenhang mit der Kenntnis der Menschen, die an ihnen arbeiten, den Vertriebswegen für die produzierten Güter, dem vorhandenen Kundenstamm etc. Diese Zusammenhänge werden durch den Substanzwert nicht erfasst. Die Umgehung des Prognoseproblems wird nur durch Verstoß gegen den Grundsatz der Zukunftsbezogenheit der Unternehmensbewertung erreicht. Vergangenheitsdaten, wie sie in der Substanz des Unternehmens zum Ausdruck kommen, sind aber irrelevant für die Möglichkeit, mit dem Unternehmen eigene Ziele zu realisieren.[414] Daher ist der traditionelle Substanzwert für die Entscheidung „Kauf bzw. Verkauf des Unternehmens" von keiner Bedeutung.

Der Substanzwert kann darüber hinaus leicht zu unplausiblen Werten führen. Man denke an ein Unternehmen, das seit Jahren Verluste macht, aber über teure Grundstücke verfügt. Dieses Unternehmen hätte einen hohen Substanzwert. „It will benefit the owner of an enterprise nothing to possess a company with costly assets. What the owner wants is profitableness, not expensiveness."[415]

Neben Hilfsfunktionen bei der Unternehmensbewertung kann der traditionelle Substanzwert dann zu relevanten Werten führen, wenn die Zielerreichung von der Erlangung der Unternehmenssubstanz abhängt. Dies ist z.B. beim erwünschten Aufkauf von Warenbeständen, Produktionsmitteln oder Immobilien der Fall.

---

[413] *Hosterbach, E.:* Unternehmensbewertung – Die Renaissance des Substanzwertes, DB, 40. Jg. (1987), S. 902.

[414] Vgl. *Sieben, G./Kirchner, M.:* Renaissance des Substanzwertes?, DBW, 48. Jg. (1988), S. 541.

[415] *Bonbright, J. C.:* The Valuation of Property, Bd. I, New York u.a. 1937, S. 238. Im Original mit Hervorhebungen.

6.5.1.2 Liquidationswertverfahren

Unter der Liquidation versteht man die **Zerschlagung eines Unternehmens**, bei der alle bestehenden rechtlichen Beziehungen abgewickelt und die Schulden zurückgezahlt werden.[416] Der Liquidationserlös steht den Gesellschaftern zu.

Um den Wert eines Unternehmens in der Liquidation ermitteln zu können, muss man die **Going-Concern-Prämisse**, die die Fortführung des Unternehmens unterstellt, aufgeben. Daher werden bei der Liquidationsbewertung nicht wie beim Substanzwertverfahren die Vermögensgegenstände zu Wiederbeschaffungskosten, sondern zu Veräußerungserlösen bewertet. Von der Summe der zu Veräußerungserlösen bewerteten Vermögensgegenstände müssen dann die Verbindlichkeiten abgezogen werden.[417] Außerdem müssen noch die Kosten der Liquidation Berücksichtigung finden, wie Sozialplanverpflichtungen, Abbruch- und Sanierungskosten und Steuerbelastungen durch die Auflösung von stillen Reserven. Dauert die Liquidation mehr als ein Jahr, so sind die Werte derjenigen Güter auf den Gegenwartswert abzuzinsen, die erst nach einem Jahr zu Zahlungseingängen führen.[418]

Der Liquidationswert hat für die Unternehmensbewertung eine besondere Bedeutung, da er für den rational handelnden Entscheidungsträger die **absolute Wertuntergrenze** darstellt.[419] Ist der Liquidationswert größer als der Fortführungswert, muss das Unternehmen von einem rational handelnden Entscheidungsträger liquidiert werden.

6.5.2 *Ertragswertorientierte Bewertungsverfahren*

6.5.2.1 Wesen des Kapitalisierungsvorganges

Die ertragswertorientierten Verfahren der Unternehmensbewertung beruhen auf der neoklassischen Theorie des Zinses, die hauptsächlich von Irving Fisher geprägt wurde. Fisher (1867–1947) war ein amerikanischer Ökonom, der in Yale auf dem Gebiet der mathematischen Ökonomie promovierte. Die Yale University verlieh ihm den ersten ökonomischen Doktortitel. So wurde Fisher einer der Wegbereiter der mathematischen Methoden in den Wirtschaftswissenschaften.[420] Neben seiner Tätigkeit als Ökonom engagierte er sich in Gesundheitsfragen und schrieb Bücher auf diesem Gebiet. Er propagierte das Joggen und lehnte den Verzehr von rohem

---

[416] Vgl. *von Boxberg, F.:* Das Management Buyout-Konzept – Eine Möglichkeit zur Herauslösung krisenhafter Tochtergesellschaften, Hamburg 1989, S. 163.

[417] Vgl. *Serfling, K./Pape, U.:* Theoretische Grundlagen und traditionelle Verfahren der Unternehmensbewertung, WISU, 24. Jg. (1995), S. 815.

[418] Vgl. *Ballwieser, W./Hachmeister, D.:* Unternehmensbewertung, 5. Auflage, Stuttgart 2016, S. 206.

[419] Vgl. *Sieben, G.:* Zur Wertfindung bei der Privatisierung von Unternehmen in den neuen Bundesländern durch die Treuhandanstalt, DB, 45. Jg. (1992), S. 2044.

[420] Vgl. *Thaler, R. H.:* Irving Fisher: Modern Behavioral Economist, AER, 87. Jg. (1997), No. 2, S. 439.

Fleisch ab. Sein Vermögen verlor er in der Börsenkrise 1929. Berühmt geworden ist seine Aussage wenige Tage vor dem Schwarzen Freitag: „Stock prices have reached what looks like a permanently high plateau."[421] Damit war Fisher einer der Beispiele dafür, dass wissenschaftliche Expertise keine Garantie für gute Anlageempfehlungen ist.

Kann ein potentieller Unternehmenskäufer kein Geld leihen, muss er den Kauf mit privaten Mitteln finanzieren. In diesem Fall konkurriert der Kauf des Unternehmens mit den persönlichen Konsumwünschen, die bei Realisierung der Unternehmenstransaktion zurückstehen müssten.[422]

Führt man das Idealbild des **vollkommenen Kapitalmarkts** ein, ändert sich diese Sichtweise. Ein vollkommener Kapitalmarkt ist geprägt durch die Abwesenheit von Steuern und Transaktionskosten und homogenen, also gleichgerichteten, Erwartungen aller Marktteilnehmer (vgl. Kapitel 3.2.1 in diesem Buch). Führt man nun zusätzlich die Möglichkeit von Ersparnissen und Kapitalanlagen ein, kann man die Komplexität weiter reduzieren: Jedes Unternehmen kann jederzeit ohne Transaktionskosten Geld in beliebiger Höhe zu einem Sollzinssatz aufnehmen. Des Weiteren gibt es als zusätzliche Handlungsmöglichkeit für alle Unternehmen neben den Investitionsprojekten die Möglichkeit, beliebig Geld zu einem Habenzins anzulegen. Soll- und Habenzins sollen dabei zu jedem Zeitpunkt übereinstimmen, wobei es unerheblich ist, ob sich die Zinshöhe im Zeitablauf verändert.

Mit der Identität von Soll- und Habenzins und der unbeschränkten Anlage- bzw. Aufnahmemöglichkeit wird ein Unternehmen in die Lage versetzt, Zahlungen zu einem Zeitpunkt in Zahlungen in beliebigen anderen Zeitpunkten zu transformieren. Damit kann das Unternehmen den relevanten Entscheidungsträgern (den eigenen Anteilseignern) die gewünschten Ausschüttungen zu jedem beliebigen Zeitpunkt zur Verfügung stellen. Das bedeutet, dass die Konsumwünsche und damit die private Sphäre aller Entscheidungsträger nicht mehr relevant sind für die Feststellung der Vorteilhaftigkeit, da das Unternehmen durch Aufnahme von Kapital zum Sollzins die gewünschte Zahlungsreihe kreieren kann. Es ist irrelevant, ob die Investition mit Ersparnissen oder mit geliehenem Geld finanziert wird. Die Opportunitätskosten der Nutzung von Ersparnissen sind gleich den Kosten der Kreditfinanzierung. Es ist also egal, welche Finanzierungsform gewählt wird. Daher sind auch Finanzierungsentscheidungen unerheblich für die Entscheidung über die Investition.[423] Des Weiteren sind vorgelagerte Investitionsentscheidungen und konkurrie-

---

[421] Vgl. *Holub, H.W.:* Eine Einführung in die Geschichte des ökonomischen Denkens, Band V: Die Ökonomik des 20. Jahrhunderts, Teil 2: Englische und amerikanische Ökonomen, Wien u. a. 2012, S. 29.

[422] Vgl. *Milgrom, P./Roberts, J.:* Economics, Organization and Management, Englewood Cliffs 1992, S. 449.

[423] Vgl. *Milgrom, P./Roberts, J.:* Economics, Organization and Management, Englewood Cliffs 1992, S. 450.

rende Projekte irrelevant für eine Entscheidung über die Vorteilhaftigkeit der Investition. Eine Konkurrenz von Investition und Konsum liegt nicht mehr vor.

Diese so genannte **Fisher-Separation** trennt die Betrachtung von privaten Haushalten als Begünstigte eines Zahlungsstroms und Unternehmen als Instrument zur Einkommenserzielung.[424] Auf einem vollkommenen Kapitalmarkt kann die Vorteilhaftigkeit eines Unternehmenskaufs isoliert ermittelt werden, was für die praktische Anwendbarkeit von Methoden der Unternehmensbewertung eine wichtige Voraussetzung ist.

Im Fokus: Graphische Erklärung der Fisher-Separation

In der Grafik werden die verfügbaren Geldmittel zu zwei Zeitpunkten t_1 (bezeichnet mit E_1 auf der Ordinate) und t_0 (bezeichnet mit E_0 auf der Abszisse) abgetragen. Die Kurve K_0K_1 gibt alle Geldanlagemöglichkeiten (Investitionen) an, die mit den vorhandenen Geldmitteln möglich sind. Für zwei verschiedene Entscheidungsträger A und B sind Indifferenzkurven (Kurven gleichen Nutzens) eingetragen, ihren Konsum in den zwei Zeitpunkten betreffend. Person A wählt eine Aufteilung, die ihm viel Konsum im Zeitpunkt t_0 und wenig Konsum in t_1 ermöglicht (daher ist ihre Indifferenzkurve rechts unten in dem Koordinatensystem). Person B handelt umgekehrt und spart sich den Konsum für den Zeitpunkt t_1 auf. In t_0 entnimmt er nur vergleichsweise wenige Mittel für den Konsum. B spart vergleichsweise viel. Sparen entspricht einer investiven Tätigkeit. Das Modell zeigt bis hierher, dass konsumieren und investieren sich gegenseitig ausschließen: Eine Entscheidung für Konsum verdrängt automatisch die Investition, sie bedingen einander. Der Anfangsbestand an Geldmitteln K_0 abzüglich der Entnahme für Konsum (der Tangentialpunkt der Indifferenzkurve der jeweiligen Person) stellt die für eine Investition verfügbare Geldmenge dar. Bis hierhin muss über Investition und Finanzierung simultan entschieden werden. Eine Trennung der beiden Entscheidungen ist nicht möglich.

---

[424] Vgl. *Schirmeister, R.:* Theorie finanzmathematischer Investitionsrechnungen bei unvollkommenem Kapitalmarkt, München 1990, S. 10.

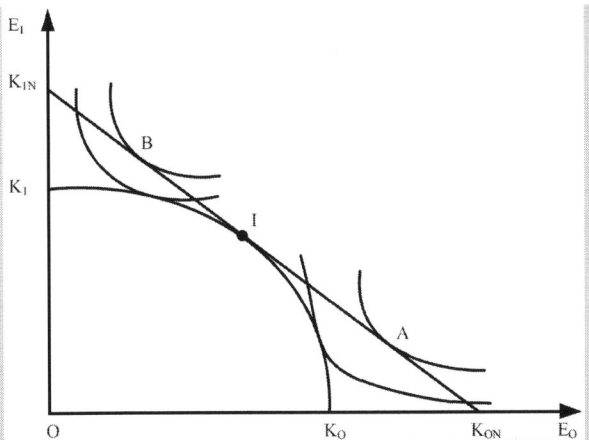

Abbildung 23: Grafische Darstellung der Fisher-Separation[425]

Mit der Einführung des vollkommenen Kapitalmarktes ändert sich die Situation. Die Kapitalmarktlinie ist die Diagonale von K_{ON} zu K_{IN}. Jeder Investor, also auch A und B können zu einem einzigen Zinssatz Geld anlegen und leihen. Für A und B erweitern sich die Möglichkeiten der Investition. Sie können eine Sachinvestition mit Kapitalmarktaktivitäten verbinden. Optimal ist offensichtlich die Investition I, also der Punkt der Sachinvestitionskurve K_0K_1, der gerade die Kapitalmarktlinie berührt. Sowohl für den konsumwütigen A (mit Hilfe von Kreditaufnahme am Kapitalmarkt) als auch für den sparsamen B (mit Anlage von Geld am Kapitalmarkt) ist diese Investition erreichbar. Sie sorgen dafür, dass beide Personen eine Indifferenzkurve erreichen, die weiter vom Ursprung entfernt ist – also einen höheren Nutzen ausdrückt. Beide stellen sich besser. Zudem ist die Entscheidung über die Investition separierbar von der Entscheidung über den Konsum: Durch die Möglichkeit zum gleichen Zinssatz Geld aufzunehmen und anzulegen ist die Investition I für A und B erreichbar, obwohl sie derart unterschiedliche Konsumneigungen haben. Die Entscheidungen können getrennt voneinander getroffen werden oder sogar an Agenten delegiert werden, die die Konsumneigung ihrer Prinzipale gar nicht kennen.

Quellen: *Schneider, D.:* Allgemeine Betriebswirtschaftslehre, 3. Auflage, München u. a. 1987, S. 344 f.; *Breuer, W.:* Investition I. Entscheidungen bei Sicherheit, 4. Auflage, Wiesbaden 2012, S. 39 ff.

Obwohl die Annahme des vollkommenen Kapitalmarkts unrealistisch ist, erlaubt es die Fisher-Separation, Prognoserechnungen beherrschbar zu machen und somit be-

---

[425] Die Darstellung ist entnommen aus *Schneider, D.:* Allgemeine Betriebswirtschaftslehre, 3. Auflage, München u. a. 1987, S. 344.

triebswirtschaftliche Entscheidungen zu verbessern. Eine theoretisch richtige Erweiterung um sämtliche Konsummöglichkeiten des Entscheidungsträgers würde die
Investitionskalküle nicht mehr handhabbar werden lassen.[426] Es muss also auf das
grob vereinfachende Näherungsverfahren zurückgegriffen werden. Da es sich bei
der Bewertung von Unternehmen anlässlich des Kaufs bzw. Verkaufs von Unternehmen um eine äußerst komplexe Situation handelt, sind solche Vereinfachungen
aus Gründen der theoretischen und praktischen Beherrschbarkeit unumgänglich.
Der Gutachter muss sich allerdings der Schwierigkeiten, die sich mit diesen Kom-
plexitätsreduktionen ergeben, bewusst sein. Die Separationstheoreme haben aber
trotz ihrer unrealistischen Prämissen eine wichtige Funktion: „Separationstheoreme
erlauben es, die 'Komplexität' eines Entscheidungsproblems in der Realität auf ein
lösbares Ausmaß zu verringern. Darin, nicht in der unmittelbaren 'Erklärung' der
Wirklichkeit, liegt der Sinn solcher Modelle des vollkommenen Marktes und damit
des Leitbildes von der Trennbarkeit."[427]

Die Voraussetzungen des vollkommenen Kapitalmarkts sind an einigen Stellen
nicht realistisch. In der Realität ist es meist so, dass der erreichbare Habenzins (also
für Anlagen) geringer ist als der Sollzins (also für Kreditaufnahmen). Für den Fall,
dass Soll- und Habenzins nicht mehr übereinstimmen, funktioniert die Fisher-
Separation nicht mehr. Diese Situation ist von dem amerikanischen Ökonomen
Jack Hirshleifer 1958 untersucht worden.[428] Daher wird bei Modellen mit Auseinanderfallen von Soll- und Habenzins häufig auch vom **Hirshleifer-Fall** gesprochen. Unterschiede in den Soll- und Habenzins entstehen durch Transaktionskosten. So entstehen allein durch die längere Anbahnungszeit bis zum Abschluss eines
Kreditvertrages Transaktionskosten, die zu einer Diskrepanz zwischen beiden Sät-
zen führen.[429] In dieser Situation ist die elegante Aussage der Fisher-Separation
nicht mehr möglich. Vielmehr gilt es im Hirshleifer-Fall drei Situationen zu unterscheiden:

Investitionen, die eine Rendite haben, die über dem Sollzinssatz liegen, werden
realisiert. Es lohnt sich auch einen Kredit aufzunehmen, um diese Projekte zu realisieren.

Investitionen, die eine Rendite unter dem Habenzinssatz haben, werden nicht realisiert. Es ist günstiger das Geld zum Habenzins anzulegen.

Für alle Projekte, die eine Rendite zwischen Soll- und Habenzins haben, hängt die
Realisierung an der Zeitpräferenz und an dem vorhandenen Vermögen des Entscheidungsträgers.

---

[426]   Vgl. *Löhr, D.:* Die Grenzen des Ertragswertverfahrens, Frankfurt 1994, S. 57.
[427]   *Schneider, D.:* Geschichte betriebswirtschaftlicher Theorie, München 1981, S. 345 f.
[428]   Vgl. *Hirshleifer, J.:* On the Theory of optimal Investment Decision, Journal of Political Economy,
        66. Jg. (1958), S, 329 ff.
[429]   Vgl. *Breuer, W.:* Investition I, Entscheidungen bei Sicherheit, 4. Auflage, Wiesbaden 2012, S. 275.

Die Trennung, wie wir sie für den einfacheren, aber realitätsferneren, Fall der Fisher-Separation erörtert haben, gilt bei dieser Variation nicht mehr. Dies ist zu berücksichtigen, wenn im Folgenden mit den ertragswertorientierten Verfahren weiterargumentiert wird. Wir blenden weiterhin die privaten Präferenzen des Entscheidungsträgers aus, um die Darstellung zu vereinfachen. Auch die Praxis tut dies. Wichtig ist es aber sehr wohl, die Einschränkungen der Modelle zu kennen, mit denen die Praxis arbeitet.

Ein Zahlungsstrom kann durch drei Dimensionen gekennzeichnet werden: Breite, Unsicherheit und zeitlicher Anfall von Ein- und Auszahlungen.[430] Aus Vereinfachungsgründen wird zunächst die Unsicherheit der Zahlungsgrößen vernachlässigt. Gesucht ist damit ein Kriterium, mit dem die Vorteilhaftigkeit von Zahlungsströmen, z.B. aus einem Unternehmen, die in Breite und zeitlicher Struktur verschieden sind, ermittelt werden kann. Das entwickelte Kriterium ist der Gegenwartswert des Zahlungsstroms, bei dem die Differenz aus Ein- und Auszahlungen mit einem Kapitalisierungszinsfuß auf den gegenwärtigen Zeitpunkt diskontiert wird:

$$(6.7) \qquad C_j = -A_0 + \sum_{t=1}^{T} \frac{(E_t - A_t)}{(1+i)^t}$$

mit: $\quad$ C_j = Gegenwartswert (Kapitalwert) des Zahlungsstroms j

$\qquad$ A_0 = Anfangsauszahlung zur Realisierung des Zahlungsstroms j

$\qquad$ E_t = Einzahlungen in den Jahren t = 1, ..., T

$\qquad$ A_t = Auszahlungen in den Jahren t = 1, ..., T

$\qquad$ i $\:$ = Kalkulationszins

Ist der Gegenwartswert (die Investitionsrechnung bezeichnet dieses Konzept als **Kapitalwert**) eines Zahlungsstroms größer als Null, sollte der Zahlungsstrom realisiert werden, also das Unternehmen gekauft werden (absolute Vorteilhaftigkeit). Sind mehrere Zahlungsströme mit positiven Kapitalwerten zu vergleichen, sollte derjenige mit dem höchsten positiven Kapitalwert realisiert werden (relative Vorteilhaftigkeit).[431]

In diesem Konzept hat der Kapitalisierungszins zunächst eine mathematische Funktion: Erreicht wird die Vergleichbarkeit von Zahlungsströmen unterschiedlicher Breite bei unterschiedlichem zeitlichen Anfall. Diese rechnerische Eigenschaft wird von jedem beliebigen Kapitalisierungszinsfuß erfüllt. Wenn man sich aber die großen Unterschiede, die eine Variation des Kapitalisierungszinsfußes für den errechneten Kapitalwert hat (eine Reduktion um die Hälfte bedeutet eine Verdoppelung

---

[430] Vgl. *Fisher, I.:* The Theory of Interest, New York 1930, S. 71.

[431] Vgl. *Franke, G./Hax, H.:* Finanzwirtschaft des Unternehmens und Kapitalmarkt, 6. Auflage, Berlin u.a. 2009, S. 170.

des Kapitalwertes), vor Augen führt, muss man die Auswahl eines Zinsfußes mit äußerster Sorgfalt betreiben.[432]

Insbesondere ist daher die ökonomische Bedeutung des Kapitalisierungszinsfußes zu beachten. Mit dem Kalkulationszins soll aus ökonomischer Sicht ein Vergleich mit der besten Alternative ohne Unternehmenstransaktion zum Ausdruck kommen. Dies ist der Opportunitätszins mit dem man die Frage beantworten kann, welche Rendite man mit dem Kapital erzielen könnte, wenn man es nicht in der Unternehmenstransaktion anlegt sondern in die bestverzinste Alternative investiert. Legt man diesen **Opportunitätszins** zu Grunde, wird der Kapitalwert nur dann positiv, wenn der gleiche Zahlungsstrom von dem Entscheidungsträger nicht günstiger erworben werden kann (unterstellt man reines Interesse an Einzahlungen).

Vergleicht man diese Überlegungen mit den Ausführungen zur Systematisierung der Bewertungssituation, erkennt man, dass in dem Kapitalisierungszinsfuß das Entscheidungsfeld des potentiellen Unternehmenskäufers bzw. -verkäufers zum Ausdruck kommt. Damit leistet die Auswahl eines Kapitalisierungszinsfußes eine erhebliche Komplexitätsreduktion des Unternehmensbewertungskalküls.

6.5.2.2 Ertragswertverfahren

6.5.2.2.1 Bewertungsprinzip

Mit (6.7) lässt sich die Frage nach dem Wert des Unternehmens, dem Grenzpreis eines speziellen Entscheidungsträgers, noch nicht beantworten. Ausgehend von dem Kriterium der Vorteilhaftigkeit eines Zahlungsstroms, dass der Kapitalwert positiv sein muss:

(6.8) $C_j > 0$

ergibt sich:

(6.9) $\sum_{t=1}^{T} \frac{(E_t - A_t)}{(1+i)^t} > A_0$

Die Anschaffungsauszahlung A_0 entspricht dem Preis, der für das Unternehmen zu zahlen wäre. Der Preis muss größer sein als der linke Ausdruck von (6.9), der mithin der **Grenze der Kompromissbereitschaft** des Investors entspricht. Unterstellt man eine unendliche Lebensdauer des Unternehmens und, dass der Unternehmenseigner keine Nachschusspflicht für anfallende Verluste hat lässt sich schreiben:

---

[432] Vgl. *Moxter, A.:* Grundsätze ordnungsmäßiger Unternehmensbewertung, 2. Auflage, Wiesbaden 1983, S. 125.

(6.10) $W = \sum_{t=1}^{\infty} \dfrac{E_t}{(1+i)^t}$

(6.10) ist die Grundformel des Ertragswertverfahrens der Unternehmensbewertung. Der Ausdruck lässt sich vereinfachen, wenn man annimmt, dass die jährlichen Einzahlungen für den Investor jeweils gleich sind. Dies ist z.B. der Fall bei englischen Staatsanleihen mit unendlicher Laufzeit, die im 18. Jahrhundert ausgegeben werden und noch heute mit dem gleichen festen Betrag vergütet werden (sog. Consols).[433] Schreibt man die Ertragswertformel aus, so ergibt sich:

(6.11) $W = \dfrac{E}{(1+i)} + \dfrac{E}{(1+i)^2} + \dfrac{E}{(1+i)^3} + \ldots + \dfrac{E}{(1+i)^n}$

Schreibt man den Ausdruck $\dfrac{E}{(1+i)}$ als a und $\dfrac{1}{(1+i)}$ als x, so ergibt sich:

(6.12) $W = a \cdot (1 + x + x^2 + x^3 + \ldots + x^n)$

Werden nun beide Seiten von (6.12) mit x multipliziert, so ergibt sich:

(6.13) $W \cdot x = a \cdot (x + x^2 + x^3 + x^4 + \ldots + x^n)$

Zieht man (6.13) von (6.12) ab so bleibt stehen:

(6.14) $W \cdot (1 - x) = a$

Führen wir wieder die ursprünglichen Ausdrücke statt a und x ein, kann man für (6.14) schreiben:

(6.15) $W \cdot (1 - \dfrac{1}{1+i}) = \dfrac{E}{(1+i)}$

Wenn man die beiden Seiten mit $(1+i)$ multipliziert, so ergibt sich die so genannte **kaufmännische Kapitalisierungsformel:**

(6.16) $W = \dfrac{E}{i}$

Schon Schmalenbach bezeichnete den Ertragswert als den „weitaus … wichtigste(n)"[434] für Anlagen und Unternehmungen. Das Ertragswertverfahren hat sich in Deutschland aber erst allmählich zum Bewertungsstandard entwickelt.[435]

---

[433]   Vgl. hierzu und dem Folgenden *Brealey, R.A./Myers, S.C./Allen, F.:* Principles of Corporate Finance, 13. Auflage, New York 2019, S. 55.

[434]   *Schmalenbach, E.:* Die Werte von Anlagen und Unternehmungen in der Schätzungstechnik, ZfhF, 12. Jg. (1917/18), S. 1.

[435]   Vgl. zur Durchsetzung des Ertragswerts als Bewertungsstandard in Deutschland *Münstermann, H.:* Der Zukunftsentnahmewert der Unternehmung und seine Beurteilung durch den Bundesgerichtshof, BFuP, 32. Jg. (1980), S. 114 ff.

Gleichung (6.16) bringt die **zweistufige Struktur der Unternehmensbewertung** zum Ausdruck. Einerseits ist es die Einzahlungsgröße E. Unterstellt man alleiniges Interesse an monetären Ergebnissen, sind dies die Zahlungen des Unternehmens an den Eigentümer. Allgemeiner formuliert handelt es sich um die Beiträge des Unternehmens zur Zielerreichung des Entscheidungsträgers. E ist mithin Ausdruck der Beiträge zum Zielsystem des Entscheidungsträgers. Andererseits ist es der Kalkulationszinsfuß, der Ausdruck des Entscheidungsfeldes ist. Das Ertragswertverfahren bildet damit die beiden Elemente des Entscheidungsmodells der Unternehmensbewertung ab und reduziert somit die Komplexität des Bewertungskalküls.

6.5.2.2.2 Der Kalkulationszinsfuß

Der theoretisch richtige Kalkulationszinsfuß wäre der **interne Zinsfuß der optimalen Alternative zum Unternehmenskauf**, die dem Entscheidungsträger offensteht.[436] Für den Verkäufer des Unternehmens ist es ebenfalls die beste alternative Anlage, die bislang aufgrund der Bindung des Kapitals im Unternehmen unterblieben ist.[437] Die praktische Umsetzung dieser Forderung ist allerdings schwierig. In Theorie und Praxis wird insbesondere das folgende Näherungsverfahren verwendet: Ausgegangen wird vom landesüblichen Zinsfuß, der Rendite von Anleihen der öffentlichen Hand. Dieser muss mit dem Ertrag aus dem Unternehmen vergleichbar gemacht werden. Dies verlangt eine Angleichung hinsichtlich Risiko, Inflations- und Steuerwirkung. Dies wird durch Zu- bzw. Abschläge zum landesüblichen Zinsfuß erreicht.[438]

Die Einzahlungen aus der öffentlichen Anleihe sind quasi-sicher. Diese Aussage kann man tätigen, da es bei Staaten nur selten zu echten Zahlungsausfällen kommt. Dem scheinen die jüngsten Ereignisse um Griechenland zu widersprechen. Im Gegenteil zeigen aber gerade die ausführlichen Bemühungen aller anderen Staaten, eine Zahlungsunfähigkeit Griechenlands zu vermeiden, dass öffentliche Anleihen sehr sicher sind. Der Anleger bei Anleihen ist in der Position des Fremdkapitalgebers, d.h. er hat Anspruch auf eine fest vereinbarte Verzinsung. Er ist nicht abhängig von dem Wohl und Wehe des Unternehmens mit seinen schwankenden Gewinnen, die Grundlage der Bemessung der Vergütung von Eigenkapitalgebern sind. Die Einzahlungen an den Unternehmenseigner unterliegen daher dem allgemeinen Unternehmerrisiko, der Anleger ist in der Position des Eigenkapitalgebers. Als Eigenkapitalgeber erhält der Anleger unsichere Einzahlungen, haftet mit seinem Privatvermögen für Verluste (bei Personengesellschaften mit Ausnahme des Kommanditisten) und hat erheblich schlechtere Wiederverkaufsbedingungen aufgrund

---

[436] Vgl. *Löhr, D.:* Die Grenzen des Ertragswertverfahrens, Frankfurt 1994, S. 332.

[437] Vgl. *Matschke, M.J./Brösel, G.:* Unternehmensbewertung, 4. Auflage, Wiesbaden 2012, S. 171.

[438] Vgl. *Coenenberg, A.G.:* Verkehrswert und Restbetriebsbelastung, DB, 39. Jg. (1986), Beilage 2, S. 6.

der geringeren Fungibilität von Unternehmensanteilen[439] (ausgenommen sind börsennotierte Aktien). Dieses Risiko muss durch einen höheren Ertrag aus der Investition in das Unternehmen als aus der Finanzinvestition in Anleihen der öffentlichen Hand abgegolten werden. Dies kann entweder durch einen Zuschlag zum
Kalkulationszinsfuß oder durch **Ansatz der Sicherheitsäquivalente** der Einzahlungen ausgedrückt werden. Der Ertragswert berechnet sich im ersten Fall folgen-
dermaßen:

$$(6.17) \qquad W = \sum_{t=1}^{\infty} \frac{E_t}{(1 + i + z)^t}$$

mit: z = Risikozuschlag

Die Höhe des Risikozuschlags müsste sich aus der subjektiven Risikonutzenfunktion des risikoscheuen Investors ergeben, diese ist aber unbekannt.[440] Ein „Greifen"
des Risikozuschlags, wie es in der Praxis sehr beliebt ist,[441] erscheint aufgrund der
Bedeutung dieses Einflussfaktors aber unangemessen. Der Risikozuschlag kann
direkt über eine Bemessung der Höhe von z oder über die Bemessung des Sicher-
heitsäquivalents bestimmt werden.

Die Theorie des Risikonutzens nach von Neumann/Morgenstern kann ausgehend
von dem **Bernoulli-Prinzip** angewendet werden, um die subjektive Einstellung
eines Entscheidungsträgers zum Risiko in das Bewertungskalkül zu ermitteln.
Grundlage ist ein Aufsatz des Schweizer Mathematikers Daniel Bernoulli (1700–
1782),[442] der einer bemerkenswerten Gelehrtenfamilie entstammte, die über Jahrzehnte bedeutende Mathematiker, Naturwissenschaftler und andere Wissenschaftler
hervorbrachte. Er hat sich elementar mit dem menschlichen Umgang mit Risiko
befasst. Startpunkt seiner Betrachtung ist die Aussage, dass Erwartungswerte zustande kommen durch die Multiplikation der verschiedenen potentiellen Ergebnisse
mit den Wahrscheinlichkeiten ihres Eintritts dividiert durch die Gesamtzahl der
möglichen Ergebnisse. Nimmt man eine Münze, so kann diese entweder mit Kopf
oder Zahl aufkommen. Der Erwartungswert des Ergebnisses Kopf ist: Kopf mal 1
dividiert durch zwei mögliche Ergebnisse. Entsprechend ergibt sich 0,5. Bernoulli
ändert die Berechnung aber in einem entscheidenden Punkt, relevant ist nicht mehr
das Ergebnis, sondern der individuell empfundene Nutzen. Die Veränderung ist
signifikant, da der empfundene Nutzen durchaus sehr verschieden sein kann. Deut-

---

[439]   Vgl. *Siepe, G.:* Das allgemeine Unternehmerrisiko bei der Unternehmensbewertung (Ertragswertermittlung), WPg, 39. Jg. (1986), S. 21; *Baetge, J./Krause, C.:* Die Berücksichtigung des Risikos bei der Unternehmensbewertung, BFuP, 46. Jg. (1994), S. 434 f.

[440]   Vgl. *Ballwieser, W.:* Unternehmensbewertung und Komplexitätsreduktion, 3. Auflage, Wiesbaden
1990, S. 171.

[441]   Vgl. *Siegel, T.:* Methoden der Unsicherheitsberücksichtigung in der Unternehmensbewertung, WiSt,
20. Jg. (1992), S. 23.

[442]   Vgl. *Bernoulli, D.:* Specimen Theoriae Novae de Mensura Sortis (Exposition of a New Theory on the
Measurement of Risk), Nachdruck in Econometrica, 22. Jg. (1954), S. 23 ff. Deut-

lich wird das im Alltag z.B. bei einem turbulenten Flug, der von den einen Passagieren stoisch in Ruhe absolviert wird und bei anderen zu erheblichen Aufregungen führen kann.[443] Das Bernoulli-Prinzip besagt nun, dass diejenige Alternative gewählt werden soll, bei dem der Erwartungswert des Nutzens maximiert wird.[444]

Um diese Erkenntnisse in die Bewertung von Unternehmen zu integrieren, bedarf es einer Risikonutzenfunktion, die risikobehaftete Einzahlungen in eine subjektive Nutzengröße transformiert.[445] Formal geschrieben bedeutet dies:

(6.18) $U = U(E)$

Mit Hilfe von U werden die Einzahlungsgrößen in Nutzengrößen transformiert.[446] Eine solche Nutzenfunktion haben die beiden Mathematiker John von Neumann und Oskar Morgenstern entwickelt. Von Neumann wurde in Budapest geboren, studierte in Berlin, wo er an der Entwicklung der Quantenmechanik beteiligt war. Nach seiner Flucht vor dem nationalsozialistischen Terrorregime war er an der Entwicklung der amerikanischen Atombombe beteiligt. Mit dem ebenfalls geflohenen Oskar Morgenstern, der in Deutschland geboren wurde und in Wien studiert hatte, schrieb er das bahnbrechende Buch „The Theory of Games and Economic Behavior".[447] Sie haben eine das Bernoulli-Prinzip verwendende Funktion entwickelt, die Ergebnisgrößen in Nutzengrößen umwandelt. Bezogen auf Einzahlungsüberschüsse, wie sie für die Unternehmensbewertung relevant sind, lässt sie sich schreiben als:[448]

(6.19) $EU(E) = \sum_{i=1}^{I} p_i \cdot u(E_i)$

p bezeichnet die Wahrscheinlichkeit, mit der die i Ergebnisse für die Zufallsvariable E eintreten können. Bezogen auf die Unternehmensbewertung gibt es für die Einzahlungsüberschüsse verschiedene Szenarien, die mit der Wahrscheinlichkeit p eintreten. EU stellt somit den erwarteten Nutzen der Einzahlungsüberschüsse dar. I.d.R. wird dabei Risikoaversion unterstellt, d.h. ein erhöhtes Risiko einer Zahlungsreihe zu Abschlägen beim Erwartungsnutzen EU führt.

Mit Hilfe der Risikonutzenfunktion lässt sich nun das Sicherheitsäquivalent bestimmen. Das **Sicherheitsäquivalent** bezeichnet diejenige sichere Einzahlung S, bei der der Entscheidungsträger zwischen der unsicheren Einzahlung X und S indif-

---

[443] Vgl. *Bernstein, P.L.:* Against the Gods. The Remarkable Story of Risk, New York u. a. 1996, S. 102 ff.

[444] Vgl. *Neus, W.:* Einführung in die Betriebswirtschaftslehre, 7. Auflage, Tübingen 2011, S. 450.

[445] Zur Darstellung und Diskussion der Voraussetzungen wird auf *Marschak, J.:* Rational Behavior, Uncertain Prospects, and Measurable Utility, Econometrica, 18. Jg. (1950), S. 111 ff. verwiesen.

[446] Vgl. *Jerger, J.:* Das St. Petersburg Paradoxon, WiSt, 21. Jg. (1992), S. 408.

[447] Vgl. *von Neumann, J./Morgenstern, O.:* The Theory of Games and Economic Behavior, Princeton 1944.

[448] Vgl. *Kuhner, C./Maltry, H.:* Unternehmensbewertung, 2. Auflage, Berlin u. a. 2017, S. 133.

ferent ist.[449] Für den Fall, dass aus der Unternehmensübernahme Lasten in Form von Auszahlungen des Investors zu erwarten sind, ist derjenige Betrag, den der Investor ohne Nutzeneinbuße für die Befreiung von der Auszahlung aufwenden würde, das Sicherheitsäquivalent.[450] Es ist also derjenige sichere Betrag, dem der Entscheidungsträger den gleichen Nutzen beimisst, wie dem unsicheren Betrag, der von dem Unternehmen erwirtschaftet wird. Formal lässt sich dieser Betrag durch die Risikonutzenfunktion wie folgt ausdrücken:[451]

$$(6.20) \qquad \text{S} = \text{X} \ \bigg| \ u(X) = \sum_{i=1}^{I} p_i \cdot u(E_i) = EU(E)$$

Das Sicherheitsäquivalent S ist das Argument X der Risikonutzenfunktion u, für das u(X) dem Erwartungsnutzen der ganzen Zahlungsreihe EU (E) entspricht.

Bezogen auf das Ertragswertverfahren wird bei Ansatz der Sicherheitsäquivalente der Einzahlungen aus dem Unternehmen die Überschussgröße nutzenäquivalent mit der Alternativanlage, die Diskontierung wird mit dem risikolosen Zinssatz vorgenommen. Die Anpassung wird nur einmal im Nenner (Risikozuschlagsmethode) und einmal im Zähler (Methode der Sicherheitsäquivalente) vorgenommen. Beide Methoden müssen zum selben Ergebnis führen. Geht man vereinfachend vom Fall der ewigen Rente aus (Gleichung 6.16), ergibt sich:

$$(6.21) \qquad W = \frac{S}{i} = \frac{E}{i+z}$$

mit: S = Sicherheitsäquivalent der Einzahlung E

Durch Umformen lässt sich die notwendige Höhe des Risikozuschlags ermitteln:[452]

$$(6.22) \qquad z = \left(\frac{E}{S}-1\right) \cdot i$$

Anders herum lässt sich auch die Höhe der Sicherheitsäquivalente berechnen:[453]

$$(6.23) \qquad S = \frac{E}{i+z} \cdot i$$

Diese Ableitung setzt sich dem Vorwurf des Zirkelschlusses aus, der Risikozuschlag kann nur bei Kenntnis der Sicherheitsäquivalente ermittelt werden und umgekehrt. Für Zwecke der Unternehmensbewertung reicht es allerdings aus, wenn der potentielle Käufer bzw. Verkäufer in der Lage ist, eine unsichere Zahlungsreihe

---

[449] Vgl. *Bamberg, G./Coenenberg, A.G./Krapp, M.:* Betriebswirtschaftliche Entscheidungslehre, 16. Auflage, München 2019, S. 88.

[450] Vgl. *Kruschwitz, L.:* Risikoabschläge, Risikozuschläge und Risikoprämien in der Unternehmensbewertung, DB, 54. Jg. (2001), S. 2409.

[451] Vgl. *Kuhner, C./Maltry, H.:* Unternehmensbewertung, 2. Auflage, Berlin u. a. 2017, S. 134.

[452] Vgl. *Coenenberg, A.G.:* Verkehrswert und Restbetriebsbelastung, DB, 39. Jg. (1986), Beilage 2, S. 7.

[453] Vgl. *Coenenberg, A.G.:* Verkehrswert und Restbetriebsbelastung, DB, 39. Jg. (1986), Beilage 2, S. 7.

mit einem sicheren Betrag gleichzusetzen.[454] Also muss der Entscheidungsträger beispielsweise in der Lage sein, zwei gleich wahrscheinlichen Einzahlungen von 150 und 100 das Sicherheitsäquivalent 120 zuzuordnen. Damit wären die Sicherheitsäquivalente als Ausgangspunkt vorhanden. Es ist möglich, die gewählten Risikozuschläge auf ihre Plausibilität zu prüfen. Dies lässt sich an folgendem Beispiel zeigen: [455]

Mit gleicher Wahrscheinlichkeit erlöst ein Unternehmen im günstigen Fall 120.000 EUR und im ungünstigen Fall 80.000 EUR. Der Erwartungswert der Zahlung beträgt also 100.000 EUR. Es wird ein landesüblicher Zinsfuß von 8 % angenommen. Um die Plausibilität der Risikozuschläge zu prüfen, werden die den Zuschlägen zuzurechnenden Sicherheitsäquivalente mit (6.22) berechnet:

Risikozuschlag	Sicherheitsäquivalent
1,0 %-Punkt	88.889 EUR
1,5 %-Punkt	84.210 EUR
2,0 %-Punkt	80.000 EUR
2,5 %-Punkt	76.190 EUR

Tabelle 6: Risikozuschläge und Sicherheitsäquivalente[456]

Es zeigt sich, dass Risikoabschläge ab 2,0 %-Punkt unplausibel sind. Ein Zuschlag von 2,0 %-Punkt würde aussagen, dass eine sichere Zahlung von 80.000 EUR gleich einer Zahlung, die ebenfalls mindestens 80.000 EUR, aber im Erwartungswert 100.000 EUR bringt, geschätzt wird. Dies wäre irrational.

Die Methode des Risikozuschlags wird in der Praxis bevorzugt, sicherlich auch weil sie eingängiger ist und einem Adressaten eines Gutachtens schneller zu erklären ist. Häufig ist die genaue Bemessung des Risikozuschlags Gegenstand von gerichtlichen Auseinandersetzungen, wobei die Gerichte zu außerordentlich unterschiedlichen Festlegungen eines Risikozuschlags gelangen.[457]

Eine starke Einengung des Spielraums für den Gutachter liefert der Rückgriff auf den **pragmatischen Risikozuschlag**.[458] Man benötigt zur Ableitung keine Angaben über die individuelle Risikoeinstellung der Entscheidungsträger, sondern lediglich Eigenschaften der Zahlungsreihe. Für den Fall der Anwendbarkeit der kaufmänni-

[454] Vgl. Siegel, T.: Methoden der Unsicherheitsberücksichtigung in der Unternehmensbewertung, WiSt, 20. Jg. (1992), S. 23.

[455] Vgl. Coenenberg, A.G.: Verkehrswert und Restbetriebsbelastung, DB, 39. Jg. (1986), Beilage 2, S. 7 f.

[456] Vgl. Coenenberg, A.G.: Verkehrswert und Restbetriebsbelastung, DB, 39. Jg. (1986), Beilage 2, S. 7.

[457] Vgl. die Übersicht zu gerichtlich festgestellten Risikozuschlägen in Behringer, S.: Unternehmensbewertung der Mittel- und Kleinbetriebe, 5. Auflage, Berlin 2012, S. 122 mwN.

[458] Vgl. Ballwieser, W./Hachmeister: Unternehmensbewertung, 5. Auflage, Stuttgart 2016, S. 130 ff.

schen Kapitalisierungsformel (vgl. Gleichung (6.16)) ergibt sich für den pragmatischen Risikozuschlag die folgende Gleichung:

$$(6.24) \qquad z_{prag} = \frac{EW(E) - E_m}{EW(E)} \cdot i$$

Mit: $\quad$ z_{prag} $\quad$ = pragmatischer Risikozuschlag
$\qquad\quad$ EW (E) = Erwartungswert der Einzahlungen
$\qquad\quad$ E_m $\quad$ = minimale Einzahlung

Der pragmatische Risikozuschlag bringt unmittelbar einleuchtende Ergebnisse. Entspricht der Erwartungswert der Einzahlungen der minimalen Einzahlung – anders ausgedrückt: ist die Einzahlung sicher – ergibt sich ein Risikozuschlag von 0. Des Weiteren wird der pragmatische Risikozuschlag umso größer, desto größer die Differenz zwischen E_m und EW (E) wird. Dies ist plausibel, da die Spannweite zwischen erwarteter und minimaler Einzahlung ein Indikator für das Risiko einer Zahlungsreihe ist. Damit ist der pragmatische Risikozuschlag eine sehr gute Hilfe bei jeder Unternehmensbewertung.

Eine weitere Möglichkeit zur Bemessung des Risikozuschlags ist die Verwendung des **Capital Asset Pricing Models (CAPM)**, das auf Marktdaten von an der Börse notierten Unternehmen zurückgreift.[459] Auf dieses Verfahren und seine Anwendungsvoraussetzungen wird im Zusammenhang mit dem Discounted Cashflow Verfahren im folgenden Kapitel detailliert eingegangen.

Neben der Risikoäquivalenz der betrachteten Alternative und des Vergleichsobjekts muss auch **Kaufkraftäquivalenz** hergestellt werden. Die Inflation beeinflusst die Konsummöglichkeiten, die mit den Einzahlungen aus dem Unternehmen realisiert werden können. Unterliegt das Vergleichsobjekt, die Investition in eine öffentliche Anleihe, der Geldentwertung in anderer Weise als das zu bewertende Unternehmen, muss Äquivalenz zwischen beiden hergestellt werden.

Die Finanzinvestition hat einen nominalen Mittelzufluss zur Folge, der mit steigender Inflation geringeren Konsum zulässt. Das Unternehmen kann dahingegen inflationsbedingte Kostensteigerungen i.d.R. durch höhere Preise an seine Kunden überwälzen. Bei **voller Überwälzungsmöglichkeit** werden die Konsummöglichkeiten, die mit den Einzahlungen durch das Unternehmen erreicht werden, also nicht beeinflusst. Daher muss der Kalkulationszinsfuß um einen Geldentwertungsabschlag vermindert werden. Die volle Überwälzung der Geldentwertung durch Unternehmen ist aber nicht in jedem Falle realistisch. Gerade bei kleinen und mittleren Unternehmen, die Zulieferer großer Unternehmen mit großer Markt- und Verhandlungsmacht (z.B. Autozulieferer) sind, muss an der Überwälzungsmöglichkeit gezweifelt werden. Auch die theoretische Begründung eines Geldentwer-

---

[459] Hierauf wird im Standard des Instituts der Wirtschaftsprüfer ausdrücklich verwiesen.

tungsabschlages ist in Unsicherheitsmodellen, bei denen von einer unbekannten Inflationsrate und Überwälzungsmöglichkeit ausgegangen wird, nur unter sehr restriktiven Bedingungen möglich.[460] Aus diesen Gründen verzichtet die Praxis in Zeiten niedriger Inflation – wie sie seit Jahren herrschen – meist auf den Ansatz eines Geldentwertungsabschlags.[461]

Die Einzahlungen aus Unternehmens- und Vergleichsinvestition müssen gleiche Verfügbarkeit für den Investor haben. Steuern mindern die Verfügbarkeit der Einzahlungen und sind daher für die Unternehmensbewertung relevant. Auf die Berücksichtigung von Steuern wird vertiefend in Kapitel 6.5.2.2.4 eingegangen.

Mit diesen Maßnahmen ist die grundsätzliche Vergleichbarkeit von Finanzinvestition und Unternehmensinvestition erreicht. Problematisch bleibt aber die unterschiedliche Laufzeit der betrachteten Alternativen. Während die Unternehmensinvestition eine unendliche Laufzeit hat, ist die Finanzinvestition zeitlich beschränkt. Der Kalkulationszinsfuß muss die am Bewertungsstichtag möglich erscheinende Verzinsung des Kapitals ausdrücken.[462] In dem Stichtagszins kommen die aggregierten Erwartungen aller Marktteilnehmer über künftige Zinsentwicklungen zum Ausdruck, so dass sie einen sehr guten Schätzer für zukünftige Zinsentwicklungen darstellen.[463]

6.5.2.2.3 Die Überschussgröße

Das zweite Element des Ertragswertverfahrens aus Gleichung (6.16) ist die Überschussgröße E. Theoretisch muss E die gesamten Beiträge des Unternehmens zur Zielrealisierung des Investors abbilden. Praktisch werden i. d. R. nur die finanziellen Erträge in das Bewertungskalkül einbezogen.[464]

Entscheidungsrelevant sind die Zahlungsströme, die zwischen Unternehmen und Investor fließen. Für den Eigner sind es Einzahlungen, für das Unternehmen Auszahlungen. Insofern ist der Begriff „Ertragswert" missverständlich. In der korrekten Ausgestaltung werden Zahlungen und nicht Erträge betrachtet.[465] Dem Gutachter bietet sich damit auch eine gute Möglichkeit, auf Daten aus dem internen und externen Rechnungswesen aufzubauen.

---

[460] Vgl. *Ballwieser, W.:* Unternehmensbewertung bei unsicherer Geldentwertung, ZfbF, 40. Jg. (1988), S. 806 ff.

[461] Vgl. *Korth, H.-M.:* Unternehmensbewertung im Spannungsfeld zwischen betriebswirtschaftlicher Unternehmenswertermittlung, Marktpreisabgeltung und Rechtsprechung, BB, 47. Jg. (1992), Beilage 19, S. 12.

[462] Vgl. *Schwetzler, B.:* Zinsänderungsrisiko und Unternehmensbewertung: Das Basiszinsfuß-Problem bei der Unternehmensbewertung, ZfB, 66. Jg. (1996), S. 1088.

[463] Vgl. *Mandl, G./Rabel, K.:* Unternehmensbewertung, Wien 1997, S. 134.

[464] Vgl. *Mandl, G./Rabel, K.:* Unternehmensbewertung, Wien 1997, S. 32.

[465] Vgl. *Beck, P.:* Unternehmensbewertung bei Akquisitionen, Wiesbaden 1996, S. 84.

Mit dem IDW Standard 1 hat sich die Ansicht des Instituts der Wirtschaftsprüfer zur **Ausschüttungspolitik** und ihrem Einfluss auf den Unternehmenswert grundlegend geändert. Bislang ging man davon aus, dass der zukünftige Unternehmenseigner (sofern er eine Mehrheitsbeteiligung erwirbt) das Ausschüttungsverhalten des Unternehmens beeinflussen kann, und damit eine Planung der konkreten Ausschüttungspolitik unnötig ist. Vereinfachend wurde von der Vollausschüttung der Einzahlungsüberschüsse des Unternehmens ausgegangen.[466] Die neue Ansicht berücksichtigt zum einen gesetzliche Notwendigkeiten von Thesaurierungen (z.B. gesetzliche Rücklagen, Vorhandensein von Verlustvorträgen) und zum anderen betriebswirtschaftliche Gründe, wie das Vorhandensein von attraktiven Investitionsmöglichkeiten. Der Gutachter ist gehalten, die konkreten Planungen aus dem Unternehmenskonzept zu berücksichtigen bzw. eine detaillierte Planung unter Berücksichtigung aller steuerlichen und betriebswirtschaftlichen Faktoren zu erstellen. Damit muss in die Unternehmensbewertung das geplante und gebotene Ausschüttungsverhalten einfließen.[467] Bei diesem Vorgehen besteht die Gefahr von Doppelzählungen.[468] Überschüsse können einmal zum Zeitpunkt ihrer Erwirtschaftung und nach der Thesaurierung noch einmal in Form der erhöhten erwirtschafteten Überschüsse einfließen. Daher darf nur die Erhöhung von Überschüssen, die mit thesaurierten Mitteln erwirtschaftet wurde, in das Kalkül einfließen. Zur Vereinfachung kann man insbesondere bei der Bewertung von kleinen und mittleren Unternehmen auf die Vollausschüttungshypothese zurückgreifen, da sie der Annahme entspricht, dass die thesaurierten Gewinne zum Kalkulationszinsfuß verzinst werden (steuerliche Aspekte bleiben bei dieser vereinfachten Betrachtung allerdings außen vor). Damit errechnet man einen vorsichtigen Mindestwert.

Im Folgenden wird auf die **Rechnung mit Einzahlungsüberschüssen** eingegangen. Die Einzahlungsüberschüsse ergeben sich aus dem Saldo der Ein- und Auszahlungen des Unternehmens. Außer Acht bleiben dabei Auszahlungen an den Eigentümer des Unternehmens. Diese Zahlungen stellen den Saldo zwischen beiden Zahlungsreihen dar. Dabei wird von den potenziellen Zahlungen ausgegangen, da die Vollausschüttungsfiktion unterstellt wird.[469] Die Einzahlungsüberschüsse können mit dem Schema aus folgender Tabelle ermittelt werden.[470]

---

[466] Vgl. *Mandl, G./Rabel, K.:* Unternehmensbewertung, Wien 1997, S. 34.

[467] Vgl. *Wagner, W.:* Die Unternehmensbewertung, in: WP-Handbuch, 2. Band, 13. Auflage, Düsseldorf 2007, S. 30.

[468] Vgl. *Krag, J./Kasperzak, R.:* Grundzüge der Unternehmensbewertung, München 2000, S. 38 f.

[469] Vgl. *Mandl, G./Rabel, K.:* Unternehmensbewertung, Wien 1997, S. 116 f.

[470] Auf ausführlichere und detailliertere Cashflow Rechnungen war bereits in Kapitel 5.3.3 eingegangen worden.

Jahresüberschuss
+/- Aufwendungen/Erträge aus Anlagenabgängen
+/- Abschreibungen/Zuschreibungen
+/- Veränderungen langfristiger Rückstellungen
+/- Veränderungen des Netto-Umlaufvermögens (ohne liquide Mittel und kurzfristige Bankverbindlichkeiten)
Cashflow aus der Betriebstätigkeit
+/- Cashflow aus der Investitionstätigkeit
+/- Veränderungen von (kurz- und langfristigen) Finanzierungsschulden
Einzahlungsüberschuss des Unternehmens

Tabelle 7: Schema zur Berechnung der Einzahlungsüberschüsse eines Unternehmens[471]

Da Einzahlungsüberschüsse betrachtet werden, ist ein Eingehen auf die Spezifika von verschiedenen Rechnungslegungsstandards nicht notwendig. Mit der Zahlungsorientierung werden die verzerrenden Effekte der verschiedenen Rechnungslegungsstandards eliminiert. Unter speziellen Bedingungen kann die Bewertung eines Unternehmens aber auch auf Basis von Kosten und Leistungen bzw. auf Residualgewinnen erfolgen. Dies ist Gegenstand des **Lücke-Theorems**,[472] das international als **Preinrich-Theorem**[473] bekannt ist.

Im Fokus: Das Lücke-Theorem

Das Lücke-Theorem besagt, dass unter bestimmten Voraussetzungen Entscheidungen getroffen werden können sowohl auf Basis von Einzahlungsüberschüssen als auch auf den Ergebnissen der Periodenerfolgsrechnung, also auf Kosten und Leistungen, in denen Elemente enthalten sind, die noch nicht oder nie zu Zahlungen werden (z.B. kalkulatorische Kosten wie kalkulatorische Unternehmerlöhne, Mieten oder Zinsen). Dies ist deshalb wichtig, weil Zielvereinbarungen für Führungskräfte meistens auf Basis von Betriebsergebnisrechnungen erfolgen. Diese können aber zu anderen Entscheidungsempfehlungen führen, wie das auf Zahlungen basierende Kapitalwertkriterium. Durch die mangelnde Vergleichbarkeit von präskriptiver und kontrollierender Rechnung kann es zu Fehlentscheidungen und -anreizen für die Entscheidungsträger kommen.

---

[471] Vgl. *Mandl, G./Rabel, K.:* Unternehmensbewertung, Wien 1997, S. 116.

[472] Nach dem Aufsatz von *Lücke, W.:* Investitionsrechnung auf der Grundlage von Ausgaben oder Kosten, ZfhF, 7. Jg. (1955), S. 310 ff.

[473] Zurückgehend auf den Aufsatz von *Preinrich, G.:* Valuation and Amortization, Accounting Review, 12. Jg. (1937), S. 209 ff.

Der Periodengewinn lässt sich in einen modifizierten Einzahlungsüberschuss überführen:

$$PG = E_t - (V_{t-1} - V_t) - i \cdot V_{t-1} = E_t - (1+i) \cdot V_{t-1} + V_t$$

Dabei symbolisieren PG die Periodengewinne, E_t die periodenspezifischen Einzahlungsüberschüsse in t und V das gebundene Kapital in Periode t bzw. der Vorperiode t-1. Verbal ausgedrückt bedeutet die Gleichung, dass der Periodengewinn den Einzahlungsüberschüssen der Perioden abzüglich des freigesetzten Kapitals, das mit dem Kalkulationszinsfuß i verzinst wurde, entspricht. Kapitalfreisetzung bedeutet, dass liquide Mittel, die bislang in Sachanlagen oder Forderungen gebunden waren, wieder in liquide Mittel transformiert wurden, z.B. weil die Forderungen inzwischen gezahlt wurden. Diese sind in der Periodenerfolgsrechnung erfolgsneutral, während sie die Einzahlungsüberschüsse erhöhen. Die Kapitalbindung, also diejenigen Kapitalien, die im Unternehmen während der Periode fest sind, wird mit den kalkulatorischen Zinsen verzinst.

Zum Beweis kann man für zwei Perioden feststellen, dass aus den Periodengewinnen, der Kapitalwert ermittelt werden kann, der wiederum zum Ertragswert der Unternehmensbewertung umzuwandeln ist (siehe oben 6.4.2.1.1). Ausgehend vom Kapitalwert mit Periodengewinnen ergibt sich:

$$\sum_{t=1}^{2} \frac{PG}{(1+i)^t} = \sum_{t=1}^{2} [Z_t - (1+i) \cdot V_{t-1} + V_t] \cdot (1+i)^{-t} =$$

$$[Z_1 - (1+i) \cdot V_0 + V_1] \cdot (1+i)^{-1} + [Z_2 - (1+i) \cdot V_1 + V_2] \cdot (1+i)^{-2} =$$

$$-V_0 + Z_1 \cdot (1+i)^{-1} + Z_2 \cdot (1+i)^{-2} + V_2 \cdot (1+i)^{-2}$$

Der letzte Ausdruck entspricht annähernd der Formel des Kapitalwerts, wie sie als Gleichung (1) in diesem Kapitel dargestellt worden ist. Wenn V_0, also die anfängliche Kapitalausstattung des Entscheidungsträgers der Anfangsauszahlung entspricht, und V_2 den Wert null annimmt, ist der Ausdruck gleich dem Kapitalwert. Die zweite Prämisse bedeutet, dass am Ende der Laufzeit (einer Investition) keine Kapitalbindung mehr vorhanden sein darf. Dies bedeutet, dass das Unternehmen am Ende der Periode liquidiert und aufgelöst werden muss.

Diese etwas komplexe Ableitung soll an einem Zahlenbeispiel erläutert werden. Eine Investition in eine Maschine, die 900 EUR kostet und über drei Jahre abgeschrieben wird, führt zu folgender Zahlenreihe (als Kalkulationszinsfuß werden 5 % angenommen):

Periode	0	1	2	3
Einzahlungen		800	900	1.000
Auszahlungen	900	500	500	600
Cashflow der Investition	-900	300	400	400
Barwert des Cashflows	-900	286	363	346

Insgesamt ergibt sich ein Barwert der Zahlungsreihe von +95, also ein positiver Kapitalwert, der anzeigt, dass es sich um eine lohnende Investition handelt. Betrachten wir die gleiche Investition auf Basis der Kosten- und Leistungsrechnung, so ergibt sich folgende Übersicht bei Annahme einer linearen Abschreibung über drei Jahre:

Periode	0	1	2	3
Erlöse		800	900	1.000
Kosten		500	500	600
Abschreibung		300	300	300
Ergebnis (vor kalk. Zinsen)		0	100	100

Die kalkulatorischen Zinsen werden mit dem Kalkulationszinsfuß von 5 % berechnet, der auf das gebundene Kapital (Anschaffungskosten der Investition abzüglich der aufgelaufenen Abschreibungen angewendet wird:

Periode	0	1	2	3
Kalkulatorische Zinsen		45	30	15
Periodenergebnis		-45	70	85
Barwert des Perioden-ergebnisses		-43	64	74

Auch hier ergibt sich – wie das Lücke-Theorem aussagt – ein Kapitalwert von +95 (Summe aller Barwerte des Periodenergebnisses). Voraussetzung dabei ist, dass die Abschreibung bis auf 0 durchgeführt wird (also z.B. nicht zu Wiederbeschaffungskosten) und die Anschaffungsauszahlung der Anschaffungsausstattung mit Kapital entspricht.

Quellen: *Hax, H.:* Investitionsrechnung und Periodenerfolgsmessung, in: Delfmann, W. (Hrsg.): Der Integrationsgedanke in der Betriebswirtschaft, Wiesbaden 1989, S. 156. *Neus, W.:* Einführung in die Betriebswirtschaftslehre, 10. Auflage, Tübingen 2018; *Ewert, R./Wagenhofer, A.:* Interne Unternehmensrechnung, 8. Auflage, Heidelberg u.a. 2014.

Aus dem Grundsatz der Zukunftsbezogenheit für die Unternehmensbewertung ergibt sich, dass nur zukünftige Einzahlungsüberschüsse des Unternehmens relevant sind. Damit entsteht ein **Prognoseproblem**: Welche Mittel stehen zukünftig für Ausschüttungen an den Investor zur Verfügung? Obgleich eine exakte Vorhersage von zukünftigen Überschüssen nicht zu leisten ist, muss der Gutachter eine möglichst genaue Berechnung mit wissenschaftlichen Methoden vornehmen. Anderenfalls wird das Bewertungsergebnis grob verfälscht. Die Unterscheidung zwischen unwissenschaftlicher Prognose (Prophezeiung) und wissenschaftlicher Prognose kann dabei nicht vom Ergebnis (Übereinstimmung der Vorhersage mit der eingetretenen Realität) abgeleitet werden, denn auch Hellseher können zufällig richtige Vorhersagen machen. Die Methodik der Herleitung macht den Unterschied.[474] Eine wissenschaftliche Prognose ist nur durchführbar, wenn man von empirisch beobachtbaren Regelmäßigkeiten ausgeht, d.h. auch sie beruht auf Daten der Vergangenheit, die unter Berücksichtigung von erwarteten Veränderungen in die Zukunft übertragen werden.

Im Fokus: Prognosen und ihre Probleme

Es gilt das Bonmot „Prognosen sind schwierig, besonders wenn sie die Zukunft betreffen." Es ist wichtig im Zusammenhang mit der Unternehmensbewertung, Aussagen über die Zukunft zu belegen und die Annahmen offen zu legen, unter denen die Prognose zustande gekommen ist. Dabei muss beachtet werden, dass Prognosen – auch diejenigen im Rahmen einer Unternehmensbewertung, die immerhin Aussagen über den künftigen Erfolg oder Misserfolg des Unternehmens darstellen – nicht ohne Wirkung bleiben. Man kann zwei Folgen von Prognosen unterscheiden:

– Zum einen kann sich eine sich selbst erfüllende Prophezeiung (self-fulfilling prophecy) ergeben: Aufgrund der Tatsache, dass eine bestimmte Prognose gemacht worden ist, tritt der prognostizierte Fall ein. Man denke an einen Studenten, der meint, er würde die Prüfung niemals bestehen. Er ändert sein Verhalten: Anstatt zu lernen, beschäftigt sich der Student mit seiner Prüfungsangst und fällt dann tatsächlich durch die Prüfung. Da er sein Verhalten aufgrund der Prognose geändert hat, tritt das Ereignis ein.

– Gegenpunkt ist die sich selbst zerstörende Prophezeiung (self-defeating prophecy oder suicidal prophecy): Aufgrund einer Prognose werden Maßnahmen eingeleitet, um das vorhergesagte Ereignis abzuwenden. Vorbild kann der biblische Prophet Jona sein. Er wird von Gott auserwählt um in die Stadt Ninive (im heutigen Irak) zu reisen und den Bewohnern aufgrund ihres unsittlichen Lebenswandels, ein Strafgericht vorherzusagen. Aufgrund seiner Prophezeiung tun die Menschen in Ninive Buße und werden so von Gott begnadigt, was bei Jona Zorn auslöst, da seine Prophezeiung nicht eintritt. Wäre am 10. September 2001 das Risiko bekannt gewesen, dass Terroristen Passagiermaschinen entführen und

---

[474] Vgl. *Bretzke, W.-R.:* Möglichkeiten und Grenzen einer wissenschaftlichen Lösung praktischer Prognoseprobleme, BFuP, 27. Jg. (1975), S. 498.

in die Zwillingstürme des World Trade Centers steuern, so wäre das Ereignis nie eingetreten: Die Behörden der USA hätten Maßnahmen ergriffen, das Ereignis zu verhindern. Bezogen auf ein Unternehmen, kann die Prognose einer Insolvenz dazu führen, dass die Strategie geändert wird und es nie zur Insolvenz kommt.

Die Güte von Expertenprognosen ist zudem außerordentlich dürftig. In einer großen Studie hat der amerikanische Psychologe Philip Tetlock über 80.000 Vorhersagen von Experten mit denjenigen von Laien verglichen. Das Ergebnis ist, dass die Laien ebenso gute bzw. schlechte Vorhersagen machen wie die Experten. Besonders schlecht sind diejenigen Experten, die düstere Prognosen abgeben und damit eine hohe Medienpräsenz erreichen. Die Experten werden trotzdem als solche anerkannt und werden wieder befragt, da sie nicht haftbar gemacht werden für ihre falschen Vorhersagen. Wenn dann tatsächlich eine Vorhersage eintrifft, dann werden sie immer mit dieser – vermutlich zufälligen – eingetroffenen Prognose identifiziert.

Für die Unternehmensbewertung bedeutet dies, dass eine gut dokumentierte Prognose der zukünftigen Einzahlungsüberschüsse notwendig ist, die alle Erkenntnisse zum Bewertungsstichtag berücksichtigt. Man kann nicht von einer Fehlbewertung sprechen, wenn sich Dinge im Nachhinein anders darstellen. Dies kann an ergriffenen Maßnahmen liegen oder an sich ändernden Rahmenbedingungen. Bei düsteren Prognosen, die z. B. die Insolvenz vorhersagen, ist besondere Vorsicht geboten. Sie kann dazu führen, dass die Insolvenz tatsächlich eintritt.

In der Unternehmensbewertung ist eine Prognose unumgänglich, da wir sonst nicht zu einem aussagekräftigen Wert gelangen können. Ansonsten sollte man es mit dem ehemaligen britischen Premierminister Tony Blair halten: „Ich mache keine Vorhersagen. Ich habe nie, und ich werde nie."

Quellen: *Dobelli, R.:* Die Kunst des klaren Denkens, München 2011, S. 165 ff.; *Merton, R. K.:* The self-fulfilling prophecy, The Antioch Review, 8. Jg. (1948), S. 193 ff.; *Sedlacek, T.:* Die Ökonomie von Gut und Böse, München 2012, S. 380 f.; *Taleb, N.N.:* The Black Swan, London u.a. 2008, S. xix; *Tetlock, P.E.:* Expert Political Judgement. How Good is it? How can we know?, Princeton 2005.

Wertbestimmende Faktoren und Entwicklungslinien können nur auf Basis einer Vergangenheitsanalyse, die sich Jahresabschlüssen, Planungsrechnungen, Investitions-, Personal-, Finanz- und Produktionsplänen als Informationsquelle bedient, ermittelt werden.[475] Damit verfügt der Verkäufer des Unternehmens über eine Da-

---

[475] Vgl. *Wagner, W.:* Die Unternehmensbewertung, in: WP-Handbuch, 2. Band, 13. Auflage, Düsseldorf 2007, S. 56.

tenbasis, auf der sich eine Prognose der zukünftigen Einzahlungsüberschüsse durchführen lässt.[476] Für den potentiellen Käufer sind diese internen Quellen meist nicht zugänglich. Er muss sich mit öffentlich zugänglichen Quellen begnügen: Datenbanken, veröffentlichte Jahresabschlüsse, Public Relations-Broschüren etc. Diese Quellen sind für andere Zwecke als für eine Unternehmensbewertung veröffentlicht worden, so dass ihre Aussagekraft für die Unternehmensbewertung oft nur gering ist. Mit Hilfe einer Jahresabschlussanalyse müssen die stärksten Verzerrungen herausgefiltert werden.

Die **Jahresabschlüsse als Informationsbasis** auch für den potentiellen Käufer müssen zunächst um außerordentliche, betriebsfremde oder periodenfremde Bestandteile bereinigt werden. Es müssen bilanzpolitische Maßnahmen korrigiert werden (Ausübung von Bewertungswahlrechten etc.). Damit ist ein Ausgangspunkt für die Prognose der zukünftigen Entwicklung der Einzahlungsüberschüsse des Unternehmens gegeben. Berücksichtigt werden müssen in jedem Fall auch konjunkturelle Einflüsse. Der Gutachter muss wissen, ob seine Vergangenheitsanalyse schlechte und/oder gute Jahre umfasst.[477]

Aus den Grundsätzen der Zukunftsbezogenheit und der Subjektivität der Unternehmensbewertung ergibt sich, dass auch die Planungen des Käufers für das Unternehmen beachtet werden müssen. Prognose und Planung bedingen sich dabei wechselseitig: Um eine Planung ableiten zu können, muss eine Prognose über die Zukunftsentwicklung des Unternehmens vorhanden sein.

Da eine detaillierte – die gesamte Lebensdauer abdeckende – Prognose praktisch undurchführbar ist, schlug das Institut der Wirtschaftsprüfer in einem ihrer früheren Standards eine **Phasenmethode** mit abnehmender Prognosegenauigkeit vor: Die ersten fünf Jahre, die eine überschaubare Periode darstellen, werden detailliert geplant. Ab dem Jahr 6 werden die für das fünfte Jahr prognostizierten Werte fortgeschrieben und in die ewige Rente einbezogen. Dabei kann in der letzten Phase mit einem Wachstumsabschlag eines zu hohen unrealistischen Wertes entgegengewirkt werden.[478]

Damit wird eine unendliche Lebensdauer des Unternehmens unterstellt. Diese unrealistische Annahme vereinfacht die Bewertung, da weder die Lebensdauer des Unternehmens noch sein Liquidationswert prognostiziert werden müssen. Ihre Berechtigung hat diese Vereinfachung nur dann, wenn der Käufer nicht schon beim Unternehmenserwerb eine spätere Liquidation plant. Verkauft der potentielle Käufer das Unternehmen während der Laufzeit der ewigen Rente, so ist der Ansatz dieses Wertes durchaus plausibel: Die ewige Rente drückt die Vorteile, die aus dem

---

[476] Vgl. *Ballwieser, W.:* Unternehmensbewertung und Komplexitätsreduktion, 3. Auflage, Wiesbaden 1990, S. 69.

[477] Vgl. *Aigner, P./Holzer, P.:* Die Subjektivität der Unternehmensbewertung, DB, 43. Jg. (1990), S. 2229.

[478] Vgl. *Ruhnke, K.:* Unternehmensbewertung und Preisfindung, BBK, o. Jg. (2002), S. 752.

Unternehmen gezogen werden zum Zeitpunkt des Verkaufs aus und stellt somit den heute absehbaren Unternehmenswert zu diesem Zeitpunkt dar.[479]

Eine Milderung des Prognoseproblems stellen kompensatorische Effekte der verschiedenen Einflussfaktoren dar. Unerwartete Rückgänge können durch unerwartete Erfolge kompensiert werden.

Methoden, mit denen man Prognosen erstellen kann, kann man in **analytische und intuitive Methoden** unterteilen. Bei analytischen Methoden können auf Basis der verwendeten Inputdaten, Modellstruktur und Modellannahmen die Prognoseergebnisse nachvollzogen werden. Dies ist bei intuitiven Verfahren, die von der individuellen Erfahrung des Gutachters abhängen, nicht möglich.

Analytische Methoden, die aus der Statistik übernommen wurden, sind z.B. die Zeitreihenanalyse und die Regressionsanalyse. Bei der **Zeitreihenanalyse** werden in der Vergangenheit erkannte Verhaltensmuster von Variablen in die Zukunft extrapoliert. Durch Übertragung der Regelmäßigkeiten der Vergangenheit in die Zukunft wird eine neue Zeitreihe kreiert. Das passiert fast automatisch durch mathematische Methoden, so dass man auch von autoprojektiven Verfahren spricht.[480] Strukturbrüche, wie sie z.B. die Finanzkrise oder auch der Eigentümerwechsel bei einem Unternehmen darstellen, können allerdings damit nicht vorhergesagt werden. Vergangene Daten müssen um die Auswirkungen dieser Strukturbrüche bereinigt werden. Graphisch können die beobachteten Punkte (z.B. die Umsätze des Unternehmens) mit einer linearen Funktion fortgeschrieben werden (Einführen einer Trendgerade).[481]

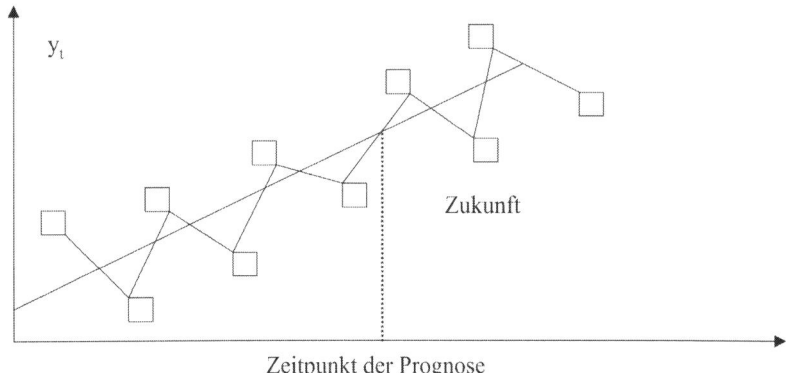

Abbildung 24: Zeitreihe mit Trendgerade[482]

---

[479] Vgl. *Lobe, S.:* Lebensdauer von Firmen und ewige Rente: Ein Widerspruch, CFB, 12. Jg. (2010), S. 179.

[480] Vgl. *Bamberg, G./Baur, F./Krapp, M.:* Statistik, 18. Auflage, München u. a. 2017, S. 217.

[481] Vgl. *Domschke, W./Scholl, A.:* Grundlagen der Betriebswirtschaftslehre, 2. Auflage, Berlin 2003, S. 141.

[482] Die Abbildung ist entnommen aus *Behringer, S.:* Prognose: Hintergrund, Methoden und Bedeutung, Der Betriebswirt, 47. Jg. (2006), S. 10.

In Abbildung 24 wird der Zeitverlauf t durch die Abszisse und die Beobachtungs-
werte durch die Ordinate repräsentiert. Graphisch wird die Zeitreihe durch die
Trendgerade fortgesetzt, die vom Zeitpunkt der Prognose die Werte weiter fort-
schreibt.

Mit Hilfe der **Regressionsanalyse** wird versucht, die in Abbildung 24 graphisch
ermittelte Lösung in eine mathematische Gleichung zu bringen, mit der dann Aussagen über die zukünftige Zahlenreihe getroffen werden können.

Problematisch bei den Verfahren, die allein auf mathematisch-statistischen Methoden beruhen, ist, dass die Durchbrechung von empirischen Regelmäßigkeiten durch
qualitative Aspekte nicht berücksichtigt wird. So können beispielsweise neue technische Entwicklungen, die erwartet werden, nicht erfasst werden. Dies ist nur durch
Kombination mit intuitiven Verfahren (z.B. **Szenario-Analysen**) möglich. Diese
Verfahren sind aber sehr stark von dem Expertenwissen des Gutachters abhängig.
Bei Szenario-Analysen werden verschiedene Umweltsituationen entwickelt, die
sich auf die Organisation auswirken (z.B. Konjunktur, Wettbewerber, Entwicklung
neuer Produkte). Von verschiedenen Startpunkten wird ausgegangen, um unterschiedliche Situationen durchzuspielen.

Case Study: Szenario-Analyse für einen Hollywood-Film

Die folgende Case Study hat nicht direkt mit der Unternehmensbewertung
oder mit Unternehmenstransaktionen zu tun. Allerdings kann man an ihr
sehr gut die Technik der Szenario-Analyse verstehen. Wir wenden uns dem
Filmgeschäft zu, wie es in Hollywood, Bollywood oder Babelsberg sein
Zentrum hat. Ein großes Filmunternehmen überlegt sich Situationen, die für
seine neueste Produktion relevant sein können.

- Zunächst sollte ein ungewöhnlicher Ausgangspunkt gewählt werden:[483]
  Was passiert, wenn der männliche Hauptdarsteller des Films in der Mitte
  der Dreharbeiten verstirbt?
- Dann sollte qualitativ-verbal beschrieben werden, was in dieser Situation
  passieren kann: Der Schauspieler stirbt am 45. von 90 Drehtagen. Die
  Presse wird darüber informiert, die Produzenten müssen einen neuen
  Schauspieler finden, der die Rolle übernimmt. Was sollen die Produzen-
  ten aber mit dem bisher gedrehten Material tun? Neu drehen, die Hand-
  lung des Films ändern, eine neue Figur erfinden, so dass ohne Änderung
  weitergedreht werden kann?
- Im nächsten Schritt werden die Ergebnisse der beschriebenen Situation in
  Szenarien umgewandelt. Dabei sollte man sich auf zwei bis drei Szenari-

---

[483] So ungewöhnlich ist das Szenario nicht. Heath Ledger, der in dem Kinofilm Batman die Nebenrolle des
Jokers spielte, verstarb im Laufe der Dreharbeiten. Postum wurde er mit dem Oscar als bester Neben-
darsteller geehrt.

en beschränken: Szenario 1 ist das schwerwiegendste, bei der der ganze Film neu gedreht werden muss, was auch erhebliche Schwierigkeiten mit den anderen Schauspielern zur Folge hat. Diese können aufgrund anderer Verpflichtungen auch nicht mehr weiterspielen. Szenario 2 ist eine Änderung der Handlung, bei der Autoren das Drehbuch verändern müssen und einige aber nicht alle Szenen neu gedreht werden müssen. Beiden Szenarien können ihre Kosten zugeordnet werden für neue Autoren, für die Dreharbeiten etc.

– In Schritt 4 wird die Ungewissheit den Szenarien zugeordnet. Ist es z.B. überhaupt realistisch, dass alle anderen Schauspieler nicht mehr weiterdrehen können. Sie stehen noch weitere 45 Tage unter Vertrag, so dass ein Weiterdrehen des Films mit den Schauspielern möglich erscheint. Also kann es sein, dass Szenario 1 zu pessimistisch ist.

– Im letzten Schritt sollte durch innovatives Denken ohne Scheuklappen versucht werden, eine Strategie zu entwickeln, die hilft, mit dem Szenario umzugehen: Warum schließt man nicht eine spezielle Versicherung gegen das Risiko des Todes des Schauspielers ab?

Ziel der Szenario-Analyse ist es nicht die Prognose der Zukunft zu erreichen, sondern Strategien zu entwickeln, wie mit möglichen künftigen Ereignissen umgegangen werden kann.

Bei Unternehmenstransaktionen kann es hilfreich sein, mit Hilfe von Szenario-Analysen Aussagen über die Zukunft des Unternehmens und der relevanten Umwelt zu machen. Diese können dann in die Prognose der nachhaltig erzielbaren Einzahlungsüberschüsse einfließen.

Quelle: *Lynch, R.:* Strategic Management, 6. Auflage, Harlow 2012, S. 85 f.

6.5.2.2.4 Berücksichtigung von Steuern

Steuern spielen für die Unternehmensbewertung aus drei Gründen eine Rolle: Zum einen „bedeutet bewerten vergleichen."[484] Das Ertragswertverfahren vergleicht die Einzahlungsüberschüsse des Unternehmens (Zählergröße aus (6.16)) mit der besten Alternativanlage, die am Kapitalmarkt erhältlich ist (Nennergröße aus (6.16)). Dieser Vergleich führt nur dann zu einem richtigen Ergebnis, wenn die beiden Größen gleichnamig sind. Unterliegen Zähler und Nenner einer unterschiedlichen steuerlichen Belastung, so ist die Bewertung fehlerhaft. Zum zweiten sind nur diejenigen Einzahlungsüberschüsse bewertungsrelevant, die von dem Eigentümer in Konsum umgesetzt werden können. Daher sind nur Einzahlungsüberschüsse nach Steuern relevant, da nur diese zur Umsetzung in Konsum verfügbar sind. Damit muss die

---

[484] *Moxter, A.:* Grundsätze ordnungsmäßiger Unternehmensbewertung, 2. Auflage, Wiesbaden 1983, S. 123.

Unternehmensbewertung sowohl die Steuern, die auf der Ebene des Unternehmens anfallen (**das Unternehmen als Steuersubjekt**) als auch die Steuern, die auf der Ebene des Anteilseigners entstehen (**das Unternehmen als Steuerobjekt**), berücksichtigen. Zum dritten entfaltet im Falle der Unternehmensbewertung aus Anlass eines Kaufs/Verkaufs des Unternehmens die steuerliche Behandlung des Kaufpreises/Verkaufspreises selbst Wirkung auf die Unternehmenstransaktion.

Das deutsche Steuersystem behandelt die Kapitalgesellschaft (AG, GmbH, etc.) mehrstufig. Die Gewinne unterliegen der Gewerbesteuer, die von den Gemeinden erhoben wird und einer definitiven Körperschaftsteuer in Höhe von 15 % auf Ebene der Kapitalgesellschaft. Der Gewerbesteuersatz ergibt sich als Multiplikation der Gewerbesteuermesszahl, die bei 3,5 % (§ 11 GewStG) liegt, mit dem Hebesatz, der von der Gemeinde festgelegt wird. Der Hebesatz muss mindestens 200 % betragen, im deutschen Durchschnitt liegt er bei 400 %.[485] Nehmen wir einen Hebesatz von 400 % an, so ergibt sich als Belastung für die Kapitalgesellschaft:[486]

$$(6.25) \qquad s_{GewSt} = m \cdot H = 3,5\% \cdot 400\% = 14\%$$

Mit: $\quad s_{GewSt}$ = Gewerbesteuersatz

$\qquad$ m $\quad$ = Gewerbesteuermesszahl

$\qquad$ H $\quad$ = Gewerbesteuerhebesatz

Daneben unterliegt der Gewinn der Kapitalgesellschaft der Körperschaftsteuer, die mit der Unternehmenssteuerreform 2008 auf 15 % gesenkt wurde. In der Unternehmenssteuerreform 2008 ist die Abziehbarkeit der Gewerbesteuerbelastung von der Körperschaftsteuer abgeschafft worden. Außerdem unterliegt der Unternehmensgewinn dem Solidaritätszuschlag in Höhe von 5,5 % der Körperschaftsteuer. Es ergibt sich folgende Gesamtsteuerlast für die Kapitalgesellschaft:

$$(6.26) \qquad s_K = KSt \cdot (1 + SolZ) + s_{GewSt}$$

Mit: $\quad s_K \quad$ = Kombinierter Steuersatz Kapitalgesellschaften

$\qquad$ KSt $\quad$ = Körperschaftsteuersatz

$\qquad$ SolZ $\quad$ = Solidaritätszuschlagsatz

Führen wir das Beispiel der Gemeinde mit einem Gewerbesteuerhebesatz in Höhe von 400 % fort, so ergibt sich als steuerliche Gesamtbelastung auf Unternehmensebene:

$$(6.27) \quad s_K = 15\,\% * 1,055 + 14\,\% = 15,825\,\% + 14\,\% = 29,825\,\%$$

Folglich müssen die Einzahlungsüberschüsse des Unternehmens nach Steuern in der Unternehmensbewertung betrachtet werden. Die Steuerlast der Kapitalgesell-

---

[485] Vgl. *Statistisches Bundesamt:* Grund- und Gewerbesteueraufkommen im Jahr 2016 um 8,2 % gestiegen, https://www.destatis.de/DE/Presse/Pressemitteilungen/2017/08/PD17_287_71231.html (abgerufen am 22.1.2020).

[486] Vgl. *Hommel, M./Pauly, D.:* Unternehmenssteuerreform 2008: Auswirkungen auf die Unternehmensbewertung, BB, 62. Jg. (2007), S. 1156.

schaft muss entsprechend abgezogen werden. Einzahlungsüberschüsse einer Personengesellschaft unterliegen der persönlichen Einkommensteuer statt der Körperschaftsteuer. Daher muss der Gutachter hier den persönlichen Einkommensteuersatz des Steuerpflichtigen schätzen.

Auf Ebene der Gesellschafter einer Kapitalgesellschaft wurde durch die Unternehmenssteuerreform 2008 die Abgeltungsteuer eingeführt und das bis dahin geltende Halbeinkünfteverfahren[487] abgeschafft. Die Abgeltungssteuer unterwirft realisierte Veräußerungsgewinne (§ 20 Abs. 2 Satz 1 Nr. 1 EStG), Zinsen (§ 20 Abs. 1 Nr. 7 EStG) und Dividenden (§ 20 Abs. 1 Nr. 1 EStG) einem einheitlichen Steuersatz von 25 % zuzüglich Solidaritätszuschlag unabhängig vom persönlichen Einkommensteuersatz des Anteilseigners. Insgesamt ergibt sich damit eine Steuerlast von 26,375 % auf ausgeschüttete Gewinne (bei einem Solidaritätszuschlag von aktuell – Stand: Januar 2020[488] – 5,5 %). Diese Steuer wird von dem ausschüttenden Unternehmen einbehalten und abgeführt. Anleger die einen niedrigeren persönlichen Einkommensteuersatz haben, können auf Antrag eine Besteuerung mit ihrem persönlichen Einkommensteuersatz beantragen (sogenannte Veranlagungsoption). Wird nicht an eine natürliche Person sondern an eine andere Kapitalgesellschaft z. B. eine Holding in der Rechtsform einer GmbH oder AG ausgeschüttet, so sind diese nur zu 5 % steuerpflichtig. Erst bei Weiterausschüttung an deren Gesellschafter, sofern es sich um natürliche Personen handelt, werden Ausschüttungen mit der Abgeltungssteuer belegt.

6.5.2.2.5 Behandlung des nicht-betriebsnotwendigen Vermögens

Das nicht-betriebsnotwendige Vermögen umfasst diejenigen Vermögensgegenstände, die veräußert werden könnten, ohne dass davon die Erfüllung des Sachziels der Unternehmung berührt wird.[489] Beispiele sind Überkapazitäten, überdimensionierte Verwaltungsgebäude, ungenutzte Grundstücke.[490] Eine eingehende Unternehmensanalyse muss ergeben, welche Vermögensgegenstände als nicht-betriebsnotwendig klassifiziert werden können. Entscheidend sind dabei die subjektiven Vorstellungen des potentiellen Unternehmenskäufers bzw. -verkäufers. Aus Käufersicht können nur diejenigen Vermögensgegenstände wie nicht-betriebsnotwendiges Vermögen behandelt werden, die tatsächlich liquidiert werden sollen, da auch nur sie zu tatsächlichen Liquiditätszuflüssen führen. Sollte sich der Käufer also dazu entscheiden, dass überdimensionierte Verwaltungsgebäude behalten zu wollen, so darf dies nicht zu einer besonderen Behandlung führen.

---

[487] Vgl. dazu *Ottersbach, J.H.:* Halbeinkünfteverfahren, WISU, 29. Jg. (2000), S. 1611.

[488] Vgl. zu den aktuellen Änderungen beim Solidaritätszuschlag *Stadler, R. et al.:* Rechtsentwicklungen im Steuerrecht 2019, DB, Beilage 3, S. 5 ff.

[489] Vgl. *Wagner, W.:* Die Unternehmensbewertung, in: WP-Handbuch, 2. Band, 13. Auflage, Düsseldorf 2007, S. 43.

[490] Vgl. *Helbling, C.:* Unternehmenswertorientierung durch Restrukturierungsmaßnahmen durch Minimierung des betrieblichen Substanzwertes, Die Unternehmung, 43. Jg. (1989), S. 176.

Das nicht-betriebsnotwendige Vermögen wird gesondert behandelt, wenn der Ertragswert unter dem Veräußerungspreis liegt. Dann muss ein **Ansatz zum Nettoveräußerungserlös** vorgenommen werden. Die gesonderte Bewertung von Vermögensgegenständen hat große praktische Relevanz. Werden Übernahmen mit einem großen Fremdkapitalanteil finanziert, werden durch die Veräußerung von nicht-betriebsnotwendigen Aktiva Mittel zur Verfügung gestellt, die zum Abtragen der Verbindlichkeiten eingesetzt werden können.

Abschließend ergibt sich für das Ertragswertverfahren mit gesonderter Bewertung des nicht-betriebsnotwendigen Vermögens und der ewigen Rente folgende Formel:

(6.28) $$W = \sum_{t=1}^{m} \frac{E_t}{(1+i+z)^t} + \frac{E}{(i+z)\cdot(1+i+z)^{m+n}} + NBV$$

Mit: NBV = zu Nettoverkaufserlösen bewertetes nicht-betriebsnotwendiges
             Vermögen

Hierbei ist zu beachten, dass die Unternehmenssteuern bei der Zählergröße zu berücksichtigen sind und sie die Einzahlungsüberschüsse direkt mindern. Die persönlichen Steuern des Investors sind dann einzubeziehen, wenn sie auf Unternehmens- und Alternativinvestition eine unterschiedliche Wirkung entfalten. Dann sind sowohl Zähler als auch Nenner jeweils um die persönliche Steuerlast des Entscheidungsträgers zu kürzen.

Einen schematischen Überblick über das Ertragswertverfahren gibt die folgende Abbildung.

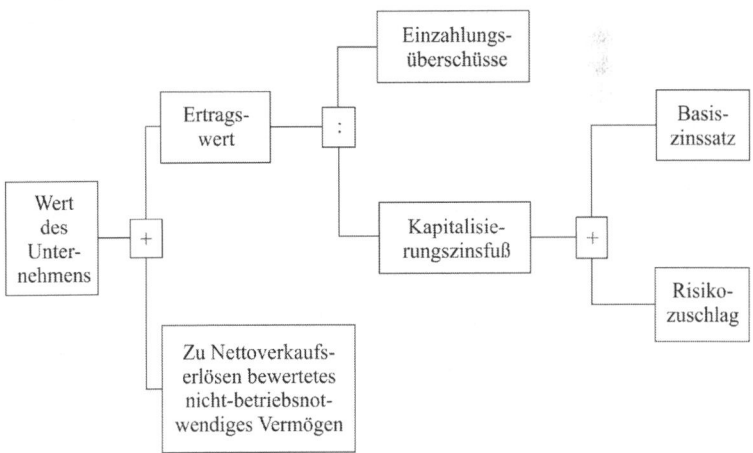

Abbildung 25: Schematische Darstellung des Ertragswertverfahrens[491]

---

[491] Eigene Erstellung in Anlehnung an *Hafner, R.*: Unternehmensbewertung als Instrument zur Durchsetzung von Verhandlungspositionen, BFuP, 45. Jg. (1993), S. 82.

6.5.2.2.6 Beurteilung des Ertragswertverfahrens

Das Ertragswertverfahren erfüllt die Grundsätze für die Ermittlung des Entscheidungswertes. Der Grundsatz der Zukunftsbezogenheit wird erfüllt, da zukünftige Zahlungen an den Investor den Wert determinieren. Der Grundsatz der Subjektivität ist erfüllt, da subjektive Ziele und Handlungsmöglichkeiten die Überschussgröße und den Kapitalisierungszinsfuß bestimmen. Der Unternehmenswert wird als Ganzes ermittelt und nicht aus der Summe von Einzelwerten, womit auch der Grundsatz der Bewertungseinheit eingehalten wird.

Das Ertragswertverfahren ist in Theorie und Praxis als Bewertungsstandard anerkannt. Allerdings werden in der Literatur einige Kritikpunkte diskutiert.

Zum ersten werden dem Ertragswertverfahren die Zukunftsorientierung und die damit verbundene Prognoseproblematik vorgeworfen. Einige Autoren gehen soweit, das Ertragswertverfahren als nicht ausreichend für Gerichtsverfahren anzusehen, da die Ergebnisse nicht nachprüfbar seien und es nicht auf einer ausreichenden Tatsachenbasis aufbaue.[492] Das Ertragswertverfahren erfülle nicht die Anforderungen an eine verlässliche und nachprüfbare Unternehmensbewertung. Dieser Kritik muss man entgegenhalten, dass der Investor seine Ziele nur in der Zukunft realisieren kann. Käufer oder Verkäufer haben nichts von vergangenen Erfolgen des Unternehmens, an denen man eine sichere, ohne Prognose auskommende Bewertung festmachen könnte. Dass eine Zukunftsorientierung zwingend notwendig ist, lässt sich an folgendem Beispiel deutlich machen: Eine Goldmine hat in den vergangenen 30 Jahren jeweils erhebliche Gewinne gemacht, die an die Eigentümer ausgeschüttet worden sind. Jetzt entscheiden sich die Eigentümer für den Verkauf der Mine. Eine Bewertung auf Basis der vergangenen Erfolge würde zu einem sehr hohen Unternehmenswert führen, dies wäre jedoch nicht gerechtfertigt, da die Mine in Kürze erschöpft sein wird. Es ist eine Zukunftsplanung zwingend notwendig, um einen realistischen Wert zu ermitteln. Auf Basis von vergangenen Erfolgen gewonnene Werte sind nicht relevant für die Kauf- oder Verkaufsentscheidung. Dabei ist unbestritten, dass das Prognoseproblem nicht vollständig lösbar ist. Wissenschaftliche Prognosen können aber die Willkür von Ertragswerten ausschließen.

Ein größeres theoretisches Problem stellt der Einwand dar, dass das Ertragswertverfahren **strategische Ziele eines Unternehmens nicht immer abbilden** kann. Es sieht so aus, „als reiche die Schulmathematik der Unternehmensbewertung nicht mehr aus."[493] Die Erfolge, die mit strategisch motivierten Akquisitionen verbunden sind, realisieren sich oft erst nach längerer Zeit und fallen in die ewige Rente der Prognose.[494]

---

[492] Vgl. *Barthel, C.W.:* Unternehmenswert – Der Markt bestimmt die Bewertungsmethode, DB, 43. Jg. (1990), S. 1145.

[493] *Sieben, G./Diedrich, R.:* Aspekte der Wertfindung bei strategisch motivierten Unternehmensakquisitionen, ZfbF, 42. Jg. (1990), S. 795.

[494] Vgl. *Ruhnke, K.:* Ermittlung der Preisobergrenze bei strategisch motivierten Akquisitionen, DB, 44. Jg. (1991), S. 1890.

Abhilfe könnte nur eine Erweiterung des Prognosehorizonts bieten, die aber wegen der schwierigen Schätzung weiter entfernt liegender Zeiträume die Komplexität der Wertermittlung stark erhöht. Des Weiteren muss zur richtigen Abbildung strategischer Akquisitionen die Gesamtstrategie, die i.d.R. aus mehr als einer Unternehmensübernahme bestehen wird, einbezogen werden. Dies würde die Komplexität der Bewertung nochmals stark erhöhen.

Zusammenfassend kann man das Ertragswertverfahren als ein gut geeignetes Verfahren zur Ableitung von entscheidungsorientierten Unternehmenswerten bezeichnen. Allerdings muss man sich der Probleme – Prognose der Überschüsse, Probleme bei strategisch motivierten Akquisitionen, Bemessung des Kapitalisierungszinsfußes – bewusst sein.

6.4.2.2.7 Fallstudie zum Ertragswertverfahren

Im Folgenden soll anhand einer Fallstudie dargestellt werden, wie das Ertragswertverfahren funktioniert. Alle Zahlen und Annahmen sind sehr stark vereinfacht, um die Methodik der Bewertung möglichst anschaulich illustrieren zu können, beruhen aber auf einem tatsächlichen Fall.

Die Bewertung wird durchgeführt für einen potentiellen Käufer der HelloKitty Fitness GmbH, wobei der Gutachter in der Beratungsfunktion tätig wird. Aufgabe ist es also, einen Grenzpreis für den Mandanten zu ermitteln.

Die HelloKitty Fitness GmbH ist ein Hersteller von Hanteln für den Einsatz in Fitnessstudios und bei Privatpersonen, die über den Einzelhandel beliefert werden. Es werden Hanteln in 1kg, 3kg und 5kg Variante hergestellt. In den vergangenen drei Jahren, die als Grundlage für die Prognose des bewertungsrelevanten Zeitraums herangezogen werden sollen, hatte das Unternehmen die folgende (verkürzte) Gewinn- und Verlustrechnung (vgl. Tabelle 8).

	2018	2019	2020
Umsätze 1kg Hanteln	150.000	160.000	165.000
Umsätze 3kg Hanteln	120.000	123.000	126.000
Umsätze 5kg Hanteln	30.000	170.000	35.000
Umsätze gesamt	**300.000**	**453.000**	**326.000**
Kosten für Roh-, Hilfs- und Betriebsstoffe	160.000	165.000	170.000
Personalkosten	60.000	115.000	66.000
Abschreibungen	15.000	15.000	15.000
Sonstige betriebliche Aufwendungen	8.000	8.000	8.000
Gewinn vor Steuern	**57.000**	**150.000**	**67.000**

Tabelle 8: Verkürzte GuV der HelloKitty Fitness GmbH für die Jahre 2018 bis 2020

Um die Unternehmensbewertung durchführen zu können, ist es notwendig nachhaltig entziehbare künftige Einzahlungsüberschüsse zu prognostizieren. Im Jahr 2019 hatte die HelloKitty Fitness GmbH einen Großauftrag durch eine Kette von Fitnessstudios, die eine große Menge an 5 Kg Hanteln abgenommen hat. Der Auftrag hatte ein Volumen von 140.000 EUR, zur Abwicklung wurden Aushilfen eingestellt, die insgesamt mit 50.000 EUR entlohnt werden und als Teil der Personalkosten ausgewiesen sind. Die HelloKitty Fitness GmbH geht davon aus, dass sich dieser Auftrag so in den nächsten Jahren nicht wiederholt. Einmaleffekte, die sich wahrscheinlich nicht wiederholen werden, müssen bei der Ertragsprognose eliminiert werden. Aus diesem Grund werden der Großauftrag und die variablen Kosten für seine Bearbeitung herausgerechnet. Des Weiteren sind Einzahlungsüberschüsse relevant. Abschreibungen sind nicht zahlungswirksame Aufwendungen, die nicht in das Bewertungskalkül einfließen. Für die nächsten Jahre wird ein moderates Wachstum für alle drei Produkte als realistisch angesehen. Man geht in der Geschäftsleitung davon aus, dass sich die Umsätze bei 1 kg Hanteln um 2 % in den Folgejahren erhöhen. Dies geht einher mit einem Trend zu schwereren Hanteln. Aus diesem Grund geht man von höheren Wachstumsraten von 3 bzw. 5 % bei den 3 bzw. 5kg Varianten aus. Die Kosten für Roh-, Hilfs- und Betriebsstoffe werden in den nächsten Jahren inflationsbedingt um geschätzt 2 % wachsen. Bei den Personalkosten wird aufgrund der demographischen Entwicklung und des einsetzenden Fachkräftemangels mit Steigerungen gerechnet, die über der Inflationsrate bei 4 % liegen werden. Die sonstigen betrieblichen Aufwendungen werden konstant fortgeschrieben. Es ergibt sich eine Vorschau für die Erträge der nächsten Jahre, wie sie in Tabelle 9 dargestellt ist. Dabei ist immer auf volle Tausender gerundet worden.

	2021	2022	2023	2024	2025
Umsätze 1kg Hanteln	168.000	171.000	175.000	178.000	182.000
Umsätze 3kg Hanteln	130.000	134.000	138.000	142.000	146.000
Umsätze 5kg Hanteln	37.000	39.000	41.000	43.000	45.000
Umsätze gesamt	**335.000**	**344.000**	**354.000**	**363.000**	**373.000**
Kosten für Roh-, Hilfs- und Betriebsstoffe	173.000	177.000	180.000	184.000	188.000
Personalkosten	69.000	71.000	74.000	77.000	80.000
Sonstige betriebliche Aufwendungen	8.000	8.000	8.000	8.000	8.000
Einzahlungsüberschuss vor Steuern	**85.000**	**88.000**	**92.000**	**94.000**	**97.000**

Tabelle 9: Prognostizierte Einzahlungsüberschüsse vor Steuern der HelloKitty Fitness GmbH

Bewertungsrelevant sind diejenigen Einzahlungsüberschüsse, die in Konsum umgesetzt werden können. Aus diesem Grund müssen Steuerbelastungen abgezogen werden. Daher muss der Steuersatz für die HelloKitty Fitness GmbH bestimmt werden. Als GmbH unterliegt sie der Körperschaftsteuer. Der aktuelle Steuersatz liegt bei 15 %. Zudem muss der Solidaritätszuschlag mit 5,5 % der Körperschaftsteuer angesetzt werden. Des Weiteren unterliegt die GmbH auch noch der Gewerbeertragsteuer. Diese ergibt sich als Multiplikation der Gewerbesteuermesszahl von 3,5 % mit dem Hebesatz der Gemeinde. Nehmen wir an, dass die HelloKitty Fitness GmbH ihren Sitz in der Freien und Hansestadt Hamburg hat, so beträgt dieser Hebesatz (Stand: Januar 2020) 470 %. Damit ergibt sich ein Gewerbesteuersatz von 16,45 %. Es ergibt sich ein Steuersatz von 15 % zuzüglich 5,5 * 15 % zuzüglich 16,45 %, insgesamt also 32,275 %. Der Einfachheit der Darstellung halber wird von Freibeträgen und Abweichungen zwischen handels- und steuerrechtlichem Gewinn abgesehen. Berücksichtigt werden müssen aber die Abschreibungen, die den steuerlichen Gewinn mindern aber nicht zahlungswirksam sind. Wir gehen davon aus, dass sie im betrachteten Zeitraum konstant bei 15.000 bleiben. Damit ergeben sich die folgenden Steuerbelastungen und resultierenden Einzahlungsüberschüsse nach Steuern (Tabelle 10).

	2021	**2022**	**2023**	**2024**	**2025**
Einzahlungsüberschuss vor Steuern	85.000	88.000	92.000	94.000	97.000
Abschreibungen	15.000	15.000	15.000	15.000	15.000
Gewinn vor Steuern	70.000	73.000	77.000	79.000	82.000
Steuern	23.000	24.000	25.000	26.000	27.000
Einzahlungsüberschuss nach Steuern	**62.000**	**64.000**	**67.000**	**68.000**	**70.000**

Tabelle 10: Ermittlung der Steuern der HelloKitty Fitness GmbH

Die für das Jahr 2025 prognostizierten Einzahlungsüberschüsse werden fortgeschrieben und gehen in die ewige Rente zur Ertragswertermittlung ein.

Der ermittelte nachhaltig entziehbare Cashflow muss jetzt auf seinen Gegenwartswert diskontiert werden. Als Basis dient dazu der Zinssatz einer langlaufenden Staatsanleihe. Deutsche Bundesanleihen werden mit einer maximalen Laufzeit von 30 Jahren emittiert. Die Verzinsung liege bei 3 %. Dieser Zinssatz darf aber so nicht angesetzt werden, da die Einzahlungen aus der Anleihe quasi-sicher sind, während die Einzahlungen aus der HelloKitty Fitness GmbH nicht sicher sind. Aus diesem Grund muss ein Risikozuschlag zu diesem Zinssatz gewählt werden. Dieser wird aufgrund der sehr besonderen Nischenausrichtung der HelloKitty Fitness GmbH mit 3 % festgelegt, so dass sich insgesamt ein Diskontierungszinsfuß von 6 % ergibt.

Bei dem Diskontierungszinsfuß ist zusätzlich die persönliche Steuerbelastung des Auftraggebers des Gutachtens zu berücksichtigen. Dieses Erfordernis ergibt sich dann, wenn die persönliche Steuer auf Zähler (Einzahlungen aus dem Unternehmen) und Nenner (Einzahlungen aus der Staatsanleihe) aus der Ertragswertformel unterschiedlich wirkt. Wir gehen davon aus, dass die deutsche Abgeltungsteuer gleiche Wirkungen auf die Auszahlungen aus einer GmbH als auch auf Auszahlungen aus einer Staatsanleihe entfaltet. Zudem nehmen wir an, dass die HelloKitty Fitness GmbH über kein nicht-betriebsnotwendiges Vermögen verfügt. Mit diesen vereinfachenden Annahmen können wir die Bewertung durchführen. Es wird die Grundformel des Ertragswertverfahrens zugrunde gelegt (Formel (6.26)), wobei wir davon ausgehen, dass nicht-betriebsnotwendiges Vermögen nicht vorhanden ist:

$$(6.29) \qquad W = \sum_{t=1}^{m} \frac{E_t}{(1+i+z)^t} + \frac{E}{(i+z) \cdot (1+i+z)^{m+n}}$$

Es ergeben sich die folgenden Werte für die einzelnen abgezinsten Einzahlungsüberschüsse für die Detailplanungsphase:

	2021	2022	2023	2024	2025
Einzahlungsüberschuss nach Steuern	62.000	64.000	67.000	68.000	70.000
Diskontierungsfaktor	6 %	6 %	6 %	6 %	6 %
Abgezinster Einzahlungsüberschuss	58.490	56.959	56.254	53.862	52.308

Tabelle 11: Abgezinste Einzahlungsüberschüsse der HelloKitty Fitness GmbH

Die ewige Rente wird mit dem zweiten Term der Grundformel des Ertragswertverfahrens, in das die Einzahlungsüberschüsse nach Steuern für das Jahr 2025 eingesetzt werden, berechnet. Es ergibt sich ein Wert von 822.454 EUR. In der Summe aus den einzeln abgezinsten Werten der Detailplanungsphase und der ewigen Rente ergibt sich ein Gesamtwert von 1.100.327 EUR. Da wir alle Berechnungsschritte mit gerundeten und prognostizierten Werten gerechnet haben, wird in der Praxis immer ein ungefährer Wert mit ca. Angabe ermittelt. Hier würde man von ca. 1.100.000 EUR sprechen.

Die vereinfachte Fallstudie hat gezeigt, wie bedeutend die ewige Rente und damit weiter entfernt liegende Zeiträume sind. Ferner soll die Fallstudie deutlich machen, inwieweit Prognosen den Wert bestimmen. Betreibt man ein Literaturstudium zum Ertragswertverfahren oder auch zur Unternehmensbewertung im Allgemeinen, so gewinnt man den Eindruck, dass der Kalkulationszinsfuß und seine Bestimmung das entscheidende Problem der Unternehmensbewertung sind. In der Praxis ist jedoch die Prognose der künftigen Einzahlungsüberschüsse das beherrschende Problem. Hierzu kann es nur den Hinweis geben, diese Prognose mit nachvollziehbaren Methoden und unter Offenlegung aller Annahmen vorzunehmen. Eine Methode, die eine sichere Ableitung ermöglicht, gibt es allerdings nicht. Somit kann man festhalten, dass es sich bei der Unternehmensbewertung um eine Kunst und nicht um eine exakte Wissenschaft[495] handelt, da der errechnete Wert sehr stark von subjektiven Festlegungen abhängt. Entsprechend muss man die errechneten Werte auch behandeln. Sie sind keine absoluten Größen. Mathematisch ergeben sich zwar auf Centbeträge lautende genaue Werte. Die vielfachen Annahmen und Unwägbarkeiten, die in der Bewertung eine Rolle spielen, lassen es jedoch unseriös erscheinen, wenn Werte derart genau angegeben werden.

6.5.2.3 Discounted Cashflow-Verfahren

6.5.2.3.1 Bewertungsprinzip und Ausprägungen

Die Bewertungsprinzipien der Discounted Cashflow (DCF)-Verfahren sind grundsätzlich gleich wie beim Ertragswertverfahren: eine Überschussgröße wird auf den Gegenwartswert diskontiert. Dabei wird das DCF-Verfahren in verschiedenen Ausprägungen angewandt. Im Einzelnen sind dies die folgenden:[496]

(1) **Netto-Ansatz oder equity-approach:** Die den Eigentümern zufließenden Zahlungsströme (Dividenden, Entnahmen etc.) werden mit den Renditeforderungen der Eigentümer auf ihren Gegenwartswert diskontiert. Diese Unterart hat eine enge Verwandtschaft mit dem Ertragswertverfahren, hat aber weder praktisch noch theoretisch eine größere Bedeutung.

(2) **Brutto-Ansatz oder entity-approach:** In diesen Verfahren wird ein Unternehmensgesamtwert ermittelt, also die Summe aus den Werten des Eigenkapitals und des Fremdkapitals. Diskontiert werden die Zahlungsströme, die an Eigen- und Fremdkapitalgeber fließen.[497] Es gibt zwei Unterarten:

(2.1) Als Diskontierungsfaktor werden die gewogenen durchschnittlichen Kapitalkosten – **weighted average costs of capital (WACC)** – herangezogen, die sich aus den tatsächlich gezahlten Fremdkapitalkosten und den Renditeerwartungen der Eigentümer ergeben (WACC-approach). Die Renditeerwartungen der Eigentümer werden auf Basis des **Capital Asset Pricing Modells (CAPM)** geschätzt. Dadurch erhält man dann den Unternehmensgesamtwert. Wird von dem Unternehmensgesamtwert der Wert des Fremdkapitals abgezogen, erhält man den entscheidungsrelevanten Wert des Eigenkapitals. Dabei kann der Wert des Steuervorteils durch Fremdkapitalzinsen (diese sind steuerlich abzugsfähig, während die Vergütung der

---

[495]   Vgl. die Frage „Business Valuation – A Science or an Art?" bei *Tuller, L.W.:* Small Business Valuation Book, Holbrook 1994, S. 15.

[496]   Vgl. *Ballwieser, W.:* Unternehmensbewertung mit Discounted Cashflow-Verfahren, WPg, 51. Jg. (1998), S. 81 ff.

[497]   Vgl. *Hachmeister, D.:* Die Abbildung der Finanzierung im Rahmen verschiedener Discounted Cashflow-Verfahren, ZfbF, 48. Jg. (1996), S. 253 ff.

Eigenkapitalgeber nicht steuerlich abzugsfähig ist) einmal im Nenner (Free Cash-flow) oder im Zähler (Total Cashflow) abgebildet sein.[498]

(2.2) Eine detailliertere Aufgliederung der Wertkomponenten verlangt das DCF-Verfahren in der Ausprägung der **Adjusted-Present-Value-Methode** (Methode des angepassten Barwerts).[499]

Die Bewertung erfolgt komponentenweise:[500]

(6.30) $W^{ges} = W^E + W^{USt} + W^{FA}$

mit: W^{ges} = Gesamtwert des Unternehmens

           W^E = Wert der operativen Aktivitäten unter Vollausschüttungshypo-these und der Fiktion kompletter Eigenfinanzierung

           W^{USt} = Wert der durch die realisierte Kapitalstruktur entsteht (steuerliche Wirkungen der Finanzierung mit Fremdkapital und/oder Pensionsrückstellungen)

           W^{FA} = Wert der nicht-operativen Aktivitäten des Unternehmens, z.B. Finanzanlagen

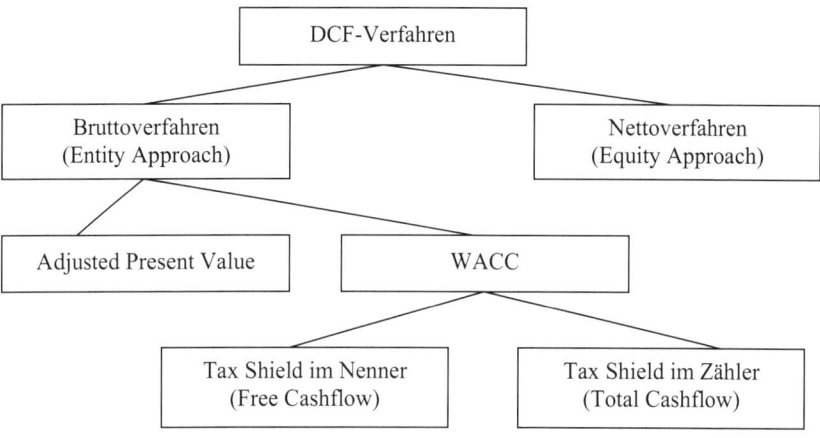

Abbildung 26: Die Varianten der DCF-Verfahren[501]

In Theorie und Praxis am weitesten verbreitet ist der WACC-approach der DCF-Verfahren mit dem Tax Shield im Nenner. Aus diesem Grund wird im Folgenden nur noch auf diese Unterform eingegangen. Aufgrund der Ähnlichkeit der ver-schiedenen Ansätze lassen sich die Aussagen aber auch auf den equity-approach bzw. das Adjusted-Present-Value Verfahren übertragen.

---

[498] Vgl. *Ballwieser, W./Hachmeister, D.:* Unternehmensbewertung, 4. Auflage, Stuttgart 2016, S. 137.

[499] Vgl. den grundlegenden Aufsatz von *Myers, S.C.:* Interactions of Corporate Financing and Investment Decisions – Implications for Capital Budgeting, Journal of Finance, 29. Jg. (1974), S. 1 ff.

[500] Vgl. *Drukarczyk, J./Schüler, A.:* Unternehmensbewertung, 7. Auflage, München 2016, S. 161 f.

[501] Vgl. *Ballwieser, W./Hachmeister, D.:* Unternehmensbewertung, 4. Auflage, Stuttgart 2016, S. 132.

In der betriebswirtschaftlichen Literatur gibt es eine Auseinandersetzung um Vor- und Nachteile des DCF-Verfahrens gegenüber dem Ertragswertverfahren. Mit dem IDW Standard 1 aus dem Jahre 2000 ist das DCF-Verfahren auch vom Institut der Wirtschaftsprüfer anerkannt worden, die vorher allein das Ertragswertverfahren zugelassen hatten.[502] Insbesondere die Kapitalmarktorientierung des DCF-Verfahrens wird dabei als Vorteil angesehen. Während unbestritten ist, dass der effiziente Kapitalmarkt das „beste Bewertungsinstrument"[503] ist, da hier das Wissen von unzähligen Kapitalmarktteilnehmern verarbeitet wird, das bei einer analytischen Bewertung nicht vorhanden ist, ist es umstritten, ob die Kapitalmarkttheorie auch für nicht an der Börse notierte Unternehmen gute Dienste bei der Bewertung leisten kann.

Vereinfacht ergibt sich die folgende Formel für das DCF-Verfahren im entity-approach:

(6.31) $$W = \sum_{t=1}^{\infty} \frac{FCF_t}{(1+WACC)^t} - FK$$

mit: FCF_t = freier Cashflow in der Periode t
              WACC = gewogene durchschnittliche Kapitalkosten des
                                Bewertungsobjektes
              FK   = Marktwert des Fremdkapitals

6.5.2.3.2 Finanzierungstheoretische Voraussetzungen

Die Discounted Cashflow Verfahren finden ihre theoretische Fundierung in der **Kapitalmarkttheorie**. Besondere Bedeutung haben dabei die Arbeiten von Modigliani und Miller zum Einfluss der Finanzierung auf den Unternehmenswert.[504] Ihr berühmtes **Irrelevanztheorem** besagt, dass der Wert eines Unternehmens im Gleichgewicht unabhängig von der Kapitalstruktur, also ob das Unternehmen mit Eigen- oder Fremdkapital finanziert wird, ist. Voraussetzung dafür ist, dass ein vollkommener Kapitalmarkt vorhanden ist, dessen Voraussetzungen wir bereits in Kapitel 3.2.1 eingeführt haben. Konkursrisiken werden ausgeschlossen. Die Unternehmen können nach ihren leistungswirtschaftlichen Charakteristika (Branche, Geschäftsmodell etc.) in Risikoklassen unterteilt werden. Innerhalb einer Risikoklasse spielt die Finanzierungspolitik eines Unternehmens keine Rolle mehr.

---

[502] Vgl. *Institut der Wirtschaftsprüfer:* IDW Standard 1: Grundsätze zur Durchführung von Unternehmensbewertungen, WPg, 53. Jg. (2000), S. 826.

[503] *Schneider, D.:* Investition, Finanzierung und Besteuerung, 7. Auflage, Wiesbaden 1992, S. 520.

[504] Vgl. *Modigliani, F./Miller, M.H.:* The Cost of Capital, Corporation Finance, and the Theory of Investment, AER, 78. Jg. (1958), S. 261 ff.

Die Irrelevanz kann an dem folgenden Beispiel verdeutlicht werden:[505] Wir betrachten zwei Unternehmen mit identischen Bruttogewinnen, die damit nach Modigliani-Miller in der gleichen Risikokategorie sind. Kauft ein Investor einen Anteil von 1 % an den Aktien des unverschuldeten Unternehmens U, so hat er einen Anspruch von 1 % am Gesamtwert W von U und einen Anspruch 1 % am Gewinn G von U. Alternativ kann der Investor an einem verschuldeten Unternehmen V jeweils 1 % an dem Fremd- und Eigenkapital erwerben. Er hat Anrecht auf:

- 1 % an W_V, die sich aus der Addition von jeweils 1 % des Eigen- und Fremdkapitals ergeben.
- 1 % an G_V, die sich ergeben als 1 % an den Gewinnen von V abzüglich der Zinsen (aus dem Anteil am Eigenkapital) und zusätzlich einem Anspruch auf 1 % der Zinsen (aus dem Anteil am Fremdkapital).

Der Anspruch auf jährliche Auszahlung ist also gleich: Beide Investoren haben jeweils einen Anspruch auf 1 % der Bruttogewinne des Unternehmens. Da wir unterstellt hatten, dass beide Unternehmen einen identischen Bruttogewinn aufweisen, bedeutet dies, dass dies identische Zahlungsströme sind. Auf dem vollständigen Kapitalmarkt kann es aber nur einen Preis geben für einen identischen Zahlungsstrom. Wäre dies nicht der Fall, könnten Investoren durch Arbitrage, also das risikolose Ausnutzen von Preisschwankungen, Gewinne erzielen. Wäre die Aktie von U höher bewertet als die Aktie von V würden Investoren ihre Aktien an U veräußern solange bis der Kurs, demjenigen von V entspricht. Bis dahin zahlt man für den gleichen Zahlungsstrom bei U einen höheren Preis als bei V. Dieses Prinzip lässt sich auf Wochenmärkten gut erkennen: Senkt ein Markthändler seinen Preis für Äpfel und schreit den neuen Preis laut heraus, kaufen die Kunden – vorausgesetzt die Äpfel haben die gleiche Qualität wie bei den umstehenden Marktständen – bei ihm, was sofort dazu führt, dass die anderen Markthändler ihren Preis auch senken.

Ein risikofreudiger Investor wird 1 % der Aktien der verschuldeten Unternehmung V kaufen. Er hat dann ein Anrecht auf 1 % des Gesamtwertes des Unternehmens abzüglich der Schulden (W_V – FK). Sein jährlicher Profit ist 1 % des Gewinns von V abzüglich der Zinsen für Fremdkapital (G_V –i). Auf dem vorausgesetzten vollkommenen Kapitalmarkt lässt sich die Strategie ändern. Mittels Kreditaufnahme kann der Investor privat 1 % des Fremdkapitals von V selber aufnehmen, was zu einer sofortigen Einzahlung des aufgenommenen Kapitals führt. Gleichzeitig kann man 1 % der Aktien des unverschuldeten Unternehmens U erwerben. Die Vermögensposition des Investors sieht dann wie folgt aus:

(6.32)   Vermögen = EK_U - FK_V.

---

[505] Vgl. *Brealey, R.A./Myers, S.C./Allen, F.*: Principles of Corporate Finance, 10. Auflage, New York 2011, S. 448 f.

Die private Aufnahme des Fremdkapitals hat zu einer Einzahlung, das Investment in Aktien zu einer Auszahlung geführt. Der Anspruch auf den Gewinn besteht aus einem Anteil von 1 % am Gewinn von U zuzüglich der zu zahlenden Zinsen auf den aufgenommenen Kredit. Am vollkommenen Kapitalmarkt sind die Zinsen für alle Akteure gleich, so dass die Zinsen denjenigen entsprechen, die V bezahlen muss. Insgesamt hat der Investor also Anspruch auf $G_U - i$. Da G_U annahmegemäß G_V entspricht führen auch diese beiden Strategien wiederum zu identischen Ansprüchen, was wiederum zu gleichen Preisen führen muss.

Durch privates Leihen und Anlegen können Investoren Änderungen in der Kapitalstruktur von Unternehmen ausgleichen. In der Konsequenz gilt das 1. Theorem von Modigliani und Miller: „Der Marktwert eines Unternehmens ist unabhängig von der Kapitalstruktur." Anders gewendet: Einzig die Aktivseite der Bilanz bestimmt den Wert des Unternehmens. Merton Miller hat in einem Fernsehinterview selbst eine plastische Beschreibung seines Theorems gegeben.[506] Er sagte: „Think of the firm as a gigantic pizza, divided into quarters. If you now cut each quarter into half, into eighths, the M(odigliani)/M(iller) proposition says that you will have more pieces but not more pizza." Der Unternehmensgesamtwert (die Pizza) ist unabhängig davon, wie sich dieser Wert auf Eigen- und Fremdkapital aufteilt (in wie viele Stücke die Pizza geschnitten wird).

Gehen wir also davon aus, dass der Wert eines unverschuldeten Unternehmens dem Marktwert eines verschuldeten Unternehmens Im Gleichgewicht entsprechen muss:[507]

(6.33) $W_U = W_V$

Man kann nun die Einzahlungsüberschüsse im Gleichgewicht mit einem der Risikoklasse adäquaten Zinsfuß k diskontieren:

(6.34) $W = EK + FK = \dfrac{E}{k}$

EK und FK bezeichnen das Eigen- und Fremdkapital, die in Summe das Gesamtkapital GK ausmachen. (6.33) gilt für alle Unternehmen, egal ob sie eigen- oder mischfinanziert sind. Der Diskontierungsfaktor k ist ein von der Kapitalstruktur unabhängiger durchschnittlicher Kapitalkostensatz. Im Falle eines rein eigenfinanzierten Unternehmens entspricht er dem Diskontierungssatz für unverschuldete Unternehmen einer Risikoklasse k^U. Im Falle eines mischfinanzierten Unternehmens, was in der Praxis die Regel ist, entspricht er dem gewogenen Mittel aus der geforderten Eigenkapitalrendite k_{EK} und dem Zinssatz auf Fremdkapital k_{FK}. Es ergibt sich für den Gesamtwert des Unternehmens, wobei wiederum die Werte des Eigen-

[506] Vgl. *Drukarczyk, J./Schüler, A.:* Unternehmensbewertung, 7. Auflage, München 2016, S. 88.

[507] Vgl. hierzu und dem Folgenden *Krag, J./Kasperzak, R.:* Grundzüge der Unternehmensbewertung, München 2000, S. 87 ff.

und Fremdkapitals als diskontierte Zahlungsströme aus dem Eigen- bzw. Fremdkapital dargestellt werden:

(6.35) $W_V = \dfrac{EK}{k_{EK}} + \dfrac{FK}{k_{FK}}$

Ausgedrückt als Renditeforderung für die Bewertung des gesamten Unternehmens folgt aus (6.35), dass die Kosten für das Eigenkapital mit dem Anteil des Eigenkapitals und die Kosten für das Fremdkapital mit den Kosten für das Fremdkapital gewichtet werden müssen. Diese Renditeforderung bezeichnet man als **gewichtete Kapitalkosten (weighted average cost of capital, WACC)**:

(6.36) $WACC = k_{FK} \cdot \dfrac{FK}{GK} + k_{EK} \cdot \dfrac{EK}{GK}$.

Annahmegemäß gibt es in der Modigliani-Miller Welt keine Steuern und nur die Reinformen Eigen- und Fremdkapital, alle Mischformen von Kapital (also z.B. Mezzanine Kapital) sind ausgeschlossen. Damit können die WACC als Diskontierungsfaktor für die Ermittlung des Unternehmensgesamtwerts herangezogen werden.

Stellt man die Gleichung (6.36) um, indem man nach kEK auflöst und WACC durch die Eigenkapitalkosten des unverschuldeten Unternehmens kEKU ersetzt (sogenannte Modigliani-Miller Anpassung) erhält man:

(6.37) $k_{EK} = k_{EK}^{u} + (k_{EK}^{u} - k_{FK}) \cdot \dfrac{FK}{EK}$

Die Rendite, die die Eigentümer eines verschuldeten Unternehmens fordern, entspricht der geforderten Rendite für ein unverschuldetes Unternehmen zuzüglich eines Risikozuschlags, der der Differenz zwischen Eigenkapitalkosten des unverschuldeten Unternehmens abzüglich Zins für Fremdkapital (unter der Voraussetzung, dass der Zins für Fremdkapital kleiner ist als die Eigenkapitalkosten des unverschuldeten Unternehmens) multipliziert mit dem Fremdkapitalanteil des verschuldeten Unternehmens.

Mit diesen Überlegungen lässt sich das DCF Modell diskutieren. Im weiteren Verlauf werden wir noch die Abwesenheit von Steuern, die Voraussetzung dieses Modells ist, wieder aufheben, um näher an die reale Welt zu kommen.

6.5.2.3.3 Die gewichteten Kapitalkosten als Diskontierungsfaktor

Der entscheidende Unterschied zum Ertragswertverfahren ist die Verwendung der WACC als Diskontierungsfaktor. Die WACC sind – wie gezeigt – das arithmetische Mittel der Kosten der mit ihren Anteilen am Marktwert (nicht dem Buchwert) des Gesamtkapitals gewichteten Kapitalanteile sämtlicher Kapitalquellen.

Maßstab für die Vorteilhaftigkeit einer Investition ist damit nicht mehr die beste Alternativinvestition, die dem Entscheidungsträger offensteht, sondern die Mindestverzinsung, die Eigen- und Fremdkapitalgeber verlangen.[508]

Zunächst fällt an (6.36) ein Zirkularitätsproblem auf. Der Wert des Eigenkapitals, der ja durch die Bewertung erst ermittelt werden soll, geht in die Bestimmung der WACC ein. Dadurch kann die Bewertung korrekt nur in einem iterativen Prozess durchgeführt werden, der aber durch EDV-Einsatz ohne weiteres möglich ist.

Eine Zielkapitalstruktur für das zu bewertende Unternehmen muss durch den Gutachter vorgegeben werden.[509] Dabei müssen eventuelle Änderungen der Kapitalstruktur durch die Unternehmenstransaktion berücksichtigt werden. Zu beachten ist dabei auch, dass die Kapitalkosten durch den Verschuldungsgrad beeinflusst werden. Andernfalls erhält man unter Berücksichtigung der steuerlichen Vorteile der Fremdfinanzierung hohe Werte für hoch verschuldete Unternehmen und niedrige Werte für niedrig verschuldete Unternehmen. Allerdings führt die hohe Verschuldung zu einer höheren Konkursgefahr, die zu höheren WACC führen muss. Entweder kann der Gutachter also die bisherige Kapitalstruktur fortschreiben oder die durch Kapitalstrukturänderungen veränderten WACC prognostizieren.

Die momentanen Ansprüche der Fremdkapitalgeber an das Unternehmen lassen sich anhand einer Unternehmensanalyse relativ einfach feststellen, da die Gläubiger vertraglich festgelegte Gegenleistungen für die Kapitalüberlassung in Form von Zinsen erhalten.[510]

Wesentlich problematischer ist die Schätzung der Eigenkapitalkosten, da die Eigenkapitalgeber keine vertraglich festgelegten Erträge als Gegenleistung für die Kapitalüberlassung erhalten. Die Befürworter des DCF-Verfahrens greifen zur Schätzung der Eigenkapitalkosten auf das CAPM zurück. Das CAPM bestimmt die Preise für Anlageformen im Kapitalmarktgleichgewicht.

Rationale Investoren haben nach dem CAPM eine Renditeerwartung r_{EK} an ein Wertpapier, die sich aus dem **risikolosen Zinssatz i*** und einer **Risikoprämie RP** zusammensetzt:

$$(6.38) \qquad r_{EK} \; = \; i * + RP$$

Der Investor ist also risikoscheu: Für Zahlungen die stärker der Unsicherheit unterliegen wird eine höhere Rendite verlangt.

---

[508] Vgl. *Jonas, M.:* Unternehmensbewertung: Zur Anwendung der Discounted-Cashflow Methode in Deutschland, BFuP, 47. Jg. (1995), S. 88.

[509] Vgl. *Hachmeister, D.:* Der Discounted Cashflow als Unternehmenswert, WISU, 25. Jg. (1996), S. 358.

[510] Vgl. *Helbling, C.:* DCF-Methode und Kapitalkostensatz in der Unternehmensbewertung falls kein Fair Market Value, Schweizer Treuhänder, 67. Jg. (1993), S. 160.

Die Risikoprämie ergibt sich zum einen aus der Risikoprämie, die bei Investitionen in das risikobehaftete Marktportefeuille fällig wird. Diese entspricht der Differenz der erwarteten Rendite des Marktportefeuilles r_M und dem risikolosen Zinssatz i^*. Neben dem unsystematischen Risiko, das allein durch Investition in das risikobehaftete Marktportefeuille entsteht und im Marktgleichgewicht nicht vergütet wird, ist das systematische Risiko von Bedeutung, das die Relation der betrachteten Anlage mit dem Marktportefeuille bezeichnet. Dies berechnet das CAPM durch den **β-Faktor**. Der β-Faktor ist das Maß der Sensitivität zwischen der erwarteten Rendite des einzelnen Wertpapiers und der erwarteten Rendite des Marktportefeuilles.[511] Es zeigt die relative Schwankungsanfälligkeit eines Wertpapiers im Vergleich zu einem anderen Wertpapier oder Index. Formal lässt sich diese Beziehung durch (6.39) ausdrücken.[512]

$$(6.39) \qquad \beta = \frac{Cov \left[r_j ; r_m \right]}{\sigma_M{}^2}$$

mit: $\qquad$ $Cov[r_j; r_M]$ = Kovarianz der erwarteten Rendite des Wertpapiers j mit der erwarteten Rendite des Marktportefeuilles

$\qquad\qquad$ $\sigma^2{}_M$ $\qquad$ = Varianz der Rendite des Marktportefeuilles

Die Aussagekraft des β-Faktors sei kurz an einem Zahlenbeispiel erläutert. Aktien, die einen β-Faktor größer als 1 haben, schwanken stärker als der Markt. Steigt der Markt um 1 Punkt (dargestellt z.B. durch einen Index), so steigt der Kurs einer Aktie mit einem β-Faktor von 1,5 um 1,5 Punkte. Genauso ist aber auch der Verlust höher, wenn der Markt sinkt. Aus diesem Grund werden Wertpapiere mit einem β-Faktor größer 1 auch als aggressive Wertpapiere bezeichnet.[513] Umgekehrt ist es bei einem Wertpapier mit einem β-Faktor von weniger als 1. Steigt der Marktindex um einen Punkt, so steigt der Kurs einer Aktie mit einem β-Faktor von 0,5 auch nur um 0,5 Punkte. Genauso wird aber auch nur ein unterdurchschnittlicher Verlust gemacht, so dass man Wertpapiere mit einem β-Faktor von weniger als 1 auch als defensive Wertpapiere bezeichnet.[514] Den theoretischen Grenzfall eines genauen Gleichlaufs von Marktindex und Wertpapier bezeichnet ein β-Faktor von 1.

Multipliziert man den β-Faktor der Anlage j mit der Risikoprämie für die Investition in das risikobehaftete Marktportefeuille, ergibt sich **die Risikoprämie, die ein rationaler Investor für ein bestimmtes Wertpapier j verlangen wird**:[515]

$$(6.40) \qquad r_{EK} = i^* + \beta_j \cdot \left(r_M - i^* \right)$$

[511] Vgl. *Perridon, L./Steiner, M./Rathgeber, A.:* Finanzwirtschaft der Unternehmung, 17. Auflage, München 2017, S. 267.

[512] Vgl. *Drukarczyk, J./Schüler, A.:* Unternehmensbewertung, 7. Auflage, München 2016, S. 56.

[513] Vgl. *Cuthbertson, K.:* Quantitative Financial Economics, 2. Auflage, Chichester 2004, S. 134 f.

[514] Vgl. *Cuthbertson, K.:* Quantitative Financial Economics, 2. Auflage, Chichester 2004, S. 134 f.

[515] Vgl. *Ballwieser, W.:* Aktuelle Aspekte der Unternehmensbewertung, WPg, 48. Jg. (1995), S. 122.

Dies ist die Grundgleichung des CAPM. Die Aussage ist, dass eine risikobehaftete Anlage im Kapitalmarktgleichgewicht, eine Risikoprämie proportional zu ihrem systematischen Risiko hat. Wichtig dabei ist zu bemerken, dass es sich um ein Modell für ein Gleichgewicht handelt. Ein Markt ist dann im Gleichgewicht, wenn der Markt geräumt ist, also es kein weiteres Angebot oder Nachfrage gibt. Von daher ist das CAPM eigentlich nicht richtig, um bei Unternehmenstransaktionen, die eine Situation Kauf/Verkauf beinhalten angewendet zu werden. In der Praxis wird dies jedoch ständig getan.

Die Ermittlung der Eigenkapitalkosten im Rahmen dieses Modells ist im Grundsatz einfach. Der risikolose Zinssatz entspricht näherungsweise der Verzinsung von Anleihen der öffentlichen Hand. Die Rendite des Marktportefeuilles lässt sich anhand von Indices bestimmen, für Deutschland beispielsweise durch den DAX oder einen breiter gestreuten Index. Diese Indices bilden eine anerkannte Näherung, obwohl sie nicht alle möglichen risikobehafteten Investitionen beinhalten und damit eigentlich den Prämissen des CAPM widersprechen.[516]

Den β-Faktor gewinnt man durch Beobachtung der vergangenen Marktbewegungen für das Wertpapier j und den Marktindex. Kovarianz und Varianz lassen sich dann unproblematisch bestimmen. In der Praxis hat sich eine fünfjährige Rückschau zur Berechnung des β-Faktors durchgesetzt. Der Rückgriff auf vergangene Daten ist allerdings zweifelhaft, da es Ziel der Berechnung ist, künftige β-Faktoren zu ermitteln. Daher sind die so ermittelten β-Faktoren nur Approximationen, die mit entsprechender Vorsicht angewendet werden müssen.[517] Die Extrapolation vergangenheitsorientierter β-Faktoren erscheint gerade bei der Unternehmensbewertung problematisch, da sie auf prognostizierte Cashflows angewandt werden. Endgültig unlogisch wird die Verwendung vergangenheitsorientierter β-Faktoren dann, wenn die Geschäftsstrategie des Unternehmens nach dem Verkauf geändert werden soll und das Unternehmen durch die geänderte Strategie eine andere Risikoposition erhält.

Im Fokus: Validität des Capital Asset Pricing Model (CAPM)

Das CAPM ist eines der am meisten verwendeten Modelle in der Betriebswirtschaftslehre. Für viele entscheidungsorientierte Rechnungen z.B. für Investitionen oder für Unternehmensbewertungen dient es als Grundlage. Allerdings ist die empirische Basis schwach. An allererster Stelle gibt es einen grundsätzlichen Einwand, dass dieses Modell gar nicht zu testen ist. Um es testen zu können, müsste man das Marktportefeuille konstruieren können. Dieses ist aber nicht möglich, da es aus allen risikobehafteten Investitions-

---

[516] Vgl. *Schneider, D.*: Betriebswirtschaftslehre, Bd. III: Theorie der Unternehmung, München u.a. 1997, S. 232.

[517] Vgl. *Heurung, R.*: Zur Anwendung und Angemessenheit verschiedener Unternehmenswertverfahren im Rahmen von Umwandlungsfällen (Teil II), DB, 50. Jg. (1997), S. 891.

möglichkeiten bestehen müsste. Das bedeutet nicht nur Aktien, Wertpapiere oder Immobilien sondern auch Kunstgegenstände, Bildung oder teure Bordeaux Weine. Ein solches Portefeuille existiert nicht, womit jeder Testversuch scheitern muss. Aus dieser Situation ergibt sich, dass die Tests entweder feststellen, dass das näherungsweise verwendete Portefeuille zu den Aussagen des CAPM passt oder nicht. Damit kann aber keine Aussage über das Modell an sich getroffen werden. Hinzu kommen andere logische Probleme, die die Testbarkeit des CAPM infrage stellen. Das Vertrauen in die Aussagen zur Validität des CAPM ist durch diese Feststellungen schwer erschüttert worden. Umso erstaunlicher ist, dass empirische Untersuchungen dennoch häufig das CAPM infrage stellen (was natürlich auch daran liegen kann, dass lediglich ein Stellvertreter-Portefeuille getestet worden ist).

Eine große empirische Studie ergab, dass die Korrelation zwischen Beta und der durchschnittlichen Rendite für die Jahre 1941 bis 1990 am amerikanischen Aktienmarkt schwach und für die Zeit zwischen 1963 und 1990 so gut wie nicht existiert. Dies bringt die beiden Autoren der Studie Fama und French zu einer Warnung an Studenten:

„… we also warn students, that despite its seductive simplicity, the CAPM's empirical problems probably invalidate its use in applications" (Quelle: Fama/French 2004, S. 44).

Hinzu kommen eine ganze Menge von besonderen Effekten, die an den Charakteristika der getesteten Wertpapiere festgemacht werden. So wird in einer Untersuchung von Banz (1981) festgestellt, dass die Renditen von Unternehmen mit nur geringer Marktkapitalisierung höher sind als durch das CAPM vorhergesagt. Unternehmen mit hoher Verschuldung (im Verhältnis zum Eigenkapital) haben ebenfalls höhere Renditen als sich durch das CAPM ergeben würden. Dies gilt auch für Unternehmen, die im Verhältnis zum Marktwert hohe Buchwerte haben.

Insgesamt ist das CAPM trotzdem nicht zu erschüttern. Wenn man bedenkt, dass es sich hierbei um ein Gleichgewichtsmodell handelt, was für Situationen eine Aussage treffen will, in der keine weitere Transaktion mehr stattfindet, so ist der Siegeszug der auf dem CAPM basierenden Unternehmensbewertungsverfahren schwer zu verstehen. Als Anwender dieses Modells muss man die Schwierigkeiten und Aussagekraft kennen. Die Warnung von Fama/French sei jedem, ob Praktiker oder Studierendem wärmstens empfohlen.

Quellen: *Banz, R.W.:* The Relationship between Return and Market Value of Common Stocks, Journal of Financial Economics, 9. Jg. (1981), S. 3 ff.; *Bhandari, L.C.:* Debt Equity Ratio and Expected Common Stock Return:

Empirical Evidence, Journal of Finance, 43. Jg. (1988), S. 507 ff.; *Fama E.F./French K.R.:* The Capital Asset Pricing Model: Theory and Evidence, Journal of Economic Perspectives, 18. Jg. (2004), S. 25 ff.; *Fama, E.F./MacBeth, J.D.:* Risk, Return, and Equilibrium: Empirical Tests, Journal of Political Economy, 81. Jg. (1973), S. 607 ff.; *Roll, R.:* A Critique on the Asset Pricing Theory's Tests, Part I: On Past and Potential Testability of the Theory, Journal of Financial Economics, 4. Jg. (1977), S. 129 ff.; *Rosenberg, B./Reid,K./Lanstein, R.:* Persuasive Evidence of Market Inefficiency, Journal of Portfolio Management, 11. Jg. (1985), Spring, S. 9 ff.

Die Befürworter des DCF-Verfahrens sehen als Vorteil, dass sie mit dem β-Faktor ein durch den Markt objektiviertes Risikomaß zur Verfügung haben und damit Berechnungsprobleme des stark subjektiv geprägten Risikozuschlags umgehen. Es ist aber fraglich, ob trotz der einfacheren Berechnung ein marktmäßig objektiviertes Risikomaß relevant ist. Entscheidend für die Unternehmensbewertung ist nicht die Risikoeinstellung des Marktes, sondern die individuelle Risikoneigung des Investors, wie sie im Risikozuschlag des Ertragswertverfahrens zum Ausdruck kommt. Der Einsatz des β-Faktors kann daher in allen Fällen, in denen ein individueller Entscheidungsträger vorhanden ist, zu Fehlbewertungen führen. Anders sieht das in den Fällen aus, wo Agenten (z.B. der Vorstand einer großen Publikumsgesellschaft) im Namen der Prinzipale, deren Risikoneigung aufgrund ihrer großen Zahl nicht bekannt ist, tätig sind. Dann ist ein Rückgriff auf den β-Faktor sinnvoll, um im Interesse der Aktionäre zu handeln.

Unmöglich ist die Berechnung des β-Faktors, wenn es sich um nicht börsennotierte Unternehmen handelt. Der Zähler aus (6.39) lässt sich dann nicht ermitteln. In der amerikanischen Bewertungspraxis wird in solchen Fällen auf den β-Faktor eines ähnlichen an der Börse notierten Unternehmens zurückgegriffen. Die Ähnlichkeit wird an Branchenzugehörigkeit, Eigentümerstruktur, Größe und Bilanzkennzahlen festgemacht.[518] Selbst wenn man die problematische Annahme macht, dass börsennotierte und nicht-börsennotierte Unternehmen grundsätzlich vergleichbar sind, ist diese Möglichkeit wegen der vergleichsweise geringen Zahl der börsennotierten Unternehmen in Deutschland kaum praktikabel. Zudem erfordert eine verlässliche Regressionsanalyse liquide Aktien mit entsprechenden Umsätzen. Dies ist nur bei einer geringen Zahl der börsennotierten Unternehmen in Deutschland anzunehmen. Da β-Faktoren von Unternehmen nicht konstant sind, sondern im Zeitablauf schwanken, wird der Rückgriff auf Vergleichsunternehmen noch zusätzlich erschwert.

Eine andere Möglichkeit ist der Einsatz von β-Faktoren der Branche, die als Durchschnitt der β-Faktoren aller zu einer Branche gehörenden am Markt notierten Un-

---

[518] Vgl. *Ballwieser, W.:* Aktuelle Aspekte der Unternehmensbewertung, WPg, 48. Jg. (1995), S. 124.

ternehmen gewonnen werden. Grundgedanke ist, dass das Risiko, dem ein Unternehmen ausgesetzt ist, wesentlich durch die Branche geprägt wird.[519]

Analytische Methoden, β-Faktoren für nicht notierte Unternehmen zu berechnen, sind v.a. zur Ermittlung von Eigenkapitalkosten von Abteilungen großer Konzernen entwickelt worden. Diese Ermittlungen bauen auf buchhalterischen Daten auf und werden daher „**Accounting-Betas**" genannt. Dabei werden Kennzahlen gesucht, die eine starke Korrelation zu dem im β-Faktor zum Ausdruck kommenden systematischen Anlagerisiko haben.

Fraglich ist also, ob der β-Faktor für nicht-börsennotierte Unternehmen überhaupt relevant ist. Das CAPM beansprucht keine Gültigkeit für unnotierte Unternehmen. Gegen die Brauchbarkeit des CAPM zur Risikomessung bei der überwiegenden Mehrheit der Unternehmen, die nicht an der Börse notiert sind, gibt es daher eine ganze Reihe von Einwänden:

1. Die **Risikodiversifikation,** wie sie mit dem Zusammenstellen von Portfolios am Kapitalmarkt möglich ist, ist sehr schwierig für Eigentümer von kleinen und mittleren Unternehmen. Unternehmer binden in starkem Umfang ihr Geld- und Humankapital in einem einzigen Unternehmen.[520] Das CAPM geht in seinen Prämissen aber davon aus, dass das zu betrachtende Investment für das Gesamtvermögen des Investors nicht bedeutend ist, sondern vergleichsweise klein.[521] Dies wird gerade bei inhabergeführten Unternehmen gerade nicht der Fall sein.
2. Im CAPM wird von der **ständigen Liquidierbarkeit der Anlagen** ausgegangen. Der Investor wird bei einem nicht ausreichenden Ertrag für ein gegebenes Risiko das Wertpapier verkaufen, was zu einer Anpassung des Preises auf Gleichgewichtsniveau führt. Dies ist bei kleinen und mittleren Unternehmen nicht der Fall. Erbringt das Dachdeckergeschäft keinen seinem Risiko entsprechenden Ertrag, hat der Dachdecker kaum die Option, zu verkaufen und beispielsweise in das besser dastehende Metzgereigeschäft zu wechseln. Erst nach länger andauernden Verlusten würde der Dachdecker die Aufgabe seines Geschäfts in Erwägung ziehen.[522]
3. Der Verkauf von Anteilen an unnotierten Unternehmen bringt **erhebliche Transaktionskosten** mit sich (Notariatskosten, Bewertungsgutachten etc.). Das

[519] Vgl. *Brealey, R.A./Myers, S.C./Allen, F.:* Principles of Corporate Finance, 13. Auflage, New York 2019, S. 246.

[520] Vgl. *Jonas, M.:* Die Bewertung mittelständischer Unternehmen – Vereinfachungen und Abweichungen, WPg, 64. Jg. (2011), S. 300.

[521] Vgl. *Laux, H./Schabel, M.M.:* Subjektive Investitionsbewertung, Marktbewertung und Risikoteilung, Heidelberg u.a. 2009, S. 36.

[522] Vgl. *Vos, E.A.:* Differences in Risk Measurement for Small Unlisted Business, Journal of Small Business Finance, 1. Jg. (1991/92), S. 266.

Fehlen von Transaktionskosten gehört allerdings zu den Prämissen des CAPM.[523]

4. Eine **schnelle Reaktion** auf Renditeänderungen, wie sie das CAPM vorsieht, ist bei kleinen und mittleren Unternehmen aufgrund langer Kündigungszeiten und schwieriger Käufersuche nur sehr selten möglich.[524]

5. Das CAPM geht von **homogenen Erwartungen** aller Marktteilnehmer aus. Diese Annahme ist zutiefst unrealistisch und würde eine Unternehmenstransaktion unsinnig machen. Wenn alle Marktteilnehmer, die gleichen Erwartungen haben, hat eine Unternehmenstransaktion für niemanden einen zusätzlichen Nutzen. Aus diesem Grund dürfte es überhaupt keine regelmäßigen Unternehmenstransaktionen geben.[525]

Es zeigt sich, dass die Anwendung des Konzepts der WACC auf nicht an der Börse notierte Unternehmen sehr problematisch ist. Selbst wenn das methodische Problem der Ermittlung eines β-Faktors für nicht börsennotierte Unternehmen gelöst ist, ist die Übertragbarkeit der Grundgedanken des CAPM schwierig.

6.5.2.3.3 Die Überschussgröße

Das DCF-Verfahren arbeitet nicht mit den Zahlungen des Unternehmens an den Eigentümer, wie sie aus dem Jahresüberschuss bei angenommener Vollausschüttung entstehen, sondern mit dem **Cashflow**, der alle Zahlungen des Unternehmens an seine Umwelt umfasst, also auch die Zahlungen an die Fremdkapitalgeber. Der Unterschied zum Ertragswertverfahren besteht also in der Berücksichtigung der Auszahlungen an Fremdkapitalgeber.

Hierdurch entsteht ein Problem. Der Cashflow zur Unternehmensbewertung ist im deutschen Steuersystem widersprüchlich, da die Höhe der Steuern – die in den Cashflow eingehen – durch die Höhe der Fremdkapitalzinsen – die nicht in den Cashflow eingehen – beeinflusst wird. Diese Abgrenzung führt zu hohen Unternehmensgesamtwerten für hoch verschuldete Unternehmen und niedrigen für unverschuldete Unternehmen.[526] Dies ist aufgrund der höheren Insolvenzgefahr von verschuldeten Unternehmen ein unplausibles Ergebnis. Das Problem kann umgangen werden, wenn im Cashflow nur die Steuern auf das Betriebsergebnis vor Zin-

---

[523] Vgl. *Rehkugler, H.:* Die Unternehmensgröße als Klassifikationsmerkmal in der Betriebswirtschaftslehre oder Brauchen wir eine „Betriebswirtschaftslehre mittelständischer Unternehmen"?, in: Kirsch, W./ Picot, A. (Hrsg.): Betriebswirtschaftslehre im Spannungsfeld zwischen Generalisierung und Spezialisierung, Wiesbaden 1989, S. 404.

[524] Vgl. *Rehkugler, H.:* Die Unternehmensgröße als Klassifikationsmerkmal in der Betriebswirtschaftslehre oder Brauchen wir eine „Betriebswirtschaftslehre mittelständischer Unternehmen"?, in: Kirsch, W./Picot, A. (Hrsg.): Betriebswirtschaftslehre im Spannungsfeld zwischen Generalisierung und Spezialisierung, Wiesbaden 1989, S. 404.

[525] Vgl. *Matschke, M.J./Brösel, G.:* Unternehmensbewertung, 4. Auflage, Wiesbaden 2012, S. 39 f.

[526] Vgl. *Albach, H.:* Shareholder Value, ZfB, 64. Jg. (1994), S. 275.

sen berücksichtigt werden. Dann lässt sich zudem der Wert der Abzugsfähigkeit der Zinsen auf Fremdkapital separat darstellen.

Die Zukunftsorientierung spielt beim DCF-Verfahren die gleiche Rolle wie beim Ertragswertverfahren, so dass hier auf die Ausführungen zum Prognoseproblem bei der Darstellung des Ertragswertverfahrens verwiesen werden kann.

6.5.2.3.4 Das DCF-Verfahren mit Steuern

Das Modigliani-Miller Theorem als Voraussetzung des DCF-Verfahrens abstrahiert von Steuern. Das tatsächliche deutsche Steuersystem behandelt Eigenkapital und Fremdkapital unterschiedlich: Die Zinsen auf Fremdkapital sind von der Steuerlast als Betriebsausgaben abziehbar während die Ausschüttungen an die Eigenkapitalgeber nach Steuern vorgenommen werden. Mithin gibt es einen steuerlichen Vorteil für die Finanzierung mittels Fremdkapital. Damit kann auch die Irrelevanz der Kapitalstruktur nicht mehr gelten. Die Identität des Wertes von verschuldetem und unverschuldetem Unternehmen gilt nicht mehr. Geht man von einem einfachen Steuersystem aus, bei dem die Gewinne mit einem einheitlichen Steuersatz s belegt werden und die Fremdkapitalzinsen von der Bemessungsgrundlage abziehbar sind, so kann man Gleichung (6.36) wie folgt umformulieren:[527]

$$(6.41) \qquad W_V = \frac{E(1-s)}{k_s^u} + \frac{s \cdot i \cdot FK}{k_{FK}} = W_u + s \cdot FK$$

Der Wert des verschuldeten Unternehmens entspricht dem Wert des unverschuldeten Unternehmens zuzüglich des Steuervorteils des Fremdkapitals. Da wir weiterhin von Insolvenzrisiken absehen, ergibt sich dieser Steuervorteil, als Fremdkapital multipliziert mit dem Steuersatz. Die Formel für die WACC kann entsprechend erweitert werden:

$$(6.42) \qquad WACC = k_{EK} \cdot \frac{EK}{GK} + k_{FK} \cdot (1-s) \cdot \frac{FK}{GK}$$

Der zweite Summand wird nun zusätzlich mit dem Term (1-s) multipliziert. Damit können die steuerlichen Vorteile des Fremdkapitals generell berücksichtigt werden.

Im Fokus: Die Miles/Ezzell Anpassung

Durch die Einführung eines Steuersystems ist eine der restriktiven Annahmen aus der Modigliani-Miller Welt aufgehoben worden. Die steuerlichen Vorteile, die berücksichtigt werden, hängen aber von der gewählten Finanzierungspolitik ab. In der Unternehmensbewertung wird eine Zielkapitalstruktur gewählt, also wie sich das Gesamtkapital aufteilt auf Eigen- und

---

[527] Vgl. *Modigliani, F./Miller, M.H.*: Corporate Income Taxes and the Cost of Capital: A Correction, AER, 83. Jg. (1963), S. 436.

Fremdkapital (die Literatur spricht hier häufig von einer „atmenden Finanzierungspolitik"). Damit wird das Fremdkapital eine Resultierende des Gesamtkapitals (da in der Zielkapitalstruktur die prozentualen Anteile von Eigen- und Fremdkapital festgelegt worden sind) und damit unsicher. So wird auch der steuerliche Vorteil der Fremdfinanzierung unsicher, da er unmittelbar von dem Fremdkapitalanteil abhängt. Die Aussage über den steuerlichen Vorteil des Fremdkapitals kann nur noch für die erste Periode gemacht werden. Für die Folgeperioden, in denen der Vorteil der Fremdfinanzierung unsicher ist, kann die Aussage nicht mehr gemacht werden. Stattdessen werden diese unsicheren Steuervorteile mit dem Eigenkapitalkostensatz bei reiner Eigenkapitalfinanzierung diskontiert. Es ergibt sich:

$$WACC = k_s^{ME} - k_{FK} \cdot s \cdot \frac{FK}{GK} \cdot \frac{1+k_s^{ME}}{1+k_{FK}}$$

Die WACC nach Miles/Ezzell sind die Summe aus dem Eigenkapitalkostensatz bei reiner Eigenfinanzierung k_s^{ME} und den Fremdkapitalkosten multipliziert mit den steuerlichen Vorteilen des Fremdkapitals.

Diese Formel lässt sich vereinfachen, da in der Praxis der Unterschied zwischen sicheren steuerlichen Vorteilen in Periode 1 und unsicheren Vorteilen in den weiteren Perioden unbedeutend ist. Insofern werden nach dem Ansatz von Harris/Pringle alle steuerlichen Vorteile gleichbehandelt. Die theoretisch notwendige Trennung, wegen der Unsicherheit der Kapitalstruktur wird für praktische Zwecke aufgegeben.

Quellen: *Harris, R.S./Pringle, J.J.:* Risk-Adjusted Discount Rates – Extensions from the Average-Risk Case, Journal of Financial Research, 8. Jg. (1985), S. 237 ff.; *Krag, J./Kasperzak, R.:* Grundzüge der Unternehmensbewertung, München 2000, S. 106 ff.; *Miles, J.A./Ezzell, J.R.:* The Weighted Average Cost of Capital, Perfect Capital Markets, and Project Life: A Clarification, Journal of Financial and Quantitative Analysis, 15. Jg. (1980), S. 719 ff.; *Miles, J.A./Ezzell, J.R.:* Reformulation Tax Shield Valuation: A Note, Journal of Finance, 51. Jg. (1996), S. 1485 ff.

Damit sind die Besteuerungswirkungen auf Ebene des Unternehmens berücksichtigt. Im deutschen Steuersystem muss zusätzlich allerdings auch eine Versteuerung auf Ebene des Investors, also auf der privaten Ebene stattfinden. Damit ändern sich die Forderungen der Eigenkapitalgeber an die Rendite des Unternehmens. Diese sind nur an Konsummöglichkeiten interessiert, die sich aber durch das Zahlen von Steuern reduzieren. Um dies auszugleichen, bedarf es einer Modifikation der Eigenkapitalkosten k_{EK} aus Formel (6.37).

Der IDW Standard nimmt diese Anpassung durch Anwendung des **Tax CAPM**[528] vor. Es sei hier auf die Ausführungen in 6.4.2.1.4 zu den Steuerwirkungen auf Gesellschafterebene verwiesen. Formel (6.40) muss in eine Nachsteuerrechnung umgewandelt werden. Dies erreicht man, wenn man die Standardformel des CAPM um den Steuersatz s kürzt:

$$(6.43) \qquad r_{EK} = i^* + \beta_j \cdot (r_M - i^*) \cdot (1 - s)$$

So erhält man die Eigenkapitalrendite, die sich ergibt, nachdem die Steuern bezahlt worden sind. Nur diese Gewinne stehen dem potentiellen Käufer auch für Konsummöglichkeiten zur Verfügung. Allerdings stimmt dieses einfache Modell nur dann, wenn tatsächlich alle Zahlungsüberschüsse auch ausgeschüttet werden. Werden Gewinne thesauriert, so entfällt zunächst die Versteuerung auf Gesellschafterebene. Es ergibt sich ein Steuerstundungseffekt, der effektive Steuersatz ist niedriger als der nominale.

6.5.2.3.5 Wert des Eigenkapitals

Das DCF-Verfahren ermittelt im entity-approach zunächst einen **Unternehmensgesamtwert**, also die Summe der Werte von Eigen- und Fremdkapital. Dabei werden der Wert des Eigenkapitals durch die Nettoausschüttungen an die Eigner und der Wert des Fremdkapitals durch künftige Zinszahlungen und Tilgungen abzüglich Erhöhungen des Fremdkapitals determiniert. Für den potentiellen Unternehmenskäufer ist aber nur der Wert des Eigenkapitals entscheidungsrelevant, eine Aussagekraft des vorgelagert ermittelten Unternehmensgesamtwertes ist nicht erkennbar. Daher muss von dem Unternehmensgesamtwert der Marktwert des Fremdkapitals gemäß (Gleichung 6.31) abgezogen werden.

6.5.2.2.6 Beurteilung des DCF-Verfahrens und Vergleich mit dem Ertragswertverfahren

Obgleich Ertragswertverfahren und DCF-Verfahren auf demselben Bewertungsprinzip, Kapitalisierung zukünftiger Überschüsse, aufbauen, gibt es in der konkreten Ausgestaltung erhebliche Unterschiede. Für Zwecke der Bewertung von kleinen und mittleren Unternehmen erscheint das DCF-Verfahren wegen der Schwierigkeiten mit den gewogenen Kapitalkosten – Berechnungsprobleme und erhebliche theoretische Einwände zur Übertragbarkeit des CAPM auf unnotierte Unternehmen – ungeeignet. Eine Anwendung auf den Spezialfall der börsennotierten Aktiengesellschaft ist damit aber nicht ausgeschlossen.

Allerdings kann man auch hier eine Eignung des DCF-Verfahrens skeptisch sehen. Das CAPM als entscheidende theoretische Fundierung des DCF-Verfahrens ist ein

---

[528] Das Tax CAPM wurde von *Brennan, M. J.:* Taxes, Market Valuation and Corporate Financial Policy, National Tax Journal, 23. Jg. (1970), S. 417 ff. entwickelt.

Kapitalmarktgleichgewichtsmodell. Auf dem Kapitalmarkt im Gleichgewicht werden Preise ermittelt, die genau dem Wert des Unternehmens entsprechen (zumindest in der Theorie, die praktische Unmöglichkeit dies zu berechnen ist in den vorherigen Ausführungen belegt worden). Auf so einem Markt würde für Unternehmen nie ein Transaktionsbereich entstehen, keiner der Marktteilnehmer hätte einen Vorteil aus einer Transaktion.[529]

Man kann das DCF-Verfahren in seinen verschiedenen Ausprägungen insbesondere für die Argumentationsfunktion der Unternehmensbewertung als geeignet ansehen, da der Rückgriff auf Marktdaten – so problematisch dies sein mag – es vorgeblich objektiv erscheinen lässt und damit eine gute Argumentationsgrundlage darstellt.[530]

6.5.3 Marktwertorientierte Bewertungsverfahren

In der Bewertungspraxis sind neben substanzwertorientierten und ertragswertorientierten Verfahren auch sogenannte Praktikerverfahren von Bedeutung. Diese Verfahren sind marktwertorientiert, indem sie entweder eine betriebswirtschaftliche Kennzahl mit einem Faktor multiplizieren, der einem Marktwert entspricht, oder an Marktwerten vergleichbarer Unternehmen ansetzen. Die Marktwertmethoden gehören insbesondere zum Instrumentenkasten von Investment-Banken. Auf der anderen Seite sind aber auch viele Eigentümer von Unternehmen immer sehr gut informiert darüber, welche Marktwerte gerade gängig sind.

6.5.3.1 Multiplikatorverfahren

Geht man davon aus, dass der zukünftige Ertrag mit einem durch den Markt vorgegebenen Faktor multipliziert wird, besteht ein enger Zusammenhang zwischen Ertragswert- und Multiplikatorverfahren:[531]

$$(6.44) \qquad W = \frac{E}{i+z} = E \cdot \frac{1}{i+z} = E \cdot m$$

mit: m = Multiplikator.

Es gilt $m = \dfrac{1}{i+z}$.

---

[529] Vgl. *Hering, T./Brösel, G.*: Der Argumentationswert als „blinder Passagier" im IDW S 1, WPg, 57. Jg. (2004), S. 939.

[530] Vgl. *Schildbach, T.*: Ist die Kölner Funktionenlehre der Unternehmensbewertung durch die Discounted Cashflow-Verfahren überholt?, in: Matschke, M.J./Schildbach, T.: Unternehmensbewertung und Wirtschaftsprüfung, Stuttgart 1998, S. 319.

[531] Vgl. *Schmid, H.*: Die Bewertung von MBO-Unternehmen – Theorie und Praxis, DB, 43. Jg. (1990), S. 1879.

Der Multiplikator ist der Kehrwert des um einen Risikozuschlag erhöhten Kalkulationszinsfußes, in dem sich wiederum genauso wie beim Ertragswertverfahren die beste alternative Anlage spiegeln kann.[532]

Die Praxis verwendet das Multiplikatorverfahren jedoch in anderer Weise. Ausgangspunkt ist ein bereinigter Durchschnittsgewinn (vor Steuern) der letzten drei bis fünf Jahre, wobei die letzten Jahre vor der Bewertung größeres Gewicht erhalten. Der Gewinn wird dann mit dem vom Markt vorgegebenen Faktor multipliziert. Die Höhe dieser Faktoren schwankt je nach Marktlage und Branche. Damit ist das Ziel der Multiplikatorverfahren ein anderes als bei den ertragswertorientierten Bewertungsmethoden. Es geht um die Ermittlung eines Marktwertes nicht um die Ermittlung eines subjektiven Entscheidungswertes.

Das hinter den Multiplikatoren stehende Prinzip ist alt. William Stanley Jevons (1835–1882) hat dieses Prinzip schon sehr früh beschrieben. Jevons war ein vielseitig aktiver Philosoph und Ökonom, der Konjunkturzyklen mit Sonnenflecken erklärte, er entwickelte eine Maschine (das logische Piano),[533] die logische Aufgaben lösen konnte, und beschäftigte sich mit dem Grenznutzen von Gütern, womit er parallel und unabhängig von anderen Ökonomen das Wertparadox löste (das Diamanten teurer sind als Wasser). Schumpeter hielt Jevons für einen „der originellsten Ökonomen aller Zeiten."[534] Allerdings blieb ihm die zeitgenössische Anerkennung versagt und auch heute taucht er seltener als Zeitgenossen in den Annalen der Wirtschaftswissenschaften auf.

Theoretischer Hintergrund der Multiplikatoren ist das **Law of one Price,** das *Jevons* entwickelte: „in the same open market, at any one moment, there cannot be two prices for the same kind of article."[535] Wenn es identische Eigenschaften eines Gutes bzw. eines Unternehmens gibt, kann man diese verwenden, um daraus den Marktwert zu berechnen. Dies entspricht dem Leistungseinheitswert von Schmalenbach: „Wenn eine Kohlenzeche, die jährlich 100.000 Tonnen Kohlen produziert, einen Wert von 5 Mio.en DM hat, so muss nach dieser Regel, eine andere gleichartige Kohlenzeche, die 150.000 Tonnen Kohlen im Jahr produziert, einen Wert von 7,5 Mio.en DM haben."[536] Das Problem bei dieser ökonomischen Gesetzlichkeit, ist das eine absolute Gleichheit der Güter Voraussetzung für ihre Gültigkeit ist. Dies wird außer bei Rohstoffen selten der Fall sein. So ist es nicht verwunderlich, dass Schmalenbach Kohle und Jevons Mehl zur Illustration ihrer Gedanken wähl-

---

[532] Vgl. *Bretzke, W.-R.:* Risiken in der Unternehmensbewertung, ZfbF, 40. Jg. (1988), S. 818.

[533] Diese erste mechanische logische Maschine hatte für Jevons selbst Ähnlichkeit mit einem Piano. Für heutige Augen sieht sie allerdings eher wie eine Registrierkasse aus. Vgl. *Kneale, W.C./Kneale, M.:* The Development of Logic, Oxford 1962, S. 421.

[534] *Schumpeter, J.:* Geschichte der ökonomischen Analyse, Göttingen 2009, S. 1008.

[535] *Jevons, S.:* The Theory of Political Economy, London u.a. 1871, S. 91.

[536] *Schmalenbach, E.:* Beteiligungsfinanzierung, 8. Auflage, Köln u.a. 1954, S. 78.

ten. Die Übertragbarkeit dieser Analogien auf ein derart komplexes Gebilde wie ein Unternehmen ist mehr als fraglich.

Neben dem Gewinn können auch noch andere Größen Anknüpfungspunkt für das Multiplikatorverfahren sein (wie z.b. Zimmer bei Hotels, Betten bei Krankenhäusern, Zahl der Kunden bei Mobilfunkanbietern).[537]

Die Daumenregeln haben eine „versteckte Intelligenz."[538] Danach kommen in dem Multiplikator die aktuellen am Markt verlangten Kapitalkosten, der marktübliche Risikozuschlag und das aktuelle Verhältnis von Angebot und Nachfrage auf dem Markt für Unternehmen der Branche zum Ausdruck.

Trotzdem gibt es gegen die Multiplikatorverfahren erhebliche Bedenken. Sie sind zur Ableitung von Entscheidungswerten ungeeignet. Durch die Zugrundelegung der vergangenen Gewinne verstößt dieses Verfahren gegen den Grundsatz der Zukunftsbezogenheit,[539] durch die Übernahme entstehende positive und negative Synergieeffekte können nicht berücksichtigt werden.[540] Des Weiteren ist der Gewinn als Anknüpfungspunkt sehr stark anfällig für Manipulationen.[541] Es ist dem Verkäufer, der einen möglichst hohen Verkaufspreis realisieren möchte, möglich, durch bilanzpolitische Maßnahmen die letzten Gewinne vor dem Verkauf zu erhöhen. Als Marktwert verstößt das Multiplikatorverfahren auch gegen den Grundsatz der Subjektivität. Subjektives Entscheidungsfeld und Zielsystem finden keine Berücksichtigung. Die Komplexität der Unternehmensbewertung wird durch die Multiplikatorverfahren zu stark reduziert.

Ein besonderer Multiplikator ist das **Kurs-Gewinn-Verhältnis (KGV)**[542] oder in englischsprachiger Terminologie das Price-Earnings-Ratio, das bei der Emissionspreisfindung von Aktien eine wichtige Rolle spielt. Der KGV ist der Multiplikator, mit dem der Jahresüberschuss eines Unternehmens an der Börse bewertet wird. Anstatt des Jahresüberschusses wird vielfach auf ein modifiziertes Ergebnis zurückgegriffen, das bilanzpolitische Gestaltungen rückgängig machen soll. Eine solche Modifikation ist das Ergebnis nach DVFA, durch welches periodenfremde und außerordentliche Ergebnisbestandteile eliminiert werden. Ein KGV von 20 würde besagen, das die Aktie an der Börse mit dem 20fachen des Jahresüberschusses no-

---

[537] Vgl. die Beispiele in *Behringer, S.:* Unternehmensbewertung der Mittel- und Kleinbetriebe, 5. Auflage, Berlin 2012, S. 173 f. mwN.

[538] *Bretzke, W.-R.:* Risiken in der Unternehmensbewertung, ZfbF, 40. Jg. (1988), S. 818.

[539] Vgl. *Schmid, H.:* Die Bewertung von MBO-Unternehmen – Theorie und Praxis, DB, 43. Jg. (1990), S. 1881.

[540] Vgl. *Peemöller, V.H.:* Stand und Entwicklung der Unternehmensbewertung, DStR, 31. Jg. (1993), S. 414 f.

[541] Vgl. *Peemöller, V.H.:* Stand und Entwicklung der Unternehmensbewertung, DStR, 31. Jg. (1993), S. 415.

[542] Vgl. hierzu *Behringer, S./Lühn, M.:* Cashflow und Unternehmensbeurteilung, 11. Auflage, Berlin 2016, S. 201 ff.

tiert. Bei der Emissionspreisfindung, aber auch bei der Identifizierung von Aktien, die kaufenswert sind, kann man sich an den KGV von ähnlichen Unternehmen, z.B. einem Branchendurchschnitt, anlehnen. Aussagekräftigere Basisgrößen, die bilanzpolitische und außerordentliche Bestandteile aus dem Ergebnis ausblenden, finden sich in der Literatur.

Die Willkür, die durch Multiplikatoren in die Bewertung Einzug hält, kommt besonders in einem Zitat eines Controllers aus dem Private Equity Bereich zum Ausdruck: „Aber das ist alles Einschätzungssache, das bringt eigentlich nichts. […] Ist die Firma jetzt 5-, 6-, 7-, 8-mal EBITDA wert? […] Wenn ich Multiples oder Comps (*Comparables, also Vergleichsgrößen*) nehme, dann kann ich alles berechnen."[543] So bleibt zu konstatieren, dass die Multiplikatoren als „quick and dirty method of valuation"[544] zu bezeichnen sind.

Trotz der geäußerten Kritik darf man die Bedeutung der Multiplikatoren nicht verkennen. In Verhandlungen spielen solche Kennziffern eine große Rolle. Sie sind für die Verhandlungsführer als Orientierungsgröße wichtig. Ein hoher angewandter Multiplikator wird als Verhandlungserfolg für den Verkäufer angesehen, ein niedriger wird als Erfolg für den Käufer angesehen. Beurteilungen der Verhandlung durch die Unternehmensleitung richten sich oft nach diesen Multiplikatoren. Aus diesen Gründen haben die Multiplikatoren einen großen Einfluss auf den realisierbaren Wert eines Unternehmens, der i.d.R. aber vom individuellen Grenzpreis verschieden ist.

6.5.3.2 Comparable Company Analysis

Aus den USA kommt die Comparable Company Analysis als Unternehmensbewertungsmethode, bei der Marktpreise vergleichbarer Unternehmen zur Bewertung herangezogen werden.[545] Grundgedanke ist, dass, wenn Aktiva einen bestimmten Preis erreicht haben, ein vergleichbarer Vermögensgegenstand – sei es eine Maschine, ein Gemälde oder eben ein Unternehmen – ceteris paribus den gleichen Preis erbringen wird.[546] Auch hier findet sich also der Grundgedanke des „Law of one price" aus dem vorangegangenen Abschnitt wieder. Die Comparable Company Analysis gibt es in drei Unterformen:[547]

1. **Initial Public Offerings:** Es werden Preise für erstmalige Börsenemissionen als Vergleichsmaßstab herangezogen. Die Werte für erstmalige Börsenemissionen

---

543 *Weber, J., Bender, M./Eitelwein, O./Nevries, P.:* Von Private-Equity-Controllern lernen, Weinheim 2009, S. 166.

544 *Benninga, S./Sarig, O.:* Corporate Finance: A Valuation Approach, New York 1997, S. 330.

545 Vgl. *Sanfleber-Decher, M.:* Unternehmensbewertung in den USA, WPg, 45. Jg. (1992), S. 597.

546 Vgl. *Mullen, M.:* How to Value Business Enterprises by Reference to Stock Market Comparisons, Schweizer Treuhänder, 64. Jg. (1990), S. 572.

547 Vgl. *Sanfleber-Decher, M.:* Unternehmensbewertung in den USA, WPg, 45. Jg. (1992), S. 598 ff.

lassen sich i.d.R. recht einfach durch die Wirtschaftspresse ermitteln. Problematisch ist jedoch, dass selten 100 % der Anteile eines Unternehmens an die Börse gebracht werden, sondern meist nur ein Minderheitenanteil. Außerdem finden spekulative Ausschläge der Börsen in positiver und negativer Richtung damit Eingang in eine Bewertung.

2. **Recent Acquisitions Method:** Es werden erzielte Preise bei Mergers & Acquisitions von ähnlichen Unternehmen herangezogen. Aus öffentlich zugänglichen Informationen werden Verhältniszahlen zwischen Kaufpreis und finanzwirtschaftlichen Daten gebildet, die dann auf das zu bewertende Unternehmen angewendet werden. Problematisch ist, dass die so ermittelten Preise auch Preiswirkungen von Synergieeffekten, die aus der speziellen Konstellation einer anderen Unternehmenstransaktion entstehen, beinhalten. Des Weiteren ist der Verhandlungserfolg beider Partner implizit enthalten, genauso wie das Verhältnis von Angebot und Nachfrage auf dem Markt für Unternehmen zum Zeitpunkt der Übernahme.[548]

3. **Similar Public Company Method:** Bei diesem Verfahren wird zum Vergleich ein börsennotiertes Unternehmen mit ähnlichen Kennzeichen herangezogen. Meist wird das Kurs-Gewinn-Verhältnis der börsennotierten Unternehmen auf das zu bewertende Unternehmen mit Zu- und Abschlägen, die individuelle Besonderheiten ausdrücken sollen, angewendet. Ein entscheidendes Problem dabei ist, dass an der Börse nur einzelne Anteile an Unternehmen gehandelt werden, die keine Kontrolle ermöglichen. Daher muss beim Erwerb von Mehrheitsrechten ein Zuschlag für den Wert der Unternehmenskontrolle berücksichtigt werden.[549]

Problematisch ist des Weiteren, dass Kriterien gefunden werden müssen, an denen die Vergleichbarkeit von Unternehmen festgemacht werden kann. Dies können Branche, Kapitalstruktur, Größe, Rechtsform, Kundenstruktur etc. sein. Es ist sehr schwierig, ein wirklich vergleichbares Unternehmen zu finden. Aus theoretischer Sicht sind Unternehmen nur dann vergleichbar, wenn sie zukünftig identische Zahlungsströme generieren. Um die Vergleichbarkeit zweier Unternehmen zu überprüfen, würde es einer Prognose zukünftiger Zahlungsströme – also dem schwierigsten und am stärksten kritisierten Teil der Ertragsbewertung – bedürfen. Damit wäre aber der Vorteil der leichten Handhabbarkeit der Comparable Company Analysis verloren.[550]

Die marktwertorientierten Verfahren der Unternehmensbewertung sind nicht angemessen, um Entscheidungswerte der Unternehmung zu ermitteln. Sie können

---

[548] Vgl. *Bausch, A.*: Die Multiplikator-Methode, FB, 2. Jg. (2000), S. 452.

[549] Vgl. *Barthel, C.W.*: Unternehmenswert – Die vergleichsorientierten Bewertungsverfahren, DB, 49. Jg. (1996), S. 156.

[550] Vgl. *Ballwieser, W.*: Eine neue Lehre der Unternehmensbewertung – Kritik an den Thesen von Barthel, DB, 50. Jg. (1997), S. 191.

individuelle Grenzpreise durch den Rückgriff auf Marktdaten stark verfälschen und damit zu schlechten Entscheidungsgrundlagen führen. Wie erläutert, hängt der Unternehmenswert von den subjektiven Zielen und Möglichkeiten des potentiellen Käufers bzw. Verkäufers ab. Diese sind aber nicht in den Marktpreisen enthalten, was zu Über- bzw. Unterschätzungen des rational vertretbaren Grenzpreises führen kann.

Allerdings scheinen die marktwertorientierten Verfahren wegen ihrer vordergründigen Glaubwürdigkeit und Objektivität besonders für die Argumentationsfunktion geeignet. Es lassen sich durch die Fokussierung auf die Branche individuelle Schwächen des Unternehmens leicht verdecken. Ein weiterer Anwendungsbereich von Multiplikatorwerten ist die Bildung von Preisvorstellungen zu Beginn eines Akquisitionsprozesses, wenn noch nicht genügend Informationen über ein Kaufobjekt vorhanden sind, um eine ertragswertorientierte Unternehmensbewertung durchzuführen.

Nicht unterschätzen darf man die außerordentlich **große psychologische Wirkung der marktwertorientierten Verfahren**. Beide Verhandlungsparteien werden den Erfolg ihrer Verhandlung an dem Vergleich mit anderen Transaktionen messen. Dies können auch die Erfahrungen von anderen Teilnehmern an Unternehmenstransaktionen im Bekanntenkreis sein. Diese Erfolge werden regelmäßig in Multiplikatoren ausgedrückt. Diese psychologische Wirkung muss auch von einem Gutachter berücksichtigt werden. Von daher empfiehlt es sich – auch weil Marktwerte wichtige Informationen für den realisierbaren Preis sind – in jedem Fall Marktwerte im Rahmen einer Unternehmensbewertung zu ermitteln und als Vergleichsmaßstab zu berücksichtigen.

6.6   Sonderfragen der Unternehmensbewertung

6.6.1   Unternehmensbewertung beim Squeeze-out

Ein Squeeze-out (Herausdrängen) bezeichnet den Ausschluss von Minderheitsaktionären aus dem Aktionärskreis einer Aktiengesellschaft. Der Vorgang ist geregelt in den §§327a ff. AktG. Voraussetzung für die Durchführung des Squeeze-out ist eine Beteiligung der Muttergesellschaft von 95 % an der Gesellschaft. In diesem Fall können die Minderheitsaktionäre gegen Leistung einer angemessenen Abfindung aus der Gesellschaft ausgeschlossen werden.[551] Begründet wird die Möglichkeit zu diesem erheblichen Eingriff in die Eigentumsrechte der Minderheitsaktionäre mit dem großen formalen Aufwand, der von der Gesellschaft zur Berücksichtigung der Minderheit betrieben werden muss.

---

[551]   Vgl. zum Verfahren *Wirtz, B.M.:* Mergers & Acquisitions Management, 4. Auflage, Wiesbaden 2017, S. 255 f.

Auf der Hauptversammlung der Gesellschaft muss ein Übertragungsbeschluss gefasst werden. Den Minderheitsaktionären muss daraufhin ein **Barabfindungsangebot** unterbreitet werden. Die Höhe der Abfindung muss mit Hilfe gutachterlicher Unternehmensbewertungen belegt werden. Ist der Übertragungsbeschluss der Hauptversammlung im Handelsregister eingetragen, gehen alle Aktien auf den Hauptaktionär über. Vor der Hauptversammlung muss die Gesellschaft ein Kreditinstitut beauftragen, das eine Garantie abgibt, die bestätigt, dass die Leistung der Barabfindung nach dem Beschluss tatsächlich durchgeführt werden kann. Nach dem Beschluss können die Minderheitsaktionäre die Angemessenheit der Barabfindung in einem sogenannten Spruchverfahren überprüfen lassen. Allerdings wird dadurch die Rechtswirksamkeit des Squeeze-out nicht infrage gestellt. Die Regelungen für den Squeeze-out gelten sowohl für börsennotierte Unternehmen als auch für nicht-börsennotierte Aktiengesellschaften und Kommanditgesellschaften auf Aktien. Der Vorteil gegenüber anderen Transaktionen, die zu einem Rückzug von der Börse führen,[552] wie beispielsweise eine Fusion, liegt darin, dass durch die Barabfindung gewährleistet ist, dass die Minderheitsaktionäre vollständig aus dem Unternehmensverbund gedrängt werden, was bei einer Abfindung mit Aktien der aufnehmenden bzw. übernehmenden Gesellschaft nicht der Fall ist.

Eine besondere Rolle spielt diese Technik beim **„going private"**, also dem Zurückziehen vom öffentlichen Kapitalmarkt.[553] Mit dem Begriff des going private kommt zum Ausdruck, dass es sich um den gegenteiligen Vorgang wie beim Börsengang, dem „going public" handelt. Der Rückzug von der Börse hat für Unternehmen den Vorteil, dass sie die Auflagen für Transparenz, wie sie eine Börsennotierung mit sich bringen, nicht mehr erfüllen müssen. Häufig kommt es zu diesen Transaktionen im Zusammenhang mit Übernahmen. Gelingt es dem Unternehmenskäufer nicht mit seinem Übernahmeangebot alle Anteile des gekauften Unternehmens zu übernehmen, gibt der Squeeze out die Möglichkeit, die verbliebenen Minderheitsanteilseigner aus der Gesellschaft herauszudrängen.

Case Study: Die Übernahme der Wella AG durch Procter & Gamble

2004 hat der US-amerikanische Markenartikler Procter & Gamble den Darmstädter Kosmetikproduzenten Wella AG übernommen. Die Übernahme erfolgte in mehreren Phasen. 2005 hatte das amerikanische Unternehmen einen Anteil von mehr als 95 % der Aktien erreicht. Somit konnte ein Squeeze-out vorgenommen werden. Dadurch wollte Procter & Gamble die Möglichkeiten der Einflussnahme erheblich erhöhen. Im September 2005 wurde ein Squeeze-out Verfahren eingeleitet. Die Hauptversammlung im Dezember des Jahres 2005 hat dann den Squeeze-out beschlossen. Den verbliebenen Minderheitsaktionären wurde eine Barabfindung in Höhe von

---

552 Vgl. für eine Übersicht *Eisele, F.:* Going Private in Deutschland, Wiesbaden 2006, S. 5 ff.

553 Vgl. *Lis, B./Bronner, R.:* Going Private Transaktionen, Die Unternehmung, 63. Jg. (2009), S. 466.

80,37 EUR zugesprochen. 14 Altaktionäre der Wella AG haben daraufhin eine Anfechtungsklage eingereicht, weil sie die Barabfindung für zu niedrig hielten. Das zuständige Gericht verhängte eine Registersperre, so dass die Automatik des Aktienrechts mit der Übertragung der Anteile auf den Mehrheitsaktionär nicht eintreten konnte. Die höheren Instanzen – Landgericht und Oberlandesgericht – entschieden dann aber im Sinne von Procter & Gamble. Daraufhin konnte auf der Hauptversammlung im Februar 2007 ein Bestätigungsbeschluss des Squeeze-outs gefasst werden. Ein Bestätigungsbeschluss bekräftigt den alten Beschluss, auch wenn dieser mit Anfechtungsklagen und eventuell mit Mängeln versehen ist. Wella leitete daraufhin ein neues Squeeze-out Verfahren ein, welches wiederum von den außenstehenden Aktionären angefochten wurde. Während das Landgericht den Klägern Recht gab, entschied das Oberlandesgericht im Sinne der Wella AG. Endgültig konnte der Squeeze-out erst am 12. November 2007 in das Handelsregister eingetragen werden. Insgesamt hatte das Verfahren damit mehr als 2 Jahre gedauert. Der Aktienkurs von Wella war während des Rechtsstreits zum Teil deutlich über die angebotenen 80,37 EUR gestiegen, zu denen die Altaktionäre letztlich auch abgefunden wurden. Viele Außenstehende hatten spekuliert, dass Procter & Gamble versuchen würde, den komplizierten Rechtsweg durch ein finanzielles Entgegenkommen an die Klagenden abzukürzen.

Quellen: *Glaum, M./Hutzenschreuter, T.*: Mergers & Acquisitions, Stuttgart 2010, S. 298 f.; *o.V.*: 14 gegen Procter & Gamble, manager magazin vom 12.12.2015, http://www.manager-magazin.de/finanzen/artikel/a-389913.html (abgerufen am 14.6.2012).

Zu unterscheiden von dem aktienrechtlichen Squeeze-out ist der **übernahmerechtliche Squeeze-out**. Seit 2006 ist es für einen Mehrheitsgesellschafter möglich, Minderheitsaktionäre nach einem öffentlichen Übernahmeangebot aus der Gesellschaft zu drängen. Voraussetzung ist wiederum, dass der Mehrheitsgesellschafter bereits über 95 % der stimmberechtigten Anteile verfügt. Das Herauszögern erfolgt aber im Gegensatz zum aktienrechtlichen Squeeze-out nicht automatisch, sondern über einen Gerichtsbeschluss. Der Mehrheitsgesellschafter muss aber ebenfalls eine Abfindung gewähren, deren Angemessenheit dann von dem Gericht zu bestätigen ist.

Die Aufgabe der Unternehmensbewertung ist es, sicherzustellen, dass die angebotene Barabfindung angemessen ist. Ein besonderes Interesse an der Angemessenheit der Abfindung wird immer dann bestehen, wenn der Mehrheitsgesellschafter noch nicht das Quorum von 95 % erreicht hat. Kündigt er das Interesse an einem going private an bzw. gibt es erste Spekulationen über einen bevorstehenden Squeeze-out steigt die Aufmerksamkeit für die Aktie. Es kann einen durch Spekulation ausgelösten Nachfrageschub nach den Aktien geben, der dazu führt, dass eventuelle Unterbewertungen schnell aufgeholt werden.[554] Aber auch wenn das Quorum bereits erreicht ist, besteht ein Interesse an einer angemessenen Abfindung. Die Klagemöglichkeiten der herauszudrängenden Minderheitsaktionäre können den Prozess – wie die Fallstudie Procter & Gamble und Wella deutlich zeigt – erheblich stören. Dies kann den Zeitraum ab dem die mit dem Squeeze-out zu realisierenden Werteffekte realisierbar sind stark verzögern und des Weiteren negative Publicity mit sich bringen. Damit ergibt sich auch, dass der Mehrheitsgesellschafter i.d.r. kein Interesse daran hat die Minderheitsgesellschafter zu übervorteilen. Die Beurteilung des Gerichts erstreckt sich dabei allerdings lediglich auf die Vertretbarkeit des gewählten Abfindungsanspruchs. Dabei wird die Rechtsprechung von der Erkenntnis geleitet – die auch diesem Kapitel vorangestellt ist –,dass es den einen wahren Wert eines Unternehmens nicht gibt.[555]

Bei nicht an der Börse notierten Gesellschaften wird zur Bemessung der Barabfindung i.d.R. auf die gängigen Verfahren zur analytischen Unternehmensbewertung zurückgegriffen. Vorherrschend sind die auch im IDW Standard zur Unternehmensbewertung genannten Ertragswertverfahren und DCF-Verfahren, wie sie auch in diesem Kapitel vorgestellt worden sind. Die Deutsche Vereinigung für Finanzanalyse (DVFA) hat in ihren Leitlinien für die Bewertung von Barabfindungen vorgeschlagen, eine Vielfalt von Methoden einzusetzen. Dies sollen die analytischen kapitalwertorientierten Verfahren, die multiplikatorbasierten Verfahren und der Börsenkurs sein, die parallel angewendet werden sollen.[556]

Ist das Unternehmen an der Börse notiert, so muss der Börsenkurs offensichtlich eine große Rolle spielen. Ein Unterschreiten des Börsenkurses wird normalerweise nicht möglich sein, da in diesem Falle der Minderheitsgesellschafter sich besserstellt, wenn er die Aktie an der Börse an einen neuen Aktionär verkauft, wodurch für den Mehrheitsgesellschafter nichts gewonnen ist, da er einen neuen Aktionär, der vielleicht noch in der Hoffnung auf eine hohe Barabfindung die Aktie gekauft hat, in der Gesellschaft hat.

Die Praxis wählt zumeist einen Durchschnittskurs der Aktie der vergangenen drei Monate um die Barabfindung zu bemessen. Startpunkt für den Referenzzeitraum ist die Hauptversammlung, in der der Squeeze-out beschlossen worden ist oder nach anderer Auffassung der Zeitpunkt, an dem der Squeeze-out öffentlich angekündigt wurde, da man davon ausgehen muss, dass zu diesem Zeitpunkt die Kapitalmärkte

---

[554] In einer empirischen Untersuchung für die USA kommen Lehn/Poulsen zu dem Schluss, dass ein Bieterwettbewerb i.d.R. bereits ein Jahr vor der öffentlichen Ankündigung des squeeze-out einsetzt. Vgl. *Lehn, K./Poulsen, A.:* Free Cash Flow and Stockholder Gains in Going Private Transactions, Journal of Finance, 44. Jg. (1989), S. 773 ff.

[555] Vgl. *Schnabel, K./Köritz, A.:* Aktuelle Rechtsprechung zur Unternehmensbewertung, Bewertungspraktiker, o. Jg. (2012), S. 69.

[556] Vgl. *DVFA Expert Group „Corporate Valuation and Transactions":* Die Best Practice Empfehlungen der DVFA zur Unternehmensbewertung, CFB, 14. Jg. (2012), S. 44.

auf die geplante Maßnahme reagiert haben. Dieses Vorgehen ist auch durch ein Urteil des Bundesgerichtshofes aus dem Jahr 2010 gestützt.[557] Mit der Wahl eines längeren Referenzzeitraums soll ausgeschlossen werden, dass der Mehrheitsaktionär den Börsenkurs gezielt nach unten manipuliert. Der längere Referenzzeitraum soll zudem Marktschwankungen, wie sie an den Börsen üblich sind, glätten. Insbesondere marktenge Wertpapiere, wie es die nur noch marginal an der Börse gehandelten Wertpapiere von Unternehmen mit großen Mehrheitsaktionären sind,[558] neigen dazu, Kursausschläge in die eine oder andere Richtung zu haben. Zudem ist die Angemessenheit des Börsenkurses in jedem Fall, durch eine analytische Unternehmensbewertung gutachterlich zu untermauern.[559] Durch die Marktenge kann es sich zudem ergeben, dass es dem außenstehenden Minderheitsaktionär nicht möglich gewesen ist, seine Aktie anderweitig über die Börse zu veräußern. Damit kann der Börsenkurs nicht für die Abfindung relevant sein, da die Veräußerung keine gangbare Alternative für die Handlung des Minderheitsaktionärs gewesen ist. Die Marktenge soll zudem dadurch berücksichtigt werden, dass in die Durchschnittskursberechnung die ermittelten Kurse mit den zu diesem Kurs getätigten Umsätzen Eingang finden.[560]

Die **Angemessenheit der gewährten Abfindung** wird durch eine Squeeze-out Prüfung,[561] die von Wirtschaftsprüfern durchgeführt wird, überprüft. Einziger Prüfungsgegenstand ist dabei die Angemessenheit des Abfindungsbetrages. Der Prüfer muss prüfen, ob die Wertermittlung, die verwendeten Daten und die Annahmen plausibel sind.

Zusammenfassend ergibt sich also, dass der Börsenkurs relevant ist und zumindest als Untergrenze für die Barabfindung Berücksichtigung finden muss. Ergänzend muss aber auch eine gutachterliche Bewertung vorgenommen werden, bei der im Mittelpunkt stehen muss, ob der Börsenkurs tatsächlich ein relevanter Wert ist oder nicht. Insbesondere müssen Bewertungsänderungen und -extreme durch den Gesamtmarkt bzw. durch die Marktenge durch analytische Bewertung eliminiert werden.

6.6.2   Besonderheiten bei internationalen Unternehmensbewertungen

Die internationale Unternehmensbewertung beschäftigt sich mit Wertfindungen bei grenzüberschreitenden Unternehmenstransaktionen, bei denen den Verhältnissen

---

[557] Vgl. *Wahlscheidt, M./Breithaupt, J.:* Zur Maßgeblichkeit des Börsenkurses für Abfindungen bei aktienrechtlichen Strukturmaßnahmen, CFL, 2. Jg. (2010), S. 497 ff.

[558] Vgl. *Mülbert, P.O.:* Rechtsprobleme des Delisting, ZHR, 165. Jg. (2001), S. 119.

[559] Vgl. *Eisele, F.:* Going Private in Deutschland, Wiesbaden 2006, S. 45.

[560] Vgl. *Hasselbach, K.:* Aktuelle Rechtsfragen des aktien- und übernahmerechtlichen Ausschlusses von Minderheitsaktionären, CFL, 2. Jg. (2010), S. 26.

[561] Vgl. ausführlich *Freidank, C.C.:* Unternehmensüberwachung, München 2012, S. 365 ff.

ausländischer Märkte besondere Rechnung getragen werden muss.[562] Grundsätzlich macht es methodisch keinen Unterschied, ob eine internationale oder nationale Unternehmensbewertung durchgeführt wird. Die in diesem Kapitel dargestellten Methoden sind auch geeignet, um internationale Unternehmensbewertungen durchzuführen. Allerdings gibt es im internationalen Umfeld einige Besonderheiten, die von dem Gutachter zu beachten sind:[563]

– **Unterschiedliche Rechnungslegungsnormen** sind im internationalen Umfeld zu beachten. Ein Gutachter ist i.d.R. damit überfordert, sich in allen relevanten Rechnungslegungsnormen auszukennen. Die Tendenz zur Vereinheitlichung durch die International Financial Reporting Standards löst diese Schwierigkeit, wobei es immer noch eine große Zahl von Staaten gibt, die andere, eigene Rechnungslegungsnormen anwenden. Dies gilt besonders für diejenigen Unternehmen, die nicht an einer Börse notiert sind.

– **Unterschiedliche Steuersysteme** sind zu beachten. Für die Bewertung sind nur diejenigen Zahlungsströme relevant, die auch in Konsum umsetzbar sind. Dies sind Gewinne nach Steuern. Aus diesem Grund sind die unterschiedlichen Steuersysteme zu beachten. Steuern sind auch da zu beachten, wo sich aus steuerlichen Gründen, Gestaltungen der Transaktion ergeben (also z.B. bei der Auswahl eines asset oder share deals).

– Sind der potentielle Käufer und das Kaufobjekt **in unterschiedlichen Währungsräumen** angesiedelt, ergibt sich ein Währungsproblem, das es zu beachten gilt. Dabei kann die Bewertung in der lokalen Währung oder einer Referenzwährung (meistens US-Dollar oder EUR) durchgeführt werden. Es ist darauf zu achten, dass entsprechend der Äquivalenzprinzipien konsistent gearbeitet wird. Dazu muss der Zahlungsstrom des Unternehmens und die Erträge aus der Alternativanlage auf gleiche Weise umgerechnet werden. Ein Effekt, der bei Bietern aus unterschiedlichen Währungsräumen nicht ausgeschlossen werden kann, sind signifikant unterschiedliche Kapitalkosten und dadurch unterschiedliche Unternehmenswerte. In Weichwährungsländern sind die Kapitalkosten deutlich höher als in Hartwährungsländern. Dadurch ergibt es sich, dass Käufer aus Hartwährungsländern, aufgrund des Diskontierungseffekts deutlich höhere Grenzpreise haben als Käufer aus Weichwährungsländern.[564]

– **Wechselkursschwankungen und Inflation** erschweren die Bewertung im internationalen Umfeld. Inflation bezeichnet eine Situation in der die Preise kontinuierlich steigen bzw. umgekehrt ausgedrückt, der Wert des Geldes ständig

---

[562] Vgl. *Ernst, D./Ammann, T. et al.:* Internationale Unternehmensbewertung, München 2012, S. 21.

[563] Vgl. hierzu und dem Folgenden *Ernst, D./Ammann, T. et al.:* Internationale Unternehmensbewertung, München 2012, S. 22 ff.

[564] Diese Überlegung geht zurück auf den Währungsraumansatz von Aliber. Vgl. *Aliber, R.Z.:* A Theory of Direct Foreign Investment, in: Kindleberger, C.: The International Corporation, Cambridge u.a. 1970, S. 17 ff.

sinkt.[565] Insbesondere bei starken inflationären Tendenzen ergeben sich erhebliche Verzerrungen in der Rechnungslegung, die dann nicht mehr geeignete Grundlage für betriebswirtschaftliche Entscheidungen darstellt. Auch wenn in Deutschland und den meisten anderen westlichen Industriestaaten derzeit keine größere Inflation herrscht, gibt es genügend Beispiele aus Entwicklungsländern, in denen es zu Hyperinflation (die Inflationsrate lag über drei Jahr bei über 100 % und die Bevölkerung hat das Vertrauen in die eigene Währung verloren)[566] kam.[567] In dieser Situation entstehen Scheingewinne, da die nominalen Größen des Rechnungswesens nicht mehr die realen Bedingungen in der Wirtschaft anzeigen. Dies sei an einem Beispiel erläutert:[568] Ein Handelsunternehmen hat ein Gut im Januar zu einem Preis von 100 Geldeinheiten erworben und es im März für 150 Geldeinheiten verkauft. Die Gewinn- und Verlustrechnung (und auch die Zahlungsstrombetrachtung, wie sie für Ertragswert- und DCF-Verfahren vorzunehmen ist) zeigen einen Gewinn von 50 Geldeinheiten an. Dieser ist dann aber nicht richtig, wenn sich die Wiederbeschaffungspreise für das Gut inflationsbeding auf 130 Geldeinheiten erhöht haben. Dann sind nur 20 Geldeinheiten realer Gewinn und 30 Geldeinheiten Scheingewinn, der auch bei der Zahlungsstrombetrachtung nicht anzusetzen ist.

– Das **Länderrisiko**, was mit einer Investition insbesondere in einem sich entwickelnden Staat verbunden ist, ist in der Risikoprämie zu berücksichtigen. Wenn auch über dieses Vorgehen Einigkeit in der Bewertungstheorie und -praxis herrscht, so ist doch umstritten, wie genau eine Länderrisikoprämie zu bestimmen ist. Insgesamt kann man aber davon ausgehen, dass eine Investition in einem Emerging Market als stärker mit Risiko behaftet einzuschätzen ist, als die Investition in einem westlichen Industrieland mit etablierten Strukturen.[569] Als Risiken werden in der Literatur insbesondere die folgenden genannt:[570] Zahlungsrisiken (Zahlungsunwilligkeit oder –unfähigkeit von Kunden), Transport- und Lagerrisiken, Enteignungsrisiken, Dispositionsrisiken (Einschränkung der Handlungsfähigkeit durch politische Eingriffe), Sicherheitsrisiken (Gefährdung von Leben, Gesundheit und Freiheit der Mitarbeiter), rechtliche Risiken (z. B. durch die Nichteinklagbarkeit von Verträgen), fiskalische Risiken (z. B. durch die Unberechenbarkeit der Steuerpolitik oder Willkür bei Steuerprüfungen), Marktrisiken, etc. Vorsicht ist geboten, damit diese Risiken nicht doppelt erfasst werden, z. B. in einem Risikozuschlag bei gleichzeitigem Abschlag der erzielbaren Einzahlungsüberschüsse aufgrund der genannten Risiken.

---

[565] Vgl. *Laidler, D./Parkin, M.:* Inflation. A Survey, Economic Journal, 85. Jg. (1975), S. 741.

[566] Vgl. *Melcher, H.:* Hartwährungsplanung in Hochinflationsländern, in: Horváth, P.: Internationalisierung des Controlling, Stuttgart 1989, S. 393.

[567] Vgl. die Übersicht bei *Higson, A./Shinozawa, Y./Tippett, M.:* IAS 29 and the cost of holding money under hyperinflationary conditions, Accounting Business Review, 21. Jg. (2007), S. 97.

[568] Vgl. *Hoffjan, A.:* Internationales Controlling, Stuttgart 2009, S. 89.

[569] Vgl. *Ernst, D./Ammann, T. et al.:* Internationale Unternehmensbewertung, München 2012, S. 25.

[570] Vgl. *Kutschker, M./Schmid, S.:* Internationales Management, 7. Auflage, München u. a. 2012, S. 931 f.

- Das **Transferrisiko** bedeutet, dass es nicht möglich ist, Gewinne außer Landes zu bringen. Tritt das Transferrisiko ein, so sind die Einzahlungsüberschüsse für den Eigentümer nicht mehr in Konsum umsetzbar und damit nicht mehr bewertungsrelevant.
- **Marktrisiken** sind in anderen Volkswirtschaften schwerer zu beurteilen. Aus diesem Grund stellt sich die Prognose der nachhaltig entziehbaren Einzahlungsüberschüsse schwieriger dar als dies bei rein nationalen Transaktionen ist. Ein besonderes Problem kann dabei Korruption darstellen. Ein Geschäftsmodell, was auf korrupten Praktiken beruht, kann in vielen Ländern erfolgreich sein. Nicht, weil Korruption etwa erlaubt ist, sondern weil Korruption üblich ist und nicht regelmäßig durch die Behörden verfolgt wird. Allerdings ist Korruption – auch im Ausland – in Deutschland strafbar. Hinzu kommt, dass Korruption auch durch Gesetze von fremden Staaten, die auch für deutsche Unternehmen Rechtswirkung entfalten, verfolgt werden. Zu nennen sind hier insbesondere der amerikanische Foreign Corrupt Practices Act (FCPA) und der UK Bribery Act. Diese gelten und stellen Korruption unter Strafe für alle Unternehmen, die auf irgendeine Weise in den USA oder im Vereinigten Königreich tätig sind.[571] Für die Bewertung sind nachhaltig entziehbare Einzahlungsüberschüsse relevant. Bei durch Korruption erreichten Geschäften muss man davon ausgehen, dass diese nicht nachhaltig sind. Aufgrund der zu erwartenden Sanktionen ist es für einen Käufer i.d.R. unmöglich, diese Geschäftspraktik aufrecht zu erhalten. Aus diesem Grund müssen die Einzahlungsüberschüsse um solche Geschäftsvorfälle gekürzt werden.

In einigen Ländern gibt es zudem gesetzlich vorgegebene Bewertungsverfahren, die angewendet werden müssen. Hier ist insbesondere die Praxis in China zu nennen. Die Statutory Valuation Agencies, staatliche Stellen auf Ebene der chinesischen Provinzen, sind zwingend mit der Bewertung zu betrauen, wenn ein staatliches Unternehmen in China bewertet werden soll, z.B. bei der Privatisierung oder beim Einstieg eines ausländischen Investors. Dies macht den Einstieg auf dem chinesischen Markt z.T. schwierig, da die Agenturen in einem Interessenkonflikt stehen: Der Staat tritt gleichzeitig als Verkäufer und Bewertungsgutachter auf. Man kann davon ausgehen, dass deshalb Bewertungsverfahren bevorzugt werden, die zu einem möglichst hohen Unternehmensgesamtwert gelangen.[572] Die bevorzugten Bewertungsmethoden sind substanz- und vergangenheitsorientiert.[573] Allerdings wird sich durch das Vordringen der großen Wirtschaftsprüfungsgesellschaften und die Internationalisierung der chinesischen Wirtschaft durch ausländische Investitio-

---

[571] Vgl. hierzu *Partsch, C.:* The Foreign Corrupt Practices Act (FCPA) der USA, Berlin 2007; *Deister, J./Geier, A.:* Der UK Bribery Act 2010 und seine Auswirkungen auf deutsche Unternehmen, CCZ, 4. Jg. (2011), S. 12 ff.

[572] Vgl. *Ernst, D./Ammann, T. et al.:* Internationale Unternehmensbewertung, München 2012, S. 28.

[573] Vgl. *Zhou, X.:* Der chinesische M&A-Vorstoß in Deutschland – Illusion und Wirklichkeit, M&A Review, o.Jg. (2010), S. 513.

nen in China und durch chinesische Investitionen im Ausland auch die international gängige Methodologie langfristig durchsetzen.

Weiterführende Lektüre

Themen, die in diesem Überblickskapitel nur angerissen werden konnten, sind mit einem Schwerpunkt auf die Bewertung von kleinen und mittleren Unternehmen in der Monographie Behringer (2012) weiter ausgeführt. In diesem Buch ist auch eine ausführliche Fallstudie zur Bewertung eines mittelständischen Unternehmens enthalten.

Die Literatur zum Thema Unternehmensbewertung ist inzwischen in immenser Zahl vorhanden. Eine stärkere formale Herangehensweise bietet das Buch von Ballwieser und Hachmeister (2016). Das gilt auch für das Buch von Matschke/Brösel (2012), in dem die einzelnen Bewertungsfunktionen sehr viel detaillierter analysiert werden. Dieses Buch verwendet auch die Kölner Funktionenlehre, zu denen Matschke wesentlich beigetragen hat, als Referenzparadigma für die Unternehmensbewertung. Eine andere Herangehensweise wird in dem Lehrbuch von Drukarczyk/Schüler (2016) gewählt. Die Autoren stellen das DCF-Verfahren und insbesondere das Adjusted Present Value Verfahren in den Mittelpunkt ihrer Ausführungen. Die amerikanische Sicht auf die Unternehmensbewertung findet man in dem Werk von Koller/Godehart/Wessels (2015), die für das amerikanische Beratungsunternehmen McKinsey arbeiten, und bei Damodaran (2006). Fallstudien und ihre Lösung finden sich bei Henselmann/Kniest (2015).

Ballwieser, W./Hachmeister, D.: Unternehmensbewertung, 4. Auflage, Stuttgart 2016.

Behringer, S.: Unternehmensbewertung der Mittel- und Kleinbetriebe, 5. Auflage, Berlin 2012.

Damodaran, A.: Damodaran on Valuation, 2. Auflage, Hoboken 2006.

Drukarczyk, J./Schüler, A.: Unternehmensbewertung, 7. Auflage, München 2016.

Henselmann, K./Kniest, W.: Unternehmensbewertung: Praxisfälle mit Lösungen, 5. Auflage, Herne 2015.

Koller, T./Godehart, M./Wessels, D.: Valuation, 5. Auflage, Hoboken 2010.

Matschke, M.J./Brösel, G.: Unternehmensbewertung, 4. Auflage, Wiesbaden 2012.

7 Preisfindung bei Unternehmenstransaktionen

Lernziele

- In diesem Kapitel werden zwei für das praktische Gelingen von Unternehmenstransaktionen außerordentlich wichtige Themenbereiche behandelt: Die Verhandlung über den Preis und die mit der Zahlung verbundenen Modalitäten.
- Sie lernen mit der Nash-Verhandlungslösung eine Methode zur Lösung von Verhandlungen kennen, die aus der Spieltheorie kommt. Dies soll als Muster für eine idealtypische Verhandlungslösung dienen. In den folgenden Kapiteln werden dann Störfaktoren diskutiert, die bei praktischen Unternehmenstransaktionen, die Lösung erschweren (persönliche, psychologische und kulturelle Faktoren).
- Das Kapitel behandelt zudem alternative Lösungen zu einer Verhandlung, nämlich die Einschaltung eines Schiedsgutachters und die Auktion. Nach Bearbeitung dieses Kapitels kennen Sie die Vor- und Nachteile dieser Lösungsmöglichkeiten.
- Am Ende dieses Kapitels kennen Sie die wesentlichen Möglichkeiten der Ausgestaltung der Zahlungsbedingungen mit ihren Vor- und Nachteilen aus Sicht des Käufers und Verkäufers.
- Insgesamt gibt Ihnen dieses Kapitel einen Überblick über das Repertoire, das zur Lösung von Verhandlungen zur Verfügung steht.

Das vorangegangene Kapitel hat sich mit der Wertfindung von Unternehmen befasst. Grund für die Notwendigkeit der Wertfindung war, dass es i.d.R. keinen Marktpreis für Unternehmen gibt. Selbst dort, wo es scheinbar einen Marktpreis gibt – bei börsennotierten Unternehmen – ist deren Relevanz anzuzweifeln, da an Börsen ein einzelner Anteil notiert wird, der keine Kontrolle über das gesamte Unternehmen ermöglicht. Wie dargestellt, gibt es einen **engen Zusammenhang zwischen Wert und Preis eines Unternehmens**. Ein rationaler Entscheidungsträger wird ein Unternehmen nur verkaufen, wenn der Wert des Unternehmens aus seiner subjektiven Sicht weniger oder gleich dem gebotenen Preis ist. Umgekehrt wird der Käufer der Transaktion nur zustimmen, wenn der Wert, den er dem Unternehmen zumisst höher oder gleich wie der durch den Verkäufer verlangte Preis ist.

Im Folgenden werden die wesentlichen möglichen Verfahren zur Findung eines Preises dargestellt. Im zweiten Teil dieses Kapitels werden dann die Zahlungsmodalitäten diskutiert.

7.1 Verfahren der Preisfindung

7.1.1 Verhandlungen

Verhandlungen sind ein Prozess, bei dem zwei oder mehr Parteien über die Verteilung von knappen Ressourcen entscheiden.[574] Eine Unternehmenstransaktion ist so ein Fall: Es wird über den Wechsel des Eigentums an dem Unternehmen und die dafür zu entrichtende Gegenleistung entschieden. In vielen Fällen sind auch andere Themen Verhandlungsgegenstand, wie der Erhalt von Arbeitsplätzen, Nebenabreden wie die Verwendung von Gebäuden, die im Eigentum des Verkäufers verbleiben, durch den Käufer etc.

Die Verhandlung über den Kaufpreis ist dabei ein **Nullsummenspiel**. Jeder Euro, um den der Preis erhöht wird, geht zu Gunsten des Verkäufers aber zu Lasten des Käufers.

Der Normalfall bei einer Unternehmenstransaktion ist, dass es eine Verhandlung zwischen dem potentiellen Käufer und Verkäufer gibt. An deren Ende steht entweder eine Einigung oder ein Scheitern, gleichbedeutend mit dem Nichtzustandekommen der Transaktion.

Im Folgenden betrachten wir zunächst eine theoretische Lösung des Verhandlungsproblems, welche abstrakt zu einer optimalen Lösung kommt. Im zweiten Schritt betrachten wir dann psychologische und kulturelle Einflüsse auf Verhandlungen, wie sie in tatsächlichen Verhandlungen über Unternehmenstransaktionen vorkommen.

7.1.1.1 Theoretische Betrachtung der Verhandlungssituation

Betrachten wir eine Situation, in der ein Transaktionsbereich vorliegt. Herr Müller, Eigentümer des Unternehmens, bewertet sein Eigentum mit 50.000 EUR. Frau Meier, potentielle Käuferin des Unternehmens, bewertet das Eigentum an dem Unternehmen mit 70.000 EUR. Abbildung 20 (Kapitel 6.2.1.2) zeigt grafisch die Situation: Kommt eine Transaktion zustande, d.h. der Preis wird zwischen 50.000 und 70.000 EUR vereinbart, stehen sowohl Herr Müller als auch Frau Meier besser da. Herr Müller erhält mehr für den Verkauf, als ihm das Unternehmen wert ist. Frau Meier erhält das Eigentum an dem Unternehmen für weniger Geld als sie dem Unternehmen an Wert zumisst. Allerdings haben Herr Müller und Frau Meier genau entgegengesetzte Vorstellungen, was den Preis angeht: Herr Müller will einen möglichst hohen Preis, Frau Meier einen möglichst niedrigen. Die Höhe des Preises wird aber durch die Grenze der Kompromissbereitschaft der anderen Seite jeweils

---

[574] Vgl. *Robbins, S.P./Judge, T.A.:* Organizational Behavior, 15. Auflage, Boston u.a. 2013, S. 492.

begrenzt. Ohne Zustandekommen der Transaktion wäre beiden nicht gedient, sie würden schlechter dastehen als mit Transaktion.

Generell wird eine Verhandlungssituation – so wie im oben genannten Beispiel – klassifiziert als eine Situation, in der die Beteiligten zwar ein gemeinsames Interesse an einer Einigung haben, individuell aber doch unterschiedliche Ziele mit der Verhandlung verfolgt werden.[575]

Die Beschäftigung mit Verhandlungen ist für die wirtschaftswissenschaftliche Theorie aus vielen Gründen fruchtbar. Viele Verkaufssituationen sind Verhandlungen. Abhängig von den kulturellen Rahmenbedingungen gilt dies sogar für Konsumgüter. Aber auch in der Politik, im Privatleben (z.B. in der Beziehung) oder am Arbeitsplatz gibt es vielfältige Verhandlungssituationen. Aus diesem Grund ist die Beschäftigung mit Verhandlungssituationen so wichtig. Dass Verhandlungen häufig schief gehen, zeigen Streiks, Kriege, Trennungen und andere Ereignisse, die eigentlich unerwünscht sind.[576]

Im Fokus: Unterschiedliche Arten von Verhandlungstypen

Unterschiedliche Kulturen gehen mit Verhandlungen unterschiedlich um. Teilweise gibt es ritualisierte Formen und manchmal gibt es auch Parteien, die besonderen Spaß an den Verhandlungen haben. Eine solche Geschichte, die einen Einblick in Verhandlungen und ihre kulturellen und individuellen Bedeutungen gibt, erzählt der amerikanische Ethnologe David Graeber:

Als ich zum ersten Mal Analakely besuchte, den großen Kleidermarkt in der Hauptstadt von Madagaskar, war ich in Begleitung einer madagassischen Freundin unterwegs und wollte einen Pullover kaufen. Die ganze Sache dauerte über vier Stunden. Der Ablauf war in etwa so: Meine Freundin sah an einem Stand einen Pullover, der infrage kam, erkundete sich nach dem Preis, und dann entspann sich zwischen ihr und dem Verkäufer ein langer Wettstreit mit Worten und Gesten. Unweigerlich gehörte dazu, dramatisch beleidigt zu sein, Empörung zur Schau zu stellen und angewidert wegzugehen. Hierbei hatte ich mehrmals den Eindruck, dass sich 90 Prozent der Auseinandersetzung um die letzte winzige Differenz von ein paar Ariary, also ein paar Pfennige drehten, die für beide Seiten anscheinend zu einer Sache des Prinzips geworden waren. Gab der Händler nicht nach, konnte das ganze Geschäft scheitern.

Bei meinem zweiten Besuch begleitete mich eine andere Freundin, ebenfalls eine junge Frau, die eine Liste mit Maßen für Kleider dabei hatte, die sie für

---

575 Vgl. *Berninghaus, S.K./Ehrhart, K.-M./Güth, W.:* Strategische Spiele, Heidelberg u.a. 2010, S. 157.

576 Vgl. *Muthoo, A.:* Bargaining Theory with Applications, Cambridge 1999, S. 2.

> ihre Schwester kaufen sollte. Bei jedem Stand verhielt sie sich gleich: Sie ging einfach hin und fragte nach dem Preis.
>
> Der Mann nannte ihr einen Preis.
>
> „In Ordnung," erwiderte sie, „und was ist dein richtiger endgültiger Preis?"
>
> Er sagte es ihr, und sie gab ihm das Geld.
>
> „Warte mal", sagte ich zu ihr. „Kann ich das auch?"
>
> „Natürlich", erwiderte sie. „Warum nicht?"
>
> Ich erzählte ihr, wie es bei meinem letzten Besuch mit der anderen Freundin gewesen war.
>
> „Ach ja", meinte sie. „Manchen Leuten macht das einfach Spaß."
>
> Quelle: *Graeber, D.:* Schulden. Die ersten 5000 Jahre, Stuttgart 2012, S. 110 f.

Bereits sehr früh hat sich die Spieltheorie mit der Ableitung von Lösungen zu Verhandlungsproblemen befasst. Grundlegend ist die Lösung, die der amerikanische Mathematiker John Nash im Jahr 1950 veröffentlichte.[577] Nash, der 1992 gemeinsam mit dem bislang einzigen deutschen Preisträger Reinhard Selten, den Nobelpreis für seine Forschungsergebnisse erhielt, wurde einem breiten Publikum auch durch den Film „A Beautiful Mind" bekannt. Hier wurde seine Erkrankung an Schizophrenie und seine Genesung thematisiert.

Die **Nash-Verhandlungslösung** ist Grundlage weiterer spieltheoretischer Arbeiten auf diesem Gebiet. Die Idee ist, dass sich die beteiligten Parteien vor der eigentlichen Verhandlung, auf das Verfahren zur Lösung des Problems einigen. Damit wird erreicht, dass besondere – eigentlich auf die Verhandlung wirkende Faktoren – ausgeblendet werden können und eine der realen Situation entsprechenden Lösung erreicht wird. Solche Faktoren sind z.B. Verhandlungsgeschick oder kulturelle Normen.[578] Das Risiko, dass keine Transaktion zustande kommt, wird ausgeschlossen, wodurch die beteiligten Parteien ihre Vorteile realisieren können. In einer Situation, in der zwei Parteien verhandeln,[579] wird dem nicht-Zustandekommen der Transaktion der Nutzen 0 zugeordnet. In einer solchen Situation gibt es genau

---

[577] Vgl. *Nash, J.F.:* The Bargaining Problem, Econometrica, 18. Jg. (1950), S. 155 ff.

[578] Vgl. *Davis, M.D.:* Game Theory. A Nontechnical Introduction, New York 1997, S. 122.

[579] Das Modell kann auch auf Situationen erweitert werden in denen eine Zahl von n Parteien beteiligt ist. Vgl. *Roth, A.E.:* Axiomatic Models of Bargaining, Heidelberg u.a. 1979.

eine Verhandlungslösung, die den Nutzen maximiert, sofern die folgenden **vier Axiome** erfüllt sind:[580]

1. **Unabhängigkeit von der gewählten Nutzentransformation.** In der Verhandlung geht es für jede der beteiligten Parteien darum, das zu bekommen, was man will. Allerdings muss man dazu wissen, was man will. Die Wirtschaftswissenschaften verwenden, um dies festzustellen, Nutzenfunktionen. Sie setzen das Gewünschte in quantifizierte Größen, den Nutzen, um.[581] Auch für die Nash Verhandlungslösung ist eine solche Nutzenfunktion notwendig, um die Präferenzen der beteiligten Parteien zu quantifizieren. Es gibt verschiedene Arten von Nutzenfunktionen, die die Transformation der individuellen Präferenzen vornimmt. Das erste Axiom besagt nun, dass das Ergebnis der Verhandlungslösung nicht durch die Nutzenfunktion, also durch die Transformation der individuellen Präferenz in die Nutzengröße, beeinflusst werden darf.

2. Das Ergebnis der Verhandlung soll **Pareto-optimal** sein. Das Pareto-Optimum – benannt nach dem italienischen Ökonomen und Soziologen Vilfredo Pareto – bezeichnet einen Zustand, bei dem niemand mehr bessergestellt werden kann, ohne das gleichzeitig ein anderer schlechter gestellt wird. Dieses Axiom ist Ausdruck der kollektiven Rationalität.[582]

3. **Das Ergebnis darf nicht durch irrelevante Ergebnisse beeinflusst werden.** Nehmen wir an eine Verhandlung wird zwei Mal geführt: In der ersten Verhandlung wird ein Ergebnis A als optimales Ergebnis ermittelt. In der zweiten Verhandlung zum gleichen Gegenstand wird von einer der beteiligten Parteien ein potentielles Ergebnis B und C eingebracht. Trotzdem muss weiterhin A das optimale Ergebnis bleiben, da B und C offensichtlich irrelevant waren. Für eine Unternehmenstransaktion ist das ein sehr wichtiges Axiom, da sich die Verhandlungsparteien durch Nennen von verschiedenen Preisvorstellungen an die optimale Preisvorstellung annähern werden. Dabei wird der Verkäufer immer einen hohen Wert nennen, der Käufer immer einen niedrigen. Diese ersten Versuchsballons in der Verhandlung, können nach diesem Axiom das endgültige, optimale Ergebnis nicht beeinflussen.

4. Das Ergebnis muss **symmetrisch für beide Parteien** sein. Es gibt ein Ergebnis, dass den Nutzen x für die eine Verhandlungspartei und y für die andere Verhandlungspartei stiftet. Dann muss es auch ein Ergebnis geben, dass den Nutzen y für die erste Verhandlungspartei und x für die zweite Verhandlungspartei stiftet. Es wird bei einem symmetrischen Spiel nicht zwischen den beiden Parteien unterschieden, der Nutzen für beide Parteien ist gleich.

---

[580] Vgl. für die Darstellung *Davis, M.D.:* Game Theory. A Nontechnical Introduction, New York 1997, S. 121 f.; formalere Einführungen finden sich bei *Holler, M.J./Illing, G.:* Einführung in die Spieltheorie, 6. Auflage, Heidelberg u. a. 2005, S. 195 ff.; *Luce, D.R./Raiffa, H.:* Games and Decisions, New York 1957.

[581] Vgl. dazu Im Fokus zum Nutzen in den Wirtschaftswissenschaften in Kapitel 6.2 dieses Buches.

[582] Vgl. *Berninghaus, S.K./Ehrhart, K.-M./Güth, W.:* Strategische Spiele, Heidelberg u. a. 2010, S. 167.

Gelten diese vier Axiome kommt man zu einem optimalen, als rational einschätzbaren Ergebnis, wenn folgende Zielfunktion maximiert wird (sogenanntes **Nash-Produkt**, NP):

(7.1) $NP = (u_1 - c_1) \cdot (v_2 - c_2)$

u steht dabei für den Nutzen nach dem Abschluss der Unternehmenstransaktion, c für den Nutzen heute (also vor dem Abschluss der Unternehmenstransaktion). Ausgangspunkt der Überlegungen war ja, dass beide durch die Transaktion einen Nutzenzuwachs haben, also muss u größer als c sein. Der erste Faktor des Nash-Produkts bezeichnet den Nutzen für die erste Verhandlungspartei, der zweite Faktor den Nutzen für die zweite Verhandlungspartei. Verbal ausgedrückt muss der Nutzenzuwachs für beide Parteien durch die Unternehmenstransaktion maximiert werden.

Anhand eines Beispiels[583] soll das Verfahren kurz erläutert werden, bevor wir Schlussfolgerungen für die Situation einer Unternehmenstransaktion ziehen. Ein Bettler und ein Krösus sollen 100 EUR untereinander aufteilen, wenn sie sich nicht einigen können, erhalten beide gar nichts. Für beide ergibt sich durch die Transaktion ein Nutzenzuwachs, der Drohpunkt (der Punkt an dem beide leer ausgehen) liegt bei 0 EUR für den Krösus und ebenso bei 0 EUR für den Bettler. Der Krösus hat eine linear ansteigende Nutzenfunktion, d.h. 1 EUR führt auch zu einem Nutzenzuwachs von 1. Formal ausgedrückt:

(7.2) $u_{Krösus}(y) = y$

Der Bettler hat eine logarithmische Nutzenfunktion des Typs:

(7.3) $u_{Bettler}(x) = \ln(x + 1)$

Die logarithmische Nutzenfunktion bedeutet, dass der Bettler risikoavers eingestellt ist. Dies ist intuitiv einleuchtend: Mit wenig Geld kann der Bettler viel anfangen, während der Krösus bereits über viel Geld verfügt und somit der Nutzenzuwachs durch einen zusätzlichen Euro geringer ist. Pareto-optimal ist diejenige Lösung, bei der die 100 EUR vollständig zwischen den beiden aufgeteilt sind. In dem Fall kann eine Veränderung der Situation des einen nur zu Lasten des anderen erfolgen. x bezeichne den Betrag für den Bettler, y den Betrag für den Krösus. Aus der Bedingung, dass die 100 EUR vollständig aufgeteilt sein müssen, folgt unmittelbar, dass y dem Betrag (100-x) entsprechen muss. Die Maximierung des Nash-Produkts ergibt sich als:

(7.4) $\max u_{Krösus}(100 - x) \cdot u_{Bettler}(x)$

Setzt man die beiden Nutzenfunktionen ein, so ergibt sich:

(7.5) $\max (100 - x) \cdot \ln(x + 1)$

---

[583] Vgl. *Sieg, G.*: Spieltheorie, 2. Auflage, München u.a. 2005, S. 81 f.

Es ergibt sich ein Ergebnis von x = 23,14 und y = 76,86. Aufgrund der unterschiedlichen Nutzenfunktionen erhält der Bettler den deutlich geringeren Betrag. Auf den ersten Blick erscheint dieses Ergebnis unfair. Der Bettler, der es schwer hat erhält den kleineren Betrag, während der Krösus, der sowieso keine finanziellen Schwierigkeiten hat mit einem vergleichsweise niedrigen Betrag abgespeist wird. Dies entspricht aber durchaus der realen Verhandlungssituation, die sich vielfach in der Realität findet: Vermögendere Parteien haben die stärkere Verhandlungsposition, weil sie nicht auf den Erfolg bei der Verhandlung angewiesen sind.

Die Nash-Verhandlungslösung gibt eine Reihe von wichtigen Erkenntnissen, die auch für Preisverhandlungen in Unternehmenstransaktionen wichtig sind:

- **Die Nutzenfunktionen der beteiligten Parteien determinieren, wer welchen Anteil an dem zu verteilenden Kuchen erhält.** Risikoaverse Parteien bekommen einen geringeren Anteil an dem Kuchen als risikofreudige. Parteien sind i.d.R. desto stärker risikoavers je weniger Geld sie haben. Eine typische Situation bei einer Unternehmenstransaktion ist, dass der Verkäufer sein Unternehmen aus Altersgründen verkaufen will und er mit einem Großunternehmen verhandelt. Wie der Bettler in dem vorgestellten Beispiel ist der Verkäufer in dieser Situation auf den Betrag angewiesen, den er als Kaufpreis erhält. Häufig wird dieser Betrag als Altersversorgung gebraucht. Es ist wahrscheinlich, dass das Großunternehmen einen größeren Teil des Kuchens erhält als der potentielle Verkäufer.
- **Die Grenzpreise der beiden Parteien entscheiden.** Jede Schlichtung muss von diesen ausgehen. Die Drohpunkte, an denen die Transaktion nicht mehr zustande kommt, führen dazu, dass kein Nutzen für beide Parteien entsteht. Von daher sind diese beiden Punkte zu beachten. Den beiden Parteien muss klar sein, dass sie ihre eigene Verhandlungsposition nicht überreizen dürfen. Ansonsten enden sie an einem Punkt, an dem sie keinen Nutzenzuwachs mehr generieren können.
- **Es ist wichtig, dass diese Punkte schon am Anfang der Verhandlung berücksichtigt werden.** Damit können lange andauernde Verhandlungen, die auch mit Kosten verbunden sind (z.B. bei einer feindlichen Übernahme, die mit kostspieligen Werbemaßnahmen begleitet wird und die die Mitarbeiter des übernehmenden und des potentiell zu übernehmenden Unternehmens in ihren produktiven Tätigkeiten hemmen), erspart werden.

Die Nash-Verhandlungslösung abstrahiert von persönlichen, psychologischen und kulturellen Elementen, die in tatsächlichen Verhandlungen über Unternehmenstransaktionen aber eine Rolle spielen. Die so gewonnenen Erkenntnisse sind nützlich, um ein optimales Verhandlungsergebnis zu konstruieren. Im Folgenden werden wir persönliche und psychologische sowie kulturelle Aspekte in Verhandlungen einführen und damit einen Schritt weiter in Richtung Praxis gehen.

7.1.1.2 Persönliche und psychologische Faktoren bei Verhandlungen

Ein vielfach geäußertes Vorurteil ist, dass Frauen und Männer unterschiedlich verhandeln. Empirische Untersuchungen zeigen aber, dass dies nicht so zu sein scheint.[584] Allerdings erscheint es trotzdem so, dass das **Geschlecht der Verhandlungspartner** das Ergebnis der Verhandlung beeinflusst. Dies liegt an den mit männlicher und weiblicher Verhandlungsführung assoziierten Eigenschaften: Männer gelten als harte Verhandler, während Frauen freundlich und nett agieren sollen. Diese Stereotype scheinen sich insbesondere für Frauen negativ auszuwirken: Verhandeln sie hart, werden sie dafür durch ihre männlichen Verhandlungspartner bestraft. Verhandeln sie nett, nutzen die Verhandlungspartner die Nettigkeit aus.[585]

Allerdings ist es so, dass Frauen weniger Wert auf die Ergebnisse von Verhandlungen legen. Frauen verhalten sich in Verhandlungen kooperativer, da ihnen die persönlichen Beziehungen wichtiger sind als Männern.[586] Diese Erkenntnis scheint aber wichtiger zu sein in Verhandlungen mit Personen, mit denen man eine weitergehende Beziehung hat. In der Literatur wird hierzu insbesondere das Beispiel der Gehaltsverhandlung untersucht. Bei dem Gehalt geht es um ein klassisches Nullsummenspiel, genauso wie bei den Preisverhandlungen im Zuge einer Unternehmenstransaktion: Ein Euro mehr mindert den Gewinn des Unternehmens und mehrt das Gehalt des Mitarbeiters. Allerdings kann eine gewonnene Verhandlung zu verhärteten Fronten führen. Beide Verhandlungsparteien müssen aber weiterhin im Arbeitsalltag miteinander zusammenarbeiten. Diese Situation ist bei Unternehmenstransaktionen normalerweise nicht gegeben, da – zumindest in den meisten Fällen – der Verkäufer aus dem Unternehmen ausscheidet.

Im Fokus: Testosteron und Verhandlungserfolg

Das männliche Sexualhormon Testosteron wird gemeinhin mit einer aggressiven Verhaltensweise assoziiert. Ökonomen haben in empirischen Studien herausgefunden, dass sich diese Alltagsweisheit auch tatsächlich nachweisen lässt.

Der Harvard Ökonom Terence Burnham hat die These in einem Laborexperiment getestet. Er hat Männer – da Testosteron offensichtlich männliches Verhalten stärker beeinflusst als weibliches – das Ultimatumspiel spielen lassen. Bei diesem Spiel wird ein Geldbetrag aufgeteilt. Die eine Partei macht einen Vorschlag, wer wie viel des Betrages erhalten soll. Dieser Vorschlag ist final, d.h. die andere Seite muss ihn annehmen. Falls der Vorschlag abgelehnt wird erhält keiner der beiden Parteien irgendetwas. Die

---

584 Vgl. *Watson, C./Hoffmann, L.R.:* Managers as Negotiators: A Test of Power versus Gender as Predictors of Feelings, Behaviors, and Outcomes, Leadership Quarterly, 7. Jg. (1996), S. 63 ff.

585 Vgl. *Robbins, S.P./Judge, T.A.:* Organizational Behavior, 15. Auflage, Boston u.a. 2013, S. 500.

586 Vgl. *Stuhlmacher, A.F./Walters, A.E.:* Gender Differences in Negotiation Outcome: A Meta-Analysis, Personnel Psychology, 52. Jg. (1999), S. 655.

herkömmliche Theorie sagt vorher, dass jedes positive Angebot angenommen wird. Allerdings zeigen Experimente, dass niedrige Angebote dennoch abgelehnt werden. In der Untersuchung von Burnham war ein Betrag von 40 USD zu verteilen. Es konnte entweder ein Vorschlag von 5 oder von 25 USD gemacht werden. Das Ergebnis war, dass Männer, die das niedrige Angebot von 5 USD abgelehnt hatten einen deutlich höheren Testosteronwert hatten als diejenigen, die das Angebot angenommen haben. Im Ergebnis wird also der geringe Altruismus der vorschlagenden Partei bestraft, bei Ablehnung erhalten beide Parteien keinen Geldbetrag. Dieses aggressive Verhalten wird offensichtlich durch einen hohen Testosteronspiegel begünstigt.

Bezogen auf Unternehmenstransaktionen haben kanadische Forscher eine ähnliche Studie durchgeführt. Sie untersuchten 360 Verhandlungen über Unternehmenstransaktionen in den USA. Im Gegensatz zu den Studien von Burnham konnten sie hier den Testosteronspiegel der Manager nicht direkt messen. Stattdessen verwendeten sie das Alter der Manager als Näherung, um den Testosteronwert zu bestimmen – je jünger ein Manager, umso höher wurde der Testosteronspiegel angenommen. Die erste Erkenntnis war, dass junge Manager 4 % häufiger bereit waren, ihr Unternehmen überhaupt in Transaktionen zu involvieren als ältere. Die Häufigkeit von zurückgezogenen Angeboten und damit abgebrochenen Verhandlungen ist bei jungen Männern um 20 % höher als bei älteren. Die Schlussfolgerung: Der hohe Testosteronspiegel flößt Furcht ein, so dass die Manager des Übernahmeziels häufiger um ihre Stellung fürchten müssen. Aus diesem Grund kommen dann die Transaktionen nicht zustande. Insgesamt wird jüngeren Managern ein kampfeslustigeres Auftreten zugeschrieben, was die Verhandlungen schwieriger macht.

Quellen: *Burnham, T.C.:* High-testosterone men reject low ultimate game offers, Proceedings of the Royal Society, 274. Jg. (2007), S. 2327 ff.; *Guth, W./Schmittberger, R.,/Schwarze, B.:* An experimental analysis of ultimatum bargaining, Journal of Economic Behavior and Organization, 52. Jg. (1982), S. 367 ff.; *Levi, M./Li, K./Zhang, F.:* Deal or no deal: Hormones and the Mergers and Acquisitions Game, Management Science, 56. Jg. (2010), S. 1462 ff.

Persönliche Eigenschaften und das Geschlecht, sowie persönliche körperliche Zustände beeinflussen also Verhandlungen. Beruhigend dabei ist, dass Intelligenz ebenfalls – wenn auch nur schwach – den Verhandlungserfolg beeinflusst.[587] Insgesamt kann man Verhandlungserfolg lernen. Der Glaube daran, dass man Verhand-

---

[587] Vgl. *Barry, B./Friedman, R.A.:* Bargainer Characteristics in Distributive and Integrative Negotiations, Journal of Personality & Social Psychology, 89. Jg. (1998), S. 345 ff.

lungsgeschick lernen kann, zeigt offensichtlich schon Wirkung, da Personen, die dies glauben nach einer Studie[588] erfolgreicher in Verhandlungen sind.

Eine wichtige Taktik dabei ist der **Anker**, den man setzt. Wird man nach Zahlen gefragt, setzen alle Menschen unbewusst einen Anker. In einer amerikanischen Studie wurden Studenten nach dem Jahr gefragt, in dem Attila der Hunnenkönig von den Römern zurückgeschlagen wurde (es war das Jahr 451). Zuvor sollten die Probanden die letzten drei Ziffern ihrer Telefonnummer aufschreiben und dazu die Zahl 400 addieren. Sie wurden gefragt, ob Attila vorher oder nachher geschlagen wurde. Es wurde herausgefunden, dass die Antwort auf die letzte Frage signifikant korrelierte mit der aus der Telefonnummer errechneten Zahl.[589] In einer anderen Studie wurden Studenten, die keine Experten in Immobilien waren, gebeten ein Haus zu bewerten. Nach der Besichtigung bekamen sie einen zufällig, nicht auf tatsächlichen Schätzungen beruhenden „Listenpreis" genannt. Der genannte Wert hing stark von dem zufällig genannten Preis ab.[590] Dieses Experiment wurde auch mit Experten aus der Immobilienbranche wiederholt. Auch hier wurde der Ankereffekt deutlich: Die von den Experten genannten Werte korrelierten mit dem zufällig genannten Wert.

Der Ankereffekt kann bei Verhandlungen zu Unternehmenstransaktionen einen ganz wichtigen Effekt auslösen: Der erste genannte Preis führt dazu, dass der Einigungspreis in der Nähe dieses Preises liegen wird. Daher muss die erste genannte Zahl sehr genau überlegt sein. Der Verkäufer wird schwerlich einen einmal geäußerten Preis erhöhen können, der Käufer diesen kaum vermindern können. Ob es dabei die beste Position ist, den ersten Preis nennen zu können, ist fraglich: Ein weit außerhalb des Transaktionsbereichs liegender Preis kann dazu führen, dass die Verhandlung abgebrochen wird. Von daher muss der Betrag mit Bedacht gewählt werden. Menschen z.B. in Gehaltsverhandlungen neigen dabei zur Bescheidenheit. Ein besseres Verhandlungsergebnis wäre realisierbar gewesen. Festzuhalten bleibt aber, dass der erste genannte Preis das Verhandlungsergebnis erheblich beeinflusst.

Eine weitere erfolgsversprechende Taktik ist es, Fristen zu nennen. Nennt der potentielle Verkäufer einen Termin, bis zu dem er den Verkauf abgeschlossen haben muss – ob dies tatsächlich so ist, sei dahingestellt – bekommt er schnellere Konzes-

---

[588] Vgl. *Kray, L.J./Haselhuhn, M.P.:* Implicit Negotiations Beliefs and Performance: Experimental and Longitudinal Evidence, Journal of Personality & Social Psychology, 98. Jg. (2007), S. 49 ff.

[589] Vgl. *Russo, J.E./Shoemaker, P.J.H.:* Decision Traps, New York 1989, S. 6.

[590] Vgl. *Northcraft, G.B./Neale, M.A.:* Experts, amateurs, and real estate: An anchoring and adjustment perspective on property pricing decisions, Organizational Behavior and Human Decision Processes, 39. Jg. (1987), S. 84 ff.

sionen von der anderen Seite. Studien zeigen, dass Verhandlungsparteien, die mit Fristen arbeiten, bessere Ergebnisse erzielen als solche, die dies nicht tun.[591]

Eine weitere häufig erfolgreich wirkende Verhandlungsstrategie ist es, **Ärger zu heucheln.** Tritt eine Partei aggressiv und ärgerlich auf, so neigt die Gegenseite dazu anzunehmen, dass man bereits alle möglichen Konzessionen erreicht hat.[592] Diese Verhaltensweise funktioniert aber nur, wenn beide Seiten auf Augenhöhe verhandeln, was bei den meisten Unternehmenstransaktionen – außer bei Notverkäufen – der Fall ist. Bei Gehaltsverhandlungen sei explizit davon abgeraten, seinem Chef mit ärgerlicher Attitüde gegenüberzutreten.

Insgesamt muss man konstatieren, dass Verhandlungen und, was sie beeinflusst, nicht vollständig zu erklären sind. Es gibt sehr viele **unbewusste Faktoren,** die direkten Einfluss nehmen auf den Ausgang einer Verhandlung. Ein gutes Beispiel dafür ist eine israelisch-amerikanische Studie zum Verhalten von Richtern. Untersucht wurden über 1.000 Fälle aus Israel, wo Richter über Bewährungen zu entscheiden hatten. Im Durchschnitt wurden 35 % der Anträge durch die Richter angenommen. Allerdings veränderten sich diese Zahlen drastisch morgens und nach der Mittagspause: Die Zahl der Annahmen von Bewährungsanträgen schnellte auf 65 % in die Höhe. Es zeigt sich, dass Faktoren wir Ermüdung oder ein Ansteigen des Blutzuckerspiegels auch Einfluss haben auf Entscheidungen.[593] Allerdings lässt sich der beobachte Effekt auch aufgrund der rationalen Zeitplanung von Richtern erklären: Geht man davon aus, dass Freilassungen länger dauern, so würde ein rationaler Richter die potentiellen Fälle auf den Beginn des Tages legen anstatt sie direkt vor einer Pause zu platzieren.[594] Alleine bestimmen die körperlichen Faktoren in keinem Fall die Entscheidung. Genauso ist es zu eindimensional eine Verhandlung nur durch das Modell von Nash zu betrachten. Dies liefert zwar wertvolle Hinweise, kann aber nicht alles was bei einer Verhandlung passieren kann, erklären.

7.1.1.3 Kulturelle Faktoren bei Verhandlungen

Verhandlungen sind ein schwieriger Prozess, gerade dann, wenn es um gewichtige ökonomische Fragen geht, wie bei Unternehmenstransaktionen. Wird diese Verhandlung über verschiedene Kulturen hinweg geführt, so wird die Situation noch

---

[591] Vgl. *Moore, D.A.:* Myopic Prediction, Self-Destructive Secrecy and the Unexpected Benefits of Revealing Final Deadlines in Negotiations, Organizational Behavior and Human Decision Processes, 54. Jg. (2004), S. 125 ff.

[592] Vgl. *Robbins, S.P./Judge, T.A.:* Organizational Behavior, 15. Auflage, Boston u. a. 2013, S. 152.

[593] Vgl. *Danziger, S./Levav, J./Avnaim-Pesso, L.:* Extraneous Factors in Judical Decisions, Proceedings of the National Academy of Science, http://www.pnas.org/content/108/17/6889.full#cited-by (abgerufen am 14.8.2012).

[594] Vgl. *Glöckner, A.:* The irrational hungry judge effect revisited: Simulations reveal that the magnitude of the effect is overestimated. Judgment and Decision Making, 11. Jg. (2016), S. 601 ff.

komplexer. In jeder Verhandlung ist es wichtig, dass man sich versteht (das heißt beide Parteien verstehen, was der andere will), dass man einander antwortet und aufeinander eingeht (schnelle und reibungslose Antworten) und, dass sich beide Parteien wohl fühlen in der Verhandlung. Diese Zeichen einer guten Kommunikation sind sowohl in einer nationalen als auch in einer internationalen Verhandlung wichtig. In einer Studie wurde bestätigt, was man intuitiv annehmen kann: Die Kommunikation in interkulturellen Verhandlungen ist problematischer als in rein nationalen.[595]

Im Fokus: Strategeme und Verhandlungen mit Chinesen

Strategeme (auf Chinesisch ji), die für militärische Operationen entwickelt worden sind, sind in China Allgemeingut. Sie werden in der Schule gelehrt und sind weitestgehend in China bekannt. Die Sammlung von 36 Strategemen wird auch in der westlichen Managementliteratur verwendet und findet bei Praktikern regen Anklang. In China wird mit den Strategemen versucht, auch im Geschäftsleben zu Erfolgen zu kommen. Hintergrund dieser Übertragung der kriegerischen Gedanken in die Wirtschaftswelt ist die Ansicht, dass der Marktplatz wie ein Schlachtfeld ist. Daher werden Taktiken und Listen der Kriegsführung auf das Wirtschaftsleben angewandt. Für Manager, die Verhandlungen mit chinesischen Partnern führen sollen, empfiehlt es sich einen Blick in die 36 Strategeme zu werfen, da sie aufzeigen, welche Verhandlungsführung eventuell angewandt wird.

Das Strategem Nr. 6 lautet: „Im Osten lärmen, im Westen angreifen." Auf eine Verhandlung übertragen, kann dieses Strategem bedeuten, dass an einem eigentlich unwichtigen Punkt ein Scheingefecht geführt wird. Dies dient der Verhandlungspartei dazu, hier später scheinbar schmerzhafte Zugeständnisse machen zu können. Diese muss die andere Verhandlungsseite dann damit kompensieren, dass bei einem eigentlich wichtigen Punkt, Entgegenkommen gezeigt wird.

Ähnlich ist das Strategem Nr. 8: „Sichtbar die Holzstege wieder instandsetzen, insgeheim nach Chenchang marschieren." Hier geht es aber nicht darum, dass Ziel anzutäuschen, sondern den Weg. So können Verhandlungen über Unternehmenstransaktionen scheinbar unnötig in die Länge gezogen werden, um dann letztlich abgebrochen zu werden. Diese Verhandlung war lediglich der Weg, um an Informationen zu kommen (beispielsweise zu Patenten, Produkten oder Strategien) über die man auf anderem Weg nicht gekommen wäre.

---

[595] Vgl. *Liu, L.A./Chua, C.H./Stahl, G.K.*: Quality of Communication Experience: Definition, Measurement, and Implications for Intercultural Negotiations, Journal of Applied Psychology, 95. Jg. (2010), S. 469 ff.

> Das Stratagem Nr. 13 lautet „Auf das Gras schlagen, um die Schlangen auf-
> zuscheuchen." Hier versucht man durch gezielte Handlungen und Signale,
> bestimmte Reaktionen zu erzeugen. So kann versucht werden, mit hypothe-
> tischen Fragen oder durch das Durchsickern lassen von Gerüchten, an be-
> stimmte Informationen zu kommen.
>
> Quellen: *Emrich, C.:* Interkulturelles Management, Stuttgart 2011,
> S. 404 ff.; *Fang, T.:* Chinese business negotiating style, Thousand Oaks
> 1999; *von Senger, H.:* 36 Strategeme. Lebens- und Überlebenslisten aus drei
> Jahrtausenden, Frankfurt 2011.

Im vorherigen Kapitel wurde hervorgehoben, dass das Vorspielen von Ärger zu
besseren Verhandlungsergebnissen führen kann. Dies zeigen Studien für europäische und amerikanische Verhandlungspartner. Allerdings zeigen interkulturelle
Studien, dass chinesische Verhandler härter verhandeln und nicht mehr zu Konzessionen bereit sind, wenn der (amerikanische) Verhandlungspartner ärgerlich reagiert. Offensichtlich halten asiatische Manager Ärger nicht für ein legitimes Ver-
handlungsmittel, so dass sie abweisend reagieren und weitere Konzessionen verweigern.[596]

Interkulturelle Verhandlungen erfordern eine Auseinandersetzung mit der Kultur
eines anderen Landes. Auch Sitten und Gebräuche, die banal erscheinen, müssen
beachtet werden. Werden, egal ob bewusst oder unbewusst, kulturelle Fehler gemacht, so kann das zum Abbruch der Verhandlungen führen. Kulturelle Missver-
ständnisse können zu erheblichen Missverständnissen mit Folgen für die weitere
Verhandlungsführung führen. Ein klassisches Beispiel dafür sind die Gespräche
zwischen dem sowjetischen Machthaber Chruschtschow und dem US-Präsidenten
Kennedy 1961 in Wien. Nach der erfolglosen Invasion von Kuba in der Schweine-
bucht, die von Exilkubanern in den USA versucht wurde, waren die Verhältnisse
zwischen den beiden Supermächten des Kalten Krieges sehr gespannt. Der neu gewählte Präsident Kennedy gab Chruschtschow gegenüber zu, dass die Invasion sowohl militärisch als auch politisch ein Fehlschlag war. Chruschtschow legte das als
Schwäche des jungen Präsidenten aus und verfügte die Verlegung von sowjetischen
Atomsprengköpfen nach Kuba, von wo aus sie direkt auf die USA gerichtet werden
konnten. In der Folgekrise beharrte die USA unter der Führung Kennedys auf ihrem Standpunkt und führte eine Seeblockade gegen Kuba durch, mit weiteren expliziten und impliziten Drohungen gegen die Sowjetunion und ihre Verbündeten.
Die Haltung des US-Präsidenten, die entgegen der Erwartung Chruschtschows war,

---

[596] Vgl. *Liu, M.:* The Intrapersonal and Interpersonal Effects of Anger on Negotiation Strategies: A Cross-
Cultural Investigation, Human Communications Research, 35. Jg. (2009), S. 148 ff.; *Adam, H./Shirako,
A./Maddux, W.W.:* Cultural Variance in the Interpersonal Effects of Anger in Negotiations, Psychologi-
cal Science, 21. Jg. (2010), S. 882 ff.

führte zum Einlenken der UdSSR, die die Raketen wieder von Kuba abzogen.[597] Für den sowjetischen Parteichef war das Eingestehen eines Fehlers eine Schwäche, wobei es von Kennedy als Zeichen der Stärke intendiert war. Erst die harte Reaktion der amerikanischen Regierung auf die sowjetischen Maßnahmen lies Chruschtschow seine Fehleinschätzung bemerken.

Case Study: Die versuchte Übernahme von Endesa durch E.on

Der spanische Energieversorger Endesa befand sich 2005 inmitten einer großen Übernahmeschlacht. Das in Madrid ansässige Unternehmen sah sich einem feindlichen Übernahmeangebot des in Barcelona ansässigen Unternehmens Gas Natural gegenüber. Es kam zu erheblichen Auseinandersetzungen der konservativen und sozialistischen Parteien in Spanien und der Konflikt zwischen Kastilien (mit Madrid als Hauptstadt) und Katalonien (mit Barcelona als Hauptstadt) wurde angeheizt. In dieser Situation trat der Vorstandschef des deutschen Energiekonzerns E.on im Februar vor die Presse und verkündete ein eigenes Übernahmeangebot für Endesa, was mit 20 % deutlich über dem Übernahmeangebot von Gas Natural und zudem mit 8 % auch deutlich über dem aktuellen Börsenkurs von Endesa lag. Der deutsche Manager zeigte sich siegesgewiss und wurde strahlend in den spanischen Medien abgebildet und dort als Retter von Endesa gefeiert. Der Auftritt des deutschen Managers zeigte deutlich die kulturellen Unterschiede: Sein spanisches Pendant hielt sich im Hintergrund und trat nicht nach außen auf. Spanische Manager sind zurückhaltend und wollen einen Konflikt auch nur ungern offen austragen. Sie wollen der anderen Seite die Möglichkeit geben trotz eines Kompromisses, das Gesicht zu wahren. Diese Verhandlungsart wird von anderen Kulturen häufig als Zurückhaltung missinterpretiert. Dies gilt auch für die mangelnde mediale Präsenz: Ein spanischer Manager will ungern ins Rampenlicht und agiert viel lieber im Hintergrund. Ist ein Auftritt in den Medien unvermeidbar, sollte dieser unbedingt ohne Machtdemonstration oder unnötiges Aufsehen vonstattengehen. Ansonsten kann ein Auftritt Gräben aufreißen.

Der Auftritt des E.on Chefs hat gewiss nicht allein für ein Scheitern der Übernahmepläne (Endesa wurde letztlich von dem spanischen Mischkonzern Acciona und dem italienischen Mineralölkonzern Eni übernommen) gesorgt. Allerdings wurden dadurch erste Probleme offensichtlich.

Quelle: *Gaffal, M./Padilla-Galvez, J.:* Andere Länder, andere Sitten, econmag, 2/2007, http://www.econmag.de/magazin/2007/2/30+Andere+L%E4 nder%2C+andere+Sitten (abgerufen am 26.6.2012).

---

[597] Vgl. *Usunier, J.-C.:* Cultural Aspects of International Business Negotiations, in: Ghauri, P.N./Usunier, J.-C.: International Business Negotiations, 2. Auflage, Oxford 2003, S. 105 f.

7.1.2 Einschaltung eines Schiedsgutachters

Eine Möglichkeit zu einem Preis zu kommen, ist es einen Gutachter der Unternehmensbewertung einzuschalten und diesen zu bitten, einen fairen Einigungspreis gutachterlich zu ermitteln. Dann wird der Gutachter in der Schiedsfunktion (vgl. 6.2.1.2) tätig. In dieser Bewertung wird ein **Schiedswert** (manchmal findet sich auch der Begriff des Arbitriumwertes[598]) ermittelt. Voraussetzung, dass ein Gutachter in dieser Funktion tätig werden kann, ist, dass ein Transaktionsbereich vorliegt, d.h. der Entscheidungswert (Grenzpreis) des Verkäufers ist niedriger als der Entscheidungswert des Käufers. Zwischen den beiden Grenzpreisen kann eine faire Einigungslösung der beiden Verhandlungsparteien vereinbart werden. Liegt kein Transaktionsbereich vor, so muss der faire Schiedsgutachter von der Transaktion abraten.[599]

Der Schiedswert kann dabei drei verschiedene Rollen annehmen:[600]

1. Die Parteien können den gutachterlichen Wert als Empfehlung für die Konfliktlösung auffassen.
2. Die Parteien können sich dem schiedsgutachterlich ermittelten Wert verpflichtend unterwerfen.
3. Er kann Ausgangspunkt für weitere Verhandlungsrunden sein.

Die Beziehungen zwischen den beiden Konfliktparteien müssen auch berücksichtigt werden. Kann die eine Partei die Unternehmenstransaktion auch gegen den Willen der anderen Seite durchsetzen (**dominierte Konfliktsituation**), so entzieht sich die Wertermittlung einer rein betriebswirtschaftlichen Betrachtung, es müssen dann auch rechtsstaatliche Prinzipien des Minderheitenschutzes mit einbezogen werden. Für diese Fälle wird teilweise vorgeschlagen, dass die Minderheit am besten dadurch geschützt wird, dass nur ihr Grenzpreis herangezogen wird.[601] Auf die Besonderheiten bei der tatsächlichen Umsetzung der Wertermittlung bei dominierten Situationen ist bereits im Rahmen der Diskussion des Squeeze-out (Kapitel 6.5.1) eingegangen worden.

Die Aufgabe des Schiedsgutachters ist es, den Transaktionsbereich – also den Betrag zwischen dem Grenzpreis des Verkäufers und dem Grenzpreis des Käufers – aufzuteilen. Ziel ist es im besten Falle einen fairen Einigungspreis, in jedem Falle jedoch einen zumutbaren Preis zu bestimmen.[602] Systematisch ist es daher notwen-

---

[598] Vgl. grundlegend *Matschke, M.J.:* Funktionale Unternehmensbewertung, Bd. 2: Der Arbitriumwert, Wiesbaden 1979.

[599] Vgl. *Behringer, S.:* Unternehmensbewertung der Mittel- und Kleinbetriebe, 5. Auflage, Berlin 2012, S. 71.

[600] Vgl. *Sieben, G.:* Funktionen der Bewertung ganzer Unternehmen und von Unternehmensteilen, WISU, 12. Jg. (1983), S. 541.

[601] Vgl. *Hering, T.:* Unternehmensbewertung, 2. Auflage, München u.a. 2006, S. 6.

[602] Vgl. *Hering, T./Toll, C./Gerbaulet, D.:* Hauptfunktionen der Unternehmensbewertung, Controlling, 31. Jg. (2019), S. 39.

dig, dass der Schiedsgutachter seine Bewertung mit einer Bestimmung des Grenz-preises der beiden beteiligten Parteien beginnt. Hier kann ein Problem entstehen: Die Konfliktparteien müssen dem Schiedsgutachter Informationen offenbaren, die sie bisher ihrem Verhandlungspartner nicht offenbart haben. Sonst ist der Gutachter nicht in der Lage, den Transaktionsbereich zu ermitteln. Es besteht die Gefahr, dass hier nicht die wahren Grenzpreise offenbart werden sondern argumentativ überhöh-te bzw. verminderte Werte genannt werden, damit der Einigungsbereich zu den eigenen Gunsten verschoben wird.[603] Aus diesem Grund werden zwei Parteien ei-nen Auftrag zur Ermittlung eines Schiedswertes nur dann erteilen, wenn sie davon überzeugt sind, dass sie ansonsten eine wohlfahrtssteigernde Einigung nicht erzie-len können.[604]

Das einfachste Verfahren den Transaktionsbereich aufzuteilen, lässt sich zurück-führen auf das **Prinzip des unzureichenden Grundes von Laplace**. Bei einem Würfelwurf gibt es sechs verschiedene Seiten. Ist der Würfel nicht manipuliert, so gibt es keinen Grund, warum eine Seite des Würfels häufiger liegen bleiben sollte als eine andere Seite. Von daher kann die Wahrscheinlichkeit, dass eine bestimmte Seite liegen bleibt, nur bei einem Sechstel liegen.[605] Genauso kann man das Entste-hen des Transaktionsbereichs erklären: Dieser entsteht durch unterschiedliche Er-wartungen, die Verkäufer und Käufer mit dem Unternehmen verbinden, Synergie-effekte, die in einer neuen Konstellation erreicht werden können etc. Wer für diese wertsteigernden Effekte verantwortlich ist – der Käufer mit seinen zusätzlichen Möglichkeiten – oder die Anlagen des Unternehmens, die es schon mitbringt und die dem Verkäufer geschuldet sind, lässt sich nicht zuordnen. Aus diesem Grund ist die fairste Möglichkeit zur Einigung die **hälftige Aufteilung des Transaktionsbe-reichs**. Formal ergibt sich diese als:[606]

$$(7.6) \qquad EP = \frac{EW(K) + EW(V)}{2}$$

Dabei sind:

EP = Einigungspreis,
EW (K) = Entscheidungswert (Grenzpreis) des Käufers,
EW (V) = Entscheidungswert (Grenzpreis) des Verkäufers.

Weichen die Entscheidungswerte der beiden Parteien erheblich voneinander ab, stellt eine hälftige Aufteilung für die Partei mit dem höheren Entscheidungswert eine Benachteiligung dar. Eine hälftige Aufteilung wird als unfair empfunden, so

---

[603] Vgl. *Wagner, F.W.:* Unternehmensbewertung und vertragliche Abfindungsbemessung, BFuP, 46. Jg. (1994), S. 479 f.

[604] Vgl. *Krag, J./Kasperzak, R.:* Grundzüge der Unternehmensbewertung, München 2000, S. 129.

[605] Vgl. *Tiemann, V.:* Statistik für Studienanfänger, Konstanz u.a. 2012, S. 138.

[606] Vgl. *Moxter, A.:* Grundsätze ordnungsmäßiger Unternehmensbewertung, 2. Auflage, Wiesbaden 1983, S. 18.

dass es für einen neutralen Gutachter geboten erscheint, stärker zu berücksichtigen, woher die Unterschiede in den Grenzpreisen kommen. Es ist plausibel, dass diejenige Partei, die einen relativ höheren Grenzpreis hat, auch mehr zu der Wertsteigerung nach der Unternehmenstransaktion beiträgt. Daher muss diese Partei auch einen höheren Anteil am Transaktionsbereich erhalten.[607] Formal ausgedrückt ergibt sich der Schiedswert nach: [608]

$$(7.7) \qquad EP = EW(K) - EW(d) \cdot \left(\frac{EW(K)}{EW(K) + EW(V)} \right) \text{oder}$$

$$(7.8) \qquad EP = EW(V) + EW(d) \cdot \left(\frac{EW(V)}{EW(K) + EW(V)} \right)$$

mit: EW (d) = Differenz zwischen den Ertragswerten von Verkäufer und Käufer

Dieses Verfahren hat in der Bewertungspraxis eine große Bedeutung.[609] Synergieentstehungsrelevante Informationen können allerdings nicht verwertet werden. Es wird durch die Aufteilung nach den Verhältnissen der Entscheidungswerte nicht berücksichtigt, ob ein Synergieeffekt ursächlich durch das kaufende oder verkaufende Unternehmen entsteht. Einzig die Ertragsstärke wird zur Begründung der Aufteilung herangezogen.[610] Die Entscheidungswerte der beiden Parteien können zudem verzerrt sein durch zu hohe Erwartungen an die künftige Entwicklung des Unternehmens. Des Weiteren muss man berücksichtigen, dass Synergieeffekte ohne Einwilligung des ertragsschwächeren Teils nicht realisiert werden können. Dies macht das Verfahren für diese Vertragspartei unfair.

Diese Kritik wird aufgegriffen, wenn der Transaktionsbereich im **Verhältnis der zukünftigen Entscheidungswertzuwächse** aufgeteilt wird. Bei diesem Verfahren wird der Transaktionsbereich aufgeteilt nach der Entwicklung der Entscheidungswerte nach Abschluss der Unternehmenstransaktion. Dieses Verfahren ist theoretisch elegant, da es das Prognoseproblem umgeht und die Schiedswertermittlung von Ereignissen nach dem Unternehmensübergang abhängig macht. Allerdings ist die praktische Anwendung des Verfahrens schwierig. Um einen Schiedswert korrekt zu ermitteln, muss ein Entscheidungswert für das gekaufte Unternehmen auch über den Tag der Eingliederung hinaus bestimmt werden können. Dies ist oft nicht möglich, da eine Trennung des gekauften Unternehmens von der neuen Muttergesellschaft nicht mehr möglich ist, da die Synergieeffekte nur durch Zusammenle-

---

[607] Vgl. *Eisenführ, F.*: Preisfindung für Beteiligungen mit Verbundeffekt, ZfbF, 23. Jg. (1971), S. 475.

[608] Vgl. *Alvano, W.*: Unternehmensbewertung auf der Grundlage der Unternehmensplanung, 2. Auflage, Köln 1989, S. 40.

[609] Vgl. *Ossadnik, W.*: Die angemessene Synergieverteilung bei der Verschmelzung, DB, 50. Jg. (1997), S. 886.

[610] Vgl. *Ossadnik, W.*: Die angemessene Synergieverteilung bei der Verschmelzung, DB, 50. Jg. (1997), S. 886.

gung der beiden Organisationen realisiert werden können. Aus diesem Grunde kann ein Gutachter die Zuordnung der entstehenden Synergieeffekte leicht manipulieren.[611]

Das Problem der Schiedsbewertung liegt zum einen in der asymmetrischen Informationsverteilung mit der Gefahr, dass die beiden Seiten versuchen werden, den Gutachter in ihrem Sinne zu beeinflussen.[612] Selbst wenn dieses Problem überwunden ist, bleibt die nicht eindeutige Aufteilung des Transaktionsbereichs. Das Problem der richtigen Wertermittlung wird lediglich auf eine andere Ebene gehoben.[613] War vor Beginn des Schiedsprozesses das Problem sich auf einen Wert zu einigen, ist es jetzt das Problem, sich auf eine angemessene Aufteilungsregel des Transaktionsbereichs zu einigen. Hierfür gibt es ebenso wenig eine „richtige" Lösung wie für die Preisfindung.

7.1.3 Auktionen bei Unternehmenstransaktionen

Auktionen sind institutionalisierte Marktprozesse in denen auf Basis von Geboten und Verkäufen Ressourcen allokiert werden.[614] Besonders ist dabei, dass mehrere Kaufinteressenten in Konkurrenz zueinander Gebote abgeben und dadurch ein Bieterwettbewerb entsteht.[615] Die Güter, die durch Auktionen verkauft werden, sind unzählig: Kunstgegenstände, Autos, Güter aus dem privaten Bereich in online-Auktionen etc. Auch Unternehmen werden durch Auktionen verkauft. Aufgrund der vergleichsweise hohen Transaktionskosten sind Präsenzauktionen zumeist auf höherwertige Güter beschränkt. Durch die Automatisierung auf Internetplattformen wie eBay lassen sich Auktionen auch auf geringwertige Güter anwenden.

Auktionen haben eine sehr lange Tradition. Als älteste beschriebene Fundstelle gilt die Beschreibung des griechischen Geschichtsschreibers Herodot (490 bis 430 v. Chr.), der Auktionen von Ehefrauen in Babylon um 500 v.Chr. beschreibt. Einmal im Jahr konnten junge Frauen ersteigert werden, um sie zu heiraten. Ein großer Bieterwettbewerb fand für die schönen und schlauen Frauen statt. Allerdings wurde bei den weniger attraktiven Damen auch ein negativer Preis gezahlt. Die offensichtliche Last einer Heirat wurde also mit einer Dreingabe eines Geldbetrags ausgeglichen.[616] Auch in anderen Kulturkreisen fanden Auktionen bereits in antiker Zeit

---

[611]   Vgl. *Eisenführ, F.:* Preisfindung für Beteiligungen mit Verbundeffekt, ZfbF, 23. Jg. (1971), S. 477.

[612]   Vgl. *Großfeld, B.:* Unternehmens- und Anteilsbewertung im Gesellschaftsrecht, 4. Auflage, Köln 2001, S. 27 f.

[613]   Vgl. *Henselmann, K.:* Gründe und Formen typisierender Unternehmensbewertung, BFuP, 58. Jg. (2006), S. 149.

[614]   Vgl. *McAfee, R.P./McMillan, J.:* Auctions and Bidding, Journal of Economic Literature, 25. Jg. (1987), S. 701.

[615]   Vgl. *Dasgupta, P./Maskin, E.:* Efficient Auctions, Quarterly Journal of Economics, 65. Jg. (2000), S. 345.

[616]   Vgl. *Cassady, R.:* Auctions and Auctioneering, Berkley u. a. 1967, S. 26 ff.

Anwendung. So wird berichtet, dass in China das Hab und Gut verstorbener Mönche mittels Auktion verkauft worden ist.[617]

Durch Auktionen können Preise ermittelt werden für Güter, die keinen standardisierten Preis haben. So variiert offensichtlich der Preis für Fisch jeden Tag, in Abhängigkeit von dem Fang des Tages und der Nachfrage. Ähnlich sieht es mit Kunstwerken aus. Für diese gibt es als Unikate, die noch dazu von dem subjektiven ästhetischen Empfinden von Käufer und Verkäufer abhängen, keinen Marktpreis. Aus diesem Grund gibt es keine andere Möglichkeit, einen Preis zu bestimmen als durch eine Auktion.[618]

Für Unternehmen gilt Ähnliches. Auch bei ihnen handelt es sich um Unikate für die es keinen standardisierten Marktpreis gibt. Wie wir schon gesehen haben genügt auch der Börsenkurs einer Aktie nicht den Anforderungen, die an einen Marktpreis für ein ganzes Unternehmen gestellt werden müssen.

Es gibt verschiedene Auktionsverfahren, die Anwendung finden:

- **Die englische Auktion:** Dies ist die wohl am meisten verbreitete und bekannte Auktionsform. Bei der englischen Auktion sucht der Auktionator eine erste Offerte und lässt dann weitere, immer weiter ansteigende Gebote, von den versammelten potentiellen Käufern aufrufen solange bis nur noch ein Bieter übriggeblieben ist. Dieser erhält dann den Zuschlag. Damit wird dem lateinischen Wortstamm augere (vermehren) Rechnung getragen: Es werden immer höhere Gebote genannt, bis zu dem Punkt, an dem ein letzter Bieter übriggeblieben ist. Gibt es ein festes Ende der Auktion entsteht der Effekt, dass derjenige Bieter, der genau die letzte Offerte abgibt auch den Zuschlag erhält. Daher wird in den Präsenzauktionen durch den Auktionator die Bietphase bei einem neuen Gebot verlängert (zum ersten, zum zweiten und zum dritten).[619] Die Gebote werden offen (wenn auch manchmal nur mit Handzeichen oder anderen Symbolen) getätigt, so dass jeder potentielle Käufer den Stand des höchsten Gebots kennt. Die englische Auktion kommt in vielen Varianten daher und findet auch im Internet z.B. bei eBay Anwendung.
- **Die holländische Auktion:** Bei der holländischen Auktion läuft der Prozess umgekehrt. Der Auktionator beginnt mit einem sehr hohen Preis, den er kontinuierlich senkt. Wenn einer der potentiellen Käufer die Bereitschaft zum Kauf signalisiert ist dies das Gebot, das akzeptiert wird. Die Auktion endet, wenn das erste Gebot gemacht worden ist. Die holländische Auktion verdankt ihren Namen dem Einsatz bei Blumenauktionen. Bei diesen Auktionen wird durch den Auktionator ein zufällig gewählter überhöhter Einstiegspreis in ein Gerät, das

---

[617] Vgl. *Yang, L.S.:* Buddhist Monasteries and Four Money-raising institutions in Chinese history, Harvard Journal of Asiatic Studies, 13. Jg. (1950), S. 174 ff.

[618] Vgl. *Cassady, R.:* Auctions and Auctioneering, Berkley u.a. 1967, S. 20.

[619] Vgl. *Peters, R.:* Internet-Ökonomie, Berlin u.a. 2010, S. 130.

an eine Uhr erinnert, eingestellt. Die Zeiger der Uhr bewegen sich dann rückwärts, immer einen niedrigeren Preis anzeigend. Der Bieter kann durch Knopfdruck sein Gebot abgeben.[620]

– Werden die Gebote in einem verschlossenen Umschlag übergeben, ändern sich die Usancen für die Bieter. Bei englischer und holländischer Auktion hat jeder Bieter die Gelegenheit, sein Gebot zu überdenken und das bislang höchste Gebot zu überbieten. Diese Möglichkeit ist nicht mehr gegeben, wenn die **Gebote verdeckt abgegeben** werden und jede Partei nur die Möglichkeit zu einem Gebot hat. Dieses Verfahren findet große Anwendung bei öffentlichen Ausschreibungen.[621]

– Das Verfahren bei der **Vickrey-Auktion** ist ähnlich. Die Gebote werden in einem verschlossenen Umschlag abgegeben und jeder Bieter hat nur ein Gebot. Den Zuschlag erhält auch jeweils der Höchstbietende. Allerdings wird für die Preisfindung das Gebot des zweithöchst Bietenden herangezogen. Damit soll erreicht werden, dass die Bieter ihre wahren Präferenzen offenbaren und keine strategischen Gebote abgeben.[622] Benannt ist diese Auktion nach dem Träger des Nobelpreises William Vickrey. Vickrey wird als der Urheber der Zweitpreis Auktion genannt. Es gibt allerdings frühere Berichte über ähnliche Verfahrensweisen, so bei Johann Wolfgang von Goethes Geschäften mit seinen Verlegern.

**Case Study: Der Verkauf der Rechte an „Hermann und Dorothea"
durch Goethe**

Goethe hat bei Preisverhandlungen das Prinzip der Vickrey Auktion bei seinen Geschäften mit Verlagen angewandt. Am 16. Januar 1797 schrieb er an seinen Verleger Vieweg:

„Ich bin geneigt Herrn Vieweg … Hermann und Dorothea zum Verlag zu überlassen … Was das Honorar betrifft so stelle ich Herrn Oberconsortialrath Böttiger ein versiegeltes Billet zu, worinn meine Forderung enthalten ist und erwarte was Herr Vieweg mir für meine Arbeit anbieten zu können glaubt. Ist sein Anerbieten geringer als meine Forderung, so nehme ich meinen versiegelten Zettel ungeöffnet zurück …, ist es höher, so verlange ich nicht mehr als in dem Zettel verzeichnet ist."

Das Prinzip was Goethe hier anwendet ist das gleiche wie in der Vickrey Auktion. Der Verleger Vieweg soll seine wahre Zahlungsbereitschaft offen-

---

620   Vgl. *Hall, C.D.:* A Dutch Auction Information Exchange, Journal of Law & Economics, 32. Jg. (1989), S. 195 f.
621   Vgl. *McAfee, R.P./McMillan, J.:* Auctions and Bidding, Journal of Economic Literature, 25. Jg. (1987), S. 702.
622   Vg. *Vickrey, W.:* Counterspeculation, Auctions, and Competitive Sealed Tenders, Journal of Finance, 16. Jg. (1961), S. 8 ff.

baren. Er zahlt auch dann aber nur den geringeren Preis, wenn er über dem von Goethe geforderten Mindestwert liegt. Wenn der Preis zu niedrig ist, wäre das ein Zeichen, dass der Verleger Goethes Werk zu geringschätzt. Er kann das Werk einem wohlmeinenderen Verleger überlassen.

Der Oberconsortialrat, Goethes Mittelmann, spielte aber bei Goethes Versuch nicht mit. Er offenbarte dem Verleger Vieweg, was Goethe erwartete: „Das versiegelte Billet mit dem eingesperrten Goldwolf liegt wirklich in meinem Bureau. Nun sagen sie also was sie geben können und wollen? Ich stelle mich in ihre Lage, theuerster Vieweg, und empfinde, was ein Zuschauer, der ihr Freund ist, empfinden kann. Nur eins erlauben sie mir, nachdem was ich ohngefähr von Goethes Honoraren bei Göschen, Bertuch, Cotta und Unger, weiß anzufügen: unter 200 Fr d Òr können sie nicht bieten." Kein Wunder, dass Vieweg für das Gedicht daraufhin diese 200 Goldfranken auch geboten hat und den Zuschlag für das Buch erhielt.

Quellen: *Eichberger, G.:* Grundzüge der Mikroökonomik, Tübingen 2004, S. 287f; *Esch, F.-R./Herrmann, A./Sattler, H.:* Marketing – Eine managementorientierte Einführung, 3. Auflage, München 2011, S. 323.

Für Unternehmenstransaktionen hat die Auktion als Abwicklungsverfahren erhebliche Relevanz entwickelt. Eine Studie, die die Übernahmen von öffentlichen, d.h. börsennotierten Unternehmen zwischen 1998 und 2005 untersucht haben, kommt auf einen Anteil von 42 % der Transaktionen, die mittels Auktion abgewickelt worden sind.[623] In Deutschland liegen bislang keine Untersuchungen zur Zahl der Unternehmensauktionen vor. Da es aber insbesondere bei privaten, nicht über die Börse abgewickelten Transaktionen, keine rechtlichen Beschränkungen gibt, ist die Möglichkeit für alle Unternehmen diesen Weg zu wählen vorhanden.

Eine Unternehmenstransaktion wird i.d.R. durch eine kontrollierte Transaktion abgewickelt. Bei einer kontrollierten Transaktion wird der Kreis der Bietenden beschränkt. Der Verkäufer sucht potentielle Käufer seines Unternehmens aus und lädt diese ein, an der Auktion teilzunehmen, wodurch der Teilnehmerkreis beschränkt wird.[624] Dies ist auch im Interesse der potentiellen Käufer. Diese unterschreiben vor dem Start einer Auktion eine Vertraulichkeitserklärung, die ihnen den Zugang zu vertraulichen Informationen aus dem Rechnungswesen des Übernahmekandidaten ermöglicht. Damit können Informationen für eine Unternehmensbewertung gesammelt werden.

---

[623] Vgl. *Anilowski, C.L./Macias, A.J./Sanchez, J.M.:* Target firm earnings management and the method of sale: Evidence from auctions and negotiations, Purdue University and University of Arkansas, Working Paper 2009, S. 45.

[624] Vgl. *Weihe, R.:* Unternehmensverkauf per Auktion, Die Bank, o. Jg. (2004), S. 44.

Formal ist eine Unternehmenstransaktion der Verkauf durch einen Monopolisten, da das Unternehmen – wie z.B. auch ein Kunstwerk – ein Unikat ist. In so einer Situation kann ein Monopolist einen Preis setzen. In dem Fall einer Unternehmenstransaktion ist dies aber nicht möglich, da der potentielle Verkäufer nicht über die Bewertungen des Unternehmens durch die potentiellen Unternehmenskäufer informiert ist.[625] Mit einem falschen Preis, der außerhalb des Transaktionsbereiches liegt, kann ein möglicher Kauf scheitern. Mit der Auktion erreicht der Verkäufer, dass ihm die Bieter ihre Unternehmensbewertung offenbaren. Dabei ist aber auch zu beachten, dass bei Auktionen taktische Überlegungen eine Rolle spielen können, so dass auch durch eine Auktion nicht gewährleistet ist, zu einem optimalen Preis zu kommen. Allerdings lässt sich empirisch feststellen, dass durch Auktionen höhere Preise für Unternehmen gezahlt werden als durch andere Verkaufsmethoden.[626] Allerdings gilt für die klassischen oben genannten Auktionsformen das Revenue Equivalence Theorem, welches von Vickrey 1961 aufgestellt worden ist.[627] Es besagt, dass die vier Auktionsformen zu identischen Erbenissen führen und der erwartete Auktionspreis die zweithöchste Zahlungsbereitschaft der Nachfrage annimmt. Dies bdeutet, dass die Auktion nicht in jedem Fall die optimale Alternative ist, da nicht die höchste Zahlungsbereitschaft durch den Käufer abgeschöpft werden kann.

Case Study: Die Auktion der Steag durch Evonik

Der Mischkonzern Evonik hat im Jahr 2010 im Rahmen seiner Konsolidierung zu einem im Wesentlichen in der Chemiesparte tätigen Konzern seinen Kraftwerksbereich Steag durch eine Auktion veräußert. Letztlich zum Zuge kam ein Konsortium aus verschiedenen nordrhein-westfälischen Stadtwerken, die 649 Mio. EUR für eine erste Tranche der Steag an Evonik zahlten. Damit konnte Evonik das Ziel erreichen, was vor dem Start der Auktion ausgegeben wurde. Evonik wollte zwischen 600 und 700 Mio. EUR erlösen.

In der ersten Runde des Verfahrens wurden verschiedene interessierte Bieter eingeladen, ein Gebot abzugeben. Eine Due Diligence war zu diesem Zeitpunkt noch nicht möglich. An die Öffentlichkeit gelangte das Ausscheiden von Bietern wie dem baden-württembergischen Energiekonzern EnBW oder der Thüga. Nach dieser Vorauswahl hatten die verbliebenen Interessenten die Möglichkeit zu einer Due Diligence des Kaufunternehmens, wodurch die Gebote besser fundiert werden konnten. In die Öffentlichkeit gelangte zu diesem Zeitpunkt die Information, dass einem Bieter für ein fundiertes An-

---

[625] Vgl. *McAfee, R.P./McMillan, J.:* Auctions and Bidding, Journal of Economic Literature, 25. Jg. (1987), S. 704.

[626] Vgl. *Kopp, V.:* Kontrollierte Auktionen, Bergisch Gladbach 2010, S. 1. Die Maximierung des Preises für den Verkäufer bedeutet allerdings nicht, dass dies zu einer volkswirtschaftlich effizienten Ressourcenallokation führt. Vgl. *Krishna, V.:* Auction Theory, San Diego 2002, S. 5 f.

[627] Vgl. *Vickrey, W.:* Counterspeculation, Auctions, and Competitive Sealed Tenders, Journal of Finance, 16. Jg. (1961), S. 8 ff.

gebot noch Informationen über die langfristigen Stromlieferverträge fehlten. In der zweiten Runde wurden die Gebote dann höher. In einer dritten Runde – dem Finale – verblieben dann nur noch zwei Konsortien, die Gebote abgeben konnten. Ein tschechisches Konsortium und das am Ende erfolgreiche Stadtwerke Konsortium. Das tschechische Konsortium ging offensichtlich wegen eines zu niedrigen Angebots leer aus.

Das Verfahren – wenn auch die öffentlich verfügbaren Informationen recht spärlich sind – zeigt die Vorteile einer kontrollierten Auktion: Evonik als Verkäufer kann selektierte Interessenten einladen und bekommt einen Eindruck von den realisierbaren Preisen. Dabei kann der Grad der Vertraulichkeit von Informationen, die an die Interessenten gegeben werden, Stück für Stück erhöht werden. Die Asymmetrie der Informationsverteilung wird geringer. Ist das Unternehmen ein gutes Unternehmen, so steigt der Preis und der Verkäufer kann, wie es in diesem Fall geschehen ist, seine Preisvorstellung durchsetzen.

Quelle: *o.V.:* Stadtwerke übernehmen Energiesparte von Evonik, Handelsblatt vom 13.12.2010, http://www.handelsblatt.com/unternehmen/industrie/ steag-verkauf-stadtwerke-uebernehmen-energiesparte-von-evonik/3675266. html (abgerufen am 28.6.2012); *Smolka, K.M/Gassmann, M.:* Steag Auktion bald in dritter Runde, Financial Times Deutschland vom 28.7.2010, http://www.ftd.de/unternehmen/industrie/:evonik-kraftwerksparte-steag-auktion-bald-in-dritter-runde/50150207.html (abgerufen am 28.6.2012).

Auktionen sind außergewöhnlich populär und spielen auch eine überragende Rolle im Alltag. So hat sich eBay zu einem großen Marktplatz entwickelt, auf dem Privatleute und professionelle Händler ihre Waren auktionieren. Bei der Suche nach Handwerkern helfen Börsen mit umgekehrten Auktionen, derjenige Handwerker mit dem geringsten Preis bekommt den Zuschlag. Ein bekanntes Risiko bei all diesen Auktionen ist der „winners curse." Er besagt, dass die Gewinner von Auktionen die eigentlichen Verlierer sind, da sie zu hohe Preise bezahlen. Zuerst beschrieben wurde der winners curse von drei Ingenieuren des amerikanischen Ölkonzerns Atlantic Richfield.[628] Sie untersuchten die Versteigerung von Bohrrechten für Erdöl am Golf von Mexiko. Bei der Versteigerung von Land ist der Nutzen, den die Bieter aus dem Land ziehen können immer gleich: Sie können das gefundene Öl fördern. Die Schätzung, welche Menge Öl auf einer Parzelle zu finden ist, ist kompliziert und nicht exakt vorzunehmen. Daher kann man davon ausgehen, dass die bietenden Ölfirmen, Schätzungen angestellt haben werden, die stark variieren. Einige werden die Ölmenge unterschätzt, andere überschätzt haben. Wahrscheinlich wird die tatsächliche Ölmenge in der Mitte der Schätzungen liegen. Man kann aber da-

---

[628] Vgl. *Capen, A.C./Clapp, R.V./Campbell, W.M.:* Competitive Bidding in High Risk-Situations, Journal of Petroleum Technology, 23. Jg. (1971), S. 641 ff.

von ausgehen, dass derjenige die Auktion gewinnt, der die höchste Schätzung hatte. Es ist wahrscheinlich, dass der Gewinner der Auktion eigentlich ein Verlierer ist, da er eine zu hohe Schätzung seinen Geboten zugrunde gelegt hat. Er kann auf zwei Weisen verflucht („cursed") sein:[629]

– Das siegreiche Gebot ist höher als der Wert des verkauften Landes, der Sieger verliert Geld.

– Der Wert des Landes ist geringer als der geschätzte Wert, der Gewinn ist geringer als von dem Gewinner erwartet. Das Unternehmen ist enttäuscht.

Der Gewinner ist also der eigentliche Verlierer der Auktion. Im zweiten Fall, der weniger schlimmen Verdammnis, stellt sich zumindest Enttäuschung ein, die sich darin äußert, dass man nicht den eigentlich erwarteten Gewinn realisiert. Bei rationalen Bietern könnte dieser Effekt nicht auftreten.[630] Damit handelt es sich um eine Anomalie, die psychologisch erklärt werden kann. Empirische Studien belegen, dass Menschen es besonders schätzen, wenn sie besser abschneiden als andere. Dafür verzichten sie sogar auf absolute Vorteile, so lange sie nur Rivalen damit ausstechen können.[631] Bestimmte Faktoren können diesen Effekt steigern. Diese können von Verkäufern bewusst eingesetzt werden, um den Preis zu steigern. So erhöht sichtbare Rivalität (z.B. durch Transparenz der Gebote) deutlich die Rivalität und damit die Bereitschaft höher zu bieten. Ebenfalls erhöht Zeitdruck, die Bereitschaft mehr zu bieten.[632]

Eine weitere Rolle spielt der Ankereffekt. Häufig stellt man fest, dass die Höchstbewertung einer Aktie bei öffentlichen Übernahmen als Ankerwert verwendet wird. Manager meinen, dass sie diese Höchstbewertung überschreiten können, weil sie in der Lage sein werden, nach der Unternehmenstransaktion Synergieeffekte zu realisieren. Daher wird der 52-Wochen Höchststand der Aktie bei Angebotspreisen überboten.[633]

Diese Erklärungen zeigen, warum Unternehmen mehr für Akquisitionen bezahlen, als notwendig ist. In 3.3.2 haben wir die Hybris-Hypothese zur Erklärung von Unternehmenstransaktionen kennengelernt, die eng mit diesen Aussagen zusammenhängt. Ausgegangen wird dabei von der Erkenntnis, dass Manager genau die gleichen psychologischen Eigenschaften haben wie die Versuchspersonen, meist Stu-

---

[629] Vgl. *Thaler, R.:* Annomalies: The Winner's Curse, Journal of Economic Perspectives, 2. Jg. (1988), S. 192.

[630] Vgl. *Cox, J.C./Isaac, R.M.:* In Search of the Winner's Curse, Economic Inquiry, 22. Jg. (1984), S. 579 ff.

[631] Vgl. *Messick, D.M./Thorngate, W.B.:* Relative gain maximization in experimental games, European Journal of Social Psychology, 3. Jg. (1967), S. 85 ff.

[632] Vgl. *Malhotra, D.:* The Desire to win: The effects of competitive arousal on motivation and behavior, Organizational and Human Decision Processes, 59. Jg. (2009), S. 144.

[633] Vgl. *Baker, M./Pan, X./Wurgler, J.:* The effect of referent point prices in mergers and acquisitions, Working Paper, Stand September 2010, www4.gsb.columbia.edu/null/download, abgerufen am 1.7. 2012.

dierende. Man kann nach diversen Studien davon ausgehen, dass die zu Hybris führenden Eigenschaften bei erfolgreichen Managern sogar stärker ausgeprägt sind als bei anderen Menschen. Dies hängt damit zusammen, dass diese dazu neigen, besonders von ihren Fähigkeiten überzeugt und damit auch risikofreudiger zu sein als andere Menschen.[634] Mit anderen Worten: Man kann davon ausgehen, dass die hier diskutierten emotionalen und psychologischen Faktoren, die den Preis zu hoch werden lassen, praktisch sehr relevant sind. Hier haben wir im Übrigen den Bereich des rationalen Vorgehens (Festlegen eines Grenzpreises, der dann in den Preisverhandlungen, die Grenze der Kompromissbereitschaft abgibt) verlassen.

7.2 Zahlungsmodalitäten bei Unternehmenstransaktionen

7.2.1 Barzahlung des Kaufpreises

Es liegt auf der Hand, dass der Kaufpreis in bar bezahlt werden kann. Man spricht dann von einer cash-offer. Eine andere Möglichkeit ist es, dass der Kaufpreis durch Aktien beglichen wird. Welche Zahlungsweise bevorzugt wird hängt stark von der jeweiligen Börsensituation ab.[635] Zu Zeiten des High-Tech Booms mit hohen Börsenkursen wurde eine Vielzahl von Transaktionen durch Bezahlung in Aktien des übernehmenden Unternehmens abgewickelt. Für den Verkäufer ist diese Transaktion wie ein Tausch von Aktien: Er tauscht Aktien des verkauften Unternehmens gegen Aktien des verkaufenden Unternehmens. Dagegen wurden ab Mitte der 2000er Jahre Unternehmenstransaktionen vermehrt in bar abgewickelt. Dies lässt sich darauf zurückführen, dass Aktien in Zeiten hoher Börsenkurse eine besonders kaufkräftige Währung sind. Dies bedeutet allerdings gleichzeitig ein höheres Risiko für die Verkäufer. Barzahlungen haben stattdessen kein weiteres Risiko für die Käufer. In der Praxis kommen Zahlungen in bar und in Aktien in verschiedenen Mischformen vor.

Während bei börsennotierten Käufern die Möglichkeit besteht, Aktien auszugeben, mit denen dann der Kaufpreis bezahlt wird, besteht dies bei dem Großteil der Unternehmen, die nicht an einer Börse notiert sind, nicht. Diese müssen ihre Zahlung in bar leisten. In einem Kaufvertrag zur Unternehmenstransaktion wird die Zahlung des Kaufpreises i.d.R. als aufschiebende Bedingung für das Wirksamwerden des Vertrages aufgenommen. Ausgeführt wird, zu welchem Zeitpunkt der Kaufpreis auf welches Konto des Verkäufers zu leisten ist. Meist wird ein Notar beauftragt dem Verkäufer die vorbehaltlose Zahlung durch den Käufer zu bestätigen. Ab die-

[634] Vgl. *Baker, M./Ruback, R.S./Wurgler, J.:* Behavioral Corporate Finance. A Survey, Working Paper, Stand: September 2005, S. 8 f.,
http://papers.ssrn.com/sol3/papers.cfm?abstract_id=602902 (abgerufen am 1.7.2012).
[635] Vgl. *Glaum, M./Hutzschenreuther, T.:* Mergers & Acquisitions, Stuttgart 2010, S. 171 f.

sem Zeitpunkt – sofern keine anderen aufschiebenden Bedingungen zwischen den Parteien vereinbart waren – ist die Übertragung wirksam.[636]

Häufiger wird auch die Abwicklung über ein Notaranderkonto durchgeführt. Hier verwaltet ein Notar ein Konto für einen Dritten – den Verkäufer des Unternehmens. Geht das Geld ein, so kann der Verkäufer nicht selbst auf das Konto zugreifen. Das Geld auf dem Konto wird erst in dem Moment durch den Notar freigegeben, wenn das Eigentum an dem Unternehmen (durch Übergabe der Aktien oder notarielle Vereinbarung bei GmbH-Anteilen) übergeben worden ist. Der Vorteil dieses Verfahrens ist, dass sowohl Käufer als auch Verkäufer durch den zwischengeschalteten Notar, Sicherheit erhalten, dass sie das Eigentum an den ihnen zustehenden Geldern bzw. Anteilen erhalten.

Verfügt der Käufer des Unternehmens nicht über ausreichende Finanzmittel, um den fälligen Kaufpreis in einer Tranche zu bezahlen, so kann man anbieten, dass Ratenzahlung durchgeführt wird. Insbesondere bei MBOs bietet sich dies an, da die kaufenden Mitarbeiter selten über genügende Zahlungsmittel verfügen, um den Betrag in einem zu bezahlen.

Ein weiteres Problem bei einer Barzahlung ist, dass es dem Käufer schwer wird, Gewährleistungsansprüche z.B. bei nicht-Erfüllung der Garantien durchzusetzen. Der Käufer kann in Insolvenz gehen, nicht mehr verfügbar sein oder auf andere Weise dafür sorgen, dass etwaige Gewährleistungen nicht mehr erstattet werden. Hier wird meist eine Einbehaltung eines Teils des Kaufpreises, die Stellung einer Bankgarantie oder die Zahlung auf ein Treuhandkonto vereinbart. Bei einer Bankgarantie muss der Verkäufer eine Bank beauftragen, für eine bestimme Summe zu bürgen. Der Käufer kann sich an die Bank wenden und kriegt seine Ansprüche erfüllt (Bankgarantie auf erstes Anfordern). Der Verkäufer bezahlt dafür eine Provision an die Bank. Bei einem Treuhandkonto verbleibt ein Teil des Kaufpreises auf einem Konto, das nicht im Zugriff des Verkäufers ist. Erst nach einer bestimmten vertraglich vereinbarten Zeit bekommt der Verkäufer den Zugriff. In der Zwischenzeit wird das Konto von einem Rechtsanwalt, Wirtschaftsprüfer oder Notar verwaltet. Durch dieses Vorgehen lassen sich die im Gegensatz zueinander stehenden Interessen der beteiligten Parteien ausgleichen: Der Verkäufer möchte seine Gewährleistungsansprüche leicht durchsetzen, der Käufer möchte möglichst frühzeitig Zugriff auf den vollen Kaufpreis haben.[637]

---

[636] Vgl. *Knott, H.J./Mielke, W./Weidlich, T.:* Unternehmenskauf, Köln 2001, S. 85.

[637] *Schüppen, M.:* Alternativen der Kaufpreisstrukturierung und ihre Umsetzung im Unternehmenskaufvertrag, BFuP, 62. Jg. (2010), S. 423.

7.2.2   Bedingte Kaufpreise: Earn-out Klauseln[638]

Wie gezeigt basiert die Unternehmensbewertung, die zur Grundlage der Verhandlungen des Kaufpreises wird, auf Annahmen über die Zukunft. Damit ist es für den Käufer unsicher, ob sich seine Wertvorstellungen realisieren lassen oder nicht. Von daher kann es sinnvoll sein, den zu entrichtenden Kaufpreis an den Eintritt zukünftiger Ereignisse zu binden. Der Kaufpreis wird variabel, nicht ein fixer unveränderbarer Kaufpreis (locked box Modell) wird vereinbart, sondern es werden im Kaufvertrag Klauseln vereinbart, nach dem ein bestimmter Teil des Preises erst bei Eintritt vereinbarter Ereignisse fällig wird. Für diese Zahlungsweise wurde im angelsächsischen Sprachgebrauch der Begriff des Earn-outs geprägt.[639]

Der Verkäufer erhält den Kaufpreis ganz oder teilweise durch eine Beteiligung an den realisierten Gewinnen oder anderen realisierten Zielgrößen des Unternehmens nach der Veräußerung. Im Regelfall wird ein Basispreis vereinbart, der zum Stichtag der Unternehmenstransaktion fällig ist, und durch periodisch wiederkehrende spätere Zahlungen je nach Eintritt von Zielgrößen, ergänzt wird. Formal ergibt sich der Unternehmenskaufpreis aus folgender Beziehung:[640]

(7.9) $\qquad P = P_f + P_v$

(7.10) $\qquad P_v = \sum_{t=1}^{T} EOZ_t$

(7.11) $\qquad EOZ = g \cdot G_{EOZ}$

Mit: $\qquad$ P = Preis

$\qquad\qquad$ P_f = fixer Kaufpreisbestandteil

$\qquad\qquad$ P_v = variabler Kaufpreisbestandteil

$\qquad\qquad$ EOZ_t = Earn-out Zahlung des Käufers an den Verkäufer im Zeitpunkt t (t =1,..., T)

$\qquad\qquad$ g = Grad der Erfüllung der Bemessungsgrundlage

$\qquad\qquad$ G_{EOZ} = Bemessungsgrundlage für die Earn-out Zahlung

Der zwischen Käufer und Verkäufer vereinbarte Basispreis wird korrigiert durch die künftigen zusätzlichen Zahlungen, die an das Erreichen von betriebswirtschaftlichen Zielen geknüpft sind. Der zu zahlende Gesamtpreis muss demnach als Barwert betrachtet werden, da spätere Zahlungen den Wohlstand des Erwerbers zum Zeitpunkt des Erwerbs mehren und den Wohlstand des Verkäufers mindern. Es ergibt sich:

---

[638] Dieses Kapitel baut auf dem Aufsatz *Behringer, S.:* Earn-out Klauseln bei Unternehmensakquisitionen, UM, 2. Jg. (2004), S. 245 ff. auf.

[639] Vgl. *Reum, R./Steele, T.A.:* Contingent Payouts cut acquisition risks, HBR, 49. Jg. (1970), S. 83 ff.

[640] Vgl. *Meuli, H.M.:* Preisgestaltung bei Verkäufen von KMU – Earn-Out-Methode als mögliche Alternative, Schweizer Treuhänder, 70. Jg. (1996), S. 942.

$$(7.12) \qquad P = P_f + \sum_{t=1}^{T} \frac{EOZ_t}{(1+i)^t}$$

Die Vereinbarung der Bemessungsgrundlage G_{EOZ} ist für das Gelingen des Earn-outs von entscheidender Bedeutung. Es muss sich dabei nicht zwingend um Größen aus dem Rechnungswesen des Unternehmens handeln.[641] Wichtig ist allein, dass die Kennzahl messbar ist und einer intersubjektiven Überprüfung unterzogen werden kann. Käufer und Verkäufer sollten darauf achten, dass die gewählte Kennzahl komplementär zu den Akquisitionszielen ist, die der Käufer verfolgt. Wird die Akquisition durchgeführt, um beispielsweise den Marktanteil zu erhöhen, wäre eine Festlegung des Unternehmensgewinns als Bemessungsgrundlage für den Verkäufer nicht in jedem Falle sinnvoll, da Marktanteile durch Verkäufe mit niedrigen Margen erkauft werden können und der Unternehmensgewinn sich so negativ entwickeln würde. Für diesen Fall kann man den Marktanteil selbst als Grundlage für das Earn-out nehmen. Denkbar ist es auch, eine Earn-out Zahlung an das Eintreffen eines bestimmten Ereignisses zu binden, wie z.B. dem Erlangen eines Auftrags, der Zulassung eines Produktes durch die Behörden oder der Entwicklung eines Neuprodukts. Übliche herangezogene Kennzahlen des Rechnungswesens sind Umsatz, Bruttomarge, Gewinn, Cashflow, EBIT oder diverse Kombinationen aus dem Vorgenannten.[642]

Um Streitigkeiten bei der Festlegung der konkreten Höhe der zu entrichtenden Zahlungen zu vermeiden, sollte in jedem Fall vorab festgelegt werden, wie die Bemessungsgrundlage ermittelt wird,[643] z.B. anhand des geprüften Jahresabschlusses oder durch andere anerkannten Rechnungen (z.B. Marktanteile aus den Daten der GfK).

Um außergewöhnliche und einmalige Effekte auszuschließen, kann die Verwendung des Ergebnisses der gewöhnlichen Geschäftstätigkeit[644] für G_{EOZ} vereinbart werden. Allerdings wird auch diese Ergebnisgröße durch Einmaleffekte beeinflusst. Einmaleffekte, die aus der Zeit vor dem Verkauf stammen, müssen berücksichtigt werden. Dies können u.a. Aufwendungen für Großreparaturen, Leerstandskosten und Subventionen von öffentlichen Stellen sein. Nicht zu berücksichtigen, wären dagegen Kosten für einen Sozialplan, der durch den Käufer eingeleitet worden ist.[645]

---

[641] So *Meuli, H.M.:* Preisgestaltung bei Verkäufen von KMU – Earn-Out-Methode als mögliche Alternative, Schweizer Treuhänder, 70. Jg. (1996), S. 943.

[642] Vgl. *Hilgard, M.C.:* Earn-Out Klauseln beim Unternehmenskauf, BB, 65. Jg. (2010), S. 2914.

[643] Vgl. *Sherman, S.J./Janatka, D.A.:* Engineering Earn-Outs to get Deals done and prevent discords, Mergers & Acquisitions, Sep/Oct. 27. Jg. (1992), S. 27 f.

[644] Vgl. zur Definition des Ergebnisses der gewöhnlichen Geschäftstätigkeit *Buchholz, R.:* Grundzüge des Jahresabschlusses nach HGB und IFRS, 5. Auflage, München 2009, S. 158.

[645] Vgl. *von Braunschweig, P.:* Variable Kaufpreisklauseln in Unternehmenskaufverträgen, DB, 55. Jg. (2002), S. 1816.

Der **Zeitraum von Earn-out Klauseln** wird in der Literatur unterschiedlich angegeben: zwischen zwei und sieben Jahren,[646] maximal fünf Jahren,[647] meistens fünf Jahren[648] und zwischen zwei und fünf Jahren.[649] In jedem Falle sollte der Zeithorizont der Earn-out Zahlungen nicht zu lang sein, da sowohl für Käufer als auch Verkäufer eine Kontrollmöglichkeit noch gegeben sein muss. Je länger der vereinbarte Zeitraum ist, desto schwieriger wird die Kontrolle durch den Verkäufer. Je nach Ausgestaltung des Kaufvertrages können sich auch negative Effekte für den Käufer ergeben. Die Kontrollrechte des Verkäufers können ihm die volle Verfügungsgewalt über das Unternehmen verwehren, wodurch Synergieeffekte erst verspätet realisiert werden können.

Über eine Earn-out Klausel wird die Finanzierung des Unternehmenskaufs gestreckt und die Bezahlung weiterer Raten an den Erfolg des Unternehmens geknüpft. Wählen Käufer und Verkäufer beispielsweise den zu erreichenden Cashflow als Bemessungsgrundlage, kann der Käufer die weiteren Raten gleich aus dem zur Verfügung stehenden Cashflow begleichen. So kann der Käufer die Finanzierung des variablen Anteils über den Geschäftsprozess des Unternehmens erreichen. Bei Nichteintritt der vereinbarten Bedingungen für einen Earn-out, wird auch keine Zahlung fällig, so dass sich das Risiko des Käufers erheblich mindert.

Für den Verkäufer ergibt sich durch das Anbieten von variablen mehrstufigen Zahlungen die Möglichkeit, die Zahl der Nachfrager für das Unternehmen zu vergrößern und damit überhaupt einen Käufer zu finden bzw. einen höheren Unternehmenspreis zu realisieren. **Allerdings erhöht sich das Risiko des Verkäufers analog zur Risikoreduzierung auf Käuferseite.** Durch den Earn-out sind die Zahlungen aus der Unternehmenstransaktion unsicher geworden. Darüber hinaus muss der Verkäufer den Zinseffekt berücksichtigen und seine erwarteten Zahlungen als Barwert betrachten.

Während der Kaufvertrag über das Unternehmen abgeschlossen wird, ist die Informationslage noch symmetrisch zwischen den beiden Vertragsparteien. Dies ändert sich nach dem Abschluss, dann hat der Käufer die volle Verfügungsgewalt über sein erworbenes Unternehmen.[650] Diese Situation bezeichnet man als Moral Hazard. Im Normalfall hat der Verkäufer vor Abschluss sogar einen Informationsvorsprung gegenüber dem Käufer, da er das Unternehmen genauer und länger aus seiner unternehmerischen Praxis kennt. Dieser Informationsstand verschiebt sich nach

---

[646] Vgl. *Meuli, H.M.:* Earn-out Methode als Instrument der Preisgestaltung bei Unternehmensverkäufen, Zürich 1996, S. 58.

[647] Vgl. *Helbling, C.:* Unternehmensbewertung und Steuern, 9. Auflage, Düsseldorf 1998, S. 166.

[648] Vgl. *Funk, J.:* Aspekte der Unternehmensbewertung in der Praxis, ZfbF, 47. Jg. (1995), S. 513.

[649] Vgl. *Schüppen, M.:* Alternativen der Kaufpreisstrukturierung und ihre Umsetzung im Unternehmenskaufvertrag, BFuP, 62. Jg. (2010), S. 418.

[650] Vgl. *Milgrom, P./Roberts, J.:* Economics, Organization and Management, Englewood Cliffs 1992, S. 166 ff.

Vertragsabschluss deutlich zu Gunsten des Käufers. Der Käufer kann nach der Übernahme der Unternehmensleitung die Bemessungsgrundlage der Earn-out Zahlungen steuern und sie sogar verschleiern bzw. negativ beeinflussen. Diese Gefahr eines moralischen Risikos kann Earn-out Klauseln unvereinbar machen.

Ein Ausweg ist es, effektive Kontrollmechanismen zwischen Käufer und Verkäufer zu vereinbaren. Bleibt der Verkäufer nach der Übernahme als angestellter Manager im Unternehmen kann eine Earn-out Klausel als zusätzliche Motivation dienen. Da der Manager das Unternehmen weiterhin führt, entfällt auch der Informationsvorsprung des Käufers.

Scheidet der Verkäufer aus dem Unternehmen nach der Unternehmenstransaktion aus, so müssen Kontrollrechte definiert werden, die ihm die Einhaltung seiner Interessen sichern. Da der Käufer nach der Übernahme prinzipiell alleine über die Strategie des Unternehmens entscheiden kann, empfiehlt es sich, diese vorher im Vertrag zu skizzieren. Insbesondere, wenn der Käufer plant nach der Übernahme die Investitionen auszuweiten, kann ein gewinnorientierter Earn-out nachteilig für den Verkäufer sein. Lohnende Investitionen, also solche mit einem positiven Kapitalwert, verlaufen meist nach dem Muster, dass sie zunächst zu Verlusten durch Entwicklung, Marketing oder andere Anfangsaufwendungen und erst später zu Gewinnen führen. Damit wird die typischerweise von einem Earn-out belegte Zeitspanne besonders belastet.

Wird das Unternehmen nach der Übernahme in eine Konzernstruktur integriert, muss sichergestellt sein, dass Konzernumlagen bzw. Änderungen in der Rechnungslegung durch eine Konzernbilanzierungsrichtlinie nicht die Bemessungsgrundlage verändern. Rechnungslegungsnormen (Rechnungslegung nach IFRS, US-GAAP oder HGB) und Rahmenbedingungen (Verwendung des gleichen Managements etc.) müssen bei Vertragsunterzeichnung festgelegt werden.

Für den Käufer ergibt sich die Möglichkeit die Bemessungsgrundlage des variablen Kaufpreisbestandteils durch bilanzpolitische Maßnahmen zu steuern. Die verbreiteten Rechnungslegungsnormen – deutsches HGB und IFRS – erlauben eine ganze Reihe von legalen Gestaltungsspielräumen, die der Käufer zur Steuerung der Bemessungsgrundlage einsetzen kann.[651] Insbesondere die Dotierung von Rückstellungen und die Bemessung von Abschreibungen eröffnen Möglichkeiten zur Steuerung des Ergebnisses. Erste Gegenmaßnahme des Verkäufers sollte die Wahl einer wenig steuerungsfähigen Kennzahl als Bemessungsgrundlage sein. In der Literatur wird dazu insbesondere der Cashflow gezählt.[652] Damit cash-outs durch Investitionen in eine neue Strategie nicht zu Lasten des Earn-outs gehen, können sich die

---

[651] Vgl. für eine Übersicht *Behringer, S./Lühn, M.:* Cashflow und Unternehmensbeurteilung, 11. Auflage, Berlin 2016, S. 32 ff.

[652] Vgl. beispielhaft *Hauschildt, J./Leker, J./Mensel, N.:* Der Cashflow als Krisenindikator, in: Hauschildt, J./Leker, J. (Hrsg.): Krisendiagnose durch Bilanzanalyse, 2. Auflage, 2000, S. 49 ff.

Parteien auf den operativen Cashflow als Grundlage einigen.[653] Darüber hinaus können eindeutig definierte Ziele, wie Verkäufe von bestimmten Stückzahlen eines Produktes, Entwicklung eines Produktes zur Marktreife etc. als Grundlage angenommen werden.

In jedem Fall bedarf es Kontrollmöglichkeiten durch den Verkäufer über die Bemessungsgrundlage. Wird die Bemessungsgrundlage aus dem Rechnungswesen des Unternehmens gewonnen, so sollte eine Prüfung durch einen unabhängigen Wirtschaftsprüfer im Vertrag festgelegt werden. Laufende Kontrolle kann der Verkäufer durch eine Beteiligung im Beirat oder Aufsichtsrat des Unternehmens ausüben. Dabei muss sichergestellt werden, dass er auch über so viel Einfluss verfügt, dass er für ihn nachteilige Entscheidungen verhindern kann. Dies lässt sich durch Vereinbarung eines größeren Katalogs zustimmungspflichtiger Geschäfte im Kaufvertrag bewerkstelligen. Daneben kann auch ein bestimmtes Quorum im Aufsichtsrat für diese Geschäfte vereinbart werden, so dass dem Verkäufer auch weiterhin der notwendige Einfluss gesichert wird.

Signalling ist eine Möglichkeit der besser informierten Seite – in unserem Falle des Unternehmensverkäufers – der schlechter informierten Seite – dem Unternehmenskäufer – zu signalisieren, dass von ihm befürchtete Risiken nicht eintreten werden.[654] Das freiwillige Angebot des Verkäufers, mit dem Käufer einen Earn-out zu vereinbaren und damit eine sichere Einzahlung gegen eine unsichere einzutauschen kann ein solches Signal sein. Ziel des Käufers ist es, den Gesamtkaufpreis durch dieses Signal zu erhöhen.

Ein Signal dieser Art kann sinnvoll sein, wenn sich die Parteien in der Verhandlung nicht über einen Unternehmenskaufpreis einigen können. Gehen die Wertvorstellungen auseinander, bedeutet dies, dass sich die Ansichten über die Zukunftsaussichten des in Rede stehenden Unternehmens nicht decken. Dies kann z.B. dann der Fall sein, wenn der Verkäufer das Unternehmen durch hohe Investitionen bzw. durch Sanierung neu aufgestellt hat und sich die Erfolge in den Vergangenheitsdaten noch nicht zeigen, Investitionen vielleicht sogar zunächst belastend wirken. Ist der Verkäufer davon überzeugt, dass sich die eingeleiteten Maßnahmen in zukünftige Erfolge verwandeln, hat er die Möglichkeit eine Earn-out Klausel vorzuschlagen und mit einer Formel beispielsweise basierend auf dem Unternehmensgewinn den Gesamtkaufpreis für das Unternehmen zu steigern.

Dem Verkäufer muss allerdings bewusst sein, dass sich mit dem Eingehen einer Earn-out Klausel auch sein Risiko deutlich steigert. Wird ein fixer Kaufpreis vereinbart, sind die Interessen des Verkäufers am Wohlergehen des Kaufobjekts mit

---

[653] Vgl. für eine Übersicht über verschiedene Cashflow Konzeptionen *Behringer, S./Lühn, M.:* Cashflow und Unternehmensbeurteilung, 11. Auflage, Berlin 2016, S. 79 ff.

[654] Vgl. *Hochhold, S./Rudolph, B.:* Principal-Agent Theorie, in: Schwaiger, M./Meyer, A.: Theorien und Methoden der Betriebswirtschaft, München 2009, S. 138.

dem Stichtag der Unternehmenstransaktion beendet. Mit dem variablen Kaufpreis, bleibt dieses Interesse bestehen. Dies ist dann von besonderer Bedeutung, wenn der Verkäufer mit dem Verkauf auch aus dem Unternehmen ausscheidet. In diesem Fall ist der Verkäufer auf die Managementqualität seines Nachfolgers angewiesen, denn das Nichteintreten der im Earn-out vereinbarten Tatbestände kann an den mangelhaften Vorleistungen des Verkäufers, aber genauso gut an der mangelhaften Managementqualität des Nachfolgers, liegen.

Die Earn-out Klausel gibt dem Verkäufer die Möglichkeit eine Besserung des Kaufpreises zu erreichen. Diese Besserung ist allerdings unsicher und damit anders zu beurteilen als der fixe Bestandteil des Unternehmenskaufpreises, der sicher vereinnahmt wird. Es findet eine Risikoübertragung statt: Der Käufer schiebt das Risiko der Unternehmenstransaktion teilweise auf den Verkäufer. Der Risikozuschlag für den Käufer wird geringer, damit wird der Entscheidungswert – verstanden als gerade noch akzeptabler Unternehmenspreis[655] – aus seiner Sicht höher. Der Risikozuschlag für den Verkäufer wird höher und sein Unternehmenswert größer, man muss ihm mehr bieten, um sich auf den Earn-out einzulassen. Der Transaktionsbereich – also der Bereich zwischen den Entscheidungswerten des Käufers und des Verkäufers (vgl. Kapitel 6.2.1.2) – bleibt bei gleicher Risikoaversion der beiden Parteien gleich groß, verschiebt sich allerdings nach oben, der ausgehandelte Unternehmenskaufpreis wird höher werden.

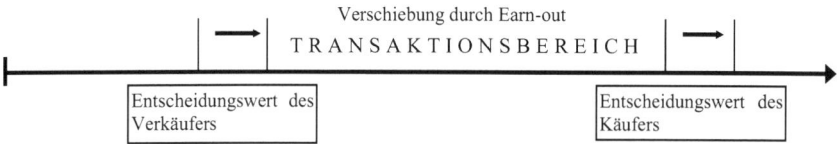

Abbildung 27: Transaktionsbereich einer normalen Verhandlungssituation[656]

Abbildung 27 erläutert diesen Zusammenhang. **Durch Vereinbarung einer Earn-out Klausel verschieben sich die Entscheidungswerte in Richtung eines höheren Unternehmenskaufpreises**, er bleibt allerdings bei unterstellter unveränderter Risikoaversion von Käufer und Verkäufer gleich groß. Damit wird klar, dass eine Earn-out Klausel im Wesentlichen den Gesamtkaufpreis erhöht. Dies ließe darauf schließen, dass ein variabler Kaufpreisbestandteil allein im Sinne des potentiellen Verkäufers wäre. Dem ist nicht so, da insbesondere eine festgefahrene Verhandlungssituation durch einen Earn-out aufgelöst werden kann. Wenn die Wertvorstellungen über das Unternehmen zu weit auseinandergehen, kann der Verkäufer mit einem Earn-out einen Teil des Risikos übernehmen und damit den Verkaufspreis

---

[655] Vgl. grundlegend *Sieben, G.:* Der Entscheidungswert in der Funktionenlehre der Unternehmensbewertung, BFuP, 28. Jg. (1976), S. 497.

[656] In Anlehnung an *Behringer, S.:* Unternehmensbewertung der Klein- und Mittelbetriebe, 5. Auflage, Berlin 2012, S. 71.

erhöhen. Damit gibt die Vereinbarung einer Earn-out Klausel den Parteien die Möglichkeit, überhaupt einen Vertragsabschluss zu erreichen.

Für den potentiellen Käufer eines Unternehmens ist der Signalwert der Bereitschaft des Verkäufers zur Vereinbarung eines Earn-outs besonders wichtig. Geht man davon aus, dass ein Käufer verschiedene Kaufobjekte zur Verfügung hat, ist er nicht in der Lage die Unterscheidung zwischen wertvollen und weniger wertvollen Unternehmen zu machen. Da der Käufer aufgrund seines Informationsnachteils gegenüber dem Verkäufer, der gerade bei kleinen und mittleren Unternehmen als Eigentümer-Unternehmer vorhanden ist, die Wahrheit der Angaben des Verkäufers nicht überprüfen kann, wird er in der Prognose mittlere Branchendurchschnitte ansetzen. Dadurch werden insbesondere wertvolle Unternehmen unterbewertet.[657] Dem Verkäufer steht mit dem Earn-out eine Möglichkeit offen seine besonderen Erfolgspotentiale deutlich zu machen. Nur dadurch kann es dem Verkäufer gelingen, die Prognose der nachhaltig entziehbaren Einzahlungsüberschüsse durch den potentiellen Käufer in seinem Sinne zu beeinflussen. Die besser informierte Verkäuferseite ist derart von ihrem Unternehmen überzeugt, dass sie bereit ist, einen großen Teil des Kaufpreises variabel zu belassen. Damit wird Vertrauen auf der Käuferseite erzeugt.

Earn-out Klauseln erfreuen sich in der Praxis einer großen Beliebtheit. In internationalen Datenbanken zu Unternehmenstransaktionen befinden sich für das Jahr 2007 mehr als 1.100 Transaktionen mit einer Earn-out Klausel. Für Deutschland sind die Zahlen ebenfalls deutlich gestiegen. Im Jahr 2008 erreichten die Transaktionen mit Earn-out einen Anteil von 13,7 %.[658] In einer empirischen Untersuchung der Akquisitionen bei börsennotierten Unternehmen in Deutschland ergab sich ein Earn-out Anteil von 22 % für die Geschäftsjahre 2010 bis 2014.[659] Dabei zeigen die Kapitalmarktreaktionen, dass Aktionäre, bei denen eine Earn-out Klausel vereinbart worden ist, dies positiv bewerten.[660]

Case Study: Die Earn-out Vereinbarung zwischen skype und eBay

2005 übernahm der Internetmarktplatz eBay den Internettelefonanbieter skype. Als Übernahmepreis wurden 2,6 Mrd. USD vereinbart, die an die Aktionäre bezahlt wurden. Zusätzlich wurde eine Earn-out Klausel vereinbart, die ein Volumen von bis zu 1,7 Mrd. USD hatte. Der Vertrag, in dem

---

[657] Vgl. *Vincenti, A.F.J.:* Wirkungen asymmetrischer Informationsverteilungen auf die Unternehmemhmensbewertung, BFuP, 54. Jg. (2002), S. 62.

[658] Vgl. zu diesen Zahlen *Lukas, E./Heimann, C.:* Bedingte Kaufpreisanpassungen, Informationsasymmetrien und Shareholder Value: Eine empirische Analyse deutscher Unternehmensübernahmen, FEMM Working Paper No. 6, Magdeburg 2010, S. 2 f.

[659] Vgl. *Behringer, S./Hameister, T.:* Der bilanzpolitische Einsatz von earn-outs im Rahmen von Unternehmenszusammenschlüssen i. S. des IFRS 3, PiR, 13. Jg. (2018), S. 46 ff.

[660] Vgl. *Heimann, C./Timmreck, C./Lukas, E.:* Ist der Einsatz von Earn-outs durch deutsche Käuferunternehmen erfolgreich?, Corporate Finance biz, Nr. 1, o.Jg. (2012), S. 17 ff.

der Earn-out beschrieben wird, ist unter http://contracts.onecle.com/ebay/
skype-earn-out-2005-09-11.shtml (abgerufen am 23.1.2020) einsehbar. Die
Earn-out Zahlung basierte auf Umsätzen, Nutzerzahlen und den erwirtschafteten Margen. Letztlich wurden allerdings nur ungefähr 30 % der vereinbarten Summe fällig. eBay zahlte weitere 530 Mio. USD im Jahr 2007 an diejenigen Aktionäre, mit denen der Earn-out vereinbart wurde.

Quellen: *Savitz, E.*: ebay: Zennstorm out as skype CEO; Pays 530 Mio. $
earn-out, Barron's vom 1.10.2007, http://blogs.barrons.com/techtraderdaily/
2007/10/01/ebay-zennstrom-out-as-skype-ceo-pays-530-million-earnout-takes-900-
million-impairment-charge/ (abgerufen am 15.8.2012).

7.2.3   Zahlung des Kaufpreises in Aktien

Bezahlt der Käufer den Kaufpreis nicht in bar sondern in Aktien ergibt sich eine
Reihe von Problemen. Diese Art der Transaktion ist bei großen börsennotierten
Unternehmen, insbesondere in den USA, sehr weit verbreitet. Dabei kann der
Kaufpreis entweder vollständig oder teilweise mit einer Barkomponente in Aktien
gezahlt werden. **Möglich ist es, dass Aktien getauscht werden.** Dabei gibt der
Käufer neue Aktien aus, die er an die alten Aktionäre des verkauften Unternehmens
weitergibt. Nehmen wir an, dass ein Käuferunternehmen A n Aktien ausgibt, um
damit die Aktionäre des Zielunternehmens B zu bezahlen, so sind die Kosten K der
Unternehmenstransaktion:[661]

$$(7.13) \qquad K = n \cdot P_{AB} - P_B$$

P_{AB} steht für den Preis des zusammengeschlossenen Unternehmens nach der Transaktion. P_B für den Preis des Unternehmens B vor der Transaktion. Die Kosten bezeichnen also die Differenz der neu ausgegebenen Aktien und des Wertes des Unternehmens vor der Transaktion. Gehen wir davon aus, dass A 100.000 Aktien neue
Aktien ausgibt, deren Kurs zur Bekanntgabe der Transaktion bei 100 EUR liegt
und, dass B einen Wert vor der Transaktion von 9.000.000 EUR hat, so ergibt sich
für die scheinbaren Kosten der Transaktion:

$$(7.14) \qquad K = 100.000 \cdot 100 \text{ EUR} - 9.000.000 \text{ EUR} = 1.000.000 \text{ EUR}$$

Die Kosten der Transaktion scheinen also 1.000.000 EUR zu betragen. Berücksichtigt man nun aber zusätzlich, dass durch die Realisierung von Synergieeffekten der
Wert des zusammengeschlossenen Unternehmens über die Ausgangswerte hinaus-
steigt, ergeben sich andere tatsächliche Kosten. Nehmen wir an, dass A 1.000.000
Aktien vor der Transaktion ausstehen hatte, so war der Wert von A vor der Transaktion 1.000.000 Aktien multipliziert mit dem Kurs von 100 EUR, also

---

[661] Vgl. hierzu und dem Folgenden *Brealey, R.A./Myers, S.C./Allen, F.*: Principles of Corporate Finance,
13. Auflage, New York u.a. 2019, S. 832.

100.000.000 EUR. Nach der Transaktion stehen jetzt 1.100.000 Aktien aus. Der Wert des zusammengeschlossenen Unternehmens entspricht dem Wert der beiden Einzelwerte vor dem Zusammenschluss (also 100.000.000 für A und 9.000.000 für B) zuzüglich angenommener Synergieeffekte in einer Höhe von 3.000.000, also zusammen 112.000.000 EUR. Der neue Aktienkurs ist 112.000.000 EUR Gesamtwert dividiert durch 1.100.000 ausstehende Aktien entsprechend 101,82 EUR. Setzen wir diese Daten in die Ausgangsgleichung ein, so ergeben sich die folgenden tatsächlichen Kosten der Unternehmenstransaktion:

(7.15) $K = 100.000 \cdot 101,82\ \text{EUR} - 9.000.000\ \text{EUR} = 1.182.000\ \text{EUR}.$

Anders kann man diese Kosten ermitteln, wenn man zunächst den Anteil berechnet, den die Aktionäre von B an dem zusammengeschlossenen Unternehmen erhalten. Dieser beläuft sich auf 100.000 Aktien oder ca. 9,1 %. Die Kosten des Zusammenschlusses können allgemein berechnet werden als Anteil am Gesamtunternehmen x multipliziert mit dessen Wert abzüglich des Wertes des Unternehmens vor dem Zusammenschluss:

(7.16) $K = x \cdot P_{AB} - P_B = 9,1\ \% \cdot 112.000.000\ \text{EUR} - 9.000.000 \approx$
          $1.182.000\ \text{EUR}.$

Man kann anhand dieser Berechnungen einen wichtigen Unterschied zwischen Barzahlung und aktienfinanziertem Kaufpreis erkennen. Bei Barzahlung sind die Kosten unabhängig von dem Erfolg des Zusammenschlusses, da es eine einmalige fixe Zahlung ist (es sei denn, es wird eine explizite Bindung an den Erfolg durch Earn-out Klausel vereinbart). Bei einer Zahlung durch Aktien ist dies nicht der Fall. **Die Verkäufer sind durch die Kursentwicklung des zusammengeschlossenen Unternehmens an dem Erfolg direkt beteiligt.** Dies führt auch dazu, dass etwaige Überschätzungen des Erfolges eines Zusammenschlusses nicht nur zu Lasten der Aktionäre des übernehmenden Unternehmens gehen. Hiervon sind die Verkäufer genauso betroffen. Umgekehrt können Aktionäre des verkaufenden Unternehmens auch davon profitieren, dass zunächst ein eigentlich zu niedriger Kaufpreis vereinbart wird. Dieser wird sich zum Positiven wenden, wenn sich der tatsächliche Wertzuwachs in den Börsenkursen niederschlägt.

Anders gewendet muss der Käufer die Frage beantworten, wie viele Aktien er maximal umtauschen kann, damit die Unternehmenstransaktion immer noch wertsteigernd ist, also einen positiven Kapitalwert hat.[662] In dem Aktientausch dürfen maximal so viele neue Aktien ausgegeben werden, wie durch Wert des Käufers A, des Zielunternehmens B und die entstehenden Synergieeffekte S gedeckt sind. Nach der Akquisition muss sich der Aktienkurs (die Zahl der neuen Aktien wird mit y bezeichnet) wie folgt erhöhen:

---

[662] Vgl. hierzu und dem Folgenden *Berk, J./deMarzo, P.*: Corporate Finance, 5. Auflage, Boston 2019, S. 1011 f.

(7.17) $\dfrac{A+B+S}{n+y} > \dfrac{A}{n}$

Die linke Seite des Ausdrucks entspricht dem Aktienkurs des zusammengeschlossenen Unternehmens: Der Zähler ist der Gesamtwert des Unternehmens, der Nenner die Zahl der außenstehenden Aktien nach der Unternehmenstransaktion. Auf der rechten Seite steht der Aktienkurs vor der Unternehmenstransaktion. Löst man den Ausdruck nach y auf, so ergibt sich die maximale Zahl von neu auszugebenden Aktien:

(7.18) $y < \left(\dfrac{B+S}{A}\right) \cdot n$

Dieser Ausdruck kann als **Umtauschverhältnis** zwischen den Aktien umformuliert werden, indem auf beiden Seiten durch die Zahl der ausstehenden Aktien des Zielunternehmens n_B dividiert wird:

(7.19) $\text{Umtauschverhältnis} = \dfrac{y}{n_B} < \left(\dfrac{B+S}{A}\right)\dfrac{n_A}{n_B}\,.$

Üblicherweise wird dieses Umtauschverhältnis umformuliert, indem die jeweiligen Aktienkurse vor der Unternehmenstransaktion für A ($P_A = A/n_A$) und B ($P_B = B/n_B$) eingesetzt werden. Dann ergibt sich:

(7.20) $\text{Umtauschverhältnis} < \dfrac{P_B}{P_A} \cdot \left(1 + \dfrac{S}{B}\right)$

Diese Berechnung soll an einem praktischen Beispiel demonstriert werden. Die beiden amerikanischen Telekommunikationsunternehmen Sprint und Nextel hatten Ende 2004 angekündigt, dass sie fusionieren wollten. Zu diesem Zeitpunkt lag der Kurs für Aktien von Sprint bei ca. 25 USD. Die Aktien von Nextel notierten bei ca. 30 USD, was einen Gesamtwert von Nextel vor der Unternehmenstransaktion von 31 Mrd. USD ergab. Aus steuerlichen Gründen wollte Sprint die Aktien von Nextel kaufen (also einen share deal abschließen). Nehmen wir an, dass die Synergieeffekte aus dem Zusammenschluss bei 12 Mrd. USD liegen, so ergibt sich ein maximales Umtauschverhältnis für Sprint von:[663]

(7.21) $\text{Umtauschverhältnis} < \dfrac{P_B}{P_A} \cdot \left(1 + \dfrac{S}{B}\right) = \dfrac{30}{25} \cdot \left(1 + \dfrac{12}{31}\right) = 1{,}66$

Sprint konnte maximal 1,66 eigene Aktien für eine Aktie von Nextel anbieten und die Transaktion hätte immer noch einen positiven Wert generiert.

Wie erläutert ist der Aktientausch als Instrument der Finanzierung von Unternehmenstransaktionen dann besonders beliebt, wenn die Aktienkurse auf einem ver-

---

[663] Vgl. *Berk, J./deMarzo, P.*: Corporate Finance, 5. Auflage, Boston 2019, S. 1012.

gleichsweise hohen Niveau sind. Bei den meisten größeren amerikanischen Unternehmenstransaktionen ist zumindest teilweise ein Aktientausch bzw. die Ausgabe neuer Aktien Bestandteil der Übernahmeofferte.

Wird die Unternehmenstransaktion mit Aktien bezahlt, so ist es notwendig, dass genügend eigene Aktien zur Verfügung stehen. Dies kann durch eine **Kapitalerhöhung** unter Ausschluss der Bezugsrechte der bisherigen Aktionäre oder durch einen Aktienrückkauf erfolgen.[664] In Deutschland ist letzteres Verfahren allerdings – im Gegensatz zu den USA – limitiert. Unternehmen dürfen nicht mehr Aktien als 10 % des Grundkapitals erwerben.

Das Management des Käufers sollte sorgfältig auswählen, ob eine Transaktion bar oder in Aktien bezahlt wird. Es wird empfohlen insbesondere dann Aktien zu nutzen, wenn das Management des Käufers die eigenen Aktien für überbewertet hält.[665] Allerdings kann man davon ausgehen, dass die Aktionäre die Zeichen einer solchen Ankündigung zu deuten wissen: Sie werden die Bezahlung einer Akquisition mit eigenen Aktien als Zeichen werten, dass das Management die eigenen Aktien für überbewertet hält und dadurch wird der Kurs zu sinken beginnen.[666] Zudem kann man unterstellen, dass der Kapitalmarkt eine Zahlung in Aktien so auffassen wird, dass das Management des kaufenden Unternehmens kein volles Vertrauen in den Erfolg der Akquisition haben wird. Wie gezeigt, würden etwaige Verluste bei der Finanzierung durch Aktien auch durch die Aktionäre des Zielunternehmens gedeckt.[667]

Empirische Analysen für die USA bestätigen diese zu vermutenden Ergebnisse. In einer empirischen Untersuchung sind Akquisitionen im Zeitraum zwischen 1972 und 1981 untersucht worden. Im Ergebnis führten durch eigene Aktien bezahlte Unternehmensakquisitionen zu signifikant negativen Entwicklungen des Aktienkurses des kaufenden Unternehmens.[668]

Weiterführende Lektüre

Obwohl die Verhandlung und Preisgestaltung offensichtlich zu den entscheidenden Determinanten des Zustandekommens einer Unternehmenstransaktion gehören, werden diese Bereiche selten in diesem Zusammenhang erörtert. Spezielle Literatur, die sich mit Verhandlungen im Zusammenhang mit Unternehmenskäufen und

---

[664] Vgl. *Glaum, M./Hutzschenreuther, T.:* Mergers & Acquisitions, Stuttgart 2010, S. 237.

[665] Vgl. *Rapaport, A./Sirower, M.L.:* Stock or Cash? The Trade-Offs for Buyers and Sellers in Mergers and Acquisitions, HBR, 77. Jg. (1999), S. 147 ff..

[666] Vgl. *Rapaport, A./Sirower, M.L.:* Stock or Cash? The Trade-Offs for Buyers and Sellers in Mergers and Acquisitions, HBR, 77. Jg. (1999), S. 153 f.

[667] Vgl. *Bruner R.F.:* Applied Mergers & Acquisitions, New Jersey 2004, S. 576.

[668] Vgl. *Tavlos, N.:* Corporate takeover bids, methods of payment, and bidding firms' stock returns, Journal of Finance, 42. Jg. (1987), S. 943 ff.

-verkäufen befasst, ist rar. Die Spieltheorie geht wesentlich tiefer als hier darge-stellt. Vertiefend ist das Lehrbuch von Berninghaus/Ehrhart/Güth (2010), insbe-sondere in Kapitel 4 zu Verhandlungen und Kapitel 5 zu Auktionen, zu empfehlen. Stärker intuitiv, aber auch deutlich weniger tiefgehend, werden Erkenntnisse der Spieltheorie bei Davis (1997) behandelt. DePamphilis (2012) widmet in seinem Buch den Zahlungsweisen, die bei Unternehmenstransaktionen möglich sind, ein Kapitel.

Berninghaus, S.K./Ehrhart, K.-M./Güth, W.: Strategische Spiele, 3. Auflage, Hei-delberg u.a. 2010.

Davis, M.D.: Game Theory. A Nontechnical Introduction, New York 1997.

DePamphilis, D.M.: Mergers, Acquisitions, and Other Restructuring Activities, 10. Auflage, San Diego 2019.

8 Rechtliche Rahmenbedingungen von Unternehmenstransaktionen

Lernziele

- Ziel dieses Kapitels ist es, Ihnen die grundlegenden rechtlichen Rahmenbedingungen von Unternehmenstransaktionen vorzustellen. Nach Bearbeitung dieses Teils kennen Sie die wesentlichen Vorschriften des Wettbewerbsrechts und erhalten eine Vorstellung davon, wie diese Vorschriften sich auf die Ausgestaltung von Unternehmenstransaktionen auswirken.
- Die steuerlichen Vorschriften werden in diesem Buch nur angerissen. Am Ende dieses Teils wissen Sie, auf welche steuerlichen Rückwirkungen zu achten ist.
- In diesem Kapitel wird die Behandlung von Unternehmenstransaktionen im Rechnungswesen thematisiert. Sie lernen kennen, was mit den Wertansätzen bilanziell geschieht und wie sich dies auf die Unternehmenstransaktion auswirken kann.

8.1 Wettbewerbsrecht

In Kapitel 3.1.1 ist die Beeinflussung des Wettbewerbs als ein mögliches Motiv für Unternehmenstransaktionen genannt worden. Dabei ist schon darauf hingewiesen worden, dass der Gesetzgeber Unternehmenstransaktionen dann untersagt, wenn sie den Wettbewerb zu sehr einschränken. Empirische Untersuchungen kommen zu dem Schluss, dass es in der Praxis trotz Übernahmewellen kaum Wettbewerbsbeschränkungen gibt. Die Relevanz von Wettbewerbsveränderungen durch Unternehmenstransaktionen ist gering.[669] Ein Grund dafür sind die **wettbewerbsrechtlichen Beschränkungen** und ihre Durchsetzung durch die Kartellämter.

Für die an einer Unternehmenstransaktion beteiligten Parteien ist es hingegen essentiell sich vor der Transaktion mit der wettbewerbsrechtlichen Situation auseinandersetzen. Die Versagung einer Genehmigung durch die Kartellbehörden führt dazu, dass das strategische Ziel nicht realisiert werden kann. Aufgrund der hohen Kosten für den gesamten Transaktionsprozess, ist es notwendig, vorab eventuelle Versagungsgründe zu kennen. Im Folgenden wird in Grundzügen auf die Bestimmungen in der EU, in Deutschland und den USA eingegangen.

---

[669] Vgl. *Jensen, M.C.:* The Takeover Controversy: Analysis and Evidence, Midland Corporate Finance Journal, Nr. 4, 4. Jg. (1986), S. 23.

8.1.1 Kartellrechtliche Prüfung auf europäischer Ebene

Die Europäische Union will den Wettbewerb schützen. So verpflichtet der EG-Vertrag die Gemeinschaft zur Errichtung eines Systems, „das den Wettbewerb innerhalb des Binnenmarktes vor Verfälschungen schützt" (Art. 3g des EG-Vertrages). Dieses Grundprinzip wird an anderer Stelle wiederholt und konkretisiert, insbesondere in den Art. 81 bis 89 des Vertrages. Auf Basis einer Ermächtigung, die im Vertrag gegeben wurde, hat der Rat der Europäischen Union im Jahr 2004 eine Verordnung über die Kontrolle von Unternehmenszusammenschlüssen (**Fusionskontrollverordnung**) erlassen.[670]

Gegenstand der EU-Wettbewerbskontrolle sind nur solche Unternehmenstransaktionen, die zu einer dauerhaften Veränderung der beteiligten Unternehmen führen. Strategische Allianzen, wie sie z. B. durch die Star Alliance im Luftverkehrsbereich bestehen, sind keine zu kontrollierenden Zusammenschlüsse, da die Unternehmen in ihren Strukturen bestehen bleiben. In welcher Form der Unternehmenszusammenschluss erfolgt – also beispielsweise als asset oder share deal – ist unbeachtlich.[671] In den Zuständigkeitsbereich der EU fallen Zusammenschlüsse dann, wenn sie eine gemeinschaftsweite Bedeutung entfalten. Die gemeinschaftsweite Bedeutung wird gemessen an den erzielten Umsätzen der an der Unternehmenstransaktion beteiligten Unternehmen. Haben alle beteiligten Umsätze einen weltweiten Gesamtumsatz von 5 Mrd. EUR, wovon zwei der beteiligten Unternehmen kumulativ mindestens einen Umsatz von 250 Mio. EUR innerhalb der Gemeinschaft haben müssen, unterliegen sie der EU-Aufsicht. Relevant sind die Umsätze im letzten Geschäftsjahr vor der Transaktion abzüglich der Umsatzsteuer und aller etwaigen Erlösschmälerungen. Bestanden Leistungsbeziehungen zwischen den beiden Unternehmen, so sind die Innenumsatzerlöse abzuziehen.[672] Freiwillig der Fusionskontrolle der EU können sich Unternehmen unterziehen, die einen weltweiten Umsatz von 2,5 Mrd. EUR haben und deren Gesamtumsatz in mindestens drei EU-Staaten 100 Mio. EUR überschreitet. Mindestens müssen diese Unternehmen in drei EU-Mitgliedsstaaten die Schwelle von 25 Mio. EUR Umsatz überschreiten. Nicht anwendbar ist das EU-Recht dann, wenn mindestens zwei Drittel des gemeinschaftsweiten Umsatzes in einem Mitgliedsstaat erwirtschaftet wird. In diesem Fall gilt nationales Recht, da keine gemeinschaftsweite Bedeutung entfaltet wird.

Es scheint paradox, dass es die Möglichkeit gibt, sich freiwillig der EU-Wettbewerbskontrolle zu unterziehen. Dies resultiert aus der Tatsache, dass bei Zuständigkeit der EU, die Mitgliedsstaaten ihr nationales Wettbewerbsrecht nicht anwenden dürfen und auch im Nachhinein, keine von der EU genehmigten Zusammen-

---

[670] Vgl. *Zimmer, D.*: Der rechtliche Rahmen für die Implementierung moderner ökonomischer Ansätze, WUW, 56. Jg. (2007), S. 1200 f.

[671] Vgl. *Wirtz, B.W.*: Mergers & Acquisitions Management, 4. Auflage, Wiesbaden 2016 S. 268.

[672] Vgl. *Wirtz, B.W.*: Mergers & Acquisitions Management, 4. Auflage, Wiesbaden 2016, S. 269.

schlüsse verbieten dürfen.[673] Damit ist die EU-Wettbewerbskontrolle eine Art „one stop shop,"[674] da es den Gang zu vielen verschiedenen Wettbewerbsbehörden in den verschiedenen EU-Staaten unnötig macht.

Der Prüfprozess durch die EU ist zweistufig: Zunächst wird ermittelt, was der relevante Markt ist, in sachlicher und räumlicher Hinsicht. Danach wird geprüft, ob auf diesem Markt eine marktbeherrschende Stellung begründet oder verstärkt wird. Wird durch die Transaktion der Wettbewerb erheblich behindert, so muss die Transaktion untersagt werden.

Der Begründung des relevanten Marktes kommt eine sehr große Bedeutung zu. Hier wird quasi bereits das Prüfergebnis vorgegeben. Je weiter der relevante Markt ist, desto geringer sind die Marktanteile der Transaktionsparteien. Auf der anderen Seite kann ein sehr eng abgegrenzter Markt dazu führen, dass zwei Unternehmen auf unterschiedlichen Märkten tätig sind, so dass durch die Transaktion gar keine Veränderung des Wettbewerbs entsteht.

In sachlicher Hinsicht werden bei der Prüfung insbesondere zwei Kriterien herangezogen:[675]

– **Austauschbarkeit der Produkte:** In den relevanten Markt werden alle Produkte einbezogen, die von den Nachfragern hinsichtlich ihrer Eigenschaften und ihres Verwendungszwecks als austauschbar bzw. substituierbar angesehen werden. Als weiteres Kriterium wird die Angebotssubstitution herangezogen. Ist der Anbieter in der Lage, sein Angebot durch Umstellung der Produktion schnell zu ändern, so werden diese Produkte miteinbezogen. Beide Austauschbeziehungen begründen eine Wettbewerbsposition: Entweder konkurrieren Produkte verschiedener Anbieter bei den Nachfragern miteinander oder es konkurrieren Produkte verschiedener Anbieter miteinander, weil sich die Produktion anpassen lässt.[676]

– **Preise und Preiselastizität:** Insbesondere die Preisreaktivität wird von der EU-Kommission betrachtet. Die Kommission prüft, ob bei einer angenommenen relativen Preiserhöhung im Rahmen zwischen 5 und 10 % die Kunden auf andere, leicht verfügbare Substitute ausweichen oder nicht. Ist die Möglichkeit der Substitution gegeben, so wäre eine Preiserhöhung für die beteiligten Unternehmen nicht einträglich. Der relevante Markt wird solange sachlich um die Substitute erweitert bis die dauerhafte angenommene Preiserhöhung zu einer Gewinnerhöhung bei den auf diesem Markt tätigen Unternehmen führen würde. Dieser sogenannte **SSNIP** (small but significant non transitory increase in pri-

---

[673] Eine Ausnahme besteht nur, wenn nationale Sicherheitsinteressen eines Mitgliedsstaates betroffen sind.

[674] *Kiem, R.:* M&A Transaktionen ausländischer Investoren in Deutschland, CFL, 2. Jg. (2011), S. 179.

[675] Vgl. *Bergmann, H.:* Zusammenschlusskontrolle, in: Picot, G.: Handbuch Mergers & Acquisitions, 4. Auflage, Stuttgart 2008, S. 409 f.

[676] Vgl. *Opitz, M.:* Marktabgrenzung und Vergabeverfahren, WUW, 52. Jg. (2003), S. 38.

ce) oder hypothetical monopolist test sucht den kleinsten Markt, auf dem es zu einem Monopol kommen könnte. Dieser Markt ist dort, wo Nachfrager keine Chance mehr zum Ausweichen haben und Preiserhöhungen akzeptieren müssen.[677] Analog wird dieser Test auch zur Abgrenzung des relevanten Marktes zur Prüfung der Nachfragemacht angewendet. Allerdings kann der Test auf Substitute zu einem Trugschluss führen. Durch das Setzen eines Monopolpreises, also durch das Ausnutzen bereits vorhandener Marktmacht, werden Produkte zu Substituten, die das bei niedrigeren im Wettbewerb entstandenen Preisen, nicht wären. Dieses Problem wird nach einem bekannten Fall aus den 50er Jahren als **Cellophane Fallacy** bezeichnet. Der Chemiekonzern DuPont war zu dieser Zeit der einzige amerikanische Hersteller von Zellophan. Der amerikanische Supreme Court votierte gegen eine Entflechtung, da es Substitute zu Zellophan als Verpackung gab. Übereinstimmend wurde später von Forschern festgestellt, dass diese Substitute aufgrund der Marktmacht überhaupt erst entstanden.[678] Der Supreme Court hatte den Markt zu weit definiert und damit das Monopol nicht erkannt.

In räumlicher Hinsicht ist derjenige Markt relevant,[679] auf dem die betroffenen Unternehmen als Anbieter oder Nachfrager auftreten, in denen die Wettbewerbsbedingungen homogen sind und wo es einen Unterschied zu benachbarten Märkten gibt. Unterschiedliche Preise, unterschiedliche Marktanteile, Preisunterschiede und das Bestehen tatsächlicher Marktschranken (wie z.B. Transportkosten) führen zu Abgrenzungen. Das gesamte Gebiet der EU wurde z.B. bei Elektronik, Fotoapparaten, Kopiergeräten oder Automobilzubehör als relevanter Markt abgegrenzt. Nationale Märkte wurden bei Arzneimitteln oder im Versandhandel unterstellt. Weltmärkte hat die EU bei Rohöl, Flugzeugen oder Rückversicherungen festgestellt.

Bei der Beurteilung, ob auf einem Markt eine beherrschende Stellung begründet oder verstärkt wird, prüft die EU, ob ein Unternehmen die Aufrechterhaltung eines wirksamen Wettbewerbs verhindern kann, da es sich unabhängig von seinen Wettbewerbern und Kunden verhalten kann. Dabei werden zunächst die Marktanteile der betroffenen Unternehmen betrachtet. Unproblematisch sind Marktanteile von bis zu 15 %. Hier liegt kein Anmeldeerfordernis vor. Bei Marktanteilen bis 25 % geht die EU-Kommission von einer Vereinbarkeit mit dem Wettbewerb aus. Auch Marktanteile über 25 % werden in der Regel nicht als problematisch angesehen. Die kritische Schwelle liegt bei ungefähr 40 %, wobei auch deutlich höhere Markt-

---

[677] Vgl. *Baake, P./Wey, C.:* Market Integration and the Competitive Effect of Mergers, Applied Economics Quarterly, 54. Jg. (2008), Supplement, S. 30.

[678] Vgl. grundlegend *Landes, W.M./Posner, R.A.:* Market Power in Antitrust Cases, Harvard Law Review, 94. Jg. (1981), S. 937 ff.; *Schaerr, G.C.:* The Cellophane Fallacy and the Justice Departments Guideline for Horizontal Mergers, Yale Law Journal, 94. Jg. (1985), S. 670 ff.

[679] Vgl. *Bergmann, H.:* Zusammenschlusskontrolle, in: Picot, G.: Handbuch Mergers & Acquisitions, 4. Auflage, Stuttgart 2008, S. 410 f.

anteile akzeptiert werden können.[680] Diese nicht eindeutige Praxis liegt darin begründet, dass in die Entscheidung Zukunftsentwicklungen einbezogen werden müssen. Die Prognose des Wettbewerbs berücksichtigt insbesondere solche Entwicklungen, die sich bereits abzeichnen. Weitere wichtige Entscheidungskriterien sind die Zahl der Wettbewerber und der Abstand zu dem nächstgrößeren Wettbewerber. Allerdings muss hier angeführt werden, dass ein Unternehmen seine Marktmacht auch dadurch ausspielen kann, dass es die angebotene Menge verknappt, was zu einer Reduzierung der rechnerischen Marktanteile führt.[681] Von daher ist die, auch von der EU praktizierte Einbeziehung von qualitativen Faktoren, besonders wichtig.

Hat ein Unternehmen bereits sehr hohe Marktanteile kann eine Verstärkung der Marktbeherrschung durch den Zuwachs von wenigen Prozenten erreicht werden. Zusätzlich prüft die Kommission, ob durch das Anbieten von Sortimenten zusätzliche Kunden gebunden werden können und sich dadurch die Marktstellung verstärkt. Darüber hinaus findet bei der Entscheidung, ob eine Unternehmenstransaktion untersagt wird, noch Berücksichtigung inwiefern gewerbliche Schutzrechte, rechtliche oder tatsächliche Marktzutrittsbeschränkungen eine Rolle spielen und wie groß die Finanzkraft des Unternehmens ist.

Die Begründung oder Verstärkung einer marktbeherrschenden Stellung alleine reicht allerdings für die Versagung nicht aus. Nach der Fusionskontrollverordnung muss durch das Vorhaben der Wettbewerb in der Gemeinschaft oder einem wesentlichen Teil der Gemeinschaft erheblich behindert werden. Erst bei dieser wesentlichen Behinderung kann die Unternehmenstransaktion untersagt werden.

Die EU hat ihre kartellrechtlichen Verfahren als **präventive Zusammenschlusskontrolle** ausgestaltet. Die Anmeldung der Transaktion muss vor dem Vollzug erfolgen. Mit der Anmeldung muss ein Fragebogen ausgefüllt werden, in dem die finanzielle, gesellschaftsrechtliche Situation, die Stellung der Unternehmen und die relevanten Märkte beschrieben werden müssen.[682] Die Kommission prüft dann innerhalb von einem Monat, ob die Transaktion unter die Fusionskontrollverordnung fällt und leitet dann ein Hauptprüfverfahren ein. Dieses Verfahren wird nur bei ernsthaften Bedenken eingeleitet und soll innerhalb von vier Monaten entschieden werden, wobei Fristverlängerungen von höchstens zwei Monaten beantragt werden können. Vor der Entscheidung darf die Transaktion nicht vollzogen werden. Die EU-Kommission könnte in diesem Fall die Rückabwicklung beantragen und Strafen bis zu 10 % des Umsatzes der beteiligten Unternehmen erlassen.

---

[680] Vgl. *Bergmann, H.:* Zusammenschlusskontrolle, in: Picot, G.: Handbuch Mergers & Acquisitions, 4. Auflage, Stuttgart 2008, S. 412.

[681] Vgl. *Werden, G. J.:* Assigning Market Shares, Antitrust Law Journal, 70. Jg. (2002), S. 67 ff.

[682] Vgl. *Bergmann, H.:* Zusammenschlusskontrolle, in: Picot, G.: Handbuch Mergers & Acquisitions, 4. Auflage, Stuttgart 2008, S. 418.

Kommt die Kommission zu dem Schluss, dass die Transaktion nicht erlaubt werden darf, so gibt es die Möglichkeit, **Auflagen zu erlassen**. Diese können z.B. darin bestehen, bestimmte Unternehmensteile zu verkaufen oder Lizenzen an Wettbewerber zu geben.

Case Study: Die Übernahme von ED&F MAN durch Südzucker

Das britische Unternehmen ED&F ist ein Zuckerhersteller und gleichzeitig der weltgrößte Zuckerhändler. Südzucker ist der weltgrößte Zuckerhersteller und hat seinen Sitz in Mannheim. Südzucker wollte das britische Unternehmen erwerben und beantragte im September 2011 die Genehmigung bei der EU-Kommission. Diese leitete nach der Vorprüfung im November 2011 ein genaueres Hauptprüfverfahren ein, dass im Februar dazu führte, dass den beteiligten Unternehmen ernsthafte Bedenken zu dem Zusammenschluss mitgeteilt wurden. Diese ernsthaften Bedenken bezogen sich auf den italienischen Markt. An der neu errichteten Zuckerraffinerie in Brindisi, die Rohrzucker verarbeitet, war ED&F beteiligt. Durch den Zusammenschluss mit Südzucker, die auch in Italien aktiv sind, wäre ein marktbeherrschendes Unternehmen mit mehr als 50 % Marktanteil entstanden, welches nach Ansicht der EU, den Wettbewerb hätte ausschalten können. Aufgrund dieser ernsthaften Bedenken boten die beiden beteiligten Unternehmen an, dass ED&F seine Beteiligung an der Zuckerraffinerie veräußert. Des Weiteren mussten sich die Unternehmen verpflichten, langfristige Lieferverträge mit der Fabrik in Brindisi abzuschließen, damit diese als ernstzunehmender Wettbewerber in Italien aufgebaut werden kann. Die Notwendigkeit zum Abschluss der Lieferverträge ergab sich aufgrund der Knappheit von Rohrzucker. Anderenfalls hätte das zusammengeschlossene Unternehmen die Belieferung beenden können und dadurch einen Wettbewerber ausschließen können. Die EU-Kommission erlaubte das Vorhaben auf Basis der gemachten Zusagen.

Quelle: *o.V.*: Fusionskontrolle: Kommission genehmigt unter Auflagen Kontrollerwerb über ED&F MAN durch Südzucker, Europäische Kommission vom 16.05.2012, http://europa.eu/rapid/pressReleasesAction.do?reference=IP/12/486&format=HTML&aged=0&language=DE&guiLanguage=en (abgerufen am 5.7.2012).

8.1.2 *Kartellrechtliche Prüfung auf nationaler deutscher Ebene*

In Deutschland ist die Genehmigung von Unternehmenszusammenschlüssen im **Gesetz gegen Wettbewerbsbeschränkungen (GWB)** geregelt. Deutsches Recht findet nur Anwendung, wenn die EU Kommission nicht zuständig ist. Das in Deutschland vorgesehene nationale Verfahren ähnelt dem europäischen Prozedere:

Der Zusammenschluss muss vor der Transaktion beim Bundeskartellamt angemeldet werden. Das Eigentum an dem Unternehmen darf erst übergehen, wenn die Genehmigung erteilt ist bzw. wenn das Kartellamt die einschlägigen Fristen hat verstreichen lassen, was als Zustimmung interpretiert wird.[683] Die Fristen sind analog zu den europäischen Verfahren gehalten: Das Kartellamt kann innerhalb eines Monats nach der Anmeldung ein detailliertes Prüfverfahren einleiten, welches dann innerhalb von vier Monaten abgeschlossen werden muss.

Unternehmenstransaktionen müssen dann angemeldet werden, wenn die beteiligten Unternehmen einen Weltumsatz von 500 Mio. EUR erreichten, wobei mindestens eines der Unternehmen Umsätze von 25 Mio. EUR und ein anderes beteiligtes Unternehmen einen Umsatz von 5 Mio. EUR im Inland hatten. Nicht kontrollpflichtig sind Zusammenschlüsse, wenn die Umsatzschwellen nicht erreicht werden oder keine Inlandswirkung durch den Zusammenschluss entfaltet wird. Daneben muss nicht angezeigt werden, wenn sich ein nicht-abhängiges Unternehmen, das einen Umsatz von weltweit weniger als 10 Mio. EUR hat, mit einem anderen Unternehmen zusammenschließt (**de minimis Klausel**), und, wenn ein einziger Markt betroffen ist auf dem in den letzten fünf Jahren nie mehr als 15 Mio. EUR Umsätze pro Jahr erzielt wurden (**Bagatellmarktklausel**).

Untersagungsgründe für einen Unternehmenszusammenschluss sind, dass eine marktbeherrschende Stellung begründet oder ausgebaut wird oder ein Oligopol in dem Markt geschaffen wird.[684] Marktbeherrschung bedeutet, dass Wettbewerb ausgeschlossen oder eine überragende Marktstellung erreicht werden kann. Kriterien, die zur Prüfung herangezogen werden, sind Marktanteil, Finanzstärke, Eindringen eines Großunternehmens in mittelständisch geprägte Märkte oder Übernahme eines marktbeherrschenden Unternehmens. Dabei wird jeweils darauf abgestellt, wie sich die Situation vor der beantragten Transaktion und danach darstellt.[685]

Auch das Bundeskartellamt kann die Unternehmenstransaktion mit Auflagen genehmigen. Abbildung 28 stellt das nationale Verfahren schematisch zusammen.

---

[683] Vgl. *Wirtz, B.W.:* Mergers & Acquisitions Management, 4. Auflage, Wiesbaden 2016, S. 277.

[684] Vgl. *Faust-Beyer, T.:* Cartel Issues, in: Tischendorf, S.: Strategies for Successful Acquisitions in Germany, London 2000, S. 99 ff.

[685] Vgl. *Bergmann, H.:* Zusammenschlusskontrolle, in: Picot, G.: Handbuch Mergers & Acquisitions, 4. Auflage, Stuttgart 2008, S. 436 f.

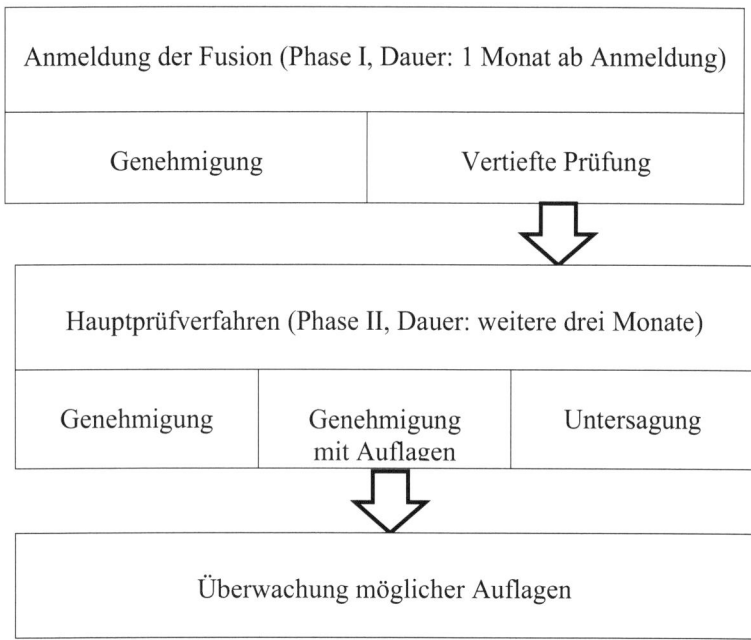

Abbildung 28: Schematischer Verlauf des deutschen Fusionskontrollverfahrens[686]

Eine Besonderheit des deutschen Kartellrechts, das auch in den europäischen Staaten keine Entsprechung hat, ist die Möglichkeit einer sogenannten **Ministererlaubnis**. Untersagt das Bundeskartellamt eine Unternehmenstransaktion, so besteht die Möglichkeit beim Bundesministerium für Wirtschaft und Technologie eine Genehmigung, die Ministererlaubnis, zu beantragen (§ 42 GWB). Diese kann erteilt werden, wenn die Wettbewerbsbeschränkungen durch gesamtwirtschaftliche Vorteile aufgewogen werden oder wenn ein Zusammenschluss im überragenden Interesse der Allgemeinheit ist.[687] Gründe können insbesondere der Erhalt von Arbeitsplätzen oder die Wettbewerbsfähigkeit von deutschen Unternehmen auf dem Weltmarkt sein. Die praktische Relevanz der Ministererlaubnis ist eher gering. Seit Einführung der Regelung im Jahr 1971 wurde sie 23 mal beantragt, davon wurde sie 3 mal erteilt, 7 mal mit Auflagen erteilt und 13 mal nicht erteilt bzw. von den Antragsstellern zurückgenommen.[688] Diese Fälle erhalten aufgrund ihrer hohen öffentlichen Relevanz aber zumeist starke mediale Aufmerksamkeit wie zuletzt bei

---

[686] Vgl. *Nothelfer, W./Pinta, C.M.:* Verzögerungen im M&A Prozess vermeiden: Best Practice bei Auflagen und Bedingungen der Wettbewerbsbehörde, M&A Review, o.Jg. (2011), S. 12.

[687] Vgl. *Körber, T.:* Kartellrecht in der Krise, WUW, 58. Jg. (2009), S. 880.

[688] Vgl. *Bundesministerium für Wirtschaft und Technologie:* Übersicht über die bisherigen Anträge auf Ministererlaubnis nach § 24 Abs. 3/§ 42 GWB, https://www.bmwi.de/Redaktion/DE/Downloads/ Wettbewerbspolitik/antraege-auf-ministererlaubnis.pdf?__blob=publicationFile&v=9 (abgerufen am 26.1.2020).

der Ministererlaubnis für die Akquisition von Kaiser`s Tengelmann durch Edeka, die vom Minister mit der Begründung der Rettung von Arbeitsplätzen und des Erhalts von Arbeitnehmerrechten erlaubt wurde.

Case Study: Ministererlaubnis für die Übernahme von Ruhrgas durch E.on

Der Energiekonzern E.on hatte im August 2001 die Übernahme einer Kontrollmehrheit an der Gelsenberg AG und der Bergemann GmbH angemeldet. Beide Unternehmen waren mittelbar und unmittelbar an der Ruhrgas AG beteiligt, einem der größten deutschen Gasversorger. Das Bundeskartellamt untersagte die beiden Transaktionen nach dem Hauptprüfverfahren mit der Begründung, dass es zu einem Ausbau der marktbeherrschenden Stellung von E.on und Ruhrgas auf verschiedenen Strom- und Gasmärkten gekommen wäre.

E.on beantragte daraufhin im Februar 2002 beim Bundesministerium für Wirtschaft eine Ministererlaubnis nach § 42 GWB. Der damalige Bundeswirtschaftsminister Müller erklärte sich in diesem Fall für befangen, da er aus einer früheren leitenden Position beim Vorgängerunternehmen von E.on der VEBA AG noch Pensionsansprüche hatte. Er beauftragte mit der Entscheidung seinen Staatssekretär Tacke.

Zu Rate gezogen wurde die Monopolkommission, die ein unabhängiges Beratergremium der Bundesregierung in Wettbewerbsfragen ist. Auch sie riet von der Fusion ab. Allerdings wurde die Fusion durch den Staatssekretär Tacke genehmigt. Dennoch wurden hohe Auflagen erteilt, um die wettbewerbsbeschränkenden Auswirkungen möglichst gering zu halten. Das Unternehmen musste seine Beteiligung an der Leipziger Verbundnetz Gas, an der Gelsenwasser AG und an dem Regionalversorger EWE verkaufen. Hinzu kam die Auflage bis 2005 75 Mio. Kilowattstunden Erdgas im Auktionsverfahren an Wettbewerber abzugeben.

Die gegebene Ministererlaubnis wurde insbesondere von Verbraucherverbänden heftig kritisiert, da sie deutlich höhere Strom- und Gaspreise für die kommenden Jahre befürchteten.

Quelle: *Orth, M.E.*: Die Vertretung des Bundeswirtschaftsministers im Ministererlaubnisverfahren EON/Ruhrgas, wrp, 49. Jg. (2003), S. 54 ff.; o.V.: Herbe Kritik an der Ministererlaubnis, Spiegel online vom 4.7.2002, http://www.spiegel.de/wirtschaft/e-on-ruhrgas-herbe-kritik-an-der-minister erlaubnis-a-203810.html (abgerufen am 5.7.2012).

Die Ministererlaubnis steht deutlich in der Kritik. Zwar sind die bisherigen Erlaubnisse alle mit positiven Effekten für das Gemeinwohl begründet worden. Kritiker konstatieren jedoch eher eine starke und erfolgreiche Lobbyarbeit als Grund für die erfolgte Erlaubnis. Eine ex post Analyse des Eintritts der postulierten Gemeinwohleffekte durch die Ministererlaubnis gibt allenfalls gemischte Ergebnisse. Nur wenige der zur Begründug angeführten Effekte konnten im Nachhinein gefunden werden.[689]

8.1.3 *Kartellrechtliche Prüfung in den USA und Kanada*

In den USA ist die Federal Trade Commission für die Zusammenschlusskontrolle zuständig. Gesetzliche Grundlage der Fusionskontrolle ist der **Hart-Scott-Rodino Antitrust Improvement Act**, der 1976 in Kraft trat und zuletzt im Jahr 2000 geändert wurde. Konkretisiert werden diese Regeln durch die Merger Guidelines. Dies sind Verwaltungsgrundsätze, die aber für die Gerichte nicht bindend sind. Basis der Fusionskontrolle, die immer wieder ergänzt und erweitert wurde, war der Clayton Act, der 1914 vom Kongress verabschiedet wurde. Hier wird das grundlegende Prinzip der Fusionskontrolle beschrieben:[690] „That no corporation engaged in commerce shall acquire, directly or indirectly, the whole or any part of the stock or other share capital of another corporation also in commerce where the effect of such acquisition may be to substantially lessen competition between (the two firms) or to restrain such commerce in any section or community or tend to create a monopoly of any line of commerce." Diese Vorschrift hat zum ersten Mal die Einschränkung von Wettbewerb als Maßstab für die Untersagung von Fusionen entwickelt. Die Begründung einer marktbeherrschenden Stellung würde unter diesen Tatbestand fallen genauso wie ihr Ausbau.[691]

Eine geplante Transaktion muss dann angemeldet werden, wenn eine der beteiligten Personen am intra-bundesstaatlichen Geschäftsverkehr in den USA teilhat. Meldepflichten beginnen auch unterhalb der Übernahme einer kontrollierenden Mehrheit, nämlich dann, wenn mehr als ein Vermögen von 50 Mio. US-Dollar transferiert wird. Hinzu kommt, dass Unternehmen dann eine Transaktion melden müssen, wenn eines der beteiligten Unternehmen einen Umsatz oder ein Vermögen von 100 Mio. US-Dollar haben und ein weiteres beteiligtes Unternehmen mindestens einen Umsatz oder ein Vermögen von 10 Mio. US-Dollar haben.

Anders als in Europa und in Deutschland wird die Einschränkung des Wettbewerbes nicht anhand von Marktanteilen festgemacht, sondern anhand der **Konzentra-**

---

[689] Vgl. *Stöhr, A./Budzinski, O.:* Ex-post Analyse der Ministererlaubnis-Fälle – Gemeinwohl durch Wettbewerbsbeschränkungen?, TU Ilmenau, Institut für Volkswirtschaftslehre, Diskussionspapier Nr. 124, April 2019, S. 30 f.

[690] Artikel 7 Clayton Act zitiert nach *Scherer, F.M./Ross, D.:* Industrial Market Structure and Economic Performance, 3. Auflage, Boston u.a. 1990, S. 175.

[691] Vgl. *Berg, H./Schmitt, S.:* Wettbewerbspolitik im Prozess der Globalisierung: Das Beispiel der Zusammenschlusskontrolle, in: Holtbrügge, D.: Management multidimensionaler Unternehmungen, Heidelberg 2003, S. 372.

tion auf dem relevanten Markt. Hierzu sei auf die Ausführungen in Kapitel 3.3.1 zum Herfindahl-Hirschmann-Index verwiesen.

In Kanada waren Fusionen, die zum Schaden der Allgemeinheit waren, zu untersagen. Bis 1986 waren die Hürden für den Beweis allerdings enorm hoch, so dass nur eine einzige Unternehmenstransaktion tatsächlich durch die Behörden untersagt wurde. 1986 wurde dann ein neues Wettbewerbsrecht erlassen, in dem allerdings durch die Behörden auch zu prüfen ist, inwiefern Effizienzgewinne die negativen Auswirkungen durch die Beschränkung des Wettbewerbs ausgleichen.[692]

8.2   Steuerrecht

Die Besteuerung beeinflusst die Vorteilhaftigkeit einer Unternehmenstransaktion wesentlich. In der Praxis werden Unternehmenstransaktionen sehr häufig nach steuerlichen Maßstäben strukturiert. Ziel der Beteiligten ist es, den Barwert der Steuerzahlungen, die mit der Transaktion in Verbindung stehen, zu minimieren (**Steuerbarwertminimierung**). Der Steuerbarwert wird dann minimiert, wenn die zu leistenden Steuerzahlungen besonders niedrig sind und möglichst spät anfallen.[693] Diese Zielsetzung ist nicht einfach umzusetzen, da Zinseffekte und Progressionseffekte zu beachten sind. Mathematisch exakt lässt sich dieses Problem durch Modelle der Linearen Optimierung lösen.[694]

Zu beachten ist dabei aber, dass die Optimierung der Besteuerung lediglich eine Nebenbedingung ist. Unternehmenstransaktionen werden aus strategischen Gründen durchgeführt, nicht zur Optimierung der Steuersituation. Um steuerliche Rosinenpickerei zu verhindern, hat der Gesetzgeber viele steuerliche Optimierungsmodelle untersagt. Der Gesetzgeber hat die Nutzung von **Verlustvorträgen** bei Unternehmenstransaktionen, d.h. bei Gesellschafterwechseln in Kapitalgesellschaften, stark eingeschränkt. Ratio ist dabei, dass nicht mehr die Identität von denjenigen Personen, bei denen die Verluste angefallen sind, und denjenigen, die in den Genuss der steuerlichen Verlustverrechnung kommen, besteht. § 8c KStG bestimmt, dass Verlustvorträge nur noch eingeschränkt verwendbar sind, wenn innerhalb von fünf Jahren 25 % der Anteile ihren Eigentümer gewechselt haben. Sind in der Zeit 50 % der Anteile übertragen worden, so scheidet eine Nutzung des Verlustvortrages komplett aus. Der Gesetzgeber will damit verhindern, dass leere Unternehmensmäntel einzig wegen der in ihnen vorhandenen Verlustvorträge verkauft werden. Allerdings ist diese Regel umstritten. So hält das Finanzgericht Hamburg die

---

[692] Vgl. *Dunlop, B./McQueen, D./Trebilcock, M.:* Canadian Competition Policy: A Legal and Economic Analysis, Toronto 1987, S. 185 ff.

[693] Vgl. *Scheffler, W.:* Besteuerung der Unternehmen, Bd. III: Steuerplanung, Heidelberg 2010, S. 2.

[694] Vgl. grundlegend *Marettek, A.:* Entscheidungsmodell der betrieblichen Steuerbilanzpolitik unter Berücksichtigung ihrer Stellung im System der Unternehmenspolitik, BFuP, 22. Jg. (1970), S. 7 ff.; *Siegel, T.:* Verfahren zur Minimierung der Einkommensteuer-Barwertsumme, BFuP, 24. Jg. (1972), S. 65 ff.

derzeitige Regelung für verfassungswidrig.[695] Wie bei allen steuerlichen Regeln bleibt auch hier abzuwarten, ob die Regel – wie so häufig in letzter Zeit – wieder geändert wird.

Hauptziel einer steuerlichen Optimierung für den Erwerber eines Unternehmens, muss es sein, den Unternehmenskaufpreis möglichst schnell aufwandswirksam werden zu lassen. Um die Möglichkeiten zu systematisieren, muss man zwischen asset und share deal differenzieren. Bei einem asset deal wird der Kaufpreis auf die einzelnen erworbenen Vermögensgegenstände aufgeteilt, insbesondere die bisherigen stillen Reserven. Der verbleibende Teil des Kaufpreises, der nicht mehr durch stille Reserven gedeckt ist, wird als Geschäfts- oder Firmenwert in der Steuerbilanz erfasst. Die einzelnen Vermögensgegenstände können dann ihrer individuellen Nutzungsdauer entsprechend abgeschrieben werden. Der Geschäfts- oder Firmenwert ist gemäß § 7 Abs. 1 Satz 3 EStG über 15 Jahre abzuschreiben. Da die meisten einzelnen Vermögensgegenstände eine geringere Nutzungsdauer haben, ergibt sich ein Anreiz für den Erwerber möglichst viel von dem Kaufpreis auf die Vermögensgegenstände zu verteilen.[696] Der Erwerber kann also seinen Kaufpreis sukzessive über die Abschreibungen steuerlich geltend machen.[697] Des Weiteren ist der Asset Deal aus steuerlichen Überlegungen heraus interessant, da die Haftung für steuerliche Fragen, die aus der Vergangenheit bestehen im Gegensatz zum Share Deal, bei dem die gesamte Verantwortung übernommen wird, begrenzt ist.[698]

Bei dem **Erwerb von Personengesellschaften** wird steuerlich immer von einem asset deal ausgegangen, es wird so getan als ob der Erwerber nicht die Gesellschaft selbst, sondern die einzelnen Vermögensgegenstände übernimmt. Diese steuerliche Behandlung steht allerdings im Gegensatz zur rechtlichen und handelsbilanziellen Einordnung, wo der Erwerb einer Personengesellschaft als Share Deal behandelt wird. Der das Reinvermögen der Personengesellschaft übersteigende Kaufpreis wird in der steuerlichen Ergänzungsbilanz auf die Vermögensgegenstände verteilt (Aufdeckung stiller Reserven). Ein verbleibender Betrag wird als Geschäfts- oder Firmenwert ausgewiesen.[699] Insgesamt wird also jede Übernahme einer Personengesellschaft behandelt wie ein asset deal.

Beim share deal ist das Vorgehen anders: Der Käufer des Unternehmens hat eine Beteiligung erworben. Eine Beteiligung ist ein nicht abnutzbarer Vermögensgegenstand, der mithin auch nicht abschreibbar ist. Eine Verteilung auf einzelne Vermö-

---

[695] Vgl. *Kessler, W./Hinz, B.*: Kernbereiche der Verlustverrechnung – Verfassungswidrigkeit von § 8c KStG, DB, 64. Jg. (2011), S. 1771 ff.

[696] Vgl. *Glaum, M./Hutzschenreuther, T.*: Mergers & Acquisitions, Stuttgart 2010, S. 270.

[697] Vgl. *Herzig, N.*: Steuerorientierte Grundmodelle beim Unternehmenskauf, DB, 43. Jg. (1990), S. 133.

[698] Vgl. *Kuntschik, N.*: Ausgewählte Einzelfragen zur Steueroptimierung von M&A Transaktionen, CFL, 2. Jg. (2011), S. 305.

[699] Vgl. *Beck, R./Klar, M.*: Asset Deal versus Share Deal – Eine Gesamtbetrachtung unter expliziter Berücksichtigung des Risikoaspekts, DB, 60. Jg. (2007), S. 2824.

gensgegenstände, die dann abgeschrieben werden können, ist auch nicht möglich. Aus diesen Gründen ist der Kaufpreis für den Erwerber nicht steuermindernd anzusetzen.

Für den Veräußerer ist die Vorteilhaftigkeit spiegelbildlich. Ein Share Deal ist aus steuerlicher Sicht günstiger. Ist der Veräußerer eine Kapitalgesellschaft, so ist 95 % eines Veräußerungsgewinns (also der positiven Differenz aus Kaufpreis und Buchwert der veräußerten Beteiligung) steuerbefreit (§ 8 Abs. 2 und 3 Satz 1 KStG). Handelt es sich bei dem Veräußerer um eine natürliche Person, so sind gemäß § 3 Nr. 40 EStG 40 % des Veräußerungsgewinns steuerbefreit.[700] Beim asset deal ist der Veräußerer das angestrebte Zielunternehmen selbst. Hier erhöhen die Veräußerungsgewinne (Kaufpreis des einzelnen Vermögensgegenstands abzüglich des Buchwerts) den Gesamtgewinn des Unternehmens. Diese sind zu besteuern, sofern es keine Verrechnungsmöglichkeiten z.B. mit laufenden Verlusten oder Verlustvorträgen gibt. Hat das Unternehmen nach der Unternehmenstransaktion keine Geschäftstätigkeit mehr, was häufig der Fall ist, so muss regelmäßig der gesamte Veräußerungsgewinn versteuert werden.

Die steuerliche Behandlung von Veräußerungserlösen führt häufig zu Diskussionen in den Verhandlungen, da sich die Interessen der Parteien diametral gegenüberstehen, denn der Verkäufer bevorzugt aus steuerlichen Gründen einen share deal, während der Käufer einen asset deal durchsetzen will. Steuerliche Strukturüberlegungen nehmen regelmäßig bei Unternehmenstransaktionen einen breiten Raum ein, Transaktionen kommen nur zustande, wenn offen über die steuerlichen Strukturüberlegungen auf beiden Seiten gesprochen wird.

8.3   Bilanzrecht

8.3.1   Grundlagen der Bilanzierung im Konzern

Durch eine Unternehmenstransaktion wird, sofern sie in Form eines Share Deals durch ein anderes Unternehmen abgewickelt wird, ein Konzern geschaffen. Nach § 18 AktG fasst ein Konzern ein herrschendes Unternehmen (den Käufer) und ein beherrschtes Unternehmen (das gekaufte Unternehmen und eventuell andere zum Konzern gehörende Unternehmen) zusammen. Durch das entstehende Konzernverhältnis wird das herrschende Unternehmen in die wirtschaftlichen Transaktionen des beherrschten Unternehmens eingreifen und sich i.d.R. auch durch wirtschaftliche Leistungen verflechten. So gibt es vielfältige Verflechtungen zwischen den Unternehmen eines Konzerns: Güterwirtschaftliche Arbeitsteilung innerhalb des Konzerns (z.B. durch eine Produktions- und eine Vertriebsgesellschaft), Cash-Pooling, um liquide Mittel gemeinsam zu nutzen, damit die externe Kreditaufnah-

---

[700] Vgl. *Kuntschik, N.:* Ausgewählte Einzelfragen zur Steueroptimierung von M&A Transaktionen, CFL, 2. Jg. (2011), S. 305.

me minimiert werden kann. Um diese konzerninternen Verflechtungen richtig abzubilden, reichen die Einzelabschlüsse nicht aus. So würde hier z. B. ein Gewinn ausgewiesen werden, wenn eine Produktionsgesellschaft ein Produkt an die Vertriebsgesellschaft veräußert. Es handelt sich hierbei aber um eine Transaktion zwischen zu einem Konzern gehörenden Gesellschaften, die noch nicht durch einen Verkauf an einen Kunden objektiviert worden sind.[701] Aus diesem Grund wird in dem Konzernrechnungswesen auf die wirtschaftliche Einheit des Konzerns abgestellt und die Ebene der rechtlich unabhängigen Gesellschaften verlassen. Die Hauptaufgabe des Konzernabschlusses besteht mithin auch darin, Informationen zu liefern, die aufgrund der Konzernzugehörigkeit aus dem Einzelabschluss nicht oder nur verzerrt entnommen werden können.[702] Interne und externe Adressaten bekommen durch den Konzernabschluss eine bessere Informationsbasis für ihre Entscheidungen.

Für externe Adressaten hat der Konzernabschluss eine sehr große Bedeutung. Für den Investor, der an der Börse Aktien kauft, ist es nicht relevant, wie das Mutterunternehmen alleine dasteht. Vielmehr ist für die zukünftige Kursentwicklung relevant, wie sich das Gesamtgebilde „Konzern" entwickeln wird. Damit ist der Einzelabschluss der Mutterunternehmung, deren Aktien an der Börse notiert sind, nicht entscheidungsrelevant für den potentiellen Investor. Es bedarf eines Instruments, in dem die Besonderheiten des „realen Phänomens"[703] Konzern nachvollziehbar und klar dargestellt sind. Der Gesetzgeber hat in Deutschland diesem Erfordernis mit der **Aktienrechtsreform 1965** Rechnung getragen, in dem die Konzernrechnungspflicht für Konzerne, deren Muttergesellschaften als Aktiengesellschaft organisiert sind, normiert wurde. Inzwischen sind die Regeln zur Konzernrechnungslegung Bestandteil des Handelsgesetzbuches.

Im deutschen HGB besteht die **Pflicht zur Aufstellung eines Konzernabschlusses** für ein inländisches Mutterunternehmen in der Rechtsform der Kapitalgesellschaft, wenn es einen beherrschenden Einfluss auf eine Tochtergesellschaft ausübt (Control-Konzept). Dabei sind Rechtsform und Sitz der Tochtergesellschaft unerheblich. § 290 Abs. 2 HGB konkretisiert die Pflicht zur Aufstellung eines Konzernabschlusses, was in Tabelle 12 dargestellt ist.

---

[701] Vgl. *Theisen, M.R.:* Der Konzern, 2. Auflage, Stuttgart 2000, S. 494.
[702] Vgl. *Schildbach, T.:* Überlegungen zu Grundlagen einer Konzernrechnungslegung, Teil II, WPg, 42. Jg. (1989), S. 199 ff.
[703] Vgl. *Theisen, M.R.:* Der Konzern, 2. Auflage, Stuttgart 2000, S. 1.

Beherrschender Einfluss nach § 290 Abs. 2 HGB	
1. Mehrheit der Stimmrechte	Mutter verfügt direkt und/oder indirekt über mehr als 50 % der Stimmrechte
2. Festlegung der Organmitglieder	Mutter ist Gesellschafterin und kann die Mehrheit der Mitglieder von Leitungs-, Verwaltungs- oder Aufsichtsorgan der Tochter bestellen oder abberufen.
3. Beherrschungsvertrag oder Satzung	Mutter hat einen Beherrschungsvertrag oder in der Satzung der Tochter wird der Einfluss der Mutter bestimmt
4. Zweckgesellschaft	Mutter trägt wirtschaftlich die wesentlichen Risiken und Chancen eines Unternehmens bzw. einer anderen juristischen Person oder eines Sondervermögens

Tabelle 12: Beherrschender Einfluss nach §290 Abs. 2 HGB[704]

Für Muttergesellschaften, die nicht in der Rechtsform der Kapitalgesellschaft geführt werden, ist das **Publizitätsgesetz (PublG)** maßgeblich. Danach müssen inländische Muttergesellschaften einen Konzernabschluss aufstellen, wenn sie die Kriterien des HGB nach Tabelle 12 erfüllen und zudem zwei der drei Größenkriterien nach Tabelle 13 an drei aufeinanderfolgenden Bilanzstichtagen erfüllen.

Größenkriterien	
Bilanzsumme	> 65 MEUR
Umsatzerlöse	> 130 MEUR
Durchschnittlich beschäftigte Arbeitnehmer	> 5.000

Tabelle 13: Größenkriterien des Publizitätsgesetzes (§11 PublG)

Grundsätzlich müssen gemäß § 290 HGB alle Konzerne, die die genannten Kriterien erfüllen, auch einen Konzernabschluss aufstellen – unabhängig davon, ob sie selbst Teil eines größeren Konzerns sind oder nicht. Viele Großunternehmen sind als mehrstufige Konzerne aufgebaut. Es ergibt sich die Pflicht, auf jeder Stufe einen Konzernabschluss zu erstellen. Dieses Prinzip wird als **Tannenbaumprinzip** bezeichnet.[705] Durchbrochen wird dieser Grundsatz in § 291 HGB. Danach ist ein Teilkonzernabschluss dann nicht aufzustellen, wenn die Muttergesellschaft und ihre Tochtergesellschaften bereits in einen größeren Konzernabschluss einer Mutter einbezogen sind, die ihren Sitz im Europäischen Wirtschaftsraum (EU Staaten und Liechtenstein und Norwegen) hat.

Zur Entlastung kleiner Konzerne gibt es daneben größenabhängige Befreiungen, die in § 293 HGB geregelt sind. Zwei von drei genannten Kriterien müssen an zwei aufeinanderfolgenden Bilanzstichtagen erfüllt sein, wobei nicht die gleichen Krite-

---

[704] Vgl. *Behringer, S.:* Konzerncontrolling, 3. Auflage, Berlin u. a. 2018, S. 33.

[705] Vgl. *Schildbach, T.:* Der Konzernabschluss nach HGB, IFRS und US-GAAP, 7. Auflage, München u. a. 2008, S. 84.

rien erfüllt sein müssen.[706] Es gibt zwei verschiedene Berechnungsmöglichkeiten für die Kriterien:

- **Bruttomethode (oder additive Methode):** Die Größen der einzelnen Konzernunternehmen werden einfach aufsummiert, Doppelzählungen werden nicht berücksichtigt.
- **Nettomethode:** Die Größen werden bereits saldiert, so dass z.B. die Doppelzählungen im Kapital berücksichtigt werden. Im Endeffekt muss also hier bereits eine Art Probekonzernabschluss[707] aufgestellt werden, der viel Arbeit erfordert.

Die Unternehmen können die für sie günstigste Methode anwenden. Daher kann man davon ausgehen, dass in der Praxis die aufwändige Nettomethode nur dann Anwendung findet, wenn es aufgrund großer Nähe zu den Grenzwerten zwingend notwendig ist. Tabelle 14 fasst die Größenklassen zusammen.

Kriterium	Bruttomethode	Nettomethode
Bilanzsumme	≤ 24 MEUR	≤ 20 MEUR
Umsatzerlöse	≤ 48 MEUR	≤ 40 MEUR
Arbeitnehmerzahl	≤ 250	≤ 250

Tabelle 14: Größenkriterien zur Befreiung von der Aufstellungspflicht für einen Konzernabschluss (§ 293 HGB)

Mit dem **Bilanzrechtsmodernisierungsgesetz** haben sich die Konzepte zur Aufstellungspflicht des Konzernabschlusses nach deutschem HGB und internationalen IFRS weitgehend angenähert. Beide Standards basieren grundsätzlich auf dem **Control Konzept.** Bei den IFRS gilt grundsätzlich, dass eine Beherrschung bei mehr als 50 % der Stimmrechte (direkt oder indirekt gehalten) vorliegt. Dabei ist im Gegensatz zum HGB die Rechtsform der Muttergesellschaft unbeachtlich.[708] Des Weiteren gibt es keine größenabhängigen Befreiungen nach den IFRS.[709]

In IAS 27.13 ist festgelegt, welche zusätzlichen Kriterien die Pflicht zur Aufstellung eines Konzernabschlusses bestimmen können. Dies kann durch Stimmrechtsvereinbarungen, Einflussmöglichkeiten durch Vertrag oder Satzung, die Besetzungsmöglichkeit von Leitungsgremien oder die Stimmenmehrheit in Leitungsgremien geschehen. Diese Kriterien ähneln sehr stark den Anforderungen des HGB.

---

[706] Vgl. *Buchholz, R.:* Grundzüge des Jahresabschlusses nach HGB und IFRS, 10. Auflage, München 2019, S. 174.

[707] Vgl. *Buchholz, R.:* Grundzüge des Jahresabschlusses nach HGB und IFRS, 10. Auflage, München 2019, S. 174.

[708] Vgl. *Hayn, S./Waldersee, G. et al.:* IFRS und HGB im Vergleich, 8. Auflage, Stuttgart 2014, S. 265.

[709] Vgl. *Schildbach, T.:* Der Konzernabschluss nach HGB, IFRS und US-GAAP, 7. Auflage, München u.a. 2008, S. 112.

Die deutsche Rechnungslegung bekennt sich in seinen Vorschriften im Wesentlichen zur Einheitstheorie. Sie besagt, dass der Konzern, trotz der rechtlich abweichenden Struktur wie ein ganzes Unternehmen behandelt wird. Alles, was im Einflussbereich des Mutterunternehmens ist, wird dem Konzern zugerechnet und wie eine rechtliche Einheit behandelt. Dabei ist es unerheblich, ob das Mutterunternehmen alleiniger Eigentümer ist oder, ob es Minderheitsgesellschafter gibt. Diese werden vollständig in den Konzernabschluss, allerdings mit einem Korrekturposten, einbezogen.[710]

Um diese Fiktion, der Darstellung eines rechtlich einheitlichen Unternehmens, zu erreichen, folgt, dass alle Einheiten des Konzerns, wie unselbständige Bestandteile eines Unternehmens angesehen werden. Das bedeutet, dass Transaktionen innerhalb des Konzerns nicht Bestandteil des Konzernabschlusses werden dürfen. Genauso, wie es in einem einzelnen Unternehmen im Einzelabschluss keine Geschäfte mit sich selbst geben darf, müssen jetzt in einem Konzern auch die Geschäfte mit sich selbst eliminiert werden. Nur Geschäftsvorfälle, die mit Dritten abgeschlossen werden, dürfen noch Bestandteil des Konzernabschlusses sein.[711]

Die Konzernrechnungslegung wird gespeist aus den Einzelabschlüssen der dem Konzern angehörigen Unternehmen. Sie sind die Basis des Konzernabschlusses und werden in der Konzernrechnungslegung als **Handelsbilanz I** bezeichnet. Da diese Einzelabschlüsse z.B. von Unternehmen aus verschiedenen Herkunftsländern kommen, ist es notwendig, die Bilanzierungs- und Bewertungsstandards zu vereinheitlichen. Dies passiert in der **Handelsbilanz II**. Danach werden die derart vereinheitlichten Bilanzen und Gewinn- und Verlustrechnungen aufsummiert zur **Summenbilanz und Summengewinn- und -verlustrechnung**. Gemäß der Einheitstheorie als Leitmaxime der Konzernrechnungslegung ist es noch notwendig, Transaktionen innerhalb des Konzerns zu eliminieren. Dies erfolgt in der Konsolidierung, in der durch Konzernbuchungen interne Geschäftsvorfälle gestrichen werden.

8.3.2 Unternehmenstransaktionen im Konzernabschluss: Die Kapitalkonsolidierung

Nach Vollzug der Unternehmenstransaktion wird diese bei der Muttergesellschaft (dem Käufer) zu einer Beteiligung. In der Summenbilanz kommt es **zwangsläufig zu einer Doppelzählung:** Zum einen ist die neue Tochter durch die Einzelbilanz der Muttergesellschaft als Beteiligung Bestandteil der Summenbilanz, zum anderen ist die Einzelbilanz der Tochtergesellschaft selbst Bestandteil der Summenbilanz. Dies soll an einem einfachen Beispiel dargestellt werden:[712] Nehmen wir an, die

---

[710] Vgl. *Möller, H.P. et al.:* Konzernrechnungslegung, Berlin u.a. 2011, S. 15.

[711] Vgl. *Behringer, S.:* Konzerncontrolling, 3. Auflage, Berlin u.a. 2018, S. 39.

[712] Vgl. *Behringer, S.:* Konzerncontrolling, 3. Auflage, Berlin u.a. 2018, S. 52.

Mutter AG gründet eine Tochtergesellschaft, die eine Fabrik für Handtaschen aufbauen soll und gibt ihr ein Eigenkapital von 100.000 EUR in bar mit, die später zum Ankauf von Maschinen verwendet werden soll, so ergeben sich die folgenden Wertansätze:

- Die Mutter AG hat eine Beteiligung an der Tochter in Höhe von 100.000 EUR. Durch die Gründung und die Kapitalüberlassung sind die liquiden Mittel um 100.000 EUR zurückgegangen.
- Die Tochter AG hat ein Eigenkapital in Höhe von 100.000 EUR. Dem stehen auf der Aktivseite 100.000 EUR liquide Mittel gegenüber.

Beteiligung und Eigenkapital der Tochter drücken das gleiche aus. Die Beteiligung bei der Mutter AG und das Eigenkapital der Tochter AG müssen gegeneinander konsolidiert werden, damit die Doppelzählung rückgängig gemacht wird.

In der Kapitalkonsolidierung wird in der Summenbilanz der Beteiligungsansatz, der aus der Einzelbilanz der Muttergesellschaft in die Summenbilanz gelangt ist, gegen das Eigenkapital (Eigenkapital und Rücklagen, wobei die Rücklagen die Kapitalrücklage und Gewinnrücklagen und eventuell sonstige Rücklagen umfassen)[713] bei der Tochtergesellschaft konsolidiert. Da der gezahlte Kaufpreis, der den Beteiligungsansatz nach dem Anschaffungskostenprinzip bestimmt,[714] i.d.R. höher ist, verbleibt nach diesem ersten Konsolidierungsschritt auf der Aktivseite der Summenbilanz ein Teil des Beteiligungsansatzes.[715] Dieser verbleibende Teil wird im zweiten Schritt durch **Aufdeckung stiller Reserven**[716] gemindert. Damit wird fingiert, dass die einzelnen Vermögensgegenstände des gekauften Unternehmens einzeln erworben worden sind (Erwerbsmethode, purchase method). Die Vermögensgegenstände, die in der Bilanz der Tochtergesellschaft enthalten sind, werden jetzt mit ihren Zeitwerten bewertet, nicht mehr mit den um Abschreibungen verminderten historischen Anschaffungskosten. Zudem ist es nach der purchase method auch möglich Vermögensgegenstände zu aktivieren, die im Einzelabschluss normalerweise nicht bilanzierungsfähig sind: So verbietet § 248 Abs. 2 Satz 2 HGB die Aktivierung von selbstgeschaffenen Marken und anderen immateriellen Vermögensgegenständen. Durch die Annahme des einzelnen Erwerbs dieser Vermögensgegenstände, sind sie für den Konzern nicht mehr selbstgeschaffen, sondern erworben

---

[713] Vgl. *Buchholz, R.:* Grundzüge des Jahresabschlusses nach HGB und IFRS, 10. Auflage, München 2019, S. 289.

[714] Vgl. *Rößler, B.:* Abgrenzung und Bewertung von Vermögensgegenständen, Wiesbaden 2012, S. 50.

[715] Das Eigenkapital stellt zwar den bilanziellen Wert des Unternehmens dar. Allerdings gehen in die Unternehmensbewertung (vgl. Kapitel 6) Zukunftsaussichten und immaterielle nicht-bilanzierungsfähige Vermögensgegenstände ein, so dass in aller Regel der Unternehmenswert höher ist als das Eigenkapital.

[716] Stille Reserven entstehen durch die gesetzlich erlaubte Unterbewertung von Vermögensgegenständen oder Überbewertung von Schulden. Sie stellen die Differenz zwischen tatsächlichem Wert und Buchwert dar. Vgl. *Coenenberg, A.G./Haller, A./Schultze, W.:* Jahresabschluss und Jahresabschlussanalyse, 25. Auflage, Landsberg/Lech 2018, S. 321.

und können aktiviert werden. Sie mindern den verbliebenen Wert des Beteiligungsansatzes zusammen mit den aufgedeckten anderen stillen Reserven.

Der Betrag, der dann noch von dem Beteiligungsansatz übrigbleibt, ist der **Goodwill (oder Geschäfts-/Firmenwert)**. Er bestimmt sich als Kaufpreis, den die Muttergesellschaft gezahlt hat, abzüglich des Eigenkapitals der Tochtergesellschaft und
abzüglich der stillen Reserven, die aus dem Einzelabschluss aufzudecken sind.
Damit sind im Goodwill die Zukunftsaussichten repräsentiert, die der Käufer in
seinem Kaufpreis berücksichtigt hat. Einen realen materiellen Gegenwert gibt es
nicht. Vielmehr beinhaltet der Goodwill die psychologischen teilweise auch irrationalen Elemente, die bei Preisverhandlungen zu Unternehmensübernahmen eine
Rolle spielen. Aus diesem Grund wird der Goodwill vielfach bei Bilanzanalysen als
besonders risikoreicher Wert angesehen, der nicht die gleiche Wertigkeit hat wie
andere Vermögensgegenstände des Anlagevermögens.[717] So können in einem
Goodwill sehr wohl auch Überzahlungen bei der Unternehmensübernahme zum
Ausdruck kommen und kein betriebswirtschaftlich begründeter Wert.

Dem Goodwill kommt eine besondere Bedeutung zu. Wie eingangs ausgeführt, ist
das Konzernergebnis besonders wichtig für Investoren. Mithin ist es auch für die
Unternehmensleitung sehr wichtig zu sehen, wie sich der Konzerngewinn durch die
Unternehmenstransaktion künftig entwickeln wird. Wie der Goodwill zu behandeln
ist, hängt maßgeblich von dem einschlägigen Rechnungslegungsstandard ab.

§ 309 Absatz 1 HGB verweist zur Behandlung des Firmenwertes auf die Vorschriften des Teils für alle Kaufleute. Daraus ergibt sich, dass der Firmenwert **planmäßig über die Nutzungsdauer abzuschreiben ist**. Als Abschreibungsmethode wird
regelmäßig die lineare Methode verwendet. Die Nutzungsdauer wird individuell
bestimmt. Der Gesetzgeber geht aber von einer regelmäßig 5 Jahre betragenden
Nutzungsdauer aus, da § 285 Nr. 13 HGB verlangt, dass wenn eine längere Nutzungsdauer angewendet wird dies im Anhang zu erläutern ist. Kriterien für die
Festlegung der Nutzungsdauer können die folgenden sein:[718]

– Stabilität und Bestandsdauer der Branche,
– Lebenszyklus der Produkte,
– Auswirkungen von Veränderungen der Absatz- und Beschaffungsmärkte sowie
  der wirtschaftlichen Rahmenbedingungen auf das erworbene Unternehmen,
– Laufzeit wichtiger Absatz- oder Beschaffungsverträge,
– voraussichtliche Tätigkeit wichtiger Mitarbeiter oder Mitarbeitergruppen.

Grundsätzlich anders ist das Vorgehen nach IFRS. Dieser internationale Rechnungslegungsstandard hat für deutsche Unternehmen eine besondere Bedeutung.

---

[717] Vgl. *Küting, K.*: Der Geschäfts- oder Firmenwert. Ein Spielball der Bilanzpolitik, AG, 45. Jg. (2000),
S. 98.
[718] Vgl. *Engel-Ciric, D.*: Bilanzierung des Geschäfts- oder Firmenwerts nach BilMoG, BC, 33. Jg. (2009),
S. 449.

Kapitalmarktorientierte Konzerne müssen ihren Konzernabschluss nach IFRS aufstellen, nicht am Kapitalmarkt notierte Unternehmen haben ein Wahlrecht, ob sie ihren Konzernabschluss nach IFRS oder HGB aufstellen (§ 315a HGB).

Während im HGB der Goodwill als Ganzes weiterbehandelt wird, wird er nach den IFRS aufgeteilt. Daneben gibt es bei der Ableitung mehr Wahlrechte, die dem Unternehmen mehr Möglichkeiten einräumen, aber auch ein komplexeres Vorgehen bedingen.

Die IFRS ermöglichen im **IFRS 3 „Business Combinations"** ein Wahlrecht. Der Goodwill kann entweder in voller Höhe angesetzt werden (Full Goodwill Approach) oder beteiligungsproportional (Purchased Goodwill Approach, Neubewertungsmethode).[719] Dieses Wahlrecht kommt zum Tragen, wenn die Beteiligung an der Tochtergesellschaft mehr als 50 %, aber weniger als 100 % beträgt.

Beim **Full Goodwill Approach** wird zunächst der Kaufpreis für die Anteile abzüglich des anteiligen neubewerteten Eigenkapitals ermittelt, so entsteht der Goodwill der Konzernmutter. Hat die Beteiligung von 80 % einen Kaufpreis von 1.000.000 EUR, wobei das Eigenkapital in der Bilanz der Tochter 200.000 EUR beträgt, so entsteht für den Konzern ein Goodwill von 840.000 EUR, der in der Konzernbilanz auszuweisen ist. Der Beteiligungsbuchwert ist, um das anteilige Eigenkapital in Höhe von 160.000 EUR zu vermindern. Für die Minderheitsposition wird, dass anteilige Eigenkapital in Höhe von 40.000 EUR und der verbleibende anteilige Goodwill in Höhe von 160.000 EUR ausgewiesen, da der Marktwert von 100 % der Anteile bei 1.200.000 EUR liegt (Eigenkapital teilt sich auf 160.000 auf die Mehrheit 40.000 auf die Minderheit; Goodwill teilt sich auf 840.000 auf die Mehrheit und 160.000 auf die Minderheit). Gegenposition der Buchung sind die „non-controlling interests."

Beim **Purchased Goodwill Approach** wird nur der anteilige Goodwill der Konzernmutter aufgedeckt. Der Goodwill, der den Minderheiten zurechenbar ist, findet keine Berücksichtigung. Im oben angegebenen Beispiel würden nur die 840.000 EUR Eingang in den Konzernabschluss finden, die dem Konzern direkt zurechenbar sind.

Der Full Goodwill-Approach wird von großen Teilen der Literatur als problematisch angesehen, da der Wertansatz noch zweifelhafter wird als er es ohnehin schon ist.[720]

Der so ermittelte Goodwill wird nach IFRS aufgeteilt auf sogenannte **cash generating units (cgu)**. Ein cgu ist die kleinste identifizierbare Einheit in einem Unternehmen, die selbständig Zahlungsmittel erwirtschaftet. Beispielsweise kann ein

---

[719] Vgl. *Althoff, F.:* Einführung in die Internationale Rechnungslegung, Teil II, Wiesbaden 2012, S. 407.

[720] Vgl. u.a. *Pellens, B./Sellhorn, T./Amsoff, H.:* Reform der Konzernbilanzierung – Neufassung von IFRS 3 „Business Combinations", DB, 58. Jg. (2005), S. 1755.

Unternehmen zerlegt werden in die selbständig am Markt auftretenden Produktbereiche. Diese generieren über ihre Umsätze Zahlungsmittel. Ein cgu muss unabhängig von anderen Einheiten des Unternehmens sein. Eine reine Zulieferabteilung scheidet daher als cgu aus. Dabei soll das Unternehmen die cgus möglichst genauso strukturieren, wie ihr internes Berichtswesen aufgebaut ist (sogenannter management approach).[721] Das bedeutet, dass der Goodwill möglichst auf Einheiten verteilt werden soll, wie sie auch von dem Konzernmanagement verwendet werden, um zu überprüfen, ob die Unternehmensübernahme erfolgreich war oder nicht. Es ist offensichtlich, dass sich hier erhebliche Spielräume für die Unternehmensleitung ergeben.[722] Werden cgus sehr weit abgegrenzt, so kann man Verlustsituationen vermeiden und damit eventuellen Abschreibungsbedarf umgehen.

Sind die cgus definiert, muss der errechnete Goodwill auf sie verteilt werden. Dazu bestimmt IAS 36.80, dass die Aufteilung nutzenadäquat erfolgen soll. Geht man also davon aus, dass der Goodwill die Zukunftsaussichten des gekauften Unternehmens ausdrückt, so muss überprüft werden, welche Anteile des künftigen Gewinns, von dem der Käufer in seiner Unternehmensbewertung ausgegangen ist, auf jede einzelne cgu entfällt. Die cgu erhält dann den entsprechenden Anteil des Goodwills. Insgesamt wird dieser als „**carrying amount**" bezeichnete Betrag als Grundlage des impairment tests in den Folgeperioden bestimmt als: Aktueller Buchwert der einzelnen Vermögensgegenstände, die der cgu zurechenbar sind, abzüglich der Schulden zuzüglich des ermittelten anteiligen Goodwills.

Die Zuordnung der cgus wie auch die Aufdeckung von stillen Reserven determinieren das künftige Konzernergebnis. Grund ist das Prinzip der Bilanzstetigkeit. Ein einmal zugeordneter Goodwill oder ein neu veranschlagter Wertansatz für einen Vermögensgegenstand muss in den Folgejahren gleich gelassen werden. Die Methodik der Bilanzierung und Bewertung darf grundsätzlich nicht verändert werden.

Die Regelungen zur Abgrenzung der cgus und zur nutzenadäquaten Aufteilung des Goodwills ermöglichen erhebliche Spannbreiten, mit denen das Unternehmen den künftig ausgewiesenen Konzerngewinn stark beeinflussen kann.[723] Es ist offensichtlich, dass das Käuferunternehmen bei einer Unternehmenstransaktion von daher stark daran interessiert ist, die Transaktion so zu gestalten, dass die cgus aus ihrer Sicht optimal gestaltet werden können.

Die IFRS verlangen, dass die Werthaltigkeit des Bilanzansatzes für die cgus jährlich neu überprüft wird. Dazu wird der bei der Erstkonsolidierung ermittelte bzw. fortgeführte carrying amount verglichen mit dem **recoverable amount** (erzielbarer

---

[721] Vgl. *Brücks, M./Kerkhoff, G./Richter, M.*: Impairment Test für den Goodwill nach IFRS. Vergleich mit US-GAAP: Gemeinsamkeiten und Unterschiede. KoR, 1. Jg. (2005), S. 1 ff.

[722] Vgl. *Buhleier, C.*: Der IFRS Goodwill Impairment Test, in: Internationale Rechnungslegung und Internationales Controlling, Wiesbaden 2011, S. 489 mwN.

[723] Vgl. *Buhleier, C.*: Der IFRS Goodwill Impairment Test, in: Internationale Rechnungslegung und Internationales Controlling, Wiesbaden 2011, S. 489.

Betrag). Nach IAS 36 ist der recoverable amount der höhere Betrag aus dem Vergleich von Nutzungswert (value in use) und beizulegendem Zeitwert abzüglich der Verkaufskosten (fair value less costs to sell).

Der Nutzungswert entspricht dem Wert der cgu, der sich aus der Fortführung der Aktivitäten der cgu ergibt. Zur Ermittlung wird geschätzt, welcher Cashflow die cgu künftig erwirtschaften wird (z.B. aus dem Verkauf der hergestellten Produkte abzüglich der Auszahlungen für die Produktion). Hierzu sind die Planungsrechnungen, die das Unternehmen erstellt, zugrunde zu legen. Es sind allerdings Erweiterungsinvestitionen zu eliminieren, da diese nichts mehr mit der ursprünglich erworbenen Einheit zu tun haben. Auch hier ergeben sich wiederum erhebliche Spielräume, die der Unternehmenskäufer zu seinen Gunsten ausnutzen kann.[724]

Diese künftigen Cashflows werden mit einem risikolosen Zins (beispielsweise der Verzinsung einer Staatsanleihe), der um einen Risikozuschlag erhöht wird, auf ihren Barwert abgezinst. Dieses Vorgehen entspricht der Ertragswertmethode der Unternehmensbewertung (vgl. Kapitel 6.4.2.2 dieses Buches). Der beizulegende Zeitwert abzüglich Verkaufskosten unterstellt hingegen, dass die cgu veräußert wird. Hervorzuheben ist, dass es sich hierbei um einen fiktiven Verkauf handelt, der keineswegs angestrebt werden muss. Der beizulegende Zeitwert ergibt sich am ehesten aus einem tatsächlich vorliegenden realen Kaufangebot. Am nächstbesten ist es, dass es einen aktiven Markt, z.B. für börsennotierte Anteile an dem Unternehmen gibt. Ist dies nicht der Fall, so ist ein fiktiver Wert der cgu mit den Methoden der Unternehmensbewertung analytisch zu ermitteln. Abzuziehen von dem so ermittelten Wert sind die Kosten eines Verkaufs, also z.B. Anwaltskosten, Kosten eines Notars oder eines Vermittlers, sowie die bei einem Verkauf anfallenden Steuern. Für den folgenden impairment test wird der höhere Wert aus Nutzungswert und beizulegendem Zeitwert abzüglich Verkaufskosten als Maßstab angesetzt.

Der eigentliche **impairment test** ist der Vergleich zwischen dem recoverable amount der cgu und dem carrying amount. Ist der recoverable amount niedriger, so wird auf diesen niedrigeren Wert abgeschrieben. Der Buchwert in der Konzernbilanz wird auf den niedrigeren Wert angepasst, die Abschreibung erfolgt aufwandswirksam in der Konzern-Gewinn- und Verlustrechnung. In den Folgejahren wird der um die Abschreibung verminderte carrying amount Grundlage des impairment tests. Ist der recoverable amount höher oder gleich dem carrying amount, so findet keine Abschreibung statt. Eine Zuschreibung auf einen höheren Wert ist nach IFRS nicht gestattet. Grund für dieses Verbot ist, dass IAS 36.125 davon ausgeht, dass eine Wertsteigerung der cgu einen originären Firmenwert darstellt, also von dem Konzern selbst geschaffen ist. Damit gilt das Bilanzierungsverbot für selbstgeschaffene immaterielle Vermögensgegenstände.

---

[724] Vgl. *Kasperzak, R.:* Wertminderungstest nach IAS 36 – Ein Plädoyer für die Abschaffung des erzielbaren Beitrags, BFuP, 63. Jg. (2011), S. 5.

Ergibt sich durch den impairment test eine Abschreibungserfordernis, so ist zunächst der auf die cgu verteilte Goodwill abzuschreiben. Erst wenn dieser vollständig abgeschrieben ist, werden die der cgu zugerechneten Vermögensgegenstände abgeschrieben. Diese Abschreibung, die zusätzlich zu den normalen planmäßigen Abschreibungen erfolgt, wird buchwertproportional vorgenommen.

Ein Spezialfall ist das Entstehen eines **passivischen (negativen) Unterschiedsbetrags** (auch Badwill genannt), bei dem der Kaufpreis niedriger ist als das Eigenkapital. Diesen Fall kann es eigentlich zwischen rational handelnden Parteien nicht geben. Es würde bedeuten, dass ein Verkäufer einen geringeren Preis vereinnahmt hat als der bilanzielle Wert des Unternehmens ist. Aus diesem Grund wird oftmals geleugnet, dass ein echter negativer Firmenwert überhaupt bestehen kann.[725]

Das Vorgehen ist spiegelbildlich zu dem beim Goodwill: Zunächst müssen stille Lasten durch zu hoch bewertete Aktiva oder unterbewertete Passiva aufgedeckt werden. Verbleibt dann noch ein Badwill, so wird dieser als „Unterschiedsbetrag aus der Kapitalkonsolidierung" auf der Passivseite nach dem Eigenkapital ausgewiesen (§ 301 Abs. 3 Satz 1 HGB). Wichtig ist dabei zu beachten, dass der Badwill betriebswirtschaftlich unterschiedliche Charaktere je nach Entstehungsgrund haben kann:

– Ist die Entstehung des passivischen Unterschiedsbetrags auf einen sogenannten **lucky buy** zurückzuführen, hat er tatsächlich einen ertragserhöhenden Charakter. Der Käufer hat aufgrund seines Verhandlungsgeschicks bzw. seiner außerordentlichen Verhandlungsposition einen Preis, der unter dem Eigenkapital liegt, erreicht.[726]
– Die Ursache des passivischen Unterschiedsbetrags kann aber auch in einer **künftigen negativen Entwicklung des erworbenen Unternehmens** liegen. Damit kann der Badwill eher eine zukünftige Verpflichtung darstellen, die durch ihn antizipiert wird. Damit wäre der Badwill als betriebswirtschaftliches Fremdkapital ähnlich wie eine Rückstellung zu charakterisieren.[727]

In den IFRS ist kodifiziert, dass ein Badwill zunächst überprüft werden soll. Offensichtlich geht der Standardsetter davon aus, dass es sich um einen außergewöhnlichen Fall handelt, der möglicherweise durch Bewertungsfehler entstanden ist.[728] In der internationalen Rechnungslegung wird angenommen, dass der Badwill durch einen lucky buy entsteht. Folglich soll er sofort ertragswirksam als Gewinn verein-

---

[725] Vgl. *Siegel, T./Bareis, P.*: Der „negative Geschäftswert" – eine Schimäre als Steuersparmodell, BB, 48. Jg. (1993), S. 1478 f.

[726] Vgl. *Kußmaul, H./Richter, L.*: Die Behandlung von Verschmelzungsdifferenzbeträgen nach UmwG und UmwStG, GmbH Rundschau, 95. Jg. (2004), S. 703.

[727] Vgl. *Sauthoff, J.P.*: Zum bilanziellen Charakter negativer Firmenwerte im Konzernabschluss, BB, 52. Jg. (1997), S. 619 ff.

[728] Vgl. *Haaker, A.*: Potential der Goodwill-Bilanzierung nach IFRS für eine Konvergenz im wertorientierten Rechnungswesen, Wiesbaden 2008, S. 346.

nahmt werden. Damit erübrigt sich das Problem der Wertfortführung, wobei man sich hier einen inversen impairment test vorstellen könnte.[729]

Case Study: Kapitalkonsolidierung von HelloKitty GmbH und Good Kitty GmbH

Die HelloKitty GmbH erwirbt für 1 Mio. EUR das vollständige Eigentum an der Good Kitty GmbH. Die (verkürzten und vereinfachten) Bilanzen der beiden Unternehmen sehen zum Zeitpunkt der Erstkonsolidierung wie folgt aus:

1. Good Kitty GmbH

Aktiva		Passiva	
Umlaufvermögen	900.000	Eigenkapital	400.000
Anlagevermögen	1.000.000	Rückstellungen	600.000
		Fremdkapital	900.000
Bilanzsumme	1.900.000	Bilanzsumme	1.900.000

2. HelloKitty GmbH

Aktiva		Passiva	
Umlaufvermögen	2.000.000	Eigenkapital	1.000.000
Anlagevermögen	1.900.000	Rückstellungen	900.000
		Fremdkapital	2.000.000
Bilanzsumme	3.900.000	Bilanzsumme	3.900.000

In dem Einzelabschluss der HelloKitty GmbH ist die erworbene Beteiligung an der Good Kitty GmbH zu 1.000.000 EUR als Beteiligung in der Position Anlagevermögen enthalten.

Um die Kapitalkonsolidierung vorzunehmen, müssen die Einzelbilanzen aufsummiert werden. Wir unterstellen dabei, dass es keinen Anpassungsbedarf zwischen dem Einzelabschluss der beiden Unternehmen, und der Konzernbilanz gibt (keine Anpassung der Handelsbilanz I zur Handelsbilanz II). Die Summenbilanz ist die Aufsummierung der beiden Einzelbilanzen:

Aktiva		Passiva	
Umlaufvermögen	2.900.000	Eigenkapital	1.400.000
Anlagevermögen	2.900.000	Rückstellungen	1.500.000
		Fremdkapital	2.900.000
Bilanzsumme	5.800.000	Bilanzsumme	5.800.000

In dieser Summenbilanz ist die Good Kitty GmbH doppelt enthalten. Zum einen in der Beteiligung, die im Anlagevermögen enthalten ist. Diese Beteiligung steht für den Wert der Good Kitty GmbH. Zum anderen ist die Bilanz

---

[729] Vgl. hierzu *Haaker, A.:* Die Zuordnung des Goodwill auf Cash Generating Units zum Zweck des Impairment Test nach IFRS – Zur Berücksichtigung eines negativen Goodwill auf Ebene der Cash Generating Units, KoR, 1. Jg. (2005), S. 434.

der Good Kitty GmbH selbst Teil der Summenbilanz. Die Kapitalkonsolidierung vollzieht sich nun in drei Schritten:

1. Das Eigenkapital der Good Kitty GmbH in Höhe von 400.000 EUR wird gegen die Beteiligung konsolidiert.
2. Es werden stille Reserven in der Einzelbilanz der Good Kitty GmbH aufgedeckt. Hier findet sich eine Maschine, die bereits abgeschrieben ist, aber weiter genutzt wird. Sie wird zum Zeitwert von 100.000 EUR im Anlagevermögen der Konzernbilanz angesetzt.
3. Der verbleibende Betrag von 500.000 EUR wird in der Konzernbilanz als Goodwill angesetzt.

Es ergibt sich als Konzernbilanz:

Aktiva		Passiva	
Umlaufvermögen	2.900.000	Eigenkapital	1.000.000
Anlagevermögen	2.500.000	Rückstellungen	1.500.000
davon:		Fremdkapital	2.900.000
Goodwill	500.000		
Maschine	100.000		
Bilanzsumme	5.400.000	Bilanzsumme	5.400.000

Das Eigenkapital ist um das Eigenkapital der Good Kitty GmbH in Höhe von 400.000 EUR konsolidiert worden. Gegenposition war die Beteiligung auf der Aktivseite. Der verbliebene aus der Beteiligung entstandene Betrag in Höhe von 600.000 EUR (Buchwert von 1.000.000 EUR abzüglich des konsolidierten Betrags in Höhe von 400.000 EUR) ist reklassifiziert worden: 100.000 EUR sind durch Aufdeckung der stillen Reserven als Maschine gezeigt. Die verbleibenden 500.000 EUR sind der Goodwill.

Nach IFRS muss der so ermittelte Goodwill jetzt auf cash generating units aufgeteilt werden. Nach HGB bleibt der Goodwill so bestehen und wird planmäßig über die kommenden fünf Jahre abgeschrieben.

8.3.3 Bedeutung der Goodwill Bilanzierung bei Unternehmenstransaktionen

Es zeigt sich, dass es diverse Spielräume für das erwerbende Unternehmen bei der Bemessung des Goodwills gibt, die beachtet werden müssen.[730] Dabei gehen die IFRS von der Fiktion aus, dass es einen objektiven Unternehmenswert (fair value) gibt, der berechnet werden kann.[731] Wie wir in den Überlegungen zur Unternehmensbewertung in Kapitel 6 gesehen haben, ist dies aber nicht mehr als ein from-

---

[730] Vgl. *Brösel, G./Müller, S.:* Goodwillbilanzierung nach IFRS aus Sicht des Beteiligungscontrollings, KoR, 3. Jg. (2007), S. 42.

[731] Vgl. *Schildbach, T.:* Fair-Value Bilanzierung und Unternehmensbewertung, BFuP, 61. Jg. (2009), S. 377 ff.

mer Wunsch. Allein die Zukunftsorientierung der Unternehmensbewertung führt dazu, dass der Unternehmenswert mindestens variabel ist und stark von den zugrundeliegenden Annahmen abhängt.

Das kaufende Unternehmen muss bei der Ausfüllung der gebotenen Spielräume das sich darstellende Spannungsfeld beachten. Auf der einen Seite sind die Regeln der Rechnungslegung einzuhalten und auf der anderen Seite das Wohl des Unternehmens im Auge zu behalten, damit es nach außen attraktiv für Investoren erscheint.

Durch die nach IFRS im Gegensatz zum HGB nicht kontinuierliche Abwertung des Goodwills **steigern sich die Amplitudenausschläge des Gewinns** der Unternehmen. Wird durch den impairment test festgestellt, dass ein Abschreibungsbedarf vorhanden ist, so kann dies das operative Ergebnis eines Konzerns schnell überlagern. Die Überprüfung der Werthaltigkeit sollte, um rechtzeitig gewarnt zu sein, demnach in ausreichender Zeit vor dem Abschlussstichtag erfolgen, was auch nach IAS 36.96 durchaus möglich ist. In der Praxis wird sich meistens an den Intervallen zur normalen internen Berichterstattung orientiert.[732]

Im Jahr 2018 fanden sich in den Bilanzen der 30 DAX-Konzerne Goodwills in Höhe von ca. 293 Mrd. EUR.[733] Diese Bilanzposition hat mit der Einführung der IFRS Bilanzierung für börsennotierte Konzerne einen erheblichen Bedeutungsgewinn erlangt. Allerdings ist die Position problematisch. Wie gezeigt spiegeln sich in dem Goodwill einzig die Zukunftsaussichten, die mit einem Unternehmenserwerb verbunden werden, ohne, dass reale Werte dahinterstehen. Daher wird häufig vorgeschlagen für eine Bilanzanalyse des Konzerns, den ausgewiesenen Goodwill mit dem Eigenkapital zu verrechnen und ihn damit nicht als werthaltigen Vermögensgegenstand zu betrachten.[734] Damit wird der geringen Konkretisierung dieses Vermögensgegenstandes Rechnung getragen und die Vermögensposition des Konzerns relativiert.

Durch den jährlichen Werthaltigkeitstest besteht die große Gefahr, dass insbesondere während wirtschaftlich schwacher Zeiten ein erheblicher Abschreibungsbedarf entsteht. So wird in der Literatur der fair value Bewertung, die Marktpreise als Bewertungsmaßstab festlegt, eine krisenverschärfende und prozyklische Wirkung zugeschrieben.[735] In Zeiten, in denen die Konjunktur schwächer wird, ist davon auszugehen, dass sich auch die Zukunftsaussichten der cgus eintrüben. Dies führt, da der recoverable amount sinkt, in vielen Fällen zu einer Abschreibungserfordernis.

---

[732] Vgl. *Wirth, J.:* Firmenwertbilanzierung nach IFRS: Unternehmenszusammenschlüsse, Werthaltigkeitstests, Endkonsolidierung, Stuttgart 2005, S. 20.

[733] Vgl. https://www.brokervergleich.de/wissen/expertisen/goodwill-wie-viel-sprengstoff-steckt-in-dax-bilanzen/ (abgerufen am 26.1.2020)

[734] Vgl. *Brösel, G.:* Bilanzanalyse, 15. Auflage, Berlin 2017, S. 307; *Küting, P./Weber, C.P.:* Die Bilanzanalyse, 11. Auflage, Stuttgart 2015, S. 88 f.

[735] Vgl. *Küting, K./Lauer, P.:* Der fair value in der Krise, BFuP, 61. Jg. (2009), S. 548 ff. Grundlegend *Bieg, H./Bofinger P. et al.:* Die Saarbrücker Initiative gegen den Fair Value, DB, 61. Jg. (2008), S. 2549 ff.

Nach deutschem HGB ist die Situation anders: Da der Goodwill nach § 309 Abs. 1 HGB planmäßig über seine Nutzungsdauer abzuschreiben ist, die regelmäßig mit 5 Jahren angenommen wird, da sonst gemäß § 285 Nr. 13 HGB eine längere Nutzungsdauer zu erläutern ist, entsteht eine solche krisenverschärfende Wirkung im deutschen Bilanzrecht nicht.

Die Bilanzposition des Goodwills liegt bei einigen Konzernen (so bei der Deutschen Post und bei Fresenius) höher als das im Konzern ausgewiesene Eigenkapital.[736] Hier kann eine Abschreibung z.B. im Zuge einer konjunkturellen Krise das Eigenkapital stark angreifen und damit die Bilanzstruktur des Konzerns stark in Mitleidenschaft ziehen.

Im Fokus: Goodwills in den Bilanzen der deutschen DAX-Konzerne

In den Bilanzen der großen deutschen Konzerne sind enorm hohe Werte für Goodwill und Firmenwerte enthalten, die in den letzten Jahren – nach Einführung der IFRS Rechnungslegung und des impairment tests – kaum noch abgeschrieben worden sind. Die nachfolgende Tabelle gibt einen Überblick über die Situation (Stand: Ende 2018).

Unternehmen	bilanzierter Goodwill	Goodwill in % des EK	Ø jährl. Abschr. 2005–18	Abschr. in % Goodw. 2005–18	Abschr. in % Goodw. 2000–4
Adidas	1.245	20 %	31	2,3 %	7,2 %
Allianz	12.330	19 %	75	0,6 %	8,5 %
BASF	9.211	26 %	37	0,6 %	9,7 %
BMW	385	1 %	0	0,0 %	n/a
Bayer	38.146	83 %	111	0,9 %	11,7 %
Beiersdorf	105	2 %	15	17,1 %	40,2 %
Continental	7.233	40 %	74	1,3 %	3,3 %
Covestro	256	5 %	2	1,1 %	n/a
Daimler	1.082	2 %	2	0,3 %	3,9 %
Deutsche Bank	3.876	6 %	563	7,7 %	4,3 %
Deutsche Börse	2.866	58 %	1	0,0 %	5,9 %

---

[736] Vgl. die Übersicht bei *Behringer, S.:* Konzerncontrolling, 3. Auflage, Berlin u. a. 2018, S. 61.

Unterneh-men	bilanzier-ter Good-will	Goodwill in % des EK	Ø jährl. Abschr. 2005–18	Abschr. in % Goodw. 2005–18	Abschr. in % Goodw. 2000–4
Deutsche Post	11.199	81 %	75	0,1 %	11,1 %
Deutsche Telekom	12.267	28 %	1.088	6,5 %	15,2 %
E.On	2.054	24 %	700	6,0 %	8,0 %
Fresenius	25.713	103 %	0	0,0 %	2,9 %
Fresenius Medical Care	12.210	95 %	0	0,0 %	0,0 %
Heidelberg Cement	11.450	68 %	82	0,9 %	8,3 %
Henkel	12.486	73 %	5	0,1 %	12,8 %
Infineon	764	12 %	2	0,6 %	16,1 %
Linde	10.997	75 %	0	0,0 %	4,0 %
Lufthansa	736	8 %	22	3,6 %	37,6 %
Merck	13.764	80 %	4	0,1 %	7,3 %
Münchener Rück	2.904	11 %	78	2,5 %	9,6 %
RWE	1.718	12 %	193	1,7 %	6,0 %
SAP	23.725	82 %	0	0,0 %	6,1 %
Siemens	28.344	59 %	145	0,8 %	9,5 %
Thyssen-Krupp	3.482	106 %	40	1,1 %	4,2 %
VW	23.317	20 %	1	0,0 %	27,7 %
Vonovia	2.842	14 %	255	9,4 %	n/a
Wirecard	660	36 %	0	0,0 %	0,0 %

In der Übersicht erkannt man zum einen die Problematik von sehr hohen Beständen an Goodwill in den Bilanzen. Fresenius und Thyssen Krupp haben einen höheren Goodwill als Eigenkapital. Angesichts der Flüchtigkeit eines Wertes, der allein aus Zukunftsaussichten entsteht, kann man die

Problematik dieser Bilanzen erkennen. Auf der anderen Seite wird deutlich, dass aufgrund der vielen Gestaltungsspielräume, die den Unternehmen nach IFRS bei der Ausgestaltung des Goodwills bleiben, Abschreibungen möglichst vermieden werden. Dies wird sehr deutlich an dem Vergleich der Behandlung der Goodwills vor der Einführung des impairment tests (bis 2004) und danach. Wurde früher regelmäßig abgeschrieben, so unterbleibt die Abschreibung heute weitgehend. Damit ergibt sich bei Krisen ein stärkeres Risiko für diese Konzerne.

Quelle: *Schürmann, C.:* Falscher Glanz, Wirtschaftswoche, Nr. 16 vom 12.4.2019, S. 16 ff.

Weiterführende Lektüre

Zu den rechtlichen Rahmenbedingungen, die bei einer Unternehmenstransaktion zu beachten sind, gibt es eine Vielzahl von Veröffentlichungen, die sich insbesondere an Praktiker wenden. Gleiches gilt für steuerliche Aspekte. Beide Bereiche zusammengefasst werden in dem Band von Holzapfel und Pöllath (2016). Ebenfalls an Praktiker wendet sich das Buch von Ettinger und Jaques (2016), das sich insbesondere mit der Situation im Mittelstand auseinandersetzt. Eine Mischung aus volkswirtschaftlicher und rechtstheoretischer Analyse aus amerikanischer Sicht bietet der Klassiker von Posner (2001).

Die Behandlung des Goodwills im Rahmen der Konzernrechnungslegung wird insbesondere in dem Buch Küting und Weber (2018) thematisiert. Hier wird stärker auf Besonderheiten eingegangen, als das in dieser Einführung möglich war.

Ettinger, J/Jaques, H.: Beck'sches Handbuch Unternehmenskauf im Mittelstand: Vertragsgestaltung und steuerliche Strukturierung für Käufer und Verkäufer, 2. Auflage, München 2016.

Holzapfel, H.J./Pöllath, R.: Unternehmenskauf in Recht und Praxis: Rechtliche und steuerliche Aspekte, 15. Auflage, Frankfurt 2016.

Küting, K./Weber, C.P.: Der Konzernabschluss: Praxis der Konzernrechnungslegung nach HGB und IFRS, 14. Auflage, Stuttgart 2018.

Posner, R.A.: Antitrust Law, 2. Auflage, Cambridge 2001.

9 Post Merger Integration

Lernziele

- Am Ende dieses Kapitels kennen Sie die wesentlichen Handlungsfelder, die bei der Post Merger Integration bearbeitet werden müssen. Sie wissen welche Handlungsmöglichkeiten es grundsätzlich bei der Post Merger Integration und im Speziellen bei den einzelnen Handlungsfeldern gibt.
- In diesem Kapitel wird erörtert, wie der Prozess der Post Merger Integration durch das Controlling in einem Unternehmen begleitet werden kann. Sie lernen die notwendigen Instrumente kennen, mit denen dies geschehen kann.
- Nach Lektüre dieses Kapitels sollten Sie verstehen, warum die Post Merger Integration so entscheidend wichtig ist für das Gelingen einer Unternehmenstransaktion. Sie sollten erkennen, was schiefgehen kann und, was Voraussetzungen dafür sind, dass die Integration des Unternehmens gelingt.

9.1 Begriff und Einordnung der Post Merger Integration

Etymologisch kommt der Begriff Integration von dem lateinischen integer (ganz, unversehrt, vollständig), integratio (Wiederherstellung eines Ganzen) und integrare (vervollständigen).[737] Der Begriff wird in der Betriebswirtschaftslehre heterogen verwendet.[738] Im Folgenden soll darunter ein Prozess verstanden werden, der vom erwerbenden Unternehmen initiiert wird, in dem Mitarbeiter des kaufenden und gekauften Unternehmens immaterielle Fähigkeiten insbesondere Know-how übertragen und beeinflussen sowie die Nutzung von materiellen Ressourcen insbesondere beim gekauften Unternehmen verändern. **Ziel der Integration ist es, die Potentiale zur Wertsteigerung durch die Unternehmenstransaktion zu realisieren.**[739]

Die Post Merger Integration ist die letzte und abschließende Phase der Unternehmenstransaktion. In dieser Phase werden die Informationen verwendet, die vorher z.B. in der Due Diligence gesammelt worden sind. Allerdings reichen diese Informationen meist nicht aus, da hier der Verkäufer noch in der Lage ist, den Informationsfluss zu steuern. Nach dem Closing hat der Käufer freie Verfügungsgewalt über das Unternehmen und damit auch Zugriff auf alle relevanten Informationen. Eventuell ergeben sich aus diesen zusätzlichen Informationen neue Erkenntnisse,

---

[737] Vgl. *Lehmann, H.:* Integration, in: Grochla, E.: Handwörterbuch der Organisation, 2. Auflage, Stuttgart 1980, Sp. 976.

[738] Vgl. die Übersicht bei *Wirtz, B.W.:* Mergers & Acquisitions Management, 4. Auflage, Wiesbaden 2016, S. 298 f.

[739] Die Definition folgt *Gerpott, T.J.:* Integrationsgestaltung und Erfolg von Unternehmensakquisitionen, Stuttgart 1993, S. 115.

die bestimmte geplante Aktionen in neuem Licht erscheinen lassen. Zeitlich ist die Post Merger Integration die längste Phase des Prozesses einer Unternehmenstransaktion. Bei größeren Akquisitionen kann diese Phase bis zu einem Jahr dauern, wobei kulturelle Unterschiede zwischen gekauftem und kaufendem Unternehmen auch noch länger andauern können.

Die Post Merger Integration hat eine besondere Bedeutung, da in ihr die Ziele, die mit der Unternehmenstransaktion verbunden sind, verwirklicht werden sollen. Allgemeingültige Aussagen über die Integration sind schwierig zu treffen, da auch die Ziele, die mit einer Unternehmenstransaktion verfolgt werden, individuell sind.[740]

Zweckmäßigerweise wird die Post Merger Integration als **Projekt** organisiert. Ein Projekt kann definiert werden als „komplexe, neuartige, risikobeladene Aufgabenstellung mit zeitlich begrenzter Dauer."[741] Die Kriterien dieser Definition treffen auf die Post Merger Integration zu: Es handelt sich um ein komplexes, alle Funktionsbereiche des Unternehmens betreffende Aufgabe, die neuartig ist (selbst bei Unternehmen, die viele Akquisitionen durchführen, kommen mit einem neuen zu integrierenden Unternehmen neue Fragestellungen auf). Sie ist risikobeladen, denn Unternehmenstransaktionen scheitern häufig in dieser Phase (vgl. dazu Kapitel 10). Die Aufgabe muss zeitlich begrenzt werden, andernfalls muss die Integration scheitern, da sie nie abgeschlossen wäre.

Das **Projektteam** sollte aus Mitarbeitern beider Unternehmen bestehen. Nur dann kann das notwendige Wissen über beide Unternehmen in die Integration einbezogen werden. Daneben wird eine Frontstellung nachdem Motto „wir und die" vermieden.[742] Sollten Spezialkenntnisse bei der Integration erforderlich sein, beispielsweise besondere Kenntnisse bei der Integration der IT-Systeme oder steuerliche Gestaltungen, so müssen externe Berater hinzugezogen werden, sofern diese Kenntnisse intern nicht vorhanden sind.[743] Die Leitung des Projekts wird häufig einem Gremium (Lenkungs- oder Steuerungsausschuss) übertragen, in dem – je nach Bedeutung der Akquisition für das kaufende Unternehmen – Führungskräfte der ersten oder zweiten Ebene die Überwachung des Projektteams übernehmen. Dieses Gremium sollte so besetzt sein, dass eventuelle Widerstände bei der Integration aufgelöst werden können.[744] Dabei muss davon ausgegangen werden, dass es starke Widerstände geben kann, da Zusammenlegungen und Kürzungen in vielen Bereichen einer der wichtigsten Wertsteigerungspotentiale von Unternehmens-

---

[740] Vgl. *Glaum, M./Hutzschenreuter, T.*: Mergers & Acquisitions, Stuttgart 2010, S. 193.

[741] *Macharzina, K./Wolf, J.*: Unternehmensführung, 10. Auflage, Wiesbaden 2017, S. 498.

[742] Vgl. *Picot, G.*: Personelle und kulturelle Integration, in: Picot, G.: Handbuch Mergers & Acquisitions, 4. Auflage, Stuttgart 2008, S. 519.

[743] Vgl. *Thommen, J.P./Sauermann, S.*: Organisatorische Lösungskonzepte des M&A-Managements – Neuere Entwicklungen des ganzheitlichen Managements von M&A-Prozessen, zfo, 68. Jg. (1999), S. 319.

[744] Vgl. *Bartels, E./Cosack, S.*: Integrationsmanagement, in: Picot, G.: Handbuch Mergers & Acquisitions, 4. Auflage, Stuttgart 2008, S. 465.

transaktionen sind. Dies löst naturgemäß Widerstände aus, da hier Personen bisherige Positionen aufgeben müssen.

Häufig kann man beobachten, dass es eine starke personelle Identität zwischen dem Team gibt, das die Unternehmenstransaktion begleitet hat und dem Team, das die Post Merger Integration durchführt. Dies ist sinnvoll, da in diesem Personenkreis bereits Informationen vorhanden sind, die zur zielführenden Abwicklung des Projekts notwendig sind.[745]

9.2   Voraussetzungen der Post Merger Integration

Damit der Prozess der Post Merger Integration gestartet werden kann, ist es notwendig, dass der Käufer die volle Verfügungsgewalt über das gekaufte Unternehmen hat. Damit liegt der Beginn dieser Phase zwingend nach dem Closing. Aber auch nach dem Closing kann die Integration noch schwierig durchzuführen sein, da sie rechtlich beschränkt ist. So bestimmt § 76 Abs. 1 AktG, dass der Vorstand einer Aktiengesellschaft die Geschäfte in eigener Verantwortung führt und dabei einzig dem Wohle der Gesellschaft verpflichtet ist. Eine Weisungsbefugnis z.B. durch den Käufer der Aktiengesellschaft besteht nicht. Es kann sich also der Fall ergeben, dass der Vorstand des übernommenen Unternehmens weiter gegen die Weisungen des Käufers handelt. Die Absetzung des Vorstandes, was eine der denkbaren Möglichkeiten der Problemlösung ist, ist nur durch den Aufsichtsrat möglich, der auf einer Hauptversammlung gewählt wird. Dadurch kann es erhebliche Zeitverzögerungen bis zur Übernahme der tatsächlichen Kontrolle geben, in denen der alte Vorstand auch Tatsachen schaffen kann, die nicht im Interesse des Käufers sind. Erschwerend kommt hinzu, dass § 311 Abs. 1 AktG bestimmt, dass das herrschende Unternehmen die beherrschte Gesellschaft nicht dazu veranlassen darf, Maßnahmen zu ihrem Nachteil (die dem Vorteil des neuen Gesamtkonzerns dienen würden) einzuleiten, es sei denn diese Nachteile würden ausgeglichen.

Eine Möglichkeit diese rechtlichen Beschränkungen zu umgehen, ist der Abschluss eines **Beherrschungsvertrages** zwischen den beiden Unternehmen. Damit erhält das herrschende Unternehmen freie Hand, seine Ziele umzusetzen.

Wird zwischen Unternehmen ein Beherrschungsvertrag geschlossen (§ 291 AktG), so gelten diese unwiderruflich als unter einheitlicher Leitung stehend. In einem Beherrschungsvertrag unterstellen Gesellschaften der Rechtsform AG, KGaA oder GmbH die Leitung ihrer Gesellschaft einem anderen Unternehmen. Die Rechtsform des herrschenden Unternehmens ist dabei gleichgültig. Mit dem Abschluss eines Beherrschungsvertrags gibt das beherrschte Unternehmen seine unternehmerische Selbständigkeit auf. Die Organe des beherrschten Unternehmens müssen Weisun-

---

[745] Vgl. *Gerpott, T.J.*: Integrationsgestaltung und Erfolg von Unternehmensakquisitionen, Stuttgart 1993, S. 135.

gen des herrschenden Unternehmens auch dann folgen, wenn sie für den Erfolg des eigenen Unternehmens nachteilig sind, aber dem herrschenden Unternehmen oder den mit ihr verbundenen Unternehmen dienen. Damit können die Akquisitionsziele durchgesetzt werden, auch wenn sie dem gekauften Unternehmen – als selbständige Einheit gesehen – zunächst Schaden zufügen würden.

Ein Beherrschungsvertrag muss durch den Vorstand einer AG in schriftlicher Form abgeschlossen werden. Er bedarf der Zustimmung durch die Hauptversammlung mit einer Mehrheit von drei Vierteln, die Satzung kann sogar eine größere Mehrheit vorsehen (§ 293 Abs. 1 AktG). Für den Fall, dass die beherrschte Gesellschaft nicht zu 100 % im Eigentum der herrschenden Gesellschaft liegt, muss der Unternehmensvertrag durch einen Vertragsprüfer überprüft werden. Dies ist notwendig, da durch den Beherrschungsvertrag das beherrschte Unternehmen auch zu nachteiligen Handlungen gezwungen werden kann. Die verbliebenen Anteilseigner müssen für eventuelle Nachteile einen angemessenen Ausgleich erhalten, da sie sonst unbillige Vermögensnachteile erleiden würden. Der Ausgleichsmodus muss im Beherrschungsvertrag geregelt werden und seine Angemessenheit wird durch den Vertragsprüfer festgestellt. Der Beherrschungsvertrag tritt in Kraft sobald er im Handelsregister eingetragen ist.

Case Study: Bayer schließt Beherrschungsvertrag mit Schering ab

Die Übernahme von Schering durch Bayer hatten wir schon als Beispiel für eine feindliche Übernahme, die durch einen weißen Ritter beendet wurde, besprochen. Bayer trat als „weißer Ritter" auf um Schering vor der Übernahme durch Merck zu retten. Bayer vermeldete im Juni 2006 eine Mehrheit von 75 % an der Schering AG, die bis Anfang September bis auf über 95 % ausgebaut wurde. Damit hätte sogar ein Squeeze-out (vgl. 6.5.1 dieses Buches) angestrebt werden können. Allerdings wurden die eigentlichen Voraussetzungen für den Start des Integrationsprozesses erst auf einer außerordentlichen Hauptversammlung am 13. September 2006 geschaffen: Es wurde ein Beherrschungsvertrag zwischen den beiden Gesellschaften abgeschlossen. Ergänzt wurde dieser Vertrag durch einen Gewinnabführungsvertrag und die Umbenennung von Schering in Bayer Schering Pharma AG. Der Beherrschungsvertrag trat mit der Eintragung in das Handelsregister am 27. Oktober 2006 in Kraft.

Quelle: *Glaum, M./Hutzschenreuter, T.:* Mergers & Acquisitions, Stuttgart 2010, S. 193 f.

9.3 Konstitutive Entscheidungen bei der Post Merger Integration

9.3.1 Integrationsgrad

Der Ablauf und die Erfolgsfaktoren einer Post Merger Integration hängen stark davon ab, wie tief die Integration erfolgen soll. Betrachtet man ein Kontinuum der Integrationstiefe stehen an den Rändern zum einen der „stand alone" Ansatz, bei dem das übernommene Unternehmen weitestgehend so fortgeführt wird, wie bisher und zum anderen die **Absorption**, unter der man die vollständige Integration des übernommenen Unternehmens versteht. In der Mitte des Kontinuums steht der „**best of both**" Ansatz, bei dem man versucht Elemente beider Unternehmen zu erhalten und das Beste von beiden Unternehmen in die neue Struktur zu übernehmen. Einen Sonderfall stellt die Transformation dar, bei dem aus zwei bisher bestehenden Unternehmen praktisch ein neues entstehen soll. Diese Form ist eher selten anzutreffen und beschränkt sich auf den Fall, bei dem zwei Unternehmen auf Augenhöhe fusionieren (sogenannter merger of equals). Ein Beispiel für eine Transformation ist die Fusion der Schweizer Chemieunternehmen Sandoz und Ciba zu Novartis. Beide Unternehmen haben bewusst auf die Transformation gesetzt, um ein neues besseres Leistungsniveau als zuvor zu erreichen.[746] Dies drückte sich auch bei der Wahl eines neuen von den beiden vorherigen Unternehmensnamen unabhängigen Namens aus.

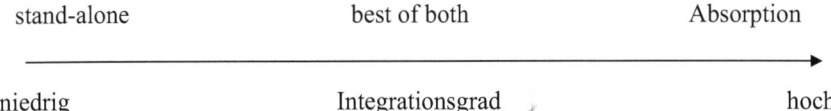

Abbildung 29: Überblick über verschiedene Integrationsgrade

Beim stand alone Ansatz entstehen wenige Friktionen aus der Integration, das gekaufte Unternehmen wird weitgehend so belassen, wie es vor der Unternehmenstransaktion war. Dieses Vorgehen kommt insbesondere bei konglomeraten Zusammenschlüssen zum Tragen. Daneben kann diese Integrationstiefe sinnvoll sein, wenn das gekaufte Unternehmen die inhaltliche oder geographische Palette erweitert und es keine Übereinstimmungen mit den bisherigen Leistungen des Käufers gibt. Jeder Käufer wird zumindest allerdings Maßnahmen im Planungs- und Berichtswesen einleiten. Zudem wird das gekaufte Unternehmen in die Managementstruktur des übernehmenden Unternehmens eingebunden. Normalerweise gehört dazu, dass das Management der Tochter bestimmte Geschäftsvorfälle bei der Mutter genehmigen lassen muss, z.B. Investitionen über einem bestimmten Schwellenwert. Die Eingliederung in das Planungs- und Kontrollsystem ist ein weiterer wichtiger Schritt. Dieser wirkt sich auf die Abteilungen Controlling, Finanzen und

---

[746] Vgl. *Bartels, E./Cosack, S.:* Integrationsmanagement, in: Picot, G.: Handbuch Mergers & Acquisitions, 4. Auflage, Stuttgart 2008, S. 451.

auf das höhere Management aus. Bei stand-alone Integrationen halten sich die Auswirkungen für das operativ tätige Personal allerdings in Grenzen.

Bei der anderen Extremform wird das gekaufte Unternehmen in Richtung des Käufers verändert. Die Verfahrensweisen, Strukturen und Kultur des Käufers werden dem Kaufobjekt oktroyiert.[747] Das übernommene Unternehmen verliert seine alte Identität und muss die Identität des Käufers annehmen. Häufig wird dieses Vorgehen gewählt, wenn ein vergleichsweise großes Unternehmen ein sehr viel kleineres Unternehmen übernimmt. Allein aufgrund der Stärke des Käufers ergibt sich fast zwangsläufig eine Dominanz, die auch bei der Post Merger Integration eine Rolle spielt.

Case Study: Integrations Workshops bei GE Capital

GE Capital ist die Finanzierungssparte des amerikanischen Elektronikkonzerns General Electric. GE Capital ist eine sehr große und bedeutende Sparte, die selbst zu den Großen ihrer Branche zählt. Bei der Integration geht es bei GE Capital, die stark durch Unternehmenstransaktionen gewachsen ist, darum, schnelle Entscheidungen zu treffen um bei dem kaufenden wie auch dem kaufenden Unternehmen die Unsicherheit so gering wie möglich zu halten: „Decisions about management structure, key roles, reporting relationships, layoffs, resturcuturing, and other career-affecting aspects of the integration should be made, announced and implemented as soon as possible after the deal is signed – within days if possible. Creeping changes, uncertainty, and anxiety that last for months are debilitating and immediateley start to drain value from an acquisition" (*Ashkenas et al.*, S. 172). Die Zielrichtung der Integration ist dabei klar: Die Vorgaben von GE Capital sollen von dem übernommenen Unternehmen verinnerlicht und umgesetzt werden. In einem Begrüßungsworkshop werden die Mitarbeiter des gekauften Unternehmens über die Werte und Vorgaben des neuen Eigentümers informiert: „(The) GE Capital business leader, the integration manager, and other executives describe what it means to be part of GE Capital – the values, the responsibilities, the challenges, and the rewards. That includes a presentation and discussion of the standards required of a GE Capital business unit, including a list of approximately 25 policies and practices that need to be incorporated into the way the acquired company does business." (*Ashkenas et al.*, S. 174).

Quellen: *Ashkenas, R.N./deMonaco, L.J./Francis, S.C.:* Making the Deal real: How GE Capital integrates acquisitions, HBR, 76. Jg. (1998), Nr. 1, S. 165–178; *Glaum, M./Hutzschenreuter, T.:* Mergers & Acquisitions, Stuttgart 2010, S. 193 f.

---

[747] Vgl. *Stahl, G.K.:* Management der sozio-kulturellen Integration bei Unternehmenszusammenschlüssen und -übernahmen, DBW, 61. Jg. (2001), S. 65.

Der dritte, zwischen den beiden Extremen des Kontinuums liegende Ansatz des best of both ist das zeitaufwendigste und schwierigste Vorgehen. Man kann davon ausgehen, dass die Ablehnungsreaktionen bei diesem Vorgehen am geringsten sind.[748] Für den Käufer ergibt sich allerdings das Problem Veränderungen in Prozessen, Strukturen und Verhaltensweisen an seine Mitarbeiter kommunizieren zu müssen, obwohl man in vermeintlicher Stärke ein anderes Unternehmen gekauft hat. Dieser Ansatz kann zum einen dann genutzt werden, wenn zwei annähernd gleich starke Unternehmen zusammenkommen. Zum anderen kann diese Integrationstiefe angestrebt werden, wenn der Käufer sich bewusst mit einem anderen Unternehmen verstärkt, um eine besondere Expertise zu erhalten, die dann auch beibehalten werden oder sogar ausgebaut werden soll.

9.3.2 *Integrationsgeschwindigkeit*

Change Management beschäftigt sich immer mit der Fragestellung, wann der richtige Zeitpunkt für einen Wandel ist und, wie schnell Wandel umgesetzt werden kann. Die erste Fragestellung beantwortet sich bei der Post Merger Integration von selbst. Der Zeitpunkt, an dem der Käufer die Kontrolle übernimmt, ist auch der richtige Zeitpunkt für den Wandel. Zu beantworten ist mithin die Frage, nach dem richtigen Tempo einer Integration.

Bei dem Problem, wie das Tempo des Wandels gewählt werden soll, ist das Management zwischen zwei Argumenten hin- und hergerissen. Der langsame Wandel ermöglicht es auf vergangenen Erfolgen aufzubauen und daraus weitere Stärken abzuleiten. Um Kompetenzen zu nutzen, die mit der Unternehmenstransaktion erworben werden sollten, ist dies hilfreich. Auf der anderen Seite hilft ein schneller Wandel auf einem sauberen Stand aufzubauen und einen klaren Schnitt zu machen. In der Theorie des Strategischen Managements werden diese beiden Extreme als revolutionärer oder evolutionärer Wandel beschrieben.[749]

Der **revolutionäre Wandel** bricht mit der Vergangenheit. Es gibt einen Zeitpunkt, mit dem alles geändert wird. Mit diesem „Big Bang"[750] werden die Widerstände und Rigiditäten sofort aufgelöst. Das Unternehmen beginnt als neue Einheit mit neuen Strukturen und Verfahren.

Bei der **evolutionären Vorgehensweise** handelt es sich um einen graduellen Wandel, der sich über einen längeren Zeitraum akkumuliert. Jede einzelne Maßnahme ist für sich genommen klein, in der Zusammenschau wird aber ein großer und einschneidender Wandel erreicht. Das Unternehmen erneuert sich durch diesen Pro-

---

[748] Vgl. *Grosse-Hornke, S./Gurk, S.:* Unternehmenskultur bei Fusionen – auch aus Kundensicht relevant?, M&A Review, o.Jg. (2009), S. 488.

[749] Die Terminologie geht zurück auf die Arbeit von *Greiner, L.E.:* Evolution and Revolution as Organizations Grow, HBR, 50. Jg. (1972), Nr. 4, S. 37 ff.

[750] *De Wit, B./Meyer, R.:* Strategy, 3. Auflage, London 2004, S. 171.

zess wie eine Schlange beim Häuten.[751] Bei normalen Wandlungsprozessen im Lebenszyklus eines Unternehmens wird diese evolutionäre Methode meistens bevorzugt, da die Macht im Unternehmen selten so zentriert ist, dass eine Revolution gegen alle Widerstände durchgesetzt werden kann.[752] Im Sonderfall der Unternehmenstransaktion ist dies meistens jedoch anders, da hier die Macht neu verteilt wird. Alte Strukturen verlieren an Bedeutung, da der Käufer das Unternehmen übernimmt und das Management sogar neu besetzen kann. Damit sind einige der sonst häufigen Widerstände nicht vorhanden. Vielmehr ist es bei Unternehmenstransaktionen so, dass die Mitarbeiter in dem übernommenen Unternehmen stark verunsichert sind. Mit dem revolutionären Wandelprozess kann diese Unsicherheit minimiert werden, so dass das revolutionäre Vorgehen meistens in der Literatur empfohlen wird.[753] Im Folgenden gehen wir davon aus, dass eine hohe Integrationsgeschwindigkeit gewählt werden soll, die eine revolutionäre Änderung der Organisation erreichen soll.

In der Praxis zeigt sich, dass die Unternehmen relativ pragmatisch vorgehen. Einige Dinge, die schnelles Handeln erfordern, werden auch schnell durchgeführt. Dies bezieht sich z.B. auf die Auswahl des Top-Managements. Andere Dinge, wie die Integration der IT-Systeme der beteiligten Unternehmen, werden langsamer umgestellt, um der höheren Komplexität dieser Projekte Rechnung zu tragen.[754]

9.4   Bereiche der Integration

Im Folgenden werden sieben Teilbereiche der Integration dargestellt und deren spezifische Probleme diskutiert:[755] strategische, organisatorische und administrative, personelle, kulturelle, operative und externe Integration.

9.4.1   *Strategische Integration*

Strategie bezieht sich auf die langfristige Ausrichtung des Unternehmens. Mintzberg definierte Strategie als „**pattern in a stream of decisions**."[756] Sie ist mithin der rote Faden, an dem die einzelnen Entscheidungen, die im Unternehmensalltag zu treffen sind, ausgerichtet werden. Vor der Unternehmenstransaktion wurde die Strategie des erworbenen Unternehmens stand alone gedacht und dargestellt. Nach

---

[751] Vgl. *Aldrich, H.:* Organizations Evolving, London 1999.

[752] Vgl. *de Wit, B./Meyer, R.:* Strategy, 3. Auflage, London 2004, S. 173.

[753] Vgl. *Bartels, E./Cosack, S.:* Integrationsmanagement, in: Picot, G.: Handbuch Mergers & Acquisitions, 4. Auflage, Stuttgart 2008, S. 460.

[754] Vgl. *Hamon, T./Hagedorn, M.:* Post Merger Integration: Herausforderungen für die neue Integrationswelle, M&A Review, o.Jg. (2010), S. 298.

[755] Zur Aufteilung in die Bereiche vgl. *Jansen, S.A.:* Mergers & Acquisitions, 6. Auflage, Wiesbaden 2016, S. 361.

[756] *Mintzberg, H.:* Patterns of Strategy Formulation, Management Science, 24. Jg. (1978), S. 934.

der Übernahme müssen die Ziele, die der Käufer mit der Unternehmenstransaktion verbunden hat, ihren Niederschlag in der neuen Unternehmensstrategie finden.

Die Ausarbeitung der neuen Strategie kann dabei grundsätzlich auf zwei idealtypische Weisen erfolgen: Entweder kann eine Vorgabe einer neuen Strategie erfolgen. Zum zweiten kann die neue Strategie in Kooperation zwischen Mitarbeitern des Käufers und des Verkäufers ausgearbeitet werden. Erstere Methode wird meist angewendet, wenn das eine Unternehmen das andere klar dominiert. Die zweite Methode wird dann angewendet, wenn es sich um einen weitgehend unverbundenen Zusammenschluss handelt.

In der Praxis ist die strategische Integration häufig lediglich die Umsetzung und Kommunikation von Zielen und Maßnahmen, die bereits bei der Auswahl des Zielunternehmens entscheidend waren. Die Unternehmenstransaktion ist in aller Regel selbst eine Maßnahme des strategischen Managements des Käufers. Aus diesem Grund ist zum Zeitpunkt der Integration die Strategie meist schon formuliert. Waren zu Beginn des Transaktionsprozesses die Informationen eventuell noch nicht ausreichend, um eine Strategieformulierung vorzunehmen, so sind spätestens mit der Due Diligence die Informationen vorhanden. Es wäre ein Zeichen der schlechten Due Diligence, wenn die strategischen Ziele im Zeitpunkt der Post Merger Integration noch verändert werden müssten.

9.4.2 Organisatorische und administrative Integration

Nach der Unternehmenstransaktion ergibt sich eine Doppelung von Strukturen. Das gekaufte Unternehmen hat alle Strukturen, wie sie bei einem Unternehmen vorhanden sein müssen. Diese Strukturen sind nicht zwangsläufig nach der Unternehmenstransaktion noch notwendig. Der Umfang und die Art der vorzunehmenden Änderungen sind dabei abhängig von den Plänen, die der Käufer umsetzen will. Je nach Tiefe des angestrebten Integrationsgrades ergeben sich weitergehende Änderungen, die umzusetzen sind. Wird der stand-alone Ansatz verfolgt, so sind i.d.R. nur wenige Änderungen notwendig. Wird hingegen eine Absorption angestrebt, so sind tiefgreifende und weitgehende Änderungen zwingend. Als mögliche Strukturen kommen insbesondere die Folgenden infrage:

– **Holding:**[757] Bei einer Holding ist eine rechtlich selbständige Führungsgesellschaft, die selbst nicht am Markt auftritt, die Obergesellschaft des Konzerns. Die einzelnen Sparten werden in rechtlich selbständigen Tochtergesellschaften geführt. Die Idee des Holdingkonzerns ist es, Dezentralisierungsvorteile zu nutzen. Die dezentralen Einheiten können flexibler auf das Marktgeschehen reagieren. Bei der Obergesellschaft verbleiben lediglich Steuerungsfunktionen, die je nach Ausgestaltung des Holdingkonzerns variieren. In jedem Falle ist in der

---

[757] Vgl. hierzu *Behringer, S.:* Konzerncontrolling, 3. Auflage, Berlin u.a. 2018, S. 9 ff.

Holding ein Konzerncontrolling angesiedelt, da hier mindestens die Konzernfinanzierung verbleibt. Daneben erlaubt die Holdingstruktur eine komplette Ergebnisverantwortung der Tochtergesellschaften. Durch die rechtliche Verselbständigung wird darüber hinaus ein eigener Zugang der Töchter zum Kapitalmarkt ermöglicht. Auch der Verkauf einer operativen Einheit wird durch die Bildung eigener Tochtergesellschaften deutlich erleichtert, so dass ein Holdingkonzern schneller und umfassender auf veränderte Rahmenbedingungen für einzelne Sparten reagieren kann.

Der Grad der Autonomie der Tochtergesellschaften variiert stark nach dem Typ der Holding. Die Holding muss mindestens mit so vielen Kompetenzen ausgestattet sein, dass sie die zentrifugalen Kräfte, die typisch sind, für Konzerne mit hoher Autonomie, im Zaum halten kann. Aus diesem Grund muss die richtige Mischung aus Zentralisierung und Dezentralisierung gefunden werden.[758] Normalerweise wird diese Organisationsform dann gewählt, wenn ein stand-alone Ansatz verfolgt wird.

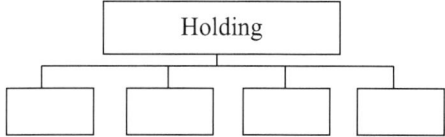

Abbildung 30: Holding ohne Integration[759]

– Des Weiteren kann ein **integriertes Kerngeschäft mit autonomen Tochtergesellschaften** gewählt werden. Das gekaufte Unternehmen wird neben das bestehende Kerngeschäft, das unter dem rechtlichen Dach des Käufers abgewickelt wird, gesetzt. Dies entspricht dem Bild des Stammhauskonzerns, wie er vor allem im deutschen Mittelstand häufig anzutreffen ist.[760] In vielen Stammhauskonzernen ist die Obergesellschaft die Einheit, die den größten Umsatz bzw. die größte Wertschöpfung zu dem Konzern beiträgt.[761] Außerdem nimmt das Stammhaus direkten Einfluss auf das Tagesgeschäft in den Tochtergesellschaften. Der Zentralisationsgrad ist in Stammhauskonzernen hoch, die Tochtergesellschaften haben wenig Autonomie. Bei einer Unternehmenstransaktion ist bei dieser gewählten Struktur der Vorteil, dass das gekaufte Unternehmen weitgehend separat bleiben kann, so dass kostspielige Anpassungen zunächst unterbleiben können. Der Veränderungsdruck für die Mitarbeiter des gekauften

[758] Vgl. für die organisatorische Ausgestaltung von Holdingkonzernen *Schreyögg, G./Kliesch, M./Lührmann, T.:* Bestimmungsgründe für die organisatorische Gestaltung einer Management Holding, WiSt, 32. Jg. (2003), S. 721 ff.

[759] Vgl. *Gomez, P./Weber, B.:* Akquisitionsstrategien. Wertsteigerung durch Übernahme von Unternehmen, Stuttgart 1989, S. 73.

[760] Vgl. *Mellewigt, T.:* Konzernorganisation und Konzernführung: eine empirische Untersuchung börsennotierter Konzerne, Frankfurt 1995.

[761] Vgl. *Leker, J./Cratzius, M.:* Erfolgsanalyse von Holdingkonzernen, BB, 53. Jg. (1998), S. 362.

Unternehmens ist nicht sehr groß. Gegenüber der Holdinglösung können allerdings hier schon mehr organisatorische Synergien durch Zusammenlegung etc. realisiert werden.

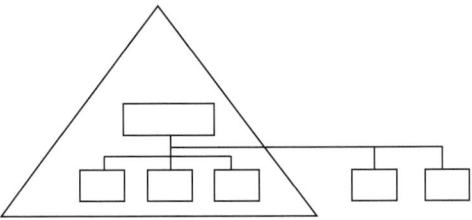

Abbildung 31: Integriertes Kerngeschäft mit autonomen Tochtergesellschaften[762]

–   Übernimmt ein großes Unternehmen ein anderes Großunternehmen, was über eigene Zentralstrukturen verfügt, so kann es sich anbieten, die **beiden Strukturen nebeneinander fortbestehen zu lassen** und als koordinierende Einheit nur eine Führungsholding zu installieren. Diese hat dann die Möglichkeit, über die Finanzen, Planung und das Controlling Einfluss auf die beiden großen operativen Einheiten zu nehmen, die operativ jeweils selber verantwortlich zeichnen. Damit ist die zentrale Kontrolle gewährleistet, aber die beiden Unternehmensteile können ihr operatives Geschäft autonom abwickeln. Diese Verfahrensweise kann bei einem merger of equals oder bei einem unverbundenen Zusammenschluss zweier großer Unternehmen gewählt werden.

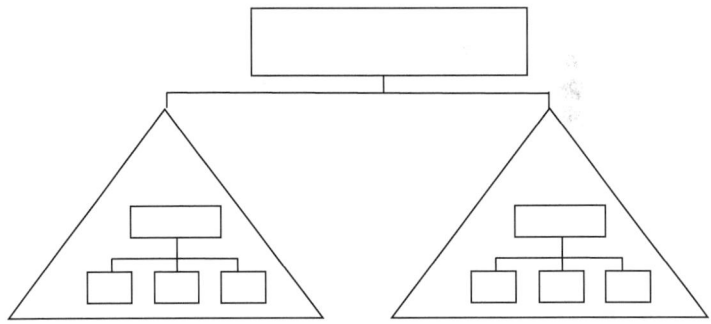

Abbildung 32: Unabhängige in sich integrierte Geschäftsbereiche[763]

Wird eine kleinere Akquisition für einen der beiden großen Geschäftsbereiche getätigt, so kann diese weitgehend innerhalb ihres Teilbereichs integriert werden.

---

[762]   Vgl. *Gomez, P./Weber, B.:* Akquisitionsstrategien. Wertsteigerung durch Übernahme von Unternehmen, Stuttgart 1989, S. 73.

[763]   Vgl. *Gomez, P./Weber, B.:* Akquisitionsstrategien. Wertsteigerung durch Übernahme von Unternehmen, Stuttgart 1989, S. 73.

– Wird als Integrationsgrad die Absorption gewählt, so sind die **weitest gehenden Anpassungsmaßnahmen** vorzunehmen. Ganze Abteilungen müssen integriert werden, was mit Entlassungen und Kompetenzänderungen verbunden
sein wird. Daher ist die Form des vollständig integrierten Unternehmens die
problematischste Strukturanpassung in der Post Merger Integration. Allerdings
lassen sich durch diese Maßnahmen auch die größten Synergieeffekte in dem
zusammengeschlossenen Unternehmen realisieren. Es zeigt sich, dass Unternehmenstransaktionen, die mit Restrukturierungen einhergehen weniger erfolgreich sind als solche ohne Restrukturierungen (70 zu 58 %). Auch wenn dieser
Unterschied nicht sonderlich groß ist, so vergrößert sich der Unterschied immens, wenn mehr als eine Restrukturierung durchgeführt wird.[764] Aus diesem
Grund ist bei jeder Unternehmenstransaktion dazu zu raten, die organisatorischen Veränderungen in einem Schritt ohne nachträgliche Änderungen anzuge-
hen.

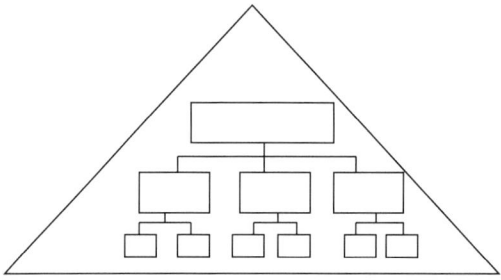

Abbildung 33: Vollständig integriertes Unternehmen[765]

Neben diesen allgemeinen organisatorischen Integrationsschritten findet normalerweise eine fiskalische und finanzielle Integration statt. Auch in Holdingkonzernen
findet im Regelfall eine Steuerung der Tochtergesellschaften durch eine gemeinsame finanzielle Planung, ein gemeinsames Finanzmanagement (mit Cashflow Ausgleich auf verschiedenen Ebenen) und eine gemeinsame Kontrolle statt. Mindestens
bekommen die Tochtergesellschaften Vorgaben durch finanzielle Kennzahlen, die
dann im laufenden Geschäft auf Einhaltung überprüft werden. Die Holding hat also
zumindest den finanziellen Führungsanspruch.[766]

Eine besondere Rolle bei jeglicher Integration kommt i.d.R. dem **Controlling** zu,
dass über Berichte und den Soll-Ist Vergleich zwischen Plan und den tatsächlich
erreichten Zahlen, die finanzielle Steuerung der Tochtergesellschaften übernimmt.

---

[764] Vgl. *Bamberger, B.:* Der Erfolg von Unternehmensakquisitionen in Deutschland, Bergisch Gladbach
1993, S. 305.

[765] Vgl. *Gomez, P./Weber, B.:* Akquisitionsstrategien. Wertsteigerung durch Übernahme von Unternehmen, Stuttgart 1989, S. 73.

[766] Vgl. *Wenger, A.P.:* Organisation multinationaler Konzerne, Bern 1999, S. 127.

Das zentrale Controlling eines Konzerns mit mehreren Tochtergesellschaften über-nimmt regelmäßig die folgenden Aufgaben:[767]

- Aufgaben der Konzernergebnisrechnung und -planung,
- Strategische Planungs- und Kontrollaufgaben,
- Koordination zwischen den einzelnen Geschäftsbereichen (z.b. durch Festle-gung der Transferpreise, die zwischen den einzelnen Leistungsbereichen inner-halb des Unternehmens berechnet werden),
- Bereichsübergreifende Sonderaufgaben, wie die finanzielle Begleitung von Mergers & Acquisitions oder Desinvestitionen von Tochtergesellschaften oder einzelnen Geschäftsbereichen,
- Festlegung von einheitlichen Methoden und Erarbeitung von Richtlinien, um die konzernweite Vergleichbarkeit des Berichtswesens zu erreichen,
- Betreuung von Informationssystemen mit konzernweiter Bedeutung, wie einem konzernweit eingesetzten ERP-System oder einer Konsolidierungssoftware im Konzernrechnungswesen.

Bei der Post Merger Integration nimmt normalerweise das Zusammenwachsen der Controllingprozesse eine bedeutende Rolle ein. Anhand der hier erhobenen Kenn-zahlen lässt sich erkennen, ob die Integration erfolgreich verläuft oder nicht. Zum anderen ist die Einbeziehung des neuerworbenen Unternehmens in den Planungs-prozess ein wichtiger Schritt bei der Integration. Selbst bei stand-alone Akquisitio-nen spielen damit die Controllingabteilungen eine zentrale Rolle bei der Post Mer-ger Integration.

Einer besonderen Aufmerksamkeit bedarf bei der Post Merger Integration i.d.R. die Integration der beiden IT Welten. Eine einheitliche IT Infrastruktur ist Grund-voraussetzung für gemeinsame Reporting- und Planungsprozesse, aber auch für ein effizientes Controlling. Die IT ist aber auch Voraussetzung für die Realisierung von operativen Synergien im Vertrieb und in der Produktion. Von daher muss die IT Integration der organisatorischen Integration möglichst bald folgen.[768]

9.4.3 Personelle Integration

Die Rolle der Menschen, die direkt von einer Unternehmenstransaktion betroffen sind, kann für die Post Merger Integration gar nicht unterschätzt werden. Wider-stände in der Belegschaft der sich zusammenschließenden Unternehmen können den Erfolg der Unternehmenstransaktion gefährden, in jedem Falle kosten sie Zeit und Geld. Der Grund für diese Problematik liegt darin, dass eine Unternehmens-transaktion häufig in die persönlichen Karriereplanungen und individuellen Zielset-

---

[767] Vgl. *Behringer, S.:* Konzerncontrolling, 3. Auflage, Berlin u.a. 2016, S. 19; *Hahn, D./Hungenberg, H.:* PuK Planung und Kontrolle, 6. Auflage, Wiesbaden 2001, S. 927 f.

[768] Vgl. ausführlich zur Rolle der IT bei der Post Merger Integration *Rigall, J./Hornke, M.:* Post Merger Integration: Synergiehebel Informationstechnologie, M&A Review, o.Jg. (2007), S. 496.

zungen von Mitarbeitern eingreift. Organisatorische Anpassungen, die z.B. Dopplungen von Abteilungen oder einzelnen Führungspositionen beendet, haben direkten Einfluss auf die persönlichen Lebensumstände von Menschen. Zumindest bei dem erworbenen Unternehmen wirken sich Änderungen in Führungsstil, Beurteilungen und eventuell Vergütungssystemen unmittelbar aus. Somit gelten Widerstände von Mitarbeitern auch als eines der wesentlichen Integrationshemmnisse.[769] Verlassen Mitarbeiter in Folge einer Unternehmenstransaktion das Unternehmen, so sind es meistens die guten Mitarbeiter, die Wissen, Kundenbindungen oder andere immateriellen Vermögensgegenstände mit sich nehmen.[770] Deren Fähigkeiten wären aber gerade im Rahmen einer Post Merger Integration mit ihren besonderen Herausforderungen besonders wichtig.

Die Unsicherheiten, die durch eine Unternehmenstransaktion entstehen, haben die amerikanischen Wirtschaftspsychologen Marks und Mirvis[771] unter dem Begriff **Merger-Syndrom** zusammengefasst. Sie beschreiben die charakteristischen Reaktionen der betroffenen Mitarbeiter, die bei einer Fusion oder einer anderen Unternehmenstransaktion entstehen können, plastisch. Sie benennen insbesondere die folgenden Reaktionen:[772]

- **Befangenheit:** Die Mitarbeiter beschäftigen sich stark mit der anstehenden Unternehmenstransaktion. Die Spekulation über Folgen für ihr persönliches Fortkommen und ihre persönliche Situation beherrscht den Arbeitsalltag, so dass die Arbeitsleistungen sinken.
- **Gerüchteküche:** Die Mitarbeiter tauschen sich über die Folgen der Unternehmenstransaktion aus, wobei die offizielle Unternehmenskommunikation kaum mehr gehört wird. Die schlimmsten denkbaren Szenarien stehen im Mittelpunkt der Gespräche.
- **Stressreaktionen:** Körperliche Stressreaktionen treten vermehrt auf, z.B. Aggression, Rückzug, vermehrter Alkohol- oder Zigarettenkonsum.
- **Eingeschränkte Kommunikation:** Zwischen dem Management des Unternehmens und den Mitarbeitern wird weniger kommuniziert. Die Ziele und Folgen der Unternehmenstransaktion bleiben im Dunkeln, so entsteht Raum für Gerüchte.
- **Unglaubwürdigkeit des Managements:** Selbst, wenn das Management kommuniziert und aussagt, dass es über Konzepte verfügt, wird ihm nicht mehr geglaubt.

---

[769] Vgl. *Gerds, J./Schewe, G.:* Post Merger Integration, 4. Auflage, Berlin 2011, S. 44.
[770] Vgl. *Hackmann, S.:* Organisatorische Gestaltung in der Post Merger Integration, Wiesbaden 2011, S. 137 f.
[771] Vgl. *Marks, M.L./Mirvis, P.H.:* The Merger Syndrom, Psychology Today, 19. Jg. (1986), Nr. 10, S. 36 ff.
[772] Vgl. *Nerdinger, F.W.:* Mergers und Acquisitions: Fusionen und Unternehmensübernahmen, in: Nerdinger, F.W./Blickle, G./Schaper, N.: Arbeits- und Organisationspsychologie, 2. Auflage, Berlin u.a. 2011, S. 161.

- **Kampf der Kulturen:** Unterschiede in den Unternehmenskulturen werden besonders ausgeprägt wahrgenommen, das Verbindende zwischen beiden Unternehmen wird dahingegen eher verdrängt und rückt in den Hintergrund.
- **Differenzen zwischen den Mitarbeitern:** Die Streitpunkte zwischen Mitarbeitern des kaufenden und gekauften Unternehmens werden besonders ausgeprägt wahrgenommen und überbetont.
- **Gewinner und Verlierer:** Bei den Mitarbeitern des gekauften Unternehmens entsteht das Gefühl auf der Verliererseite zu sein, was zu Frustration und erhöhter Fluktuation führen kann.
- **Widerstand gegen den Wandel:** Die Mitarbeiter konzentrieren sich darauf, den Wandel in der eigenen Organisation zu verhindern und alte Strukturen zu erhalten. Dieses Verhalten nehmen sie auch in der jeweils anderen Organisation wahr und kritisieren diese Haltung dort.
- **Gefühl der Überlegenheit:** Die Mitarbeiter aus beiden Organisationen vergleichen sich permanent. Bei diesem Vergleich kommen sie meist zu dem Schluss, dass sie der anderen Organisation überlegen sind, ob dies objektiv angemessen ist oder nicht.

All diese potentiellen Reaktionen zeigen, wie entscheidend die interne Kommunikation über die Hintergründe, Ziele und Maßnahmen der Unternehmenstransaktion ist. Des Weiteren zeigt sich, wie wichtig es ist, Unsicherheiten nicht aufkommen zu lassen und manche Entscheidungen insbesondere im personellen Bereich über Restrukturierungen, Entlassungen und Versetzungen schnell zu treffen und zu kommunizieren. Hierbei ist besondere Aufmerksamkeit denjenigen Bereichen zu schenken, die direkte Auswirkungen auf die Mitarbeiter haben. So kommen normalerweise zwei Methoden der Personalbeurteilung zusammen, die auf eine zurückgeführt werden muss. Daneben müssen Funktionsbezeichnungen von Mitarbeitern vereinheitlicht werden, auch ein Feld für viel Unzufriedenheit und Eifersucht.

Ein besonders heikles Feld sind normalerweise **Anpassungen bei den Anreizsystemen**. Mitarbeiter neigen dazu, diejenigen Elemente übernehmen zu wollen, die für sie besonders günstig sind. Dieses „cherry picking" ist aber nicht im Sinne des Unternehmens. Aufgrund der direkten Auswirkungen auf den Geldbeutel der Mitarbeiter kann man davon ausgehen, dass hier besonderes Diskussions- und auch Konfliktpotential vorhanden ist. Der Käufer muss zunächst die beiden vorhandenen Anreizsysteme untersuchen. Sind sie inhaltlich stark verschieden und ist keines der beiden Systeme für die Ziele des zusammengeschlossenen Unternehmens nutzbar, so ist ein neues Anreizsystem zu entwickeln, durch das die Ziele des zusammengeschlossenen Unternehmens berücksichtigt werden.[773] In der Integrationsphase selbst kann das Unternehmen durch besondere Integrationsanreize oder Halteprämien von

---

[773] Vgl. *Hackmann, S.:* Organisatorische Gestaltung in der Post Merger Integration, Wiesbaden 2011, S. 137.

besonders wichtigen Mitarbeitern versuchen, die Integration zu beschleunigen und Erfolge gesondert zu belohnen.[774]

Case Study: Halteprämien bei der Postbank

Die Übernahme der Postbank durch die Deutsche Bank hat sich für die Vorstandsmitglieder des gekauften Instituts ausgezahlt. Der Aufsichtsrat beschloss Halteprämien, um sie auch nach der Unternehmenstransaktion an das Unternehmen binden zu können. Der zehnköpfige Postbank-Vorstand erhielt zusammen 11,865 Mio. EUR als Sonderzahlung, davon entfielen allein 2,4 Mio. EUR auf den Vorstandschef Wolfgang Klein. Dessen Jahreseinkommen wurde durch die Sonderzahlung mehr als verdoppelt.

Quellen: *Bünder, H.:* Millionen-Boni für Postbank-Vorstand, FAZ vom 9.3.2009, http://www.faz.net/aktuell/wirtschaft/unternehmen/verguetung-millionenboni-fuer-postbank-vorstand-1920143.html (abgerufen am 15.8.2012).

Eine der hauptsächlichen Synergiequellen bei Unternehmenstransaktionen ist häufig die **Freisetzung von Personal**. Hier sind die besonderen Regeln zum Übergang der Arbeitsverträge bei einer Unternehmenstransaktion zu beachten. Bei einem share deal[775] ist der Vorgang klar: Der Vertragspartner als Arbeitgeber ändert sich nicht. Es bleibt alles beim Alten. Beim asset deal gehen die Arbeitsverträge, im Gegensatz zu den einzelnen Vermögensgegenständen automatisch über, wenn die **Voraussetzungen des § 613a BGB** erfüllt sind. Werden alle Vermögensgegenstände eines Betriebs veräußert, so gehen die Arbeitsverhältnisse automatisch über. Ein Betrieb ist nach der Rechtsprechung des Europäischen Gerichtshofes, eine wirtschaftliche Einheit im Sinne einer organisierten Gesamtheit von Personen und Sachen zur Ausübung einer wirtschaftlichen Tätigkeit mit eigener Zielsetzung.[776] Ist der § 613a BGB einschlägig ist eine Kündigung aufgrund der Unternehmenstransaktion nicht erlaubt. Das Recht zur Kündigung aus anderen Gründen bleibt davon allerdings unberührt. Der Käufer tritt in alle Rechte und Pflichten des Arbeitsverhältnisses ein, d.h. die bisherige Betriebszugehörigkeit wird angerechnet (und daraus ergibt sich die einschlägige Kündigungsfrist), bisherige betriebliche Übungen muss sich der neue Arbeitgeber zurechnen lassen und alle Zusagen, die der Verkäufer gemacht hat, sind einzuhalten. Dies gilt auch für die kollektivvertraglichen Rechte und Pflichten, die das Unternehmen vor der Unternehmenstransaktion eingegangen ist (Tarifverträge, Betriebsvereinbarungen etc.).

---

[774] Vgl. *Kay, I./Shelton, M.:* The people problem in Mergers, McKinsey Quarterly, 20. Jg. (2000), S. 35 f.

[775] Vgl. zur Unterscheidung von asset und share deal Kapitel 4.3 dieses Buches.

[776] Vgl. *Brück, M.J.J./Sinewe, P.:* Steueroptimierter Unternehmenskauf, 2. Auflage, Wiesbaden 2010, S. 197.

Damit sind die Möglichkeiten einer unmittelbaren Personalfreisetzung eingeschränkt. Empfehlenswert ist es, die Möglichkeiten eines sozialverträglichen Stellenabbaus, vollständig auszunutzen. Dies bedeutet, dass durch normale Fluktuation (Kündigung durch den Arbeitnehmer, Ruhestand, etc.) versucht wird, Stellen einzusparen. Werden im Zuge einer Unternehmenstransaktion hingegen große Personalfreisetzungen durchgeführt, so werden diese in der Öffentlichkeit durch die Politik, die Medien oder die Gewerkschaften außerordentlich kritisch begleitet, was die Reputation eines Unternehmens nachhaltig schädigen kann.[777]

Zusammenfassend kommt der personellen Integration eine besondere Rolle zu, die zum Scheitern oder zum Erfolg der Unternehmenstransaktion einen erheblichen Beitrag leisten kann.

9.4.4 Kulturelle Integration

Die Unternehmenskultur spielt bei vielen betriebswirtschaftlichen Prozessen eine wichtige Rolle. Bei Unternehmenstransaktionen kommt noch hinzu, dass zwei gewachsene Unternehmenskulturen aufeinandertreffen. Der Begriff Kultur ist dabei unbestimmt und schillernd zugleich. Der amerikanische Ökonom Schein definiert **Organisationskultur** wie folgt: „Culture is a pattern of basic assumptions – invented, discovered, or developed by a given group as it learns to cope with its problems of external adaption and internal integration – that has worked well enough to be considered valid and, therefore, taught to new members as the correct way to perceive, think, and feel in relation to those problems."[778]

Zur Kultur gehören demnach die Grundannahmen, die eine Gruppe, also z.B. ein Unternehmen, sich gegeben hat, um seine Probleme, mit der Umwelt und im internen Umgang miteinander zu lösen. Diese Grundannahmen müssen sich insoweit bewährt haben, dass sie als gültig angesehen werden können und damit auch neuen Mitgliedern dieser Gruppe, also z.B. neuen Mitarbeitern, beigebracht werden. Die Kultur bildet sich dabei durch gemeinsame Erfahrungen, so dass sich nach und nach ein System von Normen und Werten bildet, was die Mitarbeiter eines Unternehmens gemeinsam teilen. Im Unternehmensalltag ist es eine gemeinsame Sprache, bestimmte Reaktionen auf Dinge, die von außen auf das Unternehmen treffen (wie z.B. Kundenbeschwerden) oder das Verhalten bei Meetings oder verwendete Grußformeln.

Eine wichtige Rolle spielt die **nationale Kultur**. Sie beeinflusst die Unternehmenskultur. Es gibt andere Verhaltensweisen und Entscheidungsstrukturen in einem Konzern mit japanischer oder mit amerikanischer Muttergesellschaft.

---

[777] Vgl. *Mayrhofer, W.*: Outplacement, in: Gaugler, E./Weber, W. (Hrsg.): Handwörterbuch des Personalwesens, 2. Auflage, Stuttgart 1992, Sp. 1524.

[778] Vgl. *Schein, E.H.*: Organizational Culture and Leadership, San Francisco 1985, S. 9.

Case Study: Kulturelle Differenzen bei Fusionen

Grosse-Hornke und Gurk zitieren in Ihrer Untersuchung zwei Pressemeldungen, die belegen, welche Auswirkungen kulturelle Differenzen bei Unternehmenstransaktionen haben können. Das erste Zitat befasst sich mit der Akquisition der Postbank durch die Deutsche Bank: „Zu groß sind die kulturellen Unterschiede. Die Deutsche pflegt ihr Image als Institut, dem die Leistungsträger vertrauen. Die Postbank dagegen verwaltet auch Millionen Sparbücher von Kleinverdienern, ohne damit nennenswerte Umsätze zu machen" (Financial Times Deutschland vom 11.9.2008).

Ein zweites Zitat beschäftigt sich mit der inzwischen aufgelösten weil gescheiterten Verbindung des Versicherungskonzerns Allianz und der Dresdner Bank: „Die internen Gräben zwischen Allianz und Dresdner Bank sind immer noch tief. Zu groß waren die Kulturunterschiede zwischen Bank und Versicherung – vor allem in den Köpfen der Mitarbeiter. Die Versicherungsvertreter waren bei den Bankern als Klinkenputzer verschrien, die wiederum hielten ihre neuen Kollegen für arrogante Schnösel..." (wiwo.de vom 30.8.2008).

Quelle: *Grosse-Hornke, S./Gurk, S.:* Erfolgsfaktor Unternehmenskultur bei Unternehmensakquisitionen, FB, 11. Jg. (2009), S. 101.

Die Unternehmenskultur ist also ein haltgebender Faktor in einem Unternehmen. Diese wird durch eine Unternehmenstransaktion zumindest infrage gestellt. Die Frage der Unternehmenskultur (und auch der internationalen Kulturunterschiede) als Faktor für den Erfolg einer Unternehmenstransaktion ist immer wieder Gegenstand von theoretischer und empirischer Forschung.[779] Insbesondere lassen sich dabei zwei Sichtweisen in der Literatur unterscheiden:[780]

– Nach dem Vollzug der Unternehmenstransaktion kommt es zu einer Phase, in der die Mitarbeiter der beteiligten Unternehmen versuchen, **die wesentlichen Elemente der Unternehmenskultur (den Kulturkern) ihres Unternehmens zu erhalten** und in die neue Organisation hinüberzuretten. Diese Phase ist damit sehr häufig durch heftige kulturelle Konflikte geprägt.[781] In dieser Phase ist

---

[779] Vgl. z.B. die Literaturübersicht bei *Gerpott, T.J./Neubauer, F.B.:* Integrationsgestaltung und Zusammenschlusserfolg nach einer Unternehmensakquisition – Eine empirische Studie aus Mitarbeitersicht, ZfbF, 63. Jg. (2011), S. 125.

[780] Vgl. *Gerpott, T.J./Neubauer, F.B.:* Integrationsgestaltung und Zusammenschlusserfolg nach einer Unternehmensakquisition – Eine empirische Studie aus Mitarbeitersicht, ZfbF, 63. Jg. (2011), S. 126.

[781] Vgl. z.B. *Weber, Y./Tarba, S./Reichel, A.:* International Acquisitions Performance Revisited – The role of cultural difference and post-acquisition integration approach, in: Cooper, C./Finkelstein, S.: Advances in Mergers and Acquisitions, Bd. 8, Bingley 2009, S. 5 oder *Weber, Y./Drori, I.:* The linkages between cultural differences, psychological states and performance in international mergers & Acquisitions, in: Cooper, C./Finkelstein, S.: Advances in Mergers & Acquisitions, Bd. 7, Bingley 2008, S. 123 f.

es wichtig, diesen Konflikt aufzulösen und zügig die kulturelle Integration der beiden Unternehmen abzuschließen, da es sonst zu einer dauerhaften Inkompatibilität der Unternehmenskulturen kommen kann, was sogar das Scheitern der gesamten Unternehmenstransaktion zur Folge haben kann.

– In einer seltener geäußerten Ansicht sind es dahingegen vielmehr **kulturelle Unterschiede, die zum Erfolg von Unternehmenstransaktionen beitragen**. Diese lösen Lernprozesse aus, die zu einem betriebswirtschaftlich fruchtbaren Ergebnis des Zusammenschlusses beitragen.[782]

In einem **klassischen Akkulturationsmodell** haben Nahavandi und Malekzadeh[783] auf theoretische Weise versucht, Bedingungen zu ergründen, die vorteilhaft für das Gelingen von Unternehmenstransaktionen sind. Akkulturation wird dabei verstanden als Wandel der Gegebenheiten in zwei Organisationseinheiten durch Diffusion von kulturellen Elementen in beide Richtungen.[784] Idealtypisch werden vier mögliche Varianten der Akkulturation dargestellt. Klassifikationskriterien aus Sicht des erworbenen Unternehmens sind dabei die wahrgenommene Attraktivität der Unternehmenskultur des Käufers und die Stärke des Wunschs der Mitarbeiter die eigene Kultur zu bewahren.

Die verwendeten Kriterien für die Beschreibung der Kultur sind offensichtlich. Ein Unternehmen, was übernommen wird, in dem sich die Mitarbeiter nicht wohl gefühlt haben, hat die Chance, durch die Unternehmenstransaktion einen kulturellen Wandel im Sinne der Mitarbeiter zu initiieren. Im Quadranten **„Integration"** wollen die Mitarbeiter des übernommenen Unternehmens ihre Kultur zwar sehr gerne behalten, halten aber auch die Kultur des Käufers für sehr attraktiv. Es wird versucht die Kultur zu bewahren, aber man hat großen Respekt vor dem kaufenden Unternehmen. Keines der beteiligten Unternehmen sollte versuchen, den anderen zu dominieren. Bei einer **Assimilation** ist die Übernahme der Kultur des kaufenden Unternehmens unproblematisch, da der Wunsch die angestammte Kultur beizubehalten, nur wenig ausgeprägt ist. Im Resultat passt sich das gekaufte Unternehmen der Kultur des Käufers an. Die Widerstände gegen eine Integration sind dann programmiert, wenn der Quadrant **„Separation"** relevant wird. Hier besteht ein großer Wunsch die eigene Kultur zu behalten und gleichzeitig wird die Kultur des Käufers für wenig attraktiv gehalten. Die Mitarbeiter des gekauften Unternehmens werden versuchen, ein Eigenleben zu entwickeln und sich gegen Einflussnahme durch den Käufer wehren. Wenn die Mitarbeiter sich weder mit der alten eigenen Kultur noch mit der neuen Kultur des Käufers identifizieren können, so kommt es zu einer **De-**

---

[782] Vgl. z.B. *Sarala, R.M./Vaara, E.:* Cultural differences, convergence, and crossvergence as explanations of knowledge transfer in international acquisitions, Journal of International Business Studies, 40. Jg. (2010), S. 1370.

[783] Vgl. *Nahavandi, A./Malekzadeh, A.R.:* Acculturation in Mergers and Acquisitions, Academy of Management Review, 13. Jg. (1988), S. 79 ff.

[784] Vgl. *Berry, J.W.:* Social and Cultural Change, in: Triandis, H.C./Brislin, R.W.: Handbook of cross-cultural psychology, Boston 1980, S. 217.

kulturation. Insbesondere die letzte Form wird häufig in der Literatur kritisiert,[785] weil sie implizit davon ausgeht, dass es eine kulturfreie Unternehmung geben kann. Führt man sich noch einmal die Definition der Unternehmenskultur von Schein, die am Anfang dieses Kapitels stand, vor Augen, kann es diesen Zustand aber nicht geben, da jede Organisation Strategien zur Problemlösung entwickelt – selbst wenn diese in Verdrängungen besteht.

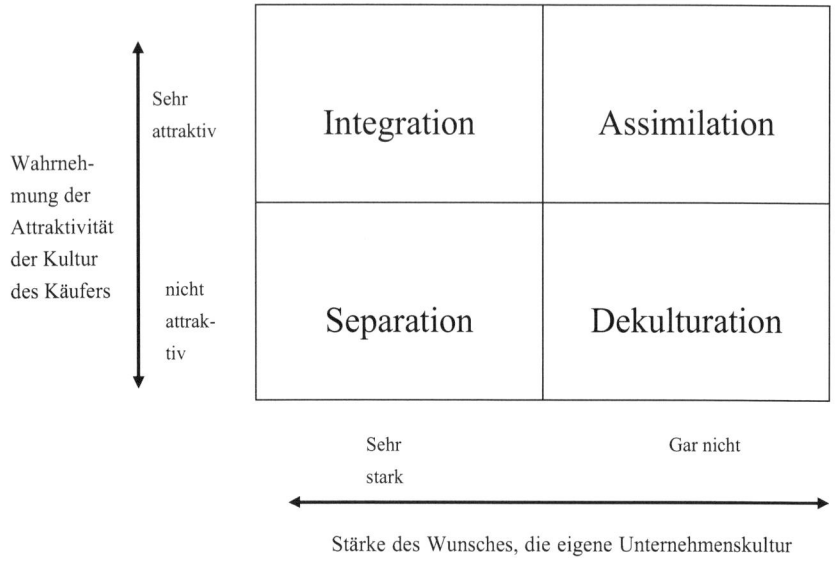

Abbildung 34: Akkulturation aus Sicht des übernommenen Unternehmens[786]

Aus Sicht des kaufenden Unternehmens wird der Prozess der kulturellen Integration von Nahavandi und Malekzadeh nach strategischen Kriterien, die mit der Unternehmenstransaktion verbunden werden, beurteilt. Der erste Aspekt befasst sich damit, wie nahe sich Käufer und Zielunternehmen sind: Handelt es sich um eine diversifizierende Akquisition oder nicht. Der zweite Aspekt befasst sich damit, wie tolerant das Unternehmen mit anderen Unternehmenskulturen umgeht.

---

[785] Vgl. z.B. *Stahl, G.K.:* Management der sozio-kulturellen Integration bei Unternehmenszusammen-schlüssen und -übernahmen, DBW, 61. Jg. (2001), S. 65.

[786] Vgl. *Nahavandi, A./Malekzadeh, A.R.:* Acculturation in Mergers and Acquisitions, Academy of Management Review, 13. Jg. (1988), S. 83.

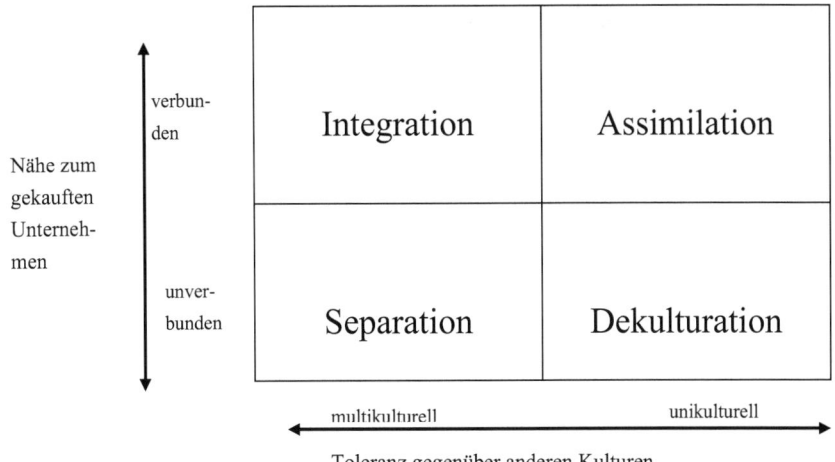

Abbildung 35: Akkulturation aus Sicht des übernehmenden Unternehmens[787]

Ein anders Modell der Akkulturation greift die Kulturtypen auf, die Harrison beschrieben hat.[788] Danach gibt es vier Kulturen, die Unternehmen beschreiben:[789]

- Bei der **Power Culture** handelt es sich um eine Organisation mit stark zentralisierten Entscheidungsstrukturen. Wie bei einem Spinnennetz sitzt in der Mitte die Spinne (das Top-Management), von der alle Entscheidungsgewalt ausgeht.
- Bei der **Role Culture** handelt es sich um eine eher bürokratische Organisationsform, bei der die Rollen der einzelnen Organisationsmitglieder durch Prozess- oder Stellenbeschreibungen sehr genau vorgegeben sind. Die Rolle ist wichtiger als das Individuum, was diese Rolle ausfüllt. Die Organisation gibt Sicherheit und Vorhersehbarkeit. Allerdings wird „kreatives" aus der Rolle herausgehen nicht gerne gesehen, was Kreativität hemmen kann.
- Bei der **Task Culture** handelt es sich um eine aufgabenorientierte Kultur, bei der die Leistung jedes einzelnen Mitarbeiters im Mittelpunkt steht. Diese Organisationskultur ist sehr flexibel. Projekte und Aufgaben wechseln, ein Unternehmen in dieser Unternehmenskultur kann sich schnell auf die geänderte Situation einstellen, was aber starke Flexibilität der Mitarbeiter verlangt.
- Die **Person Culture** kommt in der Praxis seltener vor. Es ist eine stark dezentralisierte Unternehmenskultur, in der die einzelnen Mitarbeiter eine große Autonomie haben. Die Zentrale übt nur wenig Kontrolle aus.

---

[787] Vgl. *Nahavandi, A./Malekzadeh, A.R.:* Acculturation in Mergers and Acquisitions, Academy of Management Review, 13. Jg. (1988), S. 84.

[788] Vgl. *Harrison, R.:* How to Describe your organization, HBR, 50. Jg. (1972), Nr. 3, S. 119 ff.

[789] Vgl. zur Darstellung *Handy, C.:* Understanding Organizations, 4. Auflage, London 1993, S. 183 ff.

Cartwright und Cooper[790] gehen in ihrem Modell davon aus, dass die eigentliche kulturelle Distanz keine große Rolle spielt. Vielmehr hängt die Bereitschaft zur Veränderung im Wesentlichen davon ab, inwiefern sich die **Handlungsspielräume der einzelnen Mitarbeiter** verändern. Wird bei einer Unternehmenstransaktion die Kultur von der Power in die Task Culture verändert, so erweitern sich die Handlungsspielräume für die Mitarbeiter. Sie sind bereit, den Wechsel aktiv mitzugehen. Im umgekehrten Fall, beim Wandel von der Task in die Power Culture werden die Handlungsspielräume beschnitten, was zu einer schlechten Akzeptanz der Integration führt.

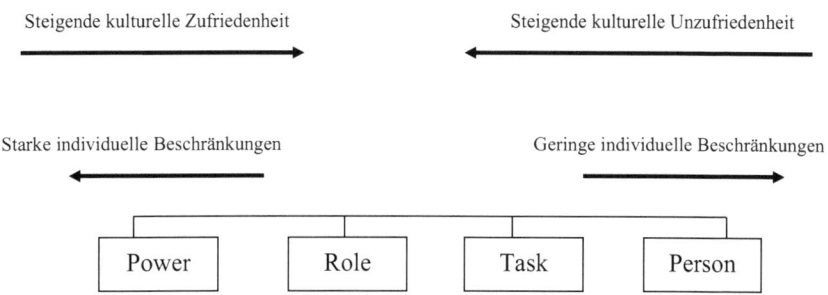

Abbildung 36: Auswirkungen des Kulturwandels nach Kulturtypen[791]

In der Praxis wird die Unternehmenskultur meist im Rahmen der **Cultural Due Diligence** untersucht, also bereits in einem recht frühen Stadium der Unternehmenstransaktion. In dieser Phase gilt es, die Risiken in Bezug auf die Unternehmenskultur zu identifizieren. Kulturelle Unterschiede und Differenzen sollen so frühzeitig erkannt werden, so dass sie adäquat im Integrationsprozess berücksichtigt werden können.[792] Man kann sich dabei Befragungen bedienen oder auf Unternehmenskultur spezialisierte Berater einschalten. Diese haben den Vorteil, dass sie einen unvoreingenommenen Blick auf alle an der Unternehmenstransaktion beteiligten Unternehmenskulturen haben.[793] Aufbauend auf den Erkenntnissen der Cultural Due Diligence soll dann eine Zielkultur für das Unternehmen entwickelt werden. Zur Implementierung dieser Zielkultur werden Maßnahmen ergriffen, z.B. Integrationsworkshops in denen sich Mitarbeiter der beiden zusammenschließenden Unternehmen gemeinsam mit der Unternehmenskultur auseinandersetzen.

---

[790] Vgl. *Cartwright, S./Cooper, C.L.:* The role of culture compatibility in successful organizational marriage, Academy of Management Executive, 7. Jg. (1993), S. 57 ff.

[791] Vgl. *Cartwright, S./Cooper, C.L.:* The role of culture compatibility in successful organizational marriage, Academy of Management Executive, 7. Jg. (1993), S. 63.

[792] Vgl. *Blöcher, A./Glaum, M.:* Die Rolle der Unternehmenskultur bei Akquisitionen und die Möglichkeiten und Grenzen einer Cultural Due Diligence, DBW, 65. Jg. (2005), S. 302.

[793] Vgl. *Grosse-Hornke, S./Gurk, S.:* Erfolgsfaktor Unternehmenskultur bei Unternehmensakquisitionen, FB, 11. Jg. (2009), S. 102.

Bei **grenzüberschreitenden Unternehmenstransaktionen** kommen nationale kulturelle Unterschiede erschwerend zu der schon beschriebenen Situation hinzu. Neben der Kultur der Organisation ist es genauso wichtig, die nationale Kultur zu betrachten. Dabei gibt es vielfältige Beziehungen zwischen der Kultur der Nation und der Organisation. So hängt die Kultur eines Unternehmens davon ab, in welchem Land es seinen Sitz hat. In einem internationalen Konzern kommt hinzu, dass die Muttergesellschaft die Kultur prägt, z.B. durch Regeln, wie im Konzern Entscheidungen getroffen werden. Von daher kann man die These aufstellen, dass auch die Tochtergesellschaft im Ausland durch die nationale Kultur der Muttergesellschaft mitgeprägt wird. Daher kann man auch davon ausgehen, dass Käufer unterschiedlicher Nationalität anders mit Unternehmenstransaktionen umgehen.

Die verschiedenen nationalen Kulturen führen zu schwierigeren Unternehmenstransaktionen. Neben die genannten treten die interkulturellen Probleme, die häufig noch verstärkt werden durch **Stereotype**. Stereotype sind starre Vorstellungen, die als erstes in den Kopf kommen bevor man genau hinschaut.[794] Sie prägen das Denken z.B. über andere Nationen oder bestimmte Bevölkerungsgruppen. Das Verhalten eines einzelnen Beteiligten, was in die negativ belegten nationalen Stereotype passt wird dabei in der Wahrnehmung der Beteiligten verstärkt und kann die ganze Transaktion im schlimmsten Falle infrage stellen. Von daher ist ein sensibler Umgang mit dem jeweiligen Partner in interkulturellen Transaktionen von ganz besonderer Bedeutung.

Dabei kann eine inaktive Herangehensweise mit einer geringen Integration, die aus vermeintlich kulturellen Gründen gewählt wird, auch zu schlechten Ergebnissen führen, wie die folgende Fallstudie BMW-Rover zeigt.

Case Study: Der gescheiterte Zusammenschluss von BMW und Rover

Ein Beispiel für eine gescheiterte Fusion über Grenzen hinweg war die Übernahme des britischen Autoherstellers Rover durch BMW. 1994 wurde die Übernahme euphorisch begrüßt. Rover machte zu der Zeit Gewinne und hatte verschiedene Qualitätspreise gewonnen. Das strategische Ziel von BMW mit dieser Übernahme war es, ohne die exklusive Marke BMW zu beeinträchtigen, in den Massenmarkt vorzudringen. BMW machte keine Due Diligence und hatte keine Investmentbank als Berater an seiner Seite. Nach der Übernahme wurde schnell klar, dass die Fabriken von Rover zu einem großen Teil veraltet waren und dringender Investitionsbedarf bestand. BMW ging in die Integration mit einem „hands-off approach." Das heißt man beließ das alte Management in seinen Positionen und hielt sich bewusst zurück, auch, um dem Vorurteil zu begegnen, dass deutsche Manager stark

---

[794] Vgl. grundlegend *Katz, D./Braly, K.W.*: Racial stereotypes of one hundred college students, Journal of Abnormal Psychology, 28. JG. (1933), S. 280 ff.

auf Kontrollen setzen, was in britischen Unternehmen nicht sehr gut an-
kommt. Es kam zum Desaster: Rover wurde schlecht geführt. Es hatte mehr
Plattformen in der Produktion im Einsatz bei weniger Modellen als BMW.
Die Margen waren minimal und die am Markt erzielten Preise gering. Zu-
dem war kurz vor der Übernahme die Marke „Austin" für Kleinwagen auf-
gegeben worden. Alle Autos hießen nun „Rover", was bisher nur für die
Modelle der Oberklasse galt. Die Markenidentität wurde dadurch zerstört.
Das schlechte Image von Rover passte nicht zu dem Premium Image von
BMW.

Bereits 1996 kam an die Öffentlichkeit, dass es ein kulturelles Problem zwischen den beiden Unternehmen gab: In einer englischen Autozeitschrift erschien ein Artikel mit dem Titel „Marriage from hell", in dem ein deutscher
Mitarbeiter zitiert wurde:

„Rover's strength seems to be the creation of unnecessary friction, a disap-
pointing no risk attitude, and an amazing display of egoism. There is a very
obvious culture clash between our companies."

Der weitere Verlauf des Desasters wird in dem Buch "End of the Road" von
Brady/Lorenz wie folgt geschildert (S. 62 f.):

"An identical message emerged from the BBC documentary series "When
Rover met BMW" The fact that the series was even allowed to be made is
an indication of the loose management and exemplified the shortcomings of
the BMW laissez-faire approach to Rover. It had been commissioned by
Towers *(the CEO of Rover before and after the merger)*, never backward in
the art of self-promotion, before the takeover. Instead of quietly transferring
it to a distant backburner as one would have expected BMW to do, the Ger-
mans allowed Towers to carry on. The result, it has to be said, was to give
television audience a rare insight into a struggling merger.

If one scene of the "When Rover met BMW" epitomized the depth of the
problem, it was the moment when a poor catering lady laid on her best
cheese and pineapple on cocktail sticks for Reitzle *(the engineering boss of
BMW)* during a fleeting visit to Rovers Gaydon engineering center. But the
impatient Reitzle had a packed schedule and was running late when he ar-
rived at Gaydon. The amiable Bernard Carey, head of corporate affairs,
seemed blissfully unaware of Reitzles growing irritation when they sat in
the traffic. We the viewers had a better view. Reitzle was quietly seething.
By the time the BMW engineering supremo was due to be tucking into the
cheese and pineapple spread, he had decided he had no time for the buffet
lunch and swept out of Gaydon en route to another appointment. The sad-
ness in the eyes of the lady was palpable… Reitzle was oblivious to the sad

tableau and the Rover people had never seen it coming. The wavering impression was of two organizations on totally different wavelengths."

1999 beendete BMW die hands-off Mentalität für seine britische Tochter. Wolfgang Ziebart, bisher Entwicklungschef von BMW wurde nach England geschickt. Er verzögerte zunächst die Markteinführung von Modellen, um zu erreichen, dass Qualitätsmängel noch behoben wurden (u. a. ein vergessener Kofferraumgriff). Außerdem tauschte er britische Zulieferer durch Zulieferer aus, die schon lange mit BMW zusammenarbeiteten. Diese Rettungsversuche kamen aber zu spät. Nach enormen Verlusten bei dem Engagement (ca. 4,6 Mrd. EUR) wurde Rover 2000 an ein britisches Investorenkonsortium für 10 britische Pfund verkauft.

Derzeit liegen die Markenrechte für Rover bei dem indischen Hersteller Tata Motors, der sie im Zuge der Übernahme von Jaguar erworben hatte.

Quellen: *Brady, C./Lorenz, A.:* End of the Road, London 2000; *Kutschker, M./Schmid, S.:* Internationales Management, 7. Auflage, München 2010, S. 922 f.

Ein aktives Management der unterschiedlichen Kulturen mit offensivem Umgang mit absehbaren Problemen kann hingegen erfolgreich sein. Dies zeigt das erfolgreiche Joint Venture zwischen VW und Skoda.

Case Study: Das erfolgreiche Zusammengehen von VW und Skoda

Im Zuge der politischen und wirtschaftlichen Umwälzungen im ehemaligen Ostblock im Jahr 1989 entwickelte sich bei den erfolgreichen osteuropäischen Unternehmen der Wunsch nach Zugang zum westlichen Markt. Die tschechische Regierung suchte daher aktiv nach einem Partner für den Automobilhersteller Skoda, dem drittältesten Autounternehmen der Welt, der als der erfolgreichste Produzent des Ostblocks galt. Man entschied sich aus dem Kreis der Interessenten, der alle wichtigen Autohersteller der Welt umfasste, für den deutschen Hersteller Volkswagen. 1991 begann die offizielle Zusammenarbeit der beiden Unternehmen.

Die tschechische Regierung hatte sich aus dem verbliebenen Kreis der Bieter trotz der belasteten deutsch-tschechischen Geschichte gegen den Mitbewerber Renault entschieden. Ausschlaggebend waren zum einen die Restrukturierungskompetenzen, die man bei VW vermutete und zum anderen die Zusicherungen, Skoda als eigene Marke zu erhalten und die tschechischen Werke nicht zu reinen Montagewerken zurückzustufen.

Das Joint Venture wurde 1991 gegründet. VW erhielt zunächst einen Aktienanteil von 31 %. Seit 2007 ist Volkswagen alleiniger Aktionär von Skoda. Der tschechische Staat erhielt vertragliche Zusicherungen über die Nutzung von tschechischen Zulieferern, den Erhalt der Arbeitsplätze und die Produktion einer bestimmten Menge von Autos. Diese Zusicherungen waren allerdings abhängig von der wirtschaftlichen Situation. VW erklärte sich zudem zu einem umfangreichen Investitionsprogramm in Höhe von 4,6 Mrd. EUR bis zum Jahr 2000 bereit. Die strategische und operative Führung lag eindeutig bei VW. In den Jahren 1992/93 kam es zu einer weltweiten Automobilkrise, auf die VW mit reduzierten Investitionen reagierte. Dies löste auf tschechischer Seite erhebliche Irritationen aus, was zu einem hohen Vertrauensverlust führte. Trotz der reduzierten Investitionen konnte Skoda aber mit VW gemeinsam neue Kleinwagen entwickeln (u.a. den Fabia). Diese wurden sehr erfolgreich und zeigten, dass die Marke Skoda sich auch in einer Restrukturierung gut entwickeln konnte. Dazu kam die Etablierung einer zweiten Modellreihe in der Mittelklasse, die das Unternehmen zu kommunistischen Zeiten nie bedient hatte. In den 6 Jahren des Joint Ventures konnte ohne nennenswerten Personalabbau die Kapazität erweitert werden und die Marke gesichert werden. Die Expansion hatte eher den entgegengesetzten Effekt das Unternehmen musste mit starken Anreizen, die über das übliche Maß hinausgingen, Arbeiter rekrutieren.

Innerhalb der Zusammenarbeit sah das VW Management insbesondere die folgenden Herausforderungen: Kommunikation in unterschiedlichen Sprachen, Zielvorgaben für das Unternehmen, die strukturellen Veränderungen im sozialen, wirtschaftlichen und politischen Kontext und die Motivation der Mitarbeiter.

Als Probleme bei der Umsetzung wurden insbesondere die folgenden Themenbereiche identifiziert:

– Umfassender Restrukturierungsprozess der Organisation Skoda,
– Integration in den westlichen Markt und fortschreitende Internationalisierung,
– Angleichung an westliche Standards (technologisch und ästhetisch),
– Schaffung eines Kommunikationsrahmens für interkulturellen Austausch,
– Förderung der Mitarbeiter und Akzeptanz der Mitarbeiter durch rasche operative Erfolge und Anreizsysteme.

Es wurde ein Tandem Management entwickelt. Deutsche wurden als Manager nach Tschechien geschickt, um gemeinsam die Restrukturierung zu erreichen. Die Aufgabe der deutschen Expatriates war es, den Know-how Fluss sicherzustellen. Das Management sollte tschechisch bleiben und in Tschechien sollten auch die lokalen Entscheidungen getroffen werden.

Die Unternehmenskultur wurde neu geschaffen, eine hybride Kultur, die sowohl Besonderheiten der Kultur von Skoda erhält, aber auch neue Aspekte von Volkswagen berücksichtigt, sollte geschaffen werden.

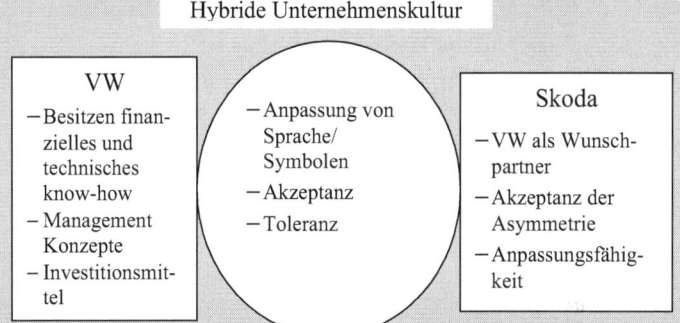

Abbildung 37: Entwicklung einer hybriden Unternehmenskultur für Skoda

Eine besondere Rolle spielte auch die Sprache im Konzern. Die Sprachbarriere zwischen Tschechen und Deutschen wurde als besonderes Problem empfunden. Deutsch als Konzernsprache wurde aus diesem Grund besonders gefördert. Während tschechische Manager aufgefordert wurden, Deutsch zu erlernen, bekamen deutsche Expatriates nur das Angebot, Tschechisch zu lernen.

Im Marketing wurde für den tschechischen Binnenmarkt bewusst herausgestellt, dass Skoda ein tschechisches Auto ist: „Einen Skoda kaufen bedeutet, die tschechische Industrie zu stärken." Der Anteil des tschechischen Marktes am Gesamtabsatz lag bei über 50 %. Die Marke Skoda wurde weiterhin gefördert. Dieses Image wurde verbunden mit der Qualitätsarbeit, für die VW steht. Außerdem wurde die lange Tradition von Skoda sehr betont, die länger zurückreicht als diejenige von VW.

Durch alle diese Maßnahme konnte erreicht werden, dass nicht das Gefühl entstand, hier seien die deutschen Chefs und dort die Tschechen, die sich quasi fremd gegenüberstehen und unterschiedliche Ziele verfolgen.

Quellen: *Groenewald, H./Leblanc, B.(Hrsg.):* Personalarbeit auf Marktwirtschaftskurs. Transformationsprozesse im Joint Venture Skoda – Volkswagen, Neuwied u.a. 1996; *Kutschker, M./Schmid, S.:* Internationales Management, 6. Auflage, München 2008, S. 892; *Skoda:* Annual Report 2010, http://go.skoda.eu/annual-report-2010-en (abgerufen am 14.7.2012).

9.4.5 Operative Integration

Die operative Integration ist in Abhängigkeit von der angestrebten Integrationstiefe normalerweise das Herzstück der Post Merger Integration. Hier liegen in der Regel auch die größten Potentiale für Synergieeffekte.

So können in der **Produktion** Fertigungsbereiche zusammengelegt werden, die Kapazitäten können auf das richtige Maß hin angepasst werden. In einigen Fällen können auch hinzugekaufte Produktionstechnologien eingesetzt werden. Im Einkauf können die Prozesse optimiert werden. Ein besonderes Anliegen kann es sein, die durch die Unternehmenstransaktion gewonnene Marktmacht, in bessere Einkaufskonditionen umzusetzen. Ein ähnliches Vorgehen wird bei der Logistik gewählt. Es werden bessere Konditionen mit Dienstleistern verhandelt, Standorte zusammengelegt bzw. optimiert. Im **Vertrieb** wird i.d.R. nicht nur die Vertriebsorganisation zusammengelegt und optimiert, sondern auch die Kunden klassifiziert. Dadurch kann die größere Marktmacht ausgenutzt werden und für den Hersteller bessere Konditionen erreicht werden. Marketingstrategien werden koordiniert, so dass insgesamt eine bessere Kundenansprache stattfindet, die im günstigsten Fall auch zu höheren Umsätzen führt. Häufig können Einsparungen insbesondere in den administrativen Bereichen erzielt werden. Personal-, Rechts- oder andere Serviceabteilungen können zusammengelegt werden und damit erhebliche Einsparungen erzielt werden.

Wenn ein Unternehmen erworben wird, um bestimmte Kenntnisse und Fähigkeiten zu bekommen, spielt die Integration der **Forschung und Entwicklung** eine besondere Rolle. So werden insbesondere Übernahmen in der pharmazeutischen Industrie mit der Übernahme einer Produktpipeline, also Ergebnissen aus der Forschung und Entwicklung begründet. So wurde z.B. die Übernahme von Schwarz Pharma durch UCB begründet. Insgesamt kann man feststellen, dass die Forschungsintensität von Zielunternehmen mit der Häufigkeit von technologiegetriebenen Unternehmenstransaktionen korreliert.[795] In diesem Zusammenhang kommt dem Wissensmanagement eine besondere Rolle zu. Es muss innerhalb der Post Merger Integration erreicht werden, dass der vorhandene Wissenspool und damit die Potentiale für Forschung und Entwicklung beibehalten werden. Der Abfluss von Wissensträgern würde erhebliche Opportunitätskosten verursachen, so dass eine verstärkte Aufmerksamkeit in diesem Bereich auch betriebswirtschaftlich lohnenswert ist.[796] Empirische Studien zeigen, dass durch Unternehmenstransaktionen beim kaufenden Unternehmen eigene Forschungen durch erworbenes externes Wissen substituiert werden. Zum anderen ergeben sich häufig indirekte negative Wirkungen, dadurch, dass durch die größeren und komplexeren Organisationsstrukturen formalere Kon-

---

[795] Vgl. *Haag, T.:* Beteiligungsstrategien zur Erschließung von Innovationen, Wiesbaden 1995.

[796] Vgl. *Baumgarten, H./Hoffmann, W.:* Wissenstransfer in der Post-Merger-Integrationsphase, Wissensmanagement, 5. Jg. (2003), Nr. 4, S. 18 ff.

trollmechanismen eingerichtet werden, die tendenziell innovationshemmend wirken.[797]

9.4.6 Externe Integration

Häufig vernachlässigt wird, dass eine Unternehmenstransaktion nicht nur interne Folgen hat. Auch diejenigen Gruppen, die ein berechtigtes Interesse an dem Unternehmen haben (die **Stakeholder**) müssen in den mit der Post Merger Integration einsetzenden Veränderungsprozess einbezogen werden. Besonders wichtige Interessengruppen sind dabei die Kunden, Lieferanten und Kapitalgeber. Hinzu kommt – ab einer gewissen regionalen oder überregionalen Bedeutung der Transaktion – auch die allgemeine Öffentlichkeit, mit denen über die Medien kommuniziert wird. Es ist dabei wichtig, die Kommunikation selbst zu initiieren und auch im Verlauf der Transaktion kontrollieren zu können. Sonst kann es zu einer Gemengelage kommen, in der Gerüchte zu negativen Konsequenzen für die beteiligten Unternehmen führen. Ein Beispiel dieser Art war die Übernahme des US-amerikanischen Softwarekonzerns Peoplesoft durch Oracle. Eine sich lange hinziehende Auseinandersetzung um die Übernahme und unbedachte Äußerungen des CEO von Oracle, die Produkte von Peoplesoft einstellen zu wollen, führten zu einer Abwanderung von Kunden, von denen insbesondere der deutsche Wettbewerber SAP stark profitierte.[798] Durch direkte und geplante Kommunikation kann verhindert werden, dass sich Gerüchte verselbständigen. Abbildung 38 zeigt die wesentlichen Stakeholdergruppen, die zu berücksichtigen sind.

Ziel der Kommunikation im Rahmen der Unternehmenstransaktion muss es sein, die Kommunikation mit den Stakeholdern so zu gestalten, dass die gewollte Kommunikation nicht überlagert wird von Gerüchten, die betriebswirtschaftlich nachteilige Ergebnisse haben können.

---

[797] Vgl. *Bloningen, B.A./Taylor, C.T.:* R&D intensity and acquisitions in high-technology industries: Evidence from the US electronic and electrical equipment industries, Journal of Industrial Economics, 48. Jg. (2000), S. 47 ff.; *Hitt, M. A./Hoskisson, R. E./Ireland, R. D./Harrison, J. S.:* Effects of acquisitions on R&D inputs and outputs, Academy of Management Journal, 34. Jg. (1991), S. 693 ff.

[798] Vgl. *Glaum, M./Hutzschenreuther, T.:* Mergers und Acquisitions, Stuttgart 2010, S. 207.

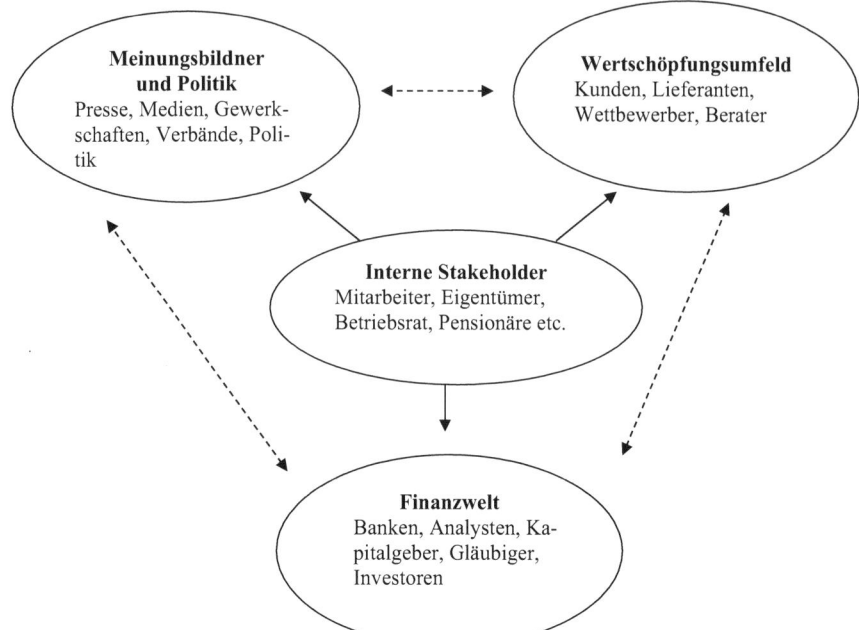

Abbildung 38: Gewollte und ungewollte Kommunikation mit und zwischen Stakeholdergruppen (durchgezogene Pfeile symbolisieren durch das Unternehmen gewollte, gestrichelte Pfeile ungewollte Kommunikation) [799]

Einer Gruppe, die dabei naturgemäß besonders beachtet werden muss, sind die Kunden. In Verbindung mit Unternehmenstransaktionen kommt es zu Verunsicherungen, insbesondere dann, wenn die Kundenbeziehungen langfristig angelegt sind. Man kann hier insbesondere drei Arten der Unsicherheit unterscheiden:[800]

1. Die **Leistungsunsicherheit** entsteht, weil die Kunden nicht wissen, inwieweit sich die Unternehmenstransaktion auf die Leistungen des übernommenen Unternehmens auswirken (werden die Produkte verändert oder gar eingestellt).

2. Im Zuge der operativen Integration kommt es häufiger zu **Angleichungen von Konditionen und der Preispolitik** im Allgemeinen. Diese Preisunsicherheit kann dazu führen, dass Kunden einen Kauf nicht tätigen.

3. Als Drittes spielt in bestimmten, insbesondere von Vertrauen lebenden, Branchen die **Beziehungsunsicherheit** eine Rolle. Beispielsweise sind in der Unternehmensberatung Kundenbeziehungen häufig durch persönliche Beziehungen zum Kunden geprägt. Durch die Unternehmenstransaktion entsteht eine Unsi-

---

[799] Vgl. *Farhadi, M./Tovstiga, G:* Kommunikation in M&A Transaktionen. Ereignisse und Herausforderungen, M&A Review, o. Jg. (2008), S. 187.

[800] Vgl. *Homburg, C.:* Kundenbindung im Umfeld von Fusionen und Akquisitionen, in: Picot, A./ Nordmeyer, A./Pribilla, A.: Management von Akquisitionen, Stuttgart 2000, S. 174 f.

cherheit, ob der vertraute Berater noch bleibt oder das Unternehmen verlässt. Aus diesem Grund können Kunden mit dem Platzieren von Aufträgen warten, bis Klarheit über den Verbleib von bestimmten ihnen vertrauten Personen herrscht.

Die externe Integration wird in Zeiten einer Unternehmenstransaktion gerne vergessen, obwohl insbesondere die Kunden das Lebenselixier jeden Unternehmens sind. Der Grund dieser Vernachlässigung des eigentlich Offensichtlichen liegt häufig darin, dass die Unternehmen zu stark mit sich selbst beschäftigt sind. Die anderen Maßnahmen der Post Merger Integration binden Managementkapazität, so dass die Aufgabe der richtigen Kommunikation mit den externen Stakeholdern häufig zu kurz kommt. Allerdings ist dies ein nicht zu verzeihender Fehler, weswegen die Rolle der externen Integration gar nicht überbewertet werden kann.

9.5 Controlling der Post Merger Integration

Controlling hat die Funktion, die Rationalität der Unternehmensführung sicherzustellen.[801] Dies bedeutet, dass dem Management Informationen zur Verfügung gestellt werden, um Entscheidungen vorzubereiten. Auch wenn der Begriff es nahelegt, ist Controlling nicht deckungsgleich mit Kontrolle, wobei Kontrolle ein Bestandteil der Controllingaufgaben ist. Für die Integration nach einer Unternehmenstransaktion muss das Controlling, Informationen bereitstellen, die belegen, ob das kaufende Unternehmen die strategischen Ziele erreicht, die mit der Unternehmenstransaktion verfolgt werden oder nicht.

Im Rahmen der Post Merger Integration sind es insbesondere zwei Aufgaben, die das Controlling übernehmen muss:[802] Zum einen muss der Prozess der Post Merger Integration als Voraussetzung für die Erreichung der strategischen Ziele, die mit der Unternehmenstransaktion verfolgt werden, überwacht werden. Zum anderen geht es darum, die Erreichung der strategischen Ziele selbst zu reflektieren. Empirische Studien zeigen, dass die Etablierung eines systematischen Controllings einer Unternehmenstransaktion selbst ein Erfolgsfaktor für erfolgreiche Transaktionen ist.[803] Dabei sammelt das Unternehmen auch wertvolle Erfahrungen, die bei künftigen Unternehmenstransaktionen Verwendung finden können. So kann eine Kompetenz in der Abwicklung von Unternehmenstransaktionen aufgebaut werden, die bei einer akquisitionsgetriebenen Wachstumsstrategie sehr viel helfen kann.

Um die verschiedenen Aspekte, die in einer Post Merger Integration wichtig sind, ausreichend zu berücksichtigen, kann man sich der **Balanced Scorecard** bedie-

---

[801] Vgl. z.B. *Weber, J./Schäffer, U.:* Sicherstellung der Rationalität der Führung als Aufgabe des Controlling?, DBW, 59. Jg. (1999), S. 731 ff.

[802] Vgl. *Wirtz, B.W.:* Mergers & Acquisitions Management, 4. Auflage, Wiesbaden 2016, S. 428.

[803] Vgl. *Penzel, H.-G.:* Klare Strategie und Zielausrichtung: Erfolgsfaktoren für das Post-Merger-Management in Banken, zfo, 29. Jg. (2000), S. 31.

nen.[804] Bei der Balanced Scorecard handelt es sich um ein ausgewogenes Kennzahlensystem, das die finanzielle Sichtweise um andere für die Unternehmensführung wichtige Sichtweisen erweitert. Prägend war bei der Entwicklung die Erkenntnis, dass die rein finanziellen Kennzahlen für die industrielle Ära ausreichend waren. In unserer neuen Zeit – der Wissensgesellschaft – mit kürzeren Produktlebenszyklen und internationaler Konkurrenz sind andere Anforderungen wichtig. Auch ein Pilot braucht verschiedene Informationen über Flughöhe, Geschwindigkeit, Kerosinverbrauch, Entfernung zum Ziel, Wetterbedingungen etc. Nur mit diesen verschiedenen Informationen ist er in der Lage, ein Flugzeug zu navigieren und sicher ans Ziel zu bringen. Einem Piloten, der seine Informationen einzig und allein von einem Instrument beziehen würde, würde man nicht vertrauen und dankend auf den Flug verzichten.[805] Auch ein Unternehmensleiter kann nicht in der Lage sein, ein Unternehmen nur mit einer Kennzahl zu führen. Vielmehr muss er wie ein Jongleur verschiedene Bälle in der Luft halten, die er mit geeigneten Kennzahlen beobachtet. Konkret ergänzt die Balanced Scorecard die finanzielle Perspektive um eine Kunden-, eine interne Prozess- und eine Lern- und Entwicklungsperspektive.[806]

Wendet man dieses Instrument auf die Post Merger Integration kann man eine Scorecard (der Begriff entstammt der Golfersprache, ein Hinweis, dass Kaplan/ Norton in ihrer ursprünglichen Umfrage viele Golfer unter den befragten Managern hatten), wie in Abbildung 39 zeichnen.

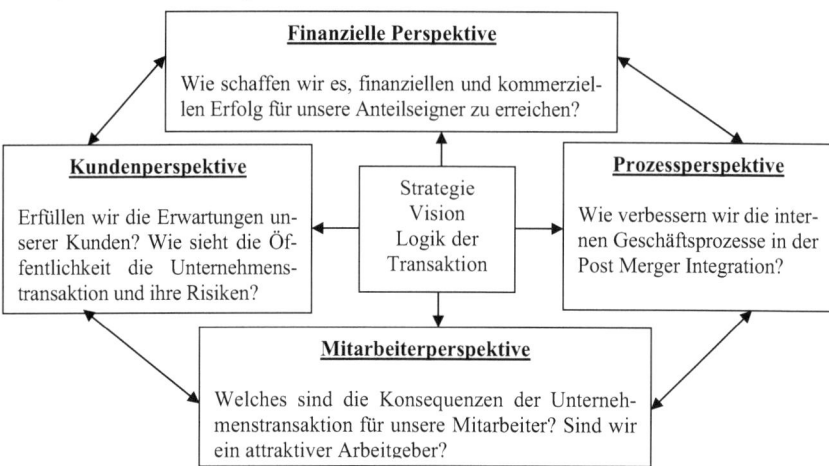

Abbildung 39: Balanced Scorecard für das Post Merger Management[807]

---

804 Vgl. *Jansen, S. A.*: Mergers & Acquisitions, 6. Auflage, Wiesbaden 2016, S. 372.
805 Vgl. *Kaplan, R.S./Norton, D.P.*: Translating strategy into action: the balanced scorecard, Boston 1996, S. 1
806 Vgl. *Kaplan, R.S./Norton, D.P.*: Translating strategy into action: the balanced scorecard, Boston 1996, S. 24 ff.
807 Vgl. *Jansen, S. A.*: Mergers & Acquisitions, 6. Auflage, Wiesbaden 2016, S. 372.

Für jede Dimension (jeder der Kästen der Balanced Scorecard wird als Dimension bezeichnet) werden Kennzahlen definiert, die einmal geplant werden und dann im Ist erhoben werden. Soll-Ist Abweichungen deuten darauf hin, dass Maßnahmen ergriffen werden müssen, um die Lücke zwischen Zielerreichung und -erwartung wieder zu schließen. Während bei den finanziellen Kennzahlen allgemein übliche Erfolgskennzahlen (Gewinn, Cashflow, wertorientierte Kennzahlen, etc.) genannt werden, bieten sich für die anderen Dimensionen meist eher geschäftsspezifische Kennzahlen an, die auch als **Leistungstreiber** bezeichnet werden.[808] Die finanziellen Kennzahlen sind demgegenüber Ergebniskennzahlen, die im Nachhinein zeigen, welches Ergebnis erreicht wurde. Leistungstreiber geben frühzeitig Aufschluss über Entwicklungen und ermöglichen es dem Unternehmen, rechtzeitig auf Änderungen zu reagieren. Der Umsatz ist eine Ergebniszahl, die sagt was von Kunden gekauft wurde, die Kundenzufriedenheit (z.B. gemessen an Reklamationen) ist ein Leistungstreiber, der darüber Aufschluss geben kann wie sich die Umsätze künftig entwickeln werden. Kunden, die reklamieren, werden wahrscheinlich zukünftig weniger kaufen.

Die Kontrolle der Erreichung der strategischen Ziele mit der Unternehmenstransaktion ist zum einen aus sich heraus eine wichtige Aufgabe. Bei Akquisitionen – insbesondere, wenn sie relativ zur Bilanzsumme oder des Eigenkapitals des Käufers eine große Bedeutung haben – ist die Rechtfertigung des Goodwills eine wichtige Nebenaufgabe (vgl. zur Behandlung und eventuellen Abwertung eines Goodwills Kapitel 8.3.2). Hierzu sollten Maßnahmen der Bilanz- und Erfolgsanalyse verwendet werden. Um den in der Bilanz aktivierten Goodwill zu rechtfertigen, muss das Controlling einen Vergleich vornehmen, welche Annahmen in die Unternehmensbewertung, die den Kaufpreis dokumentiert, eingeflossen sind. Dieser Vergleich gibt dann Aufschluss darüber, ob der vorhandene Wertansatz weiterhin angemessen ist oder ob eine Abwertung vorzunehmen ist.

Die in das Controlling des Erfolgs der Unternehmenstransaktion einfließenden Größen sind darüber hinaus in starkem Maße abhängig von den Zielen, die mit der Akquisition verfolgt werden: Ist es Sinn und Zweck gewesen, Wissen und Fähigkeiten zu erwerben, so sind Kennzahlen aus dem Forschungs- und Entwicklungscontrolling besonders zu beachten. Sollen steuerliche Vorteile realisiert werden, so ist der Einhaltung der Steuerplanung verstärkte Aufmerksamkeit zu widmen.

Das Controlling arbeitet häufig neben Soll-Ist Vergleichen auch mit Zeitvergleichen. Hier ergibt sich bei der Betrachtung des Erfolgs von Unternehmenstransaktionen häufig ein Problem: Geänderte Unternehmensstrukturen im Zuge der Transaktion führen dazu, dass Vergleiche verzerrt sind. Nach der Akquisition werden Strukturen geändert, um die Integration durchführen zu können. Damit verändern sich Kennzahlen, eine Anpassung der Vorperioden ist häufig gar nicht oder nur

---

[808] Vgl. *Weber, J./Schäffer, U.*: Einführung in das Controlling, 15. Auflage, Stuttgart 2016, S. 191.

sehr schwierig möglich. Bei Vorschlägen, die Situation vor dem Merger theoretisch fortzuschreiben,[809] kommt es zu großen praktischen Problemen, so dass in der Praxis häufig mit dem verzerrten Ergebnis gelebt wird. Die Verzerrungen dürfen aber nicht zu Fehlinterpretationen führen.

Weiterführende Lektüre

Einen besonderen Schwerpunkt auf das Thema Post Merger Integration, das sonst häufig – trotz seiner offensichtlichen Bedeutung – nur am Rande gestreift wird, wird in dem Lehrbuch von Wirtz (2016) gelegt. Zum Erfolg von Post Merger Integration ist die Arbeit von Gerpott (1993) nach wie vor eine sinnvolle Lektüre. Dem Thema des Controllings von Akquisitionen räumt Jansen (2016) in seinem Buch einen größeren Stellenwert ein.

Gerpott, T.J.: Integrationsgestaltung und Erfolg von Unternehmensakquisitionen, Stuttgart 1993.

Jansen, S.A.: Mergers & Acquisitions, 6. Auflage, Wiesbaden 2016.

Wirtz, B.M.: Mergers & Acquisitions Management, 4. Auflage, Wiesbaden 2016.

---

[809] Vgl. beispielsweise *Seth, A.:* Value Creation in Acquisitions: A Re-Examination of Performance Issues, Strategic Management Journal, 11. Jg. (1990), Nr. 3, S. 109 f.

10 Erfolg von Unternehmenstransaktionen

Lernziele

- Am Ende dieses Kapitels kennen Sie die wichtigsten Studien, die den Erfolg von Unternehmenstransaktionen erforschen. Sie kennen auch die Methodik, wie diese Studien funktionieren und können die Aussagen der Studien entsprechend einordnen.
- Wir erörtern in diesem Kapitel Studien zur Reaktion der Kapitalmärkte, zum strategischen Erfolg und zum Erfolg bei den Mitarbeitern. Dadurch lernen Sie die unterschiedlichen Dimensionen kennen, in denen der Erfolg von Unternehmenstransaktionen gemessen wird.
- Die Studien zeigen auch, wann Unternehmenstransaktionen erfolgreich sind. Von daher lernen Sie auch die Erfolgsfaktoren für Unternehmenstransaktionen kennen, die empirisch abgesichert sind.
- Am Ende dieses Kapitels nehmen wir die Aussagen zur Paradoxie von Unternehmenstransaktionen wieder auf und diskutieren, warum diese eben doch in der Praxis so weit verbreitet sind.

Der Erfolg einer Unternehmenstransaktion muss daran gemessen werden, inwieweit, die mit ihr verfolgten Ziele erfüllt worden sind. Wir haben in den vorangegangenen Kapiteln gesehen, dass es durchaus verschiedene Ziele gibt, die verfolgt werden können. Erschwerend kommt noch hinzu, dass auch die verschiedenen Interessengruppen an einem Unternehmen ganz verschiedene Ziele verfolgen können, für die eine Unternehmenstransaktion dann wiederum ein Instrument sein kann. Die Vorstellung, dass Unternehmen an sich Ziele haben ist nicht haltbar. Populär ist, dass Unternehmen die Größe „Gewinn" als Ziel anstreben. Cyert und March schreiben dazu:[810] „Vielleicht ist die einfachste Attacke gegen Gewinn als ein Motiv zugleich auch die destruktivste. Wir können argumentieren, dass Unternehmer, wie auch sonst jedermann, eine Menge persönlicher Motive haben. Gewinn mag eines ihrer Motive sein, aber sie sind auch an Sex, an Essen oder an der Rettung von Menschen interessiert."

Im weiteren Text ihres Buches, das die **behavioristische Theorie der Unternehmung** begründete, bringen sie den Grund für die Schwierigkeit bei der Zielmessung auf den Punkt: „Menschen (d.h. Individuen) haben Ziele; menschliche Kollektive haben keine Ziele."[811] In einem Unternehmen gibt es mehrere Menschen, die versuchen, mit und in der Organisation „Unternehmen" ihre Ziele zu verwirklichen.

---

[810] *Cyert, R./March, J.:* Eine verhaltenswissenschaftliche Theorie der Unternehmung, Stuttgart 1995, S. 9.

[811] *Cyert, R./March, J.:* Eine verhaltenswissenschaftliche Theorie der Unternehmung, Stuttgart 1995, S. 29.

Wenn man nun versucht zu ermitteln, ob Unternehmenstransaktionen erfolgreich sind oder nicht, so stellt sich die Frage, welcher Erfolg gemeint ist. Ein Manager, der seine Macht steigern will, kann zufrieden sein, wenn sein Unternehmen an Größe gewinnt obwohl der im Jahresabschluss ausgewiesene Gewinn stagniert. In den meisten Studien, die sich mit dem Erfolg von Unternehmenstransaktionen befassen, wird der Erfolg an den Zielen der Eigentümer gemessen.[812] Dies kann man auf der einen Seite theoretisch begründen, zum anderen gibt es ein praktisches Argument, was für diese Wahl spricht. Theoretisch liegt die Begründung in der Tatsache, dass fast alle anderen Stakeholder (Lieferanten, Kunden, Mitarbeiter, etc.) vertragliche Ansprüche an das Unternehmen haben. In diesen sind z.B. bei Mitarbeitern das Gehalt, die Arbeitszeit und die Arbeitsaufgabe umrissen und geregelt. Welchen Austausch von Rechten und Pflichten es mit dem Unternehmen gibt, ist hier festgelegt. Diese Austauschbeziehungen sind unabhängig von den Entwicklungen, die mit der Unternehmenstransaktion in Verbindung stehen. Für die Eigentümer stellt sich die Situation anders dar: Sie haben einen Anspruch auf den Gewinn des Unternehmens in Form einer Dividende oder Ausschüttung, die sich aus dem Jahresüberschuss speist. Dieser Anspruch kann erst befriedigt werden, wenn alle anderen vertraglichen Ansprüche an das Unternehmen abgegolten sind. Zudem ist der Gewinn stark abhängig von dem Gelingen der Unternehmenstransaktion. Hinzu kommt eine Praktikabilitätsüberlegung: Jahresabschlüsse müssen von Kapitalgesellschaften und großen Personengesellschaften veröffentlicht werden, so dass die Angaben zum Gewinn leicht zu erhalten sind. Außerdem ist bei börsennotierten Gesellschaften durch den Aktienkurs ständig eine Reaktion der Eigentümer auf die Unternehmenstransaktion öffentlich verfügbar, die ebenfalls leicht zu Datenanalysen herangezogen werden kann.

Als Zielfunktion für die Eigentümer kann man den Wert des Unternehmens aus ihrer Sicht benennen, dies ist der „**Shareholder Value**."[813] Für eine empirische Untersuchung ist dieser Wert die Summe aus Kursveränderungen, Dividenden und Bezugsrechten.[814] Da diese Werte bei börsennotierten Aktiengesellschaften öffentlich zugänglich sind, kann damit auch der Erfolg der Unternehmenstransaktion gemessen werden.

In den letzten Jahren wurde eine schier unübersichtliche Anzahl von empirischen Studien zum Erfolg und Misserfolg von Akquisitionen erstellt.

Im Folgenden werden wir ausgewählte Studien aus Sicht der Eigentümer darstellen, um dann im zweiten Schritt Erfolgsfaktoren aus diesen Studien zu identifizieren, die für ein positives Ergebnis einer Unternehmenstransaktion sorgen. Danach werden einzelne Studien vorgestellt, die sich mit dem Erfolg von Unternehmenstrans-

---

[812] Vgl. *Glaum, M./Hutzschenreuter, T.:* Mergers & Acquisitions, Stuttgart 2010, S. 93.

[813] Vgl. *Rapaport, A.:* Creating Shareholder Value, New York 1986, S. 138 ff.

[814] Vgl. *Beitel, P.:* Akquisitionen und Zusammenschlüsse europäischer Banken, Wiesbaden 2002, S. 33.

aktionen aus Sicht anderer Stakeholder, insbesondere der Mitarbeiter, befassen. Teilweise sind Studien zum Erfolg von Unternehmenstransaktionen schon an anderen Stellen dargestellt worden, hier sind diese systematisch zusammengefasst, je nachdem ob Kapitalmarktreaktionen, strategischer Erfolg oder Auswirkungen auf die Mitarbeiter untersucht worden sind.

10.1 Empirische Studien zu Kapitalmarktreaktionen

10.1.1 Methodik

Eng angelehnt an die Ziele, die Eigentümer mit Unternehmenstransaktionen verfolgen, ist die Prüfung des Erfolgs anhand von Reaktionen der Börsenkurse von kaufendem und verkaufendem Unternehmen. Allerdings muss man bei der empirischen Analyse berücksichtigen, dass sich auch ohne eine Unternehmenstransaktion der Börsenkurs in die eine oder andere Richtung bewegt hätte. Daher muss der Effekt isoliert werden, der durch die Unternehmenstransaktion ausgelöst wurde. Dazu muss man die Differenz bilden aus einer theoretisch erwartbaren und der tatsächlichen Rendite. Die Rendite wird in einem bestimmten Intervall gemessen, wobei der Start des Intervalls die Ankündigung der Unternehmenstransaktion ist. Dies ist dann die Reaktion des Kapitalmarkts auf das Ereignis/Event der Ankündigung einer Unternehmenstransaktion (die zugehörigen Studien heißen **Event Studies**).[815] Die Definition des Events ist wichtig, es muss klar abgrenzbar sein. Der Termin an dem das Intervall startet muss klar definiert sein (was es nicht immer ist, da Gerüchte über eine Unternehmenstransaktion schon an der Börse kursieren können) und die Information muss komplett neu an diesem Termin sein, da die Information an einem effizienten Kapitalmarkt schon in den Kursen reflektiert wäre.[816] Hier entsteht meist das erste methodische Problem, den genauen Zeitpunkt des Ereignisses „Unternehmenstransaktion" zu bestimmen.

Des Weiteren muss die erwartete theoretische Rendite der Aktie ohne Ereignis modelliert werden. Die Alltagserfahrung zeigt, dass niemand Börsenkurse vorhersagen kann und, wenn es jemand könnte, wäre diese Person schlecht beraten, es zu veröffentlichen. Jeder würde diese Fähigkeit zur Mehrung des eigenen Reichtums nutzen. Es gibt verschiedene Methoden, wie diese theoretische Rendite berechnet werden kann. Häufig findet das **Marktmodell** Verwendung, welches sich auf die Er-

---

[815] Vgl. ausführlich zur Methodik *Holler, J.:* Einführung in die Event Study Methodik, Aachen 2016; *Corrado, C. J.:* Event studies: A methodology review. Accounting & Finance, 51. Jg. (2011), S. 207 ff.

[816] Vgl. zu den Voraussetzungen von Event Studies *McWilliams, A./Siegel, D.:* Event Studies in Management Research: Theoretical and Empirical Issues, Academy of Management Journal, 40. Jg. (1997), S. 626 ff.

kenntnisse des CAPM (vgl. Kapitel 6.4.2.2.3 dieses Buches) stützt. Danach ergibt sich die theoretische Rendite R_{it} als:[817]

$$(10.1) \qquad R_{it} = \alpha_i + \beta_i \cdot R_{mt} + v_{it}$$

Der Parameter α ist die Rendite, die das Unternehmen regelmäßig erzielt, sie wird manchmal als „autonome Rendite" bezeichnet. R_{mt} steht für die Tagesrendite eines Vergleichsobjekts (also z.b. einem Marktindex wie dem DAX für den deutschen Aktienmarkt). Der Parameter β bezeichnet, wie sich die Aktie im Verhältnis zum gewählten Vergleichsobjekt bewegt. Hier kann man die Parallelität zur Bedeutung des β-Faktors im CAPM erkennen. Beide Parameter werden durch Regression von Daten gewonnen, die deutlich vor dem Ereignis, also der Ankündigung der Unternehmenstransaktion, liegen sollten. v_{it} bezeichnet den Fehlerterm. Der Fehlerterm drückt – im Gegensatz zu α und β – keine systematischen Einflüsse auf den Kurs, sondern zufällig wirkende Faktoren aus, die auf den Kurs wirken.

Aus der obigen Formel lässt sich die erwartete Rendite der zu untersuchenden Aktie ohne ein Ereignis $E(R_{it})$ ermitteln:

$$(10.2) \qquad E(R_{it}) = \alpha_i + \beta_i \cdot R_{mt}$$

Um die **abnormale Rendite** AR zu ermitteln, bildet man die Differenz aus tatsächlicher und erwarteter Rendite:

$$(10.3) \qquad AR_{it} = R_{it} - E(R_{it})$$

Dieser Effekt wird kumuliert über einen längeren Zeitraum betrachtet, da sonst zufällige Auswirkungen einen zu großen Einfluss auf die Ergebnisse der Studie haben würden:

$$(10.4) \qquad CAR_{it} = \sum_{t=1}^{T} AR_{it}$$

Eine positive kumulierte abnormale Rendite deutet darauf hin, dass die Unternehmenstransaktion für die Eigentümer erfolgreich war, eine negative zeigt, dass der Unternehmenswert relativ gesunken ist und damit die Unternehmenstransaktion negativ gewirkt hat.

10.1.2 Ausgewählte Untersuchungen

Die Ergebnisse bei Untersuchungen von Kapitalmarktreaktionen sind für Käufer von Unternehmen nicht sehr ermutigend. **In einem großen Teil der Studien ver-**

---

[817] Vgl. *Brown, S.J./Warner, J.B.*: Measuring Security Price Performance, Journal of Financial Economics, 8. Jg. (1980), S. 205 ff.

lieren die kaufenden Unternehmen nach einer Akquisition an Wert.[818] Für die Aktionäre der gekauften Unternehmen sind die Nachrichten hingegen positiv. **Die gekauften Unternehmen gewinnen nach der Ankündigung in der Regel an Wert.** Am stärksten wird dies durch eine Untersuchung aus dem Jahre 2005 belegt, die Übernahmen zwischen 1998 und 2001 zum Gegenstand hat. In dieser Zeit – hierein fällt das Platzen der High-Tech Blase – wurde insgesamt durch Unternehmenstransaktionen ein Wert von 134 Mrd. USD vernichtet, wobei einem Verlust von 240 Mrd. USD der Aktionäre der kaufenden Unternehmen, ein Gewinn von 106 Mrd. USD bei den verkaufenden Unternehmen gegenübersteht.[819] Auch in langfristiger Perspektive zeigt sich, dass Unternehmenstransaktionen nur selten, den gewünschten Erfolg bringen: Bei Langzeitstudien zeigt sich, dass Unternehmen in den auf die Transaktion folgenden drei bis fünf Jahren negative abnormale Renditen erzielen.[820] Allerdings kann man gegen diese längerfristigen Studien einwenden, dass es problematisch ist, Aktienkurse über einen so langen Zeitraum auf ein singuläres Ereignis wie eine Unternehmenstransaktion zurückzuführen. Von daher müssen die Aussagen der langfristigen Studien mit Vorsicht betrachtet werden.[821]

Für Deutschland ergeben sich ähnliche Resultate: Die Ankündigung einer Unternehmenstransaktion zeigt allerdings eine insgesamt positive Wirkung, die aber nicht sehr stark ist. Besser schneiden die Aktionäre des gekauften Unternehmens ab. Sie können höhere Renditen erzielen.[822] Die Studien zeigen auch, dass sich horizontale Zusammenschlüsse am Kapitalmarkt freundlicher auswirken als laterale (d. h. Expansion in nicht mit dem Kerngeschäft zusammenhängende Bereiche).[823]

Neben diesen generellen Aussagen gibt es eine fast unübersehbare Anzahl von Studien, die sich mit einzelnen Aspekten von Unternehmenstransaktionen befassen.[824] So stellten Healy/Palepu und Ruback in einer Studie von 50 Transaktionen fest, dass strategische Übernahmen, die in freundlicher Weise zwischen Käufer und Verkäufer abgewickelt wurden, den Shareholder Value erhöhten, feindliche Übernahmen, die meistens allein aus finanzorientierten Motiven heraus durchgeführt

---

[818] Vgl. die Metastudie aus 93 empirischen Untersuchungen von *King, D.R./Dalton, D.R./Daily, C.M./Covin, J.G.*: Meta-Analysis of Post-Acquisition Performance: Identification of Unidentified Moderators, Strategic Management Journal, 25. Jg. (2003), S. 192.

[819] Vgl. *Moeller, S./Schlingemann, F.P./Stulz, R. M.*: Wealth destruction on a massive scale? A study of acquiring-firm returns in the recent merger wave, Journal of Finance, 60. Jg. (2005), S. 757 ff.

[820] Vgl. *Sudarsanam, S.*: Creating Value from Mergers and Acquisitions: The Challenges, Harlow u. a. 2003, S. 72 ff.

[821] Vgl. *Andrade, G./Mitchell, M./Stafford, E.*: New Evidence and Perspectives on Mergers. Journal of Economic Perspectives. 15. Jg. (2001), S. 114.

[822] Vgl. *Picken, L.G.*: Unternehmensvereinigungen und Shareholder Value, Frankfurt 2003.

[823] Vgl. *Picken, L.G.*: Unternehmensvereinigungen und Shareholder Value, Frankfurt 2003; *Gerke, W./Garz, H./Oerke, M.*: Die Bewertung von Unternehmensübernahmen auf dem deutschen Aktienmarkt, ZfbF, 47. Jg. (1995), S. 805 ff.

[824] Eine gute systematische Zusammenstellung findet sich bei *Bauer, F.A.*: Integratives M&A Management, Wiesbaden 2012, S. 40 ff.

wurden, führen hingegen zu keinen Wertsteigerungen.[825] Feindliche Übernahmen führen danach also zu keinem Erfolg.

In einer Studie von 311 Zusammenschlüssen in den USA zwischen 1985 und 1996, die nach Art der Zahlungsweise systematisiert wurden, wurde festgestellt, dass die abnorme Rendite bei bar bezahlter Akquisitionen -0,71 % betrug, bei mit Aktien bezahlten Akquisitionen lag die negative Rendite sogar bei -1,51 %. Hierbei wurde der Erfolg der Aktien an der Börse bis zu einem Tag vor der Ankündigung mit dem Verlauf der Aktie nach der Ankündigung verglichen.[826] Insgesamt kann man also konstatieren, dass Unternehmenstransaktionen nicht sehr erfolgsversprechend sind, wobei Aktienzahlungen darauf hindeuten, dass es noch schlechter ausgeht. Dies steht im Einklang mit unseren Ausführungen zur Bezahlung von Unternehmens-transaktionen mit Aktien in Kapitel 7.2.3 dieses Buches.

Einer anderen Fragestellung hat sich Ismael zugewandt. Er hat in seiner Untersu-chung von über 16.000 Übernahmen, die zwischen 1985 und 2004 in den USA stattfanden überprüft, ob Akquisitionen erfolgreicher sind von Unternehmen, die nur einzelne Unternehmen kaufen oder, ob Akquisitionserfahrung (gemessen an der Zahl der Akquisitionen, die bis dato durchgeführt worden sind), den Erfolg erhö-hen. Das Ergebnis widerspricht der Intuition, nach der Erfahrung zu besserem Er-folg führen sollte. Die Studie ermittelte höhere abnormale Renditen für Einzel- als für Serienkäufer.[827] Diese Ergebnisse stehen im Gegensatz zu der Studie von Hu et al. aus dem Jahr 2020. Sie haben Übernahmen mit einem Wert von mehr als 500 Mio. US-$ untersucht. Dabei zeigten Unternehmen, die mehr als 12 Transaktionen vorher bereits abgeschlossen hatten, deutlich bessere Ergebnisse erzielt als Unter-nehmen mit geringerer Erfahrung.[828]

10.2   Empirische Studien zum strategischen Erfolg

Während die Kapitalmarktreaktion eher den kurzfristigen Erfolg misst, beschäfti-gen sich Studien zum strategischen Erfolg mit einer langfristigeren Messung und versuchen herauszufinden, inwiefern durch Unternehmenstransaktionen Wettbe-werbsvorteile geschaffen werden. Diese erhöhen dann den Erfolg des Unterneh-mens, was sich hinwiederum am Kapitalmarkt in steigenden Kursen niederschlagen wird. Empirische Untersuchungen befassen sich vor allem damit, inwiefern der **strategic fit**, also die Passung des kaufenden zum verkaufenden Unternehmen,

---

[825] Vgl. *Healy, P. M./Palepu, K. G./Ruback, R. S.:* Which takeovers are profitable? Strategic or financial?, Sloan Management Review, 38. Jg. (1997), Nr. 4, S. 45 ff.

[826] Vgl. *Yook, K. C.:* Larger returns to cash acquisitions: Signalling effect or leverage effect?, Journal of Business, 76. Jg. (2003), S. 477 ff.

[827] *Vgl. Ismail, A.:* Which acquirers gain more, single or multiple? Recent evidence from the USA market, Global Finance Journal, 19. Jg. (2008), S. 72 ff.

[828] Vgl. *Hu, N./Li, L./Li, H./Wang, X.:* Do mega-mergers create value? The acquisition experience and mega-deal outcomes, Journal of Empirical Finance, 55. Jg. (2020), S. 119 ff.

verbunden ist mit dem Erfolg der Unternehmenstransaktion. Diese Überlegung basiert auf dem Gedanken, dass Unternehmen, die mit ähnlichen bzw. kompatiblen Ressourcen ausgestattet sind besser zueinander passen.[829] Weiter gedacht bedeutet dies einander entsprechende Unternehmen passen besser zusammen und lassen Unternehmenstransaktionen erfolgreicher werden.

Methodisch werden diese Untersuchungen meist mit Daten aus Firmendatenbanken, die öffentlich zugänglich durchgeführt. Anhand von Branchenschlüsseln und anderen Informationen, können Aussagen über die Nähe von Unternehmen gemacht werden. Als Erfolgsgröße werden meist Kennzahlen aus dem Jahresabschluss verwendet. Hier stellt sich – ähnlich wie bei den Kursen von Aktien – das Problem, dass die Entwicklung dieser Größen keineswegs monokausal ist. Die Isolierung eines Effekts ist schwierig und nur unter vielfältigen Annahmen machbar. Teilweise werden diese Untersuchungen auch mittels Befragungen durchgeführt. Diese sind aber methodisch problematisch.[830] Da diejenigen Manager befragt werden, die auch die Transaktion durchgeführt haben, ist die Objektivität der Aussagen nicht gewährleistet. Insbesondere Aussagen zu Misserfolgen werden durch diese Studien wohl eher unterschätzt. Hinzu kommt das praktische Problem, die verantwortlichen Personen tatsächlich dazu zu bewegen, an einer solchen Befragung teilzunehmen. Entsprechend niedrig sind häufig die Rücklaufquoten, wobei auch hier der Effekt eines selektiven Rücklaufs entstehen kann: Nur diejenigen Manager nehmen an der Befragung teil, die besondere Erfolge herausstellen wollen.

Viele der Untersuchungen kommen zu dem Ergebnis, dass **Unternehmenstransaktionen zwischen ähnlichen Partnern erfolgreicher sind als diejenigen zwischen Unternehmen aus verschiedenen Bereichen** bzw. mit unterschiedlichen Ressourcen.[831] Diese Erkenntnis ist auch in einer Befragung von europäischen Integrationsmanagern für Transaktionen zwischen 1996 und 1999 gewonnen worden. Für europäische Akquisitionen wurde der strategische Fit der beiden zusammenschlie-

---

[829] Vgl. *Ramaswamy, K.:* The performance impact of strategic similarity in horizontal mergers: Evidence from the U.S. banking industry, Academy of Management Journal, 40. Jg. (1997), S. 698.

[830] Vgl. *Glaum, M./Hutzschenreuter, T.:* Mergers & Acquisitions, Stuttgart 2010, S. 94.

[831] Vgl. z.B. *Singh, H./Montgomery, C. A.:* Corporate acquisition strategies and economic performance, Strategic Management Journal, 8. Jg. (1987), S. 377 ff.; *Datta, D.K./Pinches, G.E./Narayanan, V.K.:* Factors influencing wealth creation from mergers and acquisitions: A meta- analyses, Strategic Management Journal, 13. Jg. (1991), S. 67 ff.; *Robins, J./Wiersema, M. F.:* A resource-based approach to the multibusiness firm: Empirical analysis of portfolio interrelationships and corporate financial performance, Strategic Management Journal, 16. Jg. (1995), S. 277 ff.; *Anand, J./Singh, H.:* Asset redeployment, acquisitions and corporate strategy in declining industries, Strategic Management Journal, 18. Jg. (1997), Special Issue: Organizational and Competitive Interactions, S. 99 ff.; *Ramaswamy, K.:* The performance impact of strategic similarity in horizontal mergers: Evidence from the U.S. banking industry, Academy of Management Journal, 40. Jg. (1997), S. 697 ff.; *Halebian, J./Finkelstein, S.:* The influence of organizational acquisition experience on acquisition performance: A behavioral learning perspective, Administrative Science Quarterly, 44. Jg. (1999), S. 29 ff.; *Finkelstein, S./Halebian, J.:* Understanding acquisition performance: The role of transfer effects, Organization Science, 13. Jg. (2002), S. 36 ff.; *Wang, L./Zajac, E. J.:* Alliance or acquisition? A dyadic perspective on interfirm resource combinations, Strategic Management Journal, 28. Jg. (2007), S. 1291 ff.

ßenden Unternehmen als entscheidender Erfolgsfaktor identifiziert.[832] Einige Analysen erkennen darüber hinaus die geographische Ausweitung durch eine Unternehmenstransaktion als Beitrag zum Erfolg: Akquisitionen, die nahe an dem Kerngeschäft liegen, aber in fremde Staaten expandieren, die bisher nicht im Portfolio des Käufers waren, sind erfolgreich.[833] Einen besonderen Aspekt der geographischen Expansion durch Unternehmenstransaktion beleuchtet eine Studie von Anand/Delios.[834] Sie fanden heraus, dass Akquisitionen insbesondere dann stattfinden, wenn das Zielland der Unternehmenstransaktion dem Heimatland des Käufers technologisch unterlegen ist. Der Käufer kann sich mit seiner technischen Überlegenheit im Zielland der Unternehmenstransaktion durchsetzen und mit dem gekauften Unternehmen einen Vertriebskanal, der auch durch die bisherigen Aktivitäten des gekauften Unternehmens bereits etabliert ist, neu nutzen.

Teilweise andere Ergebnisse werden nur selten in Studien publiziert. Zu anderen Schlussfolgerungen kommt u. a. die Studie von Capron und Mitchell.[835] Sie haben Manager in den Jahren 2000 und 2001 befragt. Diese kamen zu ca. jeweils 40 % aus der USA und der EU. Das Ergebnis dieser Befragung war, dass nach Ansicht der befragten Manager insbesondere **Unterschiede einen positiven Beitrag zur strategischen Weiterentwicklung des Unternehmens nach der Unternehmenstransaktion** leisten. Insbesondere unterschiedliche Kompetenzen der beteiligten Unternehmen in den Bereichen Technologie und Marketing haben einen positiven Einfluss auf die Erfolge von Unternehmenstransaktionen. Hierbei ist aber von großer Bedeutung, dass die unterschiedlichen Kompetenzen kompatibel sind, d.h. sich ergänzen. So kann ein Unternehmen, das stark in Forschung und Entwicklung ist, von den Marketingkompetenzen eines anderen Unternehmens profitieren. Eine weitere Voraussetzung von Erfolgen durch unterschiedliche Kompetenzen ist die gegenseitige Akzeptanz der Fähigkeiten. Insbesondere wenn das Zielunternehmen mit seinen Fähigkeiten auch als Chance und wertvoller Zuwachs betrachtet wird, ist ein Erfolg wahrscheinlich.

Insgesamt zeigen die Untersuchungen zum strategischen Erfolg überwiegend die Vorteilhaftigkeit von Unternehmenstransaktionen zwischen Unternehmen, die einander nah sind in Bezug auf Produkte und Kompetenzen. Nur sich ergänzende Kompetenzen können auch bei unterschiedlichen Ausgangspositionen zu erfolgreichen Unternehmenstransaktionen führen.

---

[832] Vgl. *Homburg, C./Bucerius, M.*: Is speed of integration really a success factor of mergers and acquisitions? An analysis of the role of internal and external relatedness, Strategic Management Journal, 27. Jg. (2006), S. 347 ff.

[833] Vgl. *Walker, M.M.*: Corporate takeovers, strategic objectives, and acquiring-firm shareholder wealth, Financial Management, 20. Jg. (2000), S. 53 ff.

[834] Vgl. *Anand, J./Delios, A.*: Absolute and relative resources as determinants of international acquisitions, Strategic Management Journal, 23. Jg. (2002), S. 119 ff.

[835] Vgl. *Capron, L./Mitchell, W.*: Selection capability: How capability gaps and internal social frictions affect internal and external strategic renewal, Organization Science, 20. Jg. (2009), S. 294 ff.

10.3   Empirische Untersuchungen zu Human Resources und Erfolg von Unternehmenstransaktionen

Die bisher vorgestellten Untersuchungen definierten den Erfolg einer Unternehmenstransaktion weitestgehend aus Sicht der Eigentümer. Entweder wurde direkt Bezug auf den Shareholder Value genommen (wenn der Erfolg von Kurssteigerungen am Kapitalmarkt abgelesen wird) oder indirekt (wenn Jahresabschlussgrößen zur Messung herangezogen werden oder das verantwortliche Management als direkte Beauftragte der Eigentümer befragt werden). Eine weitere Gruppe von Untersuchungen befasst sich mit der **organisatorischen Integration und den direkten Auswirkungen auf die Belegschaft**. Im Mittelpunkt steht mithin zunächst der Erfolg der Transaktion für eine andere wichtige Stakeholdergruppe, nämlich die Mitarbeiter. Mittelbar führt natürlich auch die erfolgreiche organisatorische Integration mit zufriedenen Mitarbeitern zu Erfolgen, die sich im Jahresabschluss und letztlich in Börsenkursen niederschlagen. Allerdings muss darauf hingewiesen werden, dass ein Zielkonflikt zwischen dem Ziel der Unternehmenstransaktion und der Mitarbeiterzufriedenheit vorhanden sein kann. Synergieeffekte lassen sich häufig nur durch die Entlassung von Mitarbeitern realisieren. Dies wirkt sich normalerweise negativ auf das Wohlbefinden der Mitarbeiter aus, führt aber dazu, dass die strategischen und finanzwirtschaftlichen Ziele der Unternehmenstransaktion erreicht werden können.[836]

Methodisch bedienen sich die Untersuchungen aus dem Bereich der Human Resources meistens Befragungen und Interviews. Dabei sind die gleichen Kritikpunkte angebracht, wie sie schon in 10.2 erörtert worden sind.

Häufig zeigt sich, dass **Mitarbeiter während einer Unternehmenstransaktion verunsichert sind** (vgl. auch die Ausführungen zum Merger Syndrom in Kapitel 9.4.3). In einer Studie[837] mit 2.845 Mitarbeitern einer Sparte eines Industrieunternehmens, die 1990 in eine Unternehmenstransaktion involviert waren, wurde genau diese Vermutung belegt. Nur wenige Mitarbeiter waren zufrieden mit ihrer Situation während und nach der Unternehmenstransaktion. Weiterhin wurde festgestellt, dass viele Manager auch nicht die Fähigkeiten besaßen, die notwendig sind, um Mitarbeiter durch die Zeit einer Unternehmenstransaktion mit ihren besonderen Herausforderungen zu führen. Die letzte Feststellung ist besonders relevant, da auf der anderen Seite in Studien erkannt wird, wie bedeutend insbesondere das Potenzial des obersten und des mittleren Managements für das Gelingen eines Zusammenschlusses sind.[838]

---

[836] Vgl. *Schmidt, S.L./Vogt, P./Schriber, S.:* Ansätze und Ergebnisse anglo-amerikanischer M&A-Forschung, Journal für Betriebswirtschaft, 55. Jg. (2005), S. 307 f.

[837] Vgl. *Covin, T.-J./Kolenko, T. A.; Sightler, K. W.; Tudor, K. R.:* Leadership style and post-merger satisfaction, Journal of Management Development, 16. Jg. (1997), S. 22 ff.

[838] Vgl. *Schweiger, D. M./Weber, Y.:* Strategies for managing human resources during mergers and acquisitions: An empirical investigation, Human Resource Planning Journal, 12. Jg. (1989), S. 69 ff.

Ein Gegenstand vieler Studien ist der Einfluss von unterschiedlichen kulturellen Gegebenheiten auf den Erfolg von Unternehmenstransaktionen. Eine amerikanische Studie[839] ergab einen **stark negativen Einfluss von unterschiedlichen Managementstilen auf den Erfolg**. Naheliegend ist das Ergebnis, dass sich dieser negative Einfluss dann verstärkt, wenn eine hohe Integrationstiefe angestrebt wird. Diese Aussagen werden allerdings durch eine britische Studie[840] relativiert. Hier war das Ergebnis, dass unterschiedliche Unternehmenskulturen, in denen der Managementstil ein sehr bedeutender Teil ist, zwar dazu führen, dass Veränderungen von allen Mitarbeitern besonders intensiv empfunden werden. Andererseits führt dieses Empfinden nicht unbedingt zu negativen Auswirkungen auf den Erfolg der Transaktion. Allerdings zeigen sich bestimmte Kulturtypen – z. B. das Zusammentreffen von zwei Power-Kulturen – als besonders inkompatibel, so dass ein Scheitern wahrscheinlicher ist als bei anderen aufeinandertreffenden Kulturtypen.

Gibt es Unternehmenstransaktionen zwischen internationalen Unternehmen, so spielen die kulturellen Unterschiede eine große Rolle. Allerdings ist nicht eindeutig belegbar, dass starke nationale Kulturunterschiede zwangsläufig zu Schwierigkeiten führen.[841] Andere Studien kommen zum umgekehrten Ergebnis. Allerdings werden die Ergebnisse dann relativiert und intuitiv einsichtiger, wenn man die Integrationstiefe, die in dem Zusammenschluss angestrebt wird, einbezieht. Ein hoher Integrationsgrad wirkt sich bei starken kulturellen Unterschieden eher negativ aus, während bei niedrigem Integrationsgrad, eher eine positive Wirkung auf den Erfolg festzustellen ist.[842] Die Bedeutung dieser kulturellen Unterschiede nimmt ab, wenn ein Unternehmen bereits Erfahrungen hatte in dem Land, in das expandiert wird.[843] Dieser Hinweis steht im Gegensatz zu den allgemeinen Erfahrungen mit Akquisitionen, wie wir sie in 10.1.2 dargestellt haben. Dort waren Akquisitionserfahrungen als unwesentlich für den Erfolg von weiteren Unternehmenstransaktionen identifiziert worden.

Der Frage der **Fluktuation im Zuge von Unternehmenstransaktionen** wird größere Aufmerksamkeit geschenkt. Bleiben viele Mitarbeiter nach der Transaktion im

[839] Vgl. *Datta, D.K.:* Organizational fit and acquisition performance: Effects of post-acquisition integration, Strategic Management Journal, 12. Jg. (1991), S. 281 ff.

[840] Vgl. *Cartwright, S./Cooper, C.L.:* The role of culture compatibility in successful organizational marriage, Academy of Management Executive, 7. Jg. (1993), S. 57 ff.

[841] Vgl. z. B. *Very, P./Lubatkin, M./Calori, R./Veiga, J.:* Relative standing and the performance of recently acquired European firms, Strategic Management Journal, 18. Jg. (1997), S. 593 ff.

[842] Vgl. *Slangen, A.H.L.:* National cultural distance and initial foreign acquisition performance: The moderating effect of integration, Journal of World Business, 41. Jg. (2006), S. 161 ff.

[843] Vgl. *Oudenhoven, van J. P./Zee, van der K. I.:* Successful international cooperation: The influence of cultural similarity, strategic differences, and international experience, Applied Psychology, 51. Jg. (2002), S. 633 ff.

Unternehmen, so ist der Erfolg höher.[844] Die Bindung der Mitarbeiter hängt dabei von dem eigenen Handeln des Käufers ab, da rund zwei Drittel aller Abgänge nach der Unternehmenstransaktion unfreiwillig sind und insbesondere im gekauften Unternehmen stattfinden.[845] Hier kann man eine Handlungsempfehlung ableiten: Die Studien zeigen, dass ein vertrautes Management positiv auf die Moral der Mitarbeiter wirkt und sich im operativen Tagesgeschäft als sehr hilfreich erweist. Also sollte das kaufende Unternehmen nach einer Akquisition versuchen, dass alte Management zu halten und damit das gekaufte Unternehmen stabilisieren.

Eine besondere Rolle spielt die **wahrgenommene Gerechtigkeit** des Prozesses der Unternehmenstransaktion. Unter prozeduraler Gerechtigkeit versteht man die Fairness von Entscheidungsprozessen.[846] Wird das Verfahren als gerecht wahrgenommen, führt dies zu einer besseren Akzeptanz der Entscheidungen und zu einer aktiven Unterstützung der durch die Entscheidung ausgelösten Veränderungsprozesse. Empirische Studien zeigen, dass in diesem Fall Sabotage, Wirtschaftskriminalität oder auch das Verbreiten von Gerüchten deutlich weniger stark vorkommt, als wenn Entscheidungen nicht als positiv wahrgenommen werden.[847] In Bezug auf Unternehmenstransaktionen wurde in einer Untersuchung festgestellt, dass wahrgenommene prozedurale Gerechtigkeit dazu führt, dass Mitarbeiter sich stärker mit dem zusammengeschlossenen Unternehmen identifizieren und sich der gemeinsamen Organisation zugehörig fühlen.[848]

Unsicherheit unter der Belegschaft gehört offensichtlich zu den zwangsläufigen Begleiterscheinungen einer Unternehmenstransaktion. Das Halten von Managern bei dem gekauften Unternehmen und ein Bemühen um prozedurale Gerechtigkeit, die dazu führt, dass Entscheidungen von der Belegschaft als gerecht wahrgenommen werden, scheinen die Mitarbeiterzufriedenheit zu erhöhen. Ein positives Klima und das aktive Handeln von Mitarbeitern im Sinne des zusammengeschlossenen Unternehmens tragen zum Erfolg bei. Insofern sollte den Aspekten der Mitarbeiterzufriedenheit größere Aufmerksamkeit geschenkt werden, wenn auch der Zielkonflikt mit den finanzwirtschaftlichen Erfolgen des Unternehmens letztlich nicht aufzulösen ist.

---

[844] Vgl. *Krishan, H.A./Miller, A./Judge, W.Q.:* Diversification and top management team complimentary: Is performance improved by merging similar or dissimilar teams, Strategic Management Journal, 18. Jg. (1997), S. 369.

[845] Vgl. *Krug, J.A./Hegarty, W.H.:* Post acquisition turnover among US top management teams: An analysis of the effects of foreign versus domestic acquisitions, Strategic Management Journal, 18. Jg. (1997), S. 667 ff.

[846] Vgl. *Nerdinger, F.W.:* Mergers und Acquisitions: Fusionen und Unternehmensübernahmen, in: Nerdinger, F.W./Blickle, G./Schaper, N.: Arbeits- und Organisationspsychologie, 2. Auflage, Berlin u.a. 2011, S. 166.

[847] Vgl. *Cohen-Charash, Y./Spector, P.E.:* The role of justice in organization: A meta-analysis, Organizational Behavior and Human Decision Processes, 86. Jg. (2001), S. 278 ff.

[848] Vgl. *Lipponen, J./Olkkonen, M.-E./Moilanen, M.:* Perceived procedural justice and employee responses to an organizational merger, European Journal of Work and Organizational Psychology, 13. Jg. (2004), S. 391 ff.

10.4   Epilog: Unternehmenstransaktion – (K)ein Paradox

Zu Beginn dieses Buches – in Kapitel 1.3 – hatten wir in einem Prolog diskutiert, warum es eigentlich zu keinen Unternehmenstransaktionen kommen dürfte. Dies gilt insbesondere für Unternehmen, die eine gute Qualität aufweisen, gut geführt sind und betriebswirtschaftlich erfolgreich sind und dies auch in der Zukunft versprechen. Der Grund lag in **der asymmetrischen Informationsverteilung,** die bei so komplexen Objekten wir Unternehmen zwangsläufig vorhanden ist. Der Verkäufer kann den wahren Wert des Unternehmens verschleiern, der Käufer antizipiert das und ist nicht bereit überdurchschnittliche Preise zu bezahlen. Das bringt wiederum die Verkäufer dazu, überdurchschnittliche Unternehmen gar nicht mehr anzubieten. Dieser Teufelskreis führt dazu, dass der Markt versagt und es gar nicht mehr zu Unternehmenstransaktionen kommt.

Der eingangs erwähnten Theorie des Nobelpreisträgers Akerlof läuft auch zuwider, dass offensichtlich die Preise für Zielunternehmen hoch sind. Dies lässt sich aus den zitierten kapitalmarkttheoretischen Studien schließen, die auf eine Überzahlung durch die Käufer hindeuten. Der **„market for lemons"** wäre geprägt durch sinkende Kaufpreise, die dann dazu führen, dass die Anbieter von guten Unternehmen irgendwann durch die sinkenden Preise davon abgehalten werden, ihre Unternehmen anzubieten. Dass die Börsennotierungen von kaufenden Unternehmen häufig sinken, lässt eher auf zu hohe Preise schließen.

Die Wirklichkeit ist anders: Unternehmenstransaktionen sind ein weit verbreitetes Mittel, um externes Wachstum zu generieren und finden sehr wohl in der Praxis statt.

Ein Grund dafür ist, dass sich Instrumente herausgebildet haben, um die asymmetrische Informationsverteilung zu überwinden. Dies sind zum einen die Instrumente, die jedes größere und insbesondere börsennotierte Unternehmen anwenden muss, um sich bei ihren Eigentümern darzustellen. Dazu gehören die Veröffentlichung von Jahresabschlüssen nach einem anerkannten Standard und die Prüfung dieser Abschlüsse durch einen Wirtschaftsprüfer, der die Übereinstimmung mit den gesetzlichen Bestimmungen bestätigt. In der Unternehmenstransaktion wird über diesen Schritt hinausgegangen: In der Due Diligence bekommt der potentielle Käufer die Möglichkeit, das zu kaufende Unternehmen auf Herz und Nieren zu prüfen. Hierbei kann das verkaufende Unternehmen auch einen besonderen Beitrag zur Überwindung des Misstrauens geben: Mit einer starken Kooperation während der Due Diligence wird das Signal guter Qualität an den Käufer gesendet. Käufer und Verkäufer bilden ein Vertrauensverhältnis und kommen sich näher, was die Unsicherheiten überwinden hilft.[849]

---

[849]   Vgl. *Arend, R.J.:* Conditions for Asymmetric Information: Solutions when Alliances provide Acquisition Options and Due Diligence, Journal of Economics, 82. Jg. (2004), S. 281 ff.

Allerdings lassen sich in der Due Diligence nicht alle Informationsunterschiede ausräumen. Daher lassen sich Käufer im Kaufvertrag Garantien geben, die mit einer Bankgarantie extern besichert werden können. Instrumente, wie Earn-out Klauseln oder andere variable Bestandteile von Kaufpreisen sind ebenfalls Maßnahmen, um die vorhandene Informationsverteilung balancierter zu gestalten. All diese Instrumente entschärfen das Problem und führen dazu, dass Unternehmenstransaktionen dennoch durchgeführt werden.

Ein weiteres Mittel ist die Zahlung der Akquisition mit Aktien anstatt mit Cash. Hier wird ein Verkäufer den negativen Einfluss einer schlechten Unternehmenstransaktion mittragen müssen. Auch damit wird die Gefahr von „lemons" reduziert, wer selber das Risiko eingeht, vom Erfolg der Transaktion abzuhängen, wird gute Qualität verkaufen.[850]

Hinzu kommt, dass eine bessere Verwendung des Unternehmens z.B. durch die Realisierung von Synergieeffekten dafür sorgen kann, dass aus einer „lemon" doch ein frischer rotwangiger Apfel werden kann. Hier können die Informationen sogar umgekehrt verteilt sein, der Käufer kann einen Vorsprung vor dem Verkäufer haben, da er die Veränderungsmöglichkeiten des zusammengeschlossenen Unternehmens besser beurteilen kann.

Viele der in diesem Buch dargestellten Instrumente sorgen dafür, dass es Unternehmenstransaktionen überhaupt gibt oder es sich bei ihnen nicht um ein Paradox handelt. Nichtsdestotrotz ist die Theorie von Akerlof nobelpreiswürdig,[851] da sie auf eine Notwendigkeit hinweist, die im Übrigen von ihm selbst in seinem Aufsatz angesprochen wird: Es müssen sich Institutionen entwickeln, die der asymmetrischen Informationsverteilung entgegenwirken. Die Theorie und Praxis auf dem Feld der Unternehmenstransaktion hat dies in den vergangenen Jahrzehnten gemacht, so dass das Problem der ungleichen Informationen zwar immer noch vorhanden, aber nicht mehr prohibitiv gegen Unternehmenstransaktionen wirkt. Dies ist auch deshalb nicht verwunderlich, da es ja auch einen Markt für gebrauchte Autos gab und gibt. Insgesamt spielt Vertrauen zwischen Käufer und Verkäufer eine besondere Rolle. Alle Maßnahmen, die es fördern, führen dazu, dass Transaktionen zustande kommen.

Die Beschäftigung mit dem Thema Unternehmenstransaktion war nicht umsonst und wird es auch niemals sein. Unternehmen können durch sie, externes Wachstum generieren, sie sorgen dafür, dass Unternehmen länger leben als ihre Eigentümer. Von daher ist es – auch wenn die Probleme der asymmetrischen Informationsver-

---

[850] Vgl. *Hansen, R.G.:* A Theory for the Choice of Exchange Medium in Mergers and Acquisitions, Journal of Business, 60. Jg. (1987), S. 76.

[851] Dies steht im Gegensatz zu der Aussage von Jansen, der einen Exkurs mit der Überschrift versieht „Warum der Nobelpreis 2001 (an Akerlof) zu Unrecht vergeben wurde…" *Jansen, S.A.:* Mergers & Acquisitions, 6. Auflage, Wiesbaden 2016, S. 56.

teilung bestehen bleiben – kein Paradox, dass sie dieses Buch gelesen haben oder
hoffentlich lesen werden.

Weiterführende Lektüre

Ein Kapitel mit einer Übersicht über empirische Studien zum Erfolg von Unternehmenstransaktionen findet sich in dem Lehrbuch von Glaum und Hutzschenreuter (2010). Sehr empfehlenswert ist die systematische Zusammenstellung von verschiedenen empirischen Untersuchungen nach ihrem Untersuchungsgegenstand
und den Ergebnissen in der Arbeit von Bauer (2012). Die Übersicht umfasst Arbeiten aus verschiedenen Regionen.

Bauer, F.A.: Integratives M&A Management, Wiesbaden 2012.
Glaum, M./Hutzschenreuther, T.: Mergers & Acquisitions, Stuttgart 2010.

Aufgabenteil

Kapitel 1
Wiederholungsfragen

1. Was wird durch den Begriff Transaktion im Allgemeinen bezeichnet?
2. Was wird durch den Begriff Unternehmenstransaktion im Besonderen bezeichnet?
3. Was ist Gegenstand einer Unternehmensbewertung?
4. Warum kann es auf dem „market for lemons" dazu kommen, dass keine Transaktionen mehr stattfinden?
5. Wie lässt sich das Phänomen des „market for lemons" auf den Markt für Unternehmen übertragen?

Weiterführende und anwendungsbezogene Probleme

Aufgabe 1

Recherchieren Sie eine aktuelle Unternehmenstransaktion in den Medien.

    a.) Was sind die Motive für die Unternehmenstransaktion?

    b.) Wie ist der Ablauf der Unternehmenstransaktion?

    c.) Wie nehmen die einzelnen Stakeholder die Unternehmenstransaktion auf (Management, Aktionäre, Mitarbeiter, Öffentlichkeit, etc.)?

Aufgabe 2

Überlegen Sie, warum der Markt für Rechtsschutzversicherungen ein „market for lemons" sein kann. Welche Maßnahmen könnte eine Versicherungsgesellschaft ergreifen, um die damit verbundenen Gefahren zu reduzieren?

Kapitel 2
Wiederholungsfragen

1. Beschreiben Sie die Schwankungen der Zahl der Unternehmenstransaktionen nach der Jahrtausendwende!
2. Wie hat sich die Finanzkrise seit 2007 auf die Aktivitäten bei Unternehmenstransaktionen ausgewirkt?
3. Geben Sie an, was Auslöser und Schlusspunkt der Mergerwellen seit dem Ende des 19. Jahrhunderts war!
4. Worin unterschied sich die Entwicklung der Unternehmenstransaktionen in Deutschland und den USA zu Beginn des 20. Jahrhunderts?
5. Geben Sie die Gründe für die sechste Mergerwelle an, die mit der Finanzkrise 2008 endete!
6. Welche Gründe sprechen für eine derzeit stattfindende siebte Mergerwelle?

Weiterführende und anwendungsbezogene Probleme

Aufgabe 1

Die Entstehung von Mergerwellen ist nach wie vor nicht vollständig erklärt. Stellen Sie Gemeinsamkeiten der bisherigen sechs Mergerwellen zusammen!

Kapitel 3
Wiederholungsfragen

1. Was ist der Cournotsche Punkt?
2. Wie kann man den Cournotschen Punkt graphisch ermitteln?
3. Warum ergreift der Gesetzgeber Maßnahmen, um Monopole zu vermeiden?
4. Wie definiert man den Herfindahl-Hirschmann Index?
5. Welche Rolle spielt der Herfindahl-Hirschmann Index in der amerikanischen Fusionskontrolle?
6. Inwiefern können Unternehmen mittels der Übernahme von anderen Unternehmen cross-selling Potentiale erschließen?
7. Welche Gründe für Economies of Scale kennen Sie?
8. Wie können Economies of Scale durch Unternehmenstransaktionen realisiert werden?
9. Was sind und wodurch entstehen Economies of Scope?
10. Welche Eigenschaften einer Transaktion beeinflussen ihre Transaktionskosten?
11. Stellen Sie das Kontinuum zwischen Markt und Hierarchie in Abhängigkeit von Transaktionskosten auf der einen und Spezifität und Unsicherheit auf der anderen Seite dar!
12. Wodurch kann ein hold-up entstehen und wie kann man dieses Problem beseitigen?
13. Was sind die Voraussetzungen des vollkommenen Kapitalmarkts?
14. Warum führt die Diversifikation eines Portefeuilles zu einem geringeren Risiko?
15. Unternehmen, die diversifizierte Produkte anbieten, werden an den Börsen meistens mit einem Abschlag bewertet. Geben Sie eine Erklärung, warum die Diversifikation zu niedrigeren Kursen führt!
16. Wie kann es dazu kommen, dass Unternehmen am Kapitalmarkt „unterbewertet" sind?
17. Fassen Sie die grundlegenden Aussagen der Principal-Agent Theorie zusammen!
18. Was bedeutet das Motiv „Empire Building" für die Durchführung von Unternehmenstransaktionen?
19. Was bedeutet die Free Cashflow Hypothese für die Durchführung von Unternehmenstransaktionen?
20. Wie wirkt der Markt für Unternehmenskontrolle (Market for Corporate Control) disziplinierend für Manager?
21. Was besagt die Hybris-Hypothese? Warum werden Unternehmenstransaktionen aus Hybris durchgeführt?

Weiterführende und anwendungsbezogene Probleme

Aufgabe 1

Ein Unternehmen ist als einziges in einem Markt tätig. Die Gesamtkostenfunktion K und die Preis-Absatz Funktion p sind wie folgt:

$$K(x) = x^3 - 10x^2 + 35x + 20$$
$$p(x) = -4x + 40$$

Der Markt ist ab einer Absatzmenge von 10 gesättigt.

    a.) Ermitteln Sie den Cournotschen Punkt!
    b.) Wie hoch ist der maximale Gewinn!
    c.) Wie kann man graphisch den Cournotschen Punkt ermitteln?

Aufgabe 2

In einer Branche gibt es vier Unternehmen. Diese haben Marktanteile von 50 %, 20 %, 20 % und 10 %. Die beiden Unternehmen, die jeweils einen Marktanteil von 20 % haben, beantragen bei den amerikanischen Wettbewerbsbehörden die Erlaubnis für einen Zusammenschluss.

    a.) Ermitteln Sie den Herfindahl-Hirschmann Index (HHI) vor und nach der möglichen Unternehmenstransaktion!
    b.) Welche Auswirkungen ergeben sich bei den so errechneten Ergebnissen für die Entscheidung der amerikanischen Wettbewerbsbehörden?

Aufgabe 3

In den Gründerjahren des 19. Jahrhunderts bildeten sich im Ruhrgebiet integrierte Konzerne, die Interessen sowohl im Steinkohlebergbau als auch in der Stahlindustrie hatten. Erklären Sie mit Hilfe der Transaktionskostentheorie, warum so ein vertikaler Zusammenschluss sinnvoll gewesen sein kann!

Aufgabe 4

Die Realisierung von Synergieeffekten ist ein wichtiges Motiv für die Durchführung von Unternehmenstransaktionen. Kann es passieren, dass die Kosten den Nutzen von neuen Synergieeffekten übersteigen? Diskutieren Sie diese Frage!

Aufgabe 5

In einem Interview hat der damalige Vorstandsvorsitzende der Deutschen Bank Josef Ackermann gesagt: „Wir sind keine Empire Builder!" Diskutieren Sie, was er mit dieser Aussage betonen wollte!

Aufgabe 6

Diskutieren Sie die folgenden Aussagen. Was ist Ihre Meinung? Sind die Aussagen korrekt oder nicht?

a.) Durch Unternehmenszusammenschlüsse zwischen Wettbewerbern entstehen Monopole. Diese führen zum Schaden für den Konsumenten durch überhöhte Preise und geringere Absatzmengen.

b.) Manager agieren in ihrem eigenen Interesse. In Wahrheit können sie auch kaum von den Aktionären zur Rechenschaft gezogen werden.

c.) Wären die Kapitalmärkte tatsächlich effizient, so würde es nicht zu Unternehmenstransaktionen kommen. Die Preise an den Börsen würden die tatsächlichen Werte repräsentieren. Es würde sich nicht rentieren, für eine Unternehmensübernahme zu bieten.

d.) Trader, die einen extrem kurzen Zeithorizont haben und nicht an strategischen Unternehmenstransaktionen interessiert sind, sollten Aktienkurse beurteilen auf Basis der Erwartungen von anderen Marktteilnehmern. Eine Beurteilung auf Basis von fundamentalen Daten ist nicht sinnvoll.

Aufgabe 7

Wieso sind Gläubiger von Unternehmensanleihen häufig die Verlierer von feindlichen Übernahmen, die mit hohem Leverage ausgeführt werden?

Aufgabe 8

Wenn ein Unternehmen als Käufer eine besonders risikoreiche Akquisition in Form der Übernahme eines anderen Unternehmens durchführt (beispielsweise in Form eines LBO), dass auch die Existenz des Unternehmens insgesamt gefährdet, so wird nicht nur der Wert der Aktien riskiert, sondern auch die Gehälter der Mitarbeiter, die Einkommen der Lieferanten, das Vertrauen der Kunden oder die positiven Auswirkungen auf die Gesellschaft als Ganzes. Sollten diese negativen externen Effekte auf die Stakeholder des Unternehmens, die Entscheidung über die Durchführung der Akquisition beeinflussen? Wenn ja, wie könnte das geschehen?

Kapitel 4

Wiederholungsfragen

1. Was sind vertikale, horizontale und laterale Unternehmenstransaktionen?
2. Was ist die doppelte Marginalisierung?
3. Wieso wirkt sich die doppelte Marginalisierung förderlich auf Unternehmenszusammenschlüsse aus?
4. Wie unterscheiden sich freundliche und feindliche Übernahmen?
5. Welche gesetzlichen Regeln schränken in Deutschland die Möglichkeiten einer feindlichen Übernahme ein?
6. Beschreiben Sie, inwiefern die Verpflichtung zur Abgabe eines Übernahmeangebots Minderheitsaktionäre schützt!
7. Geben Sie eine systematische Übersicht, welche Maßnahmen Zielgesellschaften gegen eine feindliche Übernahme ergreifen können. Differenzieren Sie dabei nach präventiven und reaktiven Maßnahmen!
8. Was ist eine poison pill (Giftpille)? Welche gesetzlichen Beschränkungen gibt es in Deutschland bei poison pills für Unternehmen, die Angriffspunkt einer feindlichen Übernahme werden?
9. Welche Maßnahmen darf ein Vorstand eines Zielunternehmens einer feindlichen Übernahme trotz der Unterlassungspflicht des § 33 Abs. 1 Satz 1 WpÜG ergreifen?
10. Was ist ein weißer Ritter (white knight) und wie kann er bei einer feindlichen Übernahme eingreifen?
11. Erklären Sie die Pac Man Strategie zur Abwehr feindlicher Übernahmen!
12. Was ist ein asset deal, was ein share deal?
13. Wie funktioniert der Eigentumsübergang bei einem asset deal?
14. Beschreiben Sie die Besonderheiten für den Übergang der Arbeitsverhältnisse bei einem asset deal!
15. Wie funktioniert der Eigentumsübergang bei einem share deal?
16. Was sind die Unterschiede zwischen einer Fusion durch Neubildung und durch Aufnahme?
17. Wie funktioniert ein Leveraged Buy-out?
18. Wie kann ein Unternehmen durch eine Unternehmenstransaktion den Leverage-Effekt ausnutzen?
19. Wodurch unterscheiden sich Junk Bonds von anderen Unternehmensanleihen?
20. Was ist ein MBO?
21. Was bedeutet der Begriff „Private Equity"?
22. Welche Formen des Mezzanine Kapitals (oder hybrides Kapital) kennen Sie?
23. Stellen Sie die typische Struktur einer Private Equity Beteiligung dar!
24. In welcher Form werden Venture Capital Finanzierungen angeboten?
25. Definieren Sie, was ein Hedgefonds ist. Gehen Sie dabei auf die verschiedenen Geschäfte ein, die Hedgefonds normalerweise durchführen!

26. Was ist ein Sovereign Wealth Fund?
27. Welche Rolle spielen Sovereign Wealth Funds für Unternehmenstransaktionen in Deutschland?

Weiterführende und anwendungsbezogene Probleme

Aufgabe 1

Recherchieren Sie jeweils einen Fall einer vertikalen und einer horizontalen Unternehmenstransaktion im Internet. Was sind die Gründe, die Käufer und Verkäufer für den Vollzug der Transaktion jeweils anführen? Diskutieren Sie, ob diese Gründe aus ihrer Sicht sinnvoll sind oder nicht!

Aufgabe 2

Ein Hersteller eines Produkts ist Monopolist. Er verkauft sein Produkt über den einzigen Einzelhändler vor Ort. Die Mengenentscheidung des Produzenten determiniert folglich die Absatzmenge des Händlers. Wir nehmen an, dass der Händler keine weiteren Kosten hat, so dass seine Kosten durch den von dem Produzenten verlangten Preis festgelegt werden. Die Preis-Absatz Funktion lautet: $p(x) = 110 - x$. Die Kostenfunktion K lautet $K = 10$.

a.) Welchen Preis müssen die Konsumenten in dieser Situation bezahlen?

b.) Welchen Preis müssten die Konsumenten bezahlen, wenn es zu einer Unternehmenstransaktion zwischen Produzent und Einzelhändler kommen würde?

Aufgabe 3

Gruppenarbeit:

Die Gruppe wird in kleine Gruppen (mit ungerader Mitgliederzahl, damit Mehrheitsentscheide möglich sind) eingeteilt. Jeweils eine Studiengruppe bekommt die Aufgabe monopolistischer Produzent zu sein, die andere Studiengruppe bekommt die Aufgabe monopolistischer Händler zu sein. Zunächst müssen die Produzenten ihren Preis festlegen, der dann den Händlern mitgeteilt wird. Diese entscheiden dann über den Preis für die Konsumenten. Für diese Entscheidungen sollten Produzent und Händler nicht mehr als jeweils drei Minuten Zeit haben. Geben Sie nach der ersten Runde den Gruppen Zeit, jeweils den individuellen wie den Gesamtgewinn zu berechnen. In der zweiten Runde soll die vertikale Integration erlaubt werden. Die Preisentscheidung wird gemeinsam von Produzent und Händler getroffen. Berechnen Sie auch hier den resultierenden Gesamtgewinn. Was hat sich zwischen den beiden Runden verändert?

Aufgabe 4

Recherchieren Sie eine feindliche Übernahme aus der letzten Zeit. Diskutieren Sie, ob das Management des Übernahmekandidaten versucht hat, das Übernahmeangebot zu verhindern, weil es den höchsten Preis für seine Aktionäre erreichen wollte oder, weil es versucht hat, den eigenen Arbeitsplatz zu sichern. Zeichnen Sie die Wirkungen jeder der Schritte der beiden an der Übernahme beteiligten Parteien anhand von Reaktionen des Kapitalmarkts nach. Interpretieren Sie diese!

Aufgabe 5

Die Slow Moving AG ist Ziel einer feindlichen Übernahme durch die Hurry up AG. Um die Übernahme zu verhindern, ergreift der Vorstand der Slow Moving AG die folgenden Maßnahmen. Prüfen Sie jeweils, ob diese Maßnahmen nach deutschem Recht erlaubt sind oder nicht.

a.) Der Vorstand beschließt den Vorratsbeschluss einer Kapitalerhöhung umzusetzen.

b.) Der Vorstand spricht Private Equity Unternehmen an, um ein Gegenangebot zu erhalten.

c.) Die Slow Moving AG verkauft die Rechte an einem Patent, was der vermutete Grund für den Übernahmeversuch ist.

d.) Die Slow Moving AG gibt selbst ein Angebot ab, die Hurry up AG zu übernehmen.

e.) Der Vorstandsvorsitzende der Slow Moving AG gibt Interviews im Fernsehen und anderen Medien, wo er das Angebot der Hurry up AG als schädlich für beide Unternehmen bezeichnet.

Aufgabe 6

Klassifizieren Sie die folgenden Beteiligungshöhen nach ihrer Beteiligungsstufe!

a.) genau 50 %
b.) 29 %
c.) 85 %
d.) 100 %

Aufgabe 7

Die bislang vollständig eigenfinanzierte Slow Moving AG hat einen Börsenkurs von 20 EUR bei 1.000.000 ausgegebenen Aktien. Der Finanzinvestor Shark ist der Ansicht, den Wert des Unternehmens durch geänderte Strategie, um 60 % steigern zu können. Wie viele Schulden kann Shark aufnehmen, um die Investitionen mit einem Leveraged Buy-out zu finanzieren?

Aufgabe 8

Recherchieren Sie den Fall einer Übernahme eines deutschen Unternehmens durch eine Private Equity Gesellschaft, die circa vor 2 Jahren vollzogen wurde. Ermitteln Sie, wie sich das Unternehmen entwickelt hat. Gehen Sie dabei insbesondere auf die Bilanzstrukturen vor und nach der Transaktion ein. Wie hat sich die Passivseite verändert? Wie hat sich der Mitarbeiterstand verändert?

Aufgabe 9

Ein Private Equity Investor steigt bei der mittelständischen Slow Moving AG ein. Das Volumen der Übernahme beträgt 10.000.000 EUR, wovon 30 % als Eigenkapital gegeben werden. Um das Management an das Unternehmen zu binden und besonders zu motivieren, legt der Investor auf eine Beteiligung des Managements wert. Diese Beteiligung soll 10 % betragen. Die Geschäftsleitung verfügt allerdings nur über Mittel von 100.000 EUR. Wie lässt sich das Problem lösen? Berechnen Sie auch das Envy-Ratio, das sich ergibt und interpretieren Sie dieses!

Aufgabe 10

Klassifizieren Sie die folgenden hypothetischen Unternehmensübernahmen als vertikal, horizontal und lateral.

a.) Lufthansa übernimmt BMW.
b.) Airbus übernimmt Lufthansa.
c.) BASF übernimmt Bayer.
d.) Nestle übernimmt REWE.
e.) Daimler übernimmt BMW.

Kapitel 5
Wiederholungsfragen

1. Geben Sie den typischen Verlauf einer Unternehmenstransaktion wieder. Stellen Sie dabei jeweils kurz die Inhalte der einzelnen Schritte dar!

2. Wozu findet die PESTEL-Analyse Verwendung?

3. Geben Sie für jede der Analysebereiche der PESTEL-Analyse jeweils drei Untersuchungsbereiche beispielhaft an!

4. Wozu findet der 5 Forces Paradigm Verwendung?

5. Geben Sie für jede im 5 Forces Paradigm vorkommende Kraft jeweils drei beispielhafte Einflussfaktoren an, die die Branchenattraktivität positiv beeinflussen.

6. Geben Sie für jede im 5 Forces Paradigm vorkommende Kraft jeweils drei beispielhafte Einflussfaktoren an, die die Branchenattraktivität negativ beeinflussen.

7. Beschreiben Sie das Verfahren, wie ein Unternehmen, das Suchfeld schrittweise bei der Auswahl von geeigneten Akquisitionskandidaten einschränkt!

8. Welche Sachverhalte sind typischerweise in einem Letter of Intent geregelt?

9. Was ist eine Due Diligence?

10. Welche rechtlichen Gründe führen dazu, dass in der anglo-amerikanischen Praxis die Due Diligence einen noch höheren Stellenwert hat als in der deutschen Praxis?

11. Welche Teilbereiche werden normalerweise innerhalb einer Due Diligence geprüft? Geben Sie jeweils die wichtigsten Prüfungsgegenstände an!

12. Was unterscheidet die Cashflow Rechnung von der Gewinn- und Verlustrechnung?

13. Welche Aussagen lassen sich mit dem Cashflow eines Unternehmens treffen?

14. Was ist normalerweise Gegenstand der Betriebsprüfungsklausel in Kaufverträgen für Unternehmen?

15. Was ist Fraud? Aus welchen Gründen ist es wichtig, dass ein zu kaufendes Unternehmen auf Fraud untersucht wird?

16. Was ist ein deal breaker?

17. Warum führen Unternehmen, die verkauft werden wollen, eine Vendor Due Diligence durch?

18. Was ist eine Reverse Due Diligence?

19. Was sind die Unterschiede zwischen Wert und Preis eines Unternehmens?

20. Wie hängen Wert und Preis eines Unternehmens zusammen?

21. Geben Sie fünf Beispiele für Garantien, wie sie in Unternehmenskaufverträgen typischerweise gegeben werden!

22. Wieso kann es notwendig sein, einen Unternehmenskaufvertrag unter Vorbehalt abzuschließen?

23. Was sind MAC- und MAE-Klauseln?

Weiterführende und anwendungsbezogene Probleme

Aufgabe 1

Nehmen Sie an Sie werden als Unternehmensberater für den Bekleidungshersteller Happy Clothes GmbH engagiert. Sie erhalten die Aufgabe, Hilfestellung zu leisten, bei der Auswahl eines geeigneten Akquisitionsobjekts, das – um Arbeitskosten zu sparen – die Verarbeitung in einem Niedriglohnland durchführen soll. Zur Auswahl für die weitere Suche stehen nach einer Vorauswahl durch das Management der Happy Clothes GmbH noch die Philippinen und Vietnam. Sie werden beauftragt eine PESTEL-Analyse für die beiden Länder mit dem Fokus auf die Bekleidungsindustrie durchzuführen. Bedienen Sie sich dabei Internetquellen und andere öffentlich verfügbarer Quellen!

Aufgabe 2

Ein Private Equity Investor erwägt den Einstieg in die Kreuzfahrtbranche, in der er bislang keine Erfahrungen hat. Sie werden beauftragt, den Entscheidungsprozess zu unterstützen. Dazu sollen Sie eine Analyse mit dem 5 Forces Paradigm, der von Michael Porter entwickelt wurde, durchführen. Verwenden Sie dazu Internetquellen und andere öffentlich zugängliche Informationsquellen!

Aufgabe 3

Gegeben ist die folgende verkürzte Gewinn- und Verlustrechnung der HelloKitty Fitness GmbH:

Umsatz	5.000
Herstellkosten vom Umsatz	3.000
Vertriebskosten	800
Allg. Verwaltungskosten	300
Zinserträge	100
Zinsaufwendungen	300

Daneben ist bekannt, dass in den o.g. Zahlen Abschreibungen in Höhe von 400 enthalten sind. Des Weiteren hat die HelloKitty Fitness GmbH in diesem Jahr eine Rückstellung in Höhe von 200 gebildet. Für Prozesskosten war im Vorjahr eine Rückstellung gebildet worden in Höhe von 300. Da der Prozess gewonnen wurde, konnte die Rückstellung in diesem Jahr aufgelöst werden.

    a.) Berechnen Sie den Cashflow soweit mit den Daten möglich!

    b.) Welche Angaben fehlen Ihnen, um den Cashflow exakt zu berechnen?

    c.) Was ist die betriebswirtschaftliche Bedeutung des Cashflows?

Aufgabe 4

In Kapitel 1 hatten Sie die Theorie des „market for lemons", die von dem Nobel-preisträger Akerlof ermittelt wurde, kennengelernt. Erklären Sie inwiefern die Due Diligence auf dem Markt für Unternehmenstransaktionen dazu beiträgt, dass es nicht zu dem von Akerlof vorhergesagten Marktversagen kommt.

Kapitel 6
Wiederholungsfragen

1. Welche Rolle spielt die Unternehmensbewertung im Prozess einer Unternehmenstransaktion?
2. Zeigen Sie beispielhaft auf, in welchen Faktoren sich der Nutzen ausdrücken kann, der den Wert eines Unternehmens determiniert!
3. Was ist die Aussage des Zweckadäquanzprinzips?
4. Grenzen Sie die drei Hauptfunktionen der Unternehmensbewertung nach der Kölner Funktionenlehre voneinander ab!
5. Welche Grundsätze gelten für die Ermittlung des Entscheidungswerts?
6. Warum müssen sich auch Schieds- und Argumentationswerte auf den Entscheidungswert beziehen?
7. Definieren Sie den Transaktionsbereich bei einer Unternehmenstransaktion!
8. Was sind die Aufgaben der Unternehmensbewertung in der Steuerbemessungsfunktion?
9. Wie können Abfindungsklauseln bei Abschluss eines Gesellschaftsvertrages gestaltet werden, um den Erhalt der Gesellschaft zu fördern?
10. Definieren Sie den Begriff Shareholder Value!
11. Wodurch entsteht bei Principal-Agent Situationen eine asymmetrische Informationsverteilung?
12. Wie entsteht ein Goodwill in der Konzernrechnungslegung?
13. Wie wird der „impairment test" nach IFRS durchgeführt?
14. Was ist Gegenstand der betriebswirtschaftlichen Entscheidungstheorie in ihrer präskriptiven oder normativen Ausrichtung?
15. Was ist Gegenstand der betriebswirtschaftlichen Entscheidungstheorie in ihrer deskriptiven Ausrichtung?
16. Warum muss in einer Unternehmensbewertung die Komplexität reduziert werden?
17. Skizzieren Sie das Grundmodell der präskriptiven Entscheidungstheorie!
18. Geben Sie Beispiele für metaökonomische Ziele, die bei der Unternehmensbewertung eine Rolle spielen können!
19. Wie wird der Unternehmenswert nach dem traditionellen Substanzwert bestimmt?
20. Aus welchem Grund wird der Substanzwert in der Praxis meist als Teilrekonstruktionswert bestimmt?
21. Beurteilen Sie die Eignung des traditionellen Substanzwertes zur Bestimmung eines Entscheidungswerts!
22. Wie wird der Unternehmenswert nach dem Liquidationswertverfahren bestimmt?
23. Warum ist der Liquidationswert die absolute Wertuntergrenze?
24. Was ist die Aussage der Fisher-Separation?

25. Wird die Identität von Soll- und Habenzins als Annahme aufgegeben, so befindet man sich im sogenannten Hirshleifer-Fall. Welche drei Situationen kann es für Investitionen in diesem Fall geben?

26. Wie kann man aus dem Kapitalwertverfahren der Investitionsrechnung die Grundformel des Ertragswertverfahrens ableiten?

27. Was ist die kaufmännische Kapitalisierungsformel und wie kann man sie aus der Formel für den Ertragswert ableiten?

28. Warum benötigt man bei der Unternehmensbewertung einen Risikozuschlag zum landesüblichen Zinsfuß?

29. Was besagt das Bernoulli-Prinzip?

30. Was ist eine von Neumann-Morgenstern Nutzenfunktion?

31. Was ist das Sicherheitsäquivalent einer unsicheren Zahlungsreihe?

32. Wie hängen Risikozuschlag und Sicherheitsäquivalent zusammen?

33. Beschreiben Sie das Verfahren des pragmatischen Risikozuschlages!

34. Wodurch entsteht das Prognoseproblem bei der Unternehmensbewertung?

35. Wie wird die Zeitreihenanalyse zur Prognose angewendet?

36. Wieso sollten Steuern bei der Unternehmensbewertung Berücksichtigung finden?

37. Wie behandelt man das nicht-betriebsnotwendige Vermögen bei einer Unternehmensbewertung mit dem Ertragswertverfahren?

38. Prüfen Sie das Ertragswertverfahren auf seine Eignung zur Ermittlung von Entscheidungswerten!

39. Geben Sie einen systematischen Überblick über die verschiedenen Varianten der DCF-Verfahren!

40. Skizzieren Sie die Aussagen des Irrelevanztheorems von Modigliani-Miller!

41. Zeigen Sie, wie die gewichteten Kapitalkosten (weighted average costs of capital, WACC) bestimmt werden!

42. Was ist die Aussagekraft des β-Faktors aus dem Capital Asset Pricing Model (CAPM)?

43. Welche Gründe sprechen gegen eine Übertragbarkeit des CAPM und damit des DCF-Verfahrens auf nicht-börsennotierte Unternehmen?

44. Wie kann man die Steuern in die Berechnung der WACC einführen?

45. Wie wird ein Unternehmenswert mit dem Multiplikatorverfahren ermittelt?

46. Was ist die Aussage des „Law of one price"?

47. Beschreiben Sie die Funktionsweise der
    a.) Recent Acquisitions Method,
    b.) Initial Public Offerings Method,
    c.) Similar Public Company Method.

48. Was ist ein Squeeze-out?

49. Welche Rolle spielt die Unternehmensbewertung beim Squeeze-out?

50. Stellen Sie systematisch die Besonderheiten bei internationalen Unternehmensbewertungen heraus!

Weiterführende und anwendungsbezogene Probleme

Aufgabe 1

Der Bundesgerichtshof entschied 1967 (BGH vom 25.10.1967), AZ VIII ZR 215/66): „Der Preis einer Sache muss nicht ihrem Wert entsprechen."

    a.) Definieren Sie die Begriffe Wert und Preis!

    b.) Zeigen Sie an einem Zahlenbeispiel, wie die Werte von Käufer und Verkäufer mit dem Preis zusammenhängen.

    c.) Sammeln Sie Gründe warum der BGH zu der Aussage kommt, der Preis muss nicht dem Wert entsprechen. Beziehen Sie sich dabei auf einen Unternehmenswert.

Aufgabe 2

Eine Aktie der Dagobert AG notiert heute bei 55 EUR an der Börse. Sie wollen die Dagobert AG übernehmen. Was spricht dagegen, den Kurs von 55 EUR als Unternehmenswert anzunehmen?

Aufgabe 3

Warum ist es wichtig, die Anlässe einer Unternehmensbewertung zu kennen und deren Struktur vorher zu analysieren?

Aufgabe 4

    a.) Worin unterscheiden sich Haupt- und Nebenfunktionen? Welche Nebenfunktionen werden in der Literatur exemplarisch genannt?

    b.) Erläutern Sie kurz vier mögliche Nebenfunktionen der Unternehmensbewertung!

Aufgabe 5

Bestimmen Sie mit Hilfe der folgenden Bilanz den Substanzwert des Unternehmens.

Aktiva		Passiva	
Grundstücke und Gebäude	1.000	Eigenkapital	3.700
Maschinen und technische Anlagen	900	Verbindlichkeiten aus LuL	2.300
Immaterielle Vermögensgegenstände	500	Bankverbindlichkeiten	1.000
Roh-, Hilfs-, Betriebsstoffe	1.800	Rückstellungen	2.300
Fertige und unfertige Erzeugnisse	3.000		
Forderungen	2.000		
Liquide Mittel	100		
Bilanzsumme	**9.300**	**Bilanzsumme**	**9.300**

Aufgabe 6

Das Sicherheitsäquivalent einer unsicheren Zahlung ist diejenige sichere Zahlung, bei der ein Entscheidungsträger zwischen beiden indifferent ist. Herr Müller sei zwischen einer sicheren Zahlung von 100 EUR und einer Zahlung von 150 EUR, die unsicher ist, indifferent. Bestimmen Sie den sich ergebenden Unternehmenswert und den Risikozuschlag, wenn Sie von dem Fall der ewigen Rente ausgehen. Der risikolose Zins liege bei 5 %.

Aufgabe 7

Bestimmen Sie mit den folgenden Daten die WACC für ein Unternehmen:

- Rendite des Marktportefeuilles: 12 %
- Zinssatz risikoloser Anlagen: 7 %
- β-Faktor der Aktie: 1,2
- Fremdkapitalzins: 8 %
- Steuersatz: 40 %
- Anteil Fremdkapital in der Bilanz: 40 %

Aufgabe 8

Berechnen Sie den Ertragswert für die Estate GmbH, die eine Immobilie in ihrem Eigentum hat und jährlich konstante Einzahlungen und Auszahlungen hat. Der nachhaltig entziehbare Einzahlungsüberschuss ist 240.000 EUR. Gehen Sie von einem Kalkulationszinsfuß von 7 % aus.

Aufgabe 9

Von der Happy Feet GmbH sind Ihnen die folgenden Angaben bekannt:

- WACC 10 %
- Risikoloser Zinssatz 3 %
- Fremdkapitalkostensatz vor Steuern 10 %
- Steuersatz 20 %
- Marktrisikoprämie 10 %
- β-Faktor 1,5
- Fremdkapital 600 TEUR

Berechnen Sie, wie viel Eigenkapital die Happy Feet GmbH hat.

Aufgabe 10

Die Troubardix Musikalienhandel GmbH hat in den letzten drei Jahren die folgenden Gewinn- und Verlustrechnungen vorgelegt:

	2010	2011	2012
Umsätze	2.000	2.100	2.200
Aufwand	1.800	1.900	2.000
Jahresüberschuss	200	200	200

Jährlich hat die Troubardix Musikalienhandel Abschreibungen auf die Geschäftseinrichtung von 300. In 4 Jahren läuft die Abschreibung aus und dann muss voraussichtlich auch in eine neue Geschäftseinrichtung investiert werden (voraussichtliches Volumen: 2.400 EUR). Weitere Investitionen werden nicht geplant.

Herr Automatix, ein bekennender Musikliebhaber, möchte die Troubardix Musikalienhandel GmbH gerne von Herrn Troubardix kaufen, der aus Altersgründen sich zur Ruhe setzen will. Das Geschäft liegt in der Kölner Innenstadt und lebt von Stamm- und Laufkunden. Es wird davon ausgegangen, dass die weitere Entwicklung nicht durch den Wechsel in der Geschäftsführung negativ beeinflusst wird. Allerdings ist damit zu rechnen, dass die Miete ab 2013 von 150 auf 200 EUR ansteigt. Herr Troubardix ist als Geschäftsführer angestellt und bezieht ein verglichen mit anderen ihm offenstehenden Arbeitsmöglichkeiten ein angemessenes Gehalt.

Die Prognose soll dem Phasenschema entsprechen, bei dem die Jahre eins bis drei genau geplant werden und bis Jahr 6 eine Trendextrapolation vorgenommen wird, d.h. die bisherigen Trends werden einfach fortgeschrieben.

Berechnen Sie den Ertragswert für die Troubardix Musikalienhandel! Gehen Sie dabei von einem Kalkulationszinsfuß von 5 % und einem Risikozuschlag von 5 % aus.

Aufgabe 11

Eine kanadische Goldmine steht zum Verkauf und kann für 1.000.000 EUR erworben werden. Aus den Fördermengen der Vergangenheit lässt sich eine durchschnittliche Nettoeinzahlung von 320.000 EUR jährlich für die nächsten 4 Jahre erwarten. Danach würde man in Gesteinsschichten vorstoßen, die noch nicht ausreichend untersucht sind; daher soll vorsichtshalber angenommen werden, dass dann keine weiteren Einzahlungen mehr vorgenommen werden. Die Grube könnte in diesem Fall ohne weitere Kosten geschlossen werden. Zwei Unternehmen, die ihre Unternehmensakquisitionen mit der Ertragswertmethode beurteilen, interessieren sich für den Kauf. Unternehmen A rechnet mit einem Kalkulationszins von 10 %, Unternehmen B mit 12 %.

a.) Welchen Ertragswert besitzt die Mine für Unternehmen A und B

b.) Was kann der Grund dafür sein, dass beide mit unterschiedlichen Zinssätzen arbeiten?

Aufgabe 12

Recherchieren Sie Quellen für β-Faktoren von Unternehmen. Wie ändern sich diese im Zeitablauf? Versuchen Sie die veröffentlichten Veränderungen mit Hilfe der Formeln zur Ableitung des β-Faktors in Kapitel 6.4.2.2.2 nachzuvollziehen. Diskutieren Sie, was die veröffentlichten bzw. von ihnen ermittelten β-Faktoren für eine Bedeutung für die Unternehmensbewertung haben!

Aufgabe 13

Die Schlafwohl AG betreibt ein Hotel und möchte die Ruhesanft AG übernehmen, die ebenfalls Hotels betreibt. Aus der Unternehmensanalyse, die über Internetquellen und andere öffentlich verfügbare Quellen durchgeführt wurde, wird geschätzt, dass Ruhesanft künftig 2,5 Mio. EUR an frei verfügbarem Cashflow erwirtschaften wird. Sie gehen davon aus, dass dieser Cashflow in den Folgejahren um jeweils 5 % wachsen wird. Führen Sie eine erste indikative Bewertung mit dem Discounted Cashflow Verfahren durch. Gehen Sie dabei von WACC von 12 % aus.

Kapitel 7
Wiederholungsfragen

1. Welche Rolle spielen Verhandlungen im Prozess der Unternehmenstransaktion?
2. Welche Axiome müssen nach Nash gelten, um bei einer Verhandlung zu einer rationalen Lösung zu kommen?
3. Stellen Sie die Zielfunktion der Nash-Verhandlungslösung auf (Nash-Produkt) und erklären Sie die Bestandteile!
4. Welche Bedeutung hat der Ankereffekt bei Verhandlungen? Wie kann man diesen einsetzen, um Verhandlungen bei Unternehmenstransaktionen zu beeinflussen?
5. Inwiefern können unterschiedliche kulturelle Hintergründe in Verhandlungen entscheidend wirken?
6. Welche drei Möglichkeiten gibt es, den Transaktionsbereich bei einer Schiedsbewertung aufzuteilen?
7. Beschreiben Sie die Funktionsweise der
   a.) Englischen Auktion,
   b.) Holländischen Auktion,
   c.) Vickrey-Auktion.
8. Wieso können Auktionen als Preisfindungsverfahren bei Unternehmenstransaktionen vorteilhaft sein? Erklären Sie die Vorteilhaftigkeit jeweils aus Sicht des Käufers und aus Sicht des Verkäufers.
9. Was ist der „winners curse"?
10. Was ist eine Earn-Out Klausel?
11. Wie kann die Vereinbarung eines Earn-Outs in einem Unternehmenskaufvertrag den Transaktionsbereich beeinflussen?
12. Der Kaufpreis bei einer Unternehmenstransaktion kann entweder bar oder in Aktien des kaufenden Unternehmens bezahlt werden. Stellen Sie Vor- und Nachteile dieser Zahlungsweisen jeweils aus Sicht des Käufers und des Verkäufers dar!

Weiterführende und anwendungsbezogene Probleme

Aufgabe 1

Zwei Spieler verhandeln über die Aufteilung eines Kuchens, der aus drei Stücken besteht. Falls die beiden Verhandlungsparteien sich nicht einigen können, so bekommt der Spieler 1 nichts und der Spieler 2 ein Drittel des Kuchens sprich eines der drei Stücke. Der Nutzen der beiden Parteien soll genau dem Anteil an ihrem Kuchen entsprechen. Wie sieht die Nash-Verhandlungslösung dieses Problems aus?

Aufgabe 2

Gruppenarbeit zu Verhandlungen und Emotionen

Es wird häufig in Verhandlungen empfohlen, es mit der Wahrheit nicht ganz so genau zu nehmen. Andere Ratgeber stellen darauf ab, dass man an der Mimik von Menschen erkennen kann, ob die Wahrheit gesagt wird oder nicht.

Teilen Sie die Gruppe in kleine Teams auf (von ca. 6 Personen). Geben Sie der Hälfte der Personen einer Gruppe einen Zettel mit einem „W" für Wahrheit, der anderen ein „L" für Lüge. Jedes Gruppenmitglied mit einem W soll nun eine Aussage treffen, die wahr ist; jedes Gruppenmitglied mit einem L soll hingegen eine erlogene Aussage treffen. Dabei sollten aber keine Aussagen gemacht werden, die so unrealistisch sind, dass sie von vornherein als Lüge identifiziert werden können. Nachdem alle Gruppenmitglieder ihre Aussage getroffen haben, berät die ganze Gruppe ob es sich bei jeder Aussage um eine wahre oder erlogene Aussage gehandelt hat. Wie gut haben Sie die Lügner identifizieren können? Gab es besonders gute Lügner? Was hat diese guten Lügner ausgezeichnet?

Aufgabe 3

Auch wenn bestimmte Teile der Verhandlungen, wie z.B. die erste Kontaktaufnahme, wie die endgültige Einigung, i.d.R. direkt, d.h. „Face to Face" stattfinden, hat es sich doch verbreitet, dass wichtige Teile der Verhandlungen durchaus über das Telefon stattfinden und per „conference call" abgewickelt werden. Überlegen Sie, welche Unterschiede es in der Verhandlungsführung es bei der telefonischen Verhandlung gibt!

Aufgabe 4

Zwei Verhandlungsparteien in einer nicht dominierten Konfliktsituation bei einer Unternehmenstransaktion können sich nicht auf einen Preis in der Verhandlung einigen. Sie entscheiden sich, einen Schiedsgutachter zur Festlegung eines Einigungspreises einzuschalten. Dieser berechnet zunächst die Entscheidungswerte der beiden Parteien mit E (V) = 100.000 und E (K) = 140.000.

a.) Wie sieht der Transaktionsbereich der beiden Parteien aus?

b.) Welcher Einigungspreis ergibt sich bei Anwendung des Verfahrens der hälftigen Aufteilung?

c.) Welcher Einigungspreis ergibt sich bei Anwendung des Verfahrens der Berücksichtigung der Entscheidungswertzuwächse?

Aufgabe 5

Gruppenaufgabe zu Auktionen

Führen Sie innerhalb Ihrer Gruppe eine Auktion durch z.B. um ein imaginäres Objekt, dessen Wert zwischen 1.000 und 2.000 EUR liegt. Welcher Wert in diesem Intervall tatsächlich realisiert werden kann, hängt von noch unbekannten Marktentwicklungen ab.

a.) Führen Sie die Auktion als Erstpreisauktion durch. Jeder Bieter gibt sein Gebot verdeckt auf einem Zettel ab.

b.) Führen Sie die Auktion als Zweitpreisauktion nach Vickrey durch. Auch hier gibt jeder Bieter sein Gebot verdeckt auf einem Zettel ab.

Wie haben sich die Gebote verändert? Bei welcher Summe wurde der Zuschlag gegeben? Diskutieren Sie, ob der Käufer Ihrer Meinung nach Opfer des „winners curse" geworden ist oder nicht!

Aufgabe 6

In einer berühmten Studie wurde das Phänomen untersucht, warum Autos des Herstellers Volvo, die in den USA gemeinhin als die sichersten Automobile gelten, weit überdurchschnittlich in Unfälle verwickelt sind.

a.) Wie würde die Argumentation lauten, wenn es sich um „adverse selection" handelt?

b.) Wie würde die Argumentation lauten, wenn es sich um „moral hazard" handelt?

Aufgabe 7

Die Unternehmung Shark AG will die Slow Moving AG kaufen. Beide Unternehmen sind börsennotiert. Der Börsenkurs von Shark ist bei 28 EUR bei 5.000.000 ausgegebenen Aktien. Der Börsenkurs von Slow Moving ist bei 20 EUR bei 1.000.000 ausgegebenen Aktien. Es wird angenommen, dass sich durch die Transaktion zwischen beiden Unternehmen Synergieeffekte in Höhe von 200.000 EUR realisieren lassen. Berechnen Sie das Umtauschverhältnis, bei dem Shark gerade noch einen positiven Wert durch die Transaktion generiert!

Kapitel 8
Wiederholungsfragen

1. Für welche Fälle hat die Europäische Union die Zuständigkeit bei kartellrechtlichen Prüfungen?
2. Warum ist es für Unternehmen attraktiv, sich freiwillig der europäischen kartellrechtlichen Prüfung zu unterwerfen?
3. Die Europäische Kommission zieht bei ihrer kartellrechtlichen Prüfung insbesondere die Kriterien der Austauschbarkeit der Produkte und der Preise bzw. Preiselastizität heran. Zeigen Sie auf, was für eine Untersagung einer Unternehmenstransaktion aufgrund dieser Kriterien spricht!
4. Stellen Sie systematisch dar, wie die Prüfung eines Unternehmenszusammenschlusses beim deutschen Bundeskartellamt abläuft!
5. Wie kann das Ziel einer steuerlichen Optimierung der Unternehmenstransaktion operationalisiert werden?
6. Stellen Sie systematisch dar, welche grundlegenden steuerlichen Konsequenzen entstehen bei der Wahl eines asset oder eines share deals als Transaktionsform!
7. Wann muss ein Konzernabschluss durch eine Muttergesellschaft aufgestellt werden?
8. Was besagt die Einheitstheorie in der Konzernrechnungslegung?
9. Warum ergibt sich die Notwendigkeit zur Kapitalkonsolidierung bei der Aufstellung eines Konzernabschlusses?
10. Zeigen Sie auf, wie ein Goodwill im Konzernabschluss entsteht!
11. Charakterisieren Sie die betriebswirtschaftlichen Besonderheiten der Bilanzposition „Goodwill" oder „Firmenwert" im Konzernabschluss!
12. Wie wird der Goodwill in der Folgekonsolidierung nach deutschem HGB behandelt?
13. Wie wird der Goodwill in der Folgekonsolidierung nach IFRS behandelt?
14. Was ist eine cash generating unit (cgu)?
15. Stellen Sie den Ablauf eines impairment tests für Goodwills (Firmenwerte) nach den IFRS dar!
16. Was können Ursachen für das Entstehen eines passivischen Unterschiedsbetrags (Badwill) in der Konzernbilanz sein?
17. Warum kann man den Goodwill als problematische Bilanzposition in Konzernabschlüssen klassifizieren?

Weiterführende und anwendungsbezogene Probleme

Aufgabe 1

Recherchieren Sie einen gerade abgeschlossenen Fall der EU Kommission und des Bundeskartellamts zur Fusionskontrolle. Überprüfen Sie, welche Kriterien für die Wettbewerbsbehörden entscheidend waren, um zu ihrem Urteil einer Erlaubnis, einer Erlaubnis mit Auflage oder einer Versagung zu kommen. Hätten Sie genauso entschieden?

Aufgabe 2

Im Jahr 2006 hat die Axel Springer AG versucht das Fernsehunternehmen ProSiebenSat1 zu übernehmen. Die Fusion wurde von dem Bundeskartellamt untersagt. Recherchieren Sie den Fall und untersuchen Sie die Gründe, warum es zu einer Untersagung gekommen ist.

Aufgabe 3

Die PC AG hat die Networks GmbH zum 1.1.2012 erworben. Die Networks GmbH hat ein Eigenkapital von EUR 1.000.000,-. Der Kaufpreis betrug 64.000.000,-. Welche Maßnahmen muss die Konzernbuchhaltung der PC AG einleiten, um die Kapitalkonsolidierung durchzuführen? Zeigen Sie die Bilanzansätze im Konzernabschluss unter der Annahme, dass keine stillen Reserven vorhanden sind.

Aufgabe 4

Die HelloKitty AG erwirbt zum 31.12.2012 eine Beteiligung von 75 % an der Goodbye Kitty AG. Der Kaufpreis betrug 1.000. Im Folgenden sind die beiden verkürzten Bilanzen der Unternehmen angegeben. Für die Goodbye Kitty werden zusätzlich noch die Zeitwerte angegeben (jeweils der zweite Wert).

HelloKitty AG

Aktiva		Passiva	
Anlagevermögen	1.200	Gez. Kapital	1.000
Beteiligung	1.000	Rücklagen	1.600
Umlaufvermögen	1.400	Fremdkapital	1.000
	3.600		3.600

Goodbye Kitty AG

Aktiva		Passiva	
Anlagevermögen	800/920	Gez. Kapital	500/500
Umlaufvermögen	700/780	Rücklagen	300/300
		Fremdkapital	700/700
		Neubewertungsdifferenz	0/200
	1.500/1.700		1.500/1.700

Stellen Sie die Konzernbilanz auf und stellen Sie jeweils die notwendigen Konsolidierungsschritte detailliert dar.

Aufgabe 5

Zum 31.12.12 beträgt der Buchwert einer cash generating unit in einem Jahresabschluss, der nach IFRS aufgestellt worden ist 320.000 EUR. Die cgu wäre für 315.000 EUR zu verkaufen, wobei die Kosten des Verkaufs von 5.000 EUR zu berücksichtigen wären. Bei weiterer Nutzung im Unternehmen schätzt man jährlich realisierbare Cashflows von 88.000 EUR, die die cgu in den nächsten vier Jahren erwirtschaften kann. Der Abzinsungsfaktor soll 8 % betragen. Was ist durch die Konzernbuchhaltung zu veranlassen?

Kapitel 9
Wiederholungsfragen

1. Womit beschäftigt sich die Phase der Post Merger Integration?
2. Warum wird die Post Merger Integration als besonders relevant für den Erfolg einer Unternehmenstransaktion angesehen?
3. Was ist ein Beherrschungsvertrag? Warum kann dieser als Voraussetzung für den Beginn der Post Merger Integration angesehen werden?
4. Stellen Sie die Herangehensweisen
   a.) des stand-alone Ansatzes,
   b.) des „best of both" Ansatzes und
   c.) der Absorption
   überblicksartig dar.
5. Was spricht für eine schnelle (revolutionäre) und was für eine langsame (evolutionäre) Integration nach einer Unternehmenstransaktion?
6. Stellen Sie die Aufgaben eines zentralen Controllings im Rahmen der Post Merger Integration dar!
7. Was besagt das Merger-Syndrom?
8. Welche Besonderheiten ergeben sich bei einem asset deal für den Übergang der Beschäftigungsverhältnisse? Was ist der Grund dafür, dass diese besonderen Regelungen beim share deal nicht notwendig sind?
9. Definieren Sie den Begriff Unternehmenskultur!
10. Wie hängen Unternehmenskultur und nationale Kultur zusammen?
11. Skizzieren sie das Akkulturationsmodell von Nahavandi und Malekzadeh aus Käufer- und aus Verkäufersicht!
12. Welche Auswirkungen des Kulturwandels innerhalb der Post Merger Integration ergeben sich nach dem Modell von Cartwright und Cooper?
13. Welchen externen Stakeholdern sollte in der Post Merger Integration besondere Aufmerksamkeit geschenkt werden, um den Erfolg der Unternehmenstransaktion zu unterstützen? Begründen Sie jeweils ihre Wahl!
14. Was ist eine Balanced Scorecard?
15. Wie kann die Balanced Scorecard zum Controlling der Post Merger Integration eingesetzt werden?

Weiterführende und anwendungsbezogene Probleme

Aufgabe 1

Stellen Sie systematisch die Probleme dar, die sich bei der Wahl von unterschiedlichen Integrationsgraden bei der Post Merger Integration ergeben können.

Aufgabe 2

Überlegen Sie welche Unternehmensbereiche nach einer Unternehmenstransaktion schnell integriert werden sollten und bei welchen man sich mehr Zeit lassen kann/sollte.

Aufgabe 3

Diskutieren Sie die These: „Die nationale Kultur ist entscheidender für das Gelingen als die Unternehmenskultur."

Aufgabe 4

Die Gaucho Steakhouse GmbH, die ein Steakhouse in bester Innenstadtlage betreibt, übernimmt die Pueblo Steakhouse GmbH, die in der Nachbarstadt, ebenfalls in bester Innenstadtlage ein Steakhouse betreibt. Sie sind der Controller bei Gaucho und haben die Aufgabe, ein Projektcontrolling für die Post Merger Integration zu entwerfen. Aus ihrem Studium erinnern Sie das Konzept der Balanced Scorecard, von dem Sie denken, dass es in diesem Prozess außerordentlich hilfreich sein kann. In der kommenden Geschäftsleitungssitzung wollen Sie den Eigentümer und Geschäftsführer von Ihrer Idee überzeugen. Dazu wollen Sie ihm einen ersten Entwurf für ein Kennzahlensystem vorstellen. Entwerfen Sie zur Vorbereitung daher pro Perspektive zwei Kennzahlen! Denken Sie bei Ihrem Entwurf an die praktische Messbarkeit der von Ihnen gewählten Kennzahlen!

Aufgabe 5

1998 haben die beiden Automobilhersteller Daimler aus Deutschland und Chrysler aus den USA fusioniert. Sie blieben bis 2007 zusammen. Im Mai 2007 wurde dann die Mehrheit von Chrysler an den Investor Cerberus verkauft und damit die Fusion rückgängig gemacht. Im Raum stand damals, dass das fusionierte Unternehmen niemals richtig integriert war. Recherchieren Sie, was in der Post Merger Integration trotz der hochgesteckten Erwartungen falsch gelaufen ist. Formulieren Sie, was Ihrer Ansicht zum Misserfolg dieser Fusion geführt hat!

Kapitel 10
Wiederholungsfragen

1. Was sind mögliche Maßstäbe für den Erfolg einer Unternehmenstransaktion?
2. Wie lässt sich die abnormale Rendite nach einer Unternehmenstransaktion messen?
3. Was sind grundlegende methodische Probleme bei Event Studies?
4. Fassen Sie die grundsätzlichen Ergebnisse empirischer Forschung zur Reaktion des Kapitalmarktes auf die Ankündigung von Unternehmenstransaktionen zusammen?
5. Welche methodischen Probleme entstehen bei Befragungen von Managern zum strategischen Erfolg von Unternehmenstransaktionen?
6. Wieso können sich Unternehmenstransaktionen negativ auf die Mitarbeiterzufriedenheit auswirken?
7. Geben Sie einen Überblick über die Methoden zur Überwindung der asymmetrischen Informationsverteilung zwischen Käufer und Verkäufer im Prozess der Unternehmenstransaktion!

Weiterführende und anwendungsbezogene Probleme

Aufgabe 1

Betrachten Sie die folgende Tabelle, in der zum einen die erwartete Rendite der Aktien der Shark AG und zum anderen die tatsächliche Rendite nach Ankündigung der Übernahme der Slow Moving AG dargestellt ist.

Tag	Erwartete Rendite	Tatsächliche Rendite
1	0,01 %	0,23 %
2	0,06 %	- 0,24 %
3	- 0,12 %	0,00 %
4	0,24 %	0,10 %
5	1,86 %	2,35 %
6	1,24 %	0,24 %
7	0,68 %	0,10 %
8	- 1,24 %	- 2,26 %
9	0,50 %	0,00 %
10	- 0,10 %	- 0,25 %

Errechnen Sie die kumulierte abnormale Rendite über den 10 Tages Zeitraum!

Lösungsteil

Kapitel 1

Lösung zu Aufgabe 2

Auch bei Rechtsschutzversicherungen stellt sich das Problem, dass die Kunden (die Versicherten) besser über ihr Risiko Bescheid wissen als die Versicherungsgesellschaft. Es gibt Versicherte, die ständig klagen und Streit suchen und diejenigen, die rechtliche Auseinandersetzungen auf ein absolutes Minimum zu reduzieren versuchen. Hier kann sich der gleiche Teufelskreis ergeben, der bereits bei Gebrauchtwagen von Akerlof geschildert wurde: Die Prämien werden so erhöht, dass die Kosten der schlechten Risiken (die Prozesshansel) abgedeckt werden. Dies führt dazu, dass zurückhaltende Personen keine Rechtsschutzversicherung abschließen. Letztlich kommt es zum Zusammenbruch des Marktes. Versicherungsgesellschaften schaffen Anreize, damit Versicherte keine Risiken eingehen: Beitragsrückerstattungen, Beitragserhöhungen bei hohen Schadensfällen, etc.

Kapitel 2

Lösung zu Aufgabe 1

Gemeinsam ist allen Mergerwellen, dass sie externe Anlässe hatten. Dies sind in den ersten zwei Mergerwellen vor allem technische Innovationen. In den Mergerwellen drei und vier wurden neue Management- bzw. Finanzierungstechniken angewendet (Diversifizierung in der dritten, Leverage in der vierten Mergerwelle). In den Wellen fünf und sechs sind insbesondere Änderungen in der Finanzierungstechnik bzw. an den Finanz- und Kapitalmärkten Auslöser gewesen (Deregulierung und Auftreten neuer Akteure an den Finanzmärkten).

Kapitel 3

Lösung zu Aufgabe 1

Die Gewinnfunktion ergibt sich als:

$$G(x) = E(x) - K(x) = (-4x + 40)x - x^3 + 10x^2 - 35x - 20$$

a) Es ergibt sich der Cournotsche Punkt: xmax = 4,38 und pmax = 22,48.

b) Durch Einsetzen in die Gewinnfunktion ergibt sich der maximale Gewinn des Monopolisten bei 32,98.

c) Werden die Gewinnfunktion und die Preis-Absatz Funktion in ein Koordinatensystem gezeichnet, so schneidet die Senkrechte durch das Maximum der Gewinnfunktion die Preis-Absatz Funktion im Cournotschen Punkt.

Lösung zu Aufgabe 2

a) $HHI_{vor\ UT} = 50^2 + 20^2 + 20^2 + 10^2 = 3.400$
$HHI_{nach\ UT} = 50^2 + 40^2 + 10^2 = 4.200$

b) Der HHI liegt über 2.500 und die Transaktion führt zu einer Erhöhung von mehr als 200 Punkten. Dies führt zu grundsätzlichen wettbewerblichen Bedenken der amerikanischen Wettbewerbsbehörden. Eine Erlaubnis ist nur möglich, wenn der Antragssteller nachweisen kann, dass der Zusammenschluss den Wettbewerb nicht behindert.

Lösung zu Aufgabe 3

- Die Transaktion zwischen Kohle- und Stahlhersteller sind sehr häufig (Kohle ist wichtiger Rohstoff zur Stahlherstellung)
- Ein Stahlwerk ist eine sehr große Investition. Aufgrund der großen Menge, Kohle, die gebraucht wird, ist der gewählte Standort nahe bei den Kohlebergwerken. Wurde die Investition einmal vorgenommen, so kann es zum hold-up kommen.
- Das hold-up Problem kann durch Zusammenlegung der beiden Unternehmen in einem Konzern ausgeschlossen werden.

Lösung zu Aufgabe 4

Durch Unternehmenstransaktionen entstehen auch Kosten, z.B. durch die Transaktion selbst (Beratungskosten, etc.), durch die Integration und durch das dadurch entstehende größere Unternehmen (z.B. durch höhere Kosten der Zentrale zur Verwaltung des Gesamtunternehmens). Durch die Unternehmensgröße können sich zudem operative Ineffizienzen ergeben. Diese Effekte können durchaus größer sein als der Nutzen aus entstehenden Synergieeffekten.

Lösung zu Aufgabe 5

Empire Building ist eine der irrationalen Gründe für Unternehmenstransaktionen. Danach neigen Manager dazu ihre eigenen Ziele nach Macht, Ruhm und hohem Einkommen zu verfolgen. Alle diese Ziele lassen sich in größeren Unternehmen deutlich besser realisieren als in kleineren. Aus diesem Grund wird angenommen, dass Manager Unternehmenstransaktionen durchführen, um schiere Größe zu erreichen, auch wenn die Unternehmenstransaktionen nicht mehr profitabel sind (also keinen positiven Kapitalwert mehr haben).

Lösung zu Aufgabe 6

a) Durch Unternehmenszusammenschlüsse können negative Effekte entstehen (siehe Monopolpreisbildung). Die Wettbewerbsbehörden untersagen daher Transaktionen, die den Wettbewerb einschränken.

b) Manager sind die Agenten der Eigentümer (Prinzipale). Sie vertreten ihre eigenen Interessen. Die Manager haben durch ihre laufende Verfügungsgewalt über das Unternehmen die Möglichkeit, weitgehend unkontrolliert zu handeln. Gerade in Gesellschaften mit zersplitterter Eigentümerstruktur ist es für den einzelnen Aktionär aufgrund seines kleinen Anteils nicht unbedingt rational sich, der Kontrolle des Managements seines Unternehmens in Ausführlichkeit zu widmen (die Kosten dieses Einsatzes wären höher als der potentielle Nutzen).

c) In effizienten Märkten würden die Aktienkurse immer den wahren Wert der Unternehmen widerspiegeln. Allerdings kann es durch Unternehmenstransaktionen zu Werterhöhungen des dann zusammengeschlossenen Unternehmens kommen (Synergieeffekte). Aus diesem Grund könnte es auch dann noch zu Unternehmenstransaktionen kommen, bei denen höhere Preise als der aktuelle Börsenkurs gezahlt werden.

d) Wird eine Unternehmenstransaktion nur aus spekulativen (d.h. ohne jegliche strategische Begründung sehr kurzfristig) ausgeführt, so kann es ratsam sein, nur auf den Erwartungen der anderen Marktteilnehmer aufzubauen, da diese die kurzfristige Kursentwicklung bestimmen.

Lösung zu Aufgabe 7

Durch den hohen Fremdkapitalanteil steigt das Risiko des Unternehmens. Anleihegläubiger, die eine Anleihe eines Unternehmens erworben haben, die ein gutes bis sehr gutes Rating (und damit hohe Sicherheit) hatte, werden durch die Unternehmenstransaktion zu Gläubigern von Unternehmen, die nur ein Rating als Junkbonds haben. Die alten, guten Anleihen werden so entwertet. Auch in empirischen Studien stellt man immer wieder fest, dass Anleihegläubiger die Verlierer von feindlichen Übernahmen mit hohen Fremdkapitalanteilen sind.

Kapitel 4

Lösung zu Aufgabe 2

a) p = 85

b) p = 60

Lösung zu Aufgabe 5

a) Da es sich um einen Vorratsbeschluss handelt, der also vor dem Angebot der Hurry up AG gefasst wurde, ist diese Maßnahmen erlaubt.

b) Es ist ausdrücklich erlaubt, andere Interessenten um ein Angebot zu bitten.

c) Hier handelt es sich um eine „poison pill", die nach deutschem Recht gegen die Neutralitätspflicht des Vorstandes verstößt und somit verboten ist.

d) Ein Gegenangebot ist nur dann erlaubt, wenn es vor dem Angebot vorbereitet wurde. Allerdings ist § 19 AktG zu beachten, der das Stimmrecht ausschließt, wenn schon gegenseitige Beteiligungen von über 25 % bestehen.

e) Öffentlichkeitsarbeit ist erlaubt.

Lösung zu Aufgabe 6

a) Parität

b) Minorität, aber über Sperrminorität

c) Qualifizierte Mehrheit

d) Vollständiger Erwerb

Lösung zu Aufgabe 7

Der derzeitige Wert der Slow Moving AG ist:

20 EUR · 1.000.000 = 20.000.000 EUR.

Durch die neue Strategie kann Shark den Wert auf 32.000.000 EUR erhöhen.

Um eine Mehrheit der Aktien zu erwerben, benötigt Shark ein Fremdkapital von 10.000.000 EUR, die im LBO nach der Transaktion auf die Slow Moving AG übertragen werden. Danach beträgt der Wert der Slow Moving AG 32.000.000 EUR abzüglich 10.000.000 EUR, also 22.000.000 EUR.

Maximal kann Shark 12.000.000 EUR Fremdkapital ohne Nachteil aufnehmen.

Lösung zu Aufgabe 9

Die Private Equity Gesellschaft will 3.000.000 EUR für 100 % des Eigenkapitals aufbringen. Die Geschäftsführer bräuchten 300.000 für 10 %. Haben aber nur 100.000 EUR. Als Lösung zahlt die Private Equity Gesellschaft nur 900.000 EUR für ihren 90 % Anteil, das Management 100.000 für ihre 10 %. Der restliche Betrag wird durch die Private Equity Gesellschaft als Gesellschafterdarlehen zur Verfügung gestellt (2.000.000). Man kann jetzt das Envy-Ratio berechnen als:

$$\text{Envy Ratio} = \frac{2.900.000/90\%}{100.000/10\%} = 3,222$$

Das Envy Ratio besagt, dass die Private Equity Gesellschaft 3,222mal so viel für ihre Anteile bezahlen muss wie das Management.

Lösung zu Aufgabe 10

a.) Lateral.
b.) Horizontal.
c.) Vertikal.
d.) Horizontal.
e.) Vertikal.

Kapitel 5

Lösung zu Aufgabe 3

a.) Der Gewinn der HelloKitty GmbH beträgt 700. Um zum Cashflow zu gelangen, müssen die nicht-auszahlungswirksamen Aufwendungen (Abschreibungen und Bildung von Rückstellungen) addiert werden. Die nicht-einzahlungswirksamen Erträge müssen abgezogen werden (Auflösung von Rückstellungen). Es ergibt sich:

Cashflow = 700 + 400 + 200 -300 = 1.000

b.) Wir haben keine Angaben über andere nicht zahlungswirksamen Aufwendungen. Daneben kennen wir nicht den Cashflow aus Finanzierungstätigkeit (z.B. Aufnahme und Tilgung von Krediten, Kapitalerhöhungen) und den Cashflow aus Investitionstätigkeit (Kauf von Anlagevermögen).

c.) Der Cashflow gibt an, wie sich der Bestand an Zahlungsmitteln in einer Periode verändert. Aus diesem Grund gibt er Aufschluss darüber, welche Mittel zur Innenfinanzierung zur Verfügung stehen.

Lösung zu Aufgabe 4

Der Grund für das Marktversagen auf dem „market for lemons" ist die asymmetrische Informationsverteilung. Die eine Partei (der Verkäufer) weiß bedeutend mehr über das Unternehmen als die andere (der Käufer). Die Due Diligence ist ein Instrument, um diese asymmetrische Informationsverteilung zu überwinden.

Kapitel 6

Lösung zu Aufgabe 1

a.) Wert ist der Nutzen, den ein Gegenstand für ein bestimmtes Individuum stiftet. Preis ist das Ergebnis eines Markt- oder Verhandlungsprozess, bei dem die Wertvorstellungen von potentiellen Käufern und Verkäufern aufeinandertreffen.

b.) Nehmen wir an der Käufer misst einem Gegenstand ein Wert von 100 EUR bei. Nehmen wir weiterhin an, dass der Verkäufer dem Gegenstand ein Wert von 110 EUR beimisst. Beide Parteien werden eine Transaktion nur vornehmen, wenn gilt:

$W_V \geq$ Preis – Der Wert des Verkäufers ist 110.

$W_K \leq$ Preis – Der Wert des Käufers ist 100.

Damit gilt die Bedingung für das Zustandekommen der Transaktion $W_V \leq W_K$, da 110 größer 100 ist. Zwischen diesen beiden Werten werden sich beide Parteien einigen. Der entstehende Preis richtet sich nach dem Verhandlungsgeschick, der Taktik und anderen Faktoren.

c.) Gründe können sein (die Liste erhebt keinen Anspruch auf Vollständigkeit):
- es können Synergieeffekte mit anderen unternehmerischen Aktivitäten erzielt werden,
- Liebhaberei,
- nicht vorhandene berufliche Voraussetzungen (z.B. Fehlen eines Meisterbriefs bei einem Handwerksbetrieb),
- besseres unternehmerisches Talent bei jemanden, was zu höheren künftigen Erfolgen führen wird, als bei dem weniger talentierten Interessenten,
- unterschiedliche Vorstellungen über die Zukunft (Konjunktur etc.),
- Fehleinschätzungen der Potentiale des Unternehmens,
- etc.

Lösung zu Aufgabe 2

- Die Aktie repräsentiert den Preis eines Anteils an dem Unternehmen und damit nicht die Rechte, die mit einer vollen Übernahme des Unternehmens verbunden sind.
- Der Aktienkurs kommt an der Börse durch Angebot und Nachfrage zustande. Es gehen mithin Faktoren wie die aktuelle Börsenlage, das gesamtwirtschaftliche Umfeld etc. in die Preisbildung mit ein. Blasen, wie sie immer wieder an Börsen entstehen, können eingepreist sein, so dass eine Übernahme des Börsenkurses zu einem zu hohen Kaufpreis führen könnte.

– Als Preis berücksichtigt der Aktienkurs nicht die Möglichkeiten, die ihnen offen stehen mit dem Unternehmen (Synergieeffekte, Zielsetzungen mit dem Unternehmen). Diese sind nicht eingepreist in dem Kurs.

Lösung zu Aufgabe 3

Es gibt keinen objektiven Wert des Unternehmens, der ähnlich wie die Farbe eines Gegenstandes objektiv mit ihm verbunden ist. Stattdessen ist der Wert abhängig von dem Zweck, d.h. der zugrundeliegenden Fragestellung (Zweckadäquanzprinzip). Aus diesem Grund ist es auch wichtig, dass in jedem Bewertungsgutachten die zugrundeliegende Fragestellung benannt wird (Zweckdokumentationsprinzip). Daneben ändert sich die Möglichkeit für den Bewerter, wenn eine Bewertungssituation dominiert ist, d.h. eine Partei kann gegen den Willen der anderen die Transaktion durchsetzen. Dann ist der Bewerter gezwungen Gerechtigkeitspostulate zu berücksichtigen (z.B. besondere Schutzrechte für Minderheitsaktionäre beim Squeeze-out, die gesetzlich determiniert sind).

Lösung zu Aufgabe 4

a.) Die Hauptfunktionen gehen auf die Zwecke ein, für die eine Unternehmensbewertung erstellt wird. Im Mittelpunkt stehen dabei die interpersonalen Konflikte, die bei einem Eigentumswechsel entstehen. So ergreift die Beratungsfunktion Partei, indem sie den Grenzpreis für eine Person bestimmt. Die Argumentationsfunktion ergreift sogar offen Partei für eine Seite, während die Schiedsfunktion versucht den Konflikt zwischen den beiden Seiten zu schlichten und einen fairen Ausgleich zwischen allen Beteiligten zu erreichen. Die Nebenfunktionen sind dagegen konventionalisierte Werte für besondere Bewertungsanlässe, wie z.B. Steuern oder Unternehmensführung.

b.) Entscheidungshilfe (Shareholder Value), Bilanzhilfe (impairment test, Voraussetzung bei Konzernbilanzierung nach IFRS), Vertragsgestaltung (Abfindungsklauseln in Gesellschaftsverträgen von Personengesellschaften), Steuerbemessung (Erbschaft- und Schenkungsteuer)

Neben diesen in diesem Buch genannten Nebenfunktionen sind aber noch andere denkbar:

Kreditunterstützung (bei der Kreditwürdigkeitsprüfung), Ausschüttungsbemessung, Motivation (Bindung des variablen Gehalts an den Unternehmenswert), Informationsfunktion (für alle Stakeholder des Unternehmens), etc.

Lösung zu Aufgabe 5

In einfachster Form entspricht der Substanzwert dem Eigenkapital, also dem Reinvermögen des Unternehmens. Im Beispiel also 3.700.

Deckt man nun die stillen Reserven auf (z.B. beim Fabrikgebäude, das mit 400 in den Büchern steht und tatsächlich 800 wert ist), so wird der Substanzwert entsprechend erhöht. Im Beispiel auf 4.100.

Ist des Weiteren in der Position Grundstücke und Gebäude ein Wohngebäude enthalten, das das Unternehmen an den Eigentümer vermietet, so ist dieses als nicht betriebsnotwendig zu klassifizieren. Dadurch folgt für die Bewertung, dass dieser Vermögensgegenstand mit dem Nettoveräußerungserlös (Marktpreis abzüglich Nebenkosten wie z.B. den Maklergebühren) anzusetzen ist. Die Identifikation und Bewertung von nicht-betriebsnotwendigen Vermögensgegenständen hat für die Praxis eine große Bedeutung, da die so identifizierten Vermögensgegenstände tatsächlich verkauft werden können, und die erlösten Mittel dann zur Tilgung von Fremdkapital eingesetzt werden kann, das für die Unternehmensübernahme aufgenommen worden ist.

Lösung zu Aufgabe 6

1. Unternehmenswert:

$$W = \frac{S}{i} = \frac{100}{0,05} = 2.000$$

Mit: S = Sicherheitsäquivalent
       i = Kalkulationszinsfuß

2. Risikozuschlag:

$$W = \frac{S}{i} = \frac{E}{i+z} \leftrightarrow z = \left(\frac{E}{S} - 1\right) \times i = \left(\frac{150}{100} - 1\right) \times 0,05 = 0,5 \times 0,05 = 0,025$$

Mit: E = Einzahlungen
       z = Risikozuschlag

Der rechnerisch sich ergebende Risikozuschlag ist 0,025 oder 2,5 %. Einsetzen in die Wertformel muss zum gleichen Wert führen, wie in 1. berechnet.

$$W = \frac{E}{i+z} = \frac{150}{0,075} = 2.000$$

Beide Wege – Sicherheitsäquivalent und Risikozuschlag führen zum gleichen Ergebnis.

Lösung zu Aufgabe 7

1. Die Marktrisikoprämie beträgt 5 % (12 % Marktrendite abzüglich 7 % Zins risikoloser Anlagen)

2. Die Risikoprämie des Unternehmens beträgt 6 % (β von 1,2 multipliziert mit 5 % Marktrisikoprämie).

3. Die Eigenkapitalkosten des Unternehmens betragen 13 % (Risikoprämie des Unternehmens von 6 % plus risikoloser Zins von 7 %).

4. Die Fremdkapitalkosten des Unternehmens betragen 5,4 % (Fremdkapitalzins von 8 % multipliziert mit 1 − Steuersatz 0,6).

5. Multipliziert mit ihren Anteilen an der Bilanzsumme von 60 % Eigenkapital und 40 % Fremdkapital ergeben sich WACC von 9,96 %.

Lösung zu Aufgabe 8

Da konstante Einzahlungsüberschüsse angenommen werden, kann dieses Problem mit der kaufmännischen Kapitalisierungsformel gelöst werden:

$$W = \frac{240.000}{0,07} = 3.428.571$$

Der Ertragswert beträgt 3.428.571 EUR.

Lösung zu Aufgabe 9

Der Eigenkapitalkostensatz kann zuerst ermittelt werden:

$$k_{EK} = 0,03 + 1,5 \cdot 0,1 = 18\%$$

Um zum Eigenkapital x zu gelangen setzt man dies in die WACC Formel ein und löst nach x auf:

$$WACC = 10\% = 0,18 \cdot \frac{x}{(600+x)} + (1-0,2) \cdot 0,1 \cdot \frac{600}{(600+x)} \Leftrightarrow$$

$$x = \frac{(60-48)}{0,08} = 150$$

Die Happy Feet GmbH hat ein Eigenkapital von 150 TEUR.

Lösung zu Aufgabe 10

	2011	2012	2013	2014	2015	2016
Umsatz	2.200	2.310	2.425	2.547	2.674	2.808
Aufwand	2.150	2.258	2.370	2.489	2.613	2.744
Jahresüberschuss	50	52	55	58	61	64

Bei den Aufwendungen muss in Jahr 2011 die Mieterhöhung berücksichtigt werden. Sonst wird davon ausgegangen, dass wie aus der Vergangenheitsanalyse ersichtlich ist, beide um jeweils 5 % wachsen. Der Unternehmerlohn muss nicht angepasst werden, da das bislang gezahlte Gehalt als angemessen angenommen worden ist. Im nächsten Schritt müssen die Zahlen in Einzahlungsüberschüsse verwandelt werden. Dazu müssen insbesondere die Abschreibungen und Investitionen berücksichtigt werden:

	2011	2012	2013	2014	2015	2016
Jahresüberschuss	50	52	55	58	61	64
Abschreibungen	300	300	300	300	300	300
Investitionen				2.400		
Einzahlungsüberschuss	350	352	355	2.042	361	364

Die Geschäftseinrichtung wird nach 4 Jahren abgeschrieben sein und muss ersetzt werden. Laut AfA Tabelle ist die Abschreibungsdauer für Geschäftseinrichtungen 8 Jahre, so dass in den Folgejahren jeweils 1/8 der Anschaffungskosten abgeschrieben wird (bei linearer Abschreibung).

Im zweiten Schritt muss der Kapitalisierungsfaktor festgelegt werden. Ausgangspunkt ist der Zins einer Bundesanleihe. Wir nehmen diese bei 5 % an. Um Risikoäquivalenz herzustellen, muss der Risikozuschlag berücksichtigt werden, der mit 5 % vorgegeben war. Es ergibt sich insgesamt ein Kapitalisierungszins von 10 %. Die Rechnung für den Unternehmenswert lautet:

$$W = \frac{350}{1{,}1} + \frac{352}{1{,}1^2} + \frac{355}{1{,}1^3} - \frac{2.042}{1{,}1^4} + \frac{361}{1{,}1^5} + \frac{364}{1{,}1^6} + \frac{364}{0{,}1 \times 1{,}1^6}$$
$$= 318 + 291 + 267 - 1.395 + 224 + 205 + 2.055 = 1.965$$

Lösung zu Aufgabe 11

a.) W (A) = 1.014.357
   W (B) = 971.952

b.) B stellt höhere Ansprüche an die Verzinsung seines Kapitals; B stehen höherverzinsliche Alternativanlagen über; B ist stärker risikoavers als A; etc.

Lösung zu Aufgabe 13

Die WACC werden als Kalkulationszinsfuß verwendet. Die Wachstumsrate, die mit 5 % unterstellt worden ist, reduziert den Kalkulationszinsfuß. Dadurch werden die steigenden künftigen Cashflows berücksichtigt. Ansonsten ist die kaufmännische Kapitalisierungsformel anwendbar, da wir es mit unveränderten, aber kontinuierlich wachsendem Cashflow zu tun haben.

$$W = \frac{2.500.000}{(0,12 - 0,05)} = 35.714.286$$

Kapitel 7

Lösung zu Aufgabe 1

Die Nutzenfunktion der beiden ist $u_{1,2} = (v_1, v_2)$, da der Nutzen genau dem Anteil an dem Kuchen entspricht. Zu optimieren ist folglich: max $(v_1 - 0)(v_2 - 1)$. Es gelten die Nebenbedingungen: $v_1 + v_2 \leq 3$ und $v_1, v_2 \geq 0$. Man kann jetzt das Axiom der Pareto-Effizienz ausnutzen. Aus diesem folgt zwingend, dass gelten muss $v_1 + v_2 = 3$, da bei einem Wert kleiner als 3 noch jemand bessergestellt werden könnte ohne jemand anderen schlechter zu stellen. Man kann den Lagrange-Ansatz aufstellen:

$$L(v_1, v_2, \lambda) = v_1 \cdot (v_2 - 1) + \lambda(3 - v_1 - v_2)$$

Es ergibt sich für v_1 und v_2: (1,2). Dies bedeutet Partei 1 erhält ein Stück Kuchen, Partei 2 zwei Stücke.

Lösung zu Aufgabe 3

Im Wesentlichen können die folgenden Unterschiede in den beiden Verhandlungssituationen angenommen werden:

- Man kann das Gegenüber nicht erkennen, Mimik und Gestik sind nicht zu sehen.
- Ist der Verhandlungspartner in Gruppen organisiert, so kann man nicht erkennen, welche Gespräche und Interaktionen es innerhalb der anderen Verhandlungspartei gibt.
- Auf der anderen Seite ermöglicht dies, dass die eigene interne Kommunikation innerhalb der eigenen Verhandlungspartei deutlich erleichtert wird.
- Sprache und Stimme werden deutlich wichtiger als in der direkten Kommunikation.

Lösung zu Aufgabe 4

a.) Das Intervall zwischen 100.000 und 140.000 stellt den Transaktionsbereich dar.
b.) EP = 120.000
c.) EP = 116.667

Lösung zu Aufgabe 6

a.) Adverse selection bedeutet vorvertraglicher Opportunismus. Es kaufen nur diejenigen Autofahrer das besonders sichere Modell Volvo, da sie wissen, dass sie unsichere Autofahrer sind und daher ein besonders sicheres Auto benötigen.

b.) Moral hazard bedeutet nachvertraglicher Opportunismus. Autofahrer haben ein besonders sicheres Modell erworben. Da sie dies wissen, fahren sie jetzt besonders risikoreich und sind deshalb besonders häufig in Unfälle verwickelt.

Lösung zu Aufgabe 7

$$\text{Umtauschverhältnis} \leq \frac{P_{Shark}}{P_{Slow\ M}} \cdot \left(1 + \frac{S}{B}\right) = \frac{28}{20} \cdot (1 + \frac{200.000}{14.000.000}) = 1,42$$

Das maximale Umtauschverhältnis liegt bei 1,42 Aktien von Shark für 1 Aktie von Slow Moving.

Kapitel 8

Lösung zu Aufgabe 2

Die Begründung des Bundeskartellamtes war, dass durch den Zusammenschluss das Oligopol aus der RTL Gruppe (Bertelsmann) und ProSiebenSat1 bei der Bereitstellung von Werbezeiten (Marktanteil bei über 80 %) gestärkt würde. Die Axel Springer AG bot sogar an, sich aus allen Joint Ventures mit RTL/Bertelsmann zurückzuziehen. Dieses Angebot wurde vom Bundeskartellamt abgelehnt. Daraufhin reichte Springer Klage an, die 2010 vom Bundesgerichtshof endgültig abgelehnt wurde.

Lösung zu Aufgabe 3

Die Konzernbuchhaltung muss zunächst die Einheitlichkeit der Bewertung sicherstellen und die Bilanzansätze der Networks AG auf die neue konzerneinheitliche Bewertung umstellen. Daraufhin muss geprüft werden, ob stille Reserven entweder in schon vorhandenen Bilanzansätzen oder durch die Bilanzierung noch nicht bilanzierter Vermögensgegenstände aufgedeckt werden können. Dies ist allerdings annahmegemäß nicht der Fall. Es ergibt sich der folgende Bilanzansatz in der Konzernbilanz:

Goodwill – 63.000.000 EUR

Das Eigenkapital der Tochter von 1.000.000 EUR ist gegen den Beteiligungsbuchwert der Mutter konsolidiert worden.

Lösung zu Aufgabe 4

Die Neubewertung wird per Anlagevermögen/Umlaufvermögen an Gewinnrücklagen gebucht. Es ergibt sich nach der Neubewertung ein Firmenwert von:

$$GW = 1.000 - 0,75 \cdot (800 + 200) = 250$$

Der Minderheitenanteil an dem neu bewerteten Eigenkapital wird wie folgt berechnet:

$$\text{Minderheitenanteil} = 0,25 \cdot (800 + 200) = 250$$

Der Buchungssatz für die Kapitalkonsolidierung lautet:

Geschäftswert	250	
Gezeichnetes Kapital	500	
Rücklagen	500	
	An Beteiligung	1.000
	Anteile anderer Gesellschafter	250

Die Konzernbilanz sieht wie folgt aus:

| | Hello K. | Goodb. K. | Summe | Konsolidierung | | Konzernb. |
				Soll	Haben	
Geschäftswert				250		250
Beteiligung	1.000		1.000		1.000	
Anlagev.	1.200	920	2.120			2.120
Umlaufv.	1.400	780	2.180			2.180
Summe Aktiva	**3.600**	**1.700**	**5.300**			**4.550**
Gez. Kapital	1.000	500	1.500	500		1.000
Rücklagen	1.600	500	2.100	500		1.600
Anteile and. Ges.					250	250
Fremdkapital	1.000	700	1.700			1.700
Summe Passiva	**3.600**	**1.700**	**5.300**			**4.550**

Lösung zu Aufgabe 5

Es ist der recoverable amount zu berechnen. Dieser ist der höhere aus Nettoveräu-ßerungspreis und Nutzungswert. Der Nettoveräußerungspreis ist der Verkaufspreis abzüglich der Verkaufskosten:

$$315.000 - 5.000 = 310.000$$

Der Nutzungswert ergibt sich durch Diskontierung der künftig erzielbaren Cash-flows auf ihren Gegenwartswert:

$$\text{Nutzungswert} = \sum_{t=1}^{4} \frac{88.000}{(1+0,08)^t} = 291.467$$

Der höhere Betrag ist der Verkaufsbetrag von 310.000, der aber auch unter dem Buchwert von 320.000 EUR liegt. Daher muss eine Abschreibung auf den niedrige-ren recoverable amount in Höhe von 10.000 EUR erfolgen.

Kapitel 9

Lösung zu Aufgabe 1

1. Stand-alone: Das Unternehmen wird weitestgehend so belassen, wie es vor der Unternehmenstransaktion war. Es findet nur eine oberflächliche, zwingend notwendig erscheinende Integration statt. Daher kann es dazu kommen, dass nicht alle möglichen Synergieeffekte umgesetzt werden können.

2. Best of both: Theoretisch der beste Ansatz, da von beiden Unternehmen die jeweils besten Ansätze übernommen werden. In der Praxis ergeben sich jedoch viele Probleme, die bereits beginnen, wenn ermittelt wird, was denn das Beste von beiden ist. Hier kann es bereits zu Unzufriedenheit kommen (siehe Merger-Syndrom).

3. Absorption: Das gekaufte Unternehmen verliert seine Identität und geht in der neuen zusammengeschlossenen Unternehmung, die fast ausschließlich von dem Käufer bestimmt wird, auf. Hier kann es zu sehr großer Unzufriedenheit bei den Mitarbeitern kommen. Die psychologischen Probleme sind in der Belegschaft des gekauften Unternehmens wahrscheinlich am größten.

Lösung zu Aufgabe 2

Für eine schnelle Integration spricht, dass man damit einen klaren Schnitt machen kann. Für eine langsamere Integration spricht, dass man Bewährtes erhalten kann und damit auf Stärken aufbauen kann. Insofern kann man als Faustregel nehmen, dass man bisher erfolgreiche Bereiche langsam integrieren sollte als bisherige Schwächen. Insbesondere sollten unangenehme Dinge schnell verkündet und Unsicherheiten beseitigt werden. Dies spricht insbesondere für eine schnelle Klärung von allen Dingen, die die Personalpolitik betreffen und die Mitarbeiter persönlich betreffen.

Lösung zu Aufgabe 3

Hinweis: Unter anderem sollten Sie bei dieser Aufgabe den Punkt bedenken, dass nationale Kultur statischer ist, sich weniger verändern lässt, als die Kultur einer Organisation.

Lösung zu Aufgabe 4

Hinweis: Es muss sich um Kennzahlen handeln, also um messbare Einheiten. So wäre Kundenzufriedenheit keine Kennzahl, sondern z. B. Zahl der Reklamationen. Im Idealfall bilden die Kennzahlen eine Ursache-Wirkungs Kette.

Kapitel 10

Lösung zu Aufgabe 1

Es muss die abnormale Rendite mit der Formel

Abnormale Rendite = tatsächliche Rendite − erwartete Rendite

berechnet werden und über den 10 Tages Zeitraum kumuliert werden. Es ergibt sich eine abnormale Rendite von 2,86 %.

Literaturverzeichnis

Aaker, D.R.: Strategic Marketing Management, 3. Auflage, New York 1992.

Achleitner, A.-K.: Handbuch Investment Banking, 3. Auflage, Wiesbaden 2002.

Adam, H./Shirako, A./Maddux, W.W.: Cultural Variance in the Interpersonal Effects of Anger in Negotiations, Psychological Science, 21. Jg. (2010), S. 882–889.

Aigner, P./Holzer, P.: Die Subjektivität der Unternehmensbewertung, DB, 43. Jg. (1990), S. 2229–2232.

Akerlof, G.A.: The Market for „lemons": Quality Uncertainty and the Market Mechanism, Quarterly Journal of Economics, 84. Jg. (1970), S. 488–500.

Akerlof, G.A.: Writing the „Market for Lemons". A Personal Interpretive Essay (o.D.), https://www.nobelprize.org/prizes/economic-sciences/2001/akerlof/article/ (abgerufen am 9.1.2020).

Albach, H.: Shareholder Value, ZfB, 64. Jg. (1994), S. 273–275.

Aldrich, H.: Organizations Evolving, London 1999.

Aliber, R.Z.: A Theory of Direct Foreign Investment, in: Kindleberger, C.: The International Corporation, Cambridge u.a. 1970, S. 17–34.

Altenhofen, C.: Non disclosure agreements: Rechtliche Hintergründe und konzeptionelle Anforderungen, in: Stumpf-Wollersheim, J./Horsch, A.: Forum Mergers & Acquisitions 2019, Wiesbaden 2019, S. 19–28.

Alter, R.: Strategisches Controlling, München u.a. 2011.

Althoff, F.: Einführung in die Internationale Rechnungslegung, Teil II, Wiesbaden 2012.

Alvano, W.: Unternehmensbewertung auf der Grundlage der Unternehmensplanung, 2. Auflage, Köln 1989.

Amihud, Y./Lev, B.: Risk Reduction as a Managerial Motive for Conglomerate Mergers, Bell Journal of Economics, 12. Jg. (1981), S. 605–617.

Anand, J./Delios, A.: Absolute and relative resources as determinants of international acquisitions, Strategic Management Journal, 23. Jg. (2002), S. 119–134.

Anand, J./Singh, H.: Asset redeployment, acquisitions and corporate strategy in declining industries, Strategic Management Journal, 18. Jg. (1997), Special Issue: Organizational and Competitive Interactions, S. 99–118.

Andrade, G./Mitchell, M./Stafford, E.: New Evidence and Perspectives on Mergers. Journal of Economic Perspectives, 15. Jg. (2001), S. 103–120.

Anilowski, C.L./Macias, A.J./Sanchez, J.M.: Target firm earnings management and the method of sale: Evidence from auctions and negotiations. Purdue University and University of Arkansas, Working Paper 2009.

Ansoff, I.: Management-Strategie, München 1966.

Anton, M. et al.: Common ownership, competition, and top management incentives, Ross School of Business Paper 1328, Ann Arbor 2018.

Arend, R.J.: Conditions for Asymmetric Information: Solutions when Alliances provide Acquisition Options and Due Diligence, Journal of Economics, 82. Jg. (2004), S. 281–312.

Aristoteles: Hauptwerke, Stuttgart 1977.

Arnold, M./Wenninger, T.G.: Maßnahmen zur Abwehr feindlicher Übernahmeangebote, CFL, 1. Jg. (2010), S. 79–89.

Arnold, V.: Vorteile der Verbundproduktion, WiSt, 14. Jg. (1985), S. 269–275.

Ashkenas, R.N./deMonaco, L.J./Francis, S.C.: Making the Deal real: How GE Capital integrates acquisitions, HBR, 76. Jg. (1998), Nr. 1, S. 165–178.

Baake, P./Wey, C.: Market Integration and the Competitive Effect of Mergers, Applied Economics Quarterly, 54. Jg. (2008), Supplement, S. 27–52.

Baetge, J./Krause, C.: Die Berücksichtigung des Risikos bei der Unternehmensbewertung, BFuP, 46. Jg. (1994), S. 433–456.

Baetge, J.: Herausforderungen bei Financial Due Diligence-Untersuchungen aufgrund des BilMoG, DB, 64. Jg. (2011), S. 829–836.

Baker, M./Pan, X./Wurgler, J.: The effect of referent point prices in mergers and acquisitions, Working Paper, Stand September 2010, www4.gsb.columbia.edu/null/download, abgerufen am 1.7.2012.

Ballwieser, W.: Aktuelle Aspekte der Unternehmensbewertung, WPg, 48. Jg. (1995), S. 119–129.

Ballwieser, W.: Eine neue Lehre der Unternehmensbewertung–Kritik an den Thesen von Barthel, DB, 50. Jg. (1997), S. 185–191.

Ballwieser, W.: Unternehmensbewertung bei unsicherer Geldentwertung, ZfbF, 40. Jg. (1988), S. 798–812.

Ballwieser, W.: Unternehmensbewertung mit Discounted Cashflow-Verfahren, WPg, 51. Jg. (1998), S. 81–92.

Ballwieser, W.: Unternehmensbewertung und Komplexitätsreduktion, 3. Aufla¬ge, Wiesbaden 1990.

Ballwieser, W./Hachmeister, D.: Unternehmensbewertung, 5. Auflage, Stuttgart 2016.

Balz, U.: M&A: Marktteilnehmer und Motive, in: Balz, U./Arlinghaus, O.: Praxisbuch Mergers & Acquisitions, 2. Auflage, München 2007, S. 11–40.

Balz, U./Arlinghaus, O.: Praxisbuch Mergers & Acquisitions, 4. Auflage, Landsberg/Lech 2014.

Bamberg, G./Baur, F./Krapp, M.: Statistik, 18. Auflage, München u.a. 2017.

Bamberg, G./Coenenberg, A.G./Krapp, M.: Betriebswirtschaftliche Entscheidungslehre, 16. Auflage, München 2019.

Bamberger, B.: Der Erfolg von Unternehmensakquisitionen in Deutschland, Bergisch Gladbach 1993.

Banz, R.W.: The Relationship between Return and Market Value of Common Stocks, Journal of Financial Economics, 9. Jg. (1981), S. 3–18.

Bark, C./Kötzle, A.: Erfolgsfaktoren der Post-Merger-Integrations-Phase, FB, 5. Jg. (2003), S. 138–146.

Barney, J.B.: Gaining and sustaining competitive advantage, Reading 1997.

Barry, B./Friedman, R.A.: Bargainer Characteristics in Distributive and Integrative Negotiations, Journal of Personality & Social Psychology, 89. Jg. (1998), S. 345–359.

Bartels, E./Cosack, S.: Integrationsmanagement, in: Picot, G.: Handbuch Mergers & Acquisitions, 4. Auflage, Stuttgart 2008, S. 450–470.

Barthel, C.W.: Handlungsalternativen bei der Abgrenzung von Bewertungseinheiten, DStR, 32. Jg. (1994), S. 1321–1328.

Barthel, C.W.: Unternehmenswert–Der Markt bestimmt die Bewertungsmethode, DB, 43. Jg. (1990), S. 1145–1152.

Barthel, C.W.: Unternehmenswert–Die vergleichsorientierten Bewertungsverfahren, DB, 49. Jg. (1996), S. 149–163.

Barthel, C.W.: Unternehmenswert: Das Problem der Scheingenauigkeit, DB, 63. Jg. (2010), S. 2236–2242.

Bauer, F.A.: Integratives M&A Management, Wiesbaden 2012.

Baum, H./Delfmann, W.: Strategische Handlungsoptionen der deutschen Automobilindustrie in der Wirtschaftskrise, Köln 2010.

Baumgarten, H./Hoffmann, W.: Wissenstransfer in der Post-Merger-Integrationsphase, Wissensmanagement, 5. Jg. (2003), Nr. 4, S. 18–20.

Baumol, W.J./Blinder, A.S.: Economics: Principles and Policies, 12. Auflage, Mason 2012.

Bausch, A.: Die Multiplikator-Methode, FB, 2. Jg. (2000), S. 448–459.

Beck, P.: Unternehmensbewertung bei Akquisitionen, Wiesbaden 1996.

Beck, R./Klar, M.: Asset Deal versus Share Deal–Eine Gesamtbetrachtung unter expliziter Berücksichtigung des Risikoaspekts, DB, 60. Jg. (2007), S. 2819–2826.

Beck, R.: Die Commercial Due Diligence, M&A Review, o.Jg. (2002), S. 554–559.

Beckmann, P./Fechtner, A./Heuskel, D.: Comeback der Konglomerate, zfo, 78. Jg. (2009), S. 88–94.

Behringer, S.: Börsenkurs als Bewertungsmaßstab bei der Abfindung von Minderheitsaktionären, Betrieb und Wirtschaft, 54. Jg. (2000), S. 463–467.

Behringer, S./Lühn, M.: Cashflow und Unternehmensbeurteilung, 11. Auflage, Berlin 2016.

Behringer, S.: Die Organisation von Compliance in Unternehmen, in: Behringer, S.: Compliance kompakt, 4. Auflage, Berlin 2018, S. 379–396.

Behringer, S.: Earn-out Klauseln bei Unternehmensakquisitionen, UM, 2. Jg. (2004), S. 245–250.

Behringer, S.: Integrity Due Diligence–Der Blick in die dunklen Ecken des Unternehmens, M&A Review, o. Jg. (2009), S. 431–435.

Behringer, S.: Konzerncontrolling, 3. Auflage, Berlin u.a. 2018.

Behringer, S.: Prognose: Hintergrund, Methoden und Bedeutung, Der Betriebswirt, 47. Jg. (2006), S. 9–15.

Behringer, S.: Unternehmensbewertung der Mittel- und Kleinbetriebe, 5. Auflage, Berlin 2012.

Behringer, S.: Eine kurze Geschichte der Unternehmensbewertung, Berlin u. a. 2020.

Behringer, S./Hameister, T.: Der bilanzpolitische Einsatz von earn-outs im Rahmen von Unternehmenszusammenschlüssen i. S. des IFRS 3, PiR, 13. Jg. (2018), S. 46–53.

Beisel, D./Klumpp, H.-H.: Der Unternehmenskauf, 6. Auflage, München 2009.

Beitel, P.: Akquisitionen und Zusammenschlüsse europäischer Banken, Wiesbaden 2002.

Benninga, S./Sarig, O.: Corporate Finance: A Valuation Approach, New York 1997.

Berens, W./Brauner, H.U./Strauch, J.: Due Diligence bei Unternehmensakquisitionen, 7. Auflage, Düsseldorf 2013.

Berens, W./Strauch, J.: Due Diligence bei Unternehmensakquisitionen–eine empirische Untersuchung, Frankfurt 2002.

Berg, H./Schmitt, S.: Wettbewerbspolitik im Prozess der Globalisierung: Das Beispiel der Zusammenschlusskontrolle, in: Holtbrügge, D.: Management multidimensionaler Unternehmungen, Heidelberg 2003, S. 363–376.

Berger, P./Ofek, E.: Diversification's effect on firm value, Journal of Financial Economics, 37. Jg. (1995), S. 39–65.

Bergmann, H.: Zusammenschlusskontrolle, in: Picot, G.: Handbuch Mergers & Acquisitions, 4. Auflage, Stuttgart 2008, S. 400–448.

Berk, J./DeMarzo, P.: Corporate Finance, Boston 2007.

Berle, A./Means, G.: The Modern Corporation and Private Property, New York 1932.

Berninghaus, S.K./Ehrhart, K.-M./Güth, W.: Strategische Spiele, 3. Auflage, Heidelberg u. a. 2010.

Bernoulli, D.: Specimen Theoriae Novae de Mensura Sortis (Exposition of a New Theory on the Measurement of Risk), Nachdruck in: Econometrica, 22. Jg. (1954), S. 23–36.

Bernstein, P.L.: Against the Gods. The Remarkable Story of Risk, New York u. a. 1996.

Berry, J.W.: Social and Cultural Change, in: Triandis, H.C./Brislin, R.W.: Handbook of cross-cultural psychology, Boston 1980, S. 211–279.

Bethge, H.: Sonderkonjunktur für M&A im Mittelstand, ZfgK, 65. Jg. (2012), S. 327–329.

Bhandari, L.C.: Debt Equity Ratio and Expected Common Stock Return: Empirical Evidence, Journal of Finance, 43. Jg. (1988), S. 507–528.

Bieg, H./Bofinger P. et al.: Die Saarbrücker Initiative gegen den Fair Value, DB, 61. Jg. (2008), S. 2549–2552.

Bieg, H./Kußmaul, H.: Investitions- und Finanzierungsmanagement 2: Finanzierung, München 2009.

Black, B.S./Gilson, R.J.: Venture Capital and the Structure of Capital Markets: Banks versus Stock Markets, Journal of Financial Economics, 47. Jg. (1998), S. 243–277.

Blöcher, A./Glaum, M.: Die Rolle der Unternehmenskultur bei Akquisitionen und die Möglichkeiten und Grenzen einer Cultural Due Diligence, DBW, 65. Jg. (2005), S. 295–317.

Bloningen, B.A./Taylor, C.T.: R&D intensity and acquisitions in high-technology industries: Evidence from the US electronic and electrical equipment industries, Journal of Industrial Economics, 48. Jg. (2000), S. 47–70.

Böcking, H.J.: Fair Value im Rahmen der IAS/IFRS–Grenzen und praktische Anwendbarkeit, in: Küting, K. et al. (Hrsg.): Herausforderungen und Chancen durch weltweite Rechnungslegungsstandards, Stuttgart 2004, S. 29–43.

Bohnenkamp, G.: Chronik der Junk Bonds, M & A Review, o.Jg. (1991), S. 9.

Bonbright, J. C.: The Valuation of Property, Bd. I, New York u. a. 1937.

Boquist, A./Dawson, J.: U.S. Venture Capital in Europe in the 1980s and the 1990s, Journal of Private Equity, 8. Jg. (2004), Nr. 1, S. 39–54.

Bortolotti, B./Fotak, V./Loss, G.: Taming Leviathan: Mitigating Political Interference in Sover-eign Wealth Funds' Public Equity Investments. BAFFI CARE-FIN Centre Research Paper, 2017, (2017-64).

Boston Consulting Group: Conglomerate Report 2002 und 2006.

Boston Consulting Group/Handelshochschule Leipzig: The Power of Diversified Companies during Crises, Januar 2012, http://image-src.bcg.com/Images/BCG_ The_Power_of_Diversified_Companies_During_Crises_Jan_12_tcm9-106136. pdf, abgerufen am 1.2.2020

Botta, V.: Due Diligence, BBK, o. Jg. (2000), S. 277–288.

Bouchon, M./Müller-Michaels, O.: Erwerb börsennotierter Unternehmen, in: Hölters, W.: Handbuch des Unternehmens- und Beteiligungskaufs, 6. Auflage, Köln 2005, S. 1063–1128.

von Boxberg, F.: Das Management Buyout-Konzept–Eine Möglichkeit zur Herauslösung krisenhafter Tochtergesellschaften, Hamburg 1989.

Brady, C./Lorenz, A.: End of the Road, London 2000.

von Braunschweig, P.: Variable Kaufpreisklauseln in Unternehmenskaufverträgen, DB, 55. Jg. (2002), S. 1815–1818.

Brealey, R. A./Myers, S. C./Allen, F.: Principles of Corporate Finance, 13. Auflage, New York 2019.

Bredy, J./Strack, V.: Financial Due Diligence I: Vermögen, Ertrag und Cashflow, in: Berens, W./Brauner, H.U./Strauch, J.: Due Diligence bei Unternehmensakquisitionen, 6. Auflage, Düsseldorf 2011, S. 383–405.

Brennan, M. J.: Taxes, Market Valuation and Corporate Financial Policy, National Tax Journal, 23. Jg. (1970), S. 417–427.

Bretzke, W.-R.: Möglichkeiten und Grenzen einer wissenschaftlichen Lösung praktischer Prognoseprobleme, BFuP, 27. Jg. (1975), S. 496–515.

Bretzke, W.-R.: Risiken in der Unternehmensbewertung, ZfbF, 40. Jg. (1988), S. 813–823.

Bretzke, W.-R.: Wertbegriff, Aufgabenstellung und formale Logik einer entscheidungsorientierten Unternehmensbewertung, ZfB, 35. Jg. (1975), S. 497–502.

Bretzke, W.-R.: Zur Berücksichtigung des Risikos bei der Unternehmensbewertung, ZfbF, 28. Jg. (1976), S. 153–165.

Breuer, W.: Investition I. Entscheidungen bei Sicherheit, 4. Auflage, Wiesbaden 2012.

Brösel, G./Müller, S.: Goodwillbilanzierung nach IFRS aus Sicht des Beteiligungscontrollings, KoR, 3. Jg. (2007), S. 34–42.

Brösel, G.: Bilanzanalyse, 15. Auflage, Berlin 2017.

Brösel, G.: Eine Systematisierung der Nebenfunktionen der funktionalen Unternehmensbewertungstheorie, BFuP, 58. Jg. (2006), S. 128–143.

Brown, S.J./Warner, J.B.: Measuring Security Price Performance, Journal of Financial Economics, 8. Jg. (1980), S. 205–258.

Brück, M.J.J./Sinewe, P.: Steueroptimierter Unternehmenskauf, 2. Auflage, Wiesbaden 2010.

Brücks, M./Kerkhoff, G./Richter, M.: Impairment Test für den Goodwill nach IFRS. Vergleich mit US-GAAP: Gemeinsamkeiten und Unterschiede. KoR, 1. Jg. (2005), S. 1–7.

Bruner R.F.: Applied Mergers & Acquisitions, New Jersey 2004.

Bryson, B.: Eine kurze Geschichte der alltäglichen Dinge, München 2011.

Buchholz, R.: Grundzüge des Jahresabschlusses nach HGB und IFRS, 10. Auflage, München 2019.

Buckley, A. et al.: Finanzmanagement europäischer Unternehmen, London u.a. 1998.

Buhleier, C.: Der IFRS Goodwill Impairment Test, in: Internationale Rechnungslegung und Internationales Controlling, Wiesbaden 2011, S. 479–513.

Bünder, H.: Millionen-Boni für Postbank-Vorstand, FAZ vom 9.3.2009, http://www.faz.net/aktuell/wirtschaft/unternehmen/verguetung-millionenboni-fuer-postbank-vorstand-1920143.html (abgerufen am 15.8.2012).

Bundeskartellamt: Fusionskontrolle, https://www.bundeskartellamt.de/DE/Fusions kontrolle/fusionskontrolle_node.html (abgerufen am 9.1.2020).

Bundesministerium für Wirtschaft und Technologie: Übersicht über die bisherigen Anträge auf Ministererlaubnis nach § 24 Abs. 3/§ 42 GWB, http://www.bmwi.de/BMWi/Redaktion/PDF/Wettbewerbspolitik/antraege-auf-minister erlaubnis,property=pdf,bereich=bmwi,sprache=de,rwb=true.pdf, abgerufen am 5.7.2012.

Burnham, T.C.: High-testosterone men reject low ultimate game offers, Proceedings of the Royal Society, 274. Jg. (2007), S. 2327–2330.

Burrough, B./Helyar, J.: Barbarians at the Gate, New York u. a. 2009.

Burton, J.: Composito Strategy: The combination of collaboration and competition, Journal of General Management, 21. Jg. (1995), S. 3–28.

Capen, A.C./Clapp, R.V./Campbell, W.M.: Competitive Bidding in High Risk-Situations, Journal of Petroleum Technology, 23. Jg. (1971), S. 641–653.

Capron, L./Mitchell, W.: Selection capability: How capability gaps and internal social frictions affect internal and external strategic renewal, Organization Science, 20. Jg. (2009), S. 294–312.

Carew, E.: The language of money, Sydney 1985.

Cartwright, S./Cooper, C.L.: The role of culture compatibility in successful organizational marriage, Academy of Management Executive, 7. Jg. (1993), S. 57–70.

Cassady, R.: Auctions and Auctioneering, Berkley u. a. 1967.

Casselman, J.W.: Chinas latest threat to the United States. The failed CNOOC-UNOCAL merger and its implication for Exon-Florio and CFIUS, Indiana International & Comparative Law Review, 17. Jg. (2007), S. 155–186.

Chemmanur, T.J./Jiao, Y.: Dual Class IPOs, Share Recapitalizations, and Unifications: A Theoretical Analysis, Working Paper Boston College, Carroll School of Management, 2007.

Chen, X./Ullah, S.: Motives and Consequences of White Knight Takeovers, Journal of Corporate Accounting & Finance, July 2018, S. 47–69.

Chmielewicz, K.: Forschungskonzeptionen der Wirtschaftswissenschaften, 3. Auflage, Stuttgart 1994.

Christiansen, A.: Der „more economic approach" in der EU Fusionskontrolle, ZfW, 55. Jg. (2006), S. 150–174.

Clemens, M./Fuhrmann, W.: Rohstoffbasierte Staatsfonds. Theorie und Empirie, Potsdam 2008.

Coase, R.H.: The Acquisition of Fisher Body by General Motors, Journal of Law and Economics, 43. Jg. (2000), S. 15–31.

Coase, R.H.: The Conduct of Economics–The Example of Fisher Body and General Motors, Journal of Economics and Management Strategy, 15. Jg. (2006), S. 255–278.

Coenenberg, A.G./Haller, A./Schultze, W.: Jahresabschluss und Jahresabschlussanalyse, 25. Auflage, Landsberg/Lech 2018.

Coenenberg, A.G.: Unternehmensbewertung aus Sicht der Hochschule, in: Busse von Colbe, W./Coenenberg, A.G.: Unternehmensakquisition und Unternehmensbewertung, Stuttgart, S. 89–108.

Coenenberg, A.G.: Verkehrswert und Restbetriebsbelastung, DB, 39. Jg. (1986), Beilage 2.

Coff, R.W.: How Buyers Cope with Uncertainty when Acquiring Firms in Knowledge Intensive Industries: Caveat Emptor, Organization Science, 10. Jg. (1999), S. 144–161.

Cohen-Charash, Y./Spector, P.E.: The role of justice in organization: A meta-analysis, Organizational Behavior and Human Decision Processes, 86. Jg. (2001), S. 278–321

Conrad, P.: Komplexitätsbewältigung auf Individualebene–Zur Bedeutung reflexiver Subjektivität, in: Eberl, P./Geiger, D./Koch, J.: Komplexität und Handlungsspielraum, Berlin 2012, S. 167–189.

Copeland, T.E./Lee, W.H.: Exchange Offers and Stock Swaps–A Signalling Approach: Theory and Evidence, Financial Management, 20. Jg. (1991), Nr. 3, S. 34–48.

Corden, W.M./Neary, J.P.: Booming Sector and De-Industrialisation in a Small Open Economy, The Economic Journal, 92. Jg. (1982), S. 825–848.

Corrado, C. J.: Event studies: A methodology review, Accounting & Finance, 51. Jg. (2011), S. 207–234.

Cottier, P.: Hedge Funds and Managed Futures: Risks, Strategies, and Use in Investment Portfolios, 3. Auflage, Bern u. a. 2000.

Covin, T.-J./Kolenko, T. A.; Sightler, K. W.; Tudor, K. R.: Leadership style and post-merger satisfaction, Journal of Management Development, 16. Jg. (1997), S. 22–33.

Cox, J.C./Isaac, R.M.: In Search of the Winner's Curse, Economic Inquiry, 22. Jg. (1984), S. 579–592.

Cuthbertson, K.: Quantitative Financial Economics, 2. Auflage, Chichester 2004.

Cyert, R./March, J.: Eine verhaltenswissenschaftliche Theorie der Unternehmung, Stuttgart 1995.

Damodaran, A.: Investment Valuation, 3. Auflage, New York 2012.

Damodaran, A.: Damodaran on Valuation, 2. Auflage, Hoboken 2006.

Danziger, S./Levav, J./Avnaim-Pesso, L.: Extraneous Factors in Judical Decisions, Proceedings of the National Academy of Science, http://www.pnas.org/content/108/17/6889.full#cited-by.

Dasgupta, P./Maskin, E.: Efficient Auctions, Quarterly Journal of Economics, 65. Jg. (2000), S. 341–388.

Datta, D.K./Pinches, G.E./Narayanan, V.K.: Factors influencing wealth creation from mergers and acquisitions: A meta- analyses, Strategic Management Journal, 13. Jg. (1991), S. 67–84.

Datta, D.K.: Organizational fit and acquisition performance: Effects of post-acquisition integration, Strategic Management Journal, 12. Jg. (1991), S. 281–297.

Davis, M.D.: Game Theory. A Nontechnical Introduction, New York 1997.

Davis, P.E./Steil, B.: Institutional Investors, New York 2001.

De Wit, B./Meyer, R.: Strategy, 3. Auflage, London 2004.

Deister, J./Geier, A.: Der UK Bribery Act 2010 und seine Auswirkungen auf deutsche Unternehmen, CCZ, 4. Jg. (2011), S. 12–18.

Denis, D. J./Denis, D.K/Yost, K.: Global Diversification, Industrial Diversification and Firm Value, Journal of Finance, 57. Jg. (2002), S. 1951–1979.

DePamphilis, D.M.: Mergers, Acquisitions, and Other Restructuring Activities, 10. Auflage, San Diego 2019.

Dinc, S./Erelin, I.: Economic Nationalism in Mergers and Acquisitions, Journal of Finance 68. Jg. (2013), S. 2471–2514.

Ditz, X./Tcherveniachki, V.: Behandlung von Akquisitionsaufwendungen im Rahmen des unmittelbaren oder mittelbaren Erwerbs von Beteiligungen, DB, 64. Jg. (2010), S. 2676–2681.

Dobelli, R.: Die Kunst des klaren Denkens, München 2011.

Domschke, W./Scholl, A.: Grundlagen der Betriebswirtschaftslehre, 2. Auflage, Berlin 2003.

Dörner, D./Buerschaper, C.: Denken und Handeln in komplexen Systemen, in: Ahlemeyer, H.W./Königswieser, R.: Komplexität managen, Frankfurt 1998, S. 79–91.

Dreher, M./Ernst, D.: Mergers & Acquisitions, 2. Auflage, Konstanz u. a. 2016.

Drukarczyk, J./Schüler, A.: Unternehmensbewertung, 7. Auflage, München 2016.

Dullien, S.: Kontrolle bei Übernahmen durch Nicht-EU-Ausländer auch zur Verteidigung von Technologieführerschaft sinnvoll, ZfWP, 68. Jg. (2019), S. 45–52.

Dunlop, B./McQueen, D./Trebilcock, M.: Canadian Competition Policy: A Legal and Economic Analysis, Toronto 1987, S. 185–206.

DVFA Expert Group „Corporate Valuation and Transactions": Die Best Practice Empfehlungen der DVFA zur Unternehmensbewertung, CFB, 14. Jg. (2012), S. 43–50.

Ecker, M.: Die sechste M&A Welle im Vergleich zu vorangegangenen Fusionswellen, M&A Review, o. Jg. (2008), S. 509–512.

Eichberger, G.: Grundzüge der Mikroökonomik, Tübingen 2004.

Eisele, F.: Going Private in Deutschland, Wiesbaden 2006.

Eisenführ, F.: Preisfindung für Beteiligungen mit Verbundeffekt, ZfbF, 23. Jg. (1971), S. 467–479.

Eisinger, G./Bühler, T.: Management-Incentives im Lichte der aktuellen Diskussion – Eigentümer-orientierte Incentivierung, M&A Review, o. Jg. (2008), S. 248–250.

Eitelwein, O. et al.: Private Equity Controlling–Was Konzerncontroller von Private Equity Gesellschaften für das eigene Beteiligungsmanagement lernen können, in: Ernst, E. et al. (Hrsg.): Die neue Rolle des Controllers, Stuttgart 2008, S. 119–146.

Emrich, C.: Interkulturelles Management, Stuttgart 2011.

Engel-Ciric, D.: Bilanzierung des Geschäfts- oder Firmenwerts nach BilMoG, BC, 33. Jg. (2009), S. 445–450.

Engle, E.: Green with Envy? Greenmail is Good! Rational Economic Responses to Greenmail in a Competitive Market for Managers and Capital, DePaul Business & Commercial Law Journal, 5. Jg. (2007), S. 427–436.

Ernst, D./Ammann, T. et al.: Internationale Unternehmensbewertung, München 2012.

Esch, F.-R./Herrmann, A./Sattler, H.: Marketing–Eine managementorientierte Einführung, 3. Auflage, München 2011.

Ettinger, J./Jaques, H.: Beck'sches Handbuch Unternehmenskauf im Mittelstand: Vertragsgestaltung und steuerliche Strukturierung für Käufer und Verkäufer, 2. Auflage, München 2016.

Ewert, R./Wagenhofer, A.: Interne Unternehmensrechnung, 8. Auflage, Heidelberg u.a. 2014.

Fabel, O./Kolmar, M.: On Golden Parachutes as Manager Discipline Devices in Takeover Contests, Research Paper Series, Thurgauer Wirtschaftsinstitut.

Fama, E.F.: Efficient Capital Markets: A Review of Theory and Empirical Work, Journal of Finance, 25. Jg. (1970), S. 383–417.

Fama E.F./French K.R.: The Capital Asset Pricing Model: Theory and Evidence, Journal of Economic Perspectives, 18. Jg. (2004), S. 25–46.

Fama, E.F./Fisher, L./Jensen, M.C./Roll, R.: The adjustment of stock prices to new information, International Economics Review, 10. Jg. (1969), S. 1–31.

Fama, E.F./MacBeth, J.D.: Risk, Return, and Equilibrium: Empirical Tests, Journal of Political Economy, 81. Jg. (1973), S. 607–636.

Fang, T.: Chinese business negotiating style, Thousand Oaks 1999.

Farhadi, M./Tovstiga, G: Kommunikation in M&A Transaktionen. Ereignisse und Herausforderungen, M&A Review, o. Jg. (2008), S. 186–193.

Faust-Beyer, T.: Cartel Issues, in: Tischendorf, S.: Strategies for Successful Acquisitions in Germany, London 2000, S. 91–124.

Finkelstein, S./Halebian, J.: Understanding acquisition performance: The role of transfer effects, Organization Science, 13. Jg. (2002), S. 36–47.

Fishburn, P.C.: Decision and Value Theory, New York 1964.

Fisher, I.: The Theory of Interest, New York 1930.

Fleischer, H.: Ungeschriebene Hauptversammlungszuständigkeiten im Aktienrecht. Von Holzmüller zu Gelatine, NJW, 57. Jg. (2004), S. 2335–2339.

Flynn, J.T.: God`s gold–the story of Rockefeller and his times, Auburn 2007.

Frain, R.H./Mills, R.H.: The Effects of Default and Credit Deterioration on Yields of Corporate Bonds, Journal of Finance, 16. Jg. (1961), S. 423–434.

Franck, E./Meister, U.: Vertikale und horizontale Unternehmenszusammenschlüsse, in: Wirtz, B.W.: Handbuch Mergers & Acquisitions Management, Wiesbaden 2006, S. 79–107.

Franke, G./Hax, H.: Finanzwirtschaft des Unternehmens und Kapitalmarkt, 6. Auflage, Berlin u. a. 2009.

Freidank, C.C.: Unternehmensüberwachung, München 2012.

Freiling, J.: Ressourcenmotivierte Mergers & Acquisitions, in: Wirtz, B. W.: Handbuch Mergers & Acquisitions Management, Wiesbaden 2006, S. 11–34.

Freygang, W.: Kapitalallokation in diversifizierten Unternehmen–Ermittlung divisionaler Eigenkapitalkosten; Wiesbaden 1993.

Friedrich, K.: Erfolgreich durch Spezialisierung, 2. Auflage, Heidelberg 2007.

Fritz, K.O.: Gibt es eine Notwendigkeit für feindliche Übernahmen in Deutschland?, in: Wirtz, B.W.: Handbuch Mergers & Acquisitions Management, Wiesbaden 2006, S. 109–129.

Frommann, H./Dahmann, A.: Zur Rolle von Private Equity und Venture Capital in der Wirtschaft, Working Paper des Bundesverbandes Deutscher Kapitalbeteiligungsgesellschaften, Berlin 2005.

Funk, J.: Aspekte der Unternehmensbewertung in der Praxis, ZfbF, 47. Jg. (1995), S. 591–514.

Gaffal, M./Padilla-Galvez, J.: Andere Länder, andere Sitten, econmag, 2/2007, http://www.econmag.de/magazin/2007/2/30+Andere+L%E4nder%2C+andere+Sitten (abgerufen am 14.8.2012).

Gaughan, P.A.: Mergers, Acquisitions, and Corporate Restructurings, 7. Auflage, Holboken 2018.

Geller, M.: Coke to buy top bottler's North America operations, Reuters vom 25.02.2010, http://www.reuters.com/article/2010/02/25/us-cocacola-idUSTRE6 1O03Y20100225, abgerufen am 11.12.2011.

Gerds, J./Schewe, G.: Post Merger Integration, 4. Auflage, Berlin 2011.

Gericke, G.: 17.3.1929–General Motors kauft Opel (o.D.), http://www.kalenderblatt.de/index.php?what=thmanu&manu_id=84&tag=17&monat=3&weekd=&weekdnum=&year=2005&lang=de&dayisset=1 (abgerufen am 25.9.2011).

Gerke, W./Garz, H./Oerke, M.: Die Bewertung von Unternehmensübernahmen auf dem deutschen Aktienmarkt, ZfbF, 47. Jg. (1995), S. 805-820.

Gerpott, T.J./Neubauer, F.B.: Integrationsgestaltung und Zusammenschlusserfolg nach einer Unternehmensakquisition–Eine empirische Studie aus Mitarbeitersicht, ZfbF, 63. Jg. (2011), S. 118–154.

Gerpott, T.J.: Integrationsgestaltung und Erfolg von Unternehmensakquisitionen, Stuttgart 1993.

Gettler, L.: Rio considers "Pac Man" Strategy, The Age vom 16.11.2007, http://www.theage.com.au/news/business/rio-considers-pac-man-strategy/2007/11/16/1194766924029.html?dlbk (abgerufen am 28.3.2012).

Glaum, M./Hutzschenreuther, T.: Mergers & Acquisitions, Stuttgart 2010.

Glaum, M.: Internationalisierung und Unternehmenserfolg, Wiesbaden 1996.

Glöckner, A.: The irrational hungry judge effect revisited: Simulations reveal that the magnitude of the effect is overestimated. Judgment and Decision Making, 11. Jg. (2016), S. 601–610.

Goldhar, J.D./Jelinek, M.: Plan for Economies of Scope, HBR, 61. Jg. (1983), Nr. 6, S. 141–148.

Gomez, P./Weber, B.: Akquisitionsstrategien. Wertsteigerung durch Übernahme von Unternehmen, Stuttgart 1989.

Gort, M.: An economic disturbance theory of mergers, The Quarterly Journal of Economics, 83. Jg. (1969), S. 624–642.

Göthel, S.R.: Erwerb von Familienunternehmen durch Familienfremde–potentielle Erwerber und Verfahrensablauf, BB, 67. Jg. (2012), S. 726–728.

Graeber, D.: Schulden. Die ersten 5000 Jahre, Stuttgart 2012

Graef, A.: Aufsicht über Hedgefonds im deutschen und amerikanischen Recht, Berlin 2008.

Graßhoff, U./Schwalbach, J.: Managervergütung und Unternehmenserfolg, ZfB, 67. Jg. (1997), S. 203–217.

Greiner, L.E.: Evolution and Revolution as Organizations Grow, HBR, 50. Jg. (1972), Nr. 4, S. 37–46.

Grigoryan, A.: The ruling bargain: Sovereign wealth funds in elite-dominated societies, Economics of Governance, 17. Jg. (2016), S. 165–184.

Groenewald, H./Leblanc, B.(Hrsg.): Personalarbeit auf Marktwirtschaftskurs. Transformationsprozesse im Joint Venture Skoda – Volkswagen, Neuwied u.a. 1996.

Groh, A.: Risikoadjustierte Performance von Private-Equity Investitionen, Wiesbaden 2004.

Grosse-Hornke, S./Gurk, S.: Erfolgsfaktor Unternehmenskultur bei Unternehmensakquisitionen, FB, 11. Jg. (2009), S. 100–104.

Grosse-Hornke, S./Gurk, S.: Unternehmenskultur bei Fusionen–auch aus Kundensicht relevant?, M&A Review, o.Jg. (2009), S. 486–492.

Großfeld, B.: Unternehmens- und Anteilsbewertung im Gesellschaftsrecht, 4. Auflage, Köln 2001.

Guth, W./Schmittberger, R., Schwarze, B.: An experimental analysis of ultimatum bargaining, Journal of Economic Behavior and Organization, 52. Jg. (1982), S. 367–388.

Gutmann, G.: Volkswirtschaftslehre. Eine ordnungstheoretische Einführung, 3. Auflage, Stuttgart 1990.

Haag, T.: Beteiligungsstrategien zur Erschließung von Innovationen, Wiesbaden 1995.

Haaker, A.: Die Zuordnung des Goodwill auf Cash Generating Units zum Zweck des Impairment Test nach IFRS–Zur Berücksichtigung eines negativen Goodwill auf Ebene der Cash Generating Units, KoR, 1. Jg. (2005), S. 426–434.

Haaker, A.: Potential der Goodwill-Bilanzierung nach IFRS für eine Konvergenz im wertorientierten Rechnungswesen, Wiesbaden 2008.

Hachmeister, D.: Der Discounted Cashflow als Unternehmenswert, WISU, 25. Jg. (1996), S. 357–366.

Hachmeister, D.: Die Abbildung der Finanzierung im Rahmen verschiedener Discounted Cashflow-Verfahren, ZfbF, 48. Jg. (1996), S. 251–277.

Hackmann, S.: Organisatorische Gestaltung in der Post Merger Integration, Wiesbaden 2011.

Hafner, R.: Unternehmensbewertung als Instrument zur Durchsetzung von Verhandlungspositionen, BFuP, 45. Jg. (1993), S. 79–89.

Hahn, D./Hungenberg, H.: PuK Planung und Kontrolle, 6. Auflage, Wiesbaden 2001.

Halebian, J./Finkelstein, S.: The influence of organizational acquisition experience on acquisition performance: A behavioral learning perspective, Administrative Science Quarterly, 44. Jg. (1999), S. 29–56.

Halin, A.: Vertikale Innovationskooperation: Eine transaktionskostentheoretische Analyse, Frankfurt 1995.

Hall, C.D.: A Dutch Auction Information Exchange, Journal of Law & Economics, 32. Jg. (1989), S. 195–213.

Hall, P.A./Soskice, D.: An Introduction to Varieties in Capitalism, in: Hall, P.A./Soskice, D.: Varieties of Capitalism. Institutional Foundations of Comparative Advantage, Oxford 2001, S. 1–68.

Hamon, T./Hagedorn, M.: Post Merger Integration: Herausforderungen für die neue Integrationswelle, M&A Review, o.Jg. (2010), S. 294–299.

Handy, C.: Understanding Organizations, 4. Auflage, London 1993.

Hansen, R.G.: A Theory for the Choice of Exchange Medium in Mergers and Acquisitions, Journal of Business, 60. Jg. (1987), S. 75–95.

Harford, J.: What drives Merger Waves?, Journal of Financial Economics, 77. Jg. (2005), S. 529–560.

Harris, R.S./Pringle, J.J.: Risk-Adjusted Discount Rates–Extensions from the Average-Risk Case, Journal of Financial Research, 8. Jg. (1985), S. 237–244.

Harrison, R.: How to Describe your organization, HBR, 50. Jg. (1972), Nr. 3, S. 119–128.

Hartmann-Wendels, T./Pfingsten, A./Weber, M.: Bankbetriebslehre, 4. Auflage, Heidelberg u.a. 2007.

Hasselbach, K.: Aktuelle Rechtsfragen des aktien- und übernahmerechtlichen Ausschlusses von Minderheitsaktionären, CFL, 2. Jg. (2010), S. 24–34.

Hauschildt, J./Leker, J./Mensel, N.: Der Cashflow als Krisenindikator, in: Hauschildt, J./Leker, J. (Hrsg.): Krisendiagnose durch Bilanzanalyse, 2. Auflage, 2000, S. 49–70.

Hax, H.: Entscheidungsmodelle in der Unternehmung, Reinbek 1974.

Hax, H.: Investitionsrechnung und Periodenerfolgsmessung, in: Delfmann, W. (Hrsg.): Der Integrationsgedanke in der Betriebswirtschaft, Wiesbaden 1989, S. 153–170.

von Hayek, F. A.: Die Anmaßung von Wissen, ORDO, 26. Jg. (1973), S. 12–21.

Hayn, S./Waldersee, G.et al.: IFRS/HGB/HGB BilMoG im Vergleich, 8. Auflage, Stuttgart 2014.

Healy, P. M./Palepu, K. G./Ruback, R. S.: Which takeovers are profitable? Strategic or financial?, Sloan Management Review, 38. Jg. (1997), Nr. 4, S. 45–57.

Heide, D.: Bundesregierung vereitelt Einstieg der Chinesen beim Netzbetreiber 50Hertz, Handelsblatt vom 27.7.2018, abgerufen am 3.2.2020.

Heimann, C./Timmreck, C./Lukas, E.: Ist der Einsatz von Earn-outs durch deutsche Käuferunternehmen erfolgreich?, Corporate Finance biz, Nr. 1, o.Jg. (2012), S. 17–23.

Helbling Corporate Finance AG: Management Letter Due Diligence, Zürich 2007.

Helbling, C.: DCF-Methode und Kapitalkostensatz in der Unternehmensbewertung falls kein Fair Market Value, Schweizer Treuhänder, 67. Jg. (1993), S. 157–164.

Helbling, C.: Unternehmensbewertung und Steuern, 9. Auflage, Düsseldorf 1998.

Helbling, C.: Unternehmenswertorientierung durch Restrukturierungsmaßnahmen durch Minimierung des betrieblichen Substanzwertes, Die Unternehmung, 43. Jg. (1989), S. 173–182.

Hengstenberg, M.: Als GM noch Opels Retter war, Spiegel Online, http:// einestages.spiegel.de/static/topicalbumbackground/3740/als_gm_noch_opels_ retter_war.html (abgerufen am 25.9.2011).

Henselmann, K.: Gründe und Formen typisierender Unternehmensbewertung, BFuP, 58. Jg. (2006), S. 144–157.

Henselmann, K./Kniest, W.: Unternehmensbewertung: Praxisfälle mit Lösungen, 5. Auflage, Herne 2016.

Hering, T./Brösel, G.: Der Argumentationswert als „blinder Passagier" im IDW S 1, WPg, 57. Jg. (2004), S. 936–942.

Hering, T.: Unternehmensbewertung, 2. Auflage, München u.a. 2006.

Hering, T./Toll, C./Gerbaulet, D.: Hauptfunktionen der Unternehmensbewertung, Controlling, 31. Jg. (2019), S. 36–42.

Herzig, N.: Steuerorientierte Grundmodelle beim Unternehmenskauf, DB, 43. Jg. (1990), S. 133–138.

Heurung, R.: Zur Anwendung und Angemessenheit verschiedener Unternehmenswertverfahren im Rahmen von Umwandlungsfällen (Teil II), DB, 50. Jg. (1997), S. 888–892.

Hickman, W.B.: Corporate Bond Quality and Investor Experience, Princeton 1958.

Higson, A./Shinozawa, Y./Tippett, M.: IAS 29 and the cost of holding money under hyperinflationary conditions, Accounting Business Review, 21. Jg. (2007), S. 97–121.

Hilgard, M.C.: Earn-Out Klauseln beim Unternehmenskauf, BB, 65. Jg. (2010), S. 2912–2919.

Hillier, D./Ross, S./Westerfield, R./Jaffe, J./Jordan, B.: Corporate Finance, European Edition, London u. a. 2010.

Hinne, C.: Mergers & Acquisitions Management, Wiesbaden 2008.

Hirshleifer, J.: On the Theory of optimal Investment Decision, Journal of Political Economy, 66. Jg. (1958), S, 329–352.

Hitt, M. A./Hoskisson, R. E./Ireland, R. D./Harrison, J. S.: Effects of acquisitions on R&D inputs and outputs, Academy of Management Journal, 34. Jg. (1991), S. 693–706.

Hochhold, S./Rudolph, B.: Principal-Agent-Theorie, in: Schwaiger, M./Meyer, A.: Theorien und Methoden der Betriebswirtschaft, München 2009, S. 131–145.

Hoffjan, A.: Internationales Controlling, Stuttgart 2009.

Hoffmann, K.: Heiner Kamps backt doch nicht im großen Stil, Lebensmittel Zeitung vom 28.12.2007, S. 16.

Höhn, J.: Auf die Shopping-Tour folgt jetzt der Katzenjammer, Handelszeitung vom 3.3.1999, http://www.pme.ch/de/artikelanzeige/artikelanzeige.asp?pkBerichtNr=34047 (abgerufen am 24.2.2012).

Höhn, W.: Lock-up Agreements, FB, 6. Jg. (2004), S. 223–230.

Holler, J.: Einführung in die Event Study Methodik, Aachen 2016.

Holler, M.J./Illing, G.: Einführung in die Spieltheorie, 6. Auflage, Heidelberg u. a. 2005.

Holub, H.W.: Eine Einführung in die Geschichte des ökonomischen Denkens, Band V: Die Ökonomik des 20. Jahrhunderts, Teil 2: Englische und amerikanische Ökonomen, Wien u. a. 2012.

Holzapfel, H.J./Pöllath, R.: Unternehmenskauf in Recht und Praxis: Rechtliche und steuerliche Aspekte, 15. Auflage, Frankfurt 2017.

Homburg, C./Bucerius, M.: Is speed of integration really a success factor of mergers and acquisitions? An analysis of the role of internal and external relatedness, Strategic Management Journal, 27. Jg. (2006), S. 347–367.

Homburg, C.: Kundenbindung im Umfeld von Fusionen und Akquisitionen, in: Picot, A./Nordmeyer, A./Pribilla, A.: Management von Akquisitionen, Stuttgart 2000, S. 169–180.

Hommel, M./Pauly, D.: Unternehmenssteuerreform 2008: Auswirkungen auf die Unternehmensbewertung, BB, 62. Jg. (2007), S. 1155–1161.

Höpner, M./Krempel, L.: Ein Netzwerk in Auflösung: Wie die Deutschland AG zerfällt, Max Planck Institut für Gesellschaftsforschung, Manuskript vom 5. Juli 2006, http://www.mpifg.de/aktuelles/themen/doks/Netzwerk_in_Aufloesung-w.pdf; (abgerufen am 2. Januar 2012).

Hosterbach, E.: Unternehmensbewertung–Die Renaissance des Substanzwertes, DB, 40. Jg. (1987), S. 897–902.

Hu, N./Li, L./Li, H./Wang, X.: Do mega-mergers create value? The acquisition experience and mega-deal outcomes, Journal of Empirical Finance, 55. Jg. (2020), S. 119–142.

Hubbard, R.G./Palia, D.A.: A Reexamination of the Conglomerate Merger Wave in the 1960s: An Internal Capital Markets View, Journal of Finance, 54. Jg. (1999), S. 1131-1152.

Huerkamp, C.: Fusionen der 100 größten Unternehmen von 1907 zwischen 1887 und 1907, in: Horn and Kocka (Hrsg.), Recht und Entwicklung der Großunternehmen, Göttingen 1979, S. 113–117.

Hülsberg, F./Feller, S./Parsow, C.: Anti Fraud Management, ZRFC, 2. Jg. (2007), S. 204–208.

Humpert, F.W.: Unternehmensakquisition–Erfahrungen beim Kauf von Unternehmen, DBW, 45. Jg., (1985), S. 30–41.

Hutzschenreuter, T.: Allgemeine Betriebswirtschaftslehre, 6. Auflage, Wiesbaden 2015.

Ibrahimi, M.: Mergers and Acquisitions: Theory, Strategy, Finance, 2. Auflage, New York 2018.

Institut der Wirtschaftsprüfer: IDW Standard 1: Grundsätze zur Durchführung von Unternehmensbewertungen, WPg, 53. Jg. (2000), S. 825–842.

Institute for Mergers, Acquisitions, Alliances IMAA: www.imaa.org (abgerufen am 9.1.2020).

Ismail, A.: Which acquirers gain more, single or multiple? Recent evidence from the USA market, Global Finance Journal, 19. Jg. (2008), S. 72–84.

Jaensch, G.: Unternehmensbewertung bei Akquisitionen in den USA, ZfbF, 41. Jg. (1989), S. 329–339.

Jäger, A./Campos Nave, J.A.: Praxishandbuch Corporate Compliance, Weinheim 2009.

Jahn, T.: Tycoon bleibt Tycoon, brand eins, o.Jg. (2006), S. 132–139.

Jansen, S.A.: Mergers & Acquisitions, 6. Auflage, Wiesbaden 2016.

Jensen, M.C.: Agency Costs of Free Cash Flow, Corporate Finance, and Takeovers, AER, 76. Jg. (1986), S. 323–329.

Jensen, M.C.: Some Anomalous Evidence Regarding Market Efficiency, Journal of Financial Economics, 6. Jg. (1978), S. 95–101.

Jensen, M.C.: The Takeover Controversy: Analysis and Evidence, Midland Corporate Finance Journal, Nr. 4, 4. Jg. (1986), S. 5–32.

Jensen, M.C./Ruback, R.S.: The Market of Corporate Control–The Scientific Evidence, Journal of Financial Econmics, 11. Jg. (1983), S. 5–50.

Jerger, J.: Das St. Petersburg Paradoxon, WiSt, 21. Jg. (1992), S. 407–410.

Jevons, S.: The Theory of Political Economy, London u.a. 1871.

Johnson, G./Scholes, K./Whittington, R.: Strategisches Management, 11. Auflage, München 2018.

Jonas, M.: Die Bewertung mittelständischer Unternehmen–Vereinfachungen und Abweichungen, WPg, 64. Jg. (2011), S. 299–309.

Jonas, M.: Unternehmensbewertung: Zur Anwendung der Discounted-Cashflow Methode in Deutschland, BFuP, 47. Jg. (1995), S. 83–98.

Jung, H.: Allgemeine Betriebswirtschaftslehre, 12. Auflage, München 2010.

Jungkind, V./Ruthemeyer, T.: Datenschutz in der Unternehmenstransaktion, Der Konzern, 17. Jg. (2019), S. 429–437.

Kampmann, R./Walter, J.: Mikroökonomie: Markt, Wirtschaftsordnung, Wettbewerb, München u.a. 2009.

Kaplan, R.S./Norton, D.P.: Translating strategy into action: the balanced scorecard, Boston 1996.

Kasperzak, R.: Wertminderungstest nach IAS 36–Ein Plädoyer für die Abschaffung des erzielbaren Beitrags, BFuP, 63. Jg. (2011), S. 1–17.

Katz, D./Braly, K.W.: Racial stereotypes of one hundred college students, Journal of Abnor-mal Psychology, 28. Jg. (1933), S. 280–290.

Kay, I./Shelton, M.: The people problem in Mergers, McKinsey Quarterly, 20. Jg. (2000), S. 27–37.

Keller, M./Marquardt, O.: Jahresrückblick 2010 und Ausblick 2011 auf dem deutschen Small- und Mid-Cap M&A-Markt, M&A Review, o. Jg. (2011), S. 58–62.

Kessler, W./Hinz, B.: Kernbereiche der Verlustverrechnung–Verfassungswidrigkeit von § 8c KStG, DB, 64. Jg. (2011), S. 1771–1774.

Kiem, R.: M&A Transaktionen ausländischer Investoren in Deutschland, CFL, 2. Jg. (2011), S. 179–183.

Kierspel, R.: Cross-Border-M&A–Nationale und europarechtliche Schranken grenzüberschreitender M&A Transaktionen, M&A Review, o. Jg. (2010), S. 532–537.

Kinast, G.: Abwicklung einer Akquisition, in: Baetge, J. (Hrsg.): Akquisition und Unternehmensbewertung, Düsseldorf 1991, S. 31–43.

Kindt, A./Stanek, D.: MAC-Klauseln in der Krise, BB, 65. Jg. (2010), S. 1490–1495.

King, D.R./Dalton, D.R./Daily, C.M./Covin, J.G.: Meta-Analysis of Post-Acquisition Performance: Identification of Unidentified Moderators, Strategic Management Journal, 25. Jg. (2003), S. 187–200.

Klein, B./Crawford, R.B./Alchian, A.R.: Vertical Integration, Appropriable Rents, and the Competitive Contracting Process, Journal of Law and Economics, 21. Jg. (1978), S. 297–326.

Klein, B.: Fisher–General Motors and the Nature of the Firm, Journal of Law and Economics, 43. Jg. (2000), S. 105–140.

Klein, P. G.: Were the acquisitive conglomerates inefficient?, RAND Journal of Economics, 32. Jg. (2001), S. 745–761.

Klemisch, H./Sack, K./Ehrsam, C.: Betriebsübernahme durch Belegschaften–eine aktuelle Bestandsaufnahme, Studie im Auftrag der Hans Böckler Stiftung, Köln 2010.

Kloepfer, I.: Dank der Finanzinvestoren geht es Grohe besser. Grohe Chef Haines über Heuschrecken, FAZ vom 25.2.2011, http://www.faz.net/aktuell/wirtschaft/ unternehmen/grohe-chef-haines-ueber-heuschrecken-dank-der-finanzinvestoren -geht-s-grohe-besser-1595961.html (abgerufen am 12.4.2012).

Klunzinger, E.: Einführung in das Bürgerliche Recht, 16. Auflage, München 2013.

Kneale, W.C./Kneale, M.: The Development of Logic, Oxford 1962.

Knoll, L.: Fusionen und Managerbezüge: Schaffung oder Vernichtung von Shareholder Value?, FB, 3. Jg. (2001), S. 239–246.

Knott, H.J./Mielke, W./Weidlich, T.: Unternehmenskauf, Köln 2001.

Kohlert, H.: Internationales Marketing für Ingenieure, München u.a. 2005.

Koller, T./Godehart, M./Wessels, D.: Valuation, 6. Auflage, Hoboken 2015.

Kommission für Methodik der Finanzanalyse der DVFA/Arbeitskreis „Externe Unternehmensrechnung" der Schmalenbach-Gesellschaft: Cashflow nach DVFA/ SG, Gemeinsame Empfehlung, WPg, 46. Jg. (1993), S. 599–602.

Kopp, V.: Kontrollierte Auktionen, Bergisch Gladbach 2010.

Körber, T.: Kartellrecht in der Krise, WUW, 58. Jg. (2009), S. 873–885.

Kort, K.: Telefonica kauft Hansenet für 900 Mio., Handelsblatt vom 5.11.2009.

Korth, H.-M.: Unternehmensbewertung im Spannungsfeld zwischen betriebswirtschaftlicher Unternehmenswertermittlung, Marktpreisabgeltung und Rechtsprechung, BB, 47. Jg. (1992), Beilage 19.

Kosiol, E.: Zur Problematik der Planung in der Unternehmung, ZfB, 37. Jg. (1967), S. 77–96.

Krag, J./Kasperzak, R.: Grundzüge der Unternehmensbewertung, München 2000.

Krause, H.: Prophylaxe gegen feindliche Übernahmeangebote, AG, o. Jg. (2002), S. 133–144.

Kraus-Grünewald, M.: Gibt es einen objektiven Unternehmenswert? Zur besonderen Problematik bei Unternehmenstransaktionen, BB, 50. Jg. (1995), S. 1839–1844.

Kray, L.J./Haselhuhn, M.P.: Implicit Negotiations Beliefs and Performance: Experimental and Longitudinal Evidence, Journal of Personality & Social Psychology, 98. Jg. (2007), S. 49–64.

Krishan, H.A./Miller, A./Judge, W.Q.: Diversification and top management team complimentary: Is performance improved by merging similar or dissimilar teams, Strategic Management Journal, 18. Jg. (1997), S. 361–374.

Krishna, V.: Auction Theory, San Diego 2002.

Krug, J.A./Hegarty, W.H.: Post acquisition turnover among US top management teams: An analysis of the effects of foreign versus domestic acquisitions, Strategic Management Journal, 18. Jg. (1997), S. 667–675.

Kruschwitz, L.: Risikoabschläge, Risikozuschläge und Risikoprämien in der Unternehmensbewertung, DB, 54. Jg. (2001), S. 2409–2413.

Kuhner, C./Maltry, H.: Unternehmensbewertung, 2. Auflage, Heidelberg u.a. 2017.

Kumar B.R.: Bayer's Acquisition of Monsanto. In: Wealth Creation in the World's Largest Mergers and Acquisitions. Cham 2019, S. 281–287.

Kummer, C.: Internationale Fusions- und Akquisitionsaktivität, Wiesbaden 2005.

Kuntschik, N.: Ausgewählte Einzelfragen zur Steueroptimierung von M&A Transaktionen, Teil I: Share Deal und Asset Deal, CFL, 2. Jg. (2011), S. 304–311.

Kußmaul, H./Pfirmann, A./Tcherveniachki, V.: Leveraged Buyout am Beispiel der Friedrich Grohe AG, DB, 58. Jg. (2005), S. 2533–2540.

Kußmaul, H./Richter, L.: Die Behandlung von Verschmelzungsdifferenzbeträgen nach UmwG und UmwStG, GmbH Rundschau, 95. Jg. (2004), S. 701–707.

Küting, K./Lauer, P.: Der fair value in der Krise, BFuP, 61. Jg. (2009), S. 548–567.

Küting, P./Weber, C.P.: Die Bilanzanalyse, 11. Auflage, Stuttgart 2015.

Küting, K./Weber, C.P.: Der Konzernabschluss: Praxis der Konzernrechnungslegung nach HGB und IFRS, 14. Auflage, Stuttgart 2018.

Küting, K.: Der Geschäfts- oder Firmenwert. Ein Spielball der Bilanzpolitik, AG, 45. Jg. (2000), S. 97–106.

Kutschker, M./Schmidt, S.: Internationales Management, 7. Auflage, München u.a. 2010.

Labbé, M.: Leveraged Buy Outs in Germany, FB, 5. Jg. (2003), S. 303–320.

Laidler, D./Parkin, M.: Inflation. A Survey, Economic Journal, 85. Jg. (1975), S. 741–809.

Laing, E./Gurdgiev, C./Durand, R.B./Boermans, B.: U.S. tax inversions and shareholder wealth effects, International Review of Financial Analysis. 62. Jg. (2016), S. 35–62.

Landes, W.M./Posner, R.A.: Market Power in Antitrust Cases, Harvard Law Review, 94. Jg. (1981), S. 937–996.

Lang, L./Stulz, R.: Tobin's q, corporate diversification and firm performance, Journal of Political Economy, 102. Jg. (1994), S. 1248–1281.

Lange, J.-U.: Wirtschaftskriminalität in Übernahme- und Restrukturierungsphasen, ZRFC, 2. Jg. (2007), S. 71–78.

Laux, H./Schabel, M.M.: Subjektive Investitionsbewertung, Marktbewertung und Risikoteilung, Heidelberg u.a. 2009.

Laux, H.: Entscheidungstheorie, 4. Auflage, Berlin 1998.

Lawrence, G.M.: Due Diligence in Business Transactions, New York 1995.

Leckschas, J.: Pensionsverpflichtungen als Deal Breaker bei Unternehmenstransaktionen?, DB, 64. Jg. (2011), S. 1176–1181.

Lehmann, H.: Integration, in: Grochla, E.: Handwörterbuch der Organisation, 2. Auflage, Stuttgart 1980, Sp. 976–984.

Lehmann, M.: Betriebsvermögen und Sonderbetriebsvermögen, Wiesbaden 1988.

Lehn, K./Poulsen, A.: Free Cash Flow and Stockholder Gains in Going Private Transactions, Journal of Finance, 44. Jg. (1989), S. 771–787.

Leker, J./Cratzius, M.: Erfolgsanalyse von Holdingkonzernen, BB, 53. Jg. (1998), S. 362–366.

Lenhard, R.: Erfolgsfaktoren von Mergers & Acquisitions in der europäischen Telekommunikationsindustrie, Wiesbaden 2009.

Letwin, W.: Law and Economic Policy in America, New York 1965.

Levi, M./Li, K./Zhang, F.: Deal or no deal: Hormones and the Mergers and Acquisitions Game, Management Science, 56. Jg. (2010), S. 1462–1483.

Lewellen, W. A.: Pure Financial Rationale for the Conglomerate Merger, Journal of Finance 26. Jg. (1971), S. 521–545.

Lipponen, J./Olkkonen, M.-E./Moilanen, M.: Perceived procedural justice and employee responses to an organizational merger, European Journal of Work and Organizational Psychology, 13. Jg. (2004), S. 391–413.

Lis, B./Bronner, R.: Going Private Transaktionen, Die Unternehmung, 63. Jg. (2009), S. 465–484.

Liu, L.A./Chua, C.H./Stahl, G.K.: Quality of Communication Experience: Definition, Measurement, and Implications for Intercultural Negotiations, Journal of Applied Psychology, 95. Jg. (2010), S. 469–487.

Liu, M.: The Intrapersonal and Interpersonal Effects of Anger on Negotiation Strategies: A Cross-Cultural Investigation, Human Communications Research, 35. Jg. (2009), S. 148–169.

Lobe, S.: Lebensdauer von Firmen und ewige Rente: Ein Widerspruch, CFB, 12. Jg. (2010), S. 179–182.

Löhr, D.: Die Grenzen des Ertragswertverfahrens, Frankfurt 1994.

Lombino, M./Fischer, O.: Grundlagen der Volkswirtschaftslehre, in: Fischer, O.: Volkswirtschaftslehre für Bankfachwirte, Wiesbaden 2010, S. 3–20.

Luce, D.R./Raiffa, H.: Games and Decisions, New York 1957.

Lücke, W.: Investitionsrechnung auf der Grundlage von Ausgaben oder Kosten, ZfhF, 7. Jg. (1955), S. 310–324.

Lucks, K./Meckl, R.: Internationale Mergers & Acquisitions, Berlin 2002.

Lüdicke, J./Fürwentsches, A.: Das neue Erbschaftsteuerrecht, DB, 62. Jg. (2009), S. 12–18.

Luhmann, N.: Zur Komplexität von Entscheidungssystemen, Soziale Systeme, 15. Jg. (2009), S. 3–35.

Lukas, E./Heimann, C.: Bedingte Kaufpreisanpassungen, Informationsasymmetrien und Shareholder Value: Eine empirische Analyse deutscher Unternehmensübernahmen, FEMM Working Paper Nr. 6, Magdeburg 2010.

Lux, J.: Gesellschaftsrechtliche Abfindungsklauseln–Feststellung der Unwirksamkeit oder Anpassung an veränderte Verhältnisse?, MDR, 60. Jg. (2006), S. 1203–1206.

Lynch, R.: Strategic Management, 8. Auflage, Harlow 2018.

Lyon, G.: State Capitalism: The Rise of Sovereign Wealth Funds, Journal of Management Research, 7. Jg. (2008), S. 119–146.

Macharina, K./Wolf, J.: Unternehmensführung, 10. Auflage, Wiesbaden 2017.

Mager, F./Kiehn, D.: Hedgefonds, DBW, 63. Jg. (2003), S. 605–608.

Malhotra, D.: The Desire to win: The effects of competitive arousal on motivation and behavior, Organizational and Human Decision Processes, 59. Jg. (2009), S. 139–146.

Malik, F.: Strategie des Managements komplexer Systeme, 10. Auflage, Bern u.a. 2008.

Malmedier, U./Tate, G.: CEO Overconfidence and Corporate Investment, Journal of Finance, 60. Jg. (2005), S. 2661–2700.

Mandl, G./Rabel, K.: Unternehmensbewertung, Wien 1997.

Manne, H.G.: Mergers and the Market for Corporate Control, Journal of Political Economy, 73. Jg. (1965), S. 110–120.

Marettek, A.: Entscheidungsmodell der betrieblichen Steuerbilanzpolitik unter Berücksichtigung ihrer Stellung im System der Unternehmenspolitik, BFuP, 22. Jg. (1970), S. 7–31.

Markham, J.W.: Survey of Evidence and Findings on Merger, in: National Bureau of Economic Research: Business Concentration and Price Policy, Princeton 1955.

Markowitz, H.M.: Portfolio Selection, Journal of Finance, 7. Jg. (1952), S. 77–91.

Marks, M.L./Mirvis, P.H.: The Merger Syndrom, Psychology Today, 19. Jg. (1986), Nr. 10, S. 36–42.

Marschak, J.: Rational Behavior, Uncertain Prospects, and Measurable Utility, Econometrica, 18. Jg. (1950), S. 111–141.

Martinius, P.: M&A: Protecting the Purchaser, The Hague 2005.

Martynova, M. V./Renneboog, L.: A century of corporate takeovers: What have we learned and where do we stand? Journal of Banking & Finance, 32. Jg. (2008), S. 2148–2177.

Matschke, M.J./Brösel, G.: Unternehmensbewertung, 4. Auflage, Wiesbaden 2012.

Matschke, M.J.: Der Argumentationswert der Unternehmung – Unternehmensbewertung als Instrument der Beeinflussung in der Verhandlung, BFuP, 28. Jg. (1976), S. 517–524.

Matschke, M.J.: Einige grundsätzliche Bemerkungen zur Ermittlung mehrdimensionaler Entscheidungswerte der Unternehmung, BFuP, 45. Jg. (1993), S. 1–24.

Matschke, M.J.: Funktionale Unternehmensbewertung, Bd. 2: Der Arbitriumwert, Wiesbaden 1979.

Matschke, M.J.: Unternehmensbewertung in dominierten Konfliktsituationen am Beispiel der Bestimmung einer angemessenen Barabfindung für den ausgeschlossenen oder ausscheidungsberechtigten Minderheits-Kapitalgesellschafter, BFuP, 33. Jg. (1981), S. 115–129.

Maurer, J./Kaehler, D.: M & A Markt Q3 2019: Europa trotzt schwächelndem M&A Markt, M&A Review, 30. Jg. (2019), S. 352–359.

Mayrhofer, W.: Outplacement, in: Gaugler, E./Weber, W. (Hrsg.): Handwörterbuch des Personalwesens, 2. Auflage, Stuttgart 1992, Sp. 1523–1534.

McAfee, R.P./McMillan, J.: Auctions and Bidding, Journal of Economic Literature, 25. Jg. (1987), S. 699–738.

McWilliams, A./Siegel, D.: Event Studies in Management Research: Theoretical and Empirical Issues, Academy of Management Journal, 40. Jg. (1997), S. 626–657.

Meckl, R./Hoffmann, T.: Ökonomische Implikationen der neuen EU-Übernahmerichtlinie, BFuP, 58. Jg. (2006), S. 519–538.

Megginson, W.L./Gao, X.: The state of research on sovereign wealth funds, Global Finance Journal, Article in Press (abgerufen am 16.1.2020).

Meitner, M./Streitferdt, F.: Unternehmensbewertung unter Berücksichtigung der Zinsschranke, CFB, 13. Jg. (2011), S. 258–269.

Melcher, H.: Hartwährungsplanung in Hochinflationsländern, in: Horváth, P.: Internationalisierung des Controlling, Stuttgart 1989, S. 391–401.

Mellewigt, T.: Konzernorganisation und Konzernführung: eine empirische Untersuchung börsennotierter Konzerne, Frankfurt 1995.

Merton, R. K.: The self-fulfilling prophecy, The Antioch Review, 8. Jg. (1948), S. 193–210.

Messick, D.M./Thorngate, W.B.: Relative gain maximization in experimental games, European Journal of Social Psychology, 3. Jg. (1967), S. 85–101.

Meuli, H.M.: Earn-out Methode als Instrument der Preisgestaltung bei Unternehmensverkäufen, Zürich 1996.

Meuli, H.M.: Preisgestaltung bei Verkäufen von KMU–Earn-Out-Methode als mögliche Alternative, Schweizer Treuhänder, 70. Jg. (1996), S. 941–946.

Middelhoff, D.: Verwendung von digitalen Datenräumen innerhalb der Due Diligence, M&A Review, o. Jg. (2007), S. 278–282.

Miles, J.A./Ezzell, J.R.: Reformulation Tax Shield Valuation: A Note, Journal of Finance, 51. Jg. (1996), S. 1485–1492.

Miles, J.A./Ezzell, J.R.: The Weighted Average Cost of Capital, Perfect Capital Markets, and Project Life: A Clarification, Journal of Financial and Quantitative Analysis, 15. Jg. (1980), S. 719–730.

Milgrom, P./Roberts, J.: Economics, Organization, and Management, Englewood Cliffs 1992.

Mintzberg, H.: Patterns of Strategy Formulation, Management Science, 24. g. (1978), S. 934–948.

Modigliani, F./Miller, M.H.: Corporate Income Taxes and the Cost of Capital: A Correction, AER, 83. Jg. (1963), S. 433–443.

Modigliani, F./Miller, M.H.: The Cost of Capital, Corporation Finance, and the Theory of Investment, AER, 78. Jg. (1958), S. 261–297.

Moeller, S./Schlingemann, F.P./Stulz, R. M.: Wealth destruction on a massive scale? A study of acquiring-firm returns in the recent merger wave, Journal of Finance, 60. Jg. (2005), S. 757–782.

Mohan, N./Chen, C. R.: A Review of the RJR Nabisco Buyout, Journal of Applied Corporate Finance, 3. Jg. (1990), S. 102–108.

Möller, H.P. et al.: Konzernrechnungslegung, Berlin u.a. 2011.

Moore, D.A.: Myopic Prediction, Self-Destructive Secrecy and the Unexpected Benefits of Revealing Final Deadlines in Negotiations, Organizational Behavior and Human Decision Processes, 54. Jg. (2004), S. 125–139.

Moxter, A.: Grundsätze ordnungsmäßiger Unternehmensbewertung, 2. Auflage, Wiesbaden 1983.

Moxter, A.: Valuation of a Going Concern, in: Handbook of German Business Management, Bd. 2, edited by Grochla, E./Gaugler, E. et al., Stuttgart 1990, Sp. 2433–2444.

Mülbert, P.O.: Rechtsprobleme des Delisting, ZHR, 165. Jg. (2001), S. 104–140.

Mullen, M.: How to Value Business Enterprises by Reference to Stock Market Comparisons, Schweizer Treuhänder, 64. Jg. (1990), S. 571–574.

Müller, H.: Demerger-Management, in: Wirtz, B.W.: Handbuch Mergers & Acquisitions, Wiesbaden 2006, S. 1187–1207.

Müller, S./Kornmeier, M.: Strategisches Internationales Management, München 2002.

Münstermann, H.: Wert und Bewertung des Unternehmens, 3. Auflage, Wiesbaden 1970.

Münstermann, H.: Der Zukunftsentnahmewert der Unternehmung und seine Beurteilung durch den Bundesgerichtshof, BFuP, 32. Jg. (1980), S. 114–124.

Murphy, K.J.: Executive Compensation, in: Ashenfelter/Card (Hrsg.): Handbook of Labor Economics, Bd. 3b, Amsterdam 1999, S. 2486–2563.

Muthoo, A.: Bargaining Theory with Applications, Cambridge 1999.

Myers, S.C.: Interactions of Corporate Financing and Investment Decisions–Implications for Capital Budgeting, Journal of Finance, 29. Jg. (1974), S. 1–25.

Nahavandi, A./Malekzadeh, A.R.: Acculturation in Mergers and Acquisitions, Academy of Management Review, 13. Jg. (1988), S. 79–90.

Nash, J.F.: The Bargaining Problem, Econometrica, 18. Jg. (1950), S. 155–162.

Neary, J.P./van Wijnbergen, S.: Natural Resources and the Macroeconomy. A Theoretical Framework, in: Neary, J.P./van Wijnbergen, S. (Eds.): Natural Resources and the Macroeconomy, Cambridge 1986, S. 13–45.

Nelson, R.: Merger Movements in American Industry 1895–1956, Princeton 1959.

Nerdinger, F.W.: Mergers und Acquisitions: Fusionen und Unternehmensübernahmen, in: Nerdinger, F.W./Blickle, G./Schaper, N.: Arbeits- und Organisationspsychologie, 2. Auflage, Berlin u.a. 2011, S. 159–170.

von Neumann, J./Morgenstern, O.: The Theory of Games and Economic Behavior, Princeton 1944.

Neus, W.: Einführung in die Betriebswirtschaftslehre, 10. Auflage, Tübingen 2018.

Nguyen, D.B.: Does the Rolodex Matter? Corporate Elite's Small World and the Effectiveness of Boards of Directors, Management Science, 57. Jg. (2011).

Noll, B./Volkert, J./Zuber, N.: Managermärkte: Wettbewerb und Zugangsbeschränkungen, Baden-Baden 2011.

Nonnenmacher, R.: Anteilsbewertung bei Personengesellschaften, Königstein 1981.

Northcraft, G.B./Neale, M.A.: Experts, amateurs, and real estate: An anchoring and adjustment perspective on property pricing decisions, Organizational Behavior and Human Decision Processes, 39. Jg. (1987), S. 84–97.

Nothelfer, W./Pinta, C.M.: Verzögerungen im M&A Prozess vermeiden: Best Practice bei Auflagen und Bedingungen der Wettbewerbsbehörde, M&A Review, o.Jg. (2011), S. 12–17.

o.V.: Bayer muss den Sieg über Merck teuer bezahlen, Spiegel online vom 14.06. 2006, http://www.spiegel.de/wirtschaft/0,1518,421393,00.html, (abgerufen am 5.3.2012).

o.V.: Der Jäger wird gejagt, Die Zeit vom 24.9.1982, http://www.zeit.de/ 1982/39/der-jaeger-wird-gejagt/seite-1, (abgerufen am 28.3.2012).

o.V.: Fusionskontrolle: Kommission genehmigt unter Auflagen Kontrollerwerb über ED&F MAN durch Südzucker, Europäische Kommission vom 16.05.2012, http://europa.eu/rapid/pressReleasesAction.do?reference=IP/12/48 6&format=HTML&aged=0&language=DE&guiLanguage=en, (abgerufen am 5.7.2012).

o.V.: Herbe Kritik an der Ministererlaubnis, Spiegel online vom 4.7.2002, http:/ /www.spiegel.de/wirtschaft/e-on-ruhrgas-herbe-kritik-an-der-ministererlaubnis-a-203810.html, (abgerufen am 5.7.2012).

o.V.: Jack Welch elaborates: Shareholder Value, Bloombergs Businessweek, o.Jg. (2009), Heft vom 16. März 2009.

o.V.: MAN kauft Anteile an Ferrostaal zurück, Spiegel online vom 28.11.2011, www.spiegel.de/wirtschaft/unternehmen/0,1518,800266,00.html, (abgerufen am 24. April 2012).

o.V.: O2 will mehr als 1.000 Stellen streichen, Spiegel online vom 07.10.2010, http://www.spiegel.de/wirtschaft/unternehmen/0,1518,721946,00.html (abgerufen am 24.10.2011).

o.V.: Schering sucht den weißen Ritter, Focus Money online vom 15.03.2006, http://www.focus.de/finanzen/boerse/aktien/schutz-vor-merck_aid_106241.html, (abgerufen am 5.3.2012).

o.V.: Stadtwerke übernehmen Energiesparte von Evonik, Handelsblatt vom 13.12.2010, http://www.handelsblatt.com/unternehmen/industrie/steag-verkauf-stadtwerke-uebernehmen-energiesparte-von-evonik/3675266.html (abgerufen am 28.6.2012).

o.V.: Überraschungscoup–Industriedienstleister Ferrostaal wird weitergereicht, VDI Nachrichten, Nr. 48 vom 2.12.2011, S. 4.

o.V.: Verstümmelt und gefleddert, Der Spiegel, 37. Jg. (1984), Heft 30, S. 98.

o.V.: Aktionäre verweigern Bayer-Chef Baumann die Entlastung, Manager Magazin Online, 26. April 2019 (abgerufen am 2.2.20).

Opitz, M.: Marktabgrenzung und Vergabeverfahren, WUW, 52. Jg. (2003), S. 37–45.

Orth, M.E.: Die Vertretung des Bundeswirtschaftsministers im Ministererlaubnisverfahren EON/Ruhrgas, wrp, 49. Jg. (2003), S. 54–58.

Ossadnik, W.: Die angemessene Synergieverteilung bei der Verschmelzung, DB, 50. Jg. (1997), S. 885–887.

Ottersbach, J.H.: Halbeinkünfteverfahren, WISU, 29. Jg. (2000), S. 1611.

Oudenhoven, van J. P./Zee, van der K. I.: Successful international cooperation: The influence of cultural similarity, strategic differences, and international experience, Applied Psychology, 51. Jg. (2002), S. 633–653.

Partsch, C.: The Foreign Corrupt Practices Act (FCPA) der USA, Berlin 2007.

Paton, R.: Reluctant Entrepreneurs: The Extent, Achievements and Significance of Worker Takeovers in Europe, Milton Keynes u.a. 1989.

Peemöller, V.H./Reinel-Neumann, B.: Corporate Governance und Corporate Compliance im Akquisitionsprozess, BB, 64. Jg. (2009), S. 206–210.

Peemöller, V.H.: Stand und Entwicklung der Unternehmensbewertung, DStR, 31. Jg. (1993), S. 409–416.

Pellens, B./Sellhorn, T./Amsoff, H.: Reform der Konzernbilanzierung–Neufassung von IFRS 3 „Business Combinations", DB, 58. Jg. (2005), S. 1749–1755.

Pellens, B./Tomaszewski, C./Weber, N.: Beteiligungscontrolling in Deutschland, Arbeitsbericht Nr. 85 des Instituts für Unternehmensführung und Unternehmensforschung der Ruhr-Universität Bochum, Bochum 2000.

Penzel, H.-G.: Klare Strategie und Zielausrichtung: Erfolgsfaktoren für das Post-Merger-Management in Banken, zfo, 29. Jg. (2000), S. 25–36.

Perridon, L./Steiner, M./Rathgeber, A.: Finanzwirtschaft der Unternehmung, 17. Auflage, München 2017.

Peters, R.: Internet-Ökonomie, Berlin u.a. 2010.

Petrasincu, A.: Die amerikanischen horizontal Merger Guidelines, WuW, 60. Jg. (2010), S. 999–1008.

Pföhler, M./Herrmann, M.: Grundsätze zur Durchführung von Umwelt Due Diligence, WPg, 50. Jg. (1997), S. 628–635.

Picken, L.G.: Unternehmensvereinigungen und Shareholder Value, Frankfurt 2003.

Picot, G.: Das vorvertragliche Verhandlungsstadium bei der Durchführung von Mergers & Acquisitions, in: Picot, G.: Handbuch Mergers & Acquisitions, 4. Auflage, Stuttgart 2008, S. 155–205.

Picot, G.: Personelle und kulturelle Integration, in: Picot, G.: Handbuch Mergers & Acquisitions, 4. Auflage, Stuttgart 2008, S. 496–533.

Picot, G.: Vertragliche Gestaltung besonderer Erscheinungsformen der Mergers & Acquisitions, in: Picot, G.: Handbuch Mergers & Acquisitions, 4. Auflage, Stuttgart 2008, S. 270–373.

Picot, G.: Vertragliche Gestaltung des Unternehmenskaufs, in: Picot, G.: Handbuch Mergers & Acquisitions, 4. Auflage, Stuttgart 2008, S. 206–269.

Piehler, M./Schwetzler, B.: Zum Wert ertragsteuerlicher Verlustvorträge, ZfbF, 62. Jg. (2010), S. 60–100.

Pierenkemper, T.: Unternehmensgeschichte, Stuttgart 2000.

Pierrat, C.: Evaluer une enterprise, Paris 1990.

Popp, R.: Unternehmenszusammenschlüsse, in: Schmeisser, W. et al.: Neue Betriebswirtschaft, München 2018, S. 249–265.

Porter, M. E.: Competitve Advantage, New York u.a. 1985.

Porter, M.E.: Competitive Strategy, New York 1980.

Porter, M.E.: The Five Competitive Forces that Shape Strategy, Harvard Business Review, 86. Jg. (2008), S. 78–93.

Posner, R.A.: Antitrust Law, 2. Auflage, Cambridge 2001.

Pratt, J.W./Zeckhauser, R.J.: Principals and Agents. The Structure of Business, Boston 1985.

Preinreich, G.: Valuation and Amortization, Accounting Review, 12. Jg. (1937), S. 209–226.

Prigge, S./Oellermann, R.: Potentielle Präventivmaßnahmen gegen Übernahmen: Verbreitung und Stärke des Übernahmeabwehrmotivs, FB, 7. Jg. (2005), S. 581–592.

PWC: Private Equity Exit Report, https://www.pwc.de/de/finanzinvestoren/pwc-private-equity-exit-report-2017.pdf (abgerufen am 16.1.2020).

Ramaswamy, K.: The performance impact of strategic similarity in horizontal mergers: Evidence from the U.S. banking industry, Academy of Management Journal, 40. Jg. (1997), S. 697–715.

Rapaport, A./Sirower, M.L.: Stock or Cash? The Trade-Offs for Buyers and Sellers in Mergers and Acquisitions, HBR, 77. Jg. (1999), S. 147–158.

Rapaport, A.: Creating Shareholder Value, New York 1986.

Rehkugler, H.: Die Unternehmensgröße als Klassifikationsmerkmal in der Betriebswirtschaftslehre oder Brauchen wir eine „Betriebswirtschaftslehre mittelständischer Unternehmen"?, in: Kirsch, W./Picot, A. (Hrsg.): Betriebswirtschaftslehre im Spannungsfeld zwischen Generalisierung und Spezialisierung, Wiesbaden 1989, S. 397–412.

Reiche, S.: Die prozessualen Folgen eines Betriebsübergangs nach § 613a BGB, Frankfurt 2009.

Reichling, P./Bietke, D.A./Henne, A.: Praxishandbuch Risikomanagement und Rating, 2. Auflage, Wiesbaden 2007.

Reiner, H.: Die Entstehung und ursprüngliche Bedeutung des Namens Metaphysik, Zeitschrift für philosophische Forschung, 8. Jg. (1954), S. 210–237.

Reum, R./Steele, T.A.: Contingent Payouts cut acquisition risks, HBR, 49. Jg. (1970), S. 83–91.

Rick, J.: Bewertung und Abgeltungskonditionen bei der Veräußerung mittelständischer Unternehmen, Berlin 1985.

Riedel, C.: Managementbeteiligungen in Private-Equity-Transaktionen–ein Fall für das SchenkSt Finanzamt?, DB, 64. Jg. (2011), S. 1888–1891.

Rieger, W.: Einführung in die Privatwirtschaftslehre, 3. Auflage, Erlangen 1928.

Rietmann, M.: Jeder Merger setzt einen Informationsaustausch voraus, Handelszeitung vom 16.12.1998.

Rigall, J./Hornke, M.: Post Merger Integration: Synergiehebel Informationstechnologie, M&A Review, o.Jg. (2007), S. 496–502.

Robbins, S.P./Judge, T.A.: Organizational Behavior, 15. Auflage, Boston u.a. 2013.

Robins, J./Wiersema, M. F.: A resource-based approach to the multibusiness firm: Empirical analysis of portfolio interrelationships and corporate financial performance, Strategic Management Journal, 16. Jg. (1995), S. 277–299.

Robinson, J.: Economic Philosophy, Chicago 1962 (Nachdruck 2009).

Roll, R.: A Critique on the Asset Pricing Theory`s Tests, Part I: On Past and Potential Testability of the Theory, Journal of Financial Economics, 4. Jg. (1977), S. 129–176.

Roll, R.: The Hubris Hypothesis of Corporate Takeovers, Journal of Business, 59. Jg. (1986), S. 197–216.

Rosenberg, B./Reid,K./Lanstein, R.: Persuasive Evidence of Market Inefficiency, Journal of Portfolio Management, 11. Jg. (1985), Spring, S. 9–17.

Rößler, B.: Abgrenzung und Bewertung von Vermögensgegenständen, Wiesbaden 2012.

Roth, A.E.: Axiomatic Models of Bargaining, Heidelberg u.a. 1979.

Rothegge, G./Wassermann, B.: Unternehmenskauf bei der GmbH, Heidelberg u.a. 2011.

Rudolph, B.: Unternehmensfinanzierung und Kapitalmarkt, Tübingen 2006.

Ruhnke, K.: Ermittlung der Preisobergrenze bei strategisch motivierten Akquisitionen, DB, 44. Jg. (1991), S. 1889–1894.

Ruhnke, K.: Unternehmensbewertung und Preisfindung, BBK, o. Jg. (2002), S. 747–796.

Russo, J.E./Shoemaker, P.J.H.: Decision Traps, New York 1989.

Rustige, M./Grote, M.H.: Der Einfluss von Diversifikationsstrategien auf den Aktienkurs von deutschen Unternehmen, ZfbF, 61. Jg. (2009), S. 470–498.

Sanfleber-Decher, M.: Unternehmensbewertung in den USA, WPg, 45. Jg. (1992), S. 597–603.

Sarala, R.M./Vaara, E.: Cultural differences, convergence, and crossvergence as explanations of knowledge transfer in international acquisitions, Journal of International Business Studies, 40. Jg. (2010), S. 1365–1390.

Sauthoff, J.P.: Zum bilanziellen Charakter negativer Firmenwerte im Konzernabschluss, BB, 52. Jg. (1997), S. 619–623.

Savitz, E.: ebay: Zennstorm out as skype CEO; Pays 530 Mio. $ earn-out, Barron's vom 1. Oktober 2007, http://blogs.barrons.com/techtraderdaily/2007/10/01/ebay-zennstrom-out-as-skype-ceo-pays-530-million-earnout-takes-900-million-impairment-charge/(abgerufen am 15.8.2012).

Schaerr, G.C.: The Cellophane Fallacy and the Justice Departments Guideline for Horizontal Mergers, Yale Law Journal, 94. Jg. (1985), S. 670–693.

Schäfer, H.: Die Erschließung von Kundenpotentialen durch Cross Selling, Wiesbaden 2005.

Schalast, C.: M&A Markt und M&A Studium, in: Schalast, C./Raettig, L.: Grundlagen des M&A Geschäftes, 2. Auflage, Wiesbaden 2019, S. 1–16.

Scheffler, W.: Besteuerung der Unternehmen, Bd. III: Steuerplanung, Heidelberg 2010.

Schein, E.H.: Organizational Culture and Leadership, San Francisco 1985.

Scherer, F. M./Ross, D.: Industrial Market Structure and Economic Performance, 3. Auflage, Boston u.a. 1990.

Schewe, G./Brast, C./Höner zu Siederdissen, A.: Wird Freundlichkeit belohnt? Ergebnisse einer empirischen Studie zur Übernahme von Unternehmen, BFuP, 61. Jg. (2009), S. 479–491.

Schiffer, J./Bruhs, H.: Due Diligence beim Unternehmenskauf und vertragliche Vertraulichkeitsvereinbarungen, BB, 67. Jg. (2012), S. 847–852.

Schildbach, T.: Der Konzernabschluss nach HGB, IFRS und US-GAAP, 7. Auflage, München u.a. 2008.

Schildbach, T.: Fair-Value Bilanzierung und Unternehmensbewertung, BFuP, 61. Jg. (2009), S. 377–387.

Schildbach, T.: Ist die Kölner Funktionenlehre der Unternehmensbewertung durch die Discounted Cashflow-Verfahren überholt?, in: Matschke, M.J./Schildbach, T.: Unternehmensbewertung und Wirtschaftsprüfung, Stuttgart 1998, S. 301–322.

Schildbach, T.: Überlegungen zu Grundlagen einer Konzernrechnungslegung, Teil II, WPg, 42. Jg. (1989), S. 199–209.

Schildbach, T.: Zur Beurteilung von gesetzlicher Abfindung und vertraglicher Buchwertabfindung unter Berücksichtigung einer potentiellen Ertragsschwäche der Unternehmung, BFuP, 36. Jg. (1984), S. 532–543.

Schildbach, T.: Fair value accounting und Information des Markts, ZfbF, 64. Jg. (2012), S. 522–535.

Schirmeister, R.: Theorie finanzmathematischer Investitionsrechnungen bei unvollkommenen Kapitalmarkt, München 1990.

Schlitt, M./Grüning, E.: Exit von Private Equity Investoren über die Börse, CFL, 1. Jg. (2010), S. 68–78.

Schmalenbach, E.: Beteiligungsfinanzierung, 8. Auflage, Köln u.a. 1954.

Schmalenbach, E.: Die Werte von Anlagen und Unternehmungen in der Schätzungstechnik, ZfhF, 12. Jg. (1917/18), S. 1–20.

Schmid, H.: Die Bewertung von MBO-Unternehmen–Theorie und Praxis, DB, 43. Jg. (1990), S. 1877–1882.

Schmidt, R.: Der Sachzeitwert als Übernahmepreis bei der Beendigung von Konzessionsverträgen, Kiel 1991.

Schmidt, S.L./Vogt, P./Schriber, S.: Ansätze und Ergebnisse anglo-amerikanischer M&A-Forschung, Journal für Betriebswirtschaft, 55. Jg. (2005), S. 297–319.

Schmoeckel, M./Maetschke, M.: Rechtsgeschichte der Wirtschaft, 2. Auflage, Tübingen 2016.

Schnabel, K./Köritz, A.: Aktuelle Rechtsprechung zur Unternehmensbewertung, Bewertungspraktiker, o. Jg. (2012), S. 69–72.

Schneider, D.: Allgemeine Betriebswirtschaftslehre, 3. Auflage, München u.a. 1987.

Schneider, D.: Betriebswirtschaftslehre, Bd. III: Theorie der Unternehmung, München u.a. 1997.

Schneider, D.: Geschichte betriebswirtschaftlicher Theorie, München 1981.

Schneider, D.: Investition, Finanzierung und Besteuerung, 7. Auflage, Wiesbaden 1992.

Schneider, D.: Zur Wissenschaftsgeschichte der Planung und Planungsrechnung oder: Leibniz als Betriebswirt, in: Mellwigt, W.: Unternehmenstheorie und Unternehmensplanung, Wiesbaden 1979, S. 191–206.

Schoppe, C.: Tax Compliance, in: Behringer, S.: Compliance kompakt, 4. Auflage, Berlin 2018, S. 147–169.

Schreyögg, G./Kliesch, M./Lührmann, T.: Bestimmungsgründe für die organisatorische Gestaltung einer Management Holding, WiSt, 32. Jg. (2003), S. 721–727.

Schuh, A./Trefzger, D.: Internationale Marktauswahl, Journal für Betriebswirtschaftslehre, 41. Jg. (1991), S. 111–129.

Schumann, J./Meyer, U./Ströbele, W.: Grundzüge der mikroökonomischen Theorie, 9. Auflage, Heidelberg u.a. 2011.

Schumpeter, J.: Geschichte der ökonomischen Analyse, Band 2, Göttingen 2009.

Schumpeter, J.: Theorie der wirtschaftlichen Entwicklung, 7. Auflage, Berlin 1984 (unveränderter Nachdruck der 4. Auflage von 1934).

Schüppen, M.: Alternativen der Kaufpreisstrukturierung und ihre Umsetzung im Unternehmenskaufvertrag, BFuP, 62. Jg. (2010), S. 412–426.

Schürmann, C.: Falscher Glanz, Wirtschaftswoche, Nr. 16 vom 12.4.2019, S. 16–23.

Schwartz, M.S./Dunfee, T.W./Kline M.J.: Tone at the top. An Ethics Code for Directors?, Journal of Business Ethics, 58. Jg. (2005), S. 79–100.

Schweiger, D. M./Weber, Y.: Strategies for managing human resources during mergers and acquisitions: An empirical investigation, Human Resource Planning Journal, 12. Jg. (1989), S. 69–86.

Schwetzler, B.: Zinsänderungsrisiko und Unternehmensbewertung: Das Basiszinsfuß-Problem bei der Unternehmensbewertung, ZfB, 66. Jg. (1996), S. 1081–1101.

Schwien, B.: Das Management-Buy-Out-Konzept in der Bundesrepublik Deutschland, Frankfurt 1995.

Sedlacek, T.: Die Ökonomie von Gut und Böse, München 2012.

Semler, F.-J.: Der Unternehmens- und Beteiligungskaufvertrag, in: Hölters, W.: Handbuch des Unternehmens- und Beteiligungskaufs, 2. Auflage, Köln 1989, S. 375–455.

von Senger, H.: 36 Strategeme. Lebens- und Überlebenslisten aus drei Jahrtausenden, Frankfurt 2011.

Serfling, K./Pape, U.: Theoretische Grundlagen und traditionelle Verfahren der Unternehmensbewertung, WISU, 24. Jg. (1995), S. 808–820.

Seth, A.: Value Creation in Acquisitions: A Re-Examination of Performance Issues, Strategic Management Journal, 11. Jg. (1990), Nr. 3, S. 99–115.

Sherman, S.J./Janatka, D.A.: Engineering Earn-Outs to get Deals done and prevent discords, Mergers & Acquisitions, Sep/Okt. 27. Jg. (1992), S. 26–31.

Shleifer, A.: Inefficient Markets–An Introduction to Behavioral Finance, Oxford 2000.

Sieben, G./Kirchner, M.: Renaissance des Substanzwertes?, DBW, 48. Jg. (1988), S. 540–543.

Sieben, G./Schildbach, T.: Betriebswirtschaftliche Entscheidungstheorie, 4. Auflage, Düsseldorf 1994.

Sieben, G./Diedrich, R.: Aspekte der Wertfindung bei strategisch motivierten Unternehmensakquisitionen, ZfbF, 42. Jg. (1990), S. 794–809.

Sieben, G.: Der Entscheidungswert in der Funktionenlehre der Unternehmensbewertung, BFuP, 28. Jg. (1976), S. 491–504.

Sieben, G.: Funktionen der Bewertung ganzer Unternehmen und von Unternehmensteilen, WISU, 12. Jg. (1983), S. 539–542.

Sieben, G.: Unternehmensbewertung, in: HwB, 5. Auflage, Teilband 5, Stuttgart 1993, Sp. 4315–4331.

Sieben, G.: Zur Wertfindung bei der Privatisierung von Unternehmen in den neuen Bundesländern durch die Treuhandanstalt, DB, 45. Jg. (1992), S. 2041–2051.

Sieben, G/Sanfleber, M.: Betriebswirtschaftliche und rechtliche Aspekte von Abfindungsklauseln–Unter besonderer Berücksichtigung des Problemfalls ertragsschwacher Unternehmen und existenzbedrohende Abfindungsregelung, WPg, 42. Jg. (1989), S. 321–329.

Sieg, G.: Spieltheorie, 2. Auflage, München u. a. 2005.

Siegel, T./Bareis, P.: Der „negative Geschäftswert"–eine Schimäre als Steuersparmodell, BB, 48. Jg. (1993), S. 1477–1485.

Siegel, T.: Methoden der Unsicherheitsberücksichtigung in der Unternehmensbewertung, WiSt, 20. Jg. (1992), S. 21–26.

Siegel, T.: Verfahren zur Minimierung der Einkommensteuer-Barwertsumme, BFuP, 24. Jg. (1972), S. 65–80.

Siepe, G.: Das allgemeine Unternehmerrisiko bei der Unternehmensbewertung (Ertragswertermittlung), WPg, 39. Jg. (1986), S. 705–708.

Siklosi, K.: Abwehrmaßnahmen bei feindlichen Übernahmen–zugunsten der Aktionäre oder des Managements, M & A Review, o. Jg. (2010), S. 248–252.

Simmert, D.B./Hölscher, K.: Hedge-Fonds–Neue Wege zur Renditesteigerung ihres Portfolios, Stuttgart 2004.

Sinewe, P./Oelsner, A.: Ablauf einer Tax Due Diligence, in: Sinewe, P. (Hrsg.): Tax Due Diligence, Heidelberg 2010, S. 21–50.

Singh, H./Montgomery, C. A.: Corporate acquisition strategies and economic performance, Strategic Management Journal, 8. Jg. (1987), S. 377–386.

Skoda: Annual Report 2010, http://go.skoda.eu/annual-report-2010-en (abgerufen am 14.7.2012).

Slangen, A.H.L.: National cultural distance and initial foreign acquisition performance: The moderating effect of integration, Journal of World Business, 41. Jg. (2006), S. 161–170.

Smolka, K.M/Gassmann, M.: Steag Auktion bald in dritter Runde, Financial Times Deutschland vom 28.7.2010, http://www.ftd.de/unternehmen/industrie/:evonik-kraftwerksparte-steag-auktion-bald-in-dritter-runde/50150207.html (abgerufen am 28.6.2012).

Soskice, D.: Globalisierung und institutionelle Divergenz. Die USA und Deutschland im Vergleich, Geschichte und Gesellschaft, 25. Jg. (1999), S. 201–225.

Spelsberg, H./Weber, H.: Familieninterne und familienexterne Unternehmensnachfolgen in Familienunternehmen im empirischen Vergleich, BFuP, 64. Jg. (2012), S. 73–93.

Spengler, J.: Vertical Integration and Anti-trust policy, Journal of Political Economy, 58. Jg. (1950), S. 347–352.

Stadler, R. et al.: Rechtsentwicklungen im Steuerrecht 2019, DB, Beilage 3, S. 5–15.

Stahl, G.K.: Management der sozio-kulturellen Integration bei Unternehmenszusammenschlüssen und -übernahmen, DBW, 61. Jg. (2001), S. 61–80.

Stefan, S.: Von Holzmüller zu Gelatine–ungeschriebene Hauptversammlungszuständigkeiten im Lichte der BGH-Rechtsprechung, DStR, 42. Jg. (2004), S. 1482–1486 und 1528–1530.

Stelter, D./Roos, A.: Organisation strategiegetriebener M&As, in: Wirtz, B.W.: Handbuch Mergers & Acquisitions, Wiesbaden 2006, S. 339–358.

Stigler, G.J.: Monopoly and Oligopoly by Merger, AER, 40. Jg. (1950), S. 23–24.

Stöhr, A./Budzinski, O.: Ex-post Analyse der Ministererlaubnis-Fälle–Gemeinwohl durch Wettbewerbsbeschränkungen?, TU Ilmenau, Institut für Volkswirtschaftslehre, Diskussionspapier Nr. 124, April 2019.

Stokes, D.: Small Business Management–An Active-Learning Approach, 2. Auflage, London 1995.

Streck, H./Mack, A.: Unternehmenskauf und Steuerklausel, BB, 47. Jg. (1992), S. 1398–1401.

Stuhlmacher, A.F./Walters, A.E.: Gender Differences in Negotiation Outcome: A Meta-Analysis, Personnel Psychology, 52. Jg. (1999), S. 653–677.

Sudarsanam, S.: Creating Value from Mergers and Acquisitions: The Challenges, Harlow u. a. 2003.

Sudarsanam, S.: Less than lethal weapons: Defence strategies in UK contested takeovers, Acquisitions Monthly, o. Jg. (1994), Nr. 1, S. 30–32.

Syverson, C.: Macroeconomics and market power: Context, implications, and open questions, Journal of Economic Perspectives, 33. Jg. (2019), No.3, S. 23–43.

Taleb, N.N.: The Black Swan, London u. a. 2008.

Tanski, J. S.: Jahresabschluss in der Praxis, Freiburg 2011.

Tavlos, N.: Corporate takeover bids, methods of payment, and bidding firms' stock returns, Journal of Finance, 42. Jg. (1987), S. 943–963.

Tetlock, P.E.: Expert Political Judgement. How Good is it? How can we know?, Princeton 2005.

Thaler, R. H.: Irving Fisher: Modern Behavioral Economist, AER, 87. Jg. (1997), S. 439–441.

Thaler, R.: Anomalies: The Winner's Curse, Journal of Economic Perspectives, 2. Jg. (1988), S. 191–202.

Theisen, M.R.: Der Konzern, 2. Auflage, Stuttgart 2000.

Thommen, J.P./Sauermann, S.: Organisatorische Lösungskonzepte des M&A-Managements–Neuere Entwicklungen des ganzheitlichen Managements von M&A-Prozessen, zfo, 68. Jg. (1999), S. 318–322.

Tiemann, V.: Statistik für Studienanfänger, Konstanz u. a. 2012.

Tietje, C./Kluttig, B.: Beschränkungen ausländischer Unternehmensbeteiligungen und -übernahmen. Zur Rechtslage in den USA, Großbritannien, Frankreich und Italien, Beiträge zum Transnationalen Wirtschaftsrecht, Heft 75, Halle 2008.

Tietz, J./Dohmen, F.: Die laufen ins Leere, Spiegel online vom 13.12.2010, http://www.spiegel.de/spiegel/print/d-75638325.html (abgerufen am 5.3.2012).

Tigges, M.: Due Diligence und Gewährleistung im Unternehmenskauf, FB, 7. Jg. (2005), S. 95–106.

Töben, T./Fischer, H.: Die Zinsschranke–Regelungskonzept und offene Fragen, BB, 62. Jg. (2007), S. 974–978.

Tobin, J./Brainard, W.C.: Asset Markets and the Cost of Capital, in: Private Values and Public Policy, Essays in Honor of William Fellner, North-Holland 1977, S. 235–262.

Trautwein, F.: Merger Motives and merger prescriptions, Strategic Management Journal, 11. Jg. (1990), S. 283–295.

Tuller, L.W.: Small Business Valuation Book, Holbrook 1994.

Usunier, J.-C.: Cultural Aspects of International Business Negotiations, in: Ghauri, P.N./Usunier, J.-C.: International Business Negotiations, 2. Auflage, Oxford 2003, S. 97–153.

Varian, H.: Grundzüge der Mikroökonomik, 9. Auflage, München 2016.

Vater, H.: Die Abwehr feindlicher Übernahmen. Ein Blick in das Instrumentarium des Giftschranks, M&A Review, o.Jg. (2002), S. 9–16.

Veltins, M.A.: Die Ausgestaltung des Kaufvertrags, in: Blum, U. et al.: Vademecum für Un-ternehmenskäufe, Wiesbaden 2018, S. 71–83.

Very, P./Lubatkin, M./Calori, R./Veiga, J.: Relative standing and the performance of recently acquired European firms, Strategic Management Journal, 18. Jg. (1997), S. 593–614.

Vickrey, W.: Counterspeculation, Auctions, and Competitive Sealed Tenders, Journal of Finance, 16. Jg. (1961), S. 8–37.

Villalonga, B.: Does Diversification Cause the "Diversification Discount"?, Financial Management, 33. Jg. (2004), S. 5-27.

Vincenti, A.F.J.: Wirkungen asymmetrischer Informationsverteilungen auf die Unternehmehmensbewertung, BFuP 54. Jg. (2002), S. 55–68.

Vollmuth, H.J.: Bilanzen, 9. Auflage, Freiburg 2009.

Vos, E.A.: Differences in Risk Measurement for Small Unlisted Business, Journal of Small Business Finance, 1. Jg. (1991/92), S. 255–267.

Wackerbarth, U.: Von golden shares und poison pills: Waffengleichheit bei internationalen Übernahmeangeboten, WM, 55. Jg. (2001), S. 1741–1752.

Wagenhofer, A.: Der Einfluß von Erwartungen auf den Argumentationspreis in der Unternehmensbewertung, BFuP, 40. Jg. (1988), S. 532–551.

Wagenhofer, A.: Die Bestimmung von Argumentationspreisen in der Unternehmensbewertung, ZfbF, 40. Jg. (1988), S. 340–359.

Wagner, F.W.: Unternehmensbewertung und vertragliche Abfindungsbemessung, BFuP, 46. Jg. (1994), S. 477–498.

Wagner, W.: Die Unternehmensbewertung, in: WP-Handbuch, 2. Band, 13. Auflage, Düsseldorf 2007, S. 1–197.

Wahlscheidt, M./Breithaupt, J.: Zur Maßgeblichkeit des Börsenkurses für Abfindungen bei aktienrechtlichen Strukturmaßnahmen, CFL, 2. Jg. (2010), S. 497–501.

Walker, M.M.: Corporate takeovers, strategic objectives, and acquiring-firm shareholder wealth, Financial Management, 20. Jg. (2000), S. 53–66.

Wang, L./Zajac, E. J.: Alliance or acquisition? A dyadic perspective on interfirm resource combinations, Strategic Management Journal, 28. Jg. (2007), S. 1291–1317.

Watson, C./Hoffmann, L.R.: Managers as Negotiators: A Test of Power versus Gender as Predictors of Feelings, Behaviors, and Outcomes, Leadership Quarterly, 7. Jg. (1996), S. 63–85.

Weber, J./Bender, M./Eitelwein, O./Nevries, P.: Von Private-Equity-Controllern lernen, Weinheim 2009.

Weber, J./Schäffer, U.: Einführung in das Controlling, 15. Auflage, Stuttgart 2016.

Weber, J./Schäffer, U.: Sicherstellung der Rationalität der Führung als Aufgabe des Controlling?, DBW, 59. Jg. (1999), S. 731–747.

Weber, Y./Drori, I.: The linkages between cultural differences, psychological states and performance in international mergers & Acquisitions, in: Cooper, C./ Finkelstein, S.: Advances in Mergers & Acquisitions, Bd. 7, Bingley 2008, S. 119–142.

Weber, Y./Tarba, S./Reichel, A.: International Acquisitions Performance Revisited– The role of cultural difference and post-acquisition integration approach, in: Cooper, C./Finkelstein, S.: Advances in Mergers and Acquisitions, Bd. 8, Bingley 2009, S. 1–17.

Wedemann, F.: Der weiße Ritter, Der Aufsichtsrat, 7. Jg. (2010), S. 177.

Weihe, R.: Unternehmensverkauf per Auktion, Die Bank, o. Jg. (2004), S. 40–46.

Weilep, V./Dill, M.: Vendor Due Diligence bei der Private-Equity-Finanzierung mittelständischer Unternehmen, BB, 63. Jg. (2008), S. 1946–1950.

Weiser, M.F.: Vendor Due Diligence: Ein Instrument zur Verbesserung der Verhandlungsposition des Verkäufers im Rahmen von Unternehmenstransaktionen, FB, 5. Jg. (2003), S. 593–601.

Welge, M.K./Eulerich, M.: Corporate-Governance-Management, Wiesbaden 2012.

Wenger, A.P.: Organisation multinationaler Konzerne, Bern 1999.

Wensley, R.: PIMS and BCG: New horizons or false dawn?, Strategic Management Journal, 3. Jg. (1982), S. 147-158.

Wentrup, C.: Die Kontrolle von Hedgefonds, Berlin 2009.

Werden, G. J.: Assigning Market Shares, Antitrust Law Journal, 70. Jg. (2002), S. 67–104.

von Werder, A./König, A.: Rechtliche, steuerliche und praktische Aspekte eines „Dual-Track-Exits" durch einen LBO Fund, CFL, 2. Jg. (2011), S. 241–256.

von Werder, A./Kost, T.: Vertraulichkeitsvereinbarungen in der M&A-Praxis, BB, 65. Jg. (2010), S. 2903–2911.

Weston, J.F./Kwang, S.C./Hoag, S.E.: Mergers, Restructuring, and Corporate Control, Englewood Cliffs 1990

Weston, J.F./Mansinghka, S.K.: Tests of the Efficiency Performance of Conglomerate Firms, Journal of Finance, 26. Jg. (1971), S. 919–936.

Wiegandt, P.: Die Transaktionskostentheorie, in: Schwaiger, M./Meyer, A.: Theorien und Methoden der Betriebswirtschaft, München 2009, S. 115–130.

Williamson, O.E.: Market and Hierarchies: Analysis and Antitrust Implications, New York 1975.

Williamson, O.E.: The Economic Institutions of Capitalism, New York 1985.

Williamson, O.E.: 1988. Mergers, Acquisitions, and Leveraged Buyouts: An efficiency Assessment. In: Corporate reorganization through mergers, acquisition, and leveraged buyouts, Hrsg. Gary Libecap, Greenwich 1988, S. 55–80.

Wirth, J.: Firmenwertbilanzierung nach IFRS: Unternehmenszusammenschlüsse, Werthaltigkeitstests, Endkonsolidierung, Stuttgart 2005.

Wirtz, B.M.: Mergers & Acquisitions Management, 4. Auflage, Wiesbaden 2017.

Witt, P./Schmidt, T.: Venture Capital, Börsengänge und Beteiligungsexits, FB, 4. Jg. (2002), S. 752–756.

Wolf, B./Hill, M./Pfaue, M.: Strukturierte Finanzierungen, 2. Auflage, Stuttgart 2011.

Womack, B.: Facebook seeks acquisitions to fend off Google competition, Bloomberg News vom 23.08.2011, http://mobile.bloomberg.com/news/2011-08-23/facebook-steps-up-acquisitions-to-add-users-as-google-rivalry-grows-tech.html, (abgerufen am 31.10.2011).

Yang, L.S.: Buddhist Monasteries and Four Money-raising institutions in Chinese history, Harvard Journal of Asiatic Studies, 13. Jg. (1950), S. 174–191.

Yook, K. C.: Larger returns to cash acquisitions: Signalling effect or leverage effect?, Journal of Business, 76. Jg. (2003), S. 477–498.

Zantow, R./Dinauer, J.: Finanzwirtschaft des Unternehmens, 3. Auflage, München 2011.

Zhou, X.: Der chinesische M&A-Vorstoß in Deutschland–Illusion und Wirklichkeit, M&A Review, o.Jg. (2010), S. 509–514.

Ziegler, A./Stancke, C.: Kostenersatz beim Abbruch von Vertragsverhandlungen in M&A Transaktionen, M&A Review, o.Jg. (2008), S. 28–35.

Zimmer, D.: Der rechtliche Rahmen für die Implementierung moderner ökonomischer Ansätze, WUW, 56. Jg. (2007), S. 1198–1209.

Zimmermann, G./Wortmann, A.: Der Shareholder-Value-Ansatz als Institution zur Kontrolle der Führung von Publikumsgesellschaften, DB, 54. Jg. (2001), S. 289–294.

Register